元素週期表

	1	2	3	4	5	6	7	8
週期一	1 氫 H							
週期二	3 鋰 Li	4 鈹 Be						
週期三	11 鈉 Na	12 鎂 Mg						
週期四	19 鉀 K	20 鈣 Ca	21 鈧 Sc	22 鈦 Ti	23 釩 V	24 鉻 Cr	25 錳 Mn	26 鐵 Fe
週期五	37 銣 Rb	38 鍶 Sr	39 釔 Y	40 鋯 Zr	41 鈮 Nb	42 鉬 Mo	43 鎝 Tc	44 釕 Ru
週期六	55 銫 Cs	56 鋇 Ba	57-71 鑭系元素	72 鉿 Hf	73 鉭 Ta	74 鎢 W	75 錸 Re	76 鋨 Os
週期七	87 鍅 Fr	88 鐳 Ra	89-103 錒系元素	104 鑪 Rf	105 𨧀 Db	106 𨭎 Sg	107 𨨏 Bh	108 𨭆 Hs

57 鑭 La	58 鈰 Ce	59 鐠 Pr	60 釹 Nd	61 鉅 Pm	62 釤 Sm
89 錒 Ac	90 釷 Th	91 鏷 Pa	92 鈾 U	93 錼 Np	94 鈽 Pu

0	11	12	13	14	15	16	17	18
								2 氦 He
			5 硼 B	6 碳 C	7 氮 N	8 氧 O	9 氟 F	10 氖 Ne
			13 鋁 Al	14 矽 Si	15 磷 P	16 硫 S	17 氯 Cl	18 氬 Ar
8 Ni	29 銅 Cu	30 鋅 Zn	31 鎵 Ga	32 鍺 Ge	33 砷 As	34 硒 Se	35 溴 Br	36 氪 Kr
6 Pd	47 銀 Ag	48 鎘 Cd	49 銦 In	50 錫 Sn	51 銻 Sb	52 碲 Te	53 碘 I	54 氙 Xe
8 Pt	79 金 Au	80 汞 Hg	81 鉈 Tl	82 鉛 Pb	83 鉍 Bi	84 釙 Po	85 砈 At	86 氡 Rn
4 Gd	65 鋱 Tb	66 鏑 Dy	67 鈥 Ho	68 鉺 Er	69 銩 Tm	70 鐿 Yb	71 鎦 Lu	
6 Cm	97 鉳 Bk	98 鉲 Cf	99 鑀 Es	100 鐨 Fm	101 鍆 Md	102 鍩 No	103 鐒 Lr	

科學天地　119A　World of Science

有機化學天堂祕笈 II

克萊因／著
鄭偉杰、龔嘉惠／譯

ORGANIC CHEMISTRY II AS A SECOND LANGUAGE

Second Semester Topics

by David R. Klein

作者簡介

克萊因（David R. Klein）

克萊因在約翰霍普金斯大學（Johns Hopkins University）教書，主要教授的課程是有機化學跟普通化學。他的教學方式生動而有創意，最善於把困難的化學意涵，套進生活化的類比，讓學生能毫無困難的了解、吸收。克萊因介紹有機化學的獨特方法，最能幫助學生掌握有機化學的重點，為學習有機化學打下良好根基。

譯者簡介

鄭偉杰

畢業於成功大學化學系，清華大學化學系碩士，美國加州大學戴維斯分校有機化學博士，美國加州史克普斯研究中心（The Scripps Research Institute）博士後研究。現任中央研究院基因體中心副研究員，專長為有機合成、藥物開發、生物化學。曾於各公私立大學授課，課餘致力科普教育之推廣。

龔嘉惠

清華大學化學系碩士，曾任國科會《科儀新知》雙月刊及叢書編輯。喜好閱讀，閒暇時從事翻譯工作。

有機化學天堂祕笈 II

目錄

第1章 你所需的技巧

1.1 本書的目標

今年你要學的化學反應式有一大堆，也許你可以試著把它們都背起來，而有些人的記憶力確實超強。但是比起背誦，如果能集中心力建立起一些**技巧**，那麼你在有機化學領域上的學習，將更加游刃有餘。

在這本書中，我們將會把重點放在這些技巧上。尤其是當你遇到下列三大重要類型問題時，所需要的技巧：

1. 提出反應機構
2. 預測產物
3. 提出合成方式

在課程進行當中，你很快就會發現，單單學習這些反應是不夠的。想要學好有機化學，**必須**學習如何處理並解決這三大重要類型問題。你必須成為精通這些特殊技巧的專家，因為在解決問題時，這些技巧能引導你找出正確答案。而三大重要類型問題代表的正是有機化學的核心，如果你對這些技巧十分嫻熟，那麼你在有機化學上必然能得心應手。

本書中的每一章，都會針對特定主題，詳盡講解所需運用到的技巧。而且本書中章節的安排，都是為呼應教科書中對應的章節而設計的。舉例來說，當你學習到羧酸的衍生物時，本書中就會有一個以「羧酸」為標題的章節。

我們沒有足夠的篇幅來涵蓋教科書中的每項主題，而且這份補充教材也不是用來取代你的教科書或是老師。本書只是想提供一些核心技巧，讓你在學習過程中更有效率。

雖然我們會把重點集中在三大重要類型問題上，但是我們還是必須再三強調反應機構的重要性。有機化學能不能學好，反應機構是重要關鍵。如果你熟悉反應機構，在課堂上將得到亮眼的表現；如果不熟悉反應機構，要取得好成績根本是空談。在沒有充分瞭解化學反應之前，很難論及合成問題（同樣也很難預測產物）。第 2 章專門用來幫你打好基礎，讓你能完全掌握反應機構，這是非常重要的一章，即使你的教科書中沒有對應的章節，你也必須把本書的第 2 章讀個透澈。

在第 2 章中我們可以看出，反應機構都會遵循某些基本觀念與想法。只要注意這些基本觀念，你將會看到，非常不同的反應機構卻有相同的脈絡。對觀念理解，有助於減少許多背誦。事實上，我們很快會發現，靠死背的學生，即使在很粗淺的問題上也容易出錯，如果全盤瞭解基本觀念，這樣的錯誤其實可以輕易避免。本書將提供你貫通反應機構所需的最基本語言及工具。而且在過程中，我們也會詳細解說解決合成問題以及預測產物所需的技巧。

1.2 反應機構是你的成功之鑰

什麼是反應機構，它們為什麼這麼重要？

在瞭解反應機構扮演的重要角色之前，讓我們先想想一個類似的情況。我想起教我的小孩如何穿鞋的情形。你絕對想不到綁鞋帶包含了多少步驟，下次你綁鞋帶時，先想想手要因此做出幾個動作，同時也想想，要如何把這些步驟解釋給從沒學過綁鞋帶的人聽。這真是艱巨的任務。我必須很不好意思的承認，當時第一個閃過腦子的念頭，就是採取最簡單的方法——買附魔鬼氈的鞋。這樣一來會暫時解決我的困境，因為相較起來，穿附魔鬼氈的鞋子，所需的步驟少多了。

如果不考慮穿哪種鞋，只要小朋友穿上鞋就行，那結果是相同的。但是穿哪種鞋跟穿鞋所需歷經的過程息息相關，而且每種鞋子穿著過程的步驟更是大不相同。化學反應也是這樣。化學反應包含了從起始物變成產物的每個步驟，有些反應過程要歷經繁複的步驟，有些則僅需少少幾個步驟即可完成。化學反應進行時的詳細步驟清單，就叫做反應機構。

當兩個化合物相互反應，形成全新且全然不同的產物時，我們試著瞭解化學反應**如何**發生——在過程中經過什麼步驟？化學反應的每個步驟都包含了電子密度的移動：電子移動以打斷鍵結或形成新的鍵結。反應機構說明了每個反應步驟間電子的轉移。電子的轉移是以附箭頭的曲線來表示，例如：

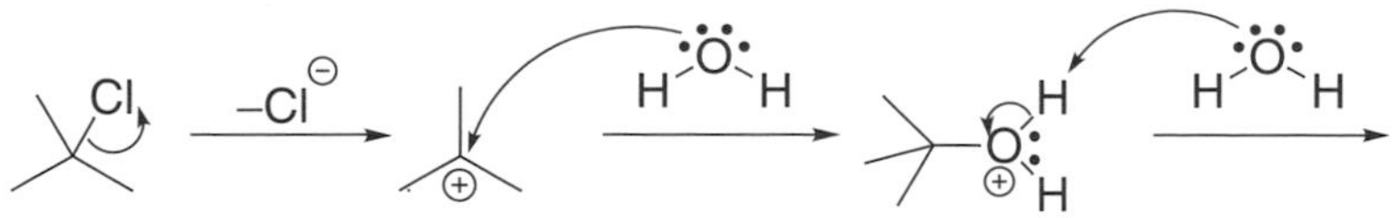

前頁圖三個步驟中顯示的彎曲箭，告訴我們反應是如何發生的。你必須把反應機構想成「電子的記帳簿」。就如同會計師會把公司的現金流量（進來的錢與付出去的錢）記在帳簿上，你同樣可以把反應機構想成是化學反應中，記錄每個步驟中，電子流動的帳簿。

在我的前一本書《有機化學天堂祕笈 I》中，我們看到了鍵線圖（有機化學中畫出分子的方式——如前頁圖所示），鍵線圖是有機化學中的象形文字。我們可以看出，這些圖形著重在電子（通常都沒有畫出原子，只以暗示的方式表示），圖形上的每一條線代表了一個鍵結，也就是告訴你，那就是電子的位置。

看看前頁圖的反應機構，試著在心中把它想像成一個句子。分子的圖形（鍵線圖形）代表名詞，彎曲箭代表動詞。每個反應機構都是一個基本的句型，它就像一種語言，所以你必須學習如何把名詞與動詞組合在一起，如同我們在使用其他語言所用的方式一樣。在《有機化學天堂祕笈 I》中，我們著重在句子的名詞——也就是分子；在《有機化學天堂祕笈 II》中，我們則是著重在動詞。請想像一下，如果學習法文時沒學動詞，那你根本一個句子都造不出來。

所以，想熟悉反應機構，真的必須先學會彎曲箭，因為這就是有機化學語言中的動詞。你必須知道在何時何地畫出彎曲箭，換句話說，你必須學習預測電子如何移動。

一旦你學會預測電子移動的方法，就可以看出在本課程中，所有的反應機構都有其相似性。舉一個類比的例子，我們來想想看水流動的方式。大家都知道因為重力的關係，水會往低處流。這樣的說法在山上是正確的，這樣的說法同樣也適用在崎嶇的路上，或是屋頂等等的狀況。每次你只要簡單的觀察一下地形，就可以預測水流動的方向，因為我們只要找到低窪的地方，就知道那是水最終流向的地點。很簡單，對吧？

那麼想像一下，如果你有個朋友，他完全不明白水往低處流的道理，一旦看到你能毫無例外預測出，水在每個看似不同狀態下流動的趨向，他該有多驚訝。雖然屋頂和崎嶇的道路是完全不同的狀態，但事實上，一旦掌握了水往低處流這個簡單法則，你將會發現這些狀態並沒有想像中那麼不同。

同樣的，只要瞭解幾個簡單的觀念，也可以預測電子移動的方向。如果你真的想要過地獄般的生活，儘可把有機化學課本中出現的每個反應機構都背起來。但這真是個笨方法，這簡直就像你那些不知道水會往低處流的朋友一樣，只想把各種不同情況下（屋頂、山上、馬路上等等）會發生的狀況都背起來。你的朋友也許擁有驚人的記憶力，但是因為他不懂水流動的法則，所以一旦遇到他沒背到的全新地形，立刻會被難倒。缺乏最高指導原則會讓他迷失，但是知道最高指導原則的你，即使遇到不同的地形也都能很簡單的預測出水流的方向。

一旦你瞭解了反應機構，你就會明白反應為什麼會發生，為什麼立體中心會如此呈現。如果你根本不懂得反應機構是怎麼回事，就會發現你只能把每一個反應的細節都老實背起來。除非你擁有照相機般的記憶力，否則這真是超高難度的挑戰，就像我們剛才曾經提到的，一旦你遇到了沒見過的狀況，就無法推斷結果。藉由瞭解反應機構，你才能逐漸理解有機化學課程的內容，把所有的化學反應在腦中重新排列組合，藉此觸類旁通，便能夠在遇到新的化學反應時，提出其反應機構。

說到這裡，你一定會懷疑為何大家都說有機化學就是要背、背、背。嗯，事實上，他們都**錯了**。在你精通有機化學之前，你必須把那些因受前人洗腦，而深埋在心中的迷思統統忘掉。有機化學真的不太需要背，如果你以背誦取代理解，只會讓學習事倍功半。

有機化學不過就是一些原理，你學習這些原理並應用到新的反應上。一旦瞭解了規則，這真是非常容易的事。但是如果你想硬生生把 200 個反應機構都背下來，就真的太難了。所以別背反應機構了，專心**瞭解**反應機構，且重點放在主導電子移動的法則。這樣一來，即使遇到從未見過的反應，也可以預測出結果。一旦可以做到這樣，你就會愛上有機化學。現在看來，這似乎是遙不可及的目標，但是稍安勿躁，這本書會一步步帶領你歷經種種過程，達成目標。

每一年，學生都會問我，他們必須知道多少個反應機構。我總是說，這完全取決於他們看待這些反應機構的方式。如果你的策略就是背誦，那麼你必須知道大約 200 個反應機構。但是，如果你專注在一些簡單的原理和規則上，那麼你只需要知道十幾個較為特殊的反應機構。事實上，這十幾個反應機構也只是四個基本移動法則的不同組合罷了。

所以我們會一步一步檢視這些基本移動法則，我們會先學習再反覆練習。奠定基礎之後，再開始探索這些基本移動法則之間的各式不同組合，同樣的，這個過程我們也會一步一步來。

最後，我們就會發覺，提出一個反應機構，就如同預測水會從屋頂上流下來似的，那麼簡單。

第2章 離子反應機構簡介

這學期我們即將遇到的大部分（95%）反應機構，均為離子反應（牽涉全電荷或部分電荷的反應），其次的兩種主要反應分別為**自由基**（radical）反應機構和**周環性**（pericyclic）反應，但是後面這兩種反應在大學有機課程中占的篇幅較少。因此，我們會把注意力集中在離子反應上。

本章將學習離子反應包含的所有基本步驟，事實上全部僅有四個基本步驟。首先，我們先複習一下上學期提過的彎曲箭。

2.1 彎曲箭

在瞭解四個基本步驟之前，必須能很熟練的畫彎曲箭。有許多工具可以用來畫反應機構，在《有機化學天堂祕笈 I》的第八章，整章都在談論反應機構。那一章的前 15 頁都在談正確畫彎曲箭所需的基本技巧。如果你有《有機化學天堂祕笈 I》，建議在繼續研讀《有機化學天堂祕笈 II》之前，先複習剛才提到的那 15 頁；如果你沒有那本書，就先查看課本裡是不是有關於彎曲箭與反應機構的介紹。

即使你不覺得彎曲箭棘手，先快速複習一下也不是壞事。簡單摘要如下：每個彎曲箭都「有頭和尾」，把每個箭頭和箭尾畫在正確的位置是最**基本的要求**。**箭尾顯示電子的來處，箭頭顯示的是電子的去向**。

有些學生被箭代表的意義搞糊塗了，以為箭顯示的是原子的移動，但是這是錯誤的，彎曲箭其實代表的是**電子**的移動。舉個例子，來看看簡單的酸鹼反應：

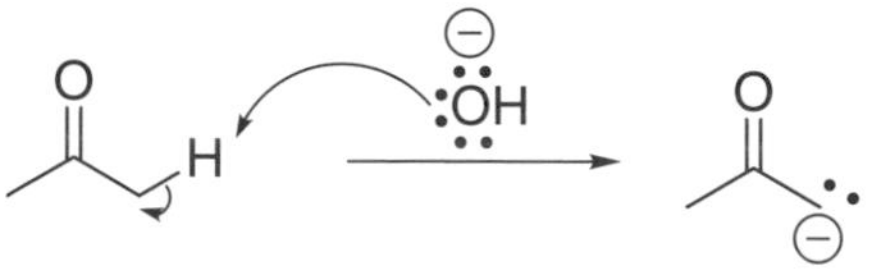

我們看到其中一根彎曲箭是從鹼（OH^-）畫出來的，表示鹼的電子抓住了質子。下一根彎曲箭顯示出，質子抓住的電子接下來發生的事。結果是質子轉移了位置，我們稱此為質子轉移，但不要被這個名稱搞糊塗了，而把反應機構想成這樣：

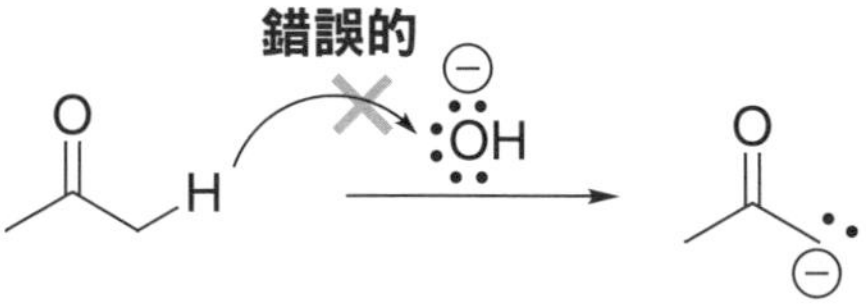

這是錯誤的，因為反應機構**不會**顯示質子的移動。確切的說，反應機構顯示的是電子的移動。因此，你必須確認畫的每一個彎曲箭，都是往正確的方向移動。否則，你的彎曲箭（也可以說是你的反應機構）會是錯誤的。

在繼續本章之前還有一件事必須釐清。請注意彎曲箭（從氧出發）的箭尾是放置在一對未共用電子對上：

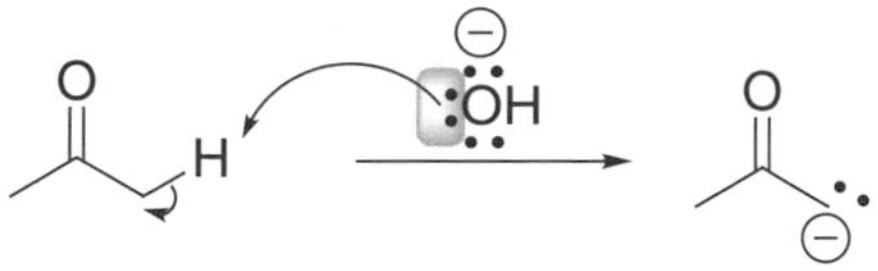

這有其代表的意義，因為箭尾代表的是電子的來處。電子可以從未共用電子對或鍵結而來，我們很快就會看到許多相關例子。在上面的例子中，一對**未共用電子對**抓住了質子。然而，有機化學家在畫化合物時，通常**不**畫出來未共用電子對，因為這樣畫得比較快。例如：

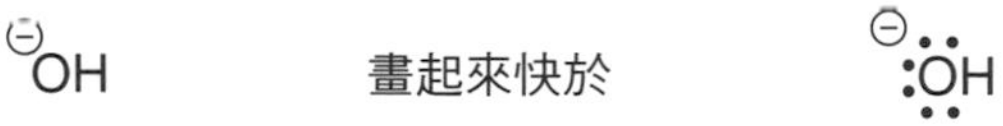

再舉一個更明顯的例子：

不必把未共用電子對畫出來，因為它們是以暗示的方式表示（上學期我們已經看過）。換句話說，雖然沒把未共用電子對畫出來，我們也都知道未共用電子對就在那兒。如此一來，你看到的圖形通常會像這樣：

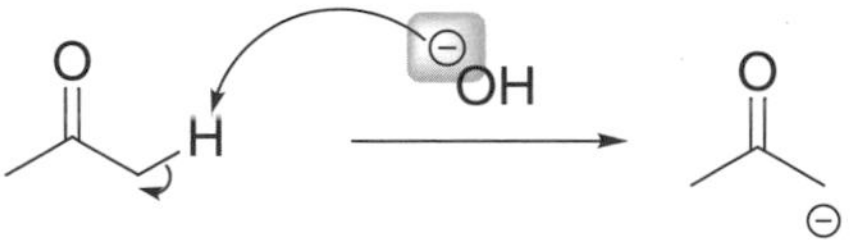

請注意彎曲箭的箭尾放在負電荷上，那個位置就是我們在圖上省略，沒畫出未共用電子對的地方。但是不要搞糊塗了，並不是真

的由負電荷抓住質子，事實上是由未共用電子對抓住質子才是。

化學家在畫反應機構時省略掉未共用電子對有兩個原因。一是省略未共用電子對畫起來比較快，但更重要的原因是，沒畫未共用電子對，畫面較不凌亂，反應機構較容易領會。你可以自己比較一下：

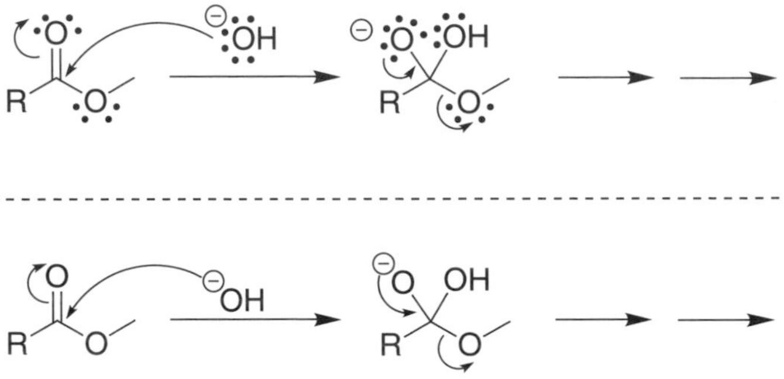

可以明顯的看出，第二種畫法較不凌亂也比較容易領會。

有些課本傾向於畫出所有的未共電子對（至少會畫出參與反應的那一對），而有些老師在課堂上畫反應機構時，常不把未共用電子對畫出來，兩者都正確。為了明確及簡化，本書的圖形都會省略未共用電子對，只有在無法清楚表明它的位置時，才會標示出來。

因為我們通常會省略掉未共用電子對，所以即使圖上沒畫出來，你也必須認定「看到」它了。氧（擁有未共用電子對）是有機化學中最常見到的元素，我們就從它開始說起。每個未帶電荷的氧原子都會有兩對未共用電子對：

擁有一個單鍵及一個負電荷的氧原子，永遠有三對未共用電子對：

擁有三個鍵結及一個正電荷的氧原子，都會有一對未共用電子對：

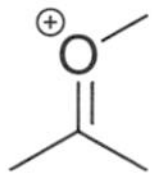

相同於

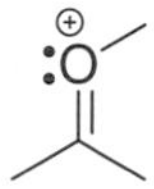

而且

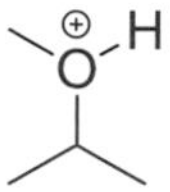

相同於

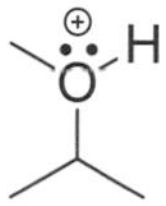

在有機化學中，還會遇到其他許多元素（氮、硫、磷等等），但其中最普遍的還是氧。所以如果把上面提到的規則都確實記住，對接下來的學習會有莫大的幫助。

另一個也很常見的例子是帶一個負電荷的碳原子：

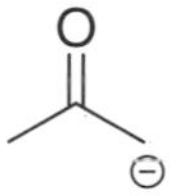

相同於

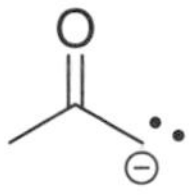

很重要的是，即使沒畫出未共用電子對，你還是要能看到它，所以讓我們做一些簡單的練習，來確定你真的看得到未共用電子對：

練習 2.1 下列的中間產物，都未將未共用電子對畫出。請將它們畫出來。

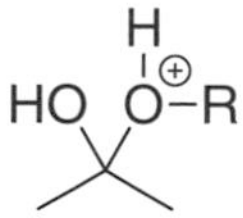

答　案 未帶電荷的氧原子會有兩對未共用電子對：

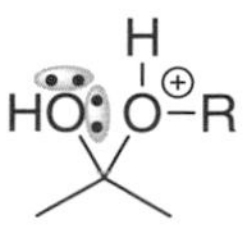

擁有三個鍵結和一個正電荷的氧原子，會有一對未共用電子對：

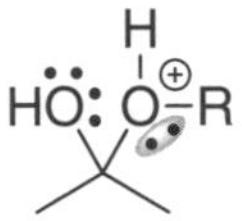

習　題 把下列每個圖形中，沒有顯示出來的未共用電子對畫出來：

2.2 

2.3 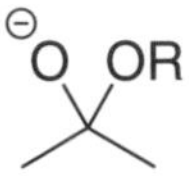

2.4 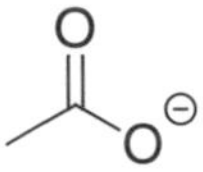

2.5 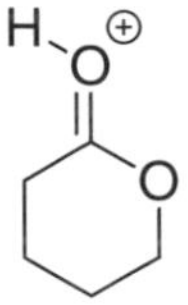

2.6 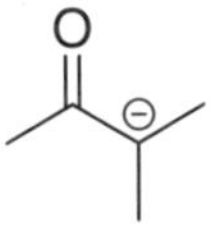

2.7 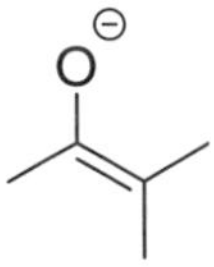

2.8 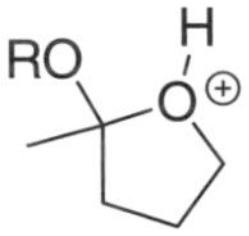

2.9 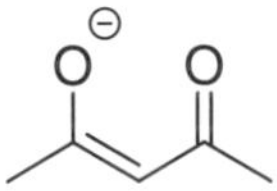

2.10 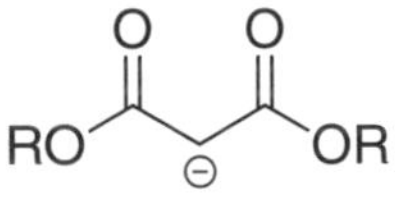

畫彎曲箭時，必須注意兩件事：

1. 每個彎曲箭的**箭尾**必須放置在正確的位置，而且
2. 每個彎曲箭的**箭頭**必須放置在正確的位置。

為了要先確定你能自在使用彎曲箭，試著畫出以下每個反應的彎曲箭，**不要**翻到書末去偷看答案喔。完成後，再對照書末所附的答案，確認畫出來的是否正確。對答案時，必須特別注意每個箭頭和箭尾的位置。如果任一箭頭和箭尾的位置不完全正確，你必須把《有機化學天堂祕笈 I》第 8 章〈反應機構〉的前 12 頁再重新複習一次。

習　題 為下列每個轉換畫上正確的彎曲箭，以完成其反應機構（這些反應大部分都來自上學期的有機化學）：

2.11

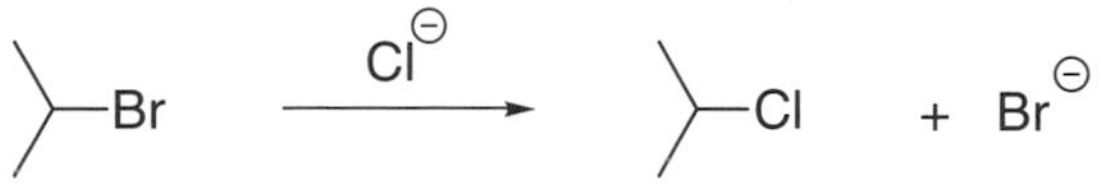

2.12

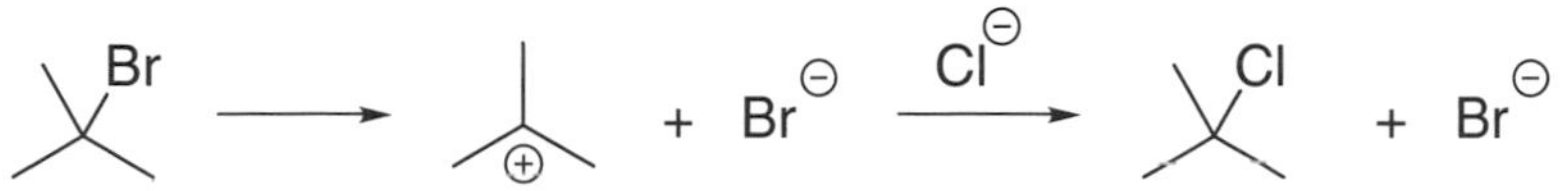

2.13

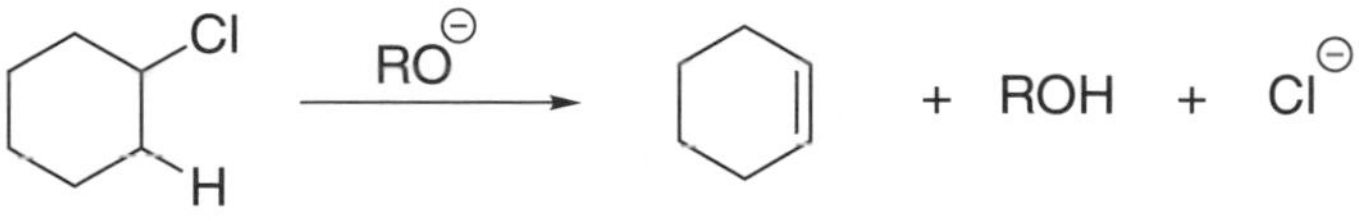

2.14

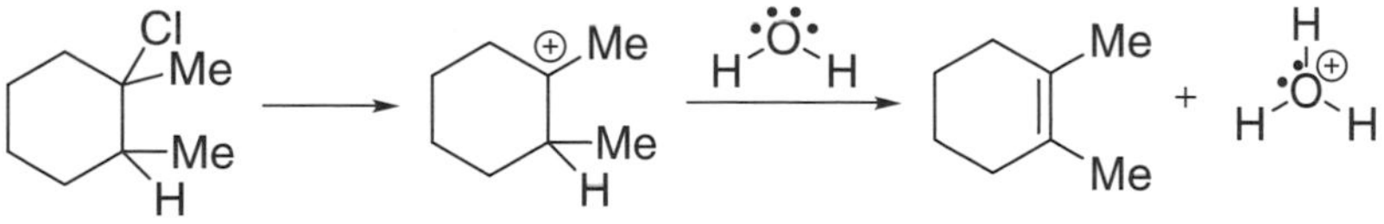

2.15

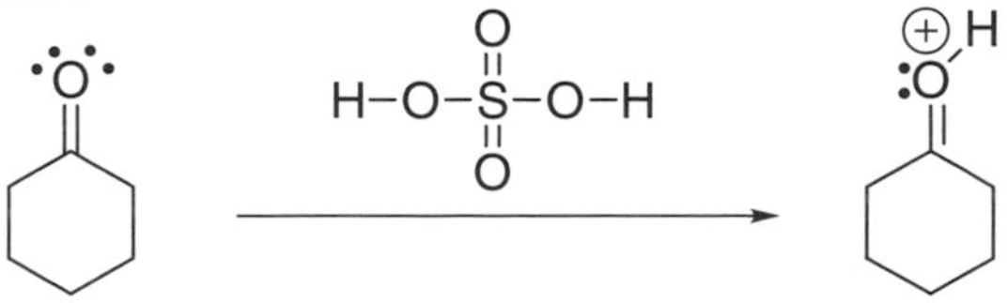

2.2 基本步驟

要真的掌握彎曲箭的畫法，必須在提出反應機構時，對用來配置反應機構所需的基本步驟，瞭如指掌。這些基本步驟是提出反應機構時的工具，而本章的重點也就是：熟悉離子反應機構的最基本步驟。值得欣慰的是，這些基本步驟總共只有四個（這將涵蓋有機化學中遇到的所有離子反應機構）。讓我們一步一步來討論。

1. **親核基攻擊親電子基**。例如：

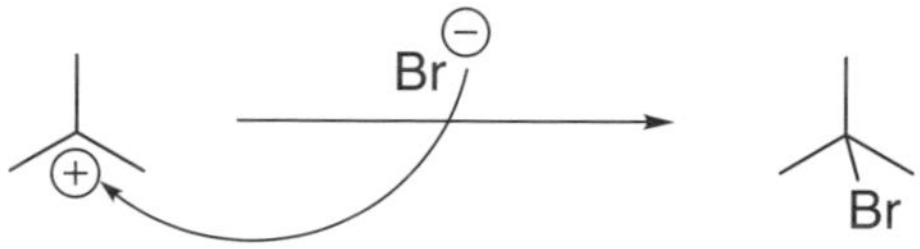

請記住，親核基是擁有高電子密度區域的化合物。在某些例子中，親核基確實帶了負電荷（就像上面例子中的溴離子）。但是在多數的例子中，親核基是不帶電荷的——你必須記住，未共用電子對和 π 鍵也都具有親核性：

下面是未共用電子對做為親核基的例子：

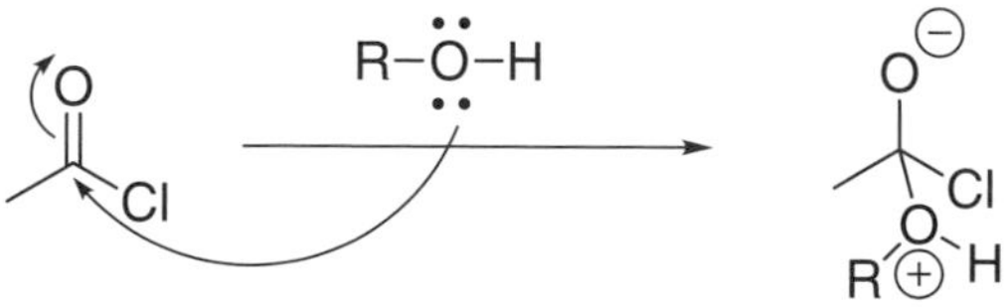

在這裡，親核基是上述醇類（ROH）中，氧原子的未共用電子對。這個氧原子用它的其中一對未共用電子對來攻擊 C ＝ O 鍵。請注意，被攻擊的氧原子並沒有帶負電荷，ROH 也不帶負電荷。這樣是 OK 的，因為親核基只是高電子密度的區域，而氧原子的未共用電子對正是高電子密度的區域。

另外也請注意，上列步驟中不只有一個彎曲箭，第一根彎曲箭表示了親核基（ROH）攻擊親電子基，第二根彎曲箭（把電子密度推向氧）也是同一個基本步驟（親核基攻擊親電子基）的一部分。要想知道第二根箭為何屬於同一個步驟，請先想想以下這件事：如果我畫的是起始物在**被攻擊前**的共振結構：

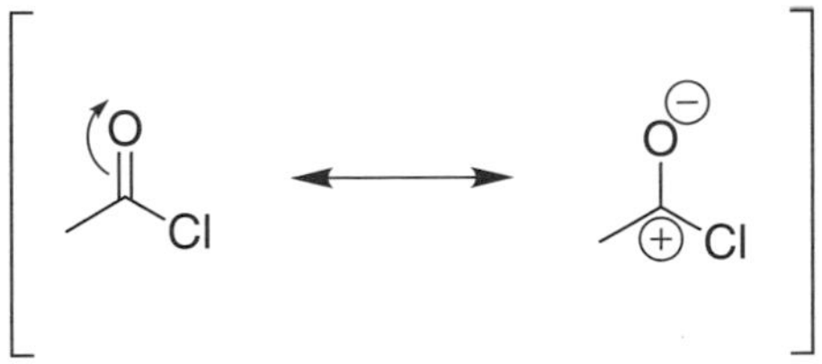

那麼，我可以畫出攻擊發生在第二個共振結構時的狀況：

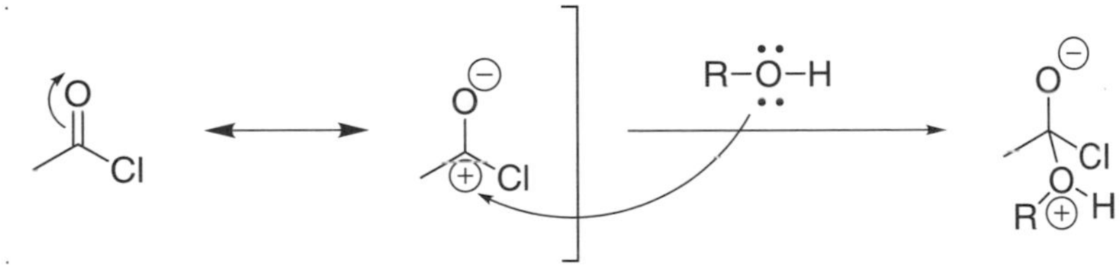

當我們這樣想時，就可以知道其實此次只有一根箭展現了攻擊：

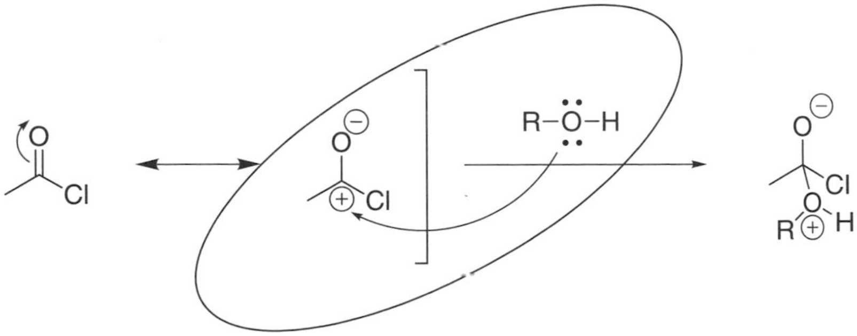

第二根箭可以想成是共振，或者你也可以把第二根箭想成當親核基攻擊時，電子密度實際上是往上到達氧那邊，如次頁圖所示：

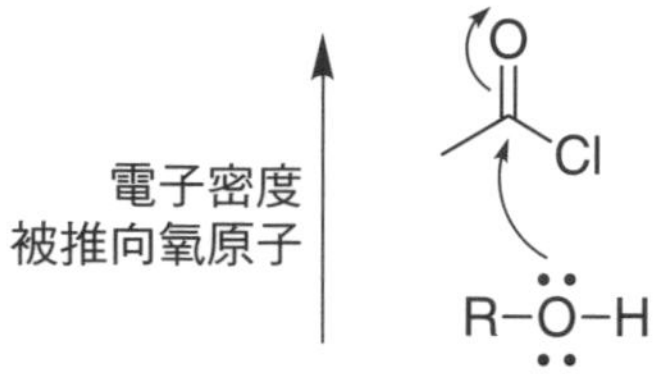

把第二根箭看成共振結構，或把它想成是電子密度的實際移動，兩者的差異其實很小。事實上，把它想成是電子密度實際朝向氧移動比較正確，因為這正是大多數有機化學家的想法。無論你要如何看待它，都應該知道這兩根彎曲箭都只用來表示同一種基本步驟：親核基攻擊親電子基。

事實上，當親核基攻擊親電子基時，超過兩根箭的情況很普遍。例如下列這個例子：

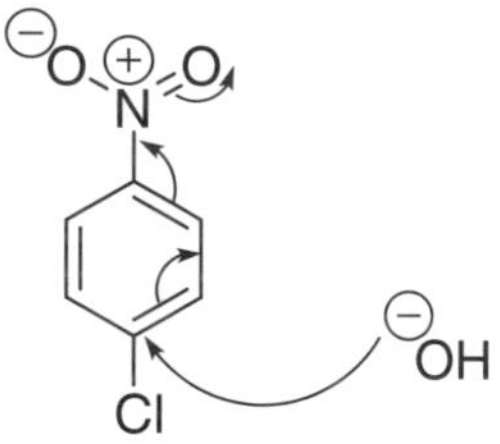

所有這些彎曲箭都顯示一件事情正在發生：一個親核基（OH^-）正攻擊一個親電子基。第一根箭（從 OH^- 畫出）顯示出這個攻擊；另一根箭則可以當作是攻擊前的共振箭：

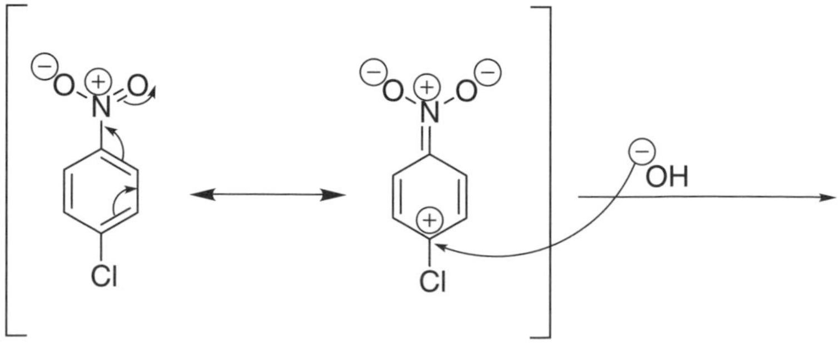

或者也可以看成是親核基攻擊時，電子密度的移動：

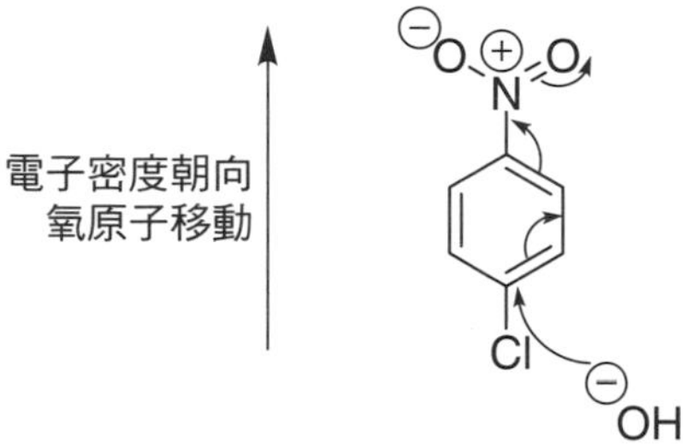

為了與有機化學家的說法一致，你最好把它想成是電子密度的移動（而不是把一根箭當成攻擊，另一根想成共振）。我只是提出共振的說法，讓你可以在心裡判別這些箭都只是表示，有一件基本的事發生。

在我們看過的所有例子中，都是由有一對未共用電子對的親核基，來攻擊親電子基。但是我們說過，π 鍵也可以當親核基。例如:

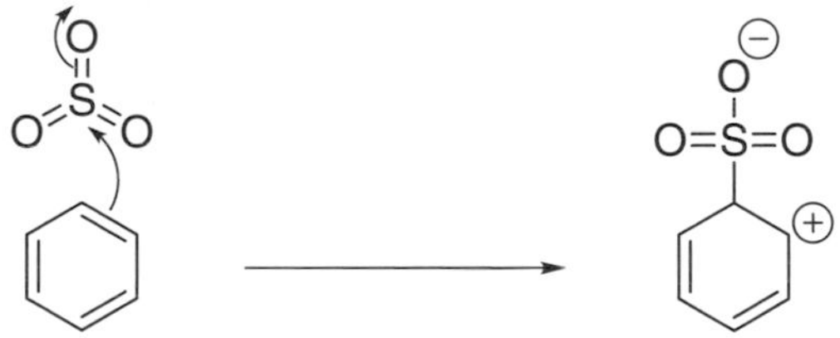

這裡，我們再次看到一根以上的彎曲箭。這個例子裡有兩根彎曲箭，第一根（從環出發去攻擊 SO_3）是展現此次攻擊的箭；第二根箭可以用兩種方式想，你可以把它想成共振箭：

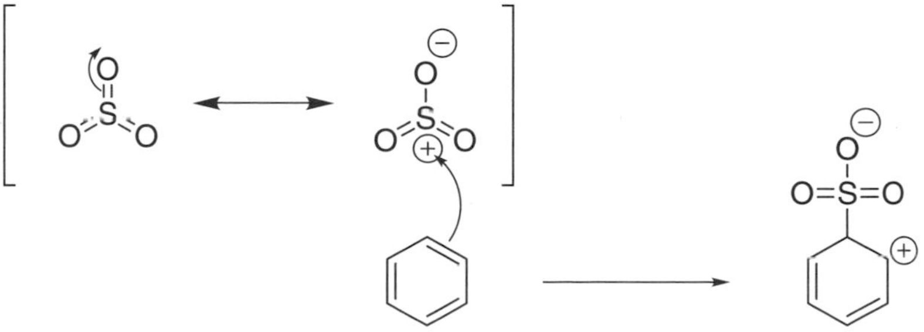

或者可以把它想成當親核基攻擊時，電子密度的流動：

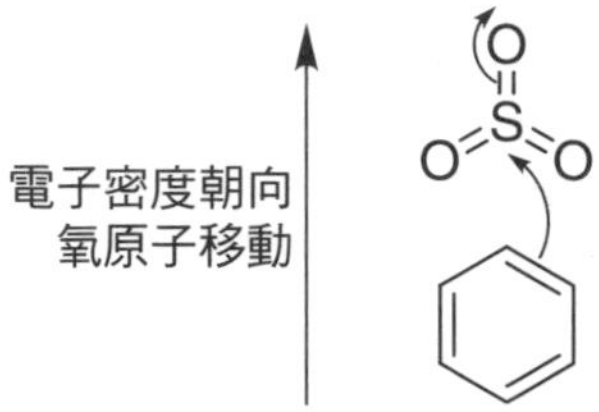

無論怎麼想，你都必須知道這只是一個基本步驟：親核基攻擊親電子基。

繼續研讀下去，我們將會看到更多親核基的例子。我們必須很感激親核基具有的基本特性——它是一個高電子密度的區域（無論是未共用電子對或 π 鍵），而且親核基總會做它們該做的事——攻擊親電子基。

親電子基就是具有低電子密度區域的化合物。在某些例子中，親電子基具有正電荷（如同我們之前看過的例子，溴離子攻擊一個具正電荷的化合物）。但是在更多的例子中，親電子基並不帶電荷。例如，酮是很好的親電子基，我們在畫共振結構時就可看出這一點：

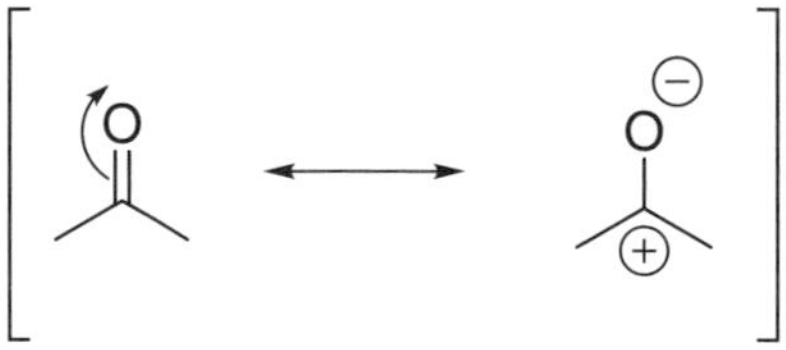

從第二個共振結構可以看到，C = O 雙鍵的碳原子缺電子（低電子密度區域）。通常在畫酮類時，並不會在碳原子上看到正電荷：

但是即使沒有淨電荷，那裡仍是親電子中心（等著被親核基攻擊）。在這學期稍後，我們會遇到許多反應，這些反應都與含 C ＝ O 鍵化合物的化學性質息息相關。而大部分的這些化學性質都是圍繞著 C ＝ O 基的親電子性打轉。

繼續學下去，就會看到更多親電子基的例子。現在我們已經定義了第一個基本步驟（親核基攻擊親電子基），接下來繼續討論第二個基本步驟。

2. 離去基的脫離。例如：

這個步驟可以想成之前看過的，第一個基本移動的逆向過程。在上面的反應中，一個離去基脫去，然後形成帶正電的碳陽離子（carbocation）。假設你為這個過程錄了影，再以倒帶的方式播放錄影帶（倒帶才可以看清楚逆向的過程），你將會看到溴離子（親核基）攻擊碳陽離子（親電子基），形成上列左方的化合物。所以事實上，我們現在正在討論的基本步驟（離去基的脫除），只是之前看過的第一個基本步驟（親核基攻擊親電子基）的逆向過程。

有時你會看到離去基在脫除過程中，使用了一根以上的彎曲箭。請看下面的例子：

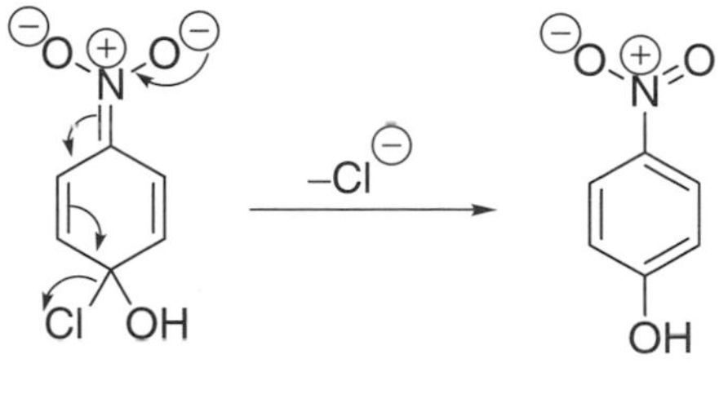

這裡有一根箭顯示氯的離去，剩下的箭可以用兩種方式來想像（如同我們之前看過的），你可以把其他的彎曲箭當成離去基脫去後，化合物的共振箭頭：

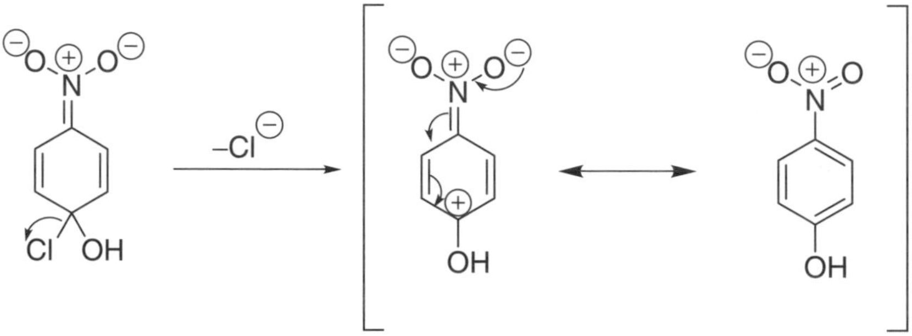

或者可以把它想成是電子密度的移動把離去基推走：

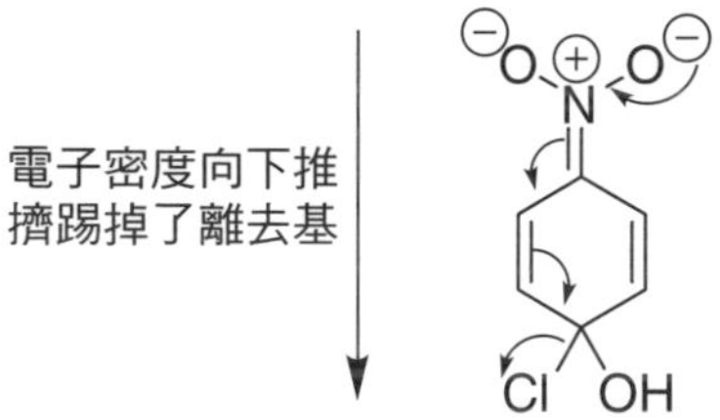

想成是電子密度的流動推走離去基，也許比較正確。但無論你怎麼想，都必須知道，這些彎曲箭只表示了一個基本步驟:離去基的脫離。

在上學期的有機化學中，我們學會了技巧，來鑑別好的離去基與不好的離去基。如果對於離去基這部分感到生疏，建議你還是回頭再重新研讀。你必須學會鑑別好的離去基才能提出反應機構。

到目前為止我們已經看過兩個基本步驟了:「親核基攻擊親電子基」，以及「離去基的脫離」。現在再來看看第三個基本步驟：

3. **質子轉移**。例如：

質子轉移只不過是酸鹼反應。在上學期的有機化學中，我們花了不少篇幅介紹酸度(質子轉移)。但是現在我們只著重在一件事上，那就是這個基本步驟通常需要至少兩根彎曲箭。舉一個例子，看看剛剛的那個質子轉移，酮抓住了質子，而我們需要以**兩根**彎曲箭來完整表示：第一根箭從酮畫向質子，第二根箭則顯示出抓住了質子的電子發生什麼事。

無論是化合物抓住質子（像上述的例子），或是化合物失去了質子，這些情況總是至少有兩根箭，例如：

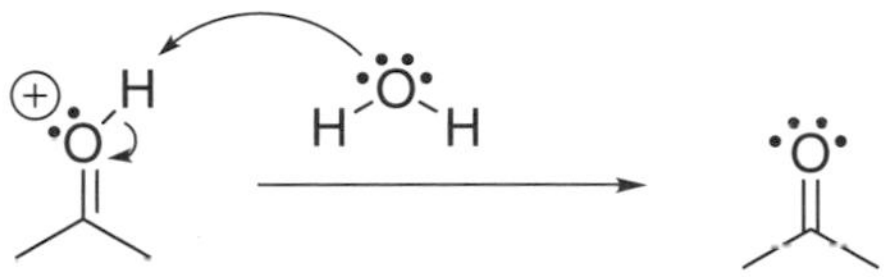

請再次注意，我們需要用兩根箭來表示質子的轉移。化合物失去質子時，有些教科書或老師會把抓住質子的那根箭省略，像這樣：

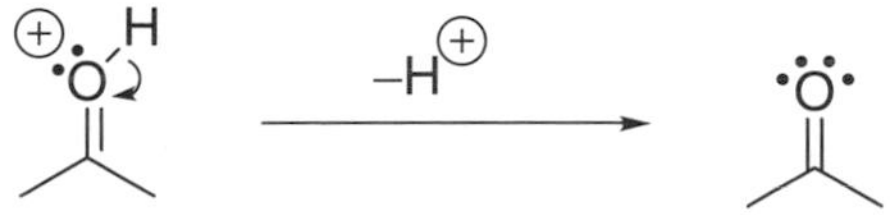

有些老師則會特別要你把兩根箭都畫出來。換句話說，你必須把抓住質子的箭也畫上去。反正養成畫出抓住質子那根箭的習慣，又不會有什麼損失，對吧？所以還是養成使用兩根箭的習慣吧。

有時候你會看到**兩根以上**的箭。例如，來看看這個有三根箭的例子：

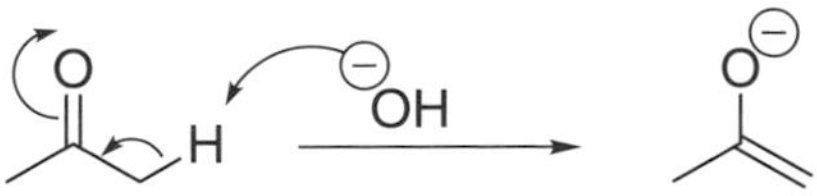

要解釋這個反應機構，我們會用到解釋其他基本步驟時相同的邏輯。它一樣可以用兩種方式來理解，我們可以說這個反應只需要兩根箭，另一根箭只是共振的箭：

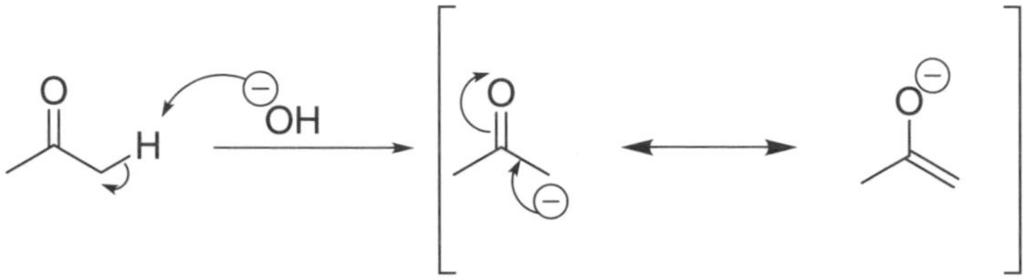

或者也可以說，所有的箭都表示了質子轉移時電子密度的流動：

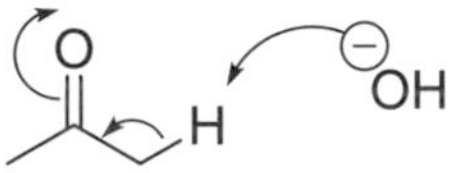

電子密度向上流動至酮的氧原子

以質子轉移來說，兩種說法都說得通，而且你必須以這兩種方式來理解它。更重要的是，你必須知道這其中只發生了一個基本步驟：一個質子轉移了。

現在我們準備來看最後一個基本步驟了：

4. **重排**。例如：

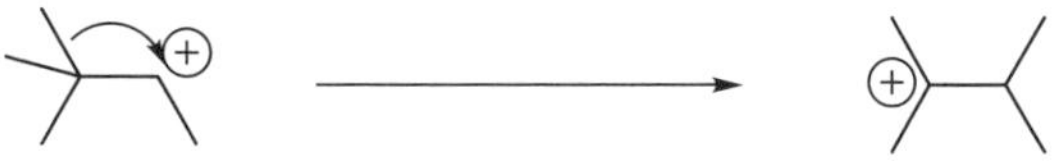

當化合物具有一個帶正電荷的碳原子（碳陽離子），這個化合物就有可能會進行重排。除了碳陽離子，其他進行重排的例子很少，本書後面遇到它們時會一一指出來，現在只要關注碳陽離子的重排就可以了。

不管你信不信，就只有這樣！只要熟悉四個基本步驟就好：

1. 親核基攻擊親電子基
2. 離去基的脫離
3. 質子轉移
4. 重排

事實上再簡化一下會更好，像這樣：

1. 攻擊
2. 離去
3. 質子化（或去質子化）
4. 重排

四個基本步驟中的每一個步驟，都有需要進一步學習的細節。例如，什麼時候該使用 H_2O 而不是用 OH^- 來抓住質子？再例如，如果你有一個像 OH^- 一樣可以當親核基或鹼的試劑，你該使用哪一個基本步驟？（應該使用這個試劑來當親核基進行攻擊，或把它當鹼來抓住質子？）這些問題，甚至還有其他更多的問題，都是這四個基本步驟的細節。

繼續閱讀下去，我會把這些細節指出來給你看。你一定要清楚知道這些細節很重要，當你學習一項新細節時（例如學習質子轉移通常比親核基攻擊快時）應該要明白，知道這個細節有多重要。這些細節會協助你瞭解有機化學中**所有的**反應機構，唯有熟悉這些細節，才能掌握反應機構。

本章的目的就是介紹這四個基本步驟，所以要先確保你看到這些基本步驟時，可以判別出它到底是哪一個步驟。

練習 2.16 請看看下列的步驟：

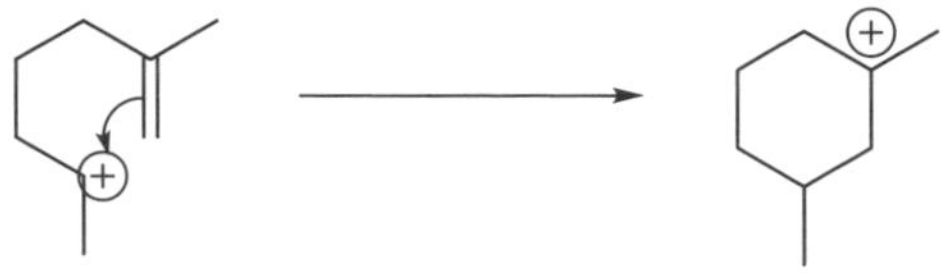

這是四個基本步驟中的一個，請說出是哪一個？

答　案 你可能想把它當成是重排，因為它看起來像是 C^+ 的移動。但再仔細看看，這不是氫陰離子轉移，也不是甲基陰離子轉移。如果一定要描述到底發生了什麼，我會說是雙鍵（π 鍵）攻擊了 C^+，π 鍵當親核基去攻擊親電子基。這是很有趣的例子，親核的位置和親電子的位置都在同一個化合物內，因為攻擊完全發生在同一個分子裡，所以稱這是**分子內**（intramolecular）的步驟。很明顯的，這個步驟是第一個基本步驟——親核基攻擊親電子基。

習　題 判別下列所有反應屬於哪個基本步驟。你的選擇有：（1）親核基攻擊親電子基；（2）離去基的脫離；（3）質子轉移；（4）重排。

2.17

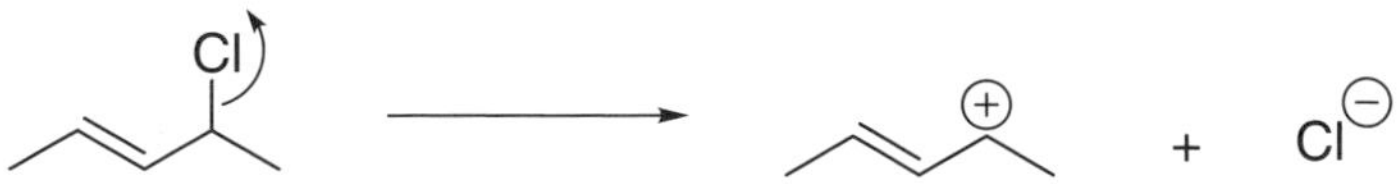

答案：＿＿＿＿＿＿＿＿＿＿

2.18

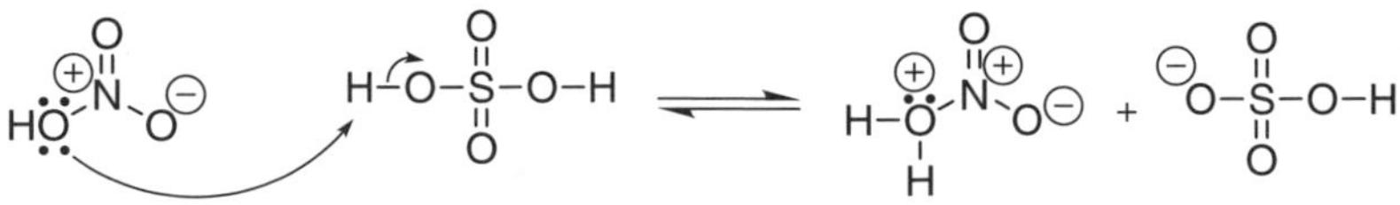

答案：＿＿＿＿＿＿＿＿＿＿

2.19

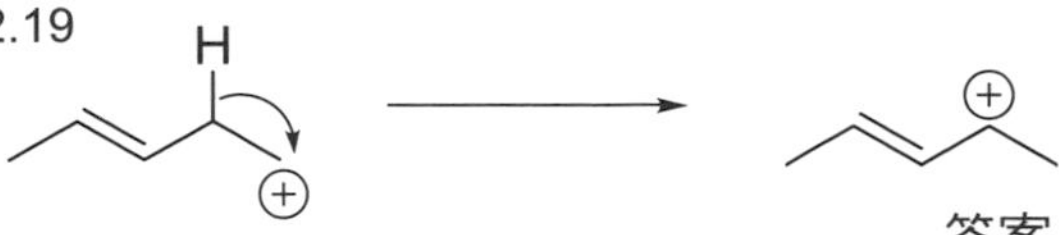

答案：________________

2.20

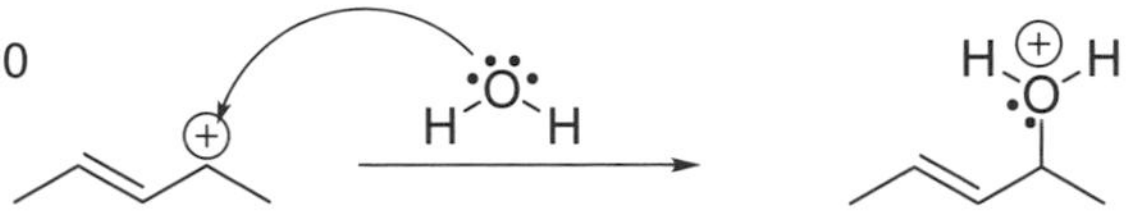

答案：________________

2.21

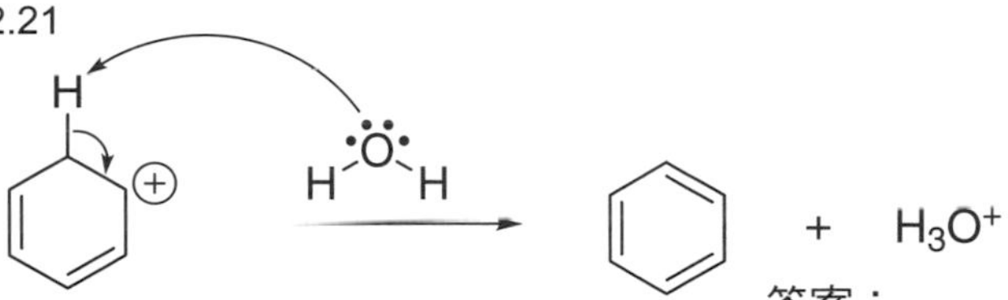

答案：________________

2.22

答案：________________

2.23

答案：________________

2.24

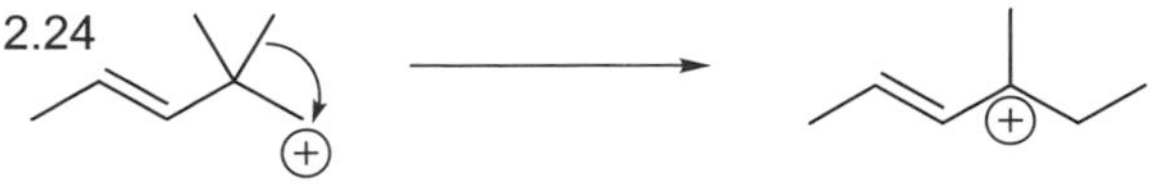

答案：________________

2.25

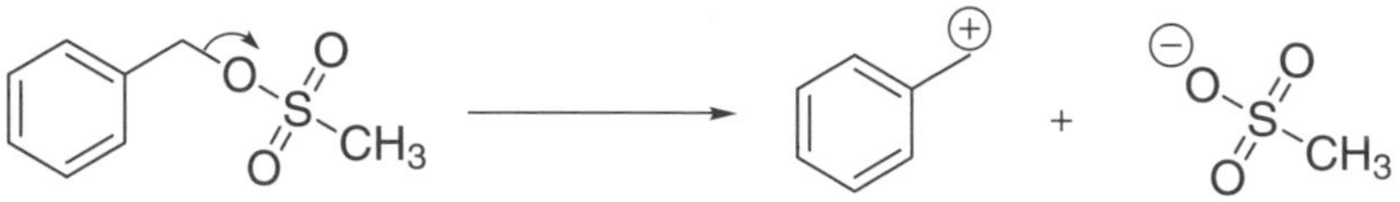

答案：________________

2.26

答案：________________

2.3 基本步驟的組合

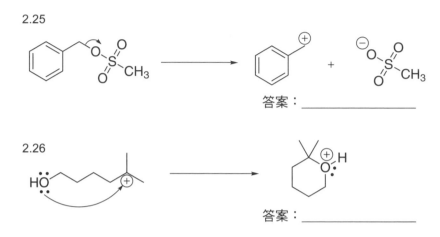

為了克服反應機構的問題，你必須能熟練運用這四個基本步驟。離子反應機構無論看起來多複雜，都只是這些基本步驟間不同的組合罷了。讓我們來看一些例子。

先來看一些上學期有機化學曾經遇過的反應機構（然後再來預習這學期會遇到的反應）。

例如來看看這個 S_N1 反應：

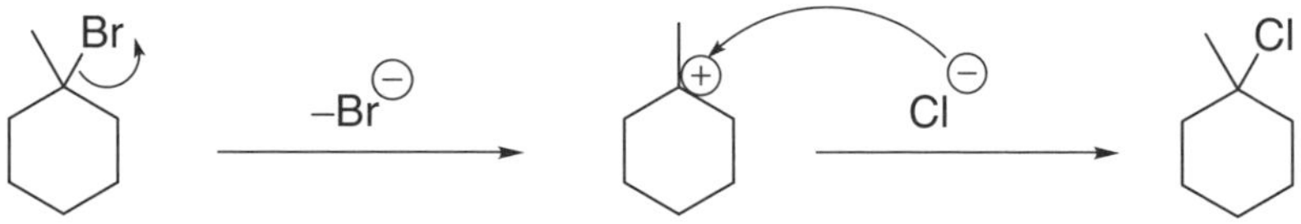

請注意第一個步驟是**離去基的脫離**，第二個步驟是**親核基攻擊親電子基**。所以我們看到 S_N1 反應機構只包含四個基本步驟中的兩個（一個步驟之後接續著另一個）。

現在再來看看 S_N2 反應：

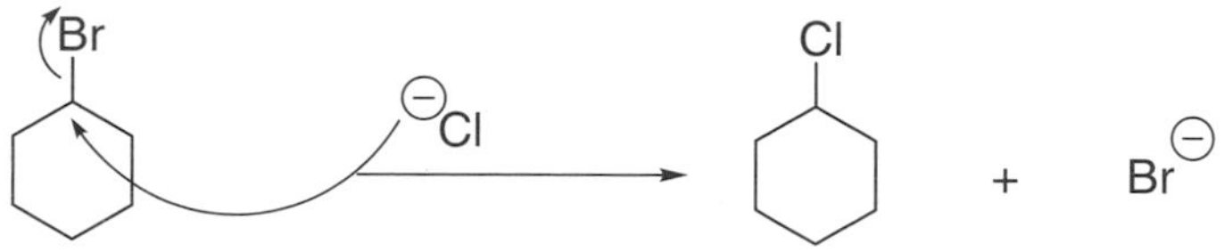

在這個反應機構中，我們做的兩個基本步驟（**離去基的脫離**和**親核基攻擊親電子基**）跟前一個反應機構中的一樣。唯一的不同在於現在這兩個步驟是同時發生的。

脫除反應又是怎樣呢？來看下面的 E1 反應：

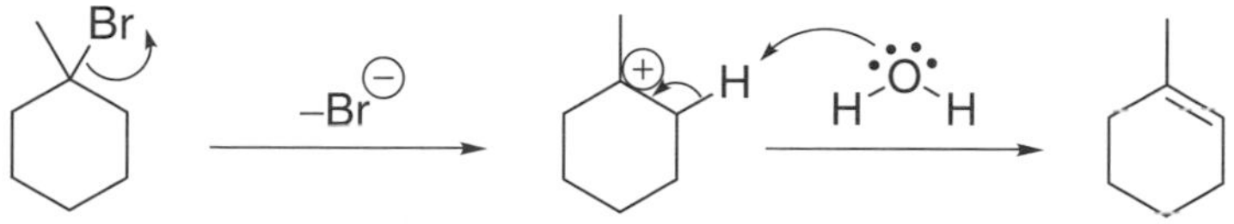

第一個步驟是**離去基的脫離**，第二個步驟是**質子轉移**（這裡通常會有兩根彎曲箭——一根表示鹼拔除了質子，第二根表示質子原來擁有的電子跑到哪了）。如果我們用一個較強的鹼，然後在同一時間進行相同的所有步驟，就會得到 E2 反應：

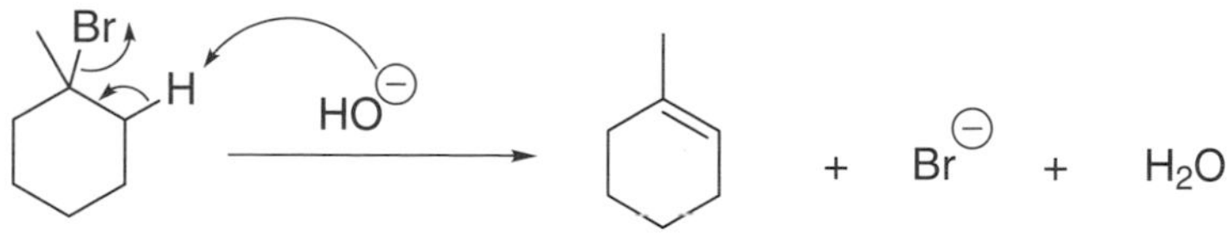

再來多看一個例子，這是上學期提過的加成反應：

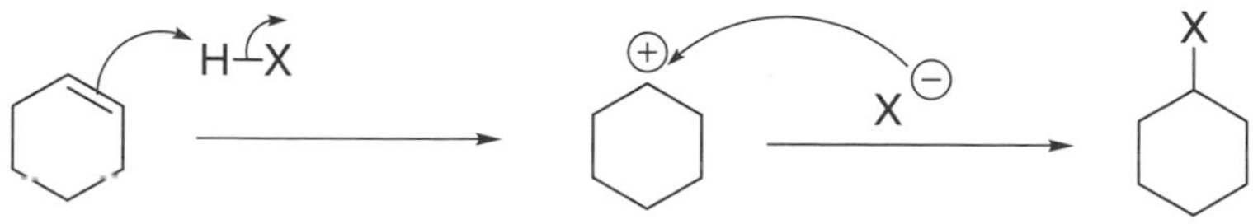

請注意第一個步驟是**質子轉移**，第二個步驟為**親核基攻擊親電子基**。

我們已經看過許多上學期的例子。這些例子證明只要有這四個基本步驟當工具，就可以解決反應機構的問題。藉由熟練這些工具，就可以自在運用它們（同時或者一個接一個）來建立反應機構。竅門就是你要能辨認出，以特定方式組合這些基本步驟時，產生的各種不同模式。這就是有機化學反應機構的精髓所在。例如，看看下面這個這學期稍後會出現的反應：

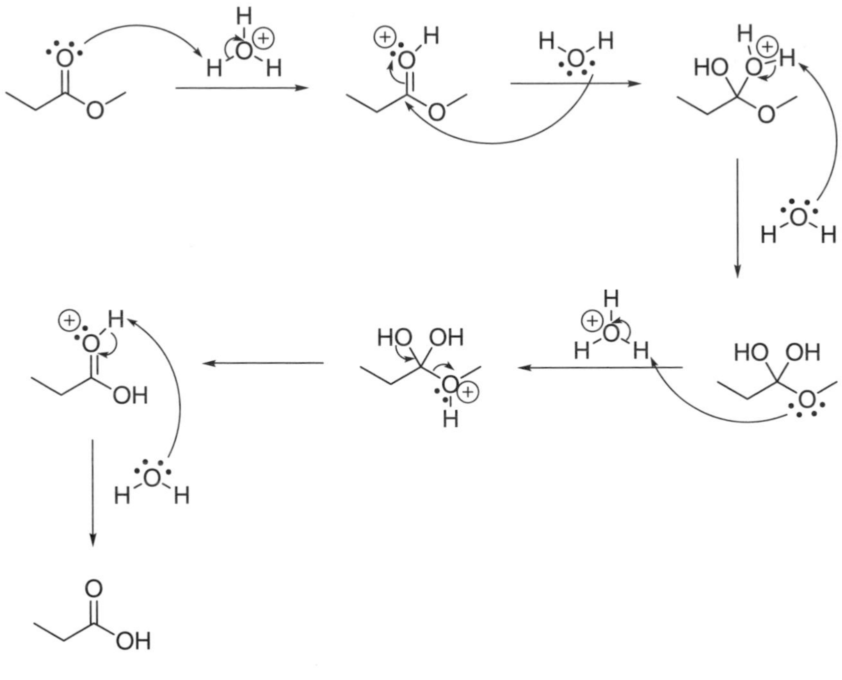

這個反應顯然比上學期有機化學中學過的任何反應都要長。但是讓我們試著仔細觀察這些步驟，來搞懂這個長長的反應機構。首先我們必須先說服自己，這個反應機構其實只是數個基本步驟的組合。第一個步驟是質子的轉移：

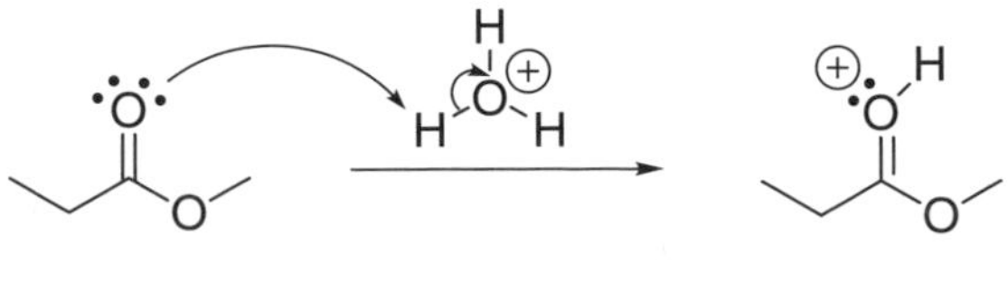

第二個步驟是親核基攻擊親電子基。

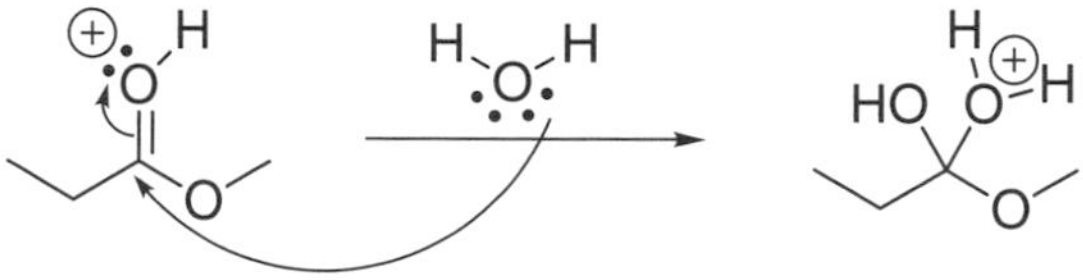

接下來的兩個步驟也都是質子轉移：

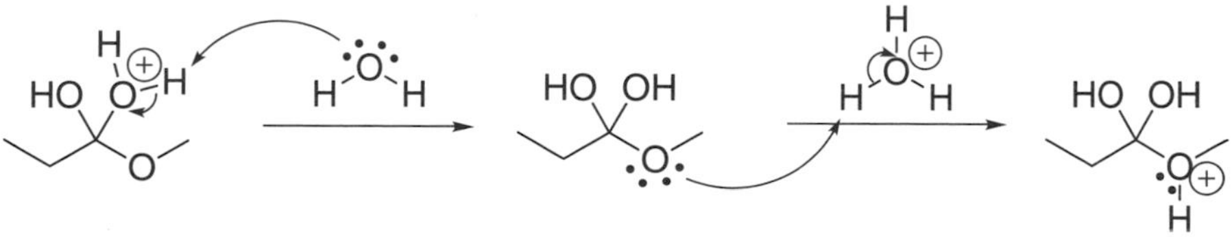

倒數第二個步驟是離去基的脫離：

此反應機構的最後一個步驟是質子轉移：

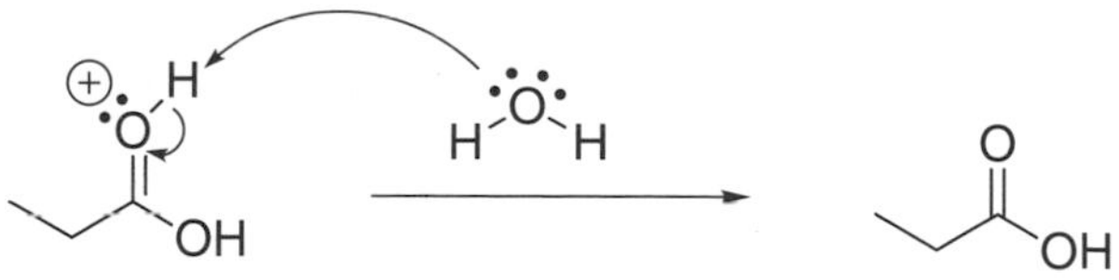

所以，在分析了整個反應機構之後，可以看出它只是一系列獨立步驟的組合，每一個這些步驟都只是四個基本步驟之一。

如果仔細討論這個反應機構，會發現其中只有兩個步驟不是質子轉移：一個是剛開始時（第二步）親核基攻擊親電子基的步驟；另一個是快結束時（倒數第二步）離去基脫除的步驟；其他都是質子轉移。如果再認真想一下，事實上這個反應跟一般的取代反應並沒有太大的不同。前幾頁裡我們看過，一般的取代反應（例如

S_N2）包含了兩個主要步驟：親核基攻擊親電子基，和離去基的脫除。現在在這個很長的反應機構中，有同樣的兩個步驟：親核基攻擊親電子基，接著是離去基的脫除。主要的不同在於還多了好幾個步驟，而它們都是質子的轉移。

分析很長的反應機構時，幾乎都會遇到同樣的主題。你會發現在解釋反應機構時，關鍵步驟通常只有兩、三個，其他的步驟則都只是促進反應的質子轉移。不過不必擔心，你不必死背何時要用到質子轉移，有一些簡單的基本法則可以告訴你，在反應機構中什麼時候需用到質子轉移。在接下來的課程中我們會提到這些法則，但現在希望你學會兩件事：

1. 即使是很長的反應機構，也只是四個基本步驟以特殊的順序做出的排列組合。這四個基本步驟是理解也是（最終）提出反應機構的工具。
2. 在解釋反應時，即使是很長的反應機構，通常也只有兩個或三個關鍵步驟，其他的步驟通常都只是質子轉移。

以這樣的方式思考反應機構，可以幫助你在看起來「明顯」不同的反應機構中，找出其模式和相似性。當你以這樣的方式來看待反應機構，就會明白許多反應機構其實非常相似。事實上，許多反應機構都是相同的，不同的只是使用質子轉移的時機罷了。一旦你嫻熟掌握這些工具（知道在什麼時候，要如何使用它們），你就可以為未曾見過的反應提出反應機構，對於反應機構的每一個步驟，也可以很有邏輯的提出接下來會發生什麼。達到了這個層次，就可以知道反應機構根本不需要背。一旦嫻熟了基本步驟，就會知道事出必有因，所有的反應機構都是可以預測的。

其實最重要的就是認出模式，然後養成習慣使用僅有的幾個基本步驟。我的目的是想為大家把有機化學簡化，把所有的材料變成小尺寸且方便組合的方塊。

現在讓我們開始一些練習。

練習 2.27 請為下列兩個不同的反應畫出其反應機構：

反應 1

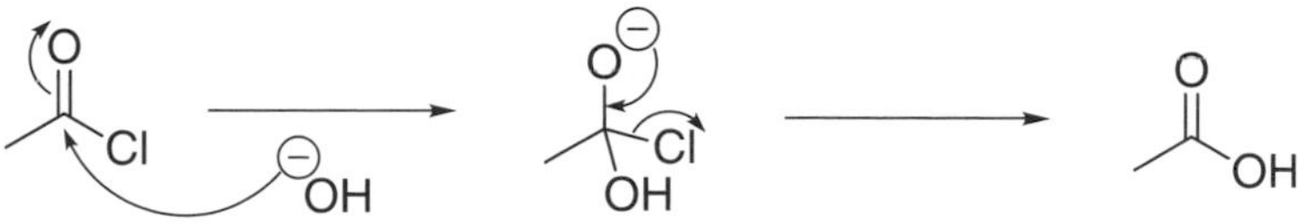

反應 2

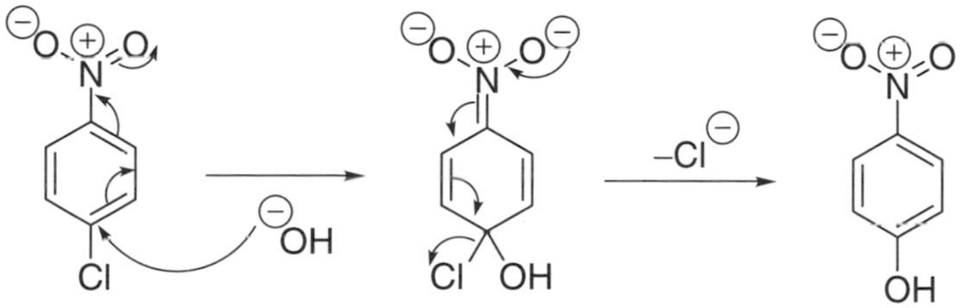

請判定每個反應中，基本步驟的順序，然後根據此順序比較兩個反應的反應機構。

答 案 第一個反應包含兩個步驟：（1）親核基攻擊親電子基，接著是（2）離去基的脫離。在第二個反應中，我們看到相同的兩個基本步驟，且進行的順序也相同：（1）親核基攻擊親電子基，接著是（2）離去基的脫離。

以這樣的方式思考，可以看出這兩個似乎不同的反應，其實具有驚人的相似性。第一個反應中，氫氧根離子進行攻擊，將電子密度推向氧原子。之後在第二個步驟中，電子密度向下推，踢除氯離子使其成為離去基。在第二個反應中，我們看到完全相同的過程：氫氧根離子進行攻擊，將電子密度推向氧原子，之後電子密度推回，踢除氯離子使其成為離去基。

習　題 為下列的每個反應機構「讀出」反應機構，並且判別基

2.28

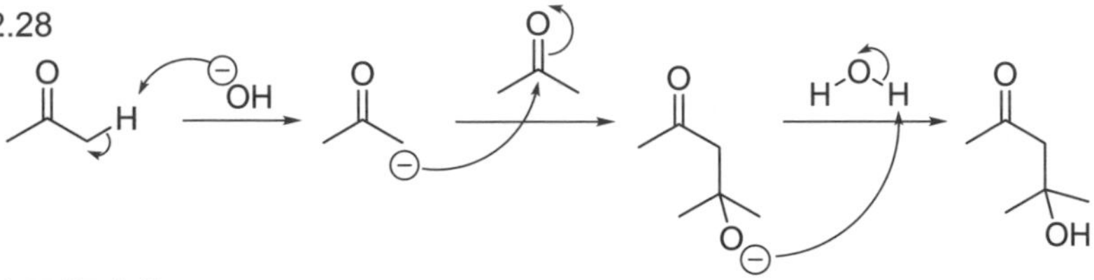

步驟順序為：______________________________

2.29

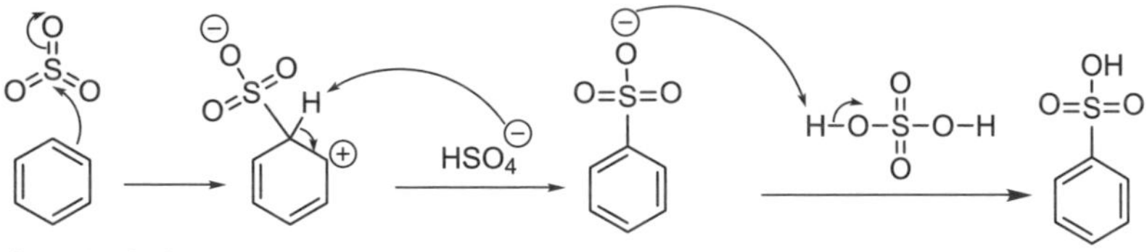

步驟順序為：______________________________

2.30

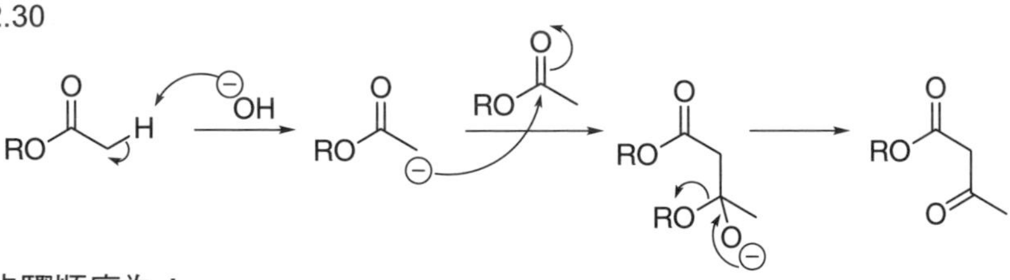

步驟順序為：______________________________

2.31

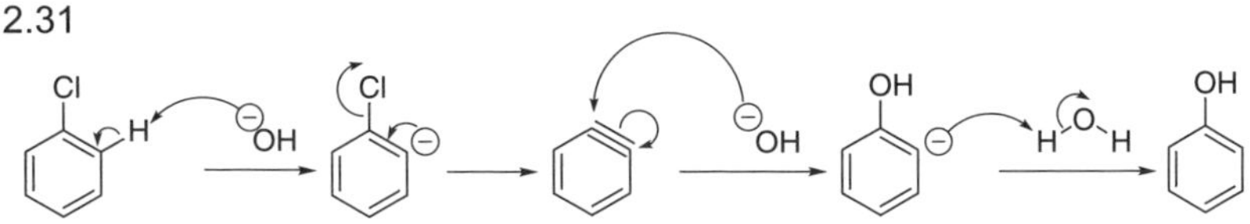

步驟順序為：______________________________

2.32

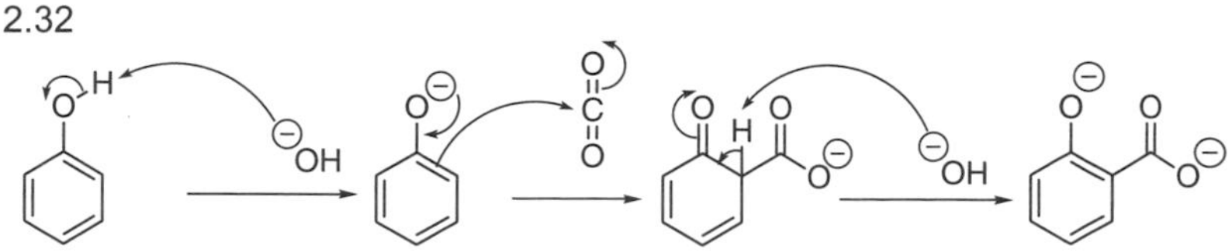

步驟順序為：____

2.33

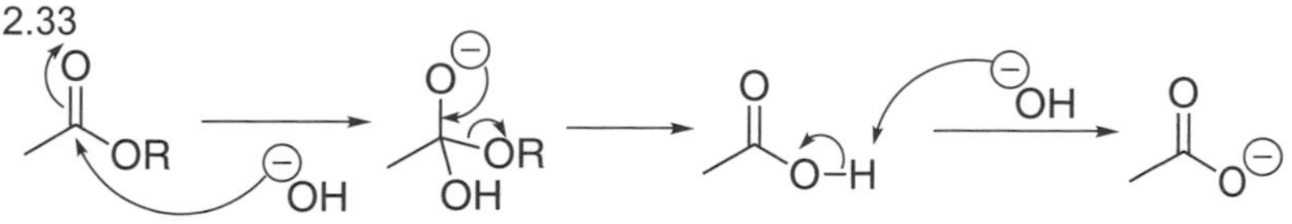

步驟順序為：____

總結來說，我們已經看過這四個基本步驟了。

讓我們給它們取一個較短的名稱，全部以動詞來代替：

1. 攻擊

2. 離去

3. 質子化（或去質子化）

4. 重排

研讀有機化學時你必須把每個反應機構，都當成是這些基本步驟以不同順序進行的組合。這些順序代表了反應機構的簡短摘要。舉一個例子，在下一章中，我們會學到親電子芳香取代反應。屆時將會看到它們全都遵循相同的基本順序：(1) 攻擊，(2) 去質子化。就這樣而已。

我們也會花一些篇幅介紹含有 C = O 鍵的化合物。再次聲明，所有的這些反應機構都遵循了相似順序的基本步驟。當你用這種方式來看待反應機構，可以幫助你記住它。但是更重要的是，它會讓你看清有機反應之間的相似性。在整個有機化學的課程中有超過

100 個以上的反應機構，但是僅有不到 12 個的不同模式（或者說是基本步驟的順序）。隨著課程的進行，你會逐漸熟悉基本步驟的細節，這樣一來，在面對不曾見過的反應時，也能提出其反應機構。這本書的目標就是幫助你達到這樣的層次。而我們開始的第一步，就是親電子芳香取代反應……

第 3 章

親電子芳香取代反應

在開始本章之前，我們必須先複習上學期有機化學曾經學過的一個反應，那就是把溴分子（Br_2）加到雙鍵上：

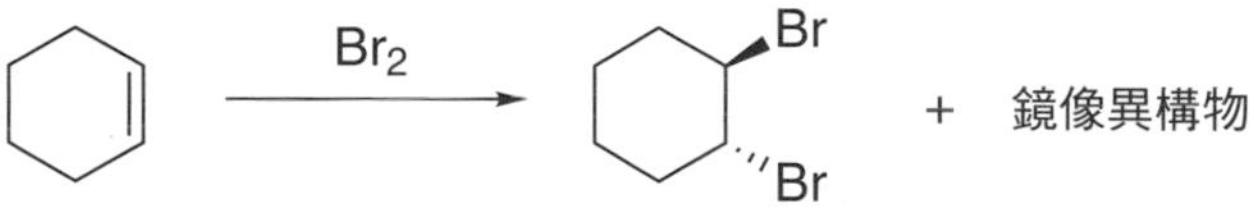

上學期在學這個反應時，我們曾看過它牽涉到親核基攻擊親電子基的步驟。在這裡，親核基就是雙鍵，親電子基則是 Br_2。要瞭解雙鍵如何當親核基，請回想起雙鍵是由兩個鄰近的 p 軌域重疊而成：

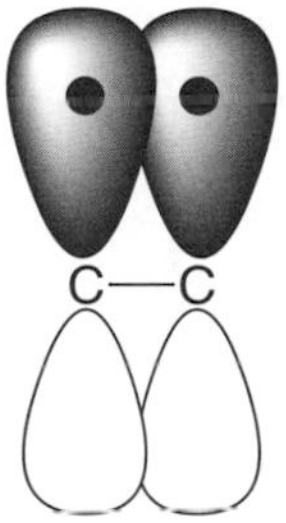

因此，雙鍵是高電子密度的區域。雖然在這裡完全看不到負電荷，雙鍵還是可以當親核基來攻擊親電子基。但是還是有一個很明顯的問題：為什麼 Br_2 是親電子基？畢竟這兩個溴原子之間的鍵結是共價鍵，這表示這兩個溴原子中，沒有一個溴原子的電子密度會比較高。(同為溴原子，具有相同的陰電性，所以這兩個原子之間並沒有電磁感應。)

有一個簡單的理由可以說明，為什麼溴分子可以當親電子基。我們必須先想想，當溴分子接近烯烴（alkene）時會發生什麼事。為解答這件事，請將 Br_2 想像成受電子雲環繞的樣子：

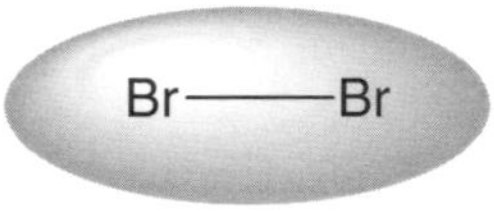

溴分子接近烯烴的時候，烯烴的電子密度會排斥環繞在溴分子周圍的電子雲。這個作用會給溴分子一個感應偶極矩（induced dipole moment）。(這是暫時性的交互作用，只會發生在溴分子靠近烯烴時)：

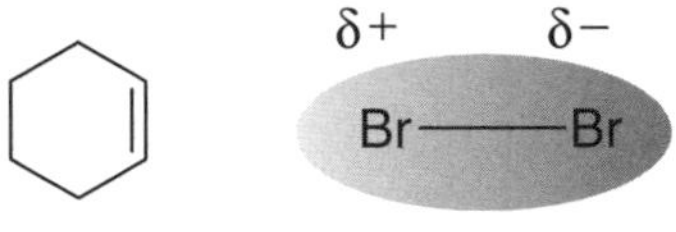

所以，產生了一個高電子密度的烯烴，它可以攻擊附近電子密度較低的溴原子。這樣就產生了我們在上學期有機化學看到的這個反應：

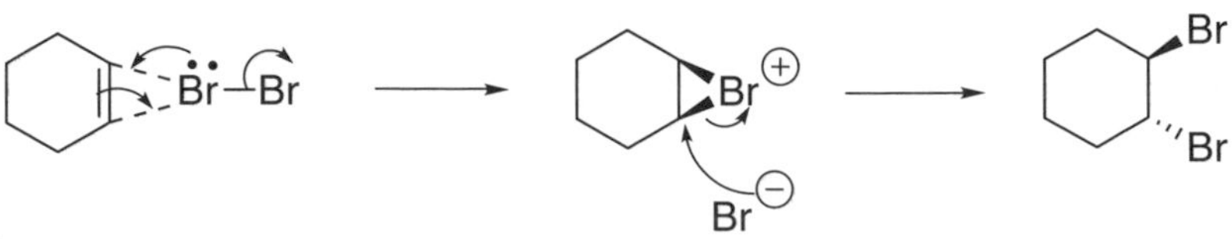

現在讓我們想想，如果用苯環（benzene）當親核基來進行相同的反應，會發生什麼事。所以我們試著進行這個反應：

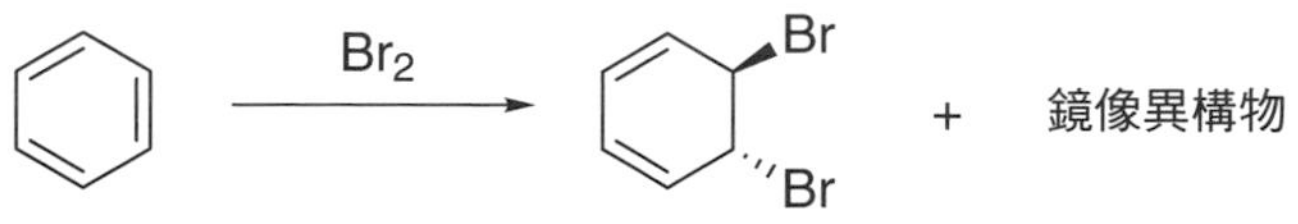

但是當我們在 Br_2 存在時加熱苯，發現並不會產生任何反應：

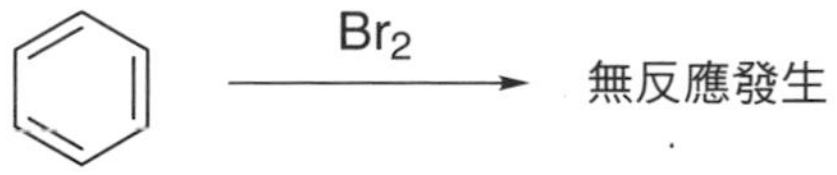

這是可以理解的，因為苯是芳香族化合物，由於芳香性（aromaticity）的存在，此類化合物特別穩定。如果把溴分子加到苯的雙鍵上，會喪失芳香性，這就是這個反應不會發生的原因——因為它需要「向上提升」的能量。

那麼是否可能「強迫」它發生呢？

這個問題會為我們帶來一個在有機化學上非常簡單但重要的概念。親核基和親電子基之間進行反應的動力之一，就是兩個化合物之間電子密度的差異，親核基的電子密度較高，親電子基缺電子，因此兩者在空間上會互相吸引（異性相吸）。所以如果反應無法進行，便可以藉由加強親核基與親電子基之間的吸引力，來推動反應的進行。兩種方式任選其一，都可以達成目的：不是使親核基具有更多的電子（更具親核性），就是讓親電子基更加缺電子（更具親電子性）。

本章將會探討這兩種方式的細節。現在我們先從讓親電子基變得更具親電子性開始。要如何讓 Br_2 更具親電子性呢？首先回想一下為什麼 Br_2 是親電子基。不久前我們才剛看過，Br_2 靠近烯烴時會形成感應偶極矩，在其中一個溴原子上產生部分正電荷。很明顯的，Br^+ 比 Br_2 更具親電子性。所以我們毋須等待 Br_2 產生些微極性，只要使 Br^+ 出現即可。

但是如何才能形成 Br^+？這就是路易士酸（Lewis acid）進場的時刻了。

3.1 鹵化和路易士酸扮演的角色

來看看 $AlBr_3$ 這個化合物。這個結構的中心原子是鋁，鋁是週期表中第三欄的元素，這表示它具有三個價電子（valence electron）。鋁用這三個電子形成鍵結，所以我們看到 $AlBr_3$ 中的鋁原子有三個鍵。

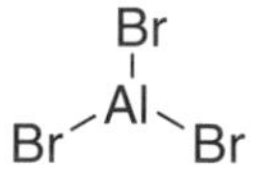

但是請注意，這個鋁原子並不符合八隅體（octet），數一數圍繞鋁原子周圍的電子，只有六個。這表示鋁有一個空的軌域。（第二行元素有四個軌域可以使用，但是鋁原子只用了其中三個，還有一個軌域是空著的。）這個空軌域可以接受電子，事實上，它*想要*接收電子，因為這樣一來鋁原子才能符合八隅體：

因此，我們稱 $AlBr_3$ 為**路易士酸**。簡單的說，路易士酸就是可以收**受一個電子**的化合物。另一個很常見的路易士酸是 $FeBr_3$：

想像一下如果把 Br_2 和一個路易士酸混合，會發生什麼事。路易士酸可以接受一個從 Br_2 來的電子：

之後這個中間產物可以釋出 Br^+，得到以下的複合物：

基本上，路易士酸接近 Br_2 時，會拉走一個溴原子，留下 Br^+。但是如果因此想成 Br^+ 可以在溶液中獨立存在，則是不正確的，其實 Br^+ 比較像是以與 $AlBr_4^-$ 形成複合物的形式存在著：

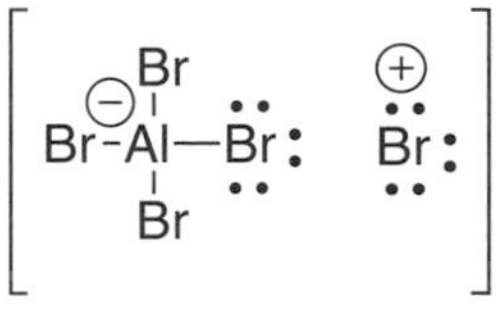

但重點是我們已經形成了 Br^+，而這正是促進反應進行的要件。所以現在可以再試試原本要做的反應了。我們再重新讓苯與溴進行反應，但是這次添加 $AlBr_3$ 當路易士酸。如果試著進行此反應，反應確實會進行。**但是**結果並不符合當初的預期。

請仔細看這個產物：

我們並**沒有**得到加成反應，而是得到了取代反應。

Br^+ 取代了芳香環上的一個質子，所以我們稱此為芳香取代反應。因為與環進行反應的試劑是親電子基（Br^+），所以這個反應稱為親電子芳香取代反應（electrophilic aromatic substitution）。

為了得知反應如何發生，我們來仔細看看它的反應機構。全盤瞭解這個反應的反應機構無疑十分重要，因為我們很快就會知道，**所有**的親電子芳香取代反應都遵循了相同的反應機構。

第一個步驟顯示了環當親核基來攻擊 Br^+：

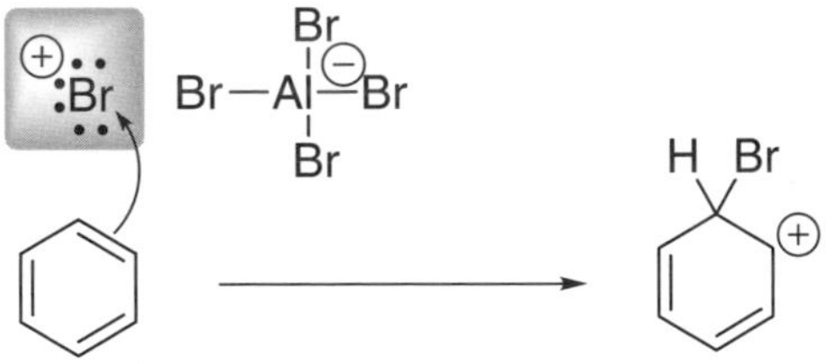

如此便產生了一個不具芳香性的中間產物。這表示我們暫時破壞了芳香性，但是很快會在最後產物上重新建立起芳香性。在反應機構的第一個步驟中（上圖所示），環攻擊了 Br^+，形成具有三個重要共振結構的中間產物：

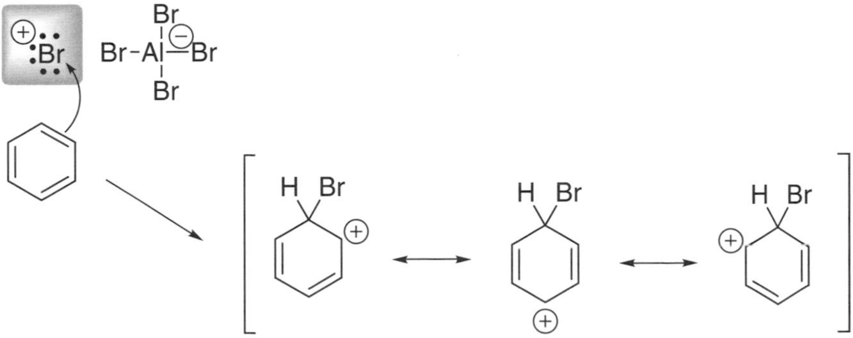

記住共振結構非常重要，還記得上學期說過的嗎？共振**不是**分子在兩個狀態之間的轉換，共振只是妥協下的畫法。因為沒有任何單一圖形可以正確表達出這個中間產物的本質，於是我們就畫出了這三個圖形，以便於大家能夠自行在心中將它們調和在一起，瞭解這個中間產物到底像什麼樣子。

我們曾經嘗試為這個中間產物畫出單一的圖形：

也許你曾在課本上看過這個圖形，但是我通常會避免使用它，因為它似乎暗示，正電荷分布在這個環的五個原子上。以這個例子來說，這是不正確的。

這個化合物的正電荷事實上主要只分布在環的三個原子上（從上面的三個共振結構可以清楚看出這點）。

這個中間產物有一個特別的名稱，我們通常稱它為 sigma 複合物，或者有時也稱它為 Arrhenium ion。這只是對同一個中間產物的兩個不同稱呼。本書之後都將稱它為 sigma 複合物：

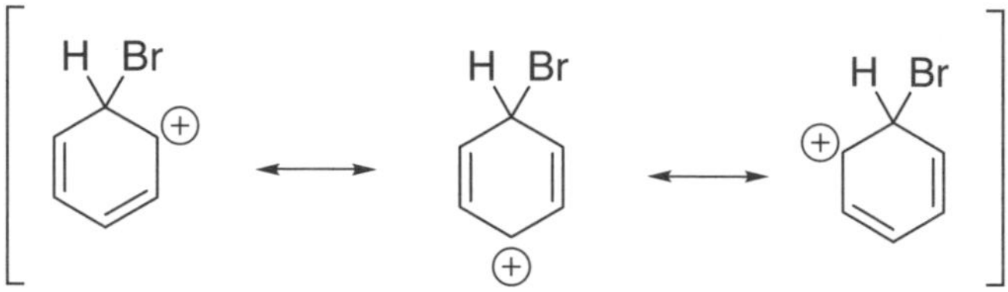

sigma複合物

此反應機構的最後一個步驟為失去質子，並重新回復芳香性：

請注意，我們通常會用某些東西（使用某些鹼）來抓住質子。技術上而言，像這樣讓質子自己掉落下來是不正確的：

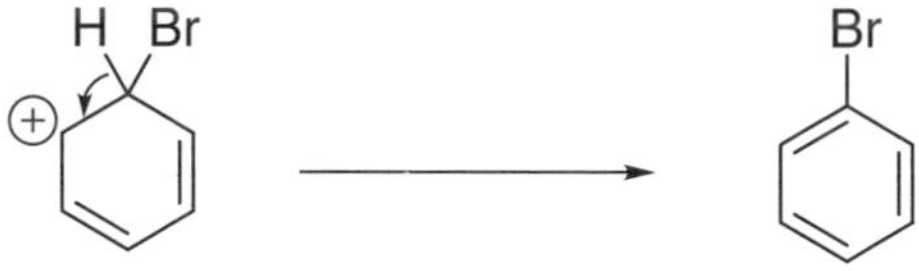

無論何時，當你畫質子轉移的步驟時，都必須把「是什麼抓住了質子」畫出來。在此例中，用 Br^- 拉掉質子似乎是很好的選擇。但 Br^- 卻不是很好的鹼。（上學期我們已經學過鹼性和親核性的差異，那時就已經知道，Br^- 是很好的親核基，但卻是很糟的鹼。）因此，我們必須使用四溴化鋁（aluminum tetrabromide）拉掉質子。四溴化鋁的功用就像是 Br^- 的「運輸劑」。

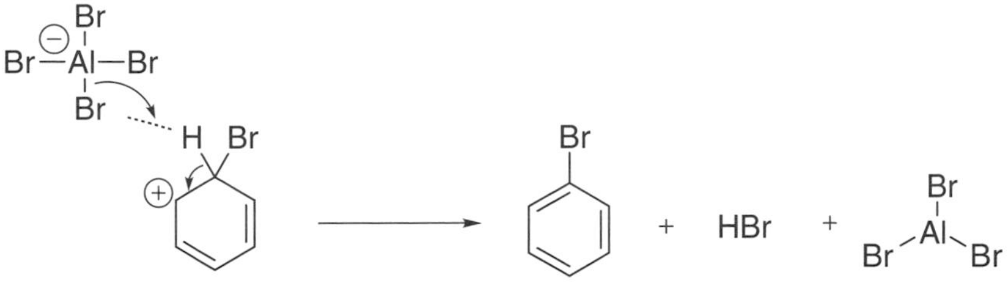

最後還必須注意到，我們又重新產生了路易士酸（$AlBr_3$）。所以路易士酸在反應中並沒有真正消耗掉。在這裡它只是幫助了反應的進行，這就是為什麼在這個反應中我們稱它為**催化劑**（catalyst）。這也是為什麼不需要加入很多路易士酸的原因——一點點就夠了。

現在我們已經看過了這個反應機構的所有步驟，接下來馬上來仔細研究整個反應機構：

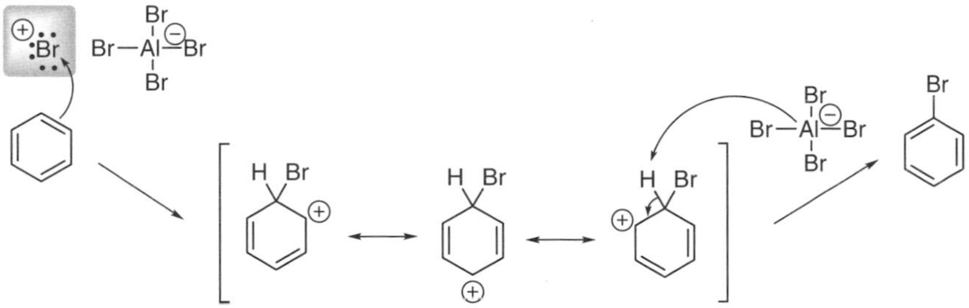

sigma複合物

表面上看來這個反應似乎有很多步驟，但請記住，共振結構並不算是真正的步驟。畫出這三個共振結構（在反應機構的中間）是必須的，如此我們才能瞭解反應中唯一的中間產物（sigma 複合物），性質為何。所以細看這個反應，會發現其實只有兩個步驟。第一個步驟，苯當親核基攻擊 Br^+ 形成 sigma 複合物；第二個步驟是環上的

H^+ 被拉掉，環重新回復芳香性。所以基本步驟的順序(上一章提過)是：攻擊，然後去質子化。換一種說法為：Br^+ 進來，然後 H^+ 離開。就是這樣，所以這個反應的反應機構其實很簡單。

習題 3.1 **熟悉**這個反應機構非常重要。不要偷看前一頁的反應機構，拿出一張白紙試著重新畫出整個反應機構。不要看上面的提示，你一定畫得出來。只要記住兩個步驟：E^+ 進來，然後 H^+ 離開。不要忘記畫出中間產物 sigma 複合物的三個共振結構。

這個反應也可以用來把氯原子放入環上，只要使用下列的試劑即可：

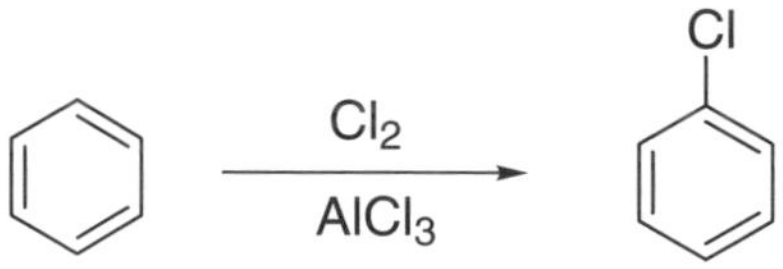

反應機構完全相同，Cl_2 與 $AlCl_3$ 反應形成 Cl^+，即形成所需的親電子基（Cl^+）。之後就得到我們想要的反應，它包含了兩個步驟：Cl^+ 進來，然後 H^+ 離開。

習題 3.2 請畫出從 $AlCl_3$ 和 Cl_2 形成 Cl^+ 的反應機構。

習題 3.3 請畫出苯和 Cl^+ 反應形成氯苯（chlorobenzene）的反應機構。這個反應機構與把 Br^+ 放入環上的完全相同。但是**請不要**回頭看之前的反應機構然後照抄。試著**不要**回頭看，完成後再對照書末附的習題解答（比對每根彎曲箭，以確定你每根箭都畫對了）：

我們也可以用相仿的反應來把 I^+ 放到環上。有許多方法可以形成 I^+，你可以讀課本或上課筆記，看看自己是否知道如何把苯環碘化。如果可以做到，就應該知道這個反應機構與之前我們看過的完全相同，唯一的不同僅在形成 I^+ 的反應機構而已。

習題 3.4 請畫出苯和 I^+ 反應形成碘苯（iodobenzene）的反應機構。這個反應機構與把Br或Cl放到環上的反應完全相同。再說一次，請試著不要回頭看前面的部分，重新做一次。這就是熟悉此反應機構的祕訣。

3.2 硝化

前一章中，我們看過親電子芳香取代反應。我們知道無論是把 Br^+ 放在環上，或是把 Cl^+、I^+ 放到環上，反應機構都相同。我們同樣也將利用這個反應機構，來解釋如何把**任何**親電子基（E^+）放在環上。例如，如果想把苯轉變成硝基苯（nitrobenzene）：

要形成硝基苯，我們需要 NO_2^+ 來當親電子基。但是要如何製造出 NO_2^+ 呢？如果看過了前一章中產生 Br^+ 或 Cl^+ 的方式，也許會想試著用 NO_2Br 和 $AlBr_3$ 來得到下列反應：

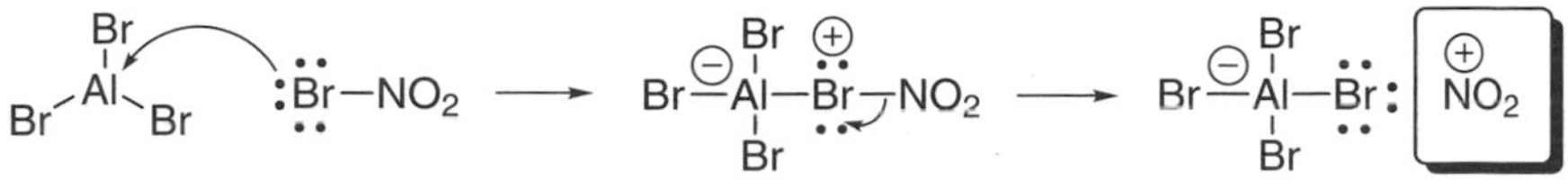

基本上，我們會用路易士酸來把 NO_2Br 中的 Br 拉掉，得到 NO_2^+。這完全就是之前用來形成 Br^+ 或 Cl^+ 方法的翻版。但問題是 NO_2Br 很難處理，你絕不會想要在實驗室裡操作它，尤其當我們知道有更容易的方法可以製造 NO_2^+ 時——我們可藉由混合硫酸和硝酸來產生 NO_2^+：

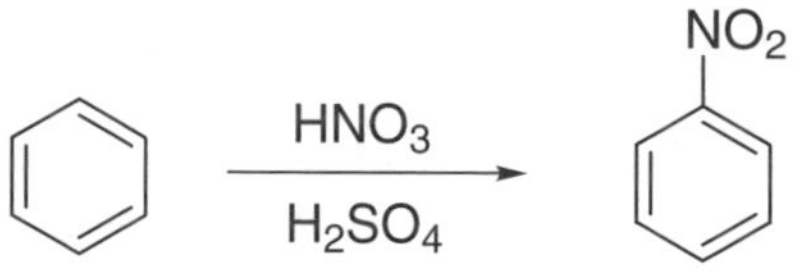

我們要仔細看看在這些條件下，NO_2^+ 如何產生，先從畫出硫酸和硝酸的結構開始：

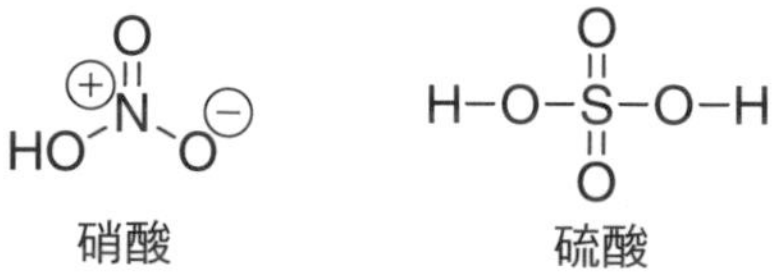

請注意，硝酸的電荷是分離的。你也許想把電荷去掉，畫成下圖右邊這樣：

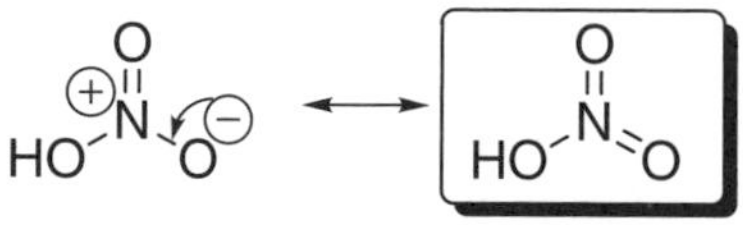

但是你不能這麼做，因為這樣一來，中央的氮原子會有五個鍵結。

對氮來說，五個鍵結是不可能存在的，因為它只有四個軌域可以用來形成鍵結。所以我們一定要把硝酸畫成電荷分離。

現在已經看過這兩個酸的結構，我們必須記住酸這個詞是相對的。說硝酸是酸性也對，說硫酸是酸性的也對。但是相較之下，硫酸是**較好**的酸。事實上就因為它是很強的酸，所以能把一個質子給硝酸：

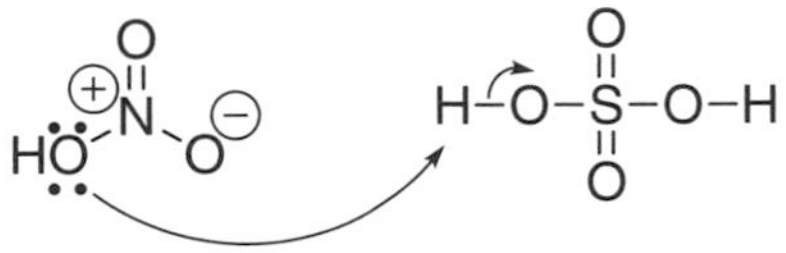

沒錯——硝酸當鹼來拉掉硫酸的質子，看起來似乎很詭異。雖然把硝酸當鹼似乎會讓我們覺得不對勁，但是事情確實是這樣發生的。為什麼？因為相對於硫酸，硝酸就是鹼。這完全是相對性的問題。

OK，所以硝酸從硫酸那裡抓了一個質子。但很明顯的問題是：為什麼是不帶電荷的氧原子抓住質子？由帶負電的氧抓住質子，不是比較合理嗎？像這樣：

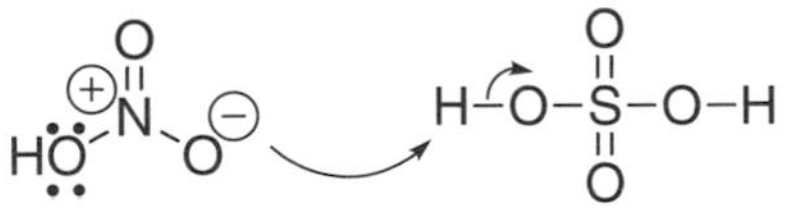

答案是：就是這樣，這樣才比較合理。而且這種狀況發生的頻率還滿高的。帶負電荷的氧原子也許比未帶電荷的氧原子，更容易拉掉質子。但是，質子轉移是可逆的。質子永遠都轉來轉去，而且反應發生得非常快。所以帶負電荷的氧原子真的較常拉掉質子，一旦發生，接下來質子就一定再掉落，重新形成硝酸。

偶爾，未帶電荷的氧原子也會抓住質子，而一旦發生，接下來發生的事便會有所不同：水會脫去：

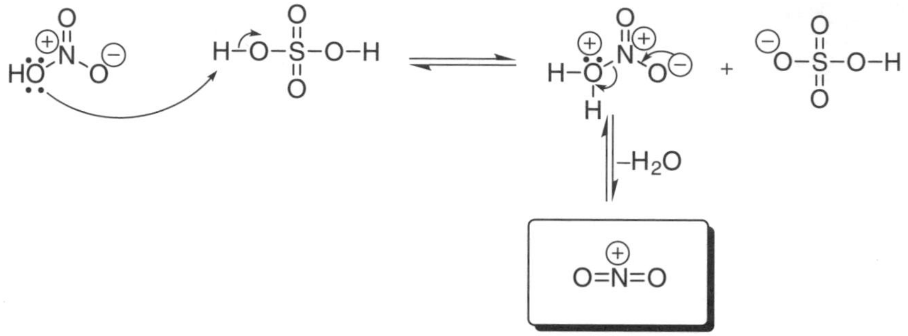

而這個反應一旦發生，就可以得到 NO_2^+。所以當我們混合硫酸和硝酸，在平衡狀態下的混合物中會得到一點點 NO_2^+。而這個 NO_2^+ 就可以做為在苯環上加硝基時，所需要的親電子基。

再次強調，這個反應機構基本上與我們在前一節看過的完全相同：NO_2^+ 進來，然後 H^+ 離開。只有兩個非常細微的不同處，我們先仔細研究這個反應機構，再把重點放在這兩個細微的不同處：

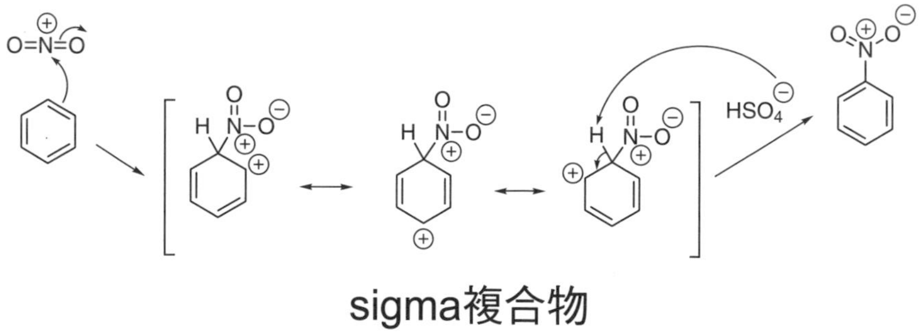

在第一個步驟，當我們攻擊親電子基時，需要用到**兩根**彎曲箭（前一個反應只需要用一根彎曲箭來攻擊 E^+）。這裡需要使用第二根箭，才不會在氮上形成五個鍵結。（這與之前我們提到硝酸結構時的說法相似——**絕不能**讓氮形成五個鍵，因為它只有四個軌域可以形成鍵結。）

另一個細微的不同處在這個反應機構的最後一個步驟。在這個例子中，我們用 HSO_4^-（而不是 $AlBr_4^-$）來拉掉質子，這也合理，因為在這個反應中根本沒有任何 $AlBr_4^-$。

除了這兩個細微的不同，這個反應機構與我們看過的前一個反應，完全**相同**。

到目前為止，我們已經看過如何把鹵素（Cl、Br 或 I）放在環上，也看過如何把硝基放在環上。在繼續本章之前，必須先確定你已經熟悉這些反應中，各試劑扮演的角色。

習　題 **請為下列問題列出的反應，填上反應進行所需的試劑：**

3.5 

3.6 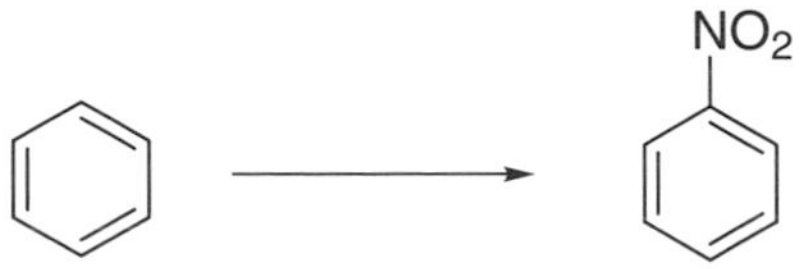

3.7 

習題 3.8 **不要回頭看**前一節，試著畫出苯環硝化的反應機構。你需要用另一張白紙寫下答案。請確定是從形成 NO_2^+ 的反應機構開始畫起，再畫出苯與 NO_2^+ 的反應。

3.3 夫里德耳－夸夫特烷化和醯化反應

前一節我們看到如何利用親電子芳香取代反應，把不同的取代基（Br、Cl、I或NO_2）加到苯環上。在每個例子中，反應機構都相同：**E^+ 進入**環，而 **H^+ 離開**。在本節，我們將學習如何把烷基加到苯環上。

先從最簡單的烷基看起。現在的問題是：進行以下的轉換時，需要用到什麼樣的試劑？

若用本章發展出來的邏輯，我們會想用 CH_3^+ 當親電子基。但看到 CH_3^+，你應該會有些遲疑，因為你會想起曾經學過的碳陽離子穩定性法則——三級碳陽離子比二級碳陽離子來得穩定等等。甲基碳陽離子基本上很不穩定，事實上一般都會刻意避免在反應機構中使用甲基或一級碳陽離子。但是在這裡，我們試著製造出甲基碳陽離子，有可能嗎？答案是：可能。事實上我們將用前一章學過的方式來製造它。

如果把氯甲烷（methyl chloride）與一點點的 $AlCl_3$ 混合，我們就有了 CH_3^+ 的來源：

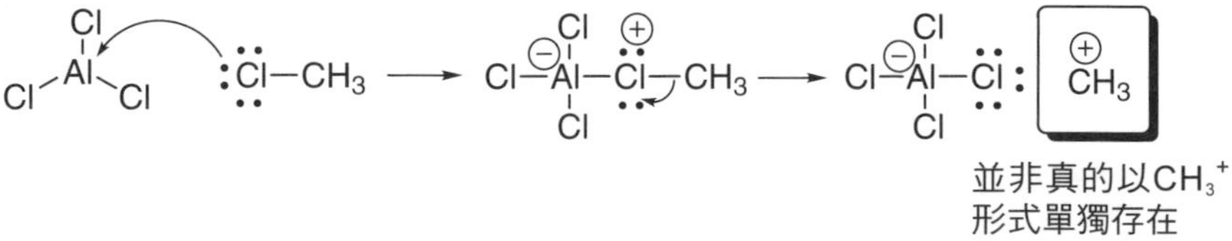

事實是，我們並**沒有**真正形成可以單獨存在的甲基碳陽離子。CH_3^+ 本身非常不穩定（請回想碳陽離子的穩定性），所以我們必須把這個

複合物看成 CH_3^+ 的「來源」。

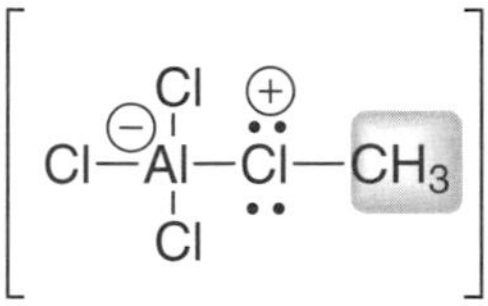

CH_3^+**的來源**

這給了我們把苯環甲基化的方法：

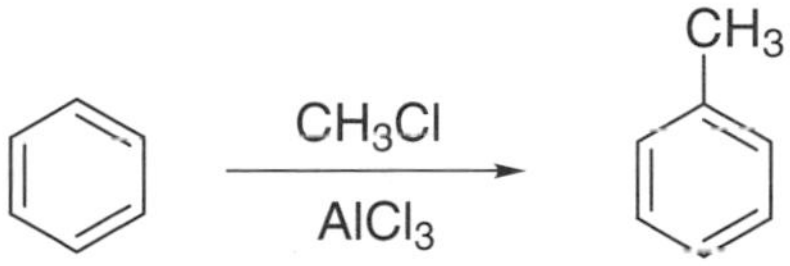

而這個反應機構，又再度與之前已經看過一次又一次的反應機構相同。這是一個親電子芳香取代反應：CH_3^+ **進入**環，而 H^+ **離開**：

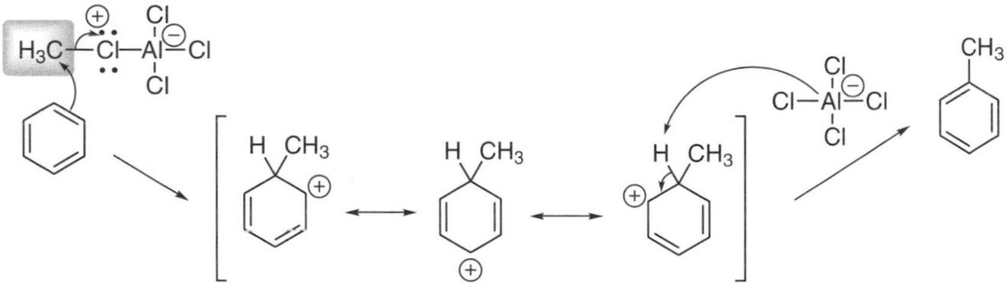

sigma複合物

我們也可以用完全相同的過程，把乙基加到環上：

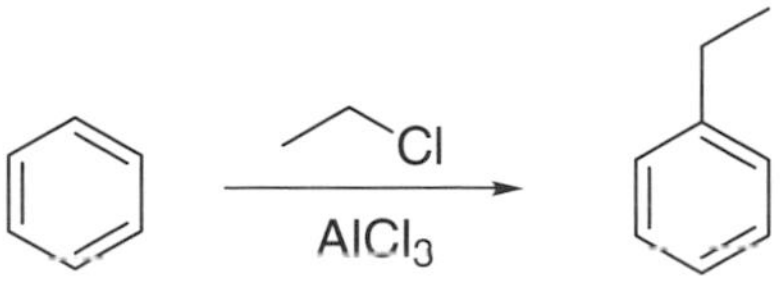

這個過程（把烷基加到環上）稱為夫里德耳—夸夫特烷化作用（Friedel-Crafts Alkylation），簡稱為「夫－夸烷化」。它是把甲基或乙基加到環上的好方法。**但是**，等要把丙基加到環上時，就會遇到問題了。當我們試著把丙基加到環上，得到的是混合產物：

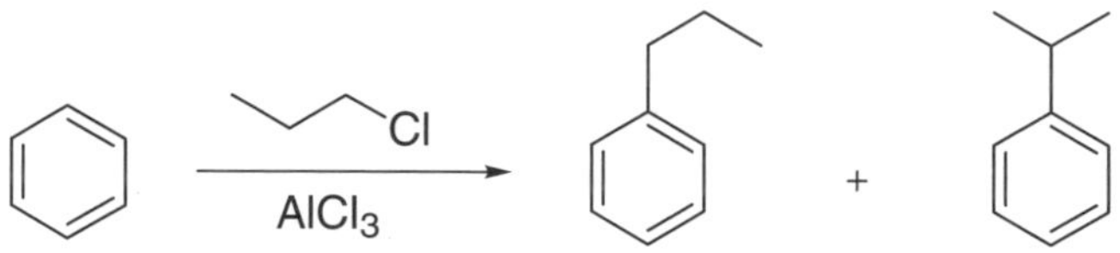

道理非常簡單。一旦形成碳陽離子，就有可能進行碳陽離子重排反應。甲基碳陽離子不可能重排，同樣的，乙基碳陽離子也無法藉由重排變得更加穩定。但是丙基碳陽離子**可以**進行重排（經由氫陰離子轉移）：

既然形成了丙基碳陽離子，可以預料到它們與苯環反應前，有時會先行重排(其他時候，它們在與苯環反應之前，並沒有重排的機會)。這就是為什麼我們會得到混合產物。所以在使用夫－夸烷化的時候，必須留意是否會有我們不想要的碳陽離子重排發生。

現在，如果想要製造異丙苯（isopropyl benzene），可以使用異丙基氯（isopropyl chloride）當試劑，以避免重排發生：

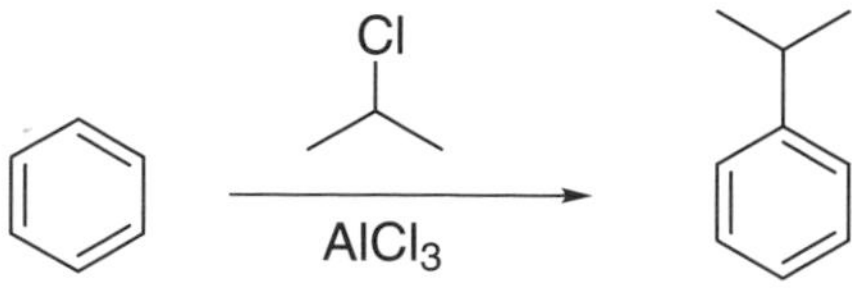

但是如果想要製造正丙苯（propylbenzene）該怎麼辦呢？

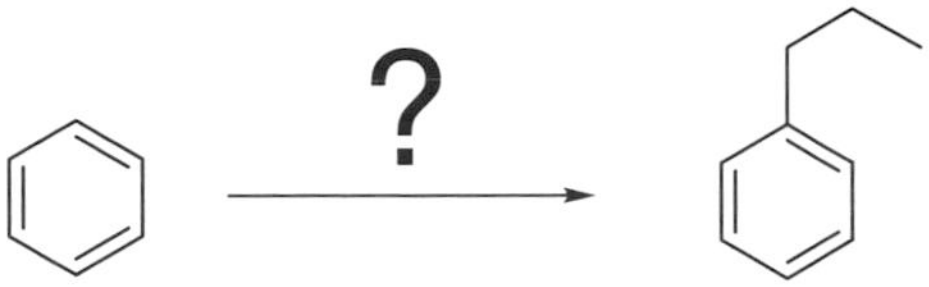

該怎麼做呢？如果使用氯丙烷（propyl chloride），就如同之前看過的，會有部分碳陽離子進行重排，因此想要的產物產率會不高。事實上，我們可以像這樣歸納問題：該如何接上**各種**的烷基，並避免可能發生的碳陽離子重排。例如，我們該如何進行以下的轉換而**不產生**碳陽離子重排呢？

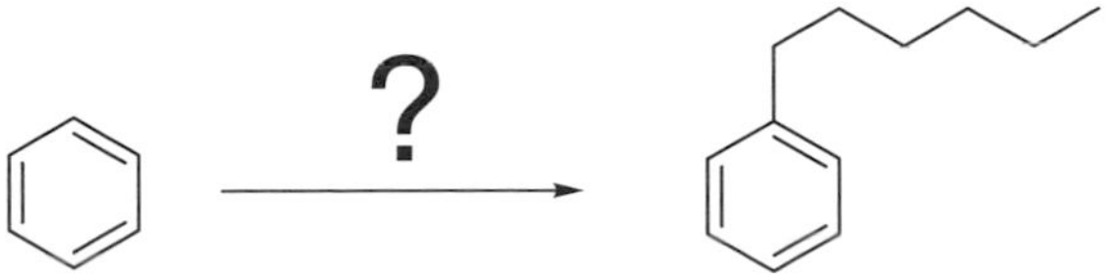

如果使用氯己烷（和 $AlCl_3$），很可能會得到混合產物。

很明顯的，這需要一點技巧。我們的確有招數可以應付，但在這之前，必須先仔細看看同樣名為「夫里德耳—夸夫特」的類似反應。但是這個反應不是進行**烷化**，而是進行**醯化**（acylation）。要知道這其中的不同，我們先快速比較烷基和醯基（acyl group）這兩個取代基。

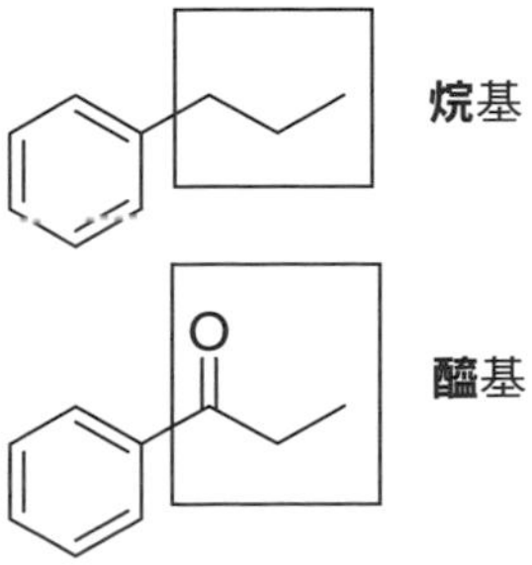

加入下列試劑，就可以用把烷基加到環上完全相同的方法，把**醯基**加到苯環上：

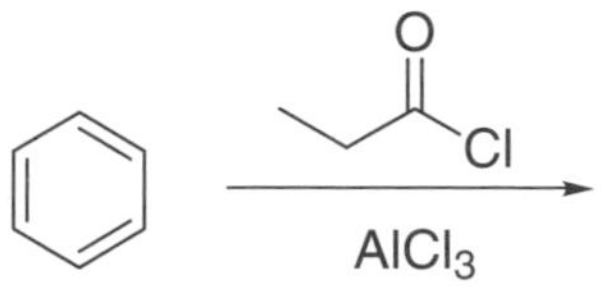

第一個試劑叫做醯基氯化物（acyl chloride），或稱為氯化醯（acid chloride），另一個試劑是我們相當熟悉的 $AlCl_3$（一種路易士酸）。這裡路易士酸用來拉掉醯基氯的 Cl 原子，像這樣：

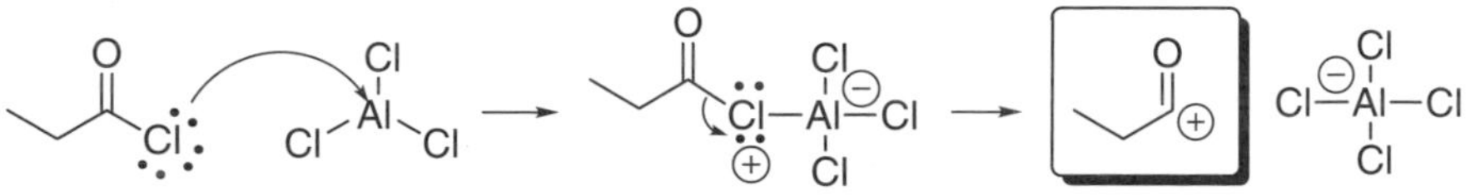

最終的結果是產生新種類的親電子基，可以拿來跟苯環進行反應。這個親電子基稱為**醯陽離子**（acylium ion，這樣稱呼是有特別意義的，acyl 指這個親電子基具有醯基；而 ium 則是因為它具有一個正電荷）。實際上這個親電子基有一個很重要的共振結構：

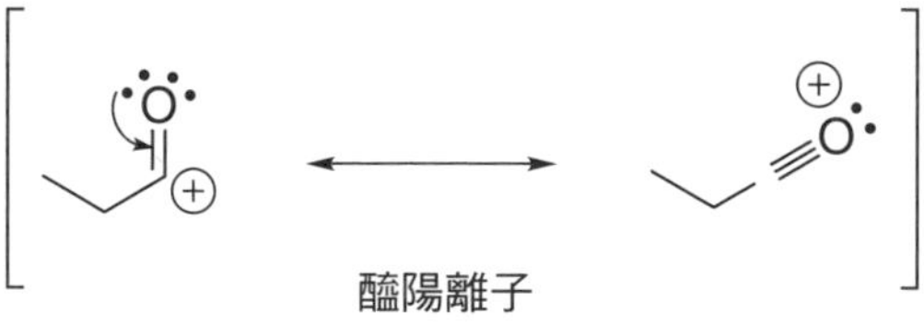

這些共振結構十分重要，醯陽離子就是藉由共振的方式來**穩定**，才**不會**進行碳陽離子重排。（如果它進行重排就會失去共振的穩定性。）比較下列兩個例子：

可以重排　　不能重排

所以，如果進行夫－夸**醯化**反應，就可以很乾淨的釣出醯基，把它加到苯環上（不會有任何重排反應）：

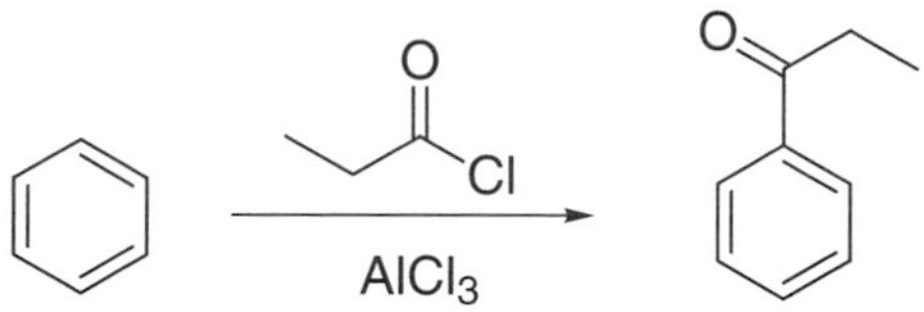

如此一來，就不會產生從碳陽離子重排而來的副產物。我們再比較一次夫－夸**烷**化反應和**醯**化反應：

烷化

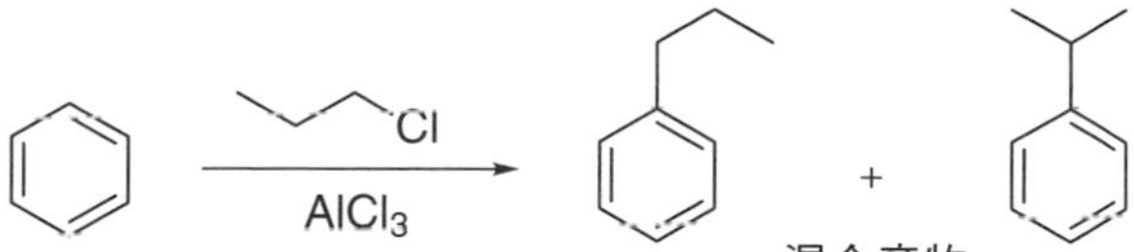

混合產物

醯化

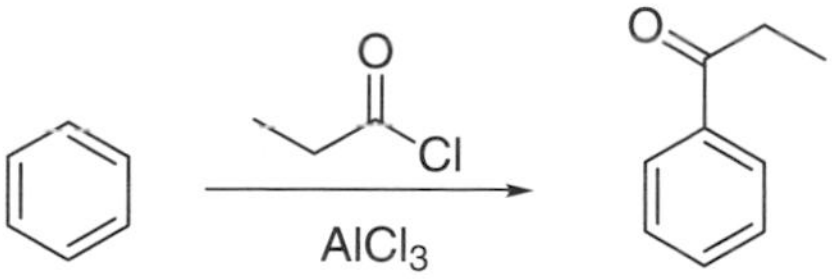

唯一產物

現在仔細看上面的醯化作用，我們可以指出一個非常重要的特點。請注意，我們已經把一個三個碳的鏈加到環上，但是這個鏈是藉由鏈的第一個碳來連結，而不會以中間的碳來連結：

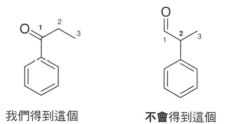

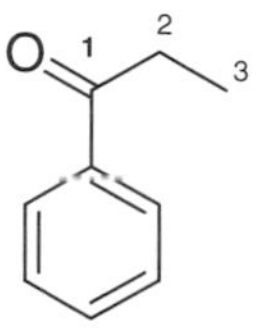

我們得到這個

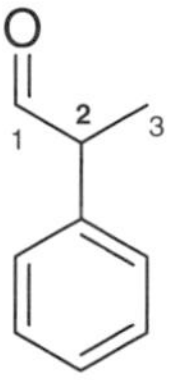

不會得到這個

再次強調，會以第一個碳連結至環上是因為沒有產生重排（醯陽離子藉由共振來穩定，因此不會重排）。現在唯一需要做的就是把氧移走，這樣我們就有了一個兩步驟合成法，而這個方法可以把丙基連接到苯環上：

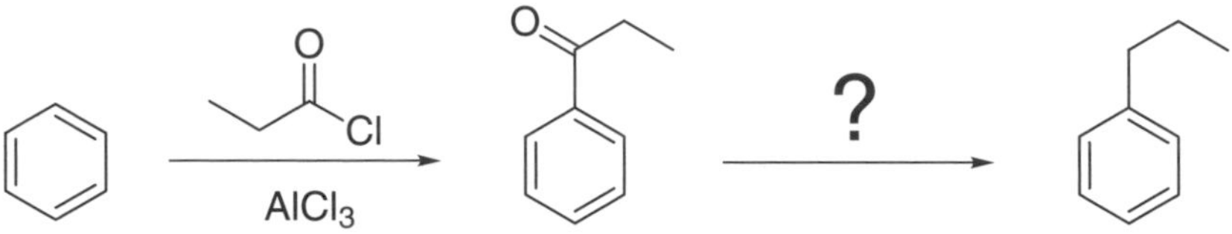

很幸運的，有一個簡單的方法可以把氧移除；事實上有三個很普遍的方法可以移除氧原子，但是我們現在只要關注其中一個方法即可（酸性條件的那個），只要記得在未來幾章裡，我們會提到另外兩種移除氧的方法（一個是用鹼性條件，另一個則使用中性條件）。在酸性條件下還原酮的反應，我們稱為克萊門森還原作用（Clemmensen reduction）：

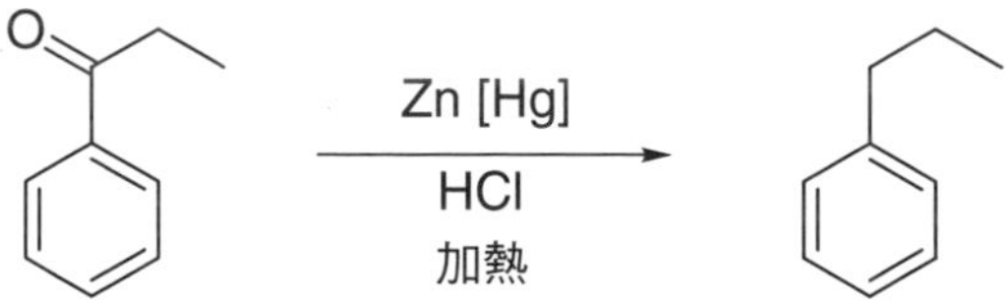

現在很快看一下這裡用的試劑。第一個試劑 Zn[Hg]，把汞括弧起來表示用的是鋅和汞的合金——汞齊（amalgam）。合金的意思就是把兩種金屬一起加熱，直到它們變成液體，把液體攪拌攪拌，再讓它們冷卻，就可以得到以兩種金屬組合成的固體。除此之外，我們還需要鹽酸（HCl），以及加熱達到克萊門森還原作用所需的條件。

化學家對克萊門森還原作用的反應機構，至今仍無法達成清楚的共識。所以大部分的課本都沒提到這個反應的反應機構。在這裡最重要的是，你可以把克萊門森還原作用當成是把烷基加到環上，且不會有任何重排發生的兩步驟合成法裡的第二個步驟。

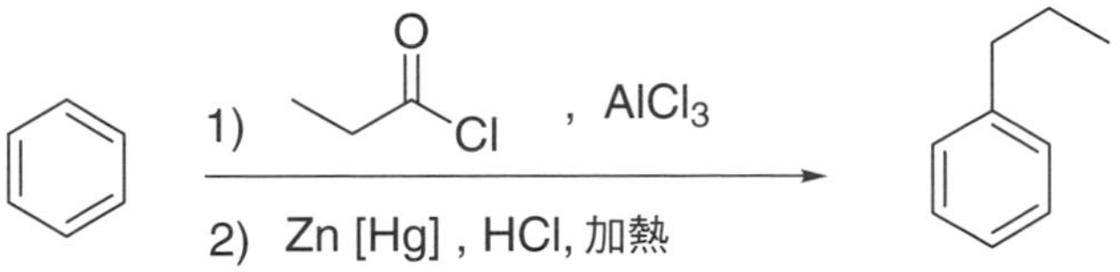

在繼續講下去之前，關於夫－夸醯化反應（上述合成法的第一個步驟）還有一個小地方值得說一下。請記得這個反應要在路易士酸（$AlCl_3$）存在的情況下發生，而 $AlCl_3$ 時時都在尋找可以抓住的電子，而醯化的產物是酮，酮正好具有路易士酸可以抓住的電子：

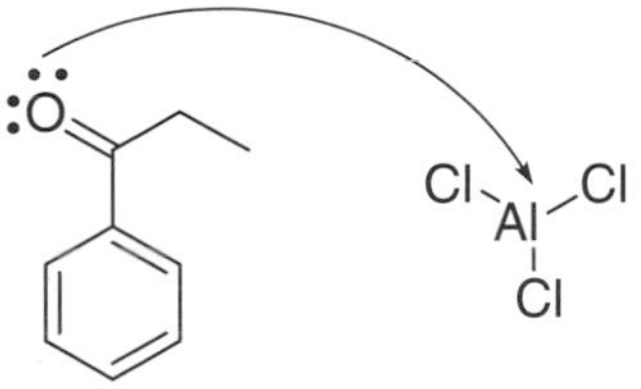

因此，無論何時進行醯化反應，最終都需要把路易士酸從產物裡分離出來。這有一個簡單的方法可以做到，只要給路易士酸其他來源的電子，供其抓取即可，其中最簡便的方式就是利用水（H_2O）。所以無論何時，只要在合成問題上運用了夫－夸醯化反應，就要記得要把水列入試劑清單中（緊接在醯化反應之後）：

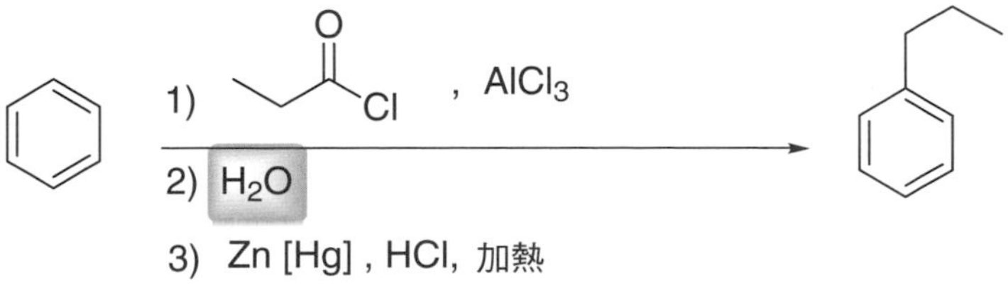

總結來說，我們已經看過在夫里德耳—夸夫特醯化反應後接著進行克萊門森還原作用，是把烷基加到環上，而不會發生重排的好

方法。但有些時候你只想把醯基加到環上，之後並不想要進行克萊門森還原。例如：

要想做這樣的轉換，只需要進行夫里德耳—夸夫特醯化反應就可以了（包括使用水的步驟），不需要再進行克萊門森還原，因為我們並不想拉掉最終產物上的氧原子。

練習 3.9 請列出進行以下合成所需的試劑：

答　案 在這個問題中，我們要把烷基接到苯環上。所以必須先看看能否用夫－夸烷化反應一步完成。這個例子沒辦法用一步完成，因為還必須擔心是否會發生碳陽離子重排。如果先考慮需要產生的親電子基，就可以知道它是否會發生重排：

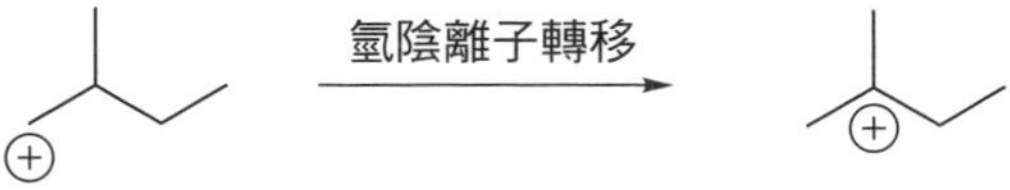

而這會帶給我們混合產物：

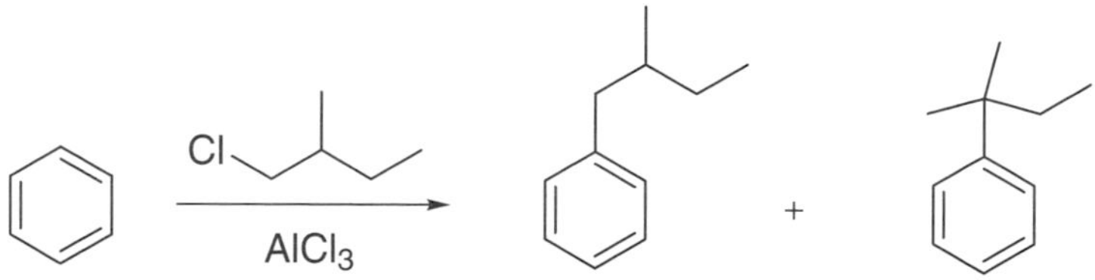

所以，除了使用夫里德耳—夸夫特醯化反應外（不要忘了加水），還要接著進行克萊門森還原作用：

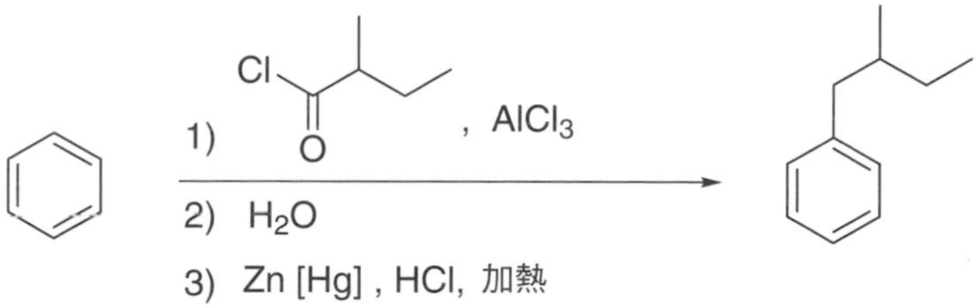

習　題 請為下列的問題，加上完成轉換所需的試劑。在某些狀況下，你會想用夫－夸烷化反應，而在其他的狀況下，則會想要用夫－夸醯化反應。

3.10 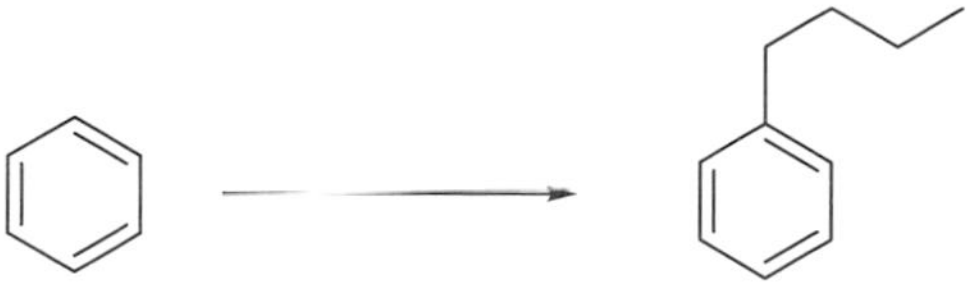

3.11 

3.12 

3.13

3.14

習題 3.15 請預測下列反應會形成什麼產物。

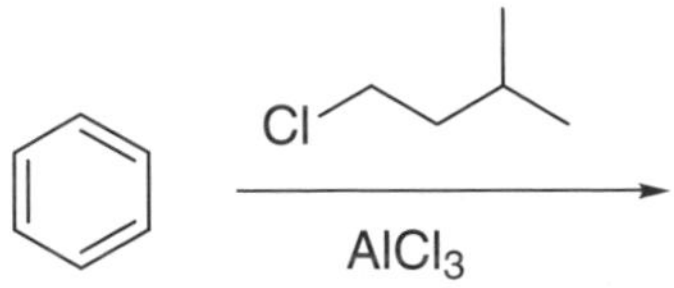

（**提示**：這個例子會有三**個**產物相互混合，要記得考慮三種重排發生的可能性。如果對碳陽離子重排感到生疏，請再回頭重新複習。）

習題 3.16 拿出一張紙，畫出前一個問題中形成三個產物的反應機構。

習題 3.17 拿出一張紙，畫出下列反應的反應機構。記得要畫出在與苯環進行反應前，形成醯陽離子的反應機構：

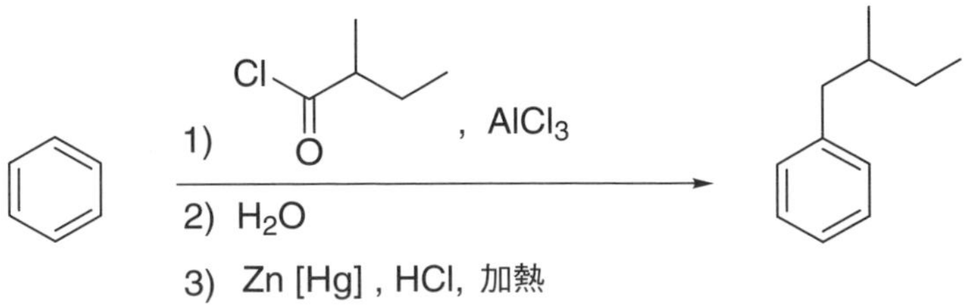

使用夫里德耳－夸夫特反應會有一些限制。你必須花一點時間讀一下課本中關於這部分的敘述。其中兩個最重要的限制如下所述：

1. 進行夫－夸**烷化**反應時，很難只把一個烷基加到環上。因為每加一個烷基到環上，都會促使苯環更具活性，有利於下一次攻擊。
2. 進行夫－夸**醯化**反應時，很難把一個以上的醯基加到環上。因為一旦環上有一個醯基，就會讓苯環對下一個醯化反應的活性降低。

我們必須試著瞭解**為什麼**加烷基會使苯環更有活性，和**為什麼**加醯基會使苯環的活性降低。當我們把注意力轉移至親電子芳香取代反應的**親核基**時，對於這一點會解釋得更詳細些。（請記住在反應中，苯環是親核基，它會攻擊某些親電子基 E^+。）目前為止，我們都只注意反應的親電子基，至今已經看過如何使用親核基 Br^+、Cl^+、I^+、NO_2^+、烷基$^+$和醯基$^+$。在把注意力移轉至反應的親核基之前，還有一個親電子基必須詳加討論。

3.4 磺化

我們即將討論的反應，也許會是你必須掌握的最重要反應。因為這個反應在之後的合成問題上，將會廣泛使用。如果沒記住這個反應，在解答合成問題時，會嚴重的迷失。下一節中，我們會解釋這個反應之所以這麼重要的原因。現在，相信我，先熟悉這個反應再說。

到目前為止，我們看過的親電子基都有正電荷。但是現在我們必須處理一個不具正電荷的親電子基。這個親電子基為 SO_3，先來仔細看看它的結構：

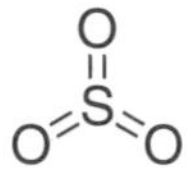

請注意這裡有三個 S ＝ O 雙鍵。但是這些雙鍵並不是很好的雙鍵，還記得雙鍵是兩個 p 軌域重疊而成的嗎：

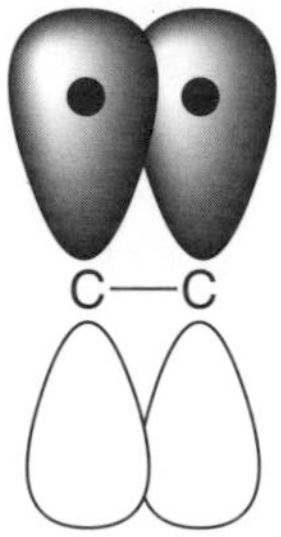

碳與碳之間的雙鍵，因為兩個 p 軌域的尺寸相同，所以相互重疊得非常好。但是如果試著把氧原子的 p 軌域與硫原子的 p 軌域重疊，會發生什麼事？因為這兩個 p 軌域的尺寸不同（氧是週期表第二列元素，表示它使用第二能階的 p 軌域；但硫是週期表第三列元素，所以它使用第三能階的 p 軌域）：

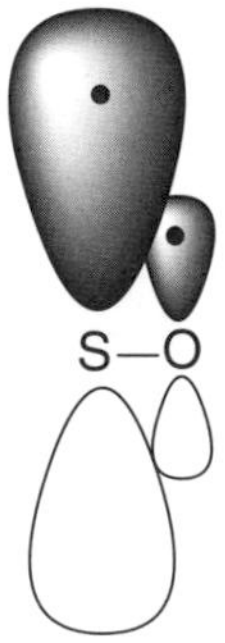

因此它們的重疊並不是很好，而且這樣會把 S ＝ O 錯想成雙鍵，但其實本質上它比較接近這樣：

當我們把 SO_3 上每個雙鍵都這樣分析時，就可以得知硫原子是**非常**缺電子的：

事實上，因為硫原子是如此的缺電子，所以是很好的親電子基，即使這個化合物整體而言是中性的（沒有淨電荷）。現在我們要來看一個用 SO_3 當親電子基的反應。但在這之前，先看看 SO_3 從何而來。

硫酸通常會與 SO_3 和水達成平衡：

$$H_2SO_4 \rightleftharpoons SO_3 + H_2O$$

這表示在任何一瓶硫酸中都會有一些 SO_3。在室溫下，SO_3 是氣態的，所以可以加入額外的 SO_3 氣體到硫酸中（這樣平衡會稍有變動）。這麼做的時候，我們稱此混合物為**發煙**硫酸（fuming sulfuric acid）。所以從現在開始，如果你看到濃發煙硫酸時，就應該知道這表示我們正使用 SO_3 這個試劑。

這裡就是這個反應：

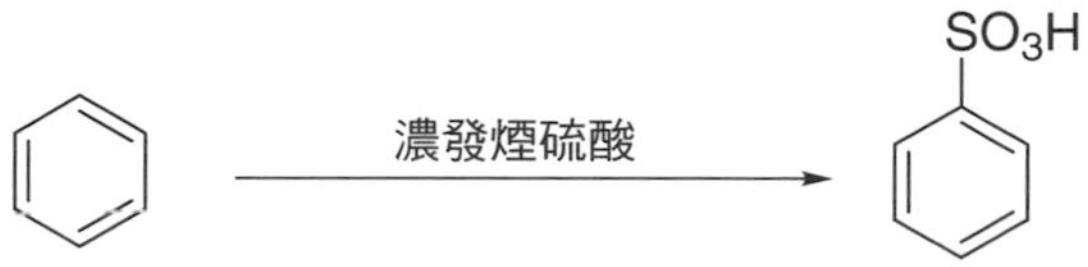

請注意最後我們是把 SO_3H 基放到環上。很明顯的問題是：為什麼 H 最後會連結到 SO_3 上？要知道為什麼，必須先仔細看看這個反應機構。還記得親電子芳香取代反應都有的兩個步驟嗎：E^+ 進到環上，而 H^+ 離開。但是等一下，在這個例子中，我們用的並不是帶正電荷的親電子基，這個反應的親電子基不帶電荷。到目前為止我們看過的反應，都是把帶正電荷的東西加到環上，再把帶正電荷的東西帶離苯環。所以最終苯環不會得到或失去任何電荷。但在這個例子中，是把中性的 SO_3 加到環上，然後移走帶正電的 H^+。這就為產物留下一個負電荷，事情的確就是這麼發生的：

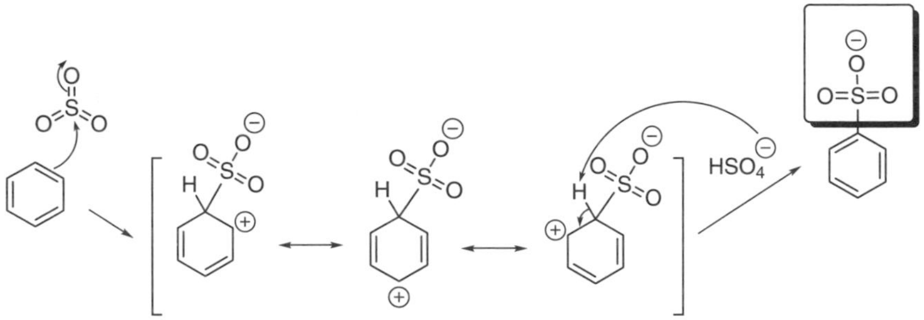

sigma複合物

所以我們必須為反應機構再添加一個步驟。產物上的負電荷會從硫酸抓一個質子（記得因為使用發煙硫酸當 SO_3 的來源，所以周圍多得是硫酸）：

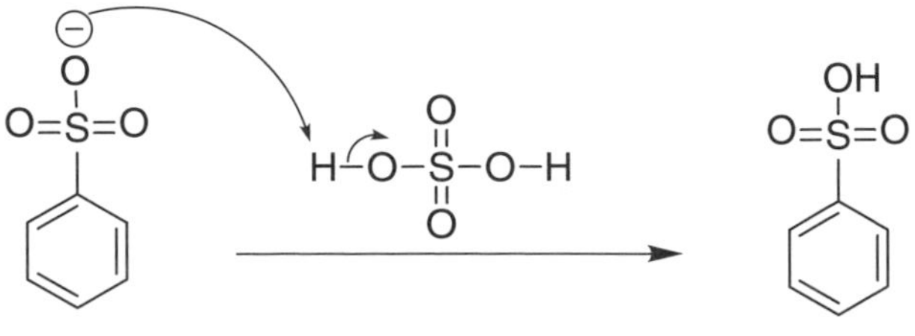

雖然這個反應在反應機構的最後加了一個額外的步驟，但請記住這個額外的步驟只是質子轉移。這個反應的核心和之前看過的反應都相同：親電子基進入環中，而 H^+ 則脫離環。

這個反應的一個重要特色（就是這個特色讓這個反應在合成問題裡變得很重要）是它可以很容易反轉。你得到的產量是以平衡狀態來控制的，而且平衡對反應的條件非常敏感。所以如果用的是稀硫酸，平衡就會傾向另一個方向（仔細看看下面平衡狀態的箭頭）：

我們可以把這個當成優點，因為想移除 SO_3H 取代基時，這就個方法就很好用，只要用稀硫酸就可以把它拉掉了：

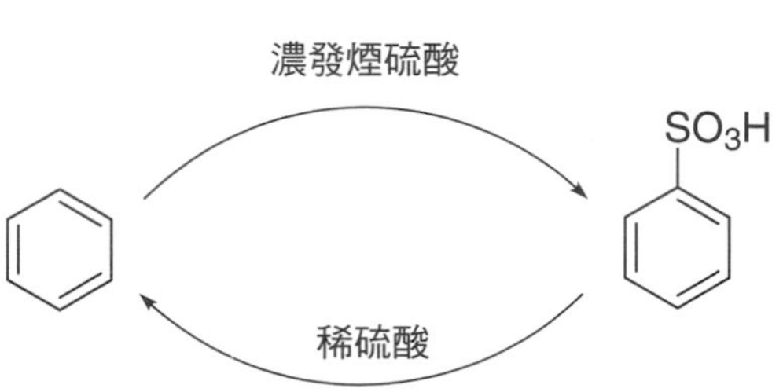

所以現在我們具備了隨時把 SO_3H 取代基加到苯環上的能力，**並且**也可以隨心所欲的把它拉掉。也許你會懷疑，為什麼會想把取代基置入，只是為了之後把它移除？表面上看來好像是在浪費時間，但在之後的幾章裡，將會看到這在合成問題上的重要性。

現在來確認我們對試劑已經相當熟悉了。

練習 3.18 請寫出進行下列轉換所需的試劑：

答　案 我們已經學過用發煙硫酸來把 SO_3H 取代基加到環上，而用稀硫酸拔除此取代基。這個例子是拔除取代基，所以必須用稀硫酸。

習　題 請寫出進行下列每一個轉換所需的試劑：

3.19 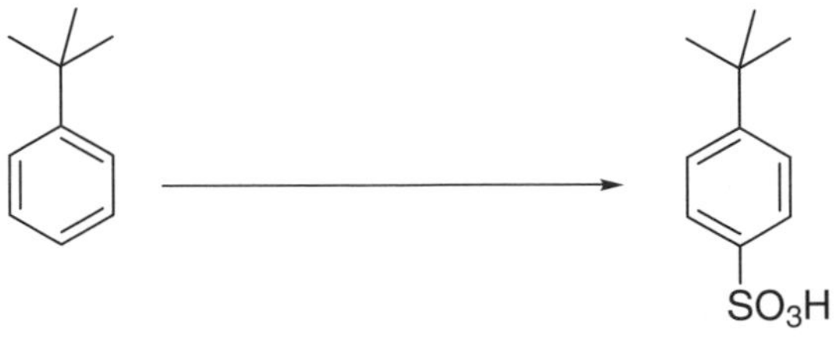

3.20 

3.21 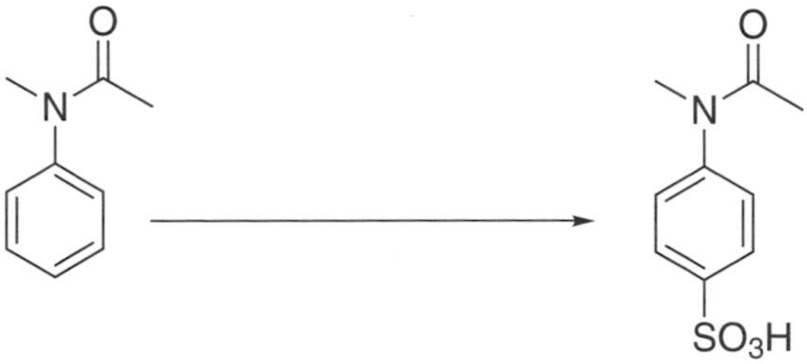

3.22 

習　題 為了確認你沒忘記目前為止在本章學過的其他反應，請為下列轉換填入所需的試劑：

3.23 

3.24 

3.25 

3.26 

3.27 

習題 3.28 **現在我們要確定你是否能畫出磺化反應的反應機構。(這只是我們給「把 SO_3H 取代基加到苯環的反應」取的酷炫名稱。)請取出一張紙，花一點時間，試著畫出磺化苯環的反應機構。**

請記住那將會有三個步驟：(1) 親電子基加到環上，(2) H^+ 脫離，然後 (3) 質子轉移去除負電荷。不要忘記畫出中間產物 sigma 複合物的共振結構。請試著自行畫出，不要回頭看這一節提到這個反應的部分。

習題 3.29 **現在來一個有挑戰性的問題，請試著畫出去磺化反應 (desulfonation reaction，就是把 SO_3H 取代基從苯環上拔除的反應) 的反應機構。**

它的過程和你解答前一個問題曾經畫過的反應機構完全相反，其中包含了三個步驟:(1) 從 SO_3H 取代基移走質子，(2) H^+ 進到環上，然後 (3) SO_3 從環上脫離。這其中其實只有兩個核心步驟：H^+ 加到環上，然後 SO_3 從環上脫離。在拉掉 SO_3H 質子的同時，SO_3 也從環上脫離。試著自己做做看，如果做不出來，可以看看書末附的解答。但最好不要看解答，試著自行解決問題。

3.5 修改親核基的活性

在本章的開頭，我們就已經看過在缺乏路易士酸的情況下，苯和溴並不會互相反應：

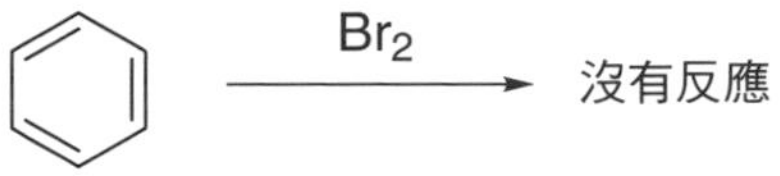

所以我們開始探索如何迫使反應發生。我們曾經說過，苯環是親核基而 Br_2 是親電子基，如果想迫使反應進行，有兩種選擇：一是選擇更好的親電子基（比 Br_2 更具親電子性的化合物），或用更好的親核基（比苯環更具親核性的化合物）。之前我們專心探討如何使親電子基更具親電子性，我們看過如何使用路易士酸來製造 Br^+，也看過許多其他帶正電荷的親電子基（Cl^+、I^+、NO_2^+、烷基 $^+$ 和醯基 $^+$），甚至還看過一個非常好的親電子基（SO_3），雖然它本身並不帶正電荷。現在，我們要把注意力轉移至親核基——芳香環（aromatic ring）上。要如何使芳香環更具親核性呢？

要回答這個問題，必須先研究一下已經接在環上的取代基。苯（C_6H_6）並不具任何取代基。但請先想一想甲基苯（通常稱為甲苯）的結構：

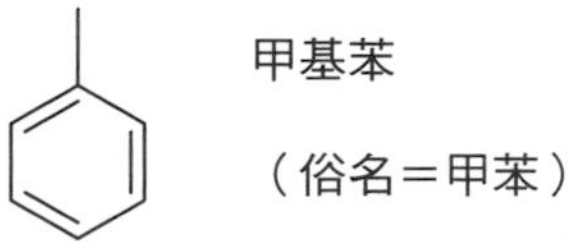

在這裡我們有接了一個甲基的芳香環，問題來了：這個甲基會對芳香環的親核性產生什麼樣的影響？甲苯是比苯更好親核基嗎？同樣也來想想羥基苯（通常稱為酚）的結構：

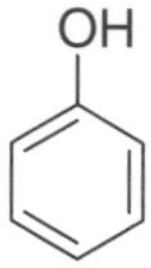

羥基苯

（俗名＝酚）

OH 這個取代基會有什麼作用？會不會使苯環成為更好的親核基？

讓我們首先說明一個趨勢。來看看下列這三個反應：

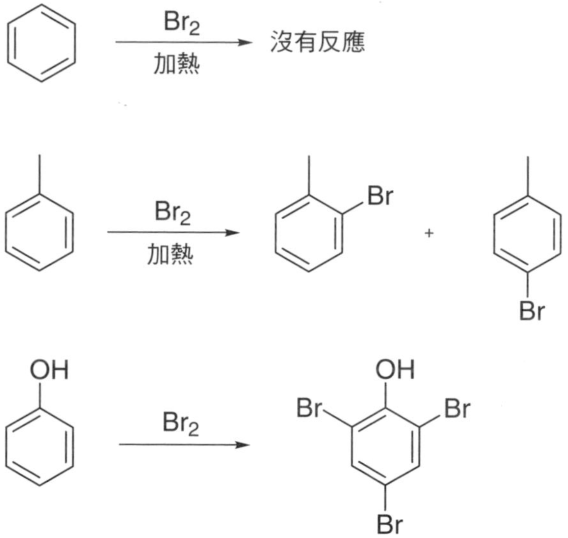

第一個反應告訴我們，苯和溴不會相互進行反應（缺乏路易士酸來使親電子基更具親電子性）。然後在第二個反應中，我們看到了甲苯**會**與 Br_2 進行反應，所以可以明顯的看出，甲苯比苯更具親核性。然後，在第三個反應中，我們看到酚會與溴進行好幾次反應，而得到有三個溴取代基的產物。這表示酚甚至比甲苯更具親核性。但是這樣一來就會從這裡衍生出一些很明顯的問題：

1. **為什麼**甲基會使環更具親核性？
2. **為什麼** OH 基比甲基更能讓環具較高的親核性？
3. 當溴進入環，為什麼會進到特定的位置？為什麼我們不會得到五個溴取代基的產物？為了能更加理解這個問題，我們必須用正確的術語來描述這一切。當芳香環上有一個取代基時，我們以下列的稱呼來描述其他的位置：

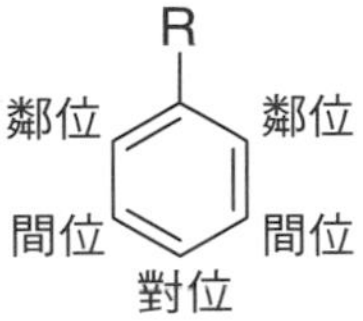

最靠近 R 基的兩個位置稱為**鄰位**（ortho position），再旁邊的是**間位**（meta position），與 R 基相隔最遠的位置則是稱為**對位**（para position）。運用這些術語來描述上面的取代反應，會發現反應似乎總是發生在鄰位與對位。為什麼？為什麼我們無法在間位進行取代反應呢？

要解答這個問題，必須仔細研究決定化合物電性的因素。如果想要知道一個化合物是否有親核性（或有多少親核性），你其實就是在問該化合物的電性了。值得欣慰的是，這裡只有兩個因素值得考慮：**感應**（induction）和**共振**（resonance）。

就以酚為例來探討它的電性。先從第一個因素：感應，開始看起。還記得上學期學過的嗎？電磁感應是相當容易估算的，你只需查看原子的相對陰電性（electronegativity）。如果想知道 OH 基在芳香環上會產生什麼樣的感應效應，只需查看 OH 基是與環的哪個鍵結連結即可：

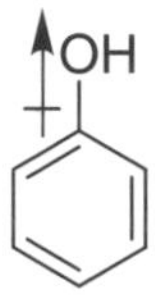

氧的陰電性比碳還要大，所以會產生感應效應（如上圖箭頭所示）。氧從環上拉走電子密度，還記得因為環是多電子的（因為它擁有的那些 π 電子），所以是親核基，一旦我們從環上拉走電子密度，就會降低環的親核性。所以 OH 基的感應效應會使苯環降低親核性。還沒完喔，還要考慮決定化合物電性的另一個因素：共振。

到看共振效應如何影響化合物的電性，我們必須把共振結構畫出來（如果對於上學期學過的，畫出共振結構的步驟還不太熟悉，建議你回去重新複習——因為在這學期的每個主題中，它都會一再出現）：

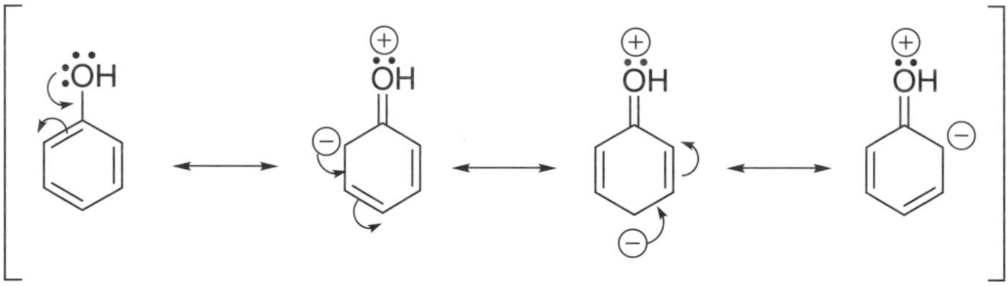

請注意有一個負電荷散布在整個環上。當我們把所有的共振結構在心中加以整合，就會得到下列的圖形：

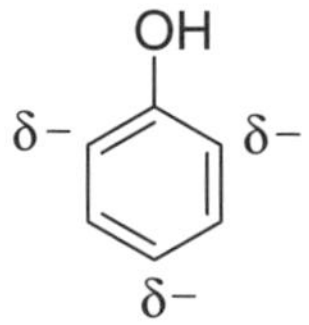

$\delta-$表示有部分負電荷散布在環上，因此共振效應是把電子密

度推向苯環。所以現在有了一個競賽：透過感應效應，OH 基拉電子(electron-withdrawing)，使苯環的親核性降低；但是藉由共振效應，OH 基推電子（electron-donating），這會增加環的親核性。所以問題來了：哪一個效應比較強呢？共振還是感應？這個情況（共振和感應相互競爭）在有機化學上很常見，而且有一個通則：共振通常是贏家。但是會有一些重要的例外，我們很快就會看到其中一個例外，不過一般來說，共振效應會比感應效應來得強。

現在讓我們把這個通則運用到酚的例子上。如果我們說共振贏了，這表示 OH 基的淨效應是貢獻電子密度給苯環。因此 OH 基的淨效應會使苯環**更具親核性**（跟苯相比）。

有一個簡單的比喻可以對此下個總結。想像你手上有 100 元，你跑來找我，然後我做了兩件事。第一件事，我把你的錢拿一些走；然後再還你一些錢。問題來了：現在你手上的錢比你當初來找我時多，還是少？要想回答這個問題，唯一的方法就是要知道，我從你手上拿走的比還你的多？還是還你的比拿走的多？酚的例子就像是，我拿走你 10 元（這樣你就剩下 90 元），但是之後我再給你 200 元。如此一來，最後你總共有 290 元，比你原先擁有的多。這麼說來，一開始我有從你那邊拿走錢嗎？是的，有，但比起我給你的 200 元大禮，我拿走的那些錢顯得微不足道。

這個比喻其實過於簡化，而且在這個例子中也許完全沒有必要，因為即使沒有這個比喻，這個例子也很容易理解。我之所以用這個比喻，是因為再來會碰到一些較難理解的推論，用這個錢的比喻貫穿我們的討論，可以幫助你在接下來的章節裡，掌握較困難的概念。

我們已經很仔細討論過了酚，而且也看過 OH 基使苯環更具親核性的效應。我們稱此為「活化」(activation)。換句話說，就是 OH 基活化了苯環(使它更具親核性)。所以 OH 基稱為**活化基**(activator)。甲基也是活化基（還記得上學期說過的嗎？烷基推電子）。有些取代基是從苯環上**拉走**電子密度，我們稱它們為**去活化基**（deactivator），因為它們降低苯環的活性（**降低**苯環的親核性）。下一節裡，將會看到去活化基的例子。

但是我們還沒有回答這一節之前問過的一個問題。我們看到的兩個反應（甲苯的溴化以及酚的溴化），它們的取代反應都只發生在鄰位和對位。在這些例子中，我們並**沒有**得到任何在間位的取代。為什麼沒有呢？有哪些例子可以得到間位的取代？這些問題的解答是解決化學合成問題的關鍵點，從現在起我們要開始更詳盡的探討了。

3.6 預測引導效應

當我們談到鄰位取代以及對位取代的偏好，我們其實說的就是**區域選擇性**（regiochemistry）的議題。換句話說，是問芳香環上的哪個區域會發生反應？

先來複習之前看過的酚這個例子。

在前一節中，我們看過了 OH 基在芳香環上的兩種效應。以感應而言，它拉電子，而以共振來說，它推電子。我們已經知道共振的效應較強，因此 OH 基的淨效應是把電子密度推向環(活化了環)。當我們畫出酚的共振結構，並在心中整合後，會得到下面的圖形：

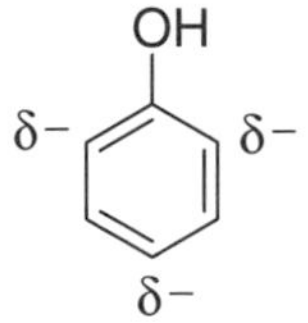

畫成這樣，我們可以清楚看出 OH 基把電子密度**推向**環。但是

再仔細看看電子密度推向了哪裡，就會發現並不是環上的所有位置，而是只有鄰位和對位。所以雖然 OH 基的確使環更具親核性，但卻只有讓鄰位和對位更具親核性。因此，當環與親電子基進行反應時，反應就會發生在鄰位和對位：

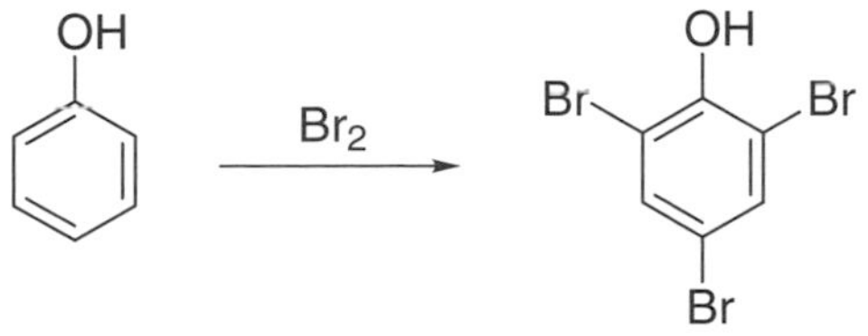

請注意因為環被**相當的**活化，所以在三個位置上全都發生了反應（兩個鄰位**和**對位）。我們甚至不需要用路易士酸來產生 Br^+，因為環被 OH 基如此的活化，即使是與弱親電子基（Br_2）也可以進行反應（三次）。

剛剛我們為酚的鄰位—對位引導偏好做了詳盡的解釋，這個解釋是基於**起始物**的電性。還有另一個解釋可以考慮，那就是**中間產物的穩定性**。很幸運的，第二個解釋給了我們相同的結論（就是對於鄰位—對位引導的偏好）。大部分的課本都引用第二個解釋，也許是因為它是唯一可以用來解釋烷基引導效應的（剛剛提到的第一個解釋，無法說明烷基的引導效應）。你應該複習一下課本中提到鄰位—對位引導的第二個解釋，現在我們只對這個解釋提供一個快速的摘要。

先從畫出三個反應機構開始：先畫出取代發生在**鄰位**的反應機構，然後畫出另一個取代發生在**間位**的反應機構，接著畫出最後一個在**對位**發生取代的反應機構。最後比較這三個反應機構中的 sigma 複合物。你會發現鄰位取代和對位取代的 sigma 複合物比較穩定（與間位取代的 sigma 複合物相較），因為這兩者都多出一個額外的共振結構，但是間位取代的 sigma 複合物卻沒有這個額外的共振結構。

無論你是否完全理解第二個解釋，你要收到的最重訊息是：OH 基和甲基都是鄰位－對位導向因子（ortho-para director）。事實上，不僅僅是這兩個取代基，**所有的**活化基都是如此：活化基都是鄰位－對位導向因子。下一節裡，我們將會學到如何預測一個取代基是否為活化基。在這之前，必須先探討如果有一個**去**活化基進入苯環會發生什麼事。

最好的例子就是硝基。先來看看硝基苯的結構：

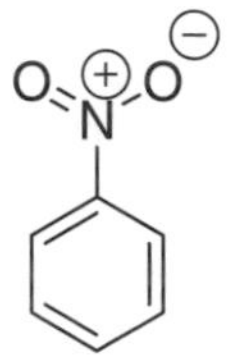

如果想瞭解這個化合物的電性，必須知道決定電性的兩個因素：感應和共振。感應很簡單。氮的陰電性比碳還要大，所以硝基會藉由感應從環上拉走電子密度。真正的問題是，共振會產生什麼效應？為了看到這個，我們必須畫出共振結構：

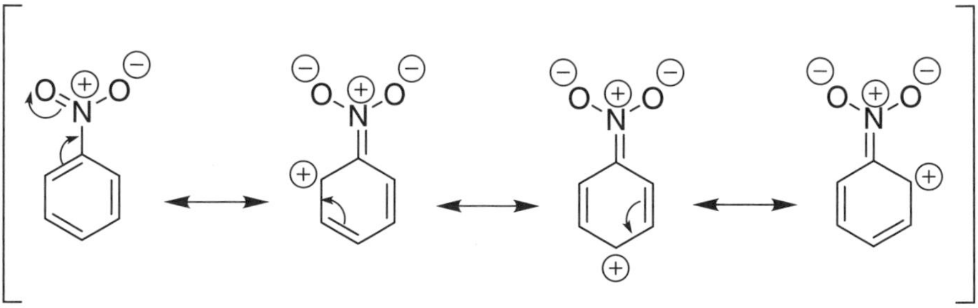

請注意，現在有一個**正**電荷散布在環上。在酚的例子裡，我們看到的是**負**電荷散布在環上，那時我們討論的是 OH 基把電子密度**推向**環，使環更具親核性。但這裡，在環上的是正電荷。所以硝基是把電子密度從環上**拉走**，使環的親核性**降低**：

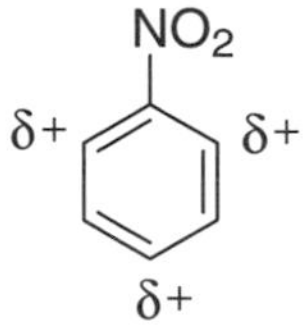

所以，硝基無論是透過感應或共振效應，都會拉走電子。因此這個例子並沒有感應和共振的競爭，兩個效應都告訴我們，硝基會使苯環**去活化**。換句話說，很難在硝基苯上進行親電子芳香取代反應。

所以，我們拿硝基苯來嘗試進行親電子芳香取代反應，例如試著溴化它。我們知道苯**不會**與 Br_2 進行反應，那麼不用說，這個親核性比苯低的硝基苯，當然不會與 Br_2 反應。但是如果我們強制反應進行，會發生什麼事？還記得我們如何迫使苯進行反應嗎——我們使用 Br_2 **與路易士酸**來形成 Br^+。所以，如果我們試著用同樣的技巧，會發生什麼事？事實上，如此做的話反應就會進行：

但是你一定會馬上注意到，溴只進入了**間位**。要想理解這點，必須仔細檢視硝基苯的電性。剛剛所看過了它的共振結構，因此我們預測硝基會從環上拉掉大量的電子密度：

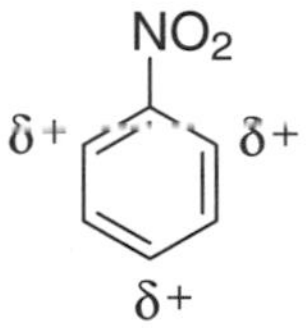

但是請注意，並不是整個環上的電子密度都一起被拉掉，而是

鄰位和對位受到較大的影響。所以如果用 Br^+ 迫使反應進行，會發生什麼事呢？它必然不會與鄰位和對位反應，因為請記住，環是親核基，而現在鄰位和對位上都沒有足夠的電子密度來攻擊 Br^+。所以一旦我們迫使反應進行，它就會因為**別無選擇**只好跑到間位。間位並**沒有**被活化，而是鄰位和對位被去活化了。所以在別無選擇的情況下，反應只發生在間位。

這個解釋可以說明，為什麼硝基（去活化基）是間位導向因子(meta-director)。上面的解釋是基於**起始物**的電性。但是再次強調，還有另一個解釋可以考慮，那就是**中間產物的穩定性**。很幸運的，第二個解釋給了我們同樣的結論（就是對於間位引導的偏好）。大部分的課本都引用了第二個解釋。你應該複習一下課本中提到間位導向的第二個解釋。但是最重要的，至少你必須知道：**去活化基是間位導向因子**。

所以，現在我們可以對目前為止學過的最重要的兩個觀念，進行總結：

- 活化基是鄰位—對位導向因子
- 去活化基是間位導向因子

現在最重要的問題是：這些通則有沒有例外？答案是：有的。有一個非常重要的例外：鹵素（F、Br、Cl 或 I）是去活化基，所以原本預測它們是間位導向因子，但事實並非如此，它們是鄰位—對位導向因子。讓我們試著探討，為什麼鹵素會是例外。

在開始解釋之前我要先說，這個說明也許是有機化學上最難理解的觀念。如果你對**為什麼**鹵素會是例外，感到如墜五里霧般難以理解，不要難過。這對大部分的學生都是難關，需要時間和耐心——在開始之前你就要知道這點。但如果你發現自己能完全瞭解這個說明，它對你來說合情又合理，那麼你應該為自己感到驕傲，因為有機化學中，沒有比這個更難的難關了。現在，做好心理建設，我們要開始了。

想瞭解為什麼鹵素是例外，必須回想本章之前曾看過的一個通則。當我們分析 OH 基在芳香環上產生的效應時，曾提過兩個相互競爭的效應：感應和共振。我們已經知道，感應會從環上拉走電子密度，共振則是把電子密度推向環。為了要知道哪個因素會得到主導權，我們訂立了一個通則：**共振通常會贏過感應**。我們也說過這個通則之後會看到一個很重要例外。那麼，現在就是之後，而鹵素就是那個例外。接下來的幾頁我們會仔細探討這件事，但是對於初學者，還是先來一段摘要：

> 我們已經知道通則是：共振通常會贏過感應。但是鹵素是這個通則的例外，這表示鹵素這個例子是由感應打敗共振。之後會使用這個觀念來解釋，為什麼鹵素會違反引導效應法則（所有的活化基都是鄰位－對位導向，而所有的去活化基都是間位導向）。我們將會解釋，為什麼鹵素是去活化基，但卻是鄰位－對位導向。我們將會看到答案由事實而來：在鹵素的例子裡，是由感應贏過了共振。

看完摘要之後，來仔細探討這個解釋。以氯苯為例：

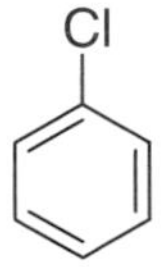

要想理解這個化合物的電性，需要仔細看兩個因素：感應和共振。先從感應開始。它的感應效應和之前提過的，OH 基在環上的效應非常相似，就像 OH 基，Cl 基藉由感應來拉走電子：

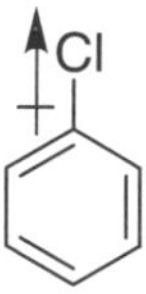

我們也必須看看共振效應，所以先畫出共振結構來：

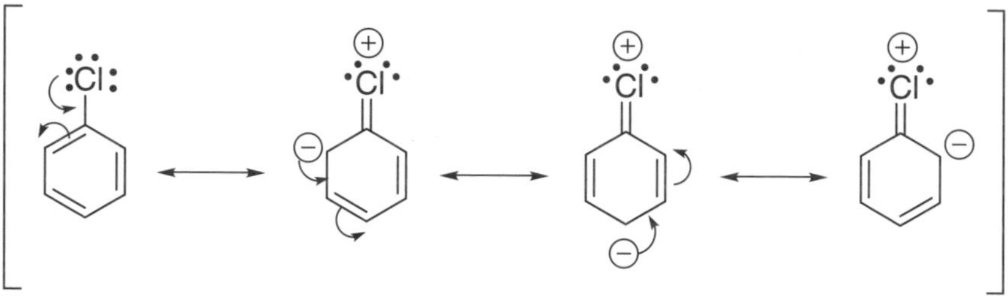

再次看出，Cl 基與 OH 基十分類似，都藉由共振來貢獻電子密度：

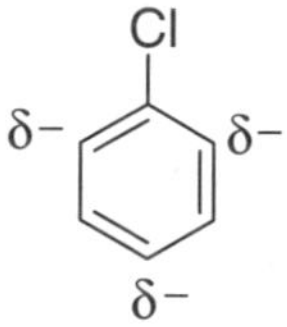

因此我們會得到與 OH 基例子非常類似的分析。共振與感應再次彼此競爭：Cl 基藉由感應**拉走**電子密度，但藉由共振效應**貢獻**電子密度。在 OH 基的例子裡，我們的論點是共振打敗了感應（這個通則在大部分的時間都是管用的）。所以，OH 基的淨效應是把電子密度推向環（因此 OH 基是活化基）。但對於 Cl 基來說，共振並**沒有**打敗感應。這是感應贏過共振的罕見例子之一。

如果想要知道為什麼，必須再次仔細看看氯苯的共振結構（請看上圖）。請注意這些共振結構顯示，有一個正電荷在 Cl 上。這實在非常糟糕，鹵素很不喜歡帶正電荷（甚至比氧還不喜歡），所以這些共振結構對分子的整體電性，並沒有太大的影響，因此貢獻至鄰位和對位的電子密度非常少：

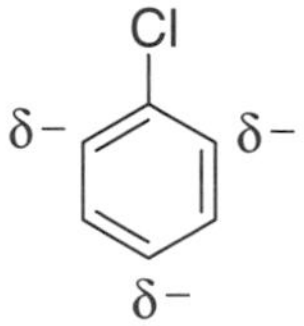

只有少量的電子密度貢獻到這三個位置，
因此在每個位置的 δ – 都非常微量。

在這個例子裡，因為共振的效應非常小，以致於感應贏過了共振。如此一來，Cl 基的淨效應就是從環**拉走**電子。這說明了為什麼 Cl 基會是**去活化基**，也說明了 Cl 基如何成為鄰位—對位導向因子（即使它是去活化基）。在這個例子中，雖然在兩個效應的競爭下，共振處於劣勢，**但是**共振的效用還是不能完全忽視。就算共振弱得讓感應贏得競爭，但共振還是有把「少量」電子密度推向鄰位和間位。

要說得更清楚些，讓我們再次使用錢的比喻。想像有五個人圍著你，他們每個人身上都有 $100：

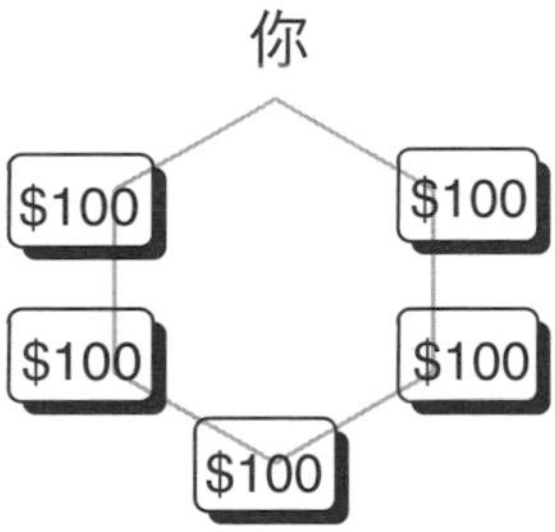

一開始，你從每個人身上拿走 $30（這樣每個人都只剩下 $70），然後，你再還給其中三個人（**鄰位**和**對位**的那些人）每人 $20：

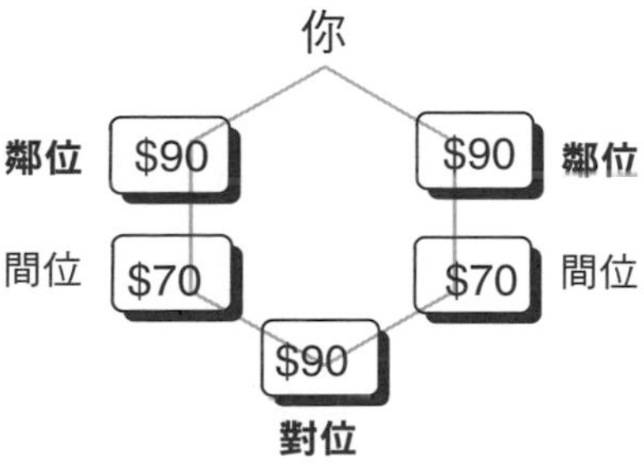

這樣一來，間位的兩人，每人剩下 \$70，而鄰位和對位的人每人則有 \$90。現在想想你做了什麼。整體而言，你拿走的錢超過你還回去的錢，但是當你比較每個人有多少錢時，會發現鄰位和對位的人擁有的錢，多於間位的人。

同樣的，Cl 基的淨效應是從整個環拉走電子密度。因此，它是去活化基。但是，Cl 基還是把少量的電子密度推向了鄰位和對位。所以如果我們迫使反應進行，反應就會發生在鄰位和對位：

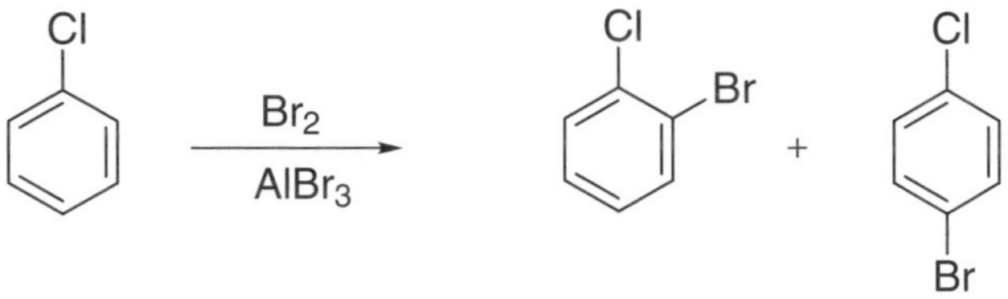

我們曾經提過，活化基都是鄰位—對位導向，去活化基都是間位導向，現在我們已經修正了這個通則。以下是新的改良版規則：

- 所有的活化基都是鄰位—對位導向因子。
- 所有的去活化基都是間位導向因子，**除了鹵素以外（它們是去活化基，但卻是鄰位—對位導向因子）**。

記住這個規則，現在要開始預測取代基的引導效應囉！

練習 3.30 請仔細看看下面的單取代苯環。

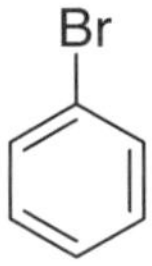

如果要在這個化合物上進行親電子芳香取代反應，請判斷這個取代

反應會發生在哪個位置。

答　案 Br 是鹵素（請記住鹵素包含 F、Cl、Br 和 I）。我們已經學過鹵素是通則的一個例外（鹵素是去活化基，但是它們是鄰位－對位的導向因子）。因此，如果這個化合物進行親電子芳香取代反應，我們預測取代會發生在鄰位和對位：

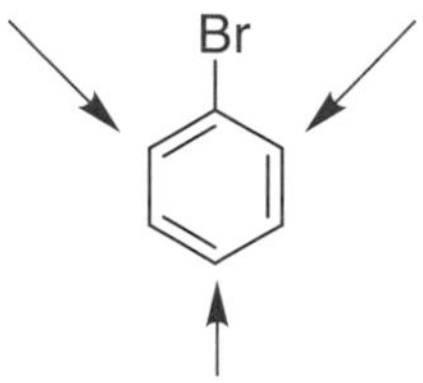

習　題 請預測下列所有問題的引導效應。

3.31
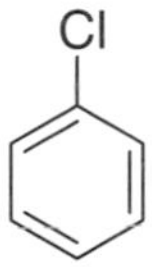

3.32
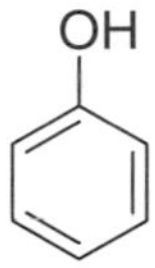

3.33
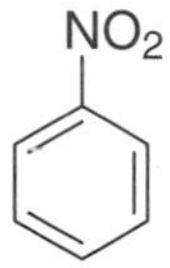

3.34
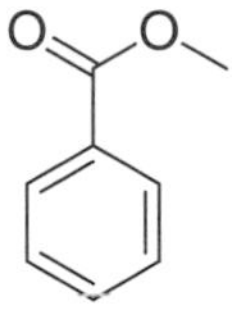

這個取代基是去活化基

3.35
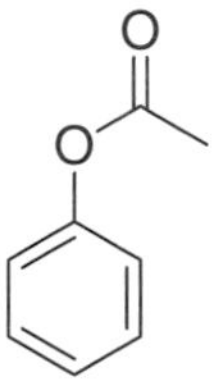

這個取代基是活化基

3.36
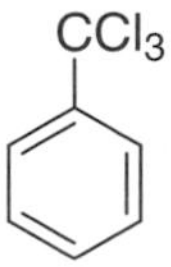

這個取代基是去活化基

3.37 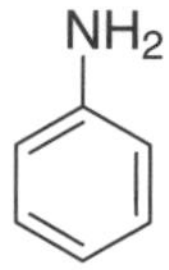

這個取代基是活化基

很明顯，只要能研判出取代基是活化基或去活化基，就能預測取代會發生在哪個位置。下一節裡，我們將會學習如何判定取代基為活化基還是去活化基。但是現在，先拿一些真實的反應來練習吧。

練習 3.38 請預測下列反應的產物：

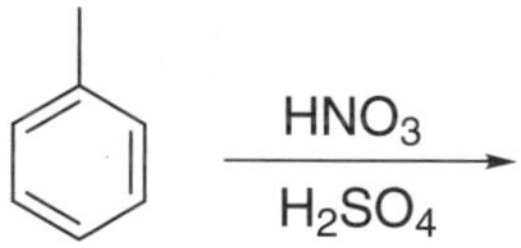

答　案 先從試劑開始看起，才能決定會發生什麼樣的反應。試劑是硝酸和硫酸，之前學過這些試劑會產生 NO_2^+ 來當親電子基，而它可以和芳香環進行親電子芳香取代反應。最終的結果就是把硝基加到苯環上。但現在的問題是：硝基要放在哪裡呢？

要回答這個問題，必須先預測，反應前已經存在於苯環的取代基，會產生什麼樣的引導效應。苯環上有一個甲基，我們已經學過甲基是活化基，因此可以預測這個反應會發生在相對於甲基的鄰位和對位：

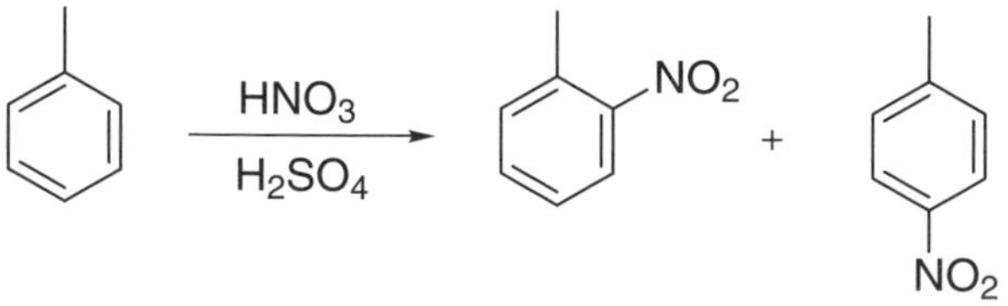

在這個例子上要注意一件事，我們並沒有把兩個鄰位的取代產物都畫出來，這是因為任一個鄰位的取代，產生的都是一樣的產物：

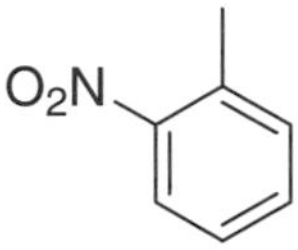

相同於

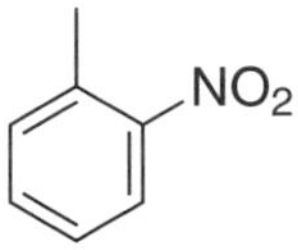

習　題 請預測下列反應的產物：

3.39 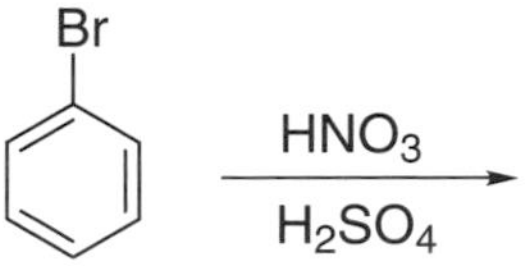

3.40 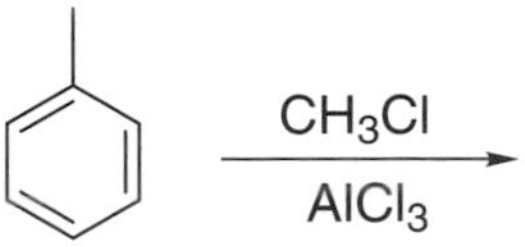

3.41 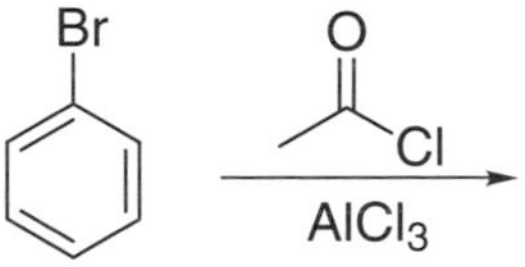

3.42 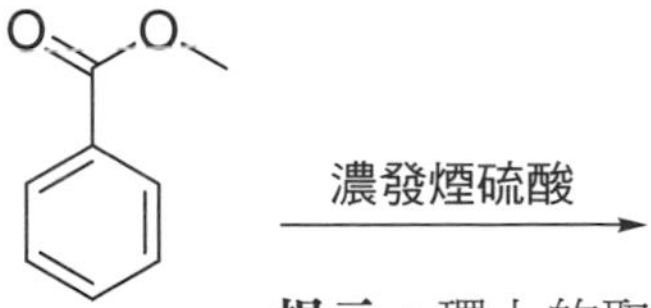

提示：環上的取代基是去活化基

3.43 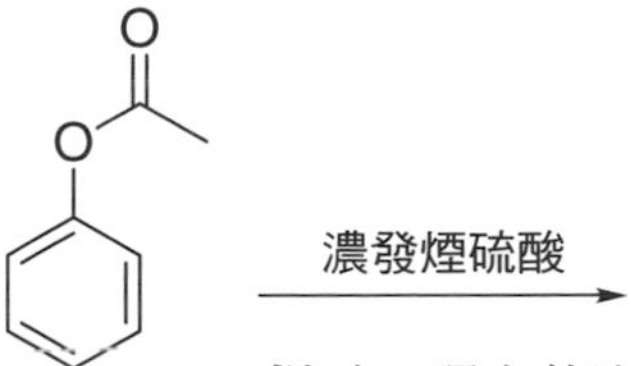

提示：環上的取代基是活化基

3.44 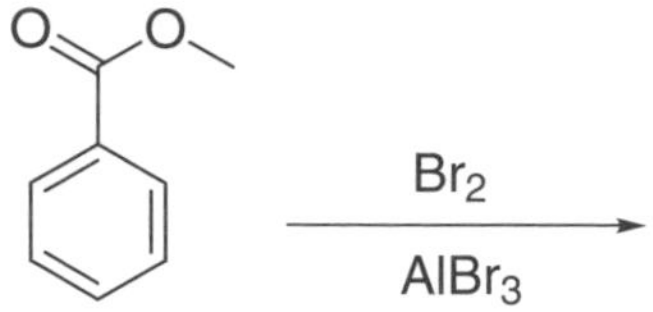

提示：環上的取代基是去活化基

3.45 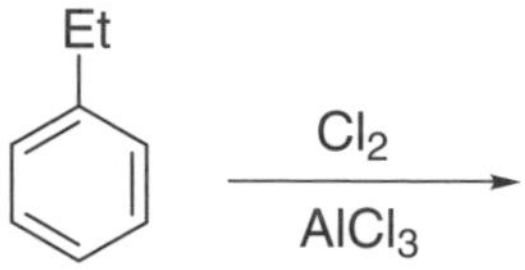

提示：環上的取代基是活化基

到目前為止，我們都是在討論環上**只有一個取代基**的引導效應。而且已經知道了活化基會導向鄰位和對位，而去活化基會導向間位：

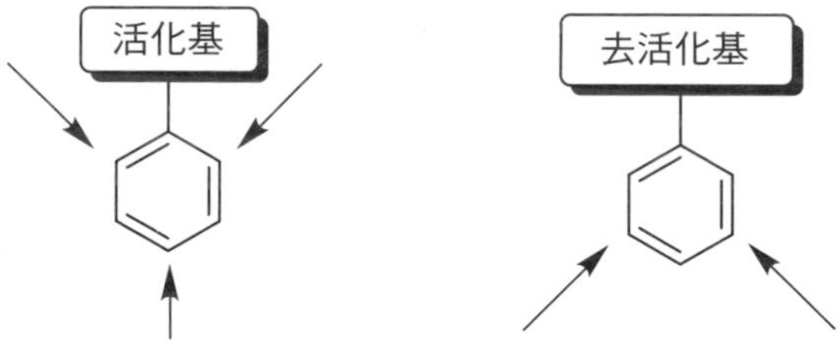

我們也看過了這個通則的唯一例外（鹵素）。

但是如果環上有**超過一個以上的取代基**時，該如何預測引導效應呢？就以下面這個化合物為例，來看看會發生什麼事：

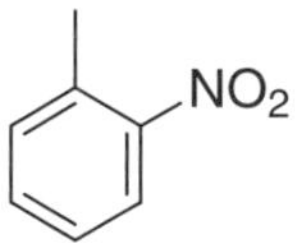

如果我們用這個化合物進行親電子芳香取代反應，例如試著進行溴化。那麼溴會進到哪個位置呢？

讓我們先來考慮甲基的效應。之前提過，甲基是活化基，所以我們預測它會導向鄰位和對位：

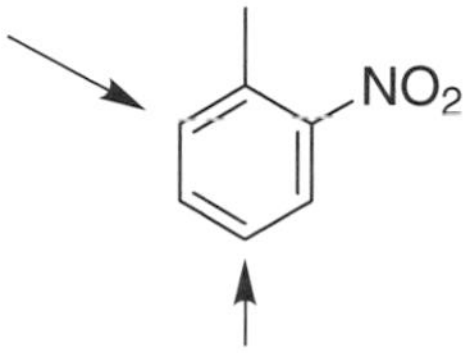

請注意我們並**沒有**指向已經有硝基存在的那個鄰位（我們只有考慮目前為止沒有被取代基占據的位置——還記得親電子芳香取代反應：E^+ 進入環上然後 $\underline{H^+}$ 離開）。所以甲基導向了兩個位置，如圖所示。

再來我們必須考慮硝基的效應。之前提過，硝基是非常強的去活化基。因此，我們預測它會導向**相對於硝基**的間位：

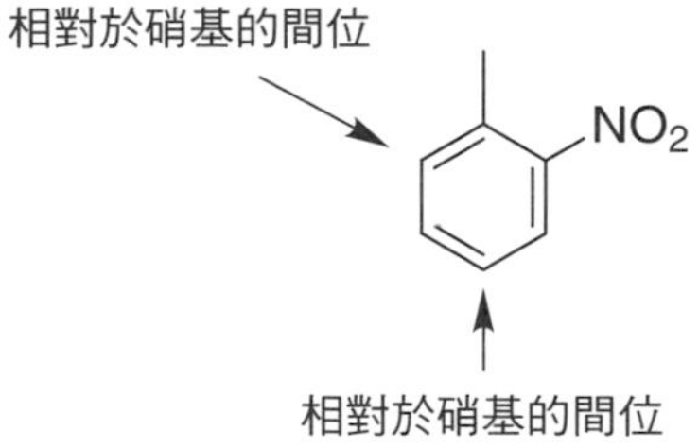

我們發現，硝基和甲基都導向同樣的兩個位置。如此一來，這個例子中的硝基和甲基的引導效應並不互相衝突。

但來看這個例子：

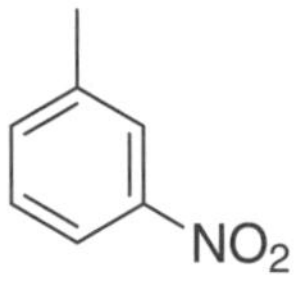

甲基和硝基現在導向了不同的位置：

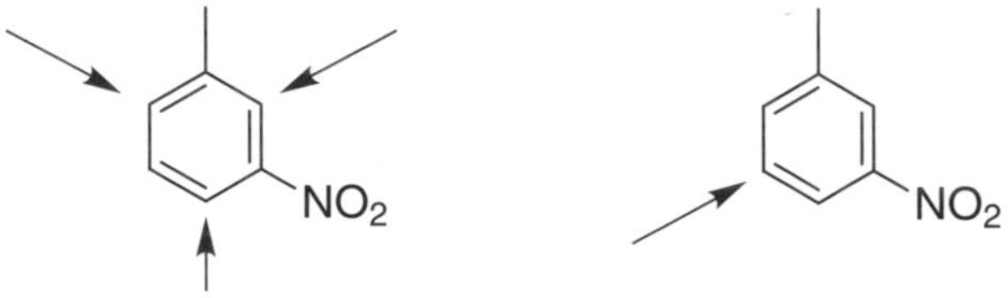

甲基的引導效應
（鄰位—對位導向因子）

硝基的引導效應
（間位導向因子）

大問題出現了：哪個取代基會贏？結果，甲基的引導效應強過了硝基的引導效應。所以如果我們溴化這個苯環，會得到以下的產物（Br會跑到相對於甲基的鄰位和對位）：

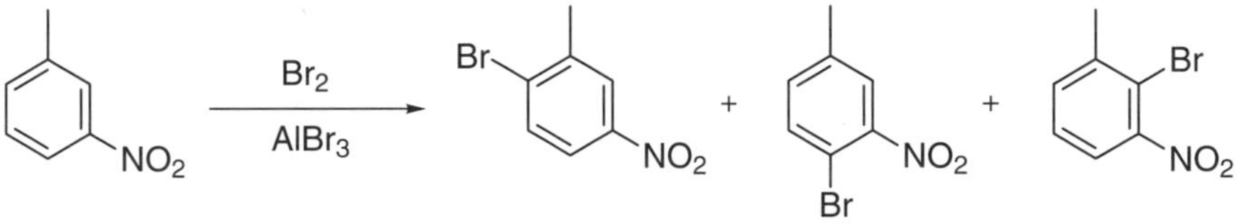

這是很常見的狀況，兩個取代基的引導效應會相互競爭（就像上例中的甲基和硝基）。所以很明顯，我們需要訂出規則來決定哪一個取代基會獲勝。只需要兩個簡單的規則，就能決定哪一個取代基會主導引導效應：

1. 鄰位—對位導向因子總是打敗間位導向因子。我們剛剛看過的例子，就是這個規則的完美範例。甲基是活化基(鄰位—對位導向因子)，硝基是去活化基（間位導向因子），所以甲基贏。考量引導效應如何運作時，就會發現這個規則十分合理。還記得間位導向因子對間位並沒有給予真正的助益，反而是活化了鄰位和對位，所以如果迫使反應進行，它一定**毫無選擇的**進到間位。但是鄰位—對位導向因子卻為鄰位—對位做了很好的事：活化了鄰位—對位。因此鄰位—對位導向因子總能打敗間位導向因子。
2. **強**活化基總是能打敗**弱**活化基。例如，來看看下面這個例子：

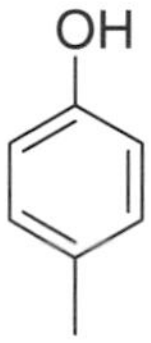

OH 基是強活化基，而甲基是弱活化基。（下一章我們將會學習，如何預測哪一個取代基強，哪一個取代基弱——現在就先聽我的吧。）所以 OH 基會贏，引導效應為 OH 基的鄰位與對位：

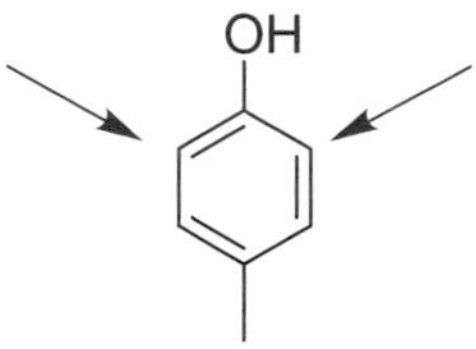

所以，我們已經看過了兩個規則：

- 鄰位—對位導向因子總是能打敗間位導向因子。
- **強**活化基總是能打敗**弱**活化基。

記住，第一個規則總是凌駕在第二個規則之上。所以如果是弱活化基對上了強去活化基，弱活化基會贏。即使活化基是弱的，仍能夠打敗強去活化基，活化基（鄰位－對位導向因子）總能打敗去活化基（間位導向因子），要證明這件事，來看下面的例子：

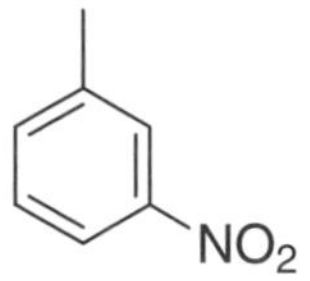

甲基是弱活化基，而硝基是強去活化基。所以在這個例子中，甲基會贏（引導效應為甲基的鄰位與對位；而**不是**硝基的間位）：

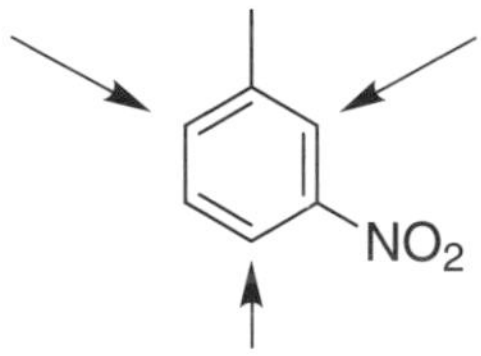

練習 3.46 請預測下列情況下的引導效應。

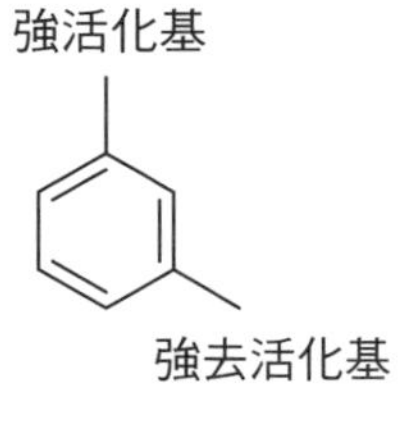

我們假定問題中的去活化基並*不是*鹵素。

答　案　這裡有兩個取代基。活化基會導向的位置為本身的鄰位或對位，而去活化基導向的位置為本身的間位：

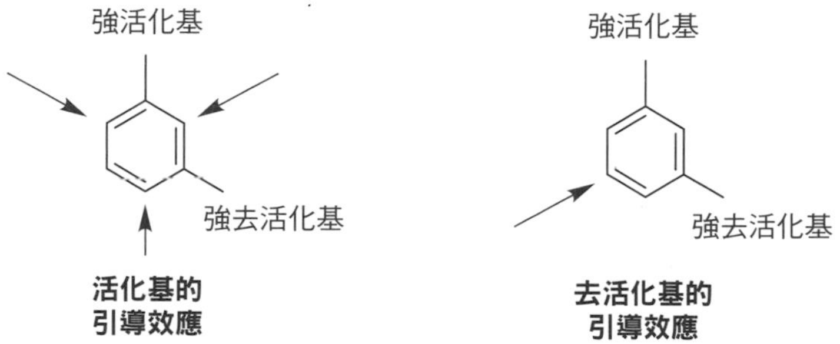

所以這裡產生了引導效應的競爭。在這兩個取代基之間，強活化基打敗了強去活化基，因為強活化基是鄰位－對位導向取代基，所以引導效應為：

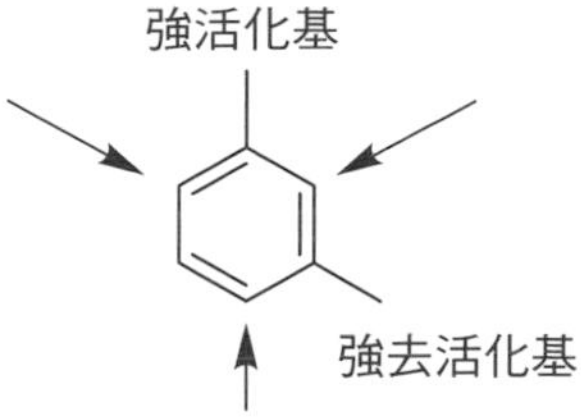

如果我們在這類化合物上進行親電子芳香取代反應，可以預期會出現三個產物（因為引導效應導向三個位置，如上圖所示）。此反應有一個的特殊例子：

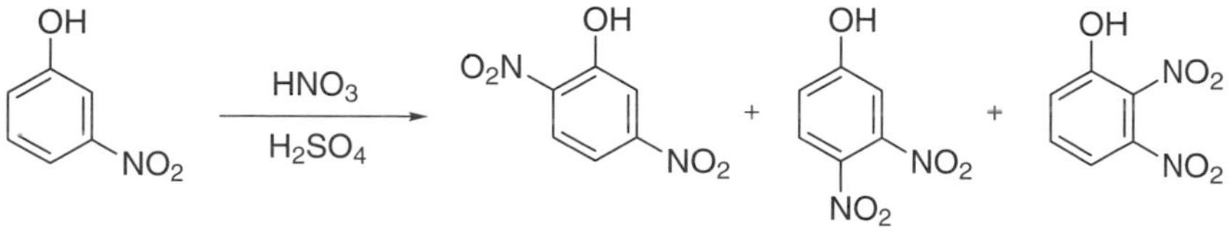

反應進行之前，環上已有兩個取代基。OH 基是強活化基，硝基是強去活化基。

習　題 請為下列問題預測其引導效應。除非特別指示，否則標示為去活化基的取代基，都假定為不是鹵素。

3.47
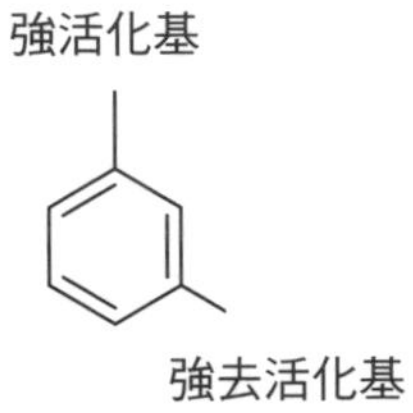

3.48
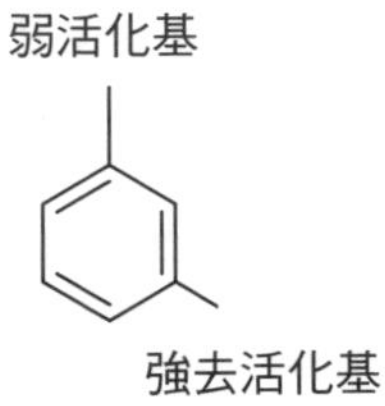

3.49
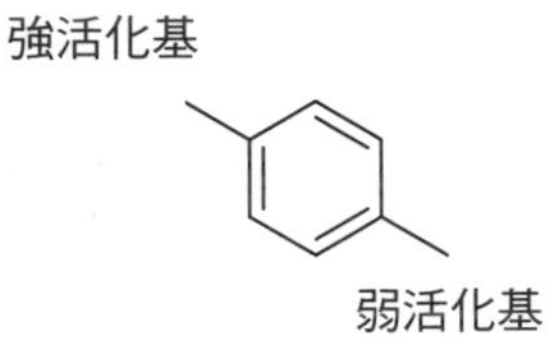

3.50
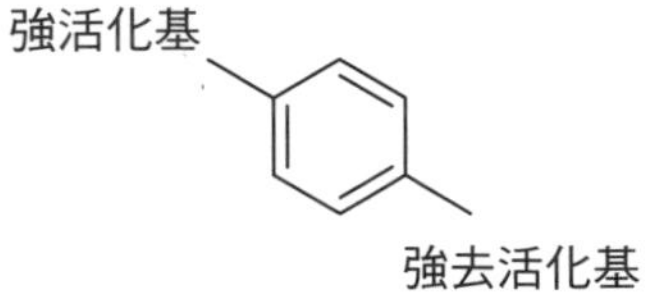

3.51
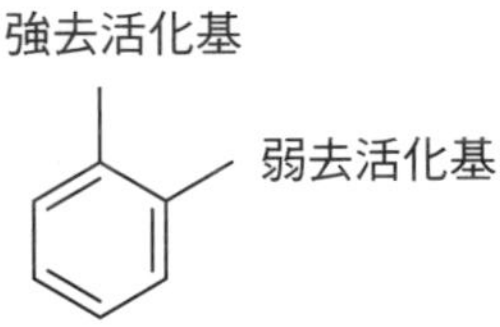

3.52
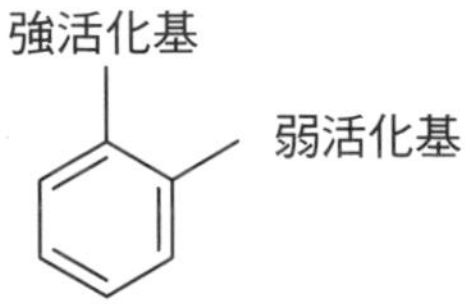

3.53
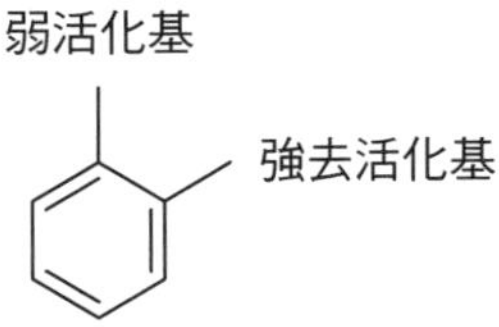

3.54
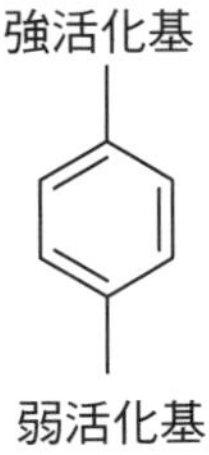

3.55
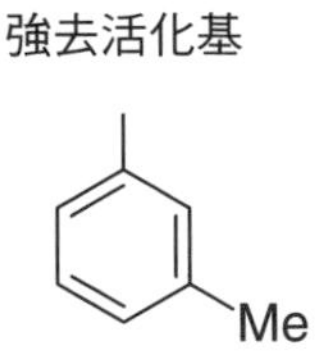

3.56
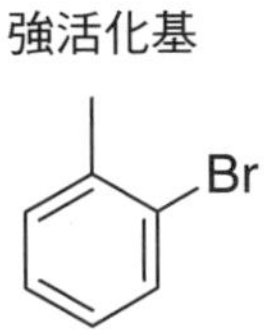

3.7 判斷活化基和去活化基

在前一節裡我們已經學過，苯環上有超過一個以上的取代基時，該如何預測引導效應。但是在前一節的例子，我都事先說明取代基是活化基還是去活化基，以及它是強的還是弱的。

在這一節中，我們要學著自行判斷，這樣你才不需要去背誦每個取代基的特點。事實上，你的背誦能力在這裡根本沒有發揮的餘地。因為我們將會看到許多觀念，並瞭解它們，有了這些觀念，即使是沒看過的取代基，你也能夠判斷出它的性質。

我們會有系統的進行講解，先從強活化基開始吧。

強活化基就是取代基具有緊鄰苯環的未共用電子對。我們已經看過一個例子了，當 OH 接到環上時，就有一對未共用電子對緊鄰著苯環，這會引起下列的共振結構：

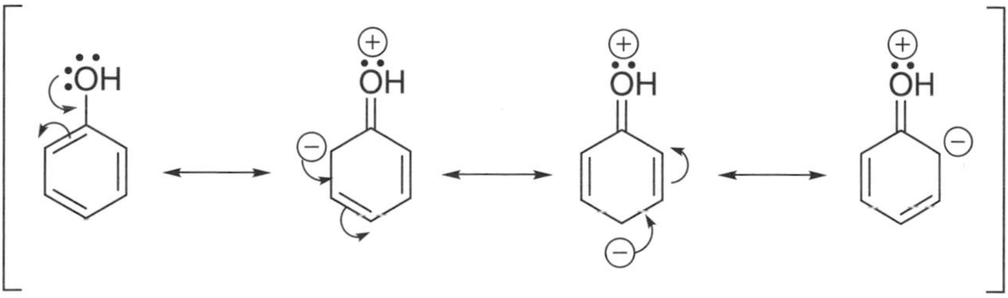

我們從前一節所學到的結論是：這個共振效應非常強，因此 OH 基可以貢獻許多電子密度到環上：

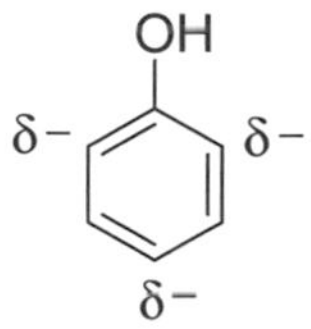

這是事實，不只 OH 基這樣，其他取代基只要有未共用電子對緊鄰苯環，也都是如此。胺基連結至苯環，也可以畫出同類型的共振結構：

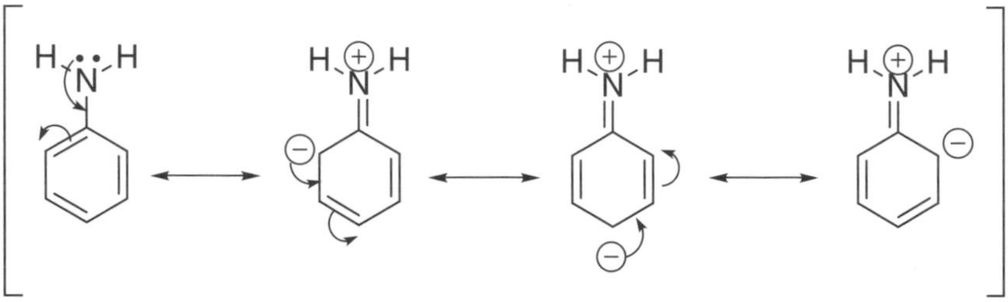

這裡有一些強活化基的例子。請確定你可以很輕易看出它們共同的特點（有未共用電子對緊鄰苯環）：

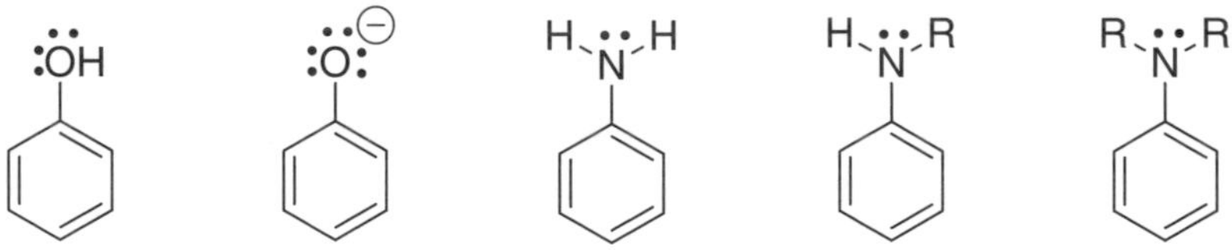

接下來我們來談談**中度活化基**。中度活化基有未共用電子對緊鄰苯環，**但是**未共用電子對已經有部分參與共振了。以下面的例子為例：

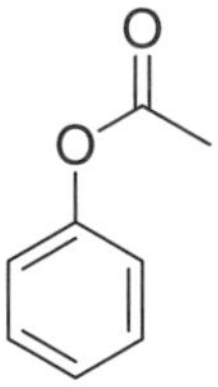

這個化合物的所有共振結構，都有把電子密度放至苯環上（就像 OH 基的模式）：

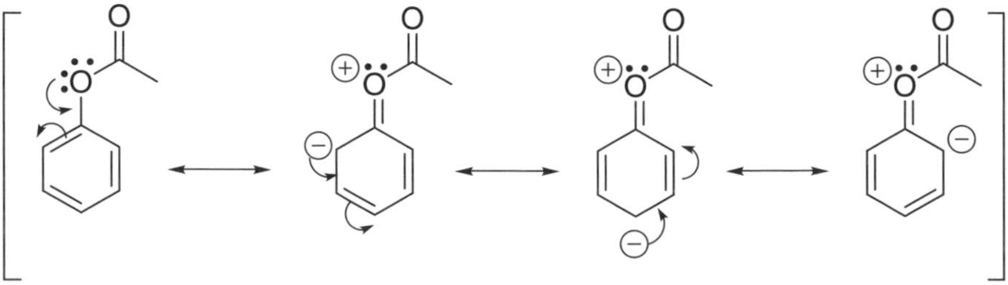

但是這個化合物還有另一個共振結構，這個共振結構的電子密度散布在苯環外：

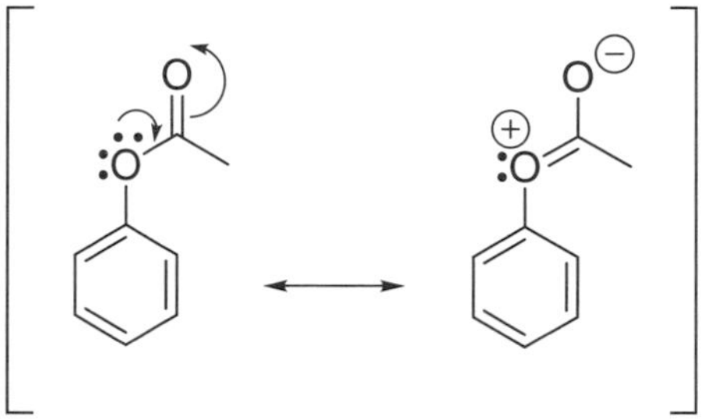

因此，電子密度散布的範圍更廣（有些在環上，有些在環外）。如此一來，這個取代基就做不成**強**活化基，我們稱它為**中度**活化基。（有些課本並沒有特別指出強活化基與中度活化基之間的這個細微差別。）這裡有一些中度活化基的例子：

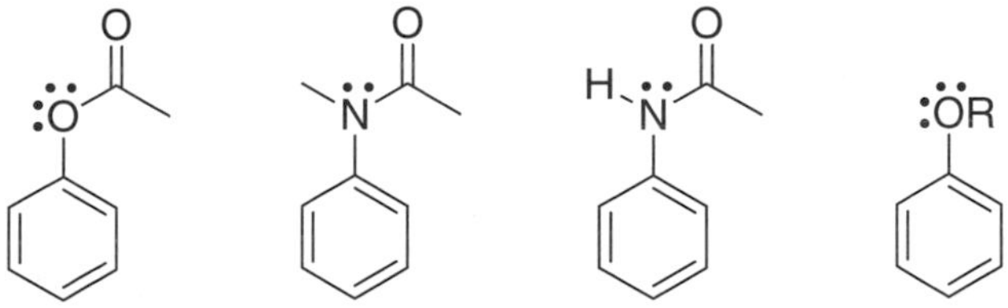

仔細看看上面的例子，它們都有未共用電子對參與苯環外的共振。**但是等一下**，上列名單的最後一個取代基（OR 基）是怎麼回事？這個取代基的未共用電子對，並**沒有**參與苯環外的共振啊，我們應該把它歸類到第一類（**強**活化基）才對吧。但是基於某些理由，它並沒有歸在第一類，事實上它確實是**中度**活化基。這個罕見的例子，違反我們目前為止給予的合理解釋，這些年來我花了很多時間，想知道為什麼 OR 基是中度活化基（而非強活化基），也想出了好些個答案，但是我並不打算花好幾頁的篇幅，談論這些對考試顯然毫無助益的難解議題（也許你可以把它當成益智題——有時間就來腦力激盪一下……）。現在你只要記住，OR 基並沒有遵循已知的規則，它是中度活化基。

現在來看看弱活化基。弱活化基以非常微弱，稱為超共軛（hyperconjugation）效應的方式，把電子密度推向苯環。

在上學期的有機化學中，我們已經學過**烷基是推電子基**，這一點在我們學習碳陽離子的穩定度時，非常重要（我們已經學過，三級碳陽離子比二級碳陽離子更穩定，而二級又比一級穩定——因為**烷基是推電子基**，所以會穩定碳陽離子）。有一個簡單的理由可以告訴我們，為什麼烷基是推電子基。這是由於一種叫做超共軛的現象。如果你不記得這個在上學期曾提過的名詞，可以回頭複習。不管有沒有複習，都要記得**烷基是推電子基**。我會一再強調是因為，只要你記住了**烷基是推電子基**，就可以藉此理解更多有機化學的觀念。

所以，所有的烷基都是弱活化基（甲基、乙基、丙基等等）。

現在我們已經看過所有不同種類的活化基（強的、中度的和弱的）。複習一下我們所看到的：

強活化基	未共用電子對緊鄰苯環
中度活化基	未共用電子對緊鄰苯環，但也參與苯環外的共振
弱活化基	烷基

現在，要把注意力轉移到另一類的**去**活化基。這一次，我們要從弱去活化基開始說起，再一路講到強去活化基（而不是從強的開始）。依這樣的順序來講解是有理由的，而這個理由你很快就會知道了。鹵素是弱去活化基。我們已經看過鹵素是感應贏過共振的一個例子（因此我們說過，鹵素的淨效應是從苯環拉走電子密度）。所以，我們已經知道鹵素是去活化基了。但是我們還必須知道在鹵素的例子裡，感應和共振間的競爭相當激烈，所以鹵素只能很微弱的去活化。

我們會把所有的訊息整理成完整的表格，但在這之前，先來看中度去活化基。

中度去活化基就是藉由共振，把電子密度從苯環上拉走的那些取代基。請看以下的例子：

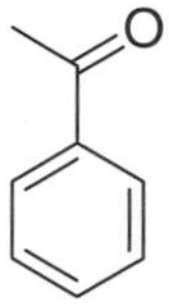

這個取代基並**沒有**緊鄰苯環的未共電子對（所以它**不是**活化基）。但是它有一個緊鄰苯環的 π 鍵，以下就是它的共振結構：

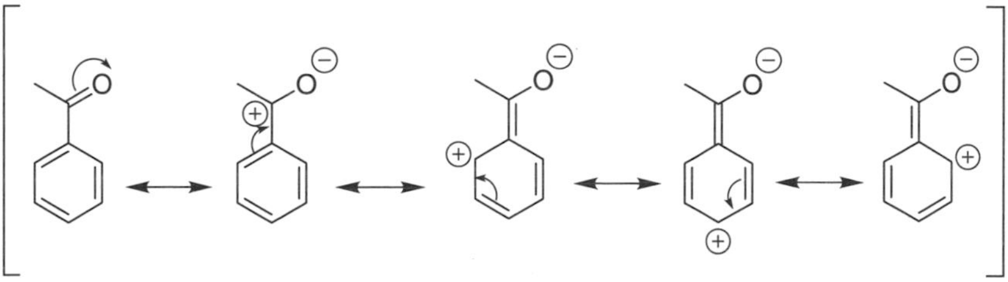

仔細看這些共振結構時會發現，這個取代基從苯環**拉走**電子密度：

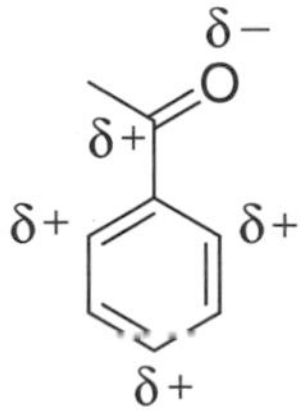

因此，這個取代基是**中度去活化基**。還有許多相似的取代基都會從苯環拉走電子密度，以下就是一些例子：

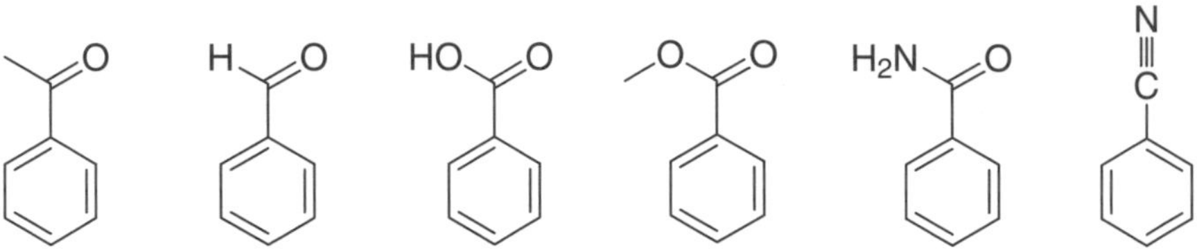

所有的這些例子，都會藉由共振從苯環拉走電子密度。因此它們都有一個共同特色：有一個 π 鍵連接至高陰電性原子。仔細看看最後一個例子，氰基（cyano group）是一個 π 鍵（三鍵）連接一個高陰電性原子（氮）。所以可以看出三鍵也歸到這一類。

再來是最後一類：強去活化基。這一類裡有三個最普遍的取代基，我們已經看過其中一個：硝基。還有兩個要介紹：

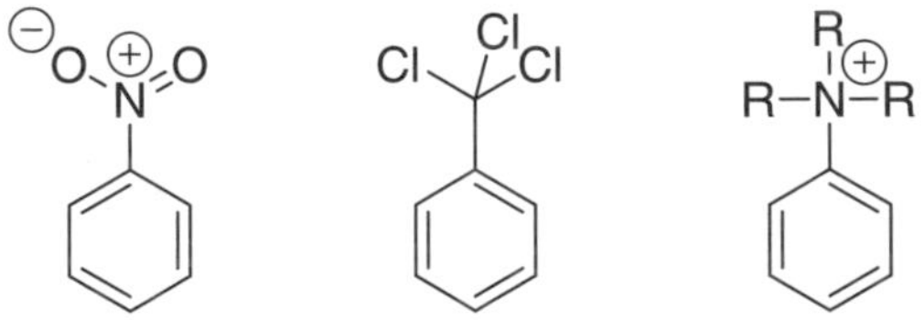

不幸的是，並沒有共通的理由可以告訴我們，為什麼這三個取代基會歸在同一類。因為這三個取代基彼此間都有些不同，我們會個別解釋。我們曾經解釋（利用共振）為什麼硝基是強有力的拉電子基。這在本章前面已經介紹過了，硝基藉由共振與感應效應來拉電子。

所以我們就接下來看下一個取代基——三氯甲基（trichloromethyl group）。要想理解為什麼這個取代基是強去活化基，必須先注意到三個氯原子集合起來的感應效應：

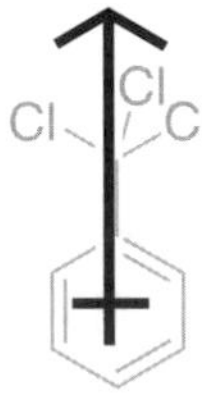

氯原子的感應效應加總起來，變成非常強力的去活化基。但要小心別把這個取代基和環上的鹵素搞混了：

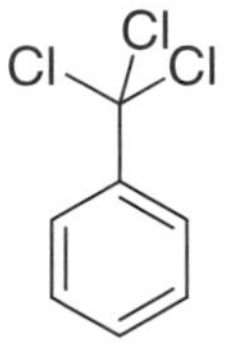

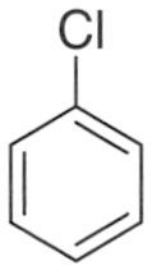

鹵素直接連接至環上(上圖右)，會有一對未共用電子對在苯環旁邊，所以必須考慮共振效應（我們花了好多時間討論鹵素的共振與感應間的競爭）。而現在談到的這個取代基（上圖左）並不需要考慮共振效應，因為未共用電子對並沒有直接在苯環旁。所以只需考慮感應效應即可，而在這個例子中，感應效應是非常大的（因為有三個感應效應加在一起）。

看第三個**強去活化基**時，我們可以看到帶一個正電荷的氮原子就在苯環旁：

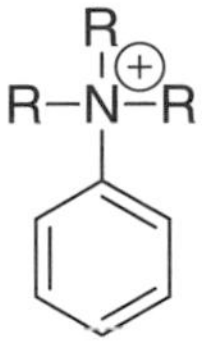

這個氮原子如此的缺乏電子密度，所以它會像吸塵器一樣吸走苯環上的電子密度：

我們已經解釋了三個強去活化基，現在可以把所有學過的歸納成表：

	共同特徵	一些例子		
活化基				
強的	未共用電子對緊鄰苯環	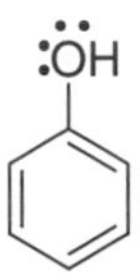	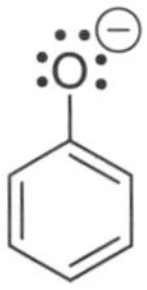	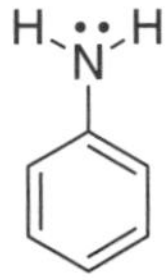
中度	未共用電子對緊鄰苯環，但須與苯環外的共振共享	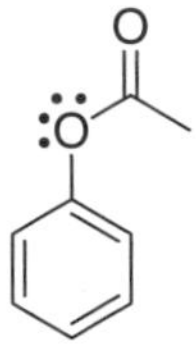	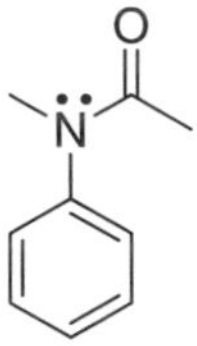	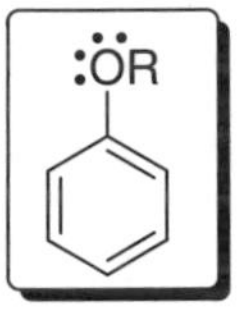 不符合常規
弱的	烷基	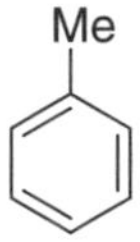	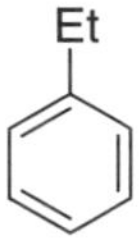	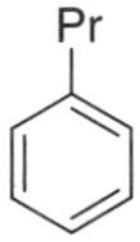
去活化基				
弱的	鹵素	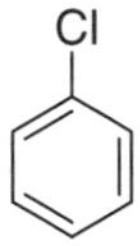	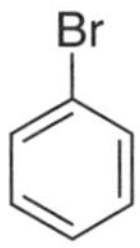	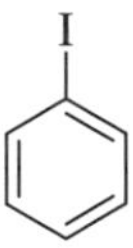
中度	π 鍵連接至高陰電性原子（緊鄰苯環）	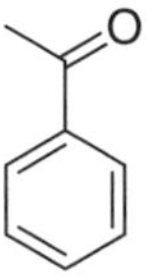	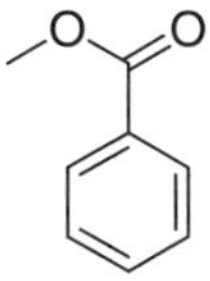	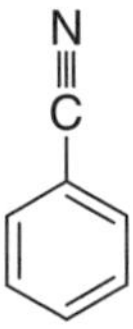
強的	非常強力的拉電子	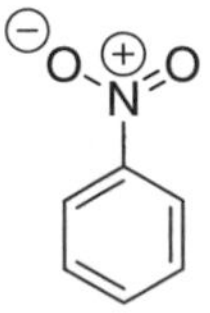	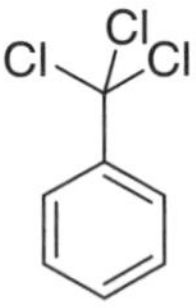	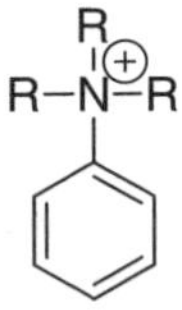

仔細看前頁的表，確定你理解了每個種類的意義。你查看這個圖表時，必須記得我們之前對每個種類的討論。如果做不到這一點，最好再複習最後幾頁，對這些種類的解釋。

現在你一定可以瞭解，為什麼要從弱活化基開始說起（在強活化基之前介紹）。當我們整理出下圖時，就可以很清楚的把引導效應也一併記在心裡：

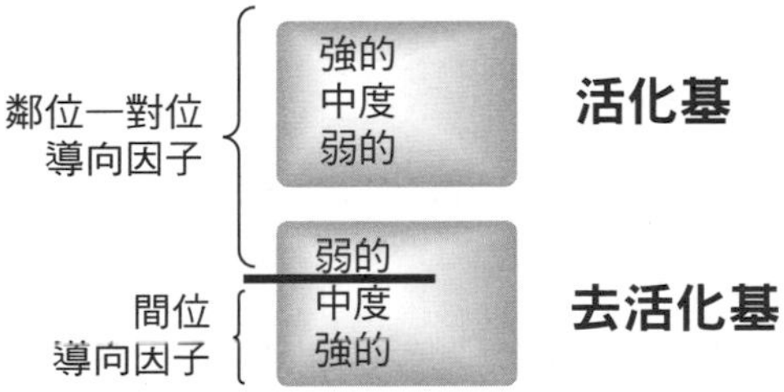

這個圖顯示出，所有的活化基都是鄰位一對位導向因子，所有去活化基都是間位導向因子，只有弱去活化基是例外（鹵素）。

練習 3.57 仔細看看下列的取代基：

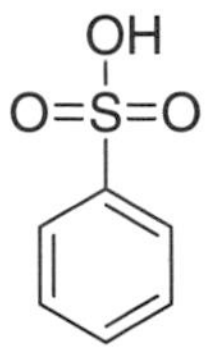

試著預測它屬於哪一種活化基（強活化基、中度活化基、弱活化基、弱去活化基、中度去活化基、或是強去活化基）。
並運用這個訊息來預測它的引導效應。

答　案 這個取代基並沒有緊鄰苯環的未共用電子對，它也不是烷基。因此，它絕對不會是活化基。而它有 π 鍵連結至氧原子（緊鄰苯環），因此，它是中度去活化基。

因為所有的去活化基都是間位導向因子（除了弱去活化基——鹵素），我們預測出如下圖所示的引導效應：

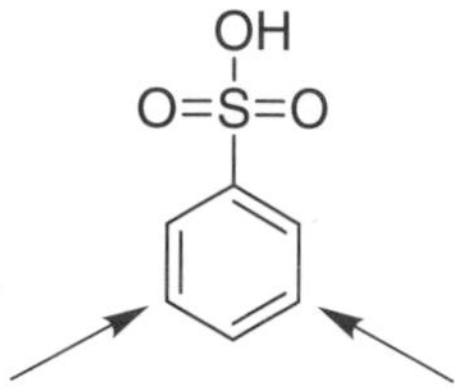

習　題 請判定下列每個取代基屬於哪一種活化基（強活化基、中度活化基、弱活化基、弱去活化基、中度去活化基、或是強去活化基）。把答案寫在空格裡。請試著不要翻閱剛剛建構出來的圖表，因為考試時，你手上不會有這些東西。所以試著把它們記下來，然後運用我們剛剛解釋過的那些說明。

然後，使用這個資訊來預測引導效應。請用箭頭指出，因為引導效應，你預期親電子芳香取代反應會發生在哪個位置：

3.58 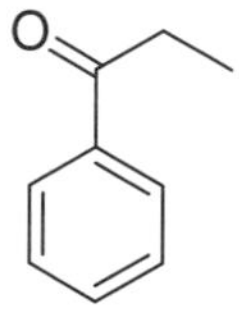

答案：________________

3.59 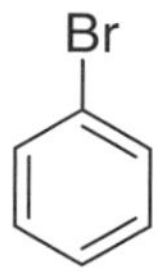

答案：________________

3.60 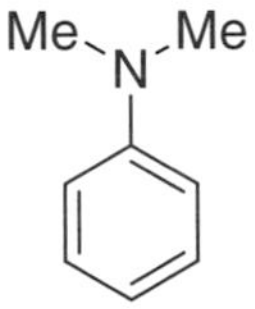

答案：____________________

3.61 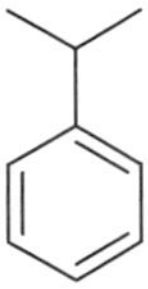

答案：____________________

3.62 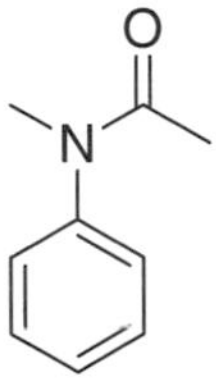

答案：____________________

3.63 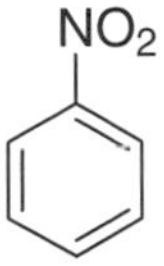

答案：____________________

3.64 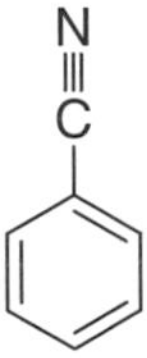

答案：____________________

3.65 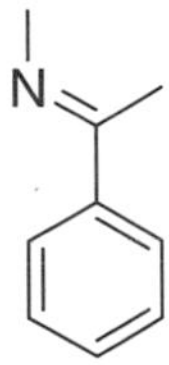

答案：____________________

3.66 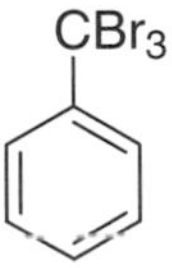

答案：____________________

3.67 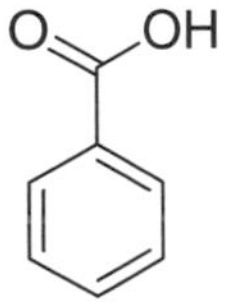

答案：____________________

習題 3.68 請說明為什麼下列的取代基是強活化基：

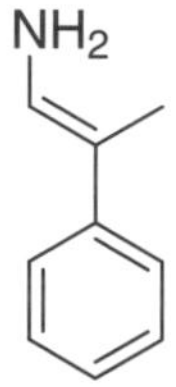

（**提示**：請想想強活化基的共同特徵。）

現在我們可以用這一節學習的技巧，來預測化學反應的產物。
來看一個例子：

練習 3.69 請預測下列反應的產物：

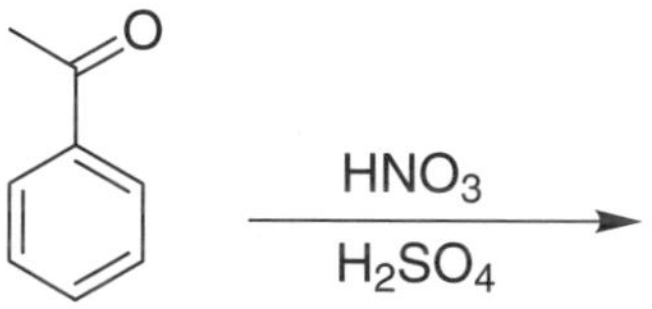

答　案 先看看試劑再來決定是哪一種反應。試劑是硝酸和硫酸，這些試劑會產生 NO_2^+，這是很好的親電子基。所以，我們知道這會是把硝基加到環上的反應。但現在的問題是：加到哪裡？

要回答這個問題，必須預測目前苯環上的取代基產生的引導效應。我們已經討論過，這個取代基是中度去活化基，這表示它是間位導向因子。所以我們預測的產物為：

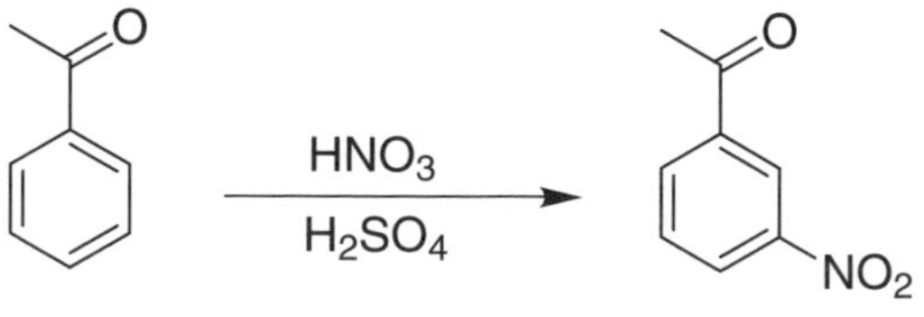

習　題 請預測下列反應的產物：

3.70 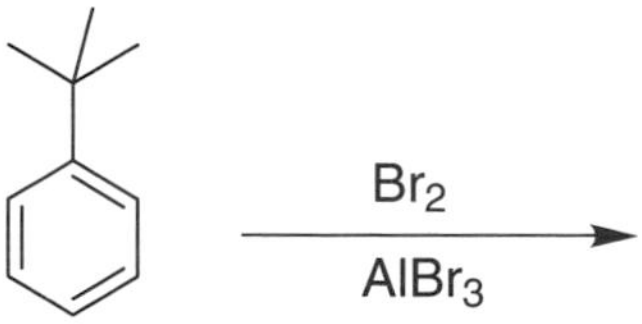

3.71 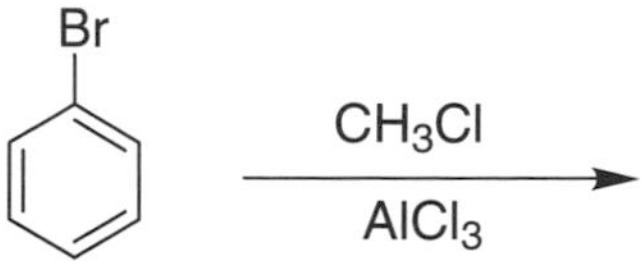

3.72 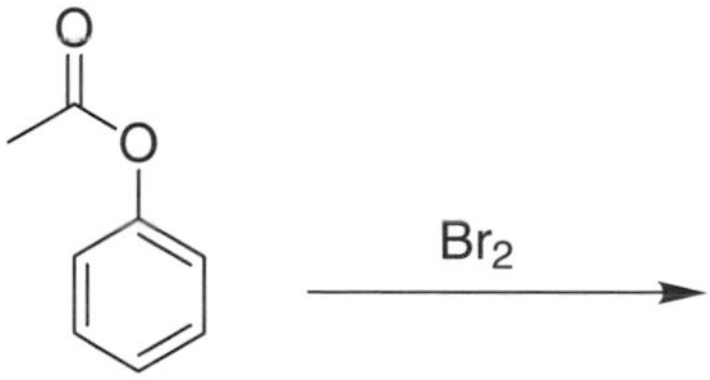

請注意這個反應並不需要路易士酸，你可以解釋為什麼不需要嗎？

3.73 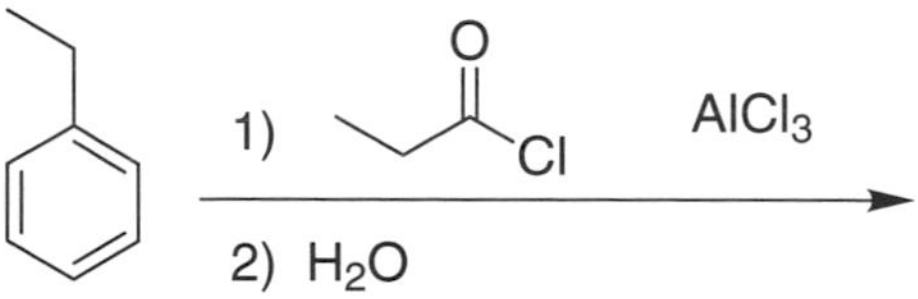

3.74 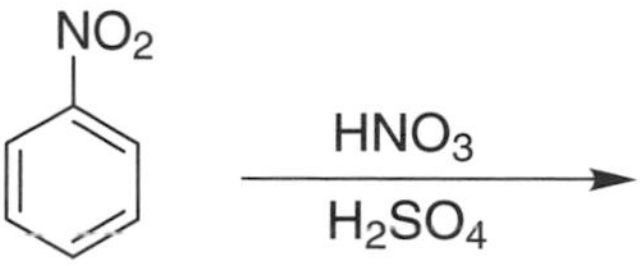

現在讓我們把上一節學過的和這一節的內容結合。前一節學過，遇到苯環上有多於一個以上的取代基時，該如何預測引導效應。當兩個取代基相互競爭時，便以下列的兩個規則來決定引導效應：

- 鄰位—對位導向因子總是能打敗間位導向因子。
- **強**活化基總是能打敗**弱**活化基。

我們已經學會如何把不同的取代基分類了，現在來做一些真正的題目吧：

練習 3.75 請預測下列反應的產物：

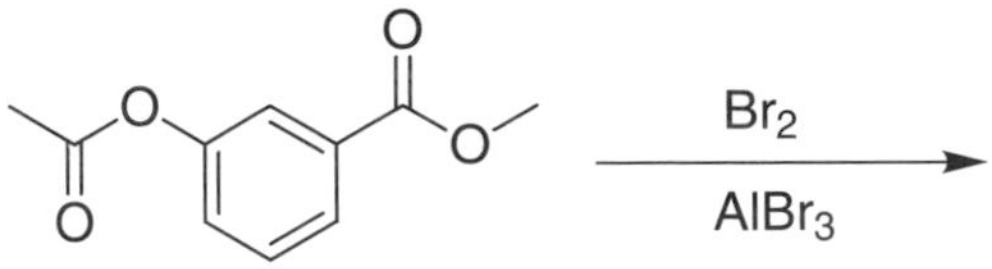

答　案 先看試劑再來決定會進行哪一種反應。試劑是溴和三溴化鋁，這些試劑會產生 Br^+，它是很好的親電子基。所以這會是把 Br 加到環上的反應。但現在的問題是：加到哪裡？

要回答這個問題，必須預測目前苯環上的兩個取代基產生的引導效應。左邊的取代基是中度活化基（請確定你知道為什麼），因此它是自身的鄰位—對位導向因子：

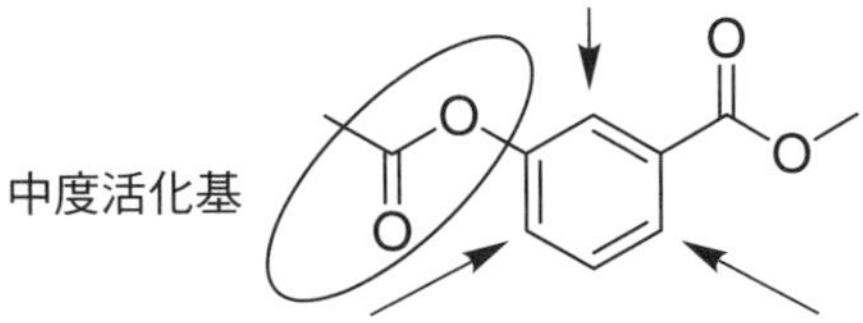

右邊的取代基是中度的去活化基（請確定你知道為什麼），這表示它是自身的間位導向因子：

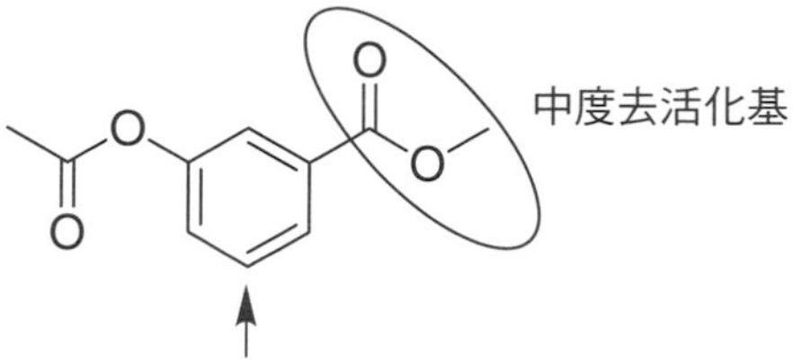

現在這兩個取代基之間產生了引導效應的競爭。請記住，決定取代基勝負的第一條規則：鄰位－對位導向因子總是能打敗間位導向因子。所以我們預測會出現下列的產物：

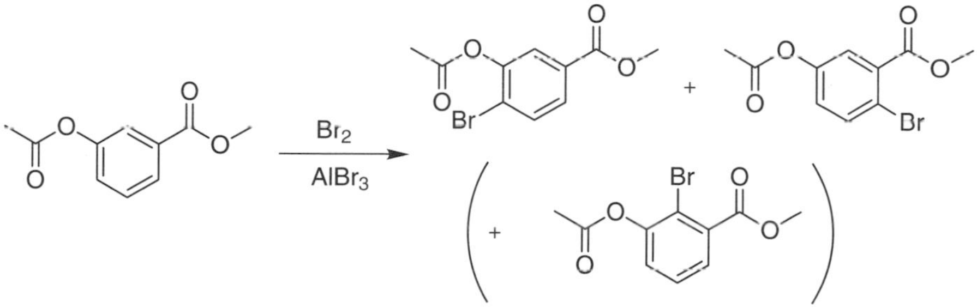

請注意我放在括號內的最終產物，這個產物其實非常微量。下一節會說明原因。現在只要寫下預期的三個產物就可以了。到了下一節，我們再來「微調」這個答案。

習　題 請預測下列反應的產物：

3.76 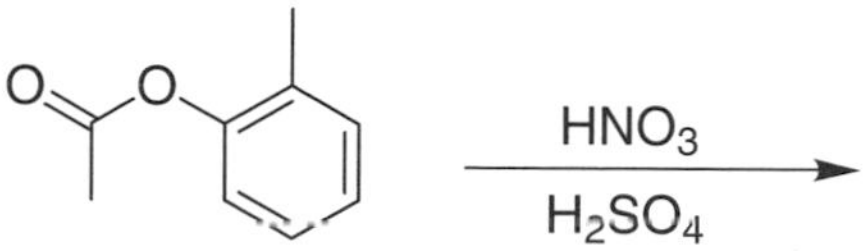

3.77 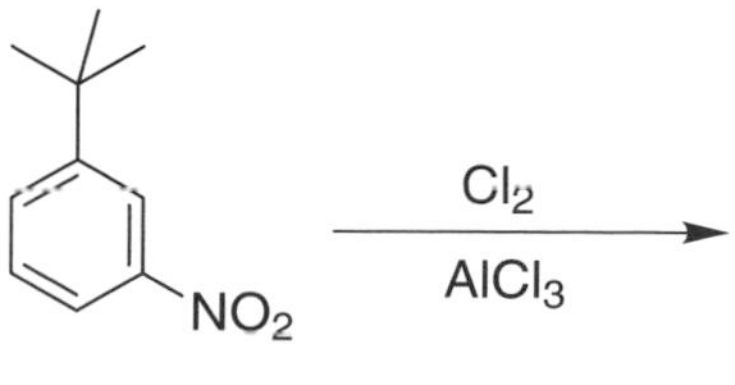

3.78 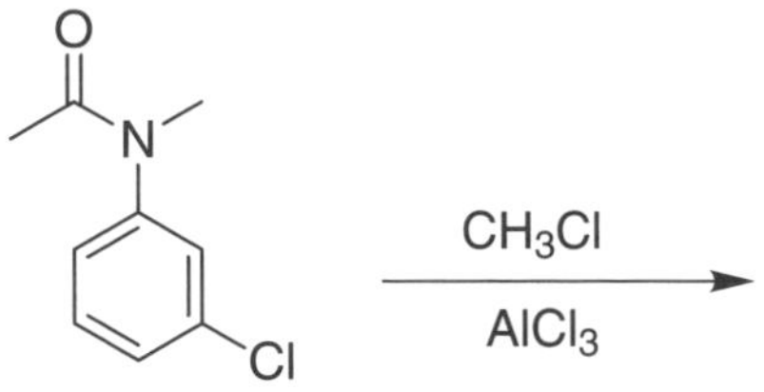

3.79 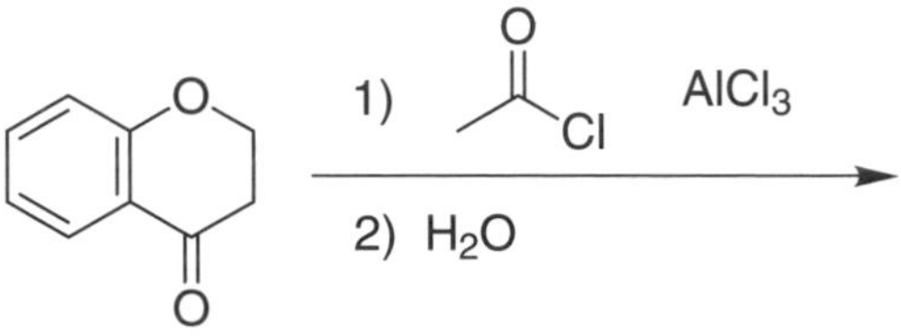

（**提示**：在考量擁有兩個不同取代基的苯環時，請個別分析取代基各自的影響。）

3.8 立體障礙效應的預測與運用

在前一節裡，我們已經學過預測親電子芳香取代反應產物所需的技巧。我們看過在許多例子裡都有**超過**一個以上的產物。例如，如果苯環被活化了，我們預測會有鄰位**和**對位的產物。在這一節裡，我們將會看到如何預測哪一個產物會是主要產物，哪一個會是次要產物(鄰位 vs. 對位)。甚至可以因此控制產物的比例(鄰位 vs. 對位)。對於本章下一節（最後一節）會提到的合成問題來說，這是**非常**重要的。

如果丙基苯進行親電子芳香取代反應，因為丙基是弱活化基，所以我們預測引導效應會是鄰位—對位：

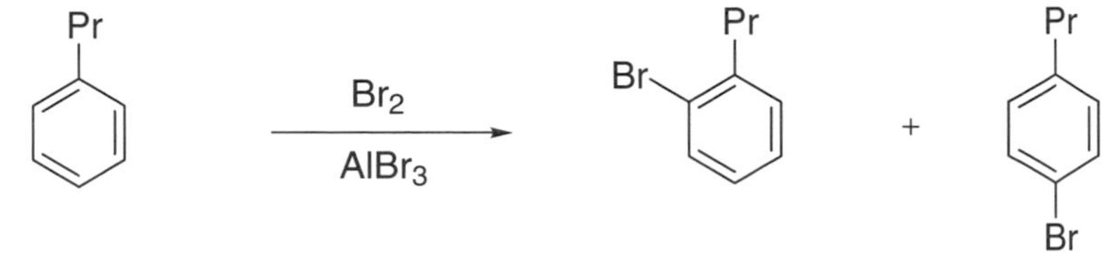

在這裡會產生兩個產物。讓我們試著找出在這些產物中，哪一個是主要產物？鄰位還是對位？一開始，我們可能會想說鄰位產物是主要的。來看看為什麼。丙基是鄰位－對位導向因子，所以總共有三個位置可能被攻擊（兩個鄰位和一個對位）：

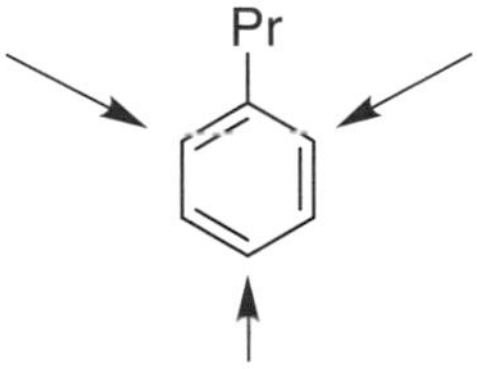

因此，攻擊鄰位的機率會是三分之二（或是 67%），而攻擊對位的機率則是三分之一（33%）。以純粹統計的觀點來看，產物的分布應該是 67%鄰位和 33%對位。但是還有一個非常重要的因素，會使產物比例與我們預測的完全不同：**立體障礙**（sterics）。

丙基相當大，會部分「阻擋」鄰位反應的進行，我們還是會得到鄰位的產物，但產量卻少於 67%。事實上在這個例子中，對位產物為主要產物：

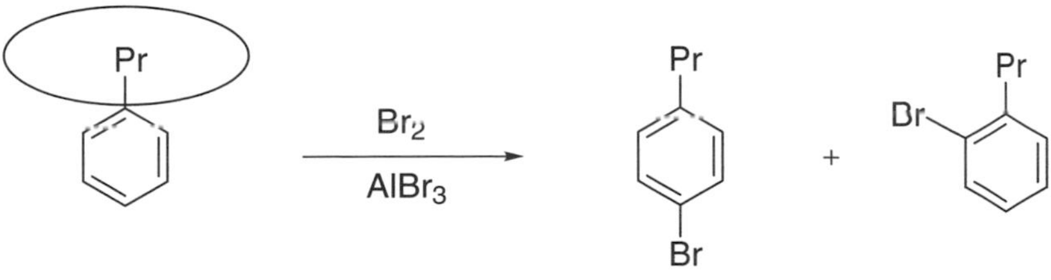

主要　　次要

除非環上的取代基非常非常小，否則這種例子（對位是主要產物）會常常發生。所以如果環上的取代基是甲基，鄰位產物就可能稍微多於對位產物：

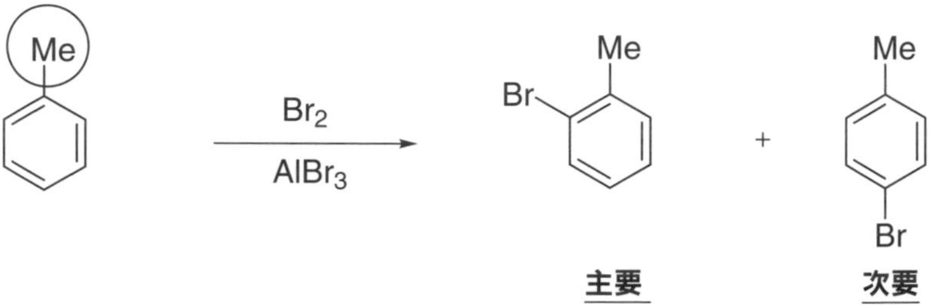

但只有甲基取代基才會發生這樣的狀況。對於其他的取代基，我們都會預測對位產物是主要產物。請記住，這非常重要——對位產物通常是主要產物。

記住這件事之後，請為下列轉換提出有效率的合成方法：

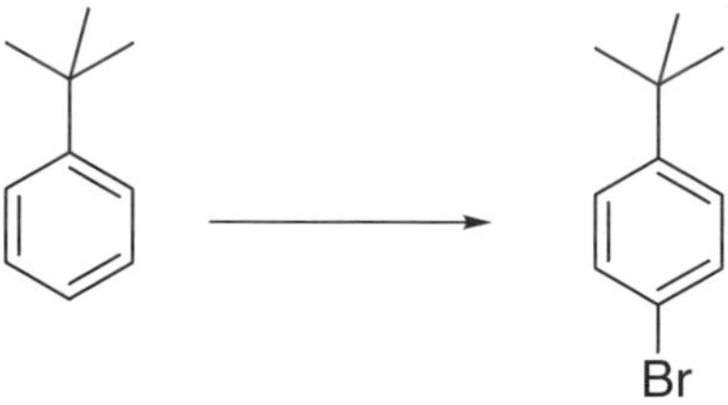

這很容易做到。因為三級丁基（tert-butyl group）是如此巨大，所以我們預測對位產物會成為主要產物。只要用 Br_2 和 $AlBr_3$，就可以得到想要的產物了。

但是假設如果我們想製造鄰位產物：

該怎麼做呢？遇到這個問題，同學們通常會想用與之前同樣的反應，因為鄰位會是次要產物（或者說終究會有一些對位產物會產生）。但你不能這麼做。無論何時，當你面對合成問題時，你選擇的試劑，必須能讓生成的化合物成為**主要**產物。如果你提出了一個合成方法，得到的產物只是**次要**產物，那這個合成方法就不夠有效率。現在就有一個問題了，該怎麼進行這個反應，讓鄰位產物變成主要產物呢？

答案是：無法用一個步驟做到，因為沒辦法「避掉」立體障礙。但是如果多用幾個步驟，還是有辦法做到。在本章開頭，我們曾經學過磺化反應（用發煙硫酸把 SO_3H 接到苯環上）。我們已經學過，這個取代基可以接到苯環上，**而且**之後也可以輕易脫離苯環。之前說過這個特點（可逆性）在合成反應上**非常**重要，現在就要告訴你為什麼了。

如果我們先做磺化反應，可以預期 SO_3H 基幾乎都跑到對位（主要產物是對位取代）：

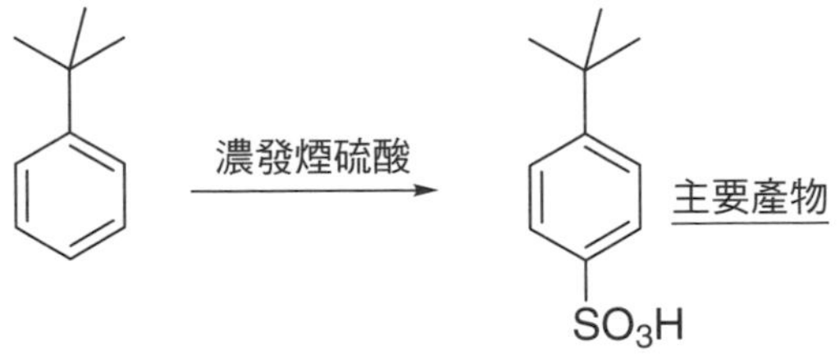

現在想想我們剛剛做了什麼。我們已經把對位「阻塞」起來了。所以如果現在進行溴化，Br 將被迫進到鄰位（因為對位已經被捷足先登了）。這樣一來，這個反應就可以把 Br 放到我們想要的位置了：

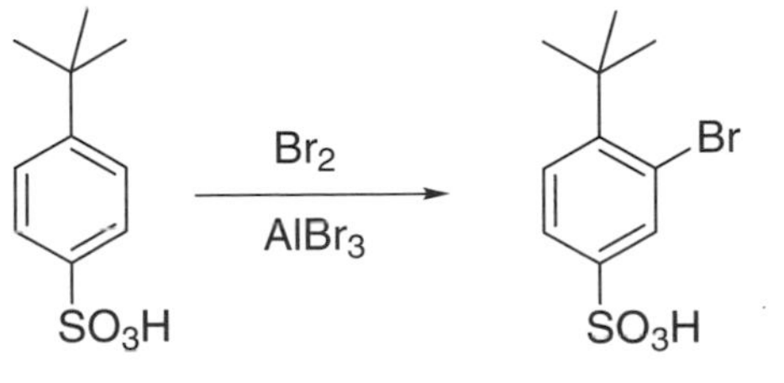

最後，再進行去磺化脫除 SO_3H 基。要這樣做，請記得必須使用稀硫酸：

現在我們製造出產物了。這是完整的合成式：

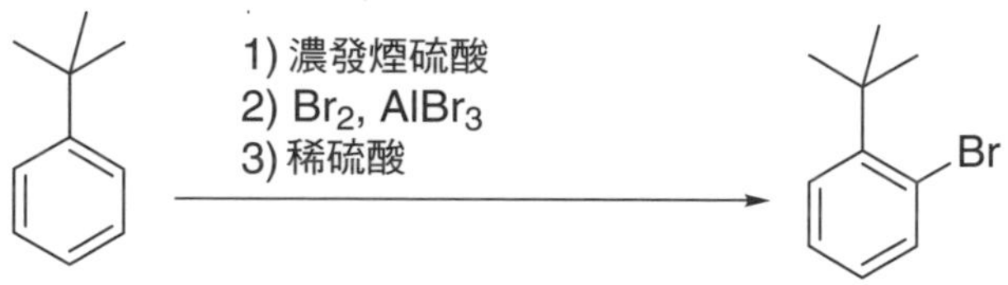

請注意，我們花了三個步驟（第一個步驟先把對位擋住，第三個步驟再除去對位上的阻擋）。要花三個步驟看來似乎很沒有效率，**但是**我們不需要再花時間分離次要產物，因為我們利用每一步產生的主要產物，來進行下一個步驟。

如果再仔細想想這整件事，你會發現這個技巧真的非常高明。因為無法「避開」立體障礙，所以乾脆發展出策略來利用立體障礙的效應。請注意最終產物裡根本就沒有 SO_3H 基，我們只是暫時利用 SO_3H 基來當「阻擋取代基」(blocking group)。這個想法在有機化學上非常重要。當課程繼續時，你會看到一些其他阻擋取代基的例子（跟親電子芳香取代反應完全不相關的其他反應）。這個基本策略可以應用在任何地方。暫時把主要會進行反應的位置阻擋起來(做完你想要的反應後再去除阻擋)，這樣就有可能把原來的次要產物變成主要產物。

現在讓我們確定你知道如何使用這個方法：

練習 3.80 請為下列反應提出一個有效率的合成方法：

答　案 看起來我們必須把一個醯基放到鄰位。如果直接進行夫里德耳－夸夫特醯化反應，對位產物將會是主要產物（因為立體障礙效應）。所以必須先用磺化把對位阻擋起來。因此我們的答案是：

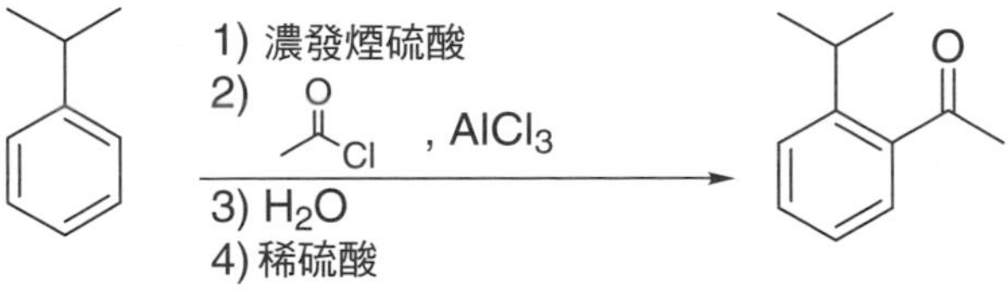

習　題 請為下列每個反應提出一個有效率的合成方法。你必須留意磺化是否為必須的(我故意安排了至少一個不需要磺化的問題，來確定你真的瞭解什麼時候該使用阻擋的技巧)：

3.81

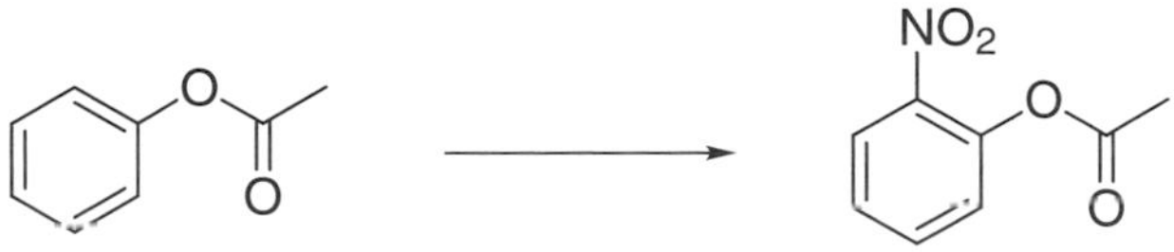

3.82

3.83

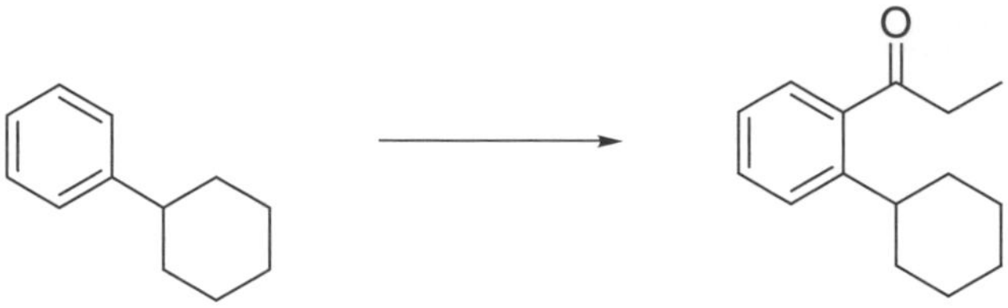

3.84

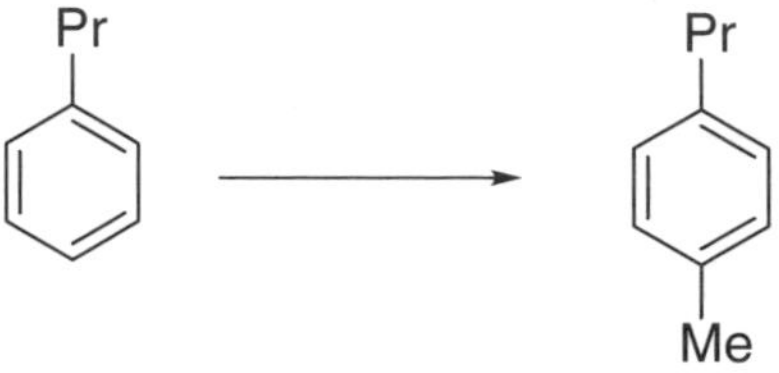

3.85

在進行到本章最後一節之前，你還必須熟悉一些其他的立體障礙效應。目前為止，我們已經看過環上只有一**個**取代基的立體障礙效應。但是如果環上有兩個取代基時又該如何？例如，來看看間二甲苯（meta-xylene）的引導效應：

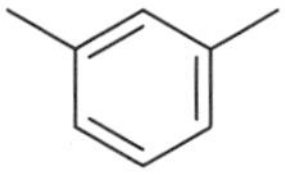

這個化合物在苯環上有兩個甲基，這兩個甲基都導引到相同的三個位置：

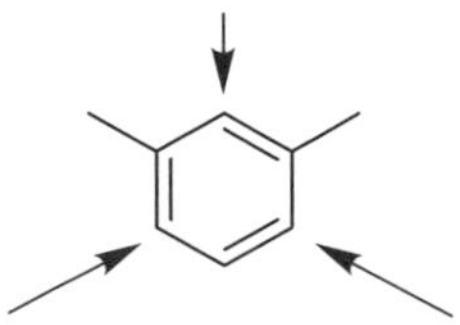

因為對稱的關係，這三個位置中的兩個位置，其實是相同的：

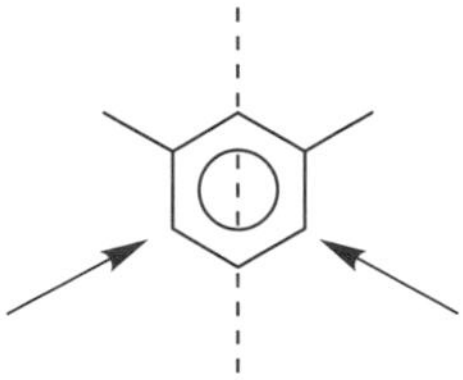

無論攻擊這兩個位置的哪一個，
都會得到相同的產物

所以，如果溴化這個化合物，就會得到兩個產物（而不是三個）：

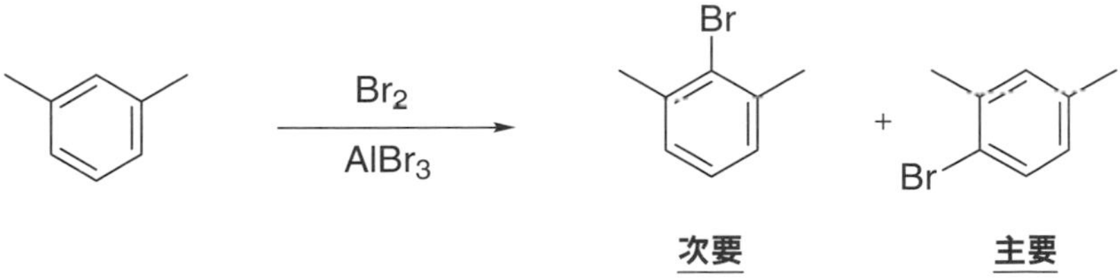

注意我們曾經說過，其中一個產物會成為主產物。想要知道為什麼，就必須考慮立體障礙效應。與另外的那個位置相較，兩個甲基之間的位置比較會有立體障礙的阻撓，因此，我們只得到一個產物。

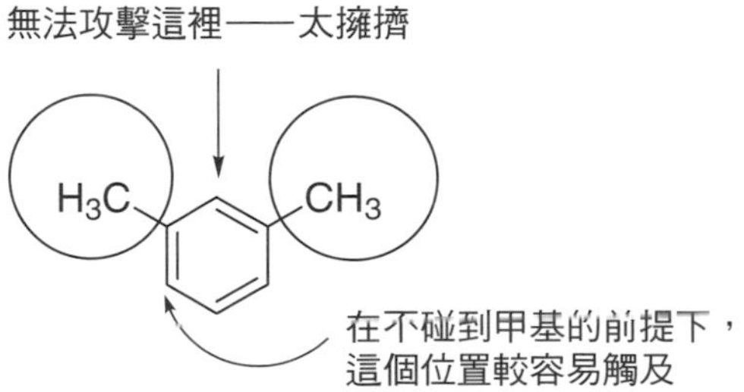

這類型的論點可以運用到許多其他類似的狀況。例如，你也許還記得本章較早曾經出現過的下列反應：

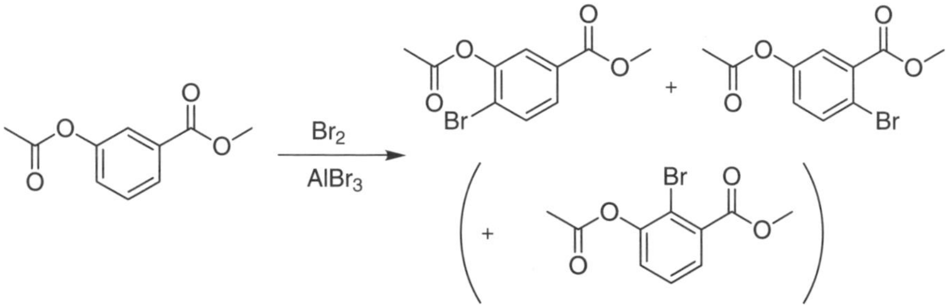

那時我曾經說過，這三個產物的其中一個會非常少量（上圖括號內的那個）。現在我們可以理解為什麼它是次要產物了，就是剛剛討論過的那個理由——立體障礙。起始物的兩個取代基互為間位，所以在兩個取代基之間的那個位置，會因為立體障礙而遭屏障。

　　但是假設你有一個雙取代基的苯環，兩個取代基互為**對位**。例如，請研究下列化合物的引導效應：

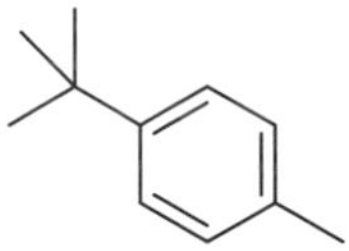

在這個例子中，這兩個取代基互為**對位**。這裡整理了這兩個取代基的引導效應：

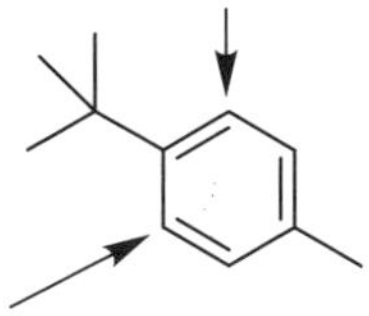

三級丁基的引導效應

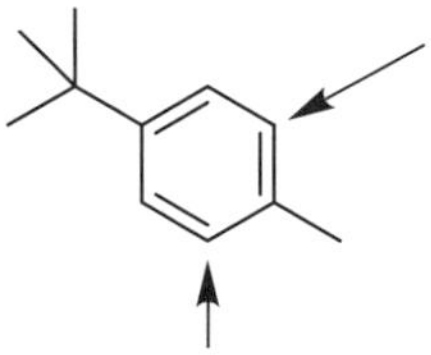

甲基的引導效應

這兩個取代基導引到四個可能發生反應的位置，兩個取代基都是弱活化基（烷基），所以當我們以電性來考量時，對四個位置並沒有任何偏好。但是考慮到立體障礙，我們注意到相較之下，**三級**丁基比甲基大很多。所以最後會得到這個結果：

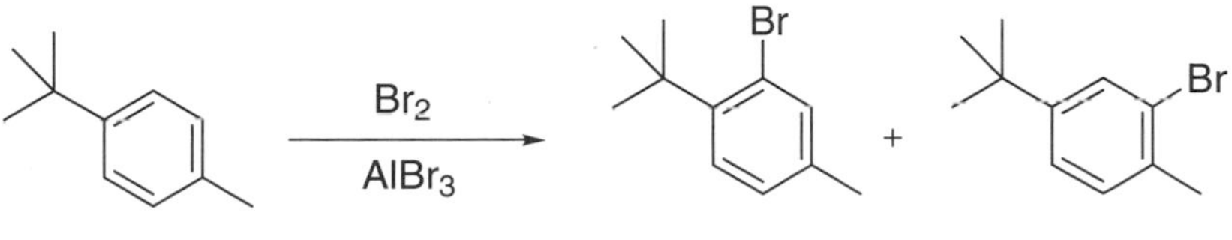

非常少量　　**主要**

事實上，因為三級丁基實在太大了，所以你會發現有些課本甚至不會把次要產物寫出來，因為它的量實在少到不值得一提。

本節中，我們已經看過在許多例子中，立體障礙在決定產物的比例上（誰是主產物以及誰是副產物），扮演了重要角色。現在讓我們運用這些法則來解答一些問題。

練習 3.86 請預測下列反應的主要產物：

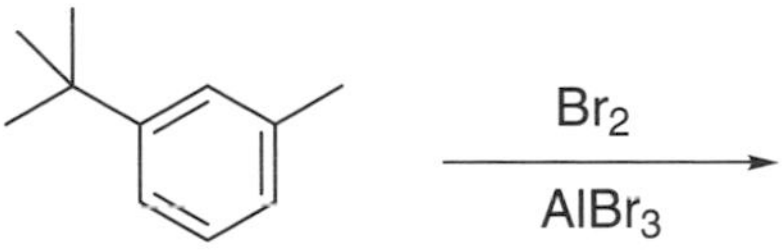

答　案 這個例子裡，環上有兩個取代基：一個三級丁基、一個甲基。兩者都是弱活化基（鄰位－對位導向因子），而且兩者都導引至相同的位置：

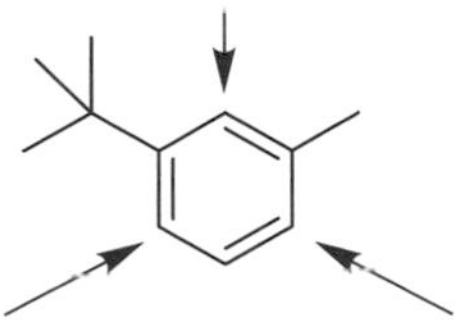

在這三個位置中，在兩個取代基之間的位置最受立體障礙阻擋。我們不能期望反應會常發生在那個位置。同樣的，三級丁基隔壁的位置也會稍受阻礙，所以我們也不會期望反應發生在那裡。因此，我們預測反應最常發生在甲基隔壁的位置：

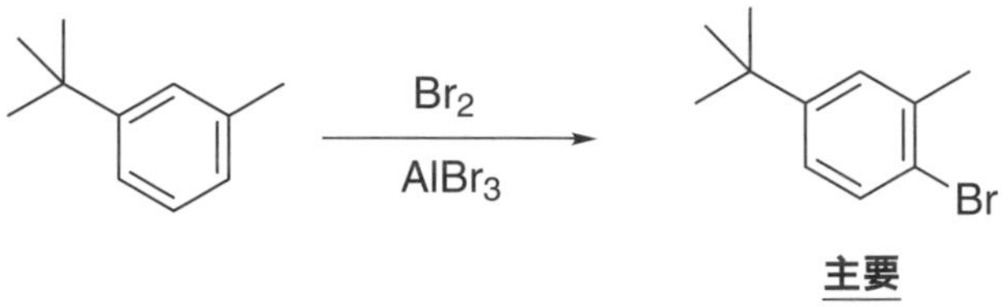

習　題 請預測下列每個反應的主要產物（你不需要寫出這些問題的副產物）：

3.87 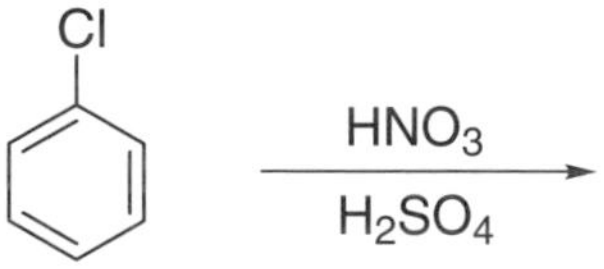

3.88 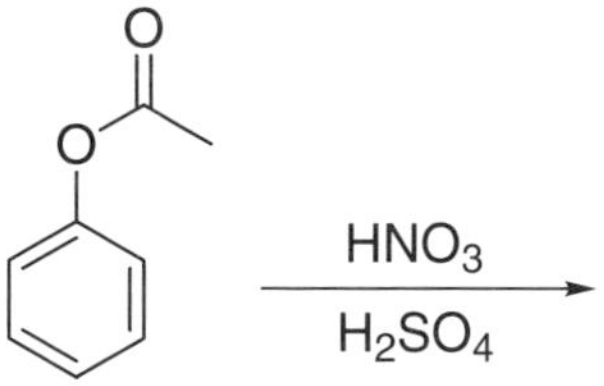

3.89 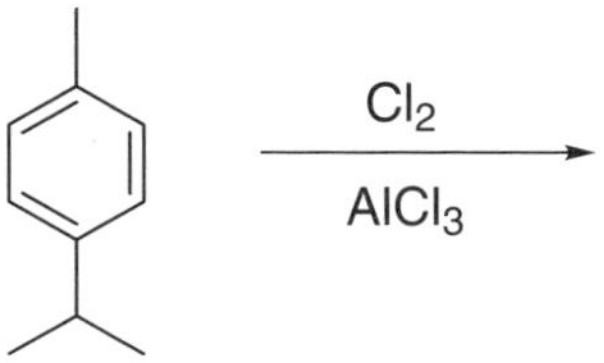

3.90 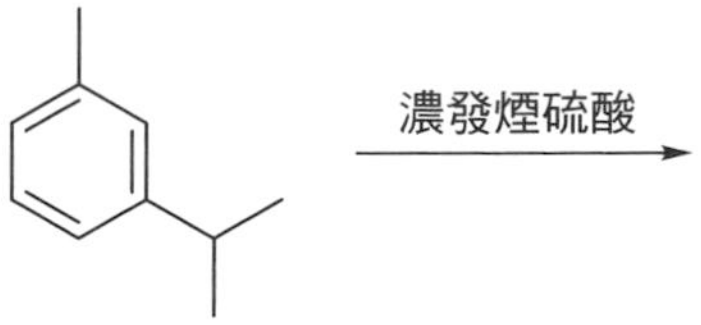

3.91 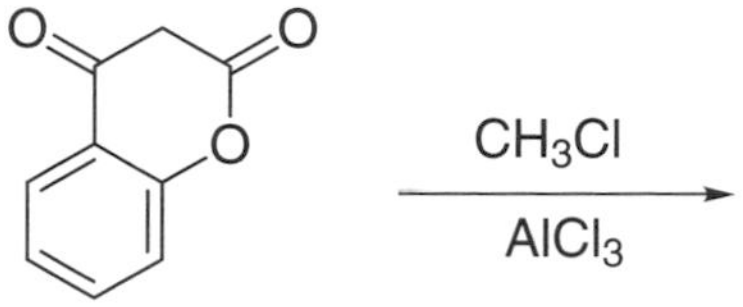

3.92 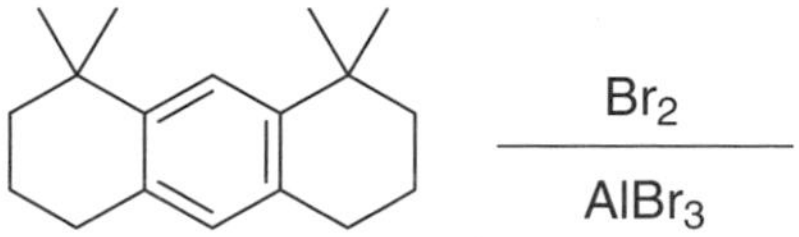

3.9 合成策略

在這一節，我們將著手擬定一些策略，來解決可想而知最棘手的問題——合成問題。在這之前，先很快複習一下本章稍早看過的一些反應。我們已經學過如何把許多不同的取代基接到苯環上：

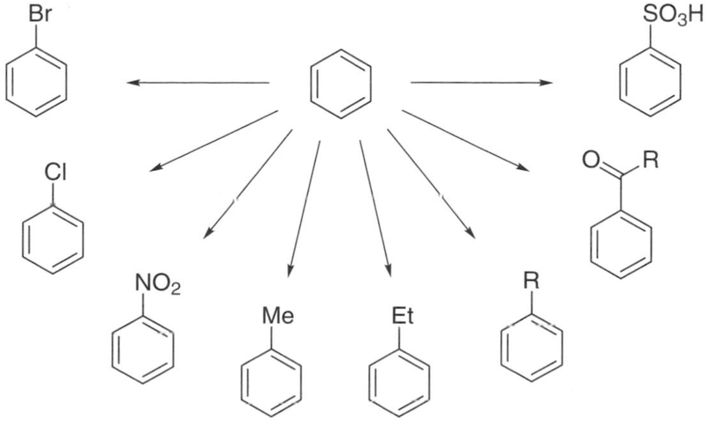

請仔細研究上圖，確定你知道每個轉換所需使用的試劑。如果對這些試劑還不熟悉，就沒辦法真正解決合成問題。

如果所有的合成問題都只是一步反應，那當然很不錯，像這樣：

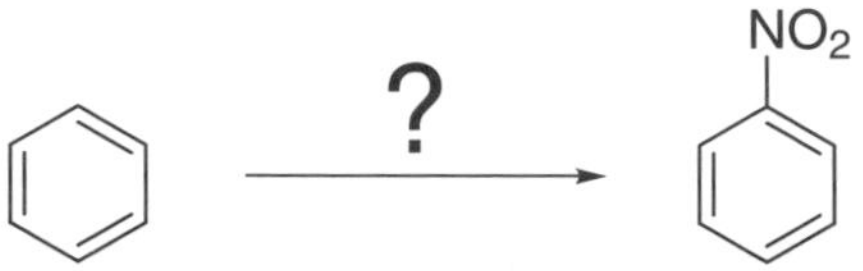

但通常來說，合成都需要好幾個步驟，才能把兩個或多個取代基加到環上，像這樣：

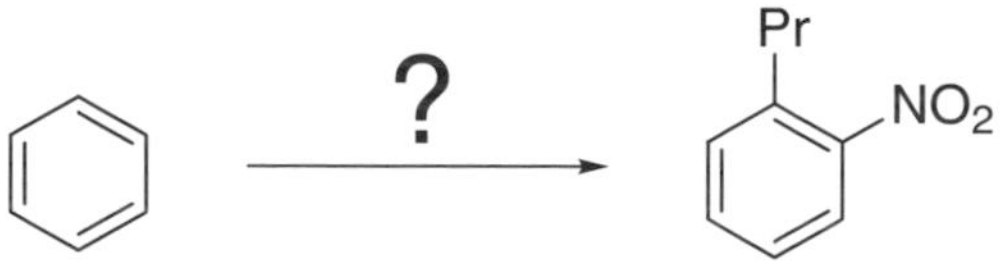

處理這樣的問題的候，有幾個考量必須記住：

- 先仔細看看環上的取代基，然後確認你知道如何一一把每個取代基放上去。
- 考慮「行程」。換句話說，你要先把哪個取代基接上去？放了第一個取代基後，它的引導效應會決定下一個取代基的位置。這個考量會影響到兩個取代基在產物上的相對位置，所以非常重要。上圖裡的例子，兩個取代基互為鄰位。所以我們必須選擇可以把兩個取代基放置在互為鄰位的策略。
- 必須考慮立體障礙效應（決定何時需要用磺化當阻擋取代基）。

當然還有其他考量，但上述這些將幫助你開始熟悉合成問題。第一個考量只是把取代基放到環上需要什麼試劑，這類的簡單知識。之後兩個考量可以總結為：電性和立體障礙（希望這樣可以幫助你記住這些考量）。無論何時，只要你想試著解答合成問題，就必須考量電性效應和立體障礙效應。而繼續研讀本課程，你會發現相同的主題在每一章重複出現，而你要探討的也總是立體障礙和電性效應。

讓我們試著運用這些考量來解決剛剛看過的問題：

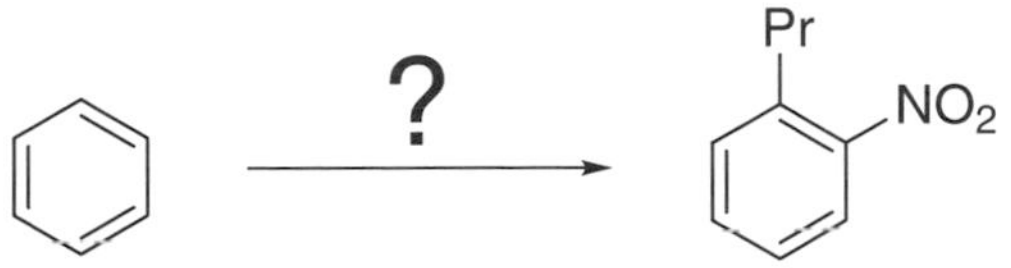

先確認你是否知道如何把每個取代基一一加上去。有兩個取代基（丙基和硝基）要加到環上。硝基很簡單，只需做硝化反應（使用硫酸和硝酸）。丙基就需要一點技巧了，因為我們不能用夫－夸烷化反應（記得碳陽離子重排嗎？），而是要使用夫－夸醯化反應，然後進行還原拉掉 C = O 雙鍵。整體來說，總共使用三個步驟：一個步驟用來加上硝基，兩個步驟用來放上丙基。

現在來看看電性的考量。在這個例子我們會很感謝「行程」的重要性。想像一下，如果我們先放硝基，硝基是間位導向因子，所以下一個取代基的位置會在硝基的間位。這樣是不可行的，因為我們要的最終產物是兩個取代基互為鄰位。我們會發現，不能先放硝基，應該先放丙基，這才是可行的，因為丙基是鄰位－對位導向因子，所以丙基會把下一個取代基導引到正確的位置（鄰位）。**但是**丙基也會導引到對位，這時候就是立體障礙出場的時間了。

仔細看立體障礙的影響，會發現我們遇到困難了。在這裡，立體障礙效應對我們不利。我們預期會有這樣的結果：

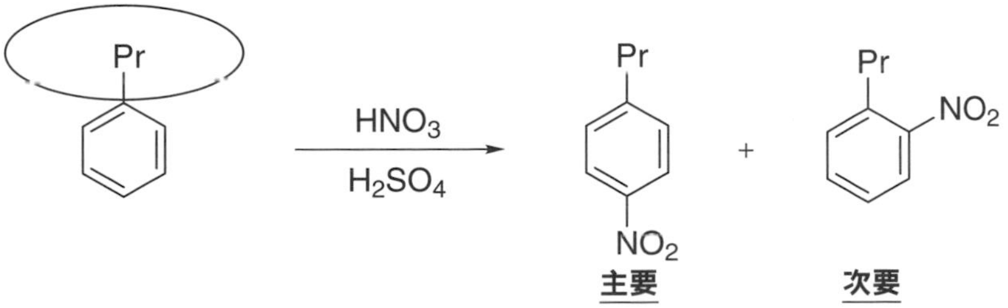

請注意我們想要的化合物是次要產物，所以我們要找方法把鄰位產物變成主要產物。之前我們的確看過該怎麼做：利用磺化把對位阻擋起來。所以合成的總反應為：

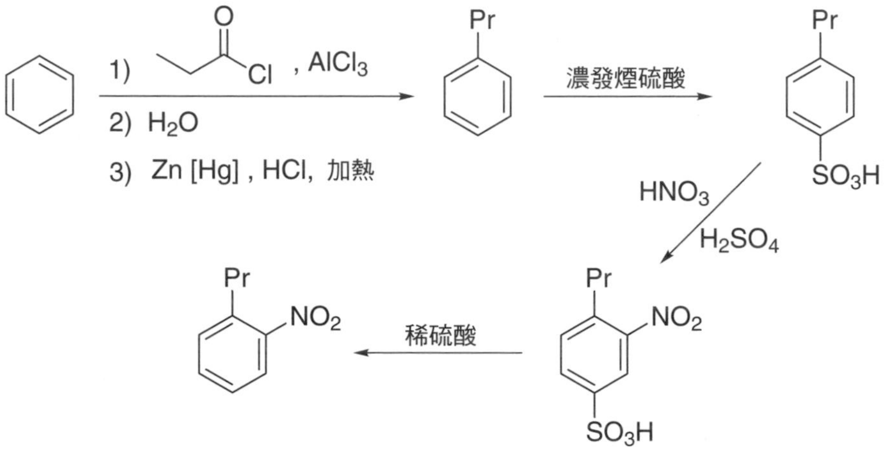

剛剛推演出來的答案可以總結為：

還記得我們是經由對電性和立體障礙的仔細分析，才得到答案嗎？現在運用同樣的分析模式，讓我們來試著解答稍微難一點的合成問題。請試著想想下列問題：

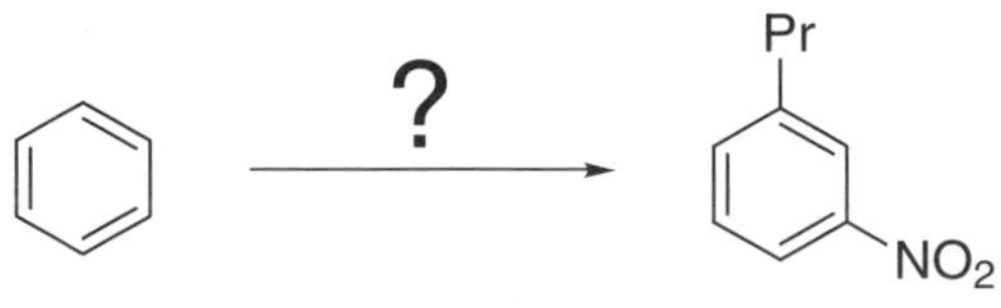

在這個例子，我們必許處理與前一個問題相同的取代基：丙基和硝基。但是在這個問題中，我們想要這兩個取代基互為**間位**。如果先從丙基開始著手，就會得到錯誤的引導效應，丙基會把硝基引導至鄰位和對位。所以結論是，要先由硝基開始進行。硝基會引導至間位，這樣才可以得到我們想要的產物：

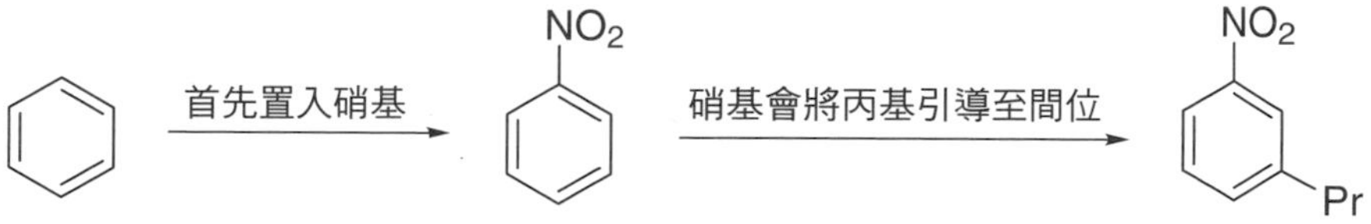

但是基於某個原因（這個原因我們現在才要解釋），這個方法並不可行。學習夫－夸反應時我們曾經提過，夫－夸反應有一些很重要的限制。那時只討論了某些限制，現在我們要提出它的另一個重要限制了。這個限制使我們無法在受中度去活化或強力去活化的苯環上，進行夫－夸反應。我們只能在輕微去活化的苯環（當然還有活化了的苯環）上進行夫－夸反應。但是在受強力去活化的苯環上無法進行夫－夸反應（你也許可以在去活化的苯環上進行其他反應，但無法進行夫－夸反應）。記住這點，再來看我們剛剛提出的合成方法。因為無法在受強力去活化的苯環（硝基苯）上進行夫－夸反應，所以剛剛提出的這個方法並不可行。

如此一來，我們的問題似乎變成無解：如果先放丙基，會把硝基導引至錯誤的位置；如果先放硝基，就無法把丙基加到苯環上。

根據我們學過的一切，**有**一個答案可以解決這個問題。這個答案將有助於我們真正體會，為什麼必須認真考量「行程」。讓我們來仔細看一下。

在這個問題中，必須加上兩個取代基——丙基和硝基。硝基可以用一個反應加到苯環上，但是我們已經看過丙基需要兩個步驟（為了避免碳陽離子重排，必須先做夫－夸反應，然後再還原）：

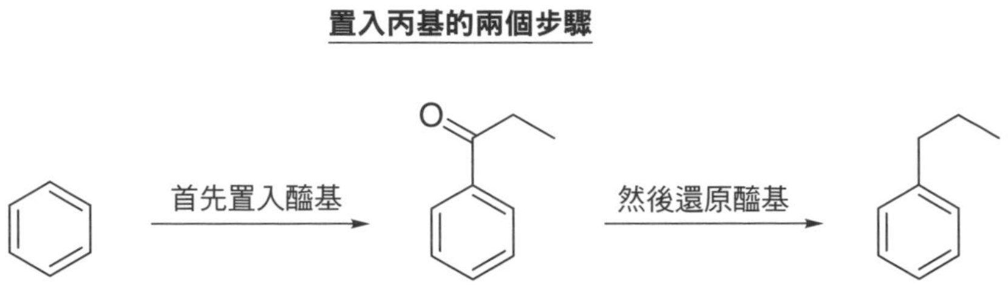

目前為止，也許你都認為上圖這兩個步驟必須一步接著一步，但這個例子卻不然。在上圖這兩個步驟**之間**，可以稍做休息，然後插進一個不同的反應。請看看下面反應順序的「行程」，在放入丙基的兩個步驟之間，我們插入了硝化（nitration）步驟：

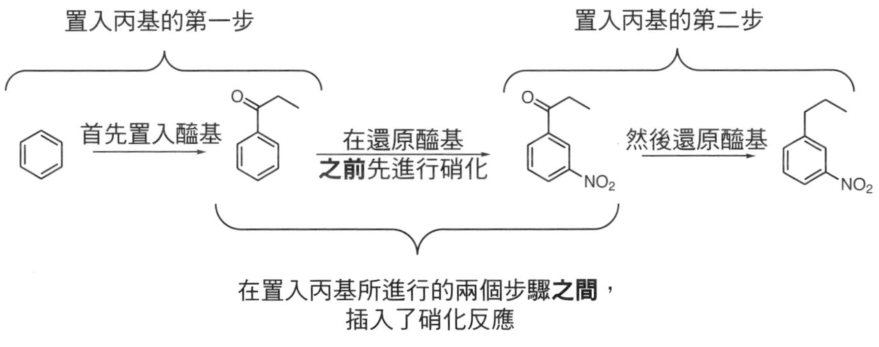

以這個方法進行，好處是可以使醯基發揮間位導向因子的效應，把硝基放至間位的位置。所以，整個合成總結如下：

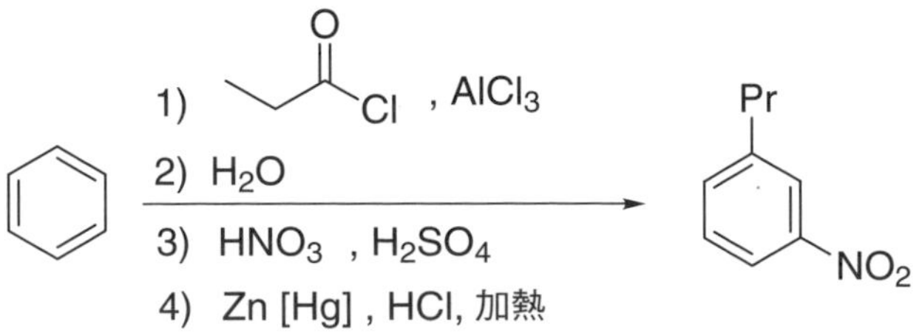

這個合成教我們「行程」的重要性。無論何時，只要想解決合成問題，都要考量反應的先後順序。

在讓你自行嘗試解答某些問題之前，讓我們再一起多做一個問題吧：

練習 3.93 請為下列轉換提出一個有效率的合成方法：

答　案 我們必須在環上放兩個取代基：乙基（ethyl）和溴基。先確認我們知道把每個取代基加到環上所需的試劑。要把溴放到環上，必須用 Br_2 和路易士酸。要把乙基放到環上，必須使用夫－夸烷化反應（或先醯化，再進行還原）。把乙基放到環上，不需要擔心碳陽離子重排的問題，所以可以用簡單的烷化反應（不需先醯化，再還原）。

但在考量取代基的引導效應時，立刻就會碰到一個嚴重的問題。溴是鄰位—對位導向因子，所以不能先把溴放上去（如果這樣做，就不會得到互為間位取代的產物了）。乙基也是鄰位—對位導向因子，所以無論哪一個取代基先放，好像都不能讓這兩個取代基互為間位。

除非我們利用醯化反應（而不是烷化）。如果這麼做，會先把醯基放到環上，而**醯基是間位導向因子**，這樣就可以把溴放到正確的位置上。所以我們的策略是這樣的：

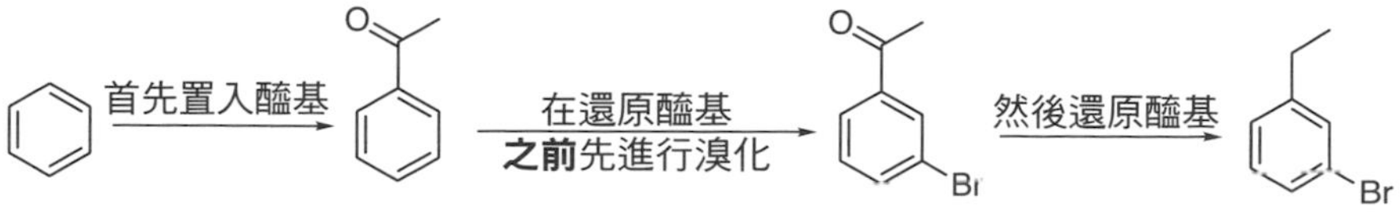

所以我們的合成會這樣進行：

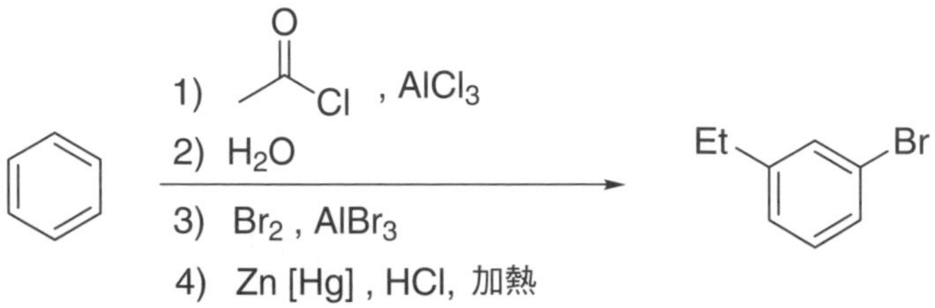

習 題 請為下列每個問題，提出一個有效率的合成方法。在每個問題中，你不需要寫下每一個合成步驟的產物，只要簡單列出使用的試劑，把這些試劑寫在箭頭上即可（就像前幾個例子中，我們總結答案時做的一樣）。也許你會想在另外一張紙上解題。

3.94 

3.95 

3.96 

3.97 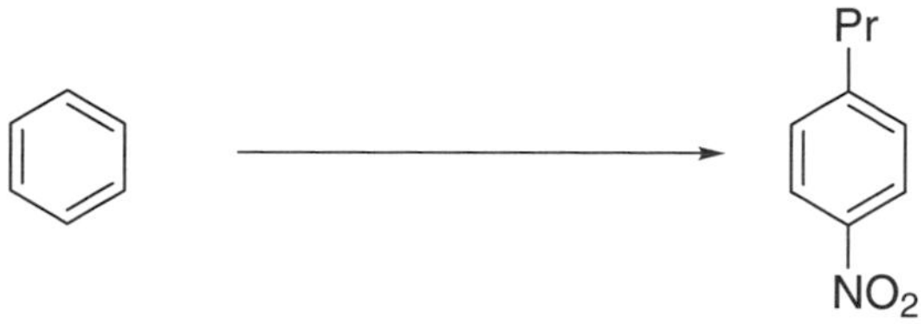

3.98 

3.99 

3.100 

3.101 

3.102 

3.103 

3.104 

在本章完結之前，很重要的是知道我們學過了哪些，更重要的是，也要知道還有哪些**沒有**學過。我們並沒有完全涵蓋課本裡所有的親電子芳香取代反應。當你研讀上課筆記或課本中與本章相關的部分時，會發現有一些反應我們沒講到。所以你必須仔細研讀課本和筆記，以確定那些反應你都會了。當你研讀課本時，應該會發現我們大約掌握了 80%，甚至 90%的內容。

本章的目的並不是涵蓋所有相關內容，而是幫你打下掌握親電子芳香取代反應的根基。讀完本章，對反應機構包含的步驟、預測產物和提出合成方法，你應該都能夠駕輕就熟。你應該知道引導效應如何進行，也知道該如何運用它們來解決合成問題。你還應該知道立體障礙效應，也要瞭解如何運用它們來解題。

所有的這些都是基礎，現在你應該馬上研讀課本和筆記，趕快解決其他那些考試該知道的東西。藉由本章打下的基礎，你應該會發現（希望啦！）課本的內容實在太簡單了。

請把課本裡的習題做完，全部喔！祝好運。

第4章

親核芳香取代反應

4.1 親核芳香取代反應的條件

前一章裡，我們已經學過了所有的親電子芳香取代反應。那時，我們稱它為「親電子」芳香取代反應，是因為芳香環攻擊了親電子基。下列反應機構就是其中一個例子：

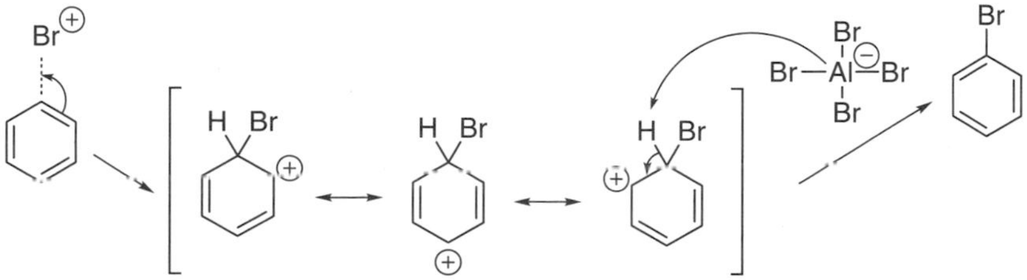

sigma複合物

這個反應機構顯示，苯環當親核基攻擊親電子基（反應機構的第一個步驟）。我們已經知道讓親電子基更具親電子性的方法，但在所有的這些反應中，苯環的作用都是親核基。而在第 4 章這短短的一章裡，我們將來看苯環的另一面：苯環能否當親電子基而非親核基呢？換句話說，苯環能不能變成缺電子，來受親核基攻擊呢？答案是：yes。

但是要想進行此種反應，必須符合三個特定且是必須的條件。現在逐條來仔細看看這三個條件：

1. 苯環必須具備一個強而有力的拉電子基。最常見的例子是硝基：

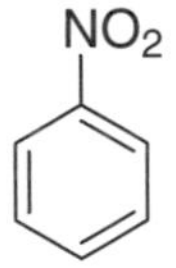

在第 3 章中我們已經看過，在親電子芳香取代反應中，硝基是強去活化基，因為硝基會藉由共振，強力的把電子密度從芳香環上拉走。這樣一來環上的電子密度會非常低：

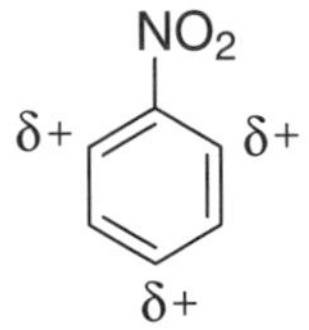

在第 3 章裡，我們希望苯環當親核基，而且也學過了硝基的效應是把苯環**去**活化。但是現在我們希望苯環當**親電子基**，所以硝基的作用變成是好事了。事實上正確的說法應該是，如果希望苯環當親電子基，就**必須**要有硝基在環上。硝基的存在變成想要苯環當親電子基的首要條件。再來看看第二個條件：

2. 一定要存在可以脫離的離去基。

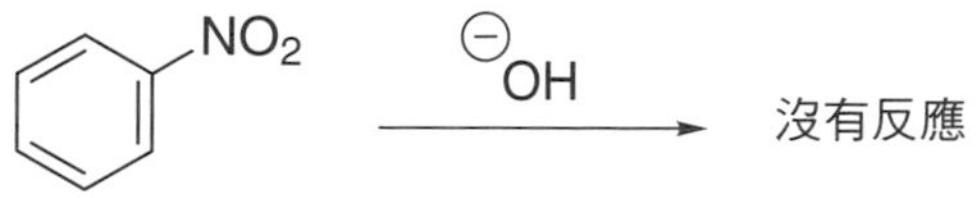

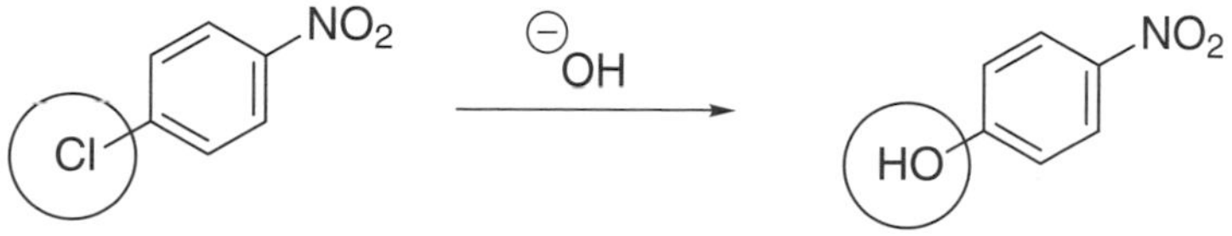

要想瞭解這點，先回想在前一章裡，苯環當親核基時通常會發生什麼事。前一章的所有反應可以總結成：E^+ 進入環，然後 H^+ 脫離（或者也可以說成：攻擊，然後去質子化）。但是在本章中，我們希望苯環當親電子基，所以我們試著找找是否有親核基（Nuc^-）可以攻擊苯環。如果這個反應可行，確實有親核基（帶負電）能攻擊苯環，那麼必然也將有某個東西會帶著負電荷離開苯環。這樣一來就可以將這個反應總結為：Nuc^- 進入環，然後 X^- 脫離。

這裡的反應機構和第 3 章曾看過的，親電子芳香取代的反應機構有一個很重要的不同。不同處在於我們處理的電荷種類。前一章，是帶正電的化合物進入環，形成帶正電的 sigma 複合物，然後 H^+ 離開，環重新回復芳香性。在那個反應機構裡，每個化合物都帶正電。現在我們處理的是負電荷。帶負電荷的親核基攻擊環，形成某種帶負電荷的中間產物，這個中間產物之後必須排出帶負電荷的某物。這說明了此反應會發生的第二個條件：苯環必須具備離去基，如此才能帶走負電荷。

如果沒有離去基可以帶走負電荷，就無法讓苯環重新回復芳香性。我們無法直接踢除 H^-，因為 H^- 是極糟糕的離去基。**絕對不要**把 H^- 直接踢掉。如果對於離去基這部分感到生疏，請回頭找到上學期關於離去基的部分，快速複習哪些取代基是好的離去基。

3. 最後一個條件是：離去基的位置必須在拉電子基的鄰位或對位。

對位

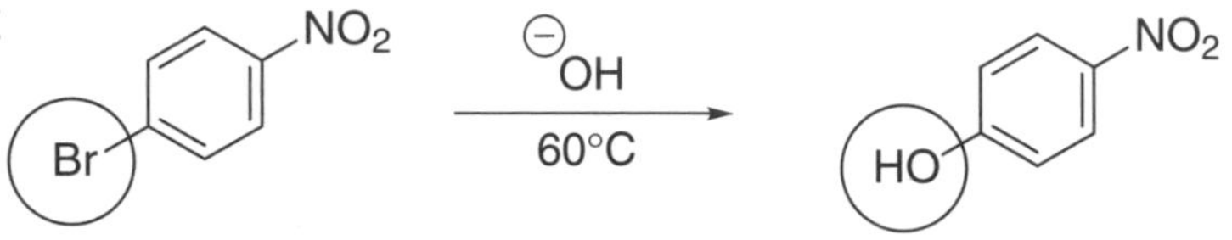

間位

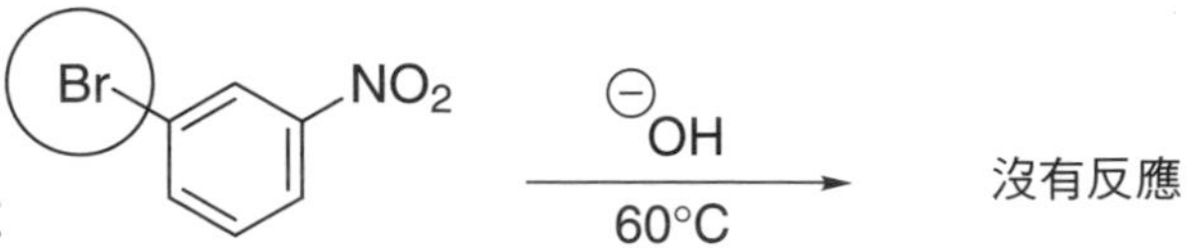

要想知道為什麼，必須仔細看反應機構。在下一節裡，我們會研究這個反應的反應機構，這樣就能瞭解最後一個條件了。現在，我們只要能判別是否滿足這三個條件即可。再說一次，這三個條件為：

1. 苯環必須具備一個拉電子基。
2. 環上一定要存在可以脫離的離去基。
3. 離去基必須位於拉電子基的鄰位或對位。

現在我們來練習如何找出這三個條件。

練習 4.1 請預測在下列的條件下，能否進行親核芳香取代反應。

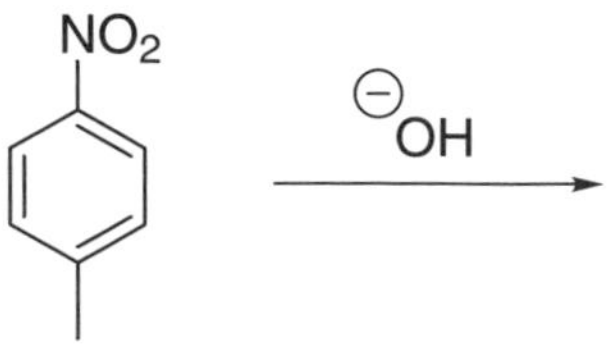

答　案 進行親核芳香取代反應，必須完全符合三個條件。現在來尋找這三個條件：

從上圖可以看出，環上有一個硝基，因此第一個條件符合了。

接下來找找看有沒有離去基，在這裡**找不到**離去基。甲基**不是**離去基。為什麼不是呢？因為帶負電荷的碳是很糟糕的離去基。絕對不要想把 C^- 直接踢掉。所以第二個條件並不符合。

因此結論是，在上述的條件下**無法**進行親核芳香取代反應。

習　題 對下列的每一題，預測在所給的條件下，能否進行親核芳香取代反應。如果你判定的結果是沒有統統滿足三項條件，只要簡單寫下「沒有反應」即可。

4.2 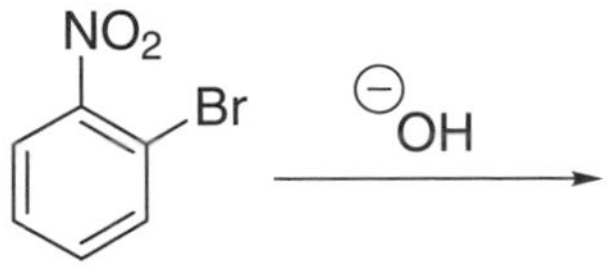

4.3 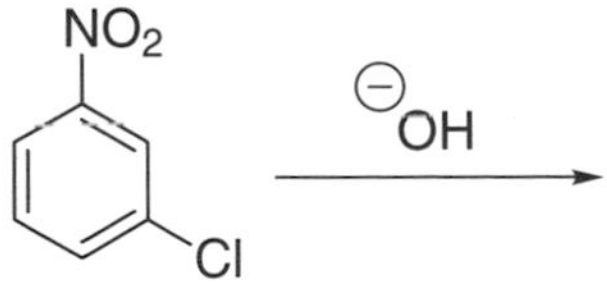

4.4 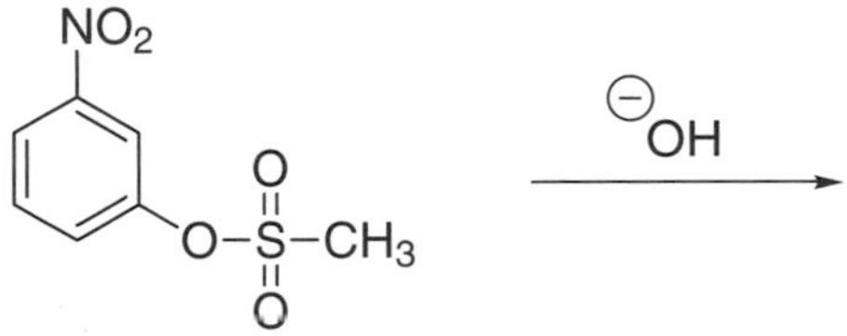

4.5 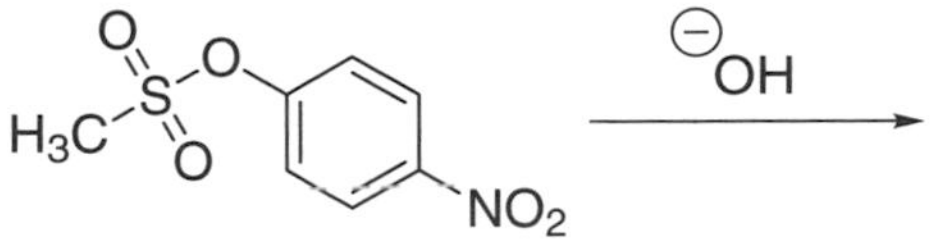

4.6 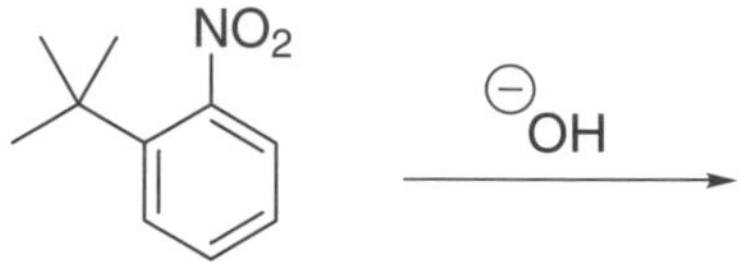

4.7 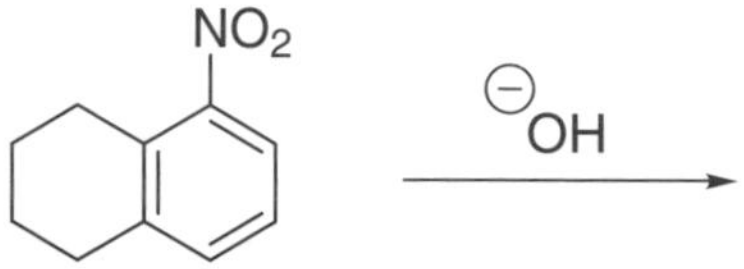

4.2 S_NAr 反應機構

親核芳香取代反應的反應機構是什麼？讓我們來研究幾種可能性。

它不可能是 S_N2 的反應機構，因為 S_N2 反應無法在 sp^2 的混成碳上進行：

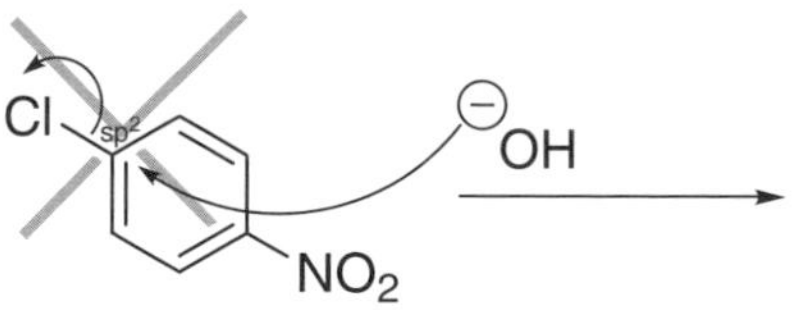

S_N2 只能在 sp^3 混成中心進行，所以我們的反應不可能是 S_N2 反應機構。那有沒有可能是 S_N1 呢？ S_N1 必須有離去基脫去以便先形成碳陽離子：

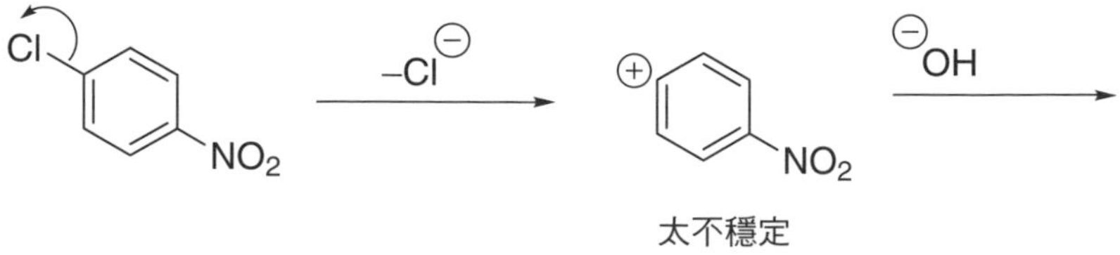

這種碳陽離子無法藉由共振得到穩定，因為不穩定，所以是非常高能量的中間產物。我們不能期望離去基脫離，因為這樣會產生不穩定的中間產物。離去基無法離開，所以我們也就無法期望反應機構會是 S_N1。

這樣一來，既不是 S_N2 也不是 S_N1，那麼會是什麼呢？答案是叫做 **S_NAr** 的全新反應機構。在許多課本裡，稱它為**加成－脫去**（addition-elimination）反應機構。它是這樣進行的：

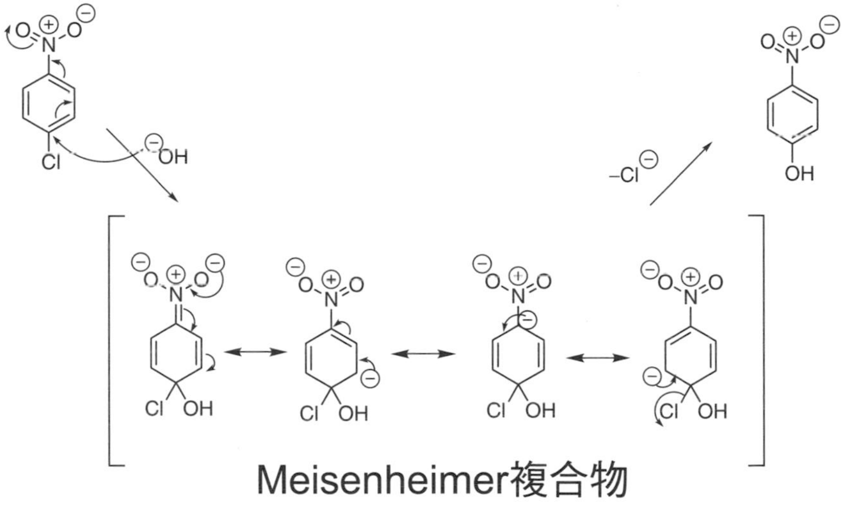

在第一個步驟中，苯環受親核基攻擊，形成了共振穩定的中間產物。這個中間產物會讓我們想起親電子芳香取代反應的中間產物（sigma 複合物），但不同處在於，這裡的中間產物帶負電荷（sigma 複合物帶正電荷）。所以我們不能稱它為 sigma 複合物，而給了它新的名稱，叫做 Meisenheimer 複合物。這個 Meisenheimer 複合物之後會脫去離去基（氯）重新回復芳香性。

讓我們仔細看看這個 Meisenheimer 複合物，然後把注意力放在其中一個特別的共振結構上：

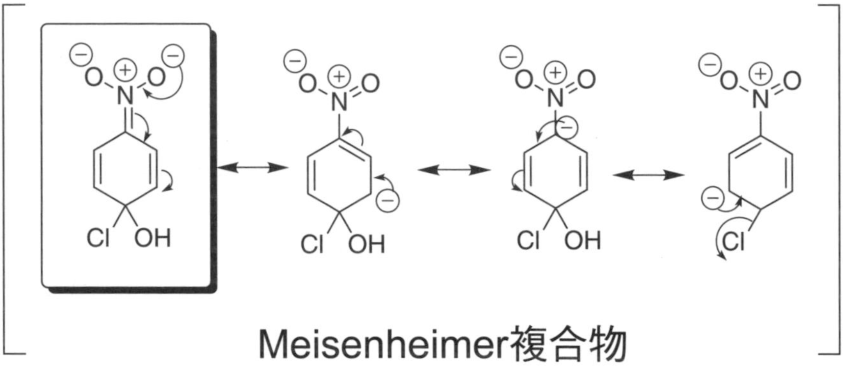

圈起來的這個共振結構很特別，因為它的氧原子上有負電荷。負電荷分布在三個碳原子和一個氧原子上，所以這個負電荷相當程度上是藉由共振獲得穩定。你應該把這個反應想成：親核基攻擊苯環，把負電荷踢到儲存槽：

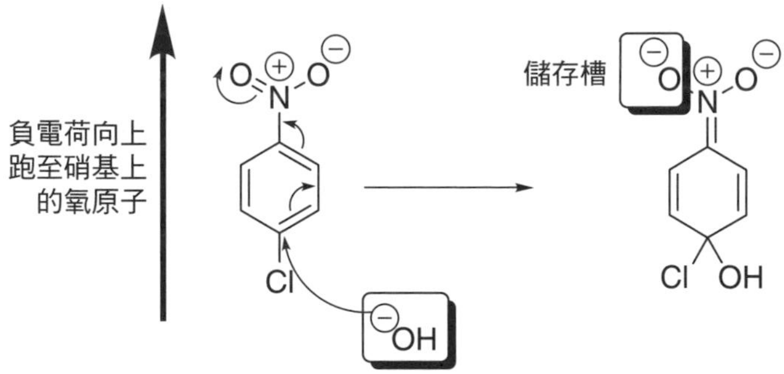

然後，儲存槽再釋放承載，把電子密度推回離去基上：

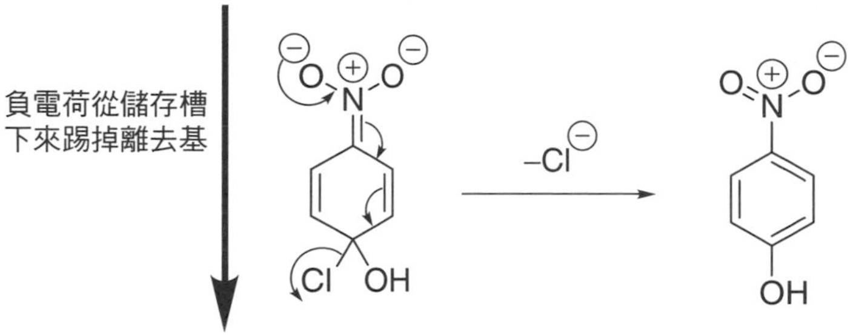

現在我們準備要瞭解第三個條件（離去基必須在推電子基的鄰位或對位）了。我們知道，唯有親核基攻擊鄰位或對位時，儲存槽才能啟用。如果攻擊的位置是間位，就沒有辦法把負電荷放進儲存槽了：

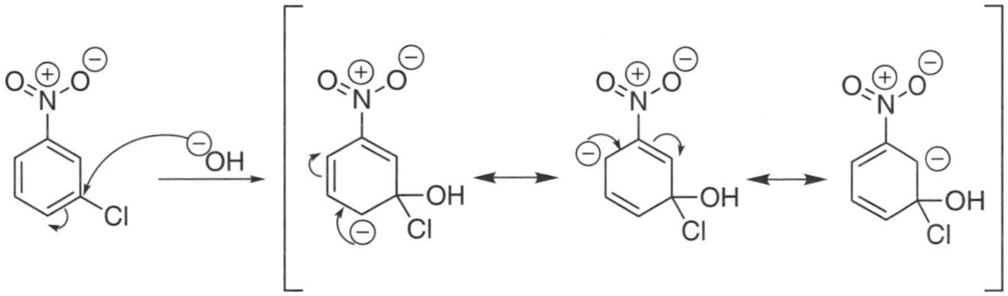

間位

在這個中間產物，負電荷分布在三個碳原子上，
但並**不在**硝基的另一個氧原子上

這樣一來中間產物會不穩定，反應也就不會發生了。這就是為什麼離去基必須是推電子基的鄰位或對位了。

附帶提一點，有一群反應（這學期稍後會看到）跟我們剛剛看到的反應**非常**相似。例如，請看下面這個反應機構：

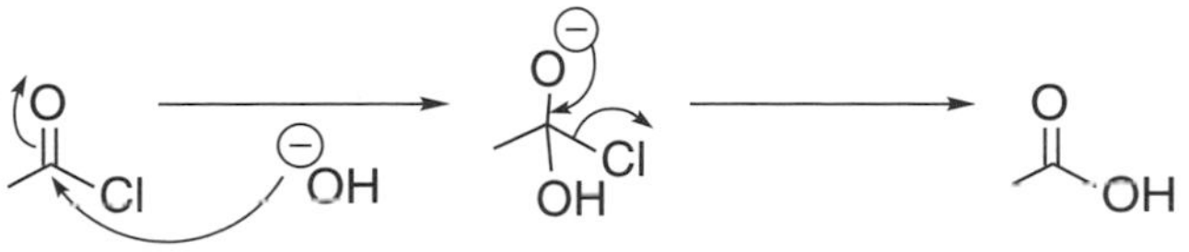

此反應遵循了與 S_NAr 相同的基本步驟順序。順序為：攻擊，然後離去基脫離。請注意這裡儲存槽的概念。親核基把它的負電荷推到氧原子上，氧原子的作用就像是電荷的暫時儲存槽：

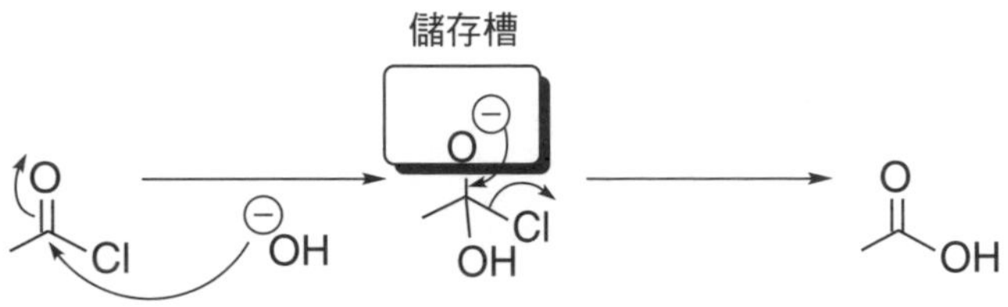

之後儲存槽再釋放電荷，將它推向離去基。

練習 4.8 請畫出下列反應的反應機構：

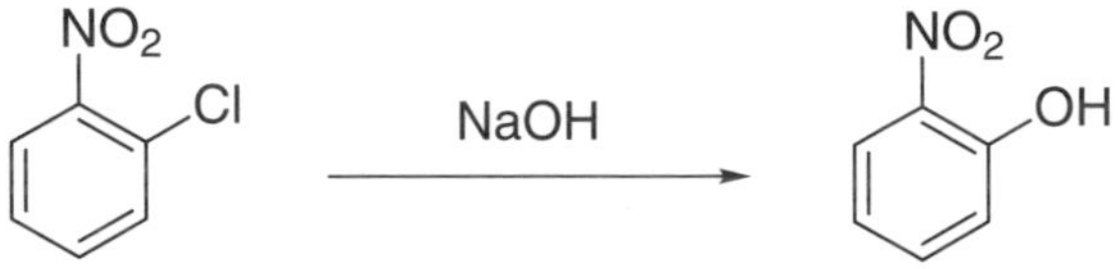

答案 這裡具備了 S_NAr 反應機構的三個條件：（1）拉電子基（NO_2）以及（2）離去基，還有（3）它們彼此鄰位。

在親核芳香取代反應中，親核基（氫氧根離子）攻擊了離去基，把電子推到儲存槽：

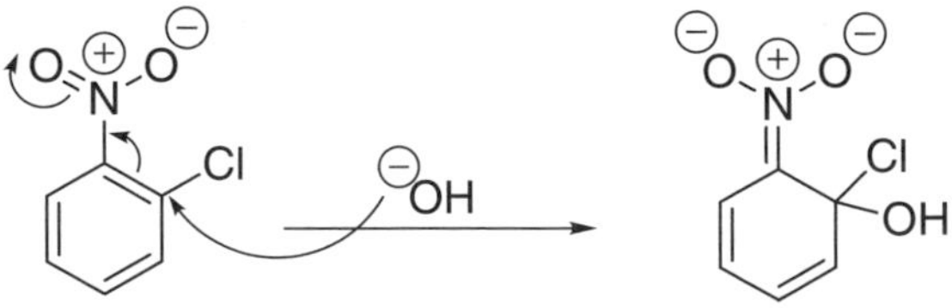

形成了叫做 Meisenheimer 複合物的中間產物，它的共振結構為：

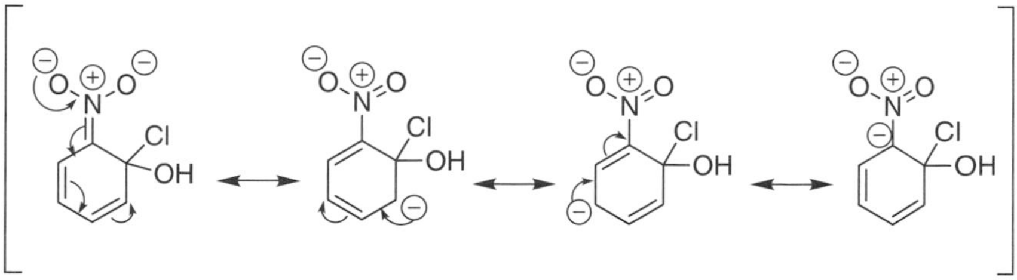

最後離去基被踢除，形成產物。所以整個反應機構看起來像這樣子：

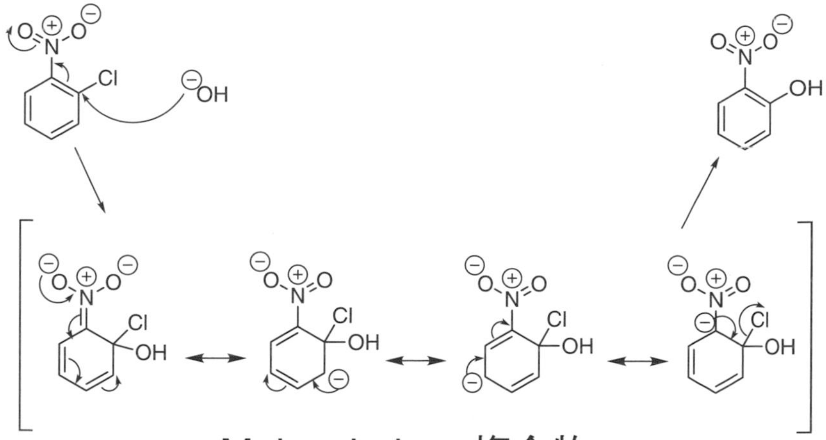

Meisenheimer複合物

習　題 請提出下列每個轉換的反應機構：

4.9

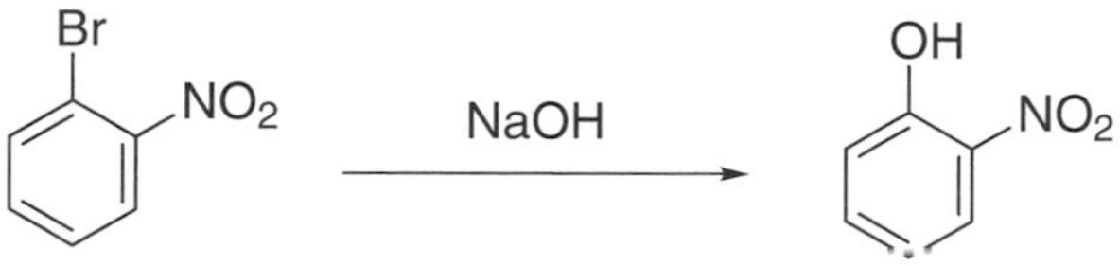

4.10

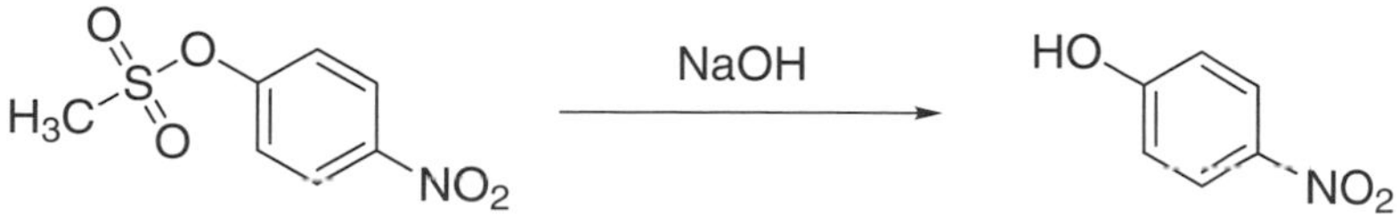

4.11 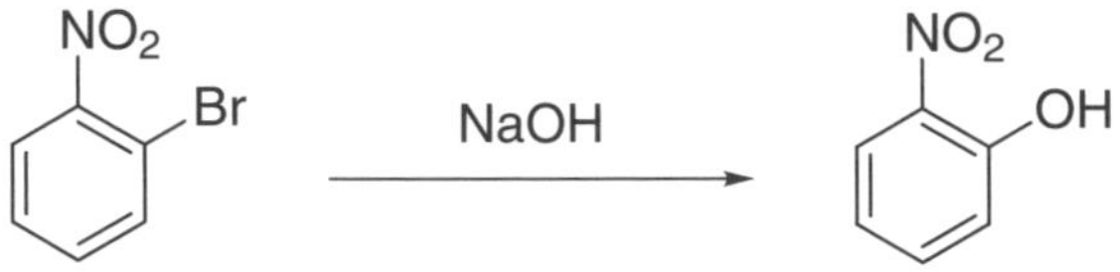

4.3 脫去－加成反應

在前一節裡，我們已經討論過，要想得到 S_NAr 反應機構的三個必要條件。最明顯的問題是：如果沒有完全具備這三個條件，能否得到反應？例如，如果不具備拉電子基呢？

如果拿氯苯與氫氧化物混合，不會有反應：

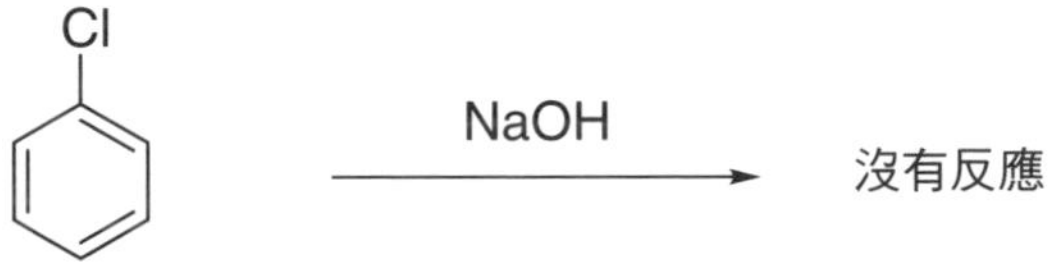

氫氧化物不會在進行攻擊後踢除離去基，因為這裡沒有「儲存槽」可以暫時儲存電子密度。事實上，如果試著把反應稍微加熱，仍然不會有反應發生。

但若持續加熱它，直到 350℃，反應就會進行了：

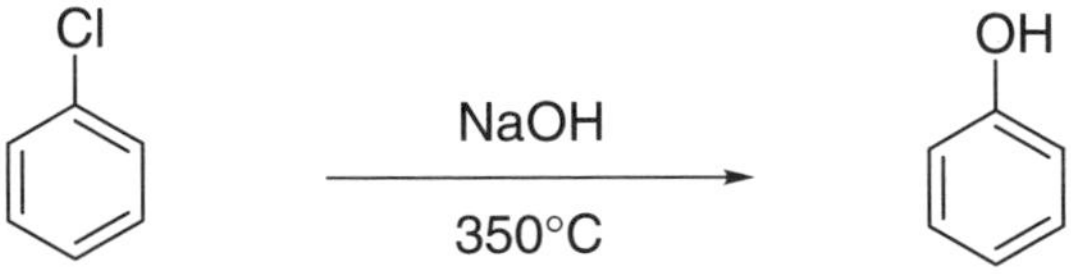

這個反應在商業上具有重要價值，因為這是用來製造酚的好方法。上列反應稱為陶式法（Dow Process）。

而且我們也可以用同樣的方法來製造**苯胺**〔aniline，胺基苯（aminobenzene）的俗稱〕：

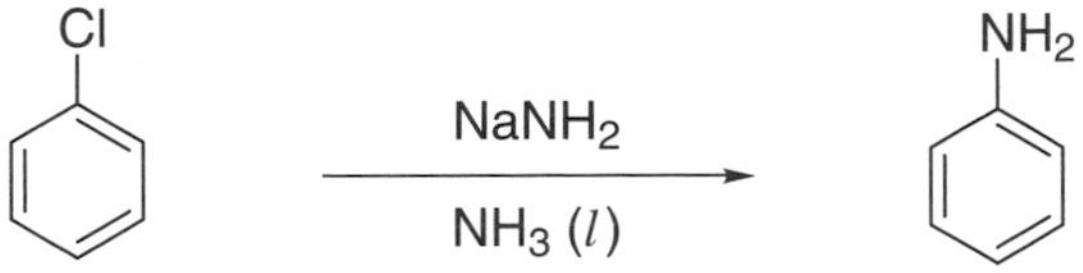

苯胺

製造苯胺時甚至不需要高溫，只要用液態氨裡的 NH_2^-。現在我們有了一個嚴重的問題：如果沒有「儲存槽」來暫時保存電子密度，那反應如何進行？反應機構為何？

為了瞭解這個反應機構，化學家用了一個叫做「同位素標記」(isotopic labeling) 的重要技術。所有的元素都有同位素（例如氘是氫的同位素，因為氘在原子核裡多了一個中子）。碳也有一些重要的同位素。^{13}C 是很重要的同位素，因為我們可以用 NMR 光譜輕易的確定 ^{13}C 在化合物中的位置。所以如果我們用 ^{13}C 來標記一個特殊的位置，之後就可以在反應中追蹤碳的位置。我們以氯苯為例，用 ^{13}C 標記一個特殊的位置：

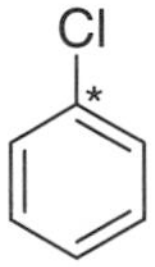

星號標示的位置就是放置 ^{13}C 的地方，我們說以 ^{13}C 來標記這個位置時，就是說樣品裡大部分分子的這個位置都是 ^{13}C。

現在讓我們看看在反應進行中，這個同位素標記會發生什麼事情？在進行反應後，以下是我們看到的結果：

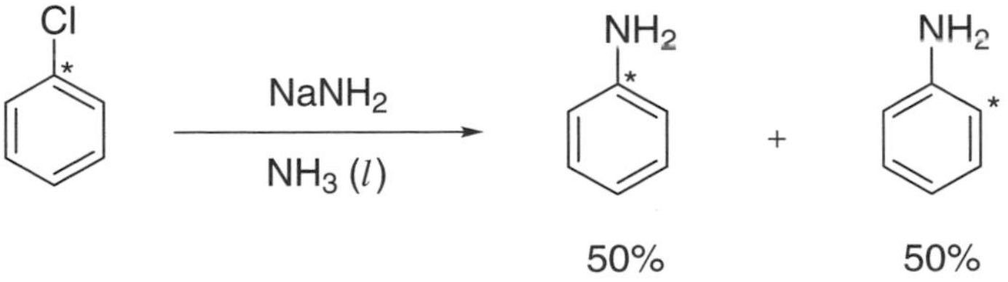

結果看來似乎很奇怪，同位素標記怎麼會「換」位置呢？這沒辦法用簡單的親核芳香取代反應來解釋，即使我們可以忽略反應進行時，沒儲存槽存放電子密度這件事，但還是沒辦法解釋同位素標記的結果。

所以這裡有個提議，用來解釋同位素標記的實驗。請想像在步驟 1，氫氧根離子的作用是當鹼，而不是當親核基，然後得到的是脫去反應：

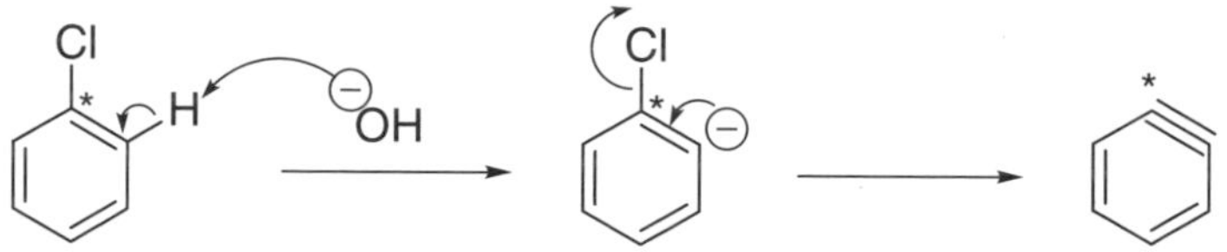

苯炔

這樣會形成一個看起來很奇怪（而且反應性很強）的中間產物，我們叫它做苯炔（benzyne）。接著，另一個氫氧根離子進來，這次是當親核基攻擊苯炔，但它有兩個位置可以攻擊：

氫氧根離子可以像這樣攻擊

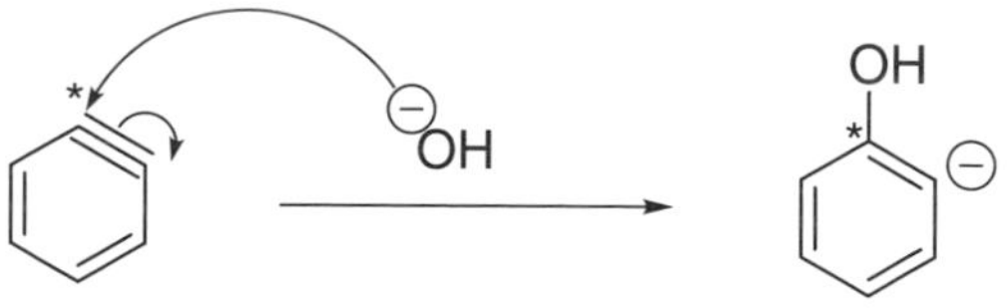

或是這樣攻擊

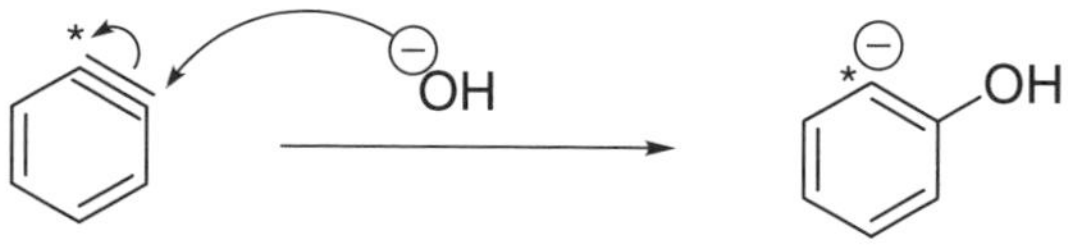

因為沒有必須選擇哪個位置的特殊理由，所以兩邊發生的機率相同，於是產生次頁兩個以 50：50 比例混合的陰離子：

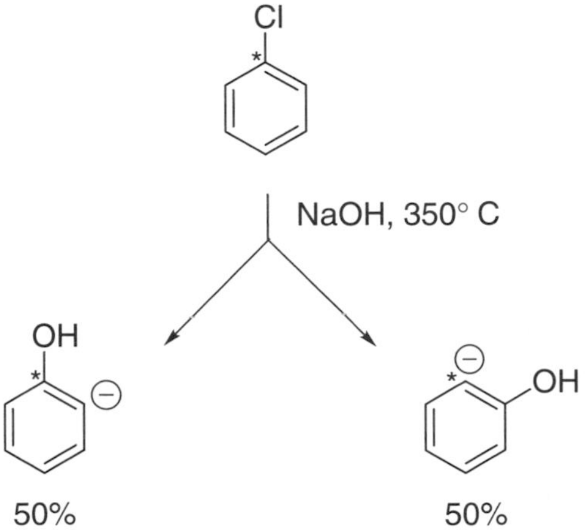

最後一個步驟，我們可以由水（在第一個步驟裡，氫氧根離子當鹼拉掉質子時形成的）提供質子給這些陰離子：

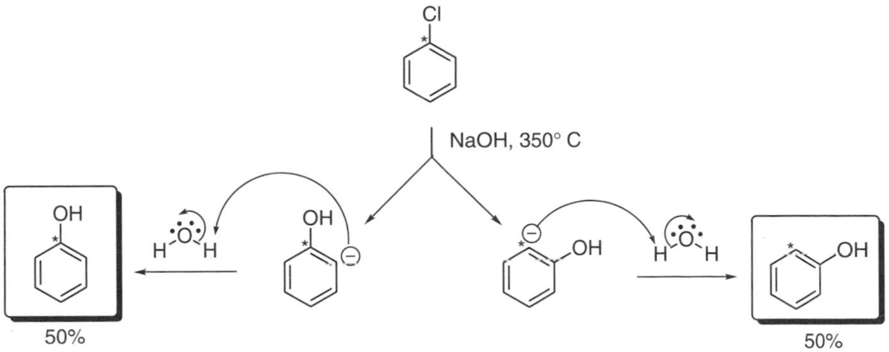

這裡提出來的反應機構，基本上是脫去反應之後再進行加成反應。所以，稱它為**脫去－加成**（elimination-addition）反應是有道理的（與 S_NAr 反應機構稱為加成－脫去相對稱）。當你再想想這個反應機構時，也許會覺得有點怪異。苯炔看起來是很糟的中間產物，但是化學家能證明（用其他實驗），苯炔確實是這個反應的中間產物。你的課本和老師都能夠提供其他證據，證明這個生命週期很短暫的苯炔的確存在〔我們用的是包含狄耳士—阿德爾反應（Diels-Alder reaction）的捕捉技巧）〕。如果你對這個證明有興趣，可以查看你的課本。現在，要確認我們可以預測這個反應的產物。

練習 4.12 請預測下列反應的產物：

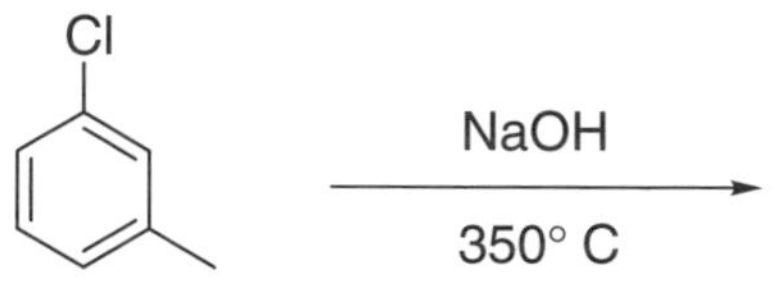

答 案 這個苯環不具有拉電子基，所以我們根本不必考慮 S_NAr 反應，而應該進行脫去－加成反應。

第一個步驟應該是脫去，這會發生在氯原子的兩邊：

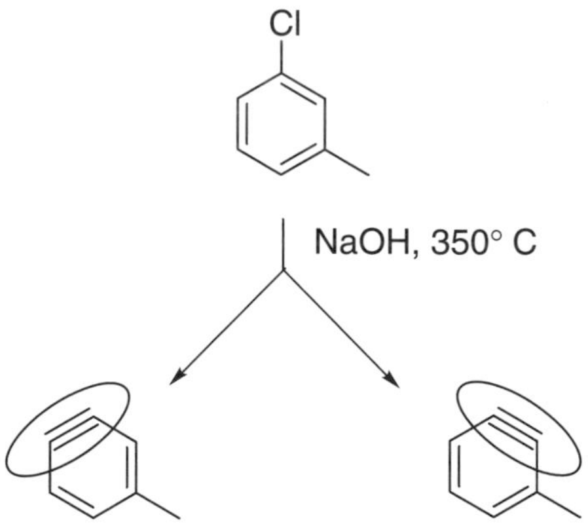

之後，我們要在上面任一個參鍵的兩邊進行加成反應，得到次頁的產物：

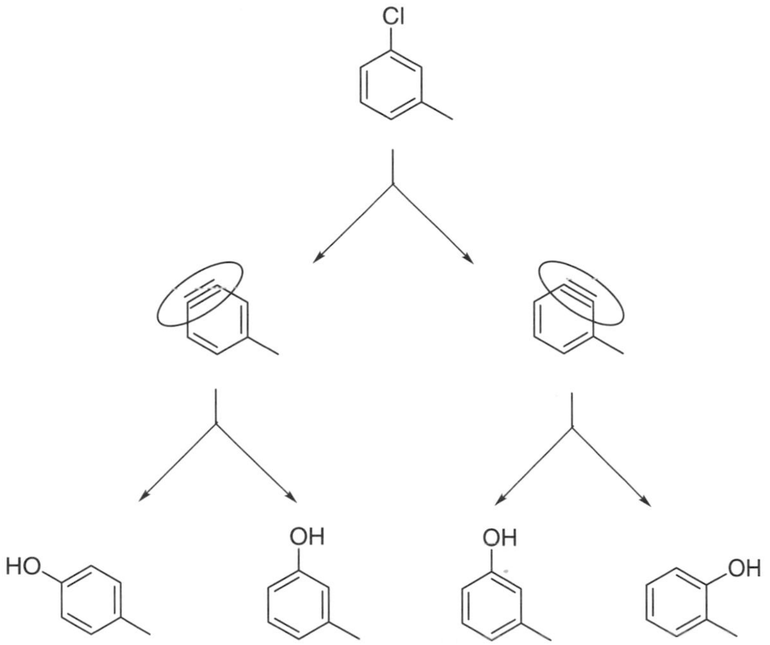

如果你仔細看這些產物，會發現中間兩個化合物是相同的。所以我們預期這個反應會產生下列三個產物：

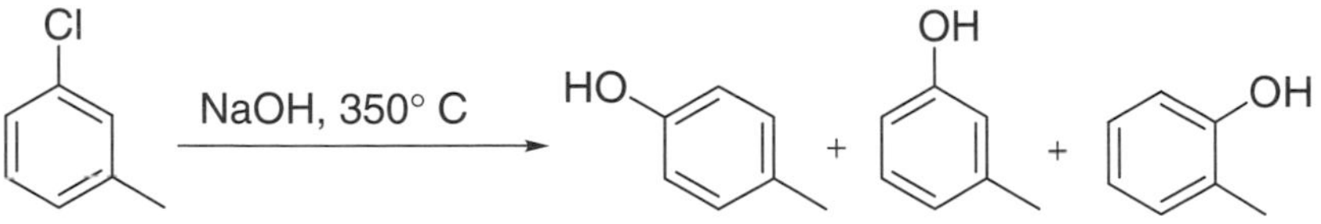

習　題 請預測次頁每個反應的產物。請保持警覺，我們丟出的題目裡，有些是加成　脫去（S_NAr）反應，而不是脫去－加成反應。在每個例子裡，你要決定反應進行的是哪個反應機構（根據是否存在 S_NAr 反應的三個條件），產物會根據你的決定來產生。

4.13 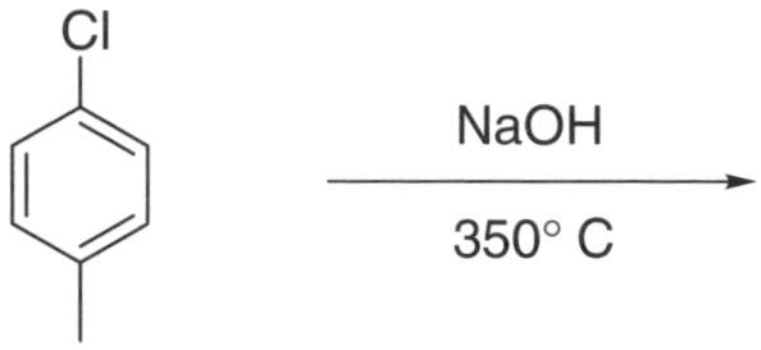

4.14 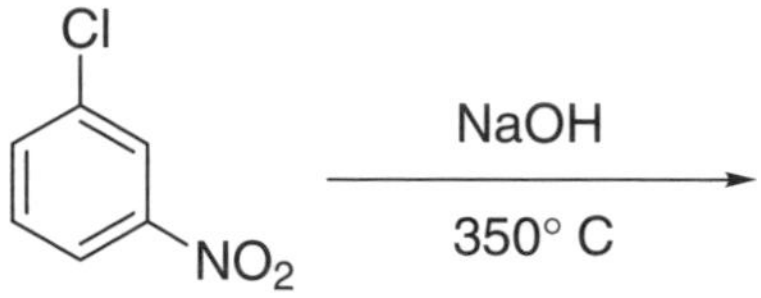

4.15 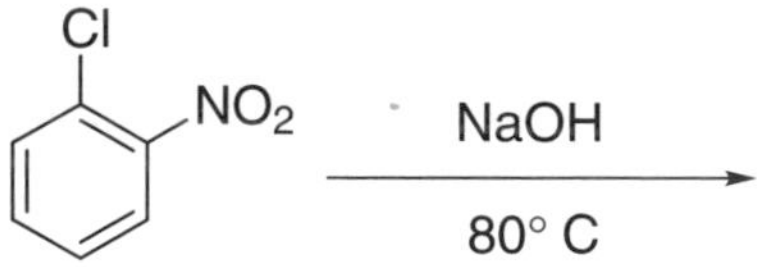

4.16 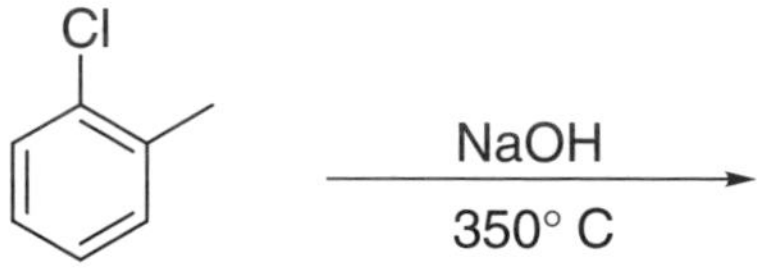

4.17 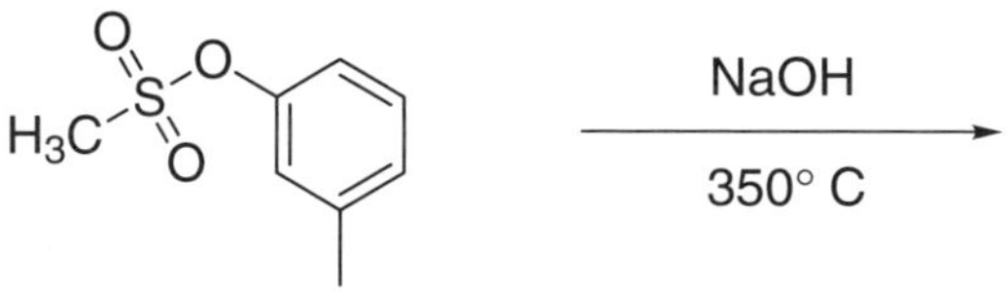

4.18 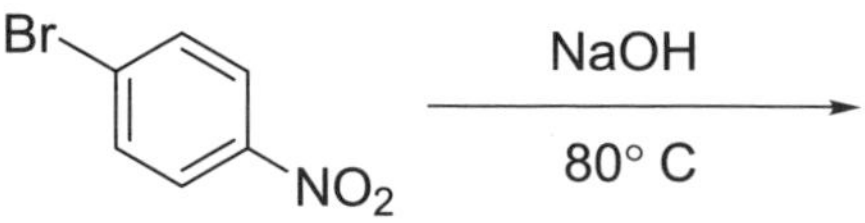

在這一節裡，我們已經學過如何把 OH 或 NH_2 放在苯環上。這是非常重要的，因為這在前面的章節中都沒學到。現在來總結一下，如何把 OH 或 NH_2 放在苯環上。

下面的這兩個例子都是兩步驟的過程，而且都由把 Cl 放到環上為開端：

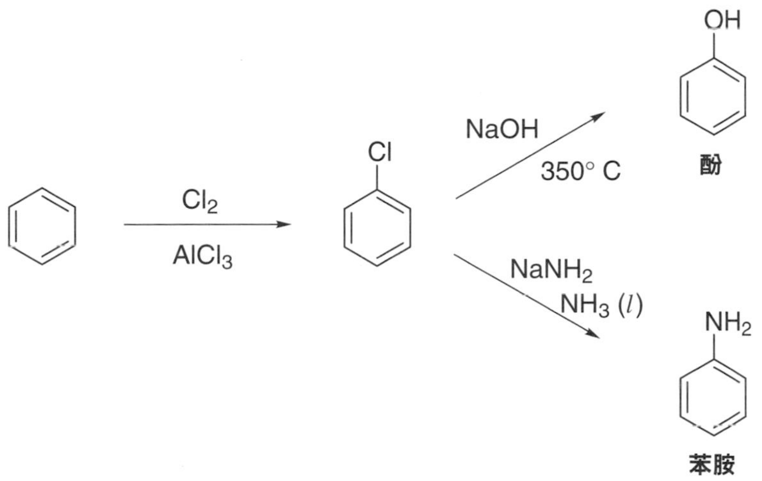

我們從苯環的氯化開始（這只是一個親電子芳香取代反應），接著進行脫去－加成反應。當我們進行脫去－加成的步驟時，必須小心挑選試劑。如果用 NaOH，會形成酚；如果用 $NaNH_2$，會形成苯胺（如上圖所示）。

苯胺的合成，如上圖所示，本課程之後還會再提及。當我們學到胺的相關化學（第 8 章）時，會看到以苯胺當起始物的許多反應。我們的課程進入那部分時，如果你還記得如何從苯製造苯胺，對解決合成的問題會很有幫助。所以請記住這個反應，之後絕對還會再看到它。

4.4 反應機構策略

截至目前為止，我們已經學過了芳香環的三個不同的反應機構：

1. 親電子芳香取代反應
2. S_NAr（有時稱為加成－脫去）
3. 脫去－加成

當你遇到問題時，必須要能看到所有的訊息，再決定要使用這三個反應機構中的哪一個。這並不太難做到，我們有一個簡單的表，詳載了思考過程：

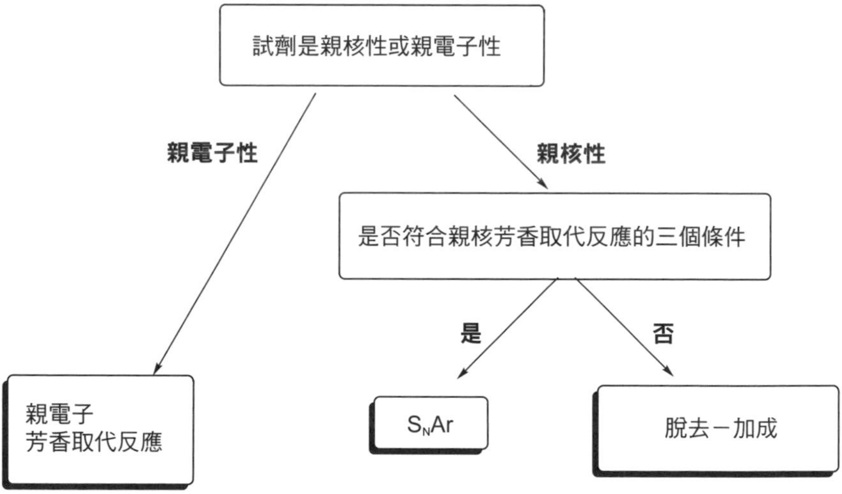

首先看用來與苯環進行反應的試劑。如果試劑是親電子性的（就像前一章裡學過的所有試劑），就會得到親電子芳香取代反應。但是如果試劑是親核性的，就必須在 S_NAr 反應和脫去－加成反應之間抉擇。如何抉擇就要取決於 S_NAr 反應必要的三個條件是否存在。

讓我們來看一個例子：

練習 4.19 請提出下列反應的反應機構：

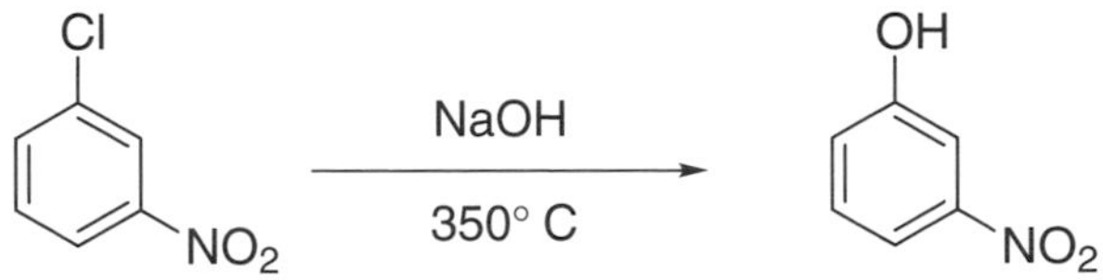

答　案 先來看看試劑。氫氧根離子是親核基，所以**不會**有親電子芳香取代反應。現在，我們必須在 S_NAr 反應和脫去－加成反應之間抉擇。來找找 S_NAr 反應必要的三個條件。（1）的確有一個拉電子基，然後（2）也有一個離去基，**但是**（3）拉電子基和離去基並**不是**互為鄰位或對位。這表示無法得到 S_NAr 反應機構。（當拉電子基和離去基互為間位時，就沒有「儲存槽」可用。）因此，這個反應機構必定為脫去－加成。

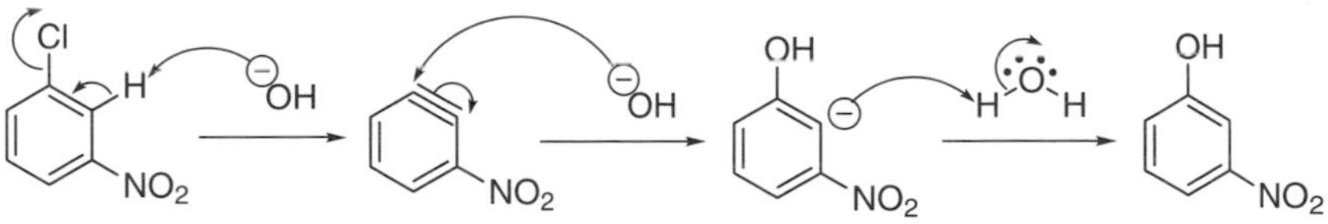

在這個特別的例子中，的確如我們預期的，會從脫去－加成反應機構中得到三個產物：

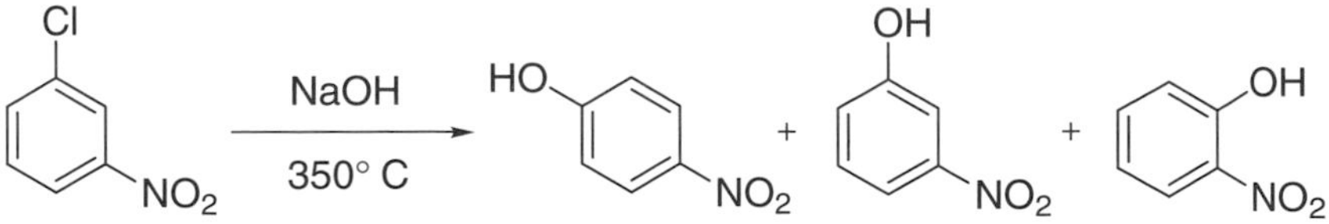

但請記住，反應機構的考題不會總是把三個產物都表示出來，大部分都只會寫出一個產物，然後要你畫出形成產物（只有那個產物）的反應機構。有一些例子，給你的甚至是副產物。但是這些問題的重點不是這些產物是主要還是次要，反應機構的問題只是要簡單的問你，產物是「如何」形成的，而不管在這個反應中，這些產物的量到底是多少。

習　題 請為下列每個反應提出反應機構：

4.20 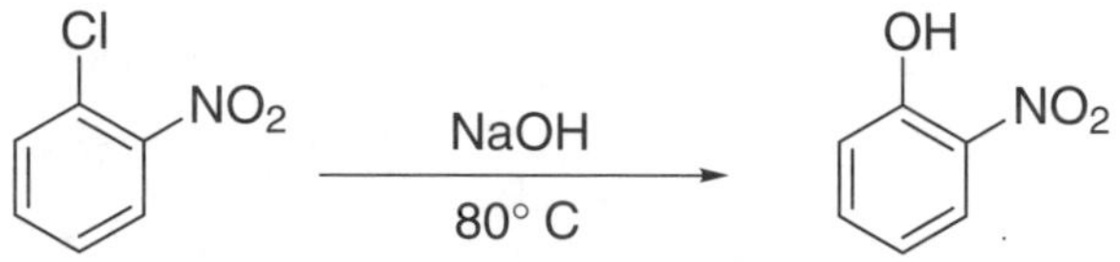

4.21 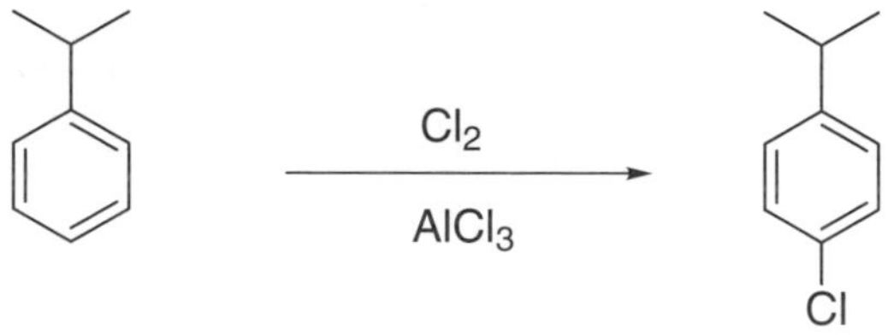

4.22 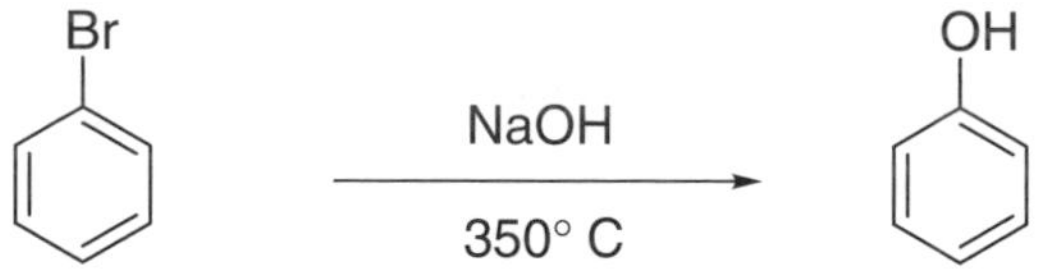

4.23 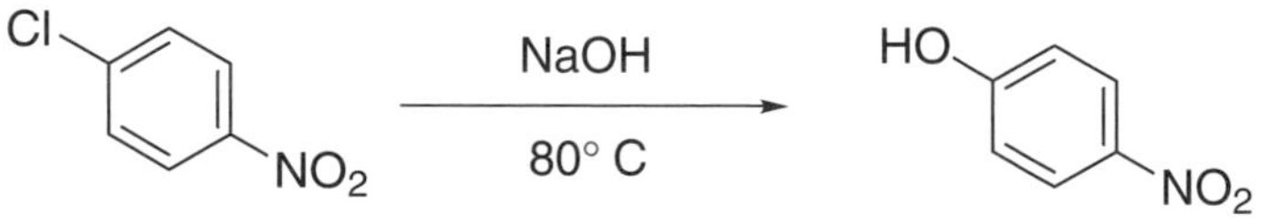

4.24 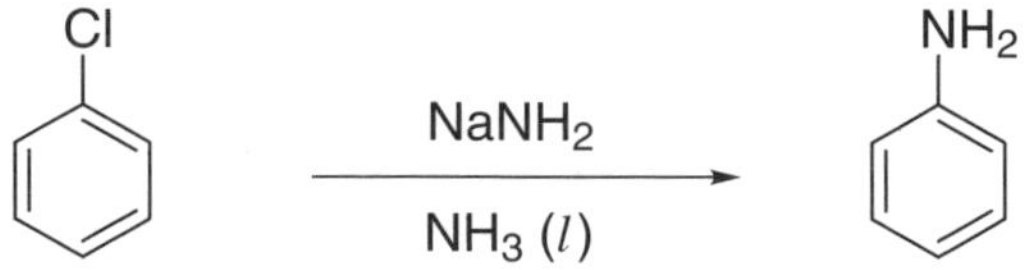

第 5 章

酮和醛

5.1 酮和醛的製備

在學習酮和醛的反應之前，必須先知道如何製備酮（ketone）和醛（aldehyde）。之後在我們解答合成問題時，這些資訊將是解題關鍵。

如同許多課本顯示的，製備酮和醛的方法很多。本書只討論其中一些，但這些已經足夠幫你解決與酮和醛相關的合成問題。

在解答合成問題時，你必須知道的最有用轉換類型，是如何從醇（－ OH）變成 C ＝ O 雙鍵。

一級醇（primary alcohol）可以氧化成醛：

二級醇（secondary alcohol）可以氧化成酮：

三級醇（tertiary alcohol）不可以氧化，因為碳原子無法形成五個鍵：

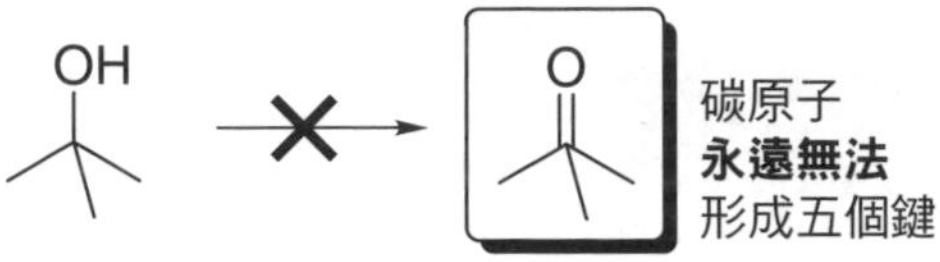

所以我們必須熟悉這些可以氧化一級和二級醇的試劑（氧化後分別形成醛或酮）。讓我們先從二級醇開始吧。

要把二級醇轉換成酮，用的是鉻酸（H_2CrO_4），或者也可以使用瓊斯試劑（Jones reagent）：

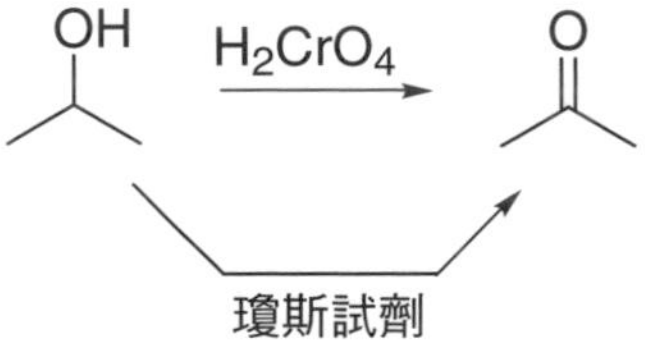

有些老師會允許你，只要在合成題目上簡單寫出「瓊斯試劑」即可（如上圖所示），但有些老師會要求你確實寫出瓊斯試劑是什麼，像這樣：

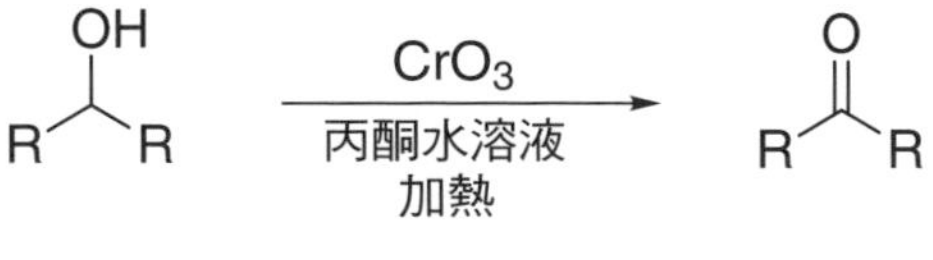

你最好仔細看看你的上課筆記，再決定是否需要把瓊斯試劑的內含物背起來。

無論是用鉻酸或瓊斯試劑，基本上都在做含鉻的氧化反應（醇氧化而鉻還原)。鉻氧化的反應機構有時會提到,有時不會,取決你上的課。所以你應該細讀上課筆記,看老師是否提到這些氧化反應的反應機構(或看看課本裡有沒有)。無論如何,你還是應該對這些試劑瞭如指掌,因為將來遇到的許多合成問題,都需要把醇轉換成酮或醛。

對於二級醇,鉻氧化的效果非常好,但是如果試著在一級醇上進行鉻氧化,就會遇到問題了。雖然形成的最初產物是醛沒錯:

但是在這些很強的氧化條件下,醛並沒辦法倖存。這些醛會進一步氧化成羧酸(RCOOH):

所以很明顯的,我們需要可以把一級醇氧化成醛的方法,而且這個方法**不會**把醛進一步氧化。要達成目的,可以使用下列條件:

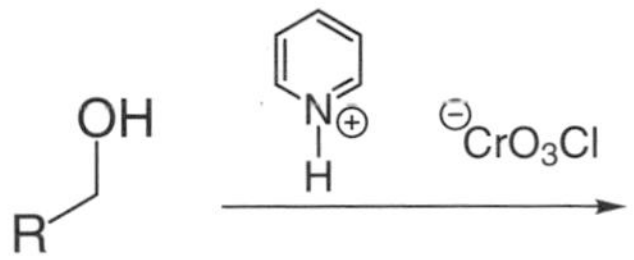

我們使用的這個試劑叫氯鉻酸吡啶鹽(Pyridinium Chlorochromate, PCC)。這個試劑提供較溫和的氧化條件,因此反應會在到形成醛時就停住。PCC 可以氧化一級醇而得到醛:

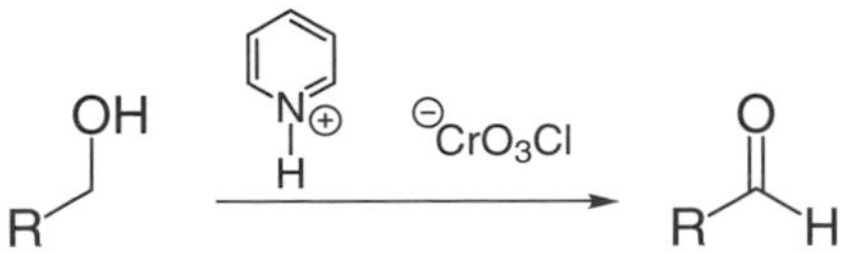

還有另一個常見的方式可以形成 C = O 雙鍵（除了醇的氧化以外）。你也許還記得上學期曾提過的這個反應：

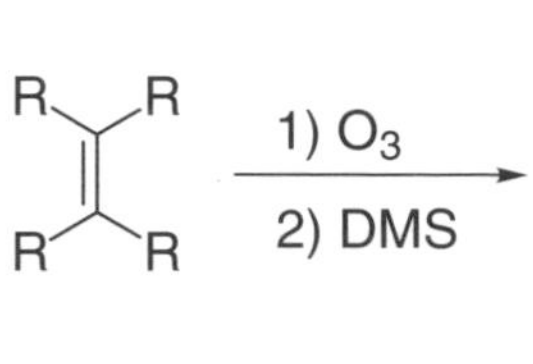

這個反應叫做臭氧分解（ozonolysis）。基本上它是把化合物中的每個 C = C 雙鍵都打斷，再各自形成 C = O 雙鍵：

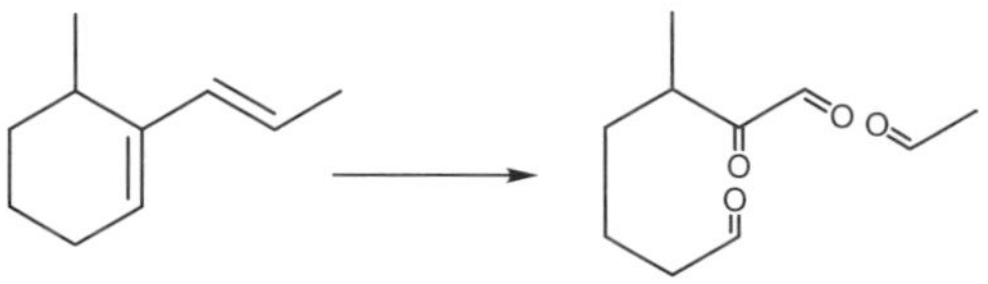

如果注意一下臭氧分解使用的試劑，就會發現步驟二可以有許多不同的變化：

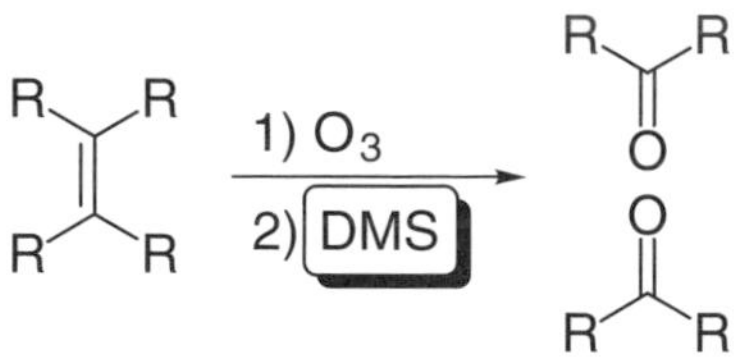

除了 DMS，還有許多其他的試劑都可以用在步驟二，而所有的這些試劑都會產生完全相同的產物。請查看上課筆記，看你的老師是用哪一個試劑來進行臭氧分解的步驟二。某些適用於步驟二的試劑，得到的產物與上圖所示並不相同。那些試劑通常不在上學期有機化學涵蓋的範圍內，所以現在我們也不打算提出來討論。現在只要把重點放在簡單的臭氧分解上就可以了，因為它的產物總會是酮或醛。

我們只看過幾種可以用來形成 C = O 雙鍵的方法。第一種就是那些可以用來氧化二級醇的試劑（鉻酸或是瓊斯試劑），然後也看過可以氧化一級醇的試劑（PCC），最後就是用來進行臭氧分解的試劑。現在來確定你是否已經熟悉這些試劑了。

練習 5.1 請預測下列反應的主產物：

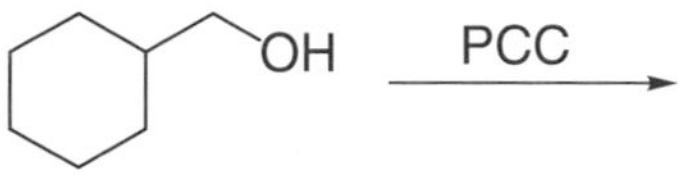

答案 PCC 是用來把一級醇轉化為醛的試劑，所以產物為：

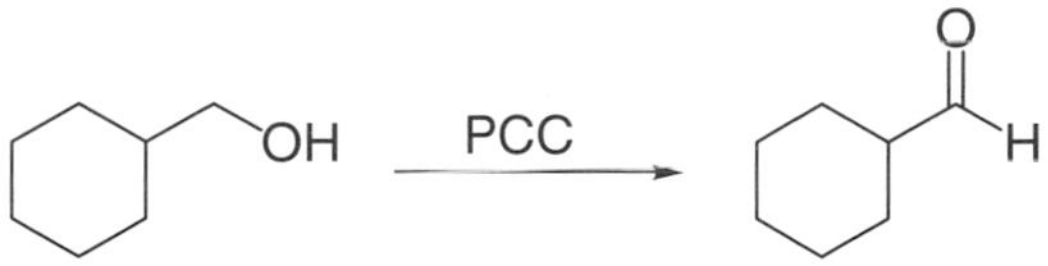

習題 請預測下列問題中，每個反應的主產物：

5.2 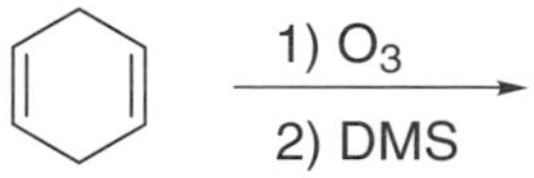

5.3 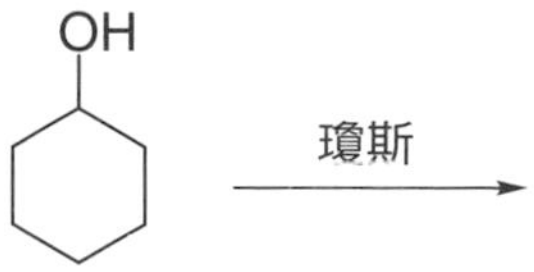

5.4 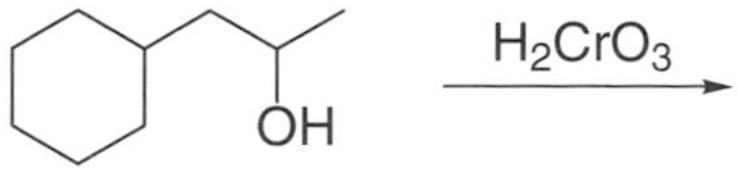

5.5 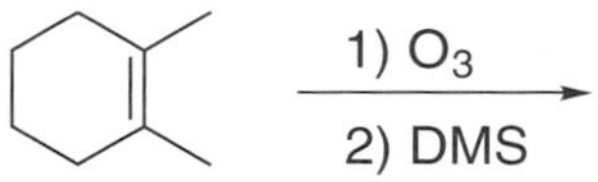

5.6 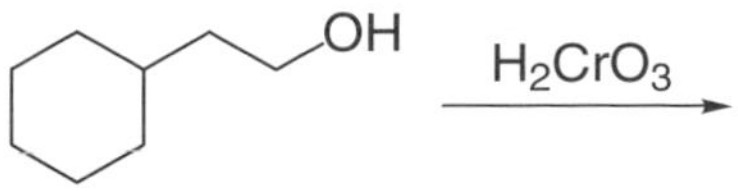

5.7 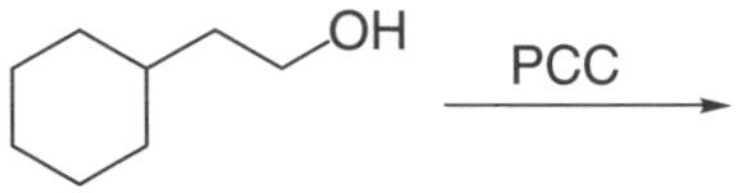

不僅要如同前面這些題目要求的那樣，在看到這些試劑時「辨識」出它們是什麼，你還必須對這些試劑非常瞭解，即使它們沒出現在眼前，也要能寫得出來，如同下面這個練習。

練習 5.8 請判別下列轉換所需使用的試劑：

答　案 在這個反應中，我們要把二級醇轉換為酮，所以不需要 PCC。只有想把**一級**醇轉換成醛時，才要用到 PCC。在這個例子中，不用 PCC，而應該用鉻酸或是瓊斯試劑：

習　題 請判別下列轉換所需的試劑。解答問題時，試著不要回頭看之前的習題。

5.9 

5.10 

5.11 

5.12 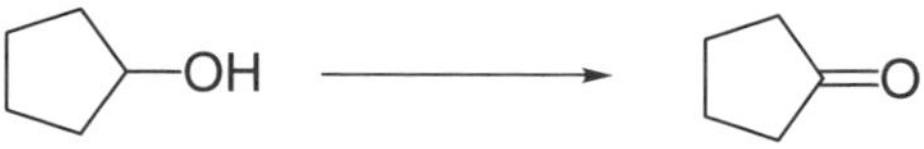

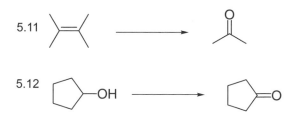

5.2 羰基的穩定性與活性

酮和醛在結構上非常類似：

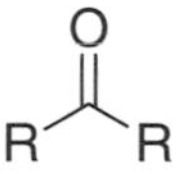

酮

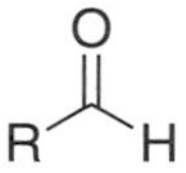

醛

因此，兩者在活性上也非常類似。本章中我們將會看到的大部分反應，都可以在酮和醛上進行。所以，同時討論酮和醛是滿合理的。

但在開始之前，必須先知道一些關於 C = O 雙鍵的基本原理。先從本章會一再提及的一些名詞開始。除了會經常使用 C = O 雙鍵這個表示法之外，為了快速起見，還會使用一個特別的稱謂來稱呼這個鍵結。我們使用的稱謂為**羰基**（carbonyl）。這個名詞在為化合物命名時並**不會**用到，你不會在 IUPAC 的化合物命名法裡看到它，我們只是在討論反應機構時用它來當代稱，如此才不必一而再，再而三提及「C = O 雙鍵」。

但是請不要把羰基跟醯基（acyl）搞混。醯基指的是一個羰基和一個烷基結合：

羰基

醯基

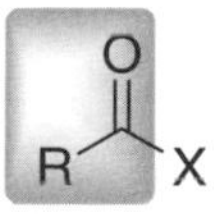

我們會在下一章提到醯基，這一章主要是討論羰基。

想知道羰基如何進行反應，必須先考慮它的電性。當你想知道官能基的電性時（例如你想知道 δ+ 和 δ−的位置），通常必須考慮兩個因素：感應和共振。如果先看感應，會注意到氧原子比碳更具陰電性。因此，氧會拉電子密度：

這會使碳是 δ+ 而氧是 δ−。

接著來看共振：

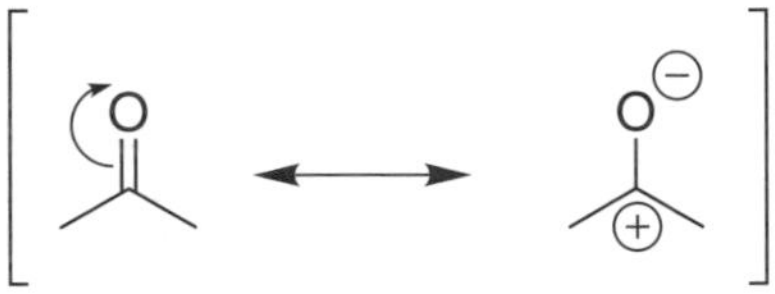

我們可以再一次看出：碳是 δ+ 而氧是 δ−，而這次是因為共振所導致的。如此一來，感應和共振都會產生相同的結果：

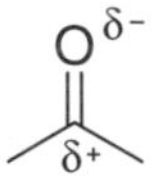

這表示碳原子非常親電子，而氧原子非常親核。雖然許多反應都涉及氧原子當親核基，但是在這個課程中，我們不會談及這些反應。我們會利用這一章集中探討碳原子。在這一章將會看到碳原子**如何**當親電子基，**何時**會當親電子基，以及當它當了親電子基之後，會**發生什麼事**。

羰基的立體結構同樣促進了碳原子當親電子基的功能。在上學期的有機化學中我們曾經看過，sp^2 混成的碳原子有一個平面三角形的立體結構：

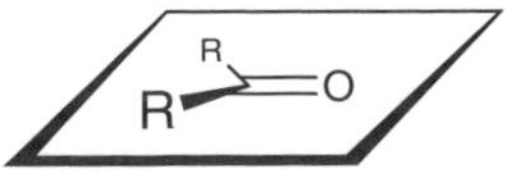

這會使親核基更容易攻擊羰基，因為沒有立體障礙阻礙親核基進入：

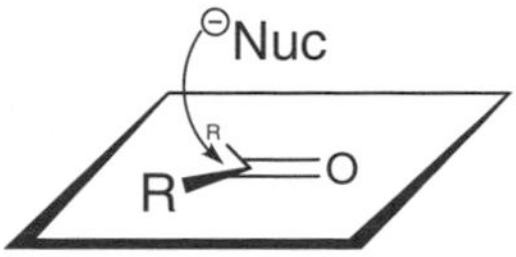

本章將會看到許多不同種類的親核基對羰基進行攻擊。事實上這一章完全是在整理可用來攻擊的親核基。我們將先從氫親核基開始，再來是氧親核基，接著是硫親核基、氮親核基，最後是碳親核基。這樣的安排方式（把這些親核基獨立成一章）也許和課本的做法不太相同，但涵蓋的範圍跟課本應該是相同的。希望我們這種編排方式，能夠幫助你察覺到這些反應之間的相似性。

在開始之前，還要再提出羰基的一個特點。羰基在熱力學上非常穩定，換句話說，羰基形成時，能量會下降；破壞羰基（把它變成 C － O 單鍵），則需要增加能量。因此，羰基的形成通常會成為反應的動力，這個論點在本章中會多次提及，所以一定要確保你對此完全理解。解釋本章的反應機構時，也會以羰基的穩定度當說明的依據。

現在來快速總結一下目前為止看過的幾項重要特點。羰基上的碳原子是親電子的，而它正等著被親核基攻擊（有**許多**不同種類的親核基可以攻擊它）。我們也已經知道羰基非常穩定，所以一旦它受親核基攻擊：

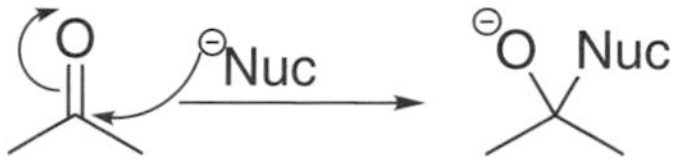

形成的中間產物能量會非常高，無論如何都會想要再次回復成羰基。

我們將會看到進行所有化學反應的兩項準則：（1）羰基想受攻擊，因為它們非常親電子，但是（2）一旦它們遭受攻擊，又會想盡辦法再度變回羰基。

5.3 氫親核基

現在要開始討論可以攻擊酮和醛的各類親核基。我們會把所有的親核基分門別類，而這一節，著重在討論氫親核基。我稱它們為「氫」親核基，是因為它們都有一個帶負電荷的氫原子（我們稱為氫陰離子），可以攻擊酮或醛。得到氫陰離子最簡單的方法，是從氫化鈉（NaH）而來。氫化鈉是離子化合物，由 Na^+ 和 H^- 組成（就像 NaCl 是由 Na^+ 和 Cl^- 組成的一樣）。因此 NaH 是氫陰離子很好的來源。

但是，你不會看到任何反應用 NaH 當氫陰離子**親核基**的來源。因為我們發現，NaH 雖然是很好的鹼，卻不是很好的親核基。這是鹼性和親核性並**不**完全並行的最佳例子。之所以會如此，理由得追溯到我們在上學期有機化學中學過的內容。請試著回想，鹼性和親核性之間的差異，我們也會很快的回顧一下。

鹼的強度是由負電荷的**穩定性**決定的，擁有不穩定負電荷的，會形成強鹼，擁有穩定負電荷的就會是弱鹼（因為負電荷很穩定，就不會到處尋找質子，也不會有想抓住它的動力）。但是親核性是以**極化率**（polarizability）為依據，**並非**由穩定性來判斷。當負電荷處在**大原子**（例如硫或碘）的軌道中時，軌道中的電子密度可以在相當**大**的空間裡自由移動。這樣的「四處移動」稱為極化率。大的原子（極化的）是強親核基，而小的原子（非極化的）則不是好的親核基。

現在我們就可以瞭解為什麼 H^- 是強鹼，卻不是強親核基。它是強鹼，因為負電荷在氫原子上，而氫並不能妥當的穩定住電荷（氫並不是非常喜歡電子的原子）。我們曾說過，鹼性與穩定度有關，因為這個電荷**沒有**被穩定住，所以會成為強鹼。但是考慮 H^- 的親核性時，必須考慮氫原子的極化率。氫是最小的原子，因此並不是非常極化，所以 H^- 不是好的親核基。

現在我們明白為什麼不用 NaH 當氫親核基的來源。無庸置疑，它是好的鹼，而且這學期你會會看到使用 NaH 的例子，但通常是用來當強鹼，絕不是當**親核基**。那麼，我們該如何製造氫親核基呢？

H^- 本身雖然不是好的親核基，但是某些試劑可以用來當 H^- 的「傳輸仲介」。例如，來看看下面這個稱為硼氫化鈉（$NaBH_4$）的化合物：

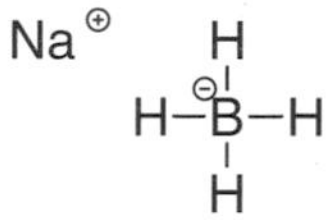

查看週期表，會發現硼屬於第三欄的元素，因此它有三個價電子，這表示它可以輕易形成三個鍵結。但是在上圖的硼氫化鈉中，中心的硼原子有**四個**鍵結，顯示它有一個額外的電子。可以把硼氫化鈉想成下面這樣：

如果以這樣的方式來思考，可以看出硼氫化鈉其實是 BH_3 和 H^- 的結合〔鈉離子（Na^+）可以忽略，因為它只是用來穩定的相對應陽離子〕。所以，這個試劑可以用來當 H^- 的傳輸仲介，就像這樣：

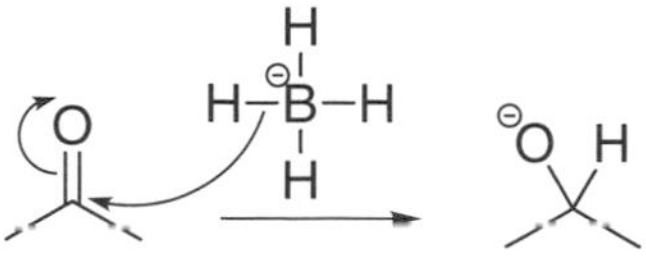

請注意在這個反應當中，H^- 並非真的單獨存在；而應該是從一個地方被**運送**到另一個地方。這是好事，因為 H^- 本身並不是好的親核基（就像我們之前看過的）。而硼氫化鈉因為中心硼原子稍微被極化了，所以可以當氫親核基的來源。硼原子的極化率可以讓整個化合物當親核基，然後**運送**氫陰離子去攻擊酮。而且，硼不是非常大的原子，因此並沒有非常極化。如此一來，$NaBH_4$ 成了很溫和的親核基，親核性並不會**非常**高。我們很快就會看到，$NaBH_4$ 是有選擇性的進行反應，並非與所有的羰基都起反應（例如，它不會與酯作用），但會跟酮**以及**醛反應（這是本章中，我們唯一在意的事了）。

還有一個試劑也使用得很普遍，它與硼氫化鈉很相似，但是活性較強。這個試劑稱為鋁氫化鋰（$LiAlH_4$，或簡稱為 LAH）：

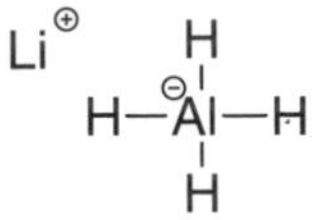

LAH 與 $NaBH_4$ 非常相似，因為鋁也是週期表上第三欄的元素（就在硼的正下方），所以它也有三個價電子。而上圖的化合物中，鋁有四個電子，所以有一個負電荷。如同 $NaBH_4$ 一般，LAH 也是氫親核基的來源。但是這兩個試劑相比，鋁比硼來得大，表示鋁的極化率較高，因此比起 $NaBH_4$，LAH 是較好的親核基。LAH 幾乎可以跟所有的羰基（不只酮和醛）起反應。

LAH 比 $NaBH_4$ 更具反應性這件事，很快就會變得非常重要。但是現在，我們討論的是親核基攻擊酮和醛，而 $NaBH_4$ 和 LAH 這兩者都能與酮和醛進行反應。

除了 $NaBH_4$ 和 LAH 之外，還有其他 H 親核基的來源，但這兩個是最常見的試劑。你應該看一看課本和上課筆記，確定是否還有其他本書未提及，卻是你應該知道的氫親核基。

現在來仔細研究氫親核基攻擊羰基的反應機構。就如我們之前看過的，試劑（無論是 $NaBH_4$ 或 LAH）可以運送氫陰離子至羰基，如右頁上圖所示：

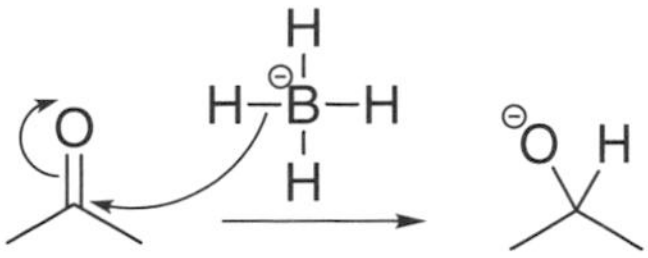

本章一開始就曾說過關於羰基兩件重要的事：

- 它很容易被親核基攻擊（我們才剛看過這件事的發生）。
- 它受攻擊後，如果可能的話，會試著回復成羰基的形式。現在我們需要瞭解的是，所謂的「如果可能的話」是什麼意思。

重新回復成羰基時會有問題，因為中心碳原子不能有五個鍵結：

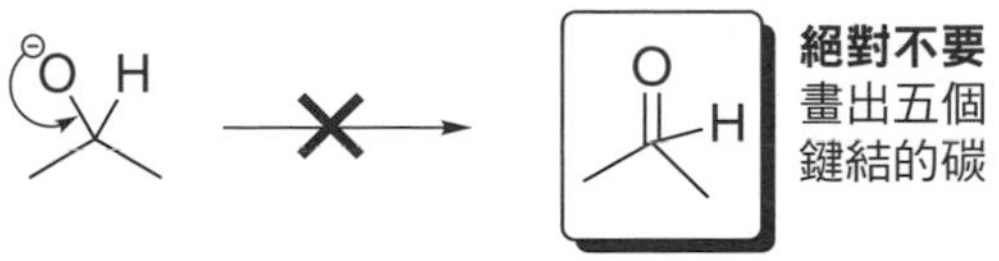

因為碳只有四個共價軌域可用，所以不可能有五個鍵結。如果想要重新回復羰基，必需踢除一個離去基（leaving grou, LG），像這樣：

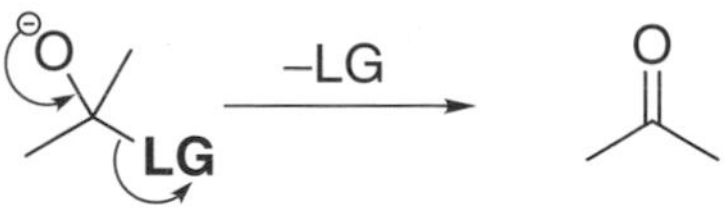

所以我們只要知道是哪個離去基會離開，哪個離去基不會離開就行了。幸運的是在大部分的情況下，我們有一個簡單的法則可以回答這個問題，那就是：**千萬不要**踢除 H^- 或是 C^-。這個法則的一些例外，我們之後會看到，但是除非很確定你能辨識出罕見的例外，否則千萬**不要**踢除 H^- 或是 C^-。例如，千萬不要這樣做：

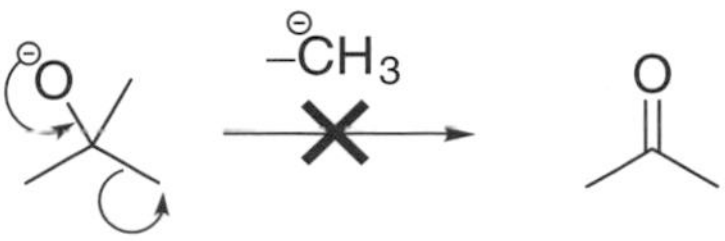

也不要這樣做：

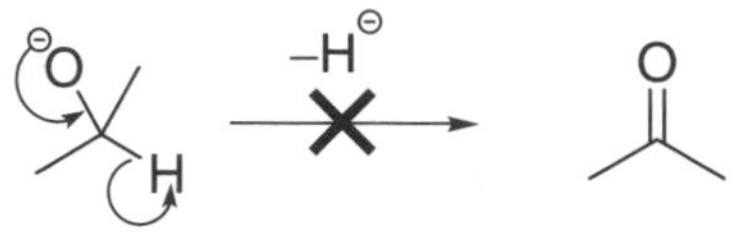

我們已經學過一些簡單的通則，現在開始試著把這些法則運用到之前討論的氫親核基攻擊酮上面。先用這個法則來告訴我們，產物是什麼。

我們已經看過，這個反應機構的第一步是氫親核基進行攻擊：

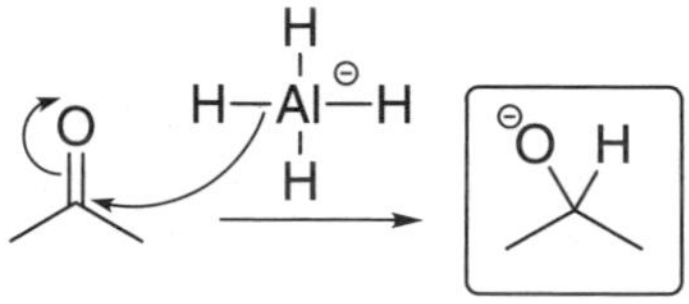

接下來呢？為了重新回復成羰基，我們必須踢掉一個離去基。但是這裡沒有離去基啊，我們又不能踢除 C^- 來回復成羰基：

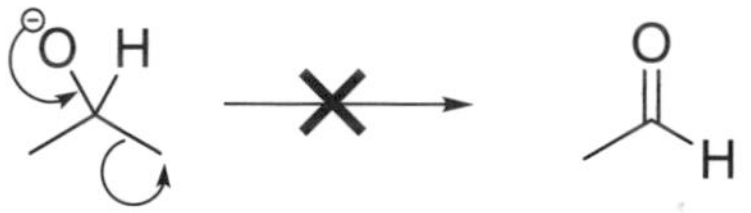

我們既不能踢除 H^- 來回復羰基：

也不能踢除 C^- 回復成羰基：

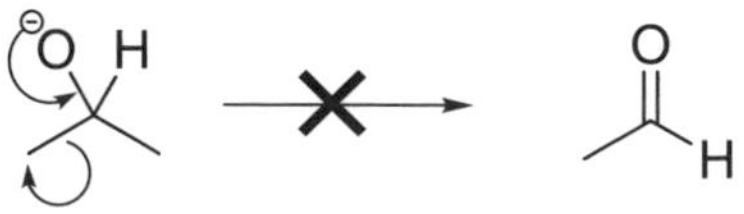

這表示我們無計可施了。一旦氫親核基運送 H^- 到羰基，就不可能回復成羰基。這個反應至此結束，只等著我們加入質子來源來中止反應（提供質子給負電荷抓取）。以這個反應來說，我們用水來當質子的來源：

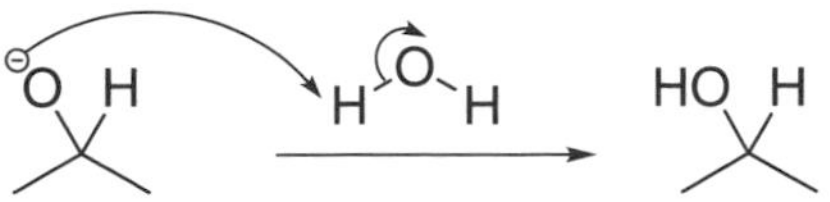

因此可以看到反應的產物是醇：

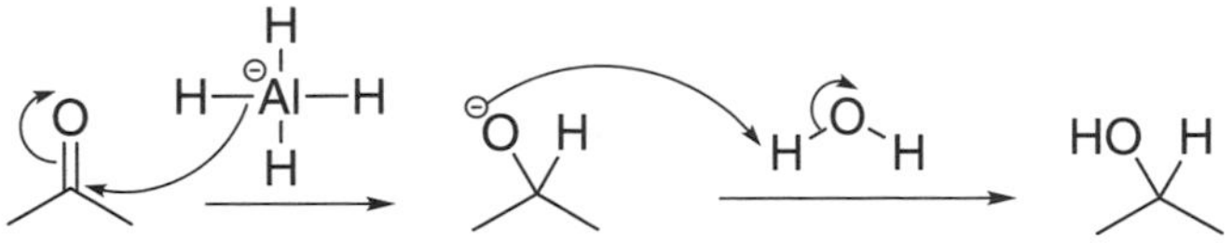

無論何時只要你在合成問題上用了這個轉換，就必須在反應發生**後**，顯示出質子來源：

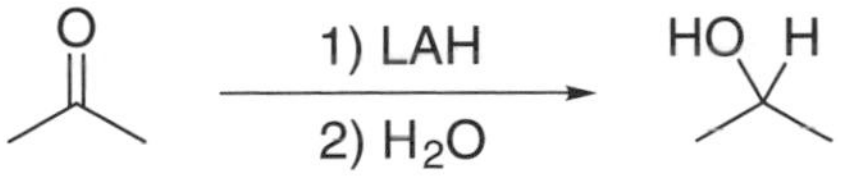

換句話說，顯示出 LAH 和水是**兩個分開的步驟**非常很重要，可千萬**不要**用下面這種方式來表示：

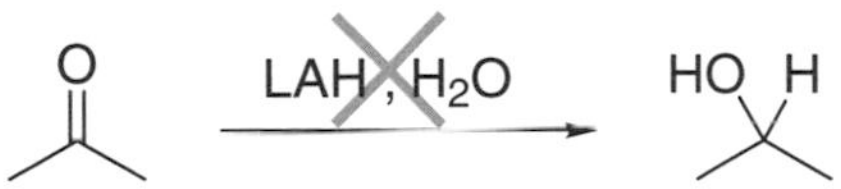

這樣表示會讓人以為，LAH 和水是在同時間加入的，而這是**不**可行的。因為 LAH 會和水產生激烈的反應，形成 H_2 氣體（因為 H^- 和 H^- 會彼此相互反應）。

事實證明，$NaBH_4$ 是較溫和的氫陰離子來源，因此 $NaBH_4$ 可以與質子來源同時加入：

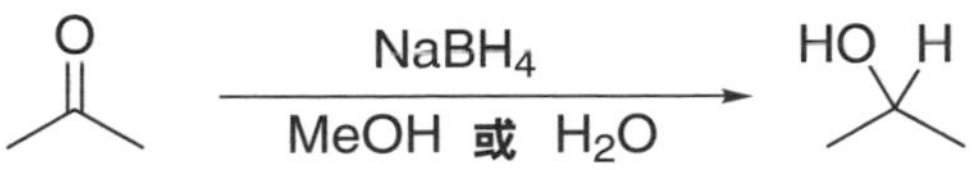

最常見的質子來源是 MeOH 或水（有時也會看到 EtOH）。請注意，我們並沒有寫成兩個獨立步驟。處理 LAH 的時候，必須以兩步驟的方式來顯示（一個步驟是加入 LAH，另一步是加入質子來源）；但處理 $NaBH_4$ 的時候，可以把質子來源和 $NaBH_4$ 顯示在同一個步驟裡。LAH 和 $NaBH_4$ 都是非常有用的試劑。它們可以用來**還原**酮或醛，當你發現到我們已經學會了如何把醇**氧化**以獲得酮，就會知道這件事有多重要了：

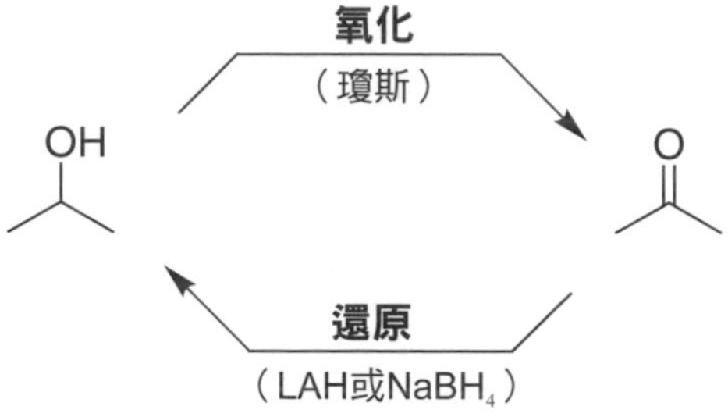

將來你試著解決合成問題時，這兩個轉換會**非常非常**有用。你會很驚訝的發現，許多合成問題都包含了醇和酮之間的相互轉換。所以請務必精通這兩個轉換。

練習 5.13 請預測下列反應的主產物：

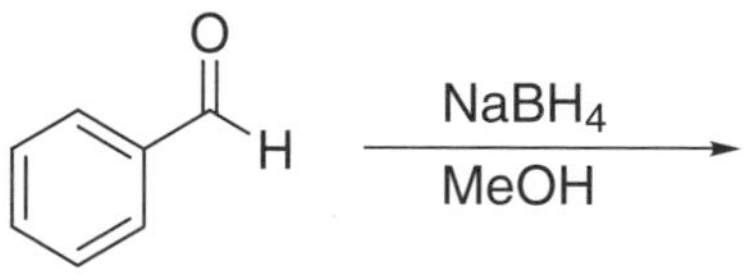

答　案 起始物是醛，它與硼氫化鈉進行反應。這個氫親核基會運送 H^- 給醛。因為沒有離去基，所以羰基無法回復，只能等著我們加入水給它質子，得到醇類的產物：

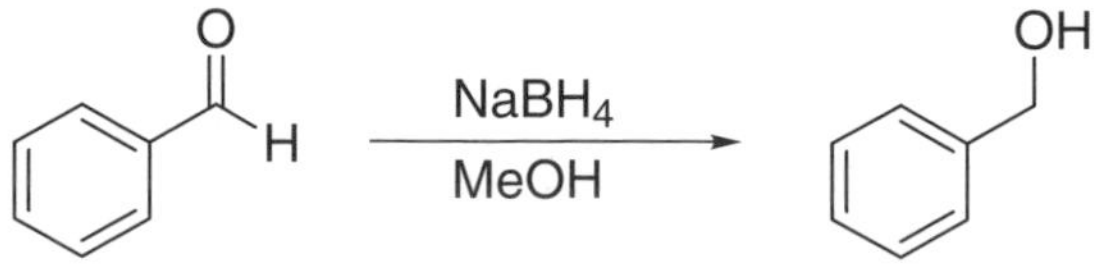

習 題 請預測下列每一個反應的主產物：

5.14 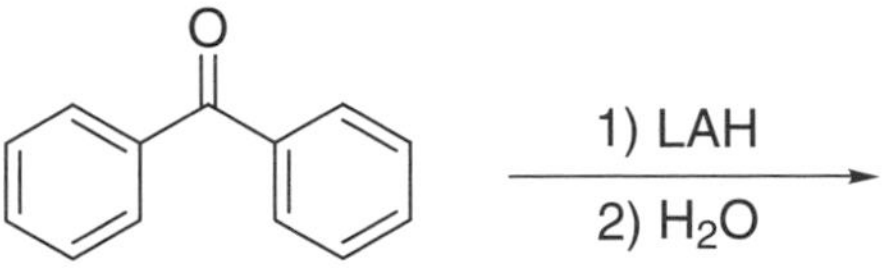

5.15 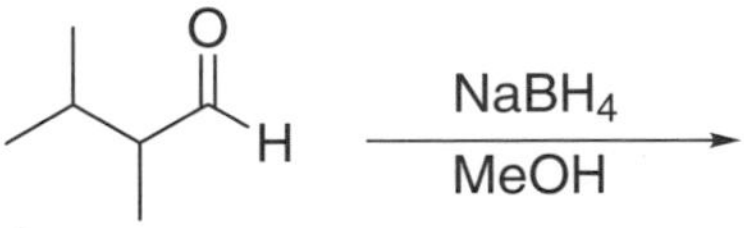

5.16 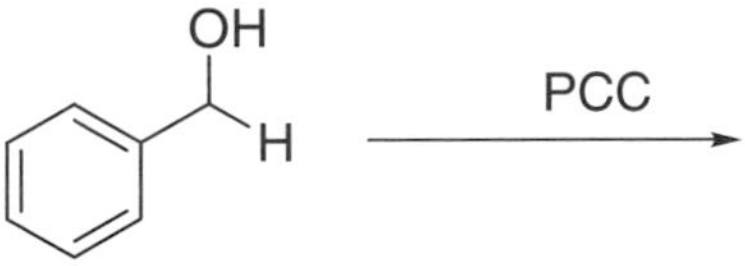

5.17 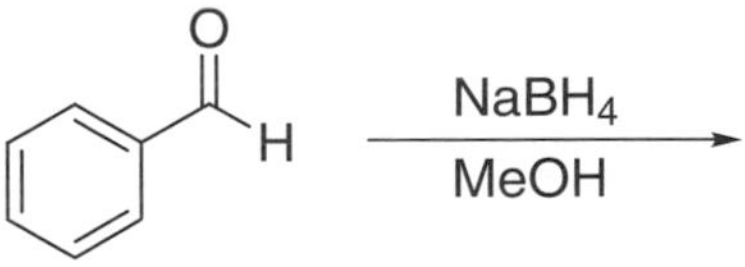

5.18 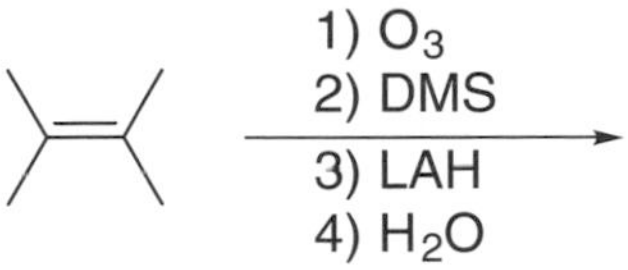

練習 5.19 請畫出下列反應的反應機構：

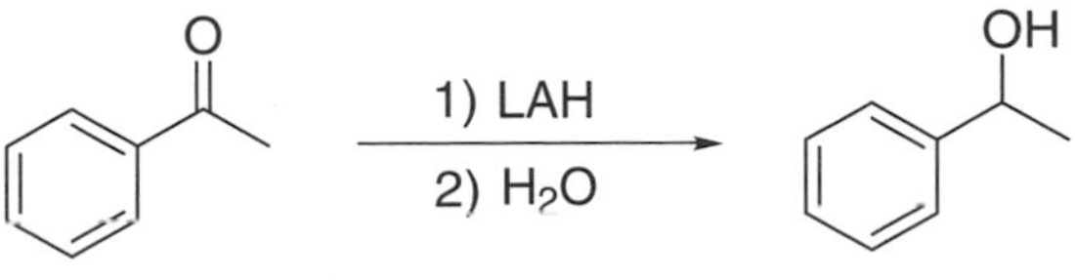

答　案 首先，LAH 運送氫陰離子給酮，而羰基無法回復，所以中間產物會等我們給它水，來獲得質子。

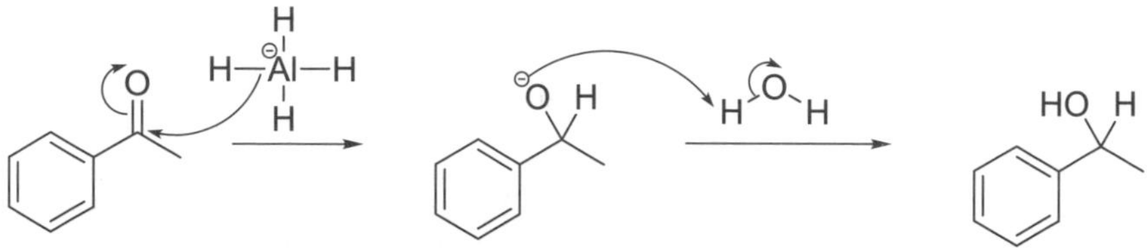

習　題 **請畫出下列每一個反應的反應機構。**

下列這些問題看似簡單，但是無論如何還是請做一做。對於這些基本箭頭最好能熟練到不假思索的地步，到了下一節，問題會愈來愈複雜，屆時你會希望把這些基本技巧記得滾瓜爛熟。

5.20 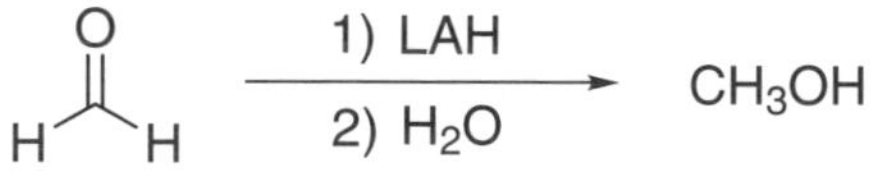

5.21 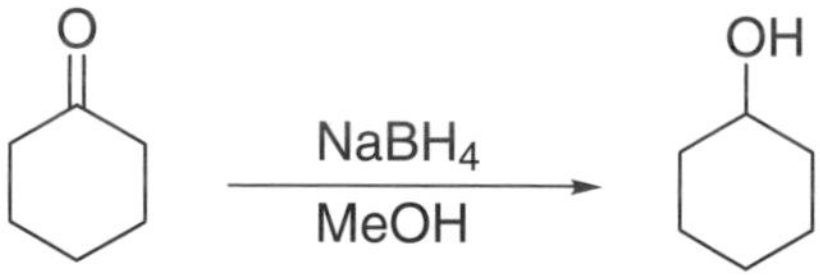

5.22 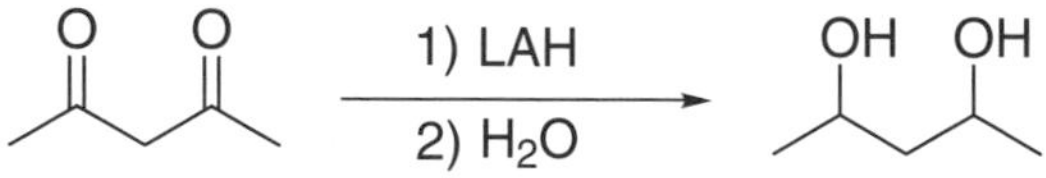

5.4 氧親核基

這一節，我們將把注意力集中在氧親核基上，尤其是醇（ROH）對酮或醛的攻擊。

先來一記警告：現在我們要看的反應機構**非常的**長。幾乎可以算是本課程中所能見到，最長的反應機構了，但它是許多其他反應機構的基礎，所以重要性不容小覷。熟悉了這個反應機構，才能在穩固的基礎上繼續本課程。其實你也沒有別的選擇：你一**定**要熟悉這個反應機構。所以接下來的幾頁請準備好放慢速度仔細研讀，也要有一讀再讀的心理準備，直到你確定已經熟到不能再熟了為止。

醇是親核基，因為氧有未共用電子對可以攻擊親電子基：

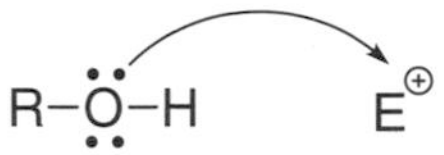

當醇攻擊羰基，會產生中間產物，它讓我們回想起上一節裡曾經形成的某個中間產物：

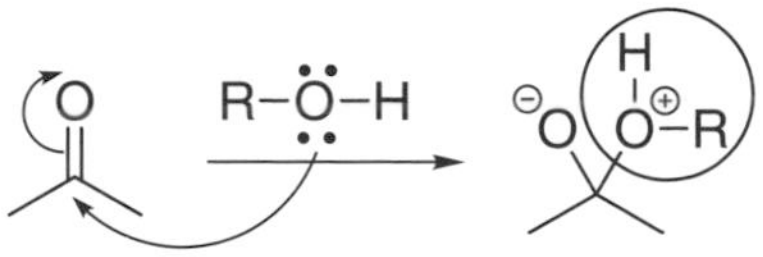

請注意這個中間產物和之前看過的，氫陰離子攻擊產生的中間產物非常類似：

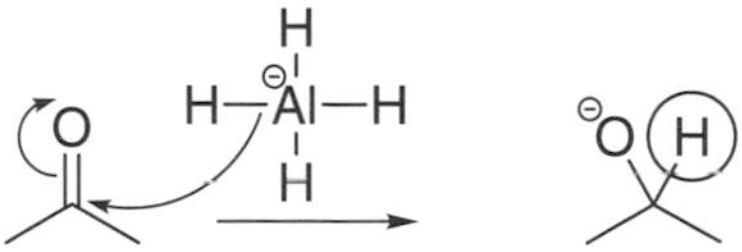

但是兩者有一個很重要的不同。我們在前一節看到氫親核基攻擊時，曾說過攻擊後，因為沒有離去基，所以羰基無法重新回復。但在這一節（醇的攻擊），卻有一個離去基，所以羰基**是**有機會可以重新回復的：

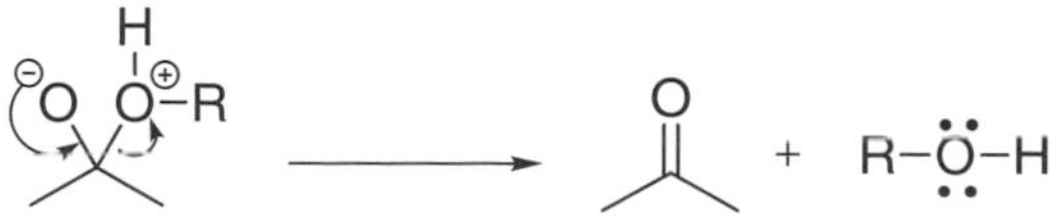

發動攻擊的親核基（ROH）可以當離去基。但是當然，這樣就會讓我們又回到原點。醇分子攻擊羰基後，又立刻被推開，所以實際上並沒有反應發生。

所以必須再試試其他可行的途徑，看看是否能有反應產生。首先，我們知道醇的攻擊會比氫親核基的攻擊慢很多，這是因為醇不具負電荷。醇是中性的，因此不是很強的親核基。所以，如果想加速反應發生，必須使親核基更具親核性（例如，用 RO^- 代替 ROH）：

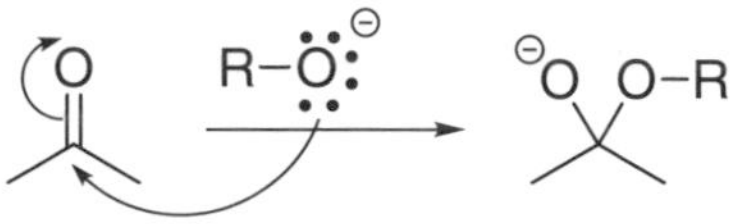

理論上，這樣會加速反應，但是這樣的條件，會遇到片刻之前遇到的問題：我們無法阻止羰基重新回復。最初的中間產物會把親核基彈開，反應再度回到起點：

因此我們要採取稍微迂迴的方式，不是把親核基變得更具親核性，而是把親電子基變得更具親電子性。所以讓我們把重點換到反應的親電子基上吧：

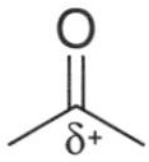

如何使羰基更具親電子性？答案是，把它質子化（protonate）：

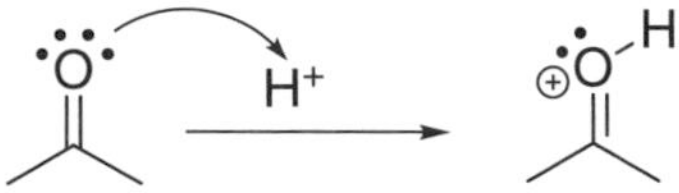

這**非常重要**，因為我們會一而再、再而三見到。把酮質子化時，會

使整個化合物帶正電荷，這樣就會使羰基更具親電子性。

所以我們把酮質子化，再用醇來攻擊它：

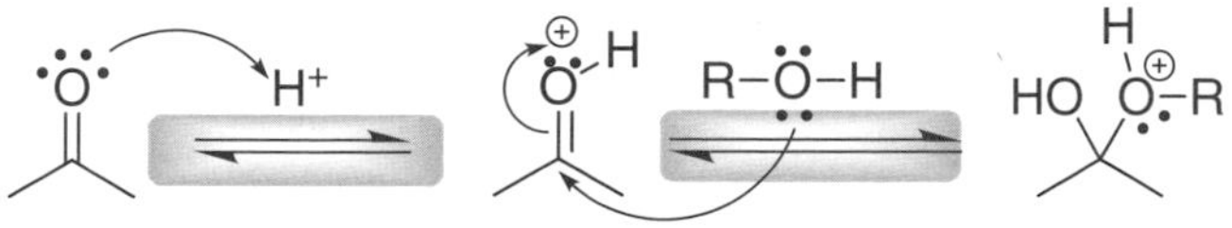

這樣一來，產生的中間產物是是四面體（起始酮是 sp^2 混成，因此是平面三角形；但是現在此中間產物是 sp^3 混成，所以是四面體）。我們稱此中間產物為「四面體中間產物」（tetrahedral intermediate）。

但是這個四面體中間產物不是也會帶來同樣的問題？它不是也會踢除離去基，重新回復成質子化的酮嗎？

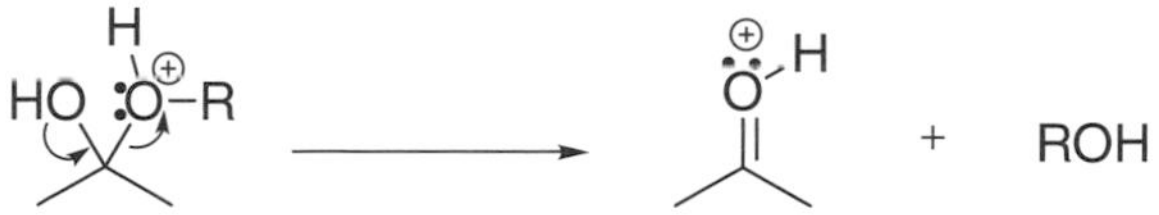

是的，這**會**發生。事實上，在大多數的時間裡也**的確**發生了。這就是為什麼需要用到平衡的箭頭：

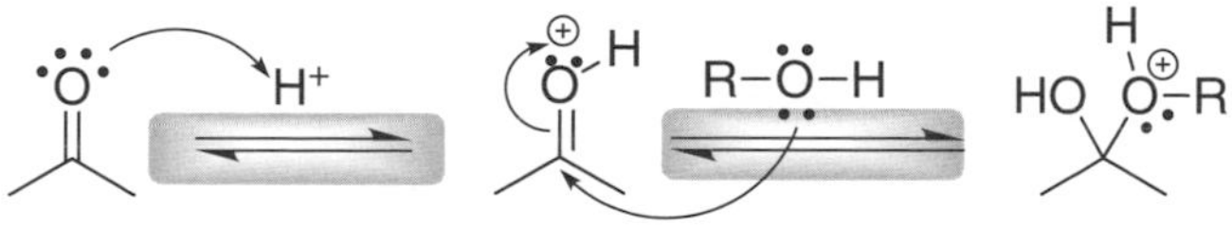

所以，正向及逆向過程間確實達到平衡，但時不時會有其他狀況發生在這個四面體中間產物上。另一個不同的羰基會在重新回復過程中產生：

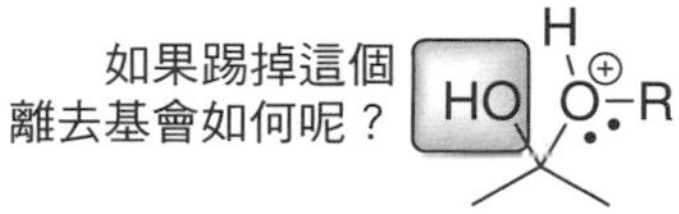

換句話說，本來我們預期把 OH^- 當離去基踢除，這在理論上應該可行沒錯，因為之前我們也曾說過，可以踢除 H^- 和 C^- 之外的任何取代基。所以理論上 OH^- 當然可以離開，但是在**酸性條件下**，我們沒

辦法踢除 OH^-。我們要先讓 OH^- 質子化，變成較好的離去基。（這可是**至關重大**，請將這條法則牢記到腦袋裡。**絕對不能**在酸性狀態下，踢除帶負電荷的氧；一定要先把它質子化。）所以我們進行下列的質子轉移：

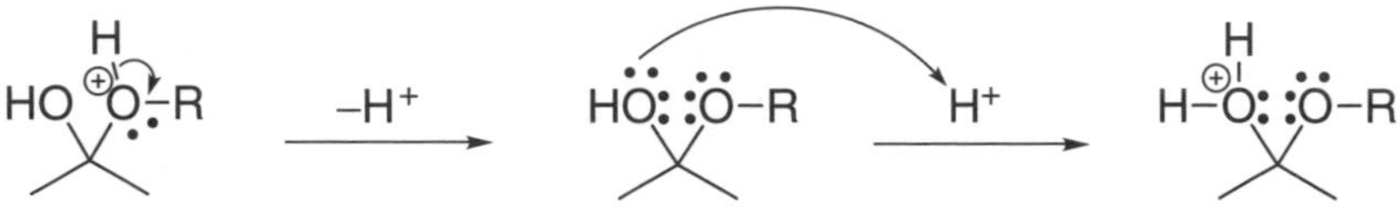

請注意我們先拿走一個質子，形成不帶電荷的中間產物，這樣我們才能再補上一個質子。這個做法是為了避免在中間產物上有兩個正電荷。（這是另一個小法則，從今以後也必須把它納入考量。）不要試圖以一個步驟直接進行質子轉移(分子內質子轉移)，如下圖所示：

這個情況並不會發生，因為在空間距離上，分子的兩端並沒有靠近到足以進行分子內質子轉移。所以，必須先拿掉一個質子，再以另一個質子補上（而且這個質子很可能並不是當初拿掉的那個質子）。

因此我們必須個別做兩次質子轉移，才可以得到這個中間產物：

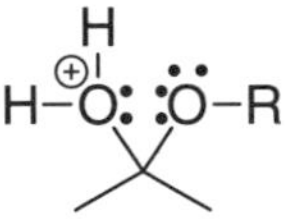

現在我們已經準備好要踢掉離去基（目前它已經是水了），來重新回復成羰基，像這樣：

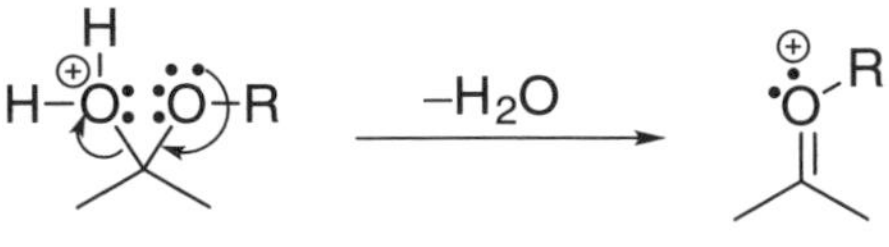

現在這個新的中間產物**確實**有一個羰基，**但是**卻很難把電荷去掉。你很難以去除質子的方式來去除 R^+：

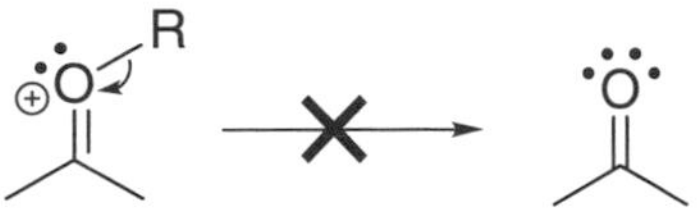

但有其他方法可以去掉電荷。這個中間產物可以被另一個醇分子攻擊，就如同我們的反應機構一開始時，醇攻擊質子化的酮一樣：

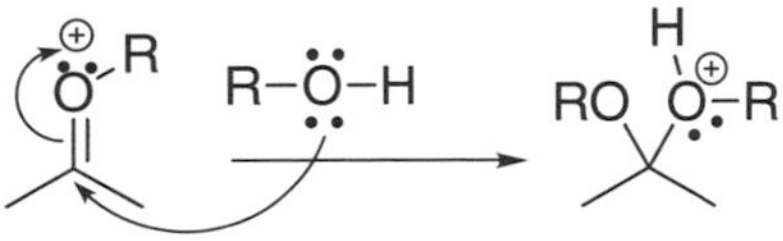

最後，可以去掉一個質子，得到產物：

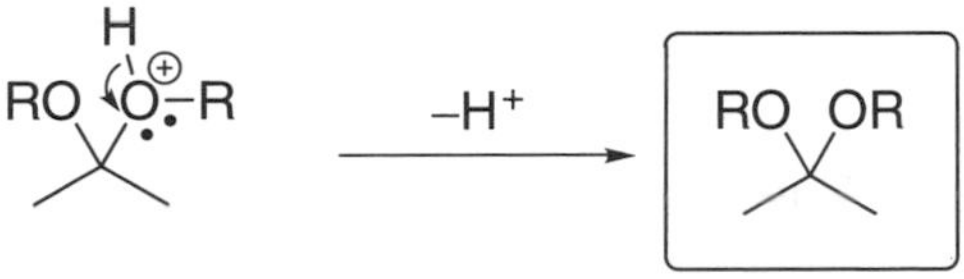

所以整個轉換為：

為了確定我們完全瞭解這個反應機構的幾項重要特點，我們馬上來仔細看看整個過程，它非常長：

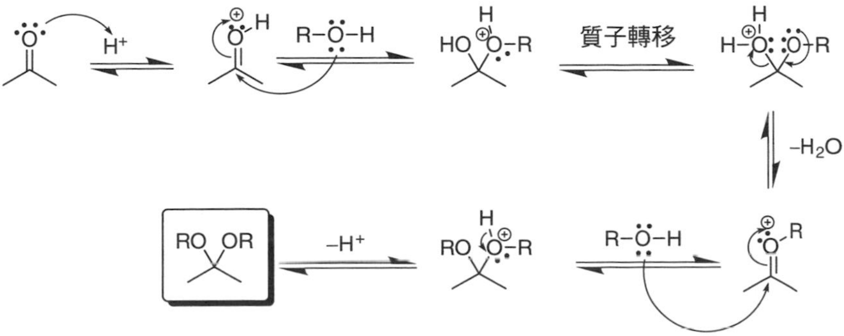

讓我們指出幾項重要的特點。首先，來仔細看看質子轉移。上面這個反應機構的第三步驟顯示了，在一個步驟裡有兩個質子轉移（這裡並沒畫出這兩個步驟的彎曲箭；但我們在之前第 180 頁的討論裡曾把這兩個步驟表示出來）。有些課本和老師會用這種表達方式，但有些會堅持你必須確實畫出兩個質子轉移的步驟，也就是畫出彎曲箭。如果你的老師和課本採用了前頁圖中我用的方式，那你也可以用這個偷懶的方式。但是必須小心：有些老師會要你把兩個步驟都表達出來，因為這樣會讓你畫出一個額外的中間產物，而這個中間產物之後在生物化學上非常重要。

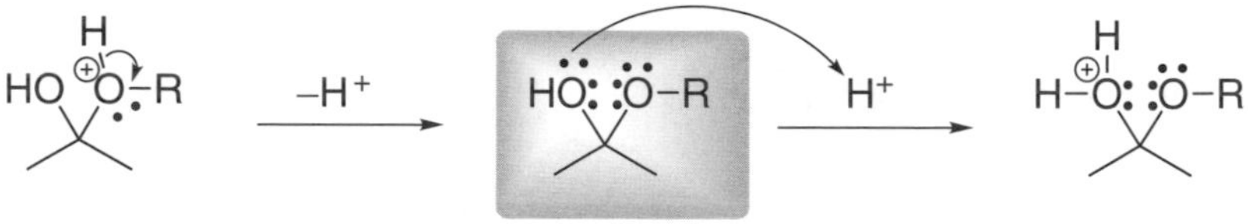

這個中間產物有一個很特別的名字，我們很快就會知道。

現在把注意力集中在整個反應機構中**所有的**質子轉移上面，然後你會注意到，酸在這裡是當催化劑（在整個反應機構中，我們放入兩個質子，也拿走兩個質子）。所以，自始至終並沒有消耗掉酸(它是催化劑)，我們以用括弧把 H^+ 括起來的方式表示：

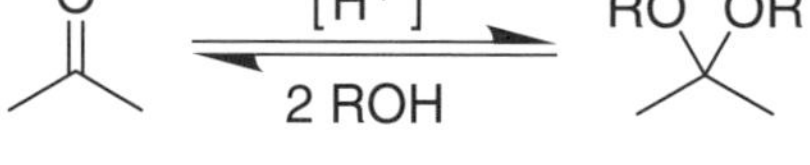

當我們專注在質子轉移時，就會發現這個反應機構大部分都只是質子轉移。除了質子轉移之外只有三個主要步驟：ROH 攻擊，水離去，然後又是 ROH 攻擊。所有的質子轉移都只是用來促進這三個步驟。（我們用質子轉移來使羰基更具親電子性、產生水以取代氫氧根離子當離去基，以及避免多重電荷。）用這樣的角度來看反應機構是很重要的，因為這樣一來可以大為簡化整個反應機構在你腦海的複雜度。

下圖畫的**不是**反應機構；圖裡的箭頭只是用來幫助你，立即回想起這三個關鍵步驟：

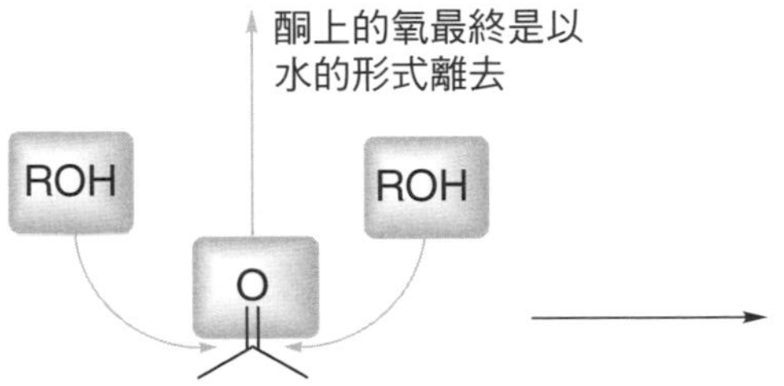

這個反應的產物稱為**縮酮**（ketal）。從酮形成縮酮時，產生的中間產物因為是唯一不具有電荷的中間產物，所以有了一個很特別的名稱：**半縮酮**（hemiketal），你可以把它想成是在形成縮酮之前的「半成品」：

我們給了它一個特別的名稱，是因為理論上有可能把它分離出來，儲存在瓶子裡（雖然在大部分的例子裡非常難做到），另一個原因也是因為這類型的中間產物，在學習生物化學時非常重要。

在繼續之前，讓我們再多介紹一些專有名詞。我們已經學過了，從**酮**開始（經由半縮酮）可以產生**縮酮**。而如果從**醛**開始，我們稱其產物為**縮醛**〔acetal，經由半縮醛（hemiacetal）所形成的〕：

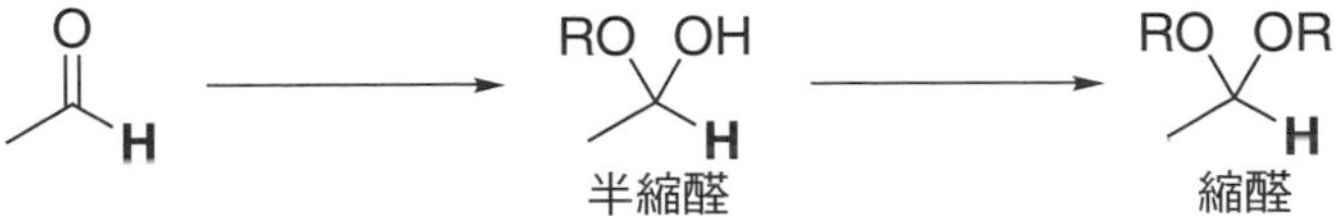

現在我們已經看過了這個反應，以及用來形容它的專有名詞。但是還有一件很重要的事沒討論。請注意縮酮並不含有羰基。這表示平衡會朝向起始物，而不是朝向產物：

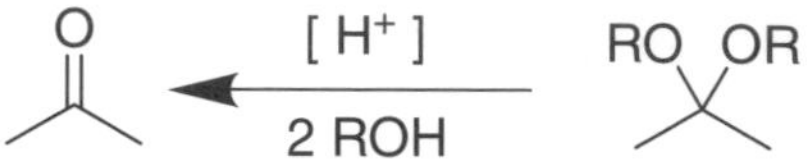

換句話說，如果我們在實驗室中進行這個反應，得到的產物（如果有的話）會很少很少。所以問題來了：如何能迫使這個反應形成縮酮呢？其實有一個很聰明的技巧可以做到。

在反應進行當中，有可能把水從反應裡去除，當水形成時，如果把它移走，就可以中止特定步驟裡的逆反應（就是下圖反應機構裡畫了叉叉的箭頭）。這就像砌了一堵磚牆以避免逆反應發生：

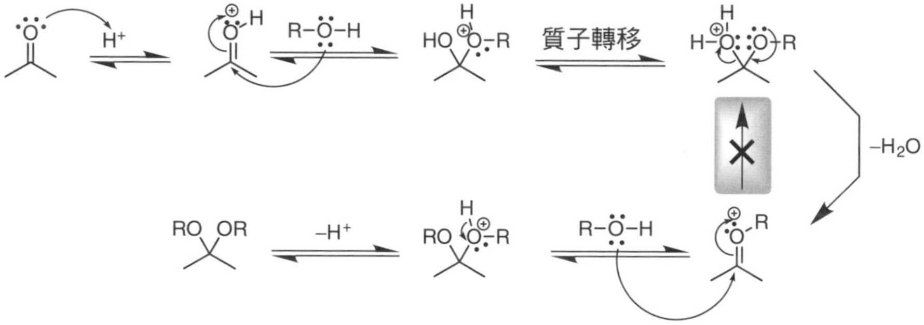

藉由一產生水就移走的方式，我們可以把這個反應推動至特定的點。除去系統裡的水，反應就不能逆向進行，也就不會重新回復成酮。換句話說，如果想進行逆反應就需要水，所以我們必須把水都移走。這個聰明的技巧可以迫使平衡往產物的方向推進，即使產物的穩定度比反應物差也沒關係（平衡不是一定往產物的方向進行）。現在再來看看這個關鍵步驟之後的部分反應機構：

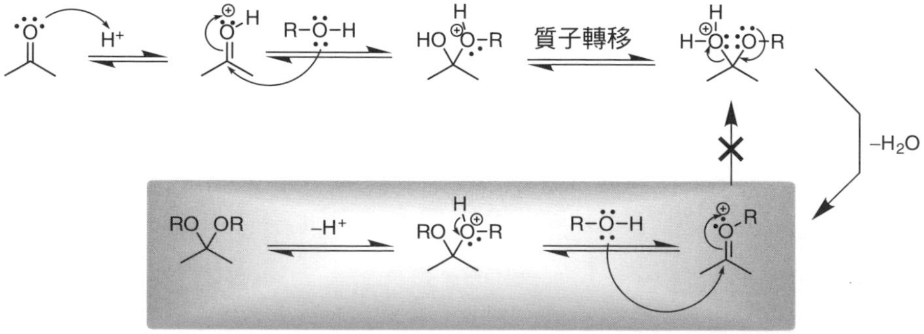

我們可以看出有三個結構互相處於平衡狀態，其中兩個帶正電荷，只有一個（產物）是中性的。現在平衡是趨向於產物的形成。

在你的課本或是上課筆記，也許曾經學過化學家如何在反應進行中移除水。這稱為共沸蒸餾（azeotropic distillation），必須用一種特別的玻璃器具（稱為 Dean-Stark 裝置）。這裡並不打算詳細討論共沸蒸餾，只是簡單描述一下，因為你必須知道該如何在反應式裡表現出移除水。有兩種方式可以表示：

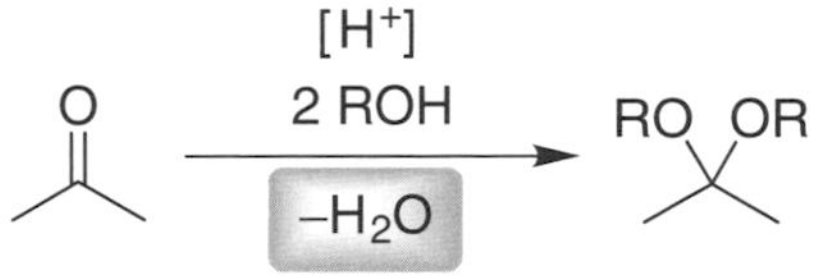

或像這樣：

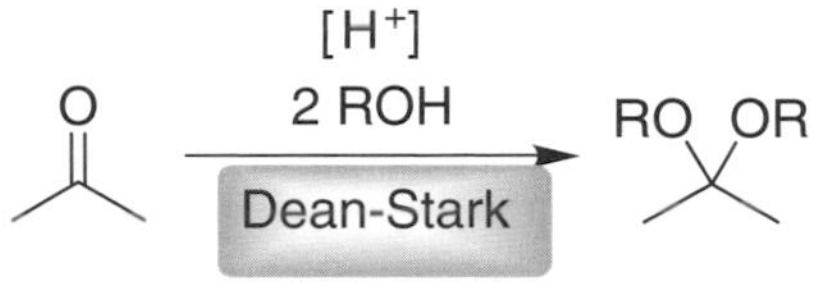

只要寫出「Dean-Stark」，就表示你瞭解要形成縮酮必須去除水。

現在我們也明白要如何使反應逆向。假設你有一個縮酮，而你想把它變回酮，只要加水和一點點酸，噹啷，轉瞬間它就變回酮了：

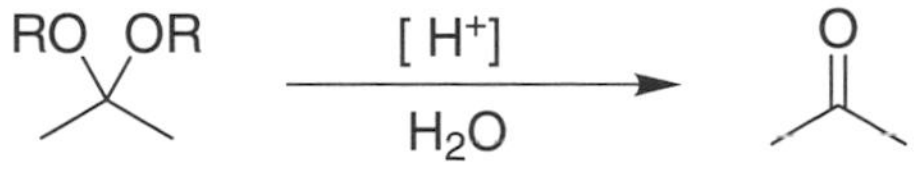

只要水和一點點酸就會破壞平衡，把所有東西都變回酮。所以現在我們已經知道該如何把酮變成縮酮，也知道如何把縮酮變回酮：

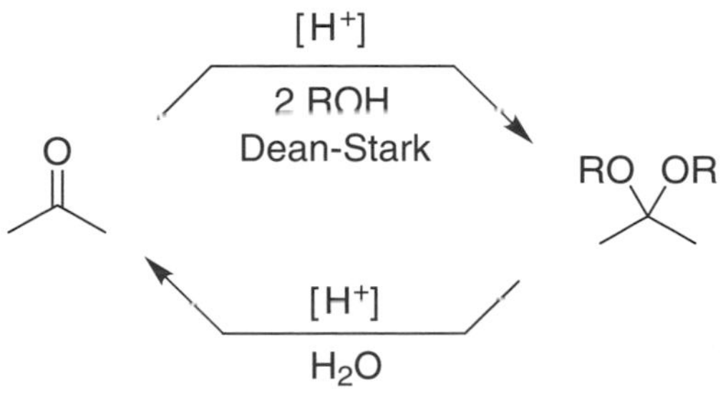

能控制反應朝想要的方向前進非常重要。很快的，我們就會知道為什麼這件事如此重要。但是首先還是先來確認，我們對於縮酮形成的反應機構已經相當熟悉了：

練習 5.23 請寫出下列反應的反應機構。

答　案 請注意反應是從酮開始，在縮酮結束。要看出來其實有一點難度，因為這全發生在一個分子內。換句話說，兩個醇的 OH 基與酮都存在於同一個分子內（OH 基與酮拴在一起）：

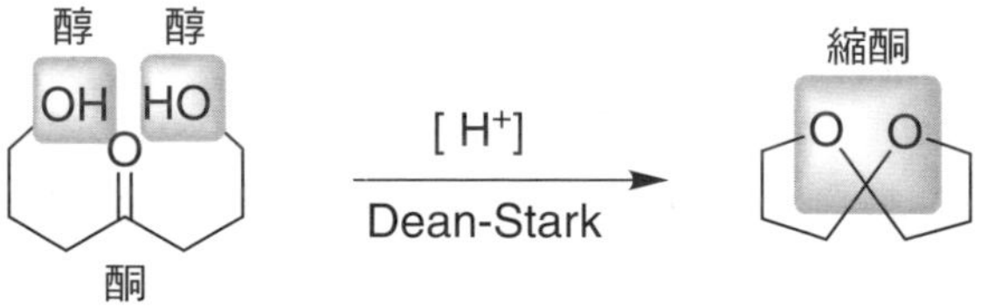

所以這個反應機與我們之前曾經看過的反應機構，遵循完全相同的步驟。那就是三個關鍵步驟（OH 攻擊，水離去，然後另一個 OH 攻擊），再伴之以一大堆質子轉移。在這裡，質子轉移只是為了促進這三個步驟的進行。在第一個步驟中，我們用質子轉移來使羰基更具親電子性。之後利用質子轉移來形成水（所以它才能離開）。最後，利用質子轉移來促進第二次的 OH 攻擊。

也許你應該另外找一張紙，嘗試畫出這個反應的反應機構。完成後，再把你畫的結果與次頁的答案相比較：

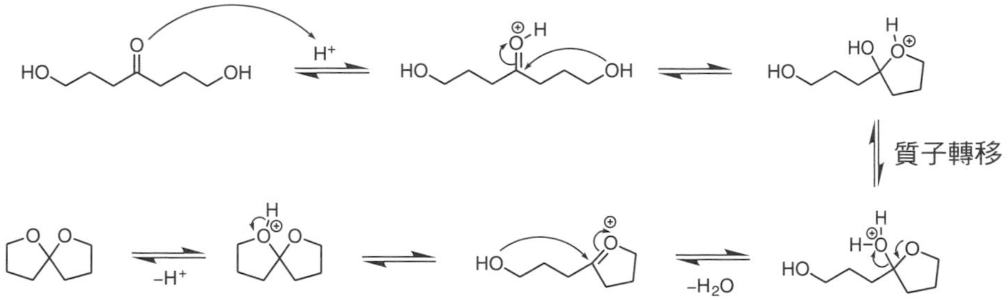

之前我們說過，這個類型的反應機構非常重要，因為有許多反應都建立在這個反應機構所闡述的觀念上。為了多加練習，你應該慢慢的、並且有條不紊的做完以下的題目。做這些題目時，必須時時提醒自己，以成為這個反應機構的主人為目標。這樣我應該已經夠強調它的重要性了吧。

習　題　請為下列每一個問題提出合理的反應機構：

5.24 

5.25 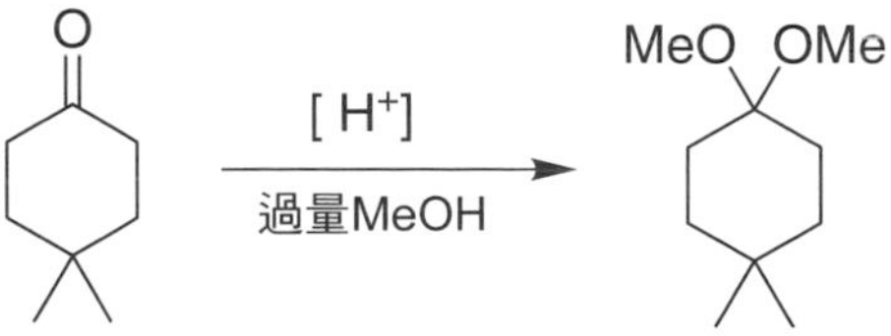

5.26 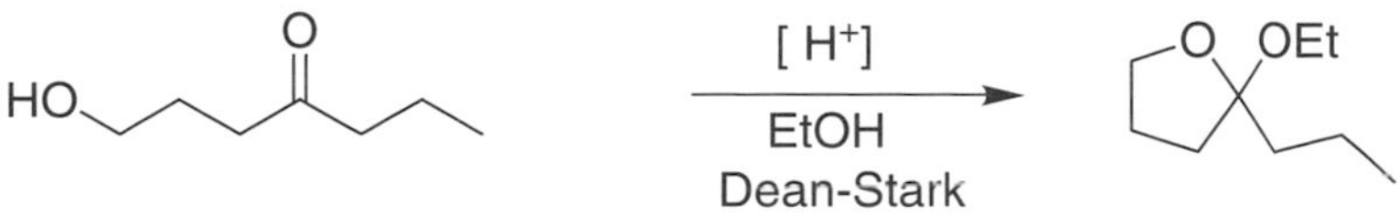

有一個方法可以確認你對這個反應是否已經滾瓜爛熟：試著倒推畫出這個反應機構。沒錯，倒推著畫，就用下列的問題來試試：

習題 5.27 請畫出下列反應的反應機構：

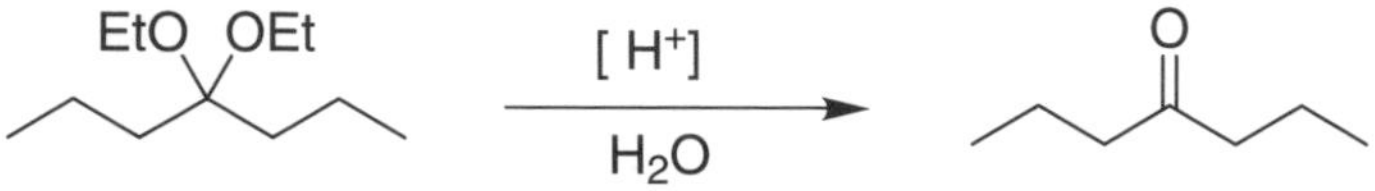

為了較容易著手，你可以從最後開始（從酮開始），然後畫出如果想把酮轉換成縮酮會得到的中間產物（要記得，第一個步驟是把酮質子化），像這樣：

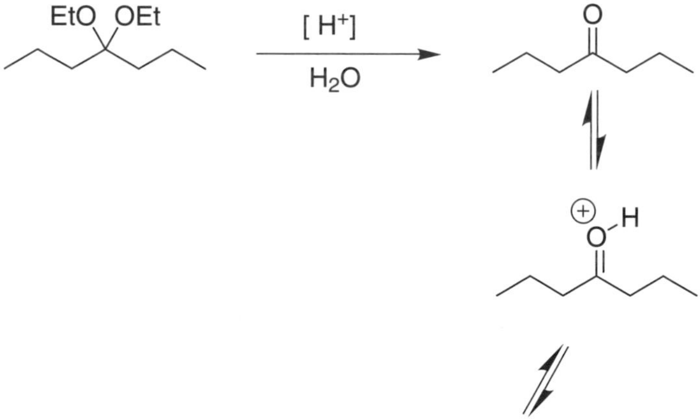

慢慢進行倒推著畫的工程，直到畫到縮酮為止。先**不**加上任何箭頭，只畫出中間產物，從酮開始，倒推到縮酮。等到畫出所有的中間產物之後，再回頭試著把箭頭填上，這時則要從縮酮開始進行。另找一張紙畫出你的反應機構。完成時再把你的答案與書末的解答進行比對。

本節中，已經看過了酮與**兩個** ROH 分子之間進行的反應：

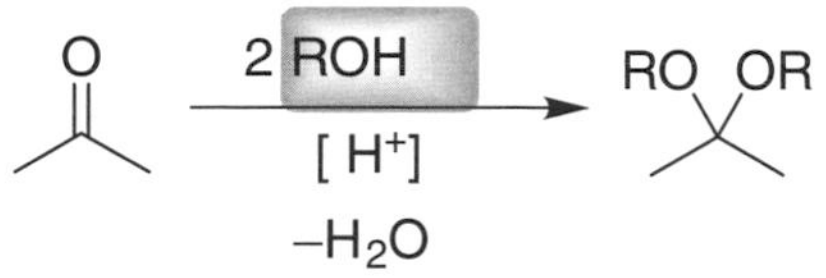

我們已經逐步討論過這個反應機構，也知道酮被攻擊了兩次。如果兩個 OH 基都在同一個分子上，同樣的反應也可以進行，產生的產物是**環狀**縮酮：

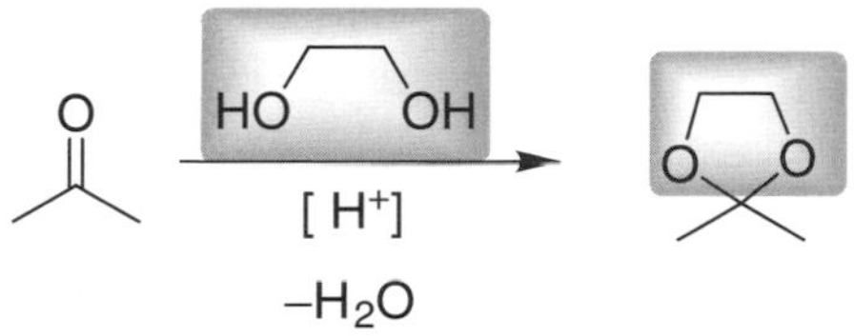

這類的反應在有機化學中經常使用，所以你必須熟悉它。上述反應中的二醇（diol）稱為乙二醇（ethylene glycol）。

現在我們來細查為什麼乙二醇的反應會這麼重要的原因。

我們已經學過可以藉由操控反應的條件，來控制形成的是酮或縮酮。同樣的，我們可以利用乙二醇來形成環狀縮酮：

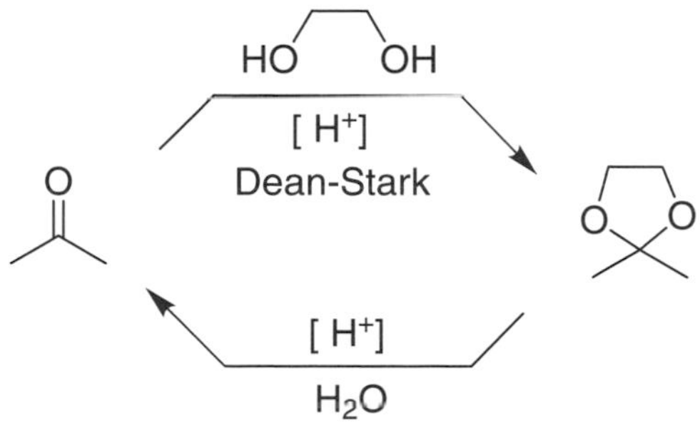

這個反應很重要，原因是它可以讓我們把酮保護起來，避免發生某些不想要的反應。我們以一個明確的例子來說明。（我們會花兩頁的篇幅，舉具體的例子來建立這個論點，請耐心讀完。）

假設你有下列這個化合物：

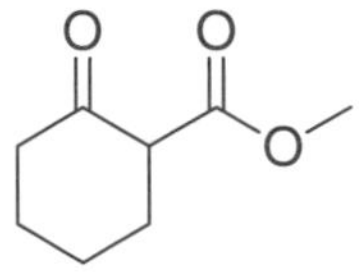

當這個化合物與 LAH 反應時，兩個羰基都會還原：

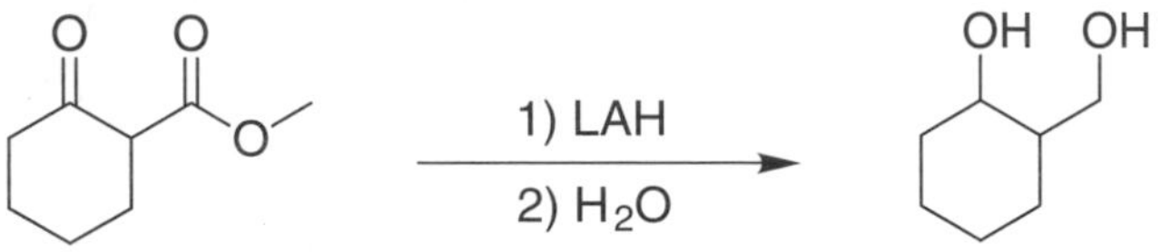

LAH 會攻擊酮**和**酯。現在你可能很難理解，為什麼酯會轉換成醇，這點我們會在下一章討論。但是如果你想測試自己的能力，那你已經學過了在 LAH 存在下，酯要如何轉換成醇的所有必須知識。（請記住如果可能的話，你要重新回復羰基，但絕不能踢掉 H^- 或 C^-。）

所以，我們看到 LAH 會還原上面這個化合物的兩個羰基。如果不用 LAH，而把起始物與 $NaBH_4$ 混和，會看到只有一個羰基被還原：

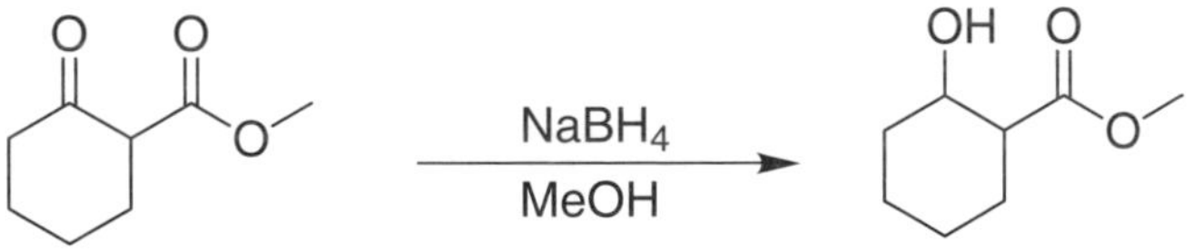

酯**不會**被還原，因為 $NaBH_4$ 是溫和的氫陰離子來源（就像我們之前解釋過的）。下一章裡，將看到 $NaBH_4$ 不會與酯進行反應（只與酮和醛），因為酯的羰基比酮的羰基活性低。

但是如果我們想要進行以下的轉換：

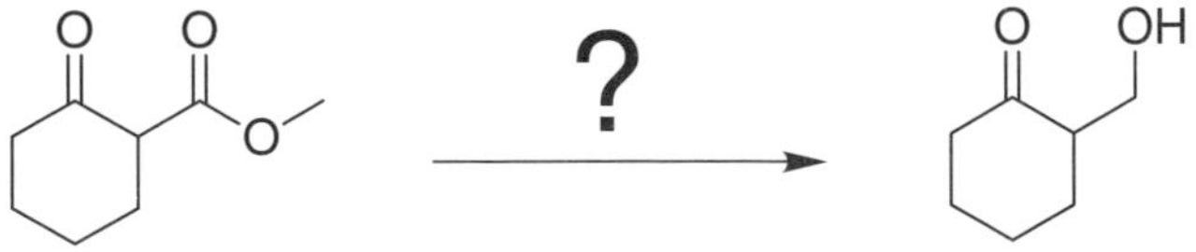

原則上你想要還原酯**卻不想**還原酮。這看來似乎不太可能，因為酯的反應性較酮來得低。可以還原酯的試劑都可以還原酮。

但是有一個方法可以做到。假如我們先把酮轉換成縮酮，把它保護起來：

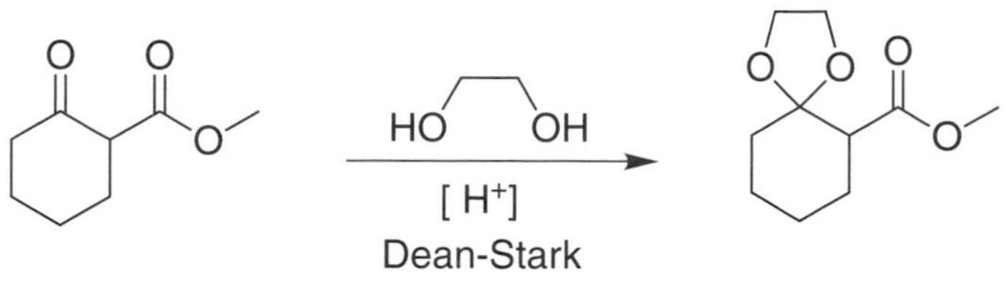

只有酮會轉換成縮酮，酯的羰基**不會**轉換成縮酮（因為酯的活性比酮低）。所以我們利用酮的反應性當優勢，選擇性的把酮阻擋起來。現在我們可以把這個化合物與 LAH 進行反應了，縮酮並不會受反應影響（縮酮不會與鹼或親核基進行反應）：

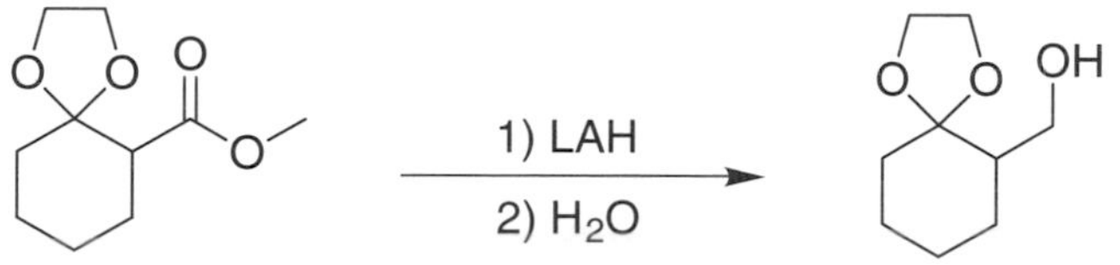

請注意上圖中我們使用了水(就像每次使用 LAH 都會這麼做一樣)。在水的存在下，縮酮會被移除（實際上我們必須加入一點酸來催化這個過程）：

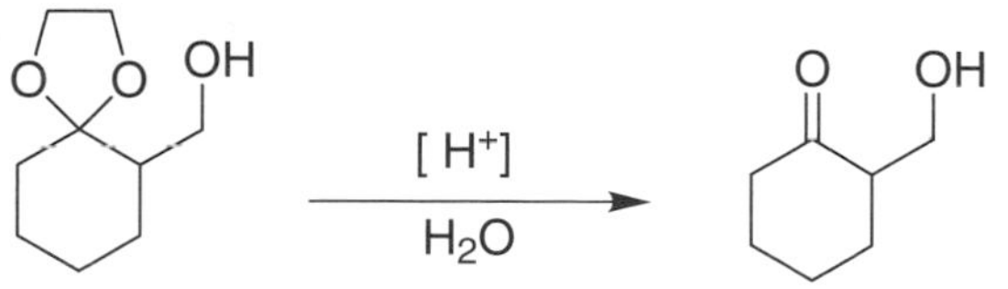

最後，我們是以三步驟的過程來還原酯，而酮完全**不受影響**：

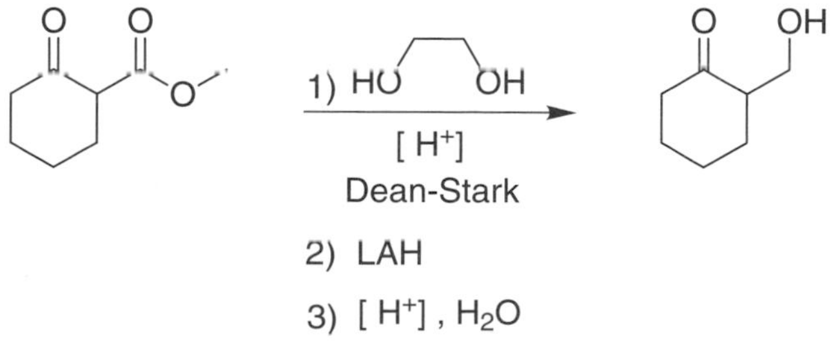

這個技巧（把酮轉換成縮酮來保護它，再進行想要的反應，最後再把保護基拉掉）在某種程度上，與之前學習親電子芳香取代反應時，看到的某些部分相當雷同。還記得對位通常會比鄰位更受偏好（因為立體障礙）嗎？所以現在有一個問題了，如果我們想把一個取代基放在鄰位：

為了做到這一點，我們用了一個很聰明的策略。我們的策略是先用磺化反應把對位阻擋起來，之後再進行想要的反應，把目標取代基放入鄰位，最後再把對位的阻擋去掉：

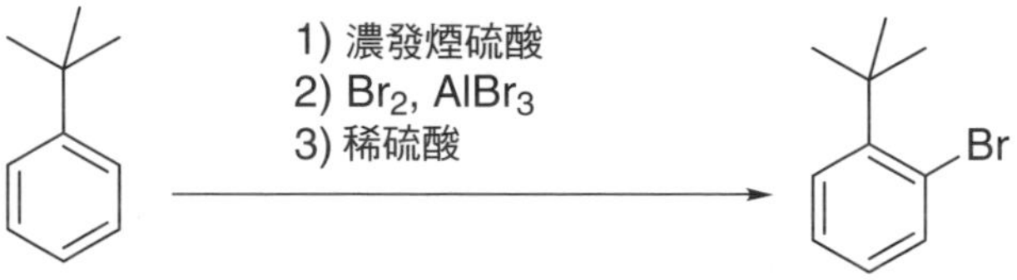

這個策略與目前本章用的方法完全相同。它同樣也是一個三步驟的策略：（1）酮轉換成縮酮以阻擋它進行反應，然後（2）進行想要的反應，最後（3）去掉阻擋讓縮酮變回酮。

下一章還會進一步討論這個策略，現在要集中注意力，看看我們對這個反應的瞭解，是不是已經到足以預測產物的程度了：

練習 5.28 請預測下列反應的主要產物：

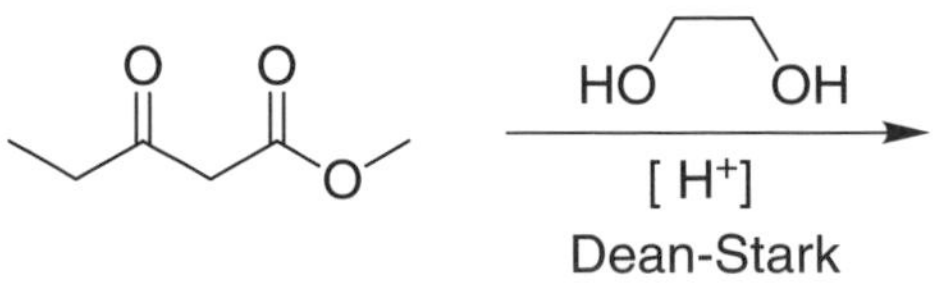

答 案 在這個反應中，我們用到了乙二醇，所以會形成環狀縮酮。起始物有兩個羰基，一個是酮，另一個是酯。我們學過，只有酮會形成縮酮，酯不會形成縮酮。所以主產物為：

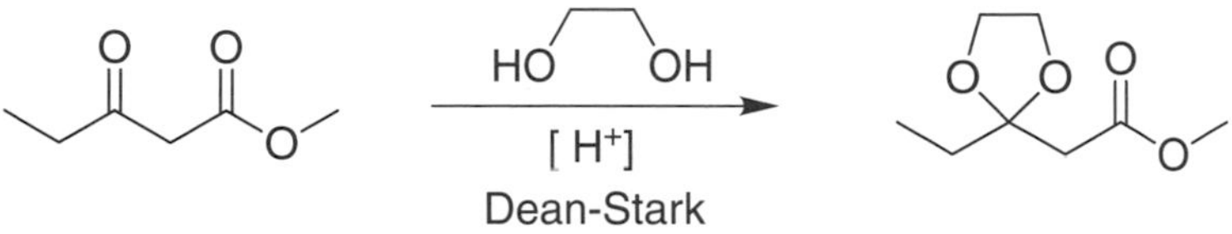

習 題 請預測下列每一個問題中，反應的主產物：

5.29 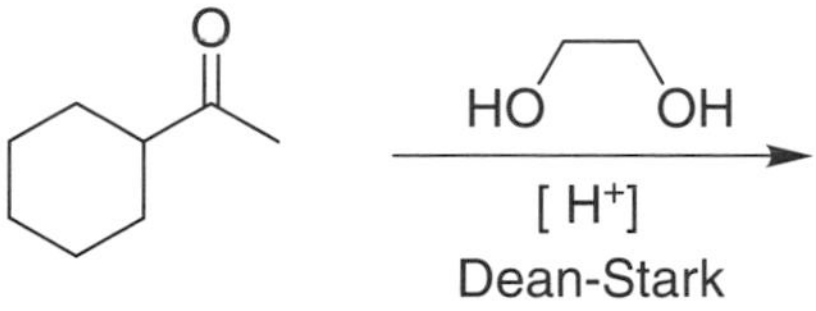

5.30 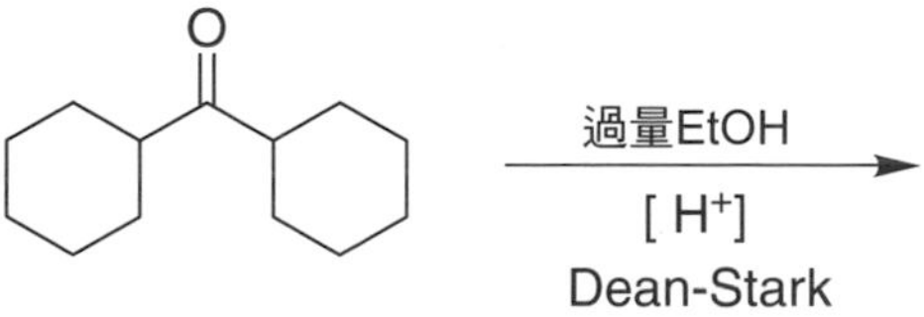

5.31 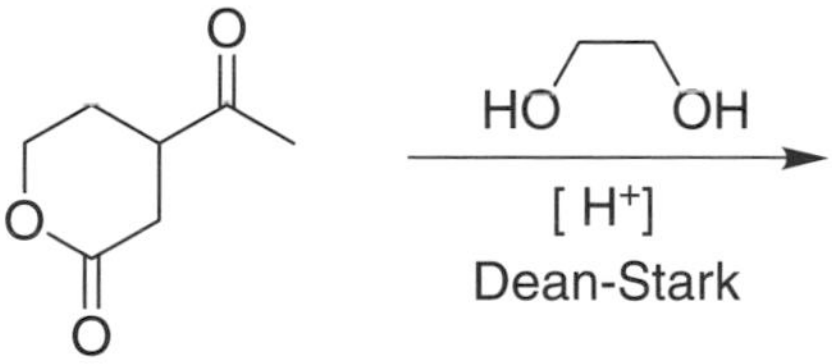

5.32 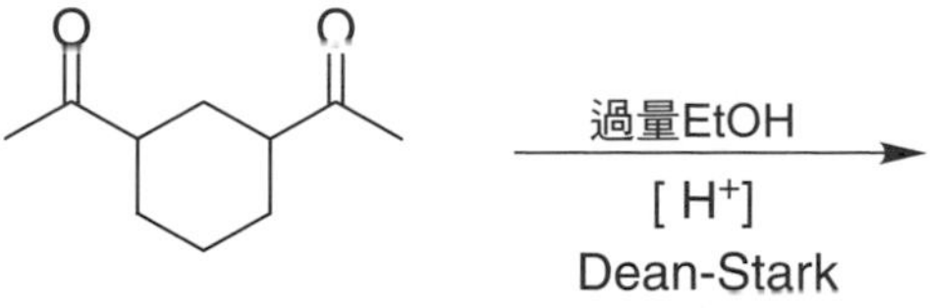

5.5 硫親核基

有些老師可能會把硫親核基這部分省略掉，你也許該查看一下上課筆記和課本，以便決定本節的內容你該瞭解多少。

在週期表上，硫在氧的正下方（第六欄）。因此，含硫化合物的化學性質與含氧化合物的化學性質十分相近。不久我們就會看到它們的相似處，不過更重要的是要注意兩者之間細微的差異。

我們先從相似處開始說起。之前已經學過可以利用乙二醇把酮轉換為縮酮：

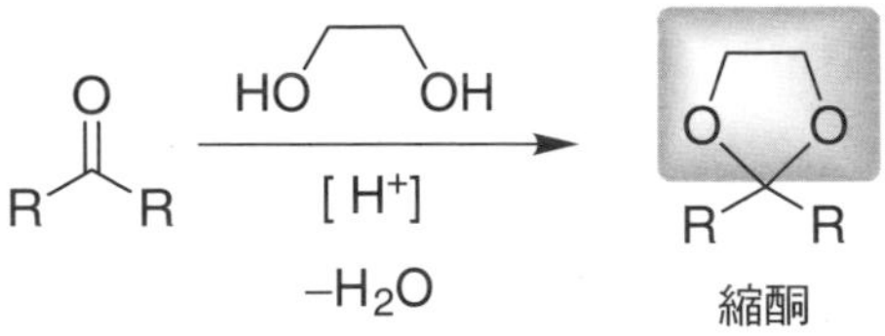

使用同樣的方法，也可以用乙二**硫**醇（ethylene thioglycol）來形成硫縮酮（thioketal，**thio** 表示用**硫**代替氧）：

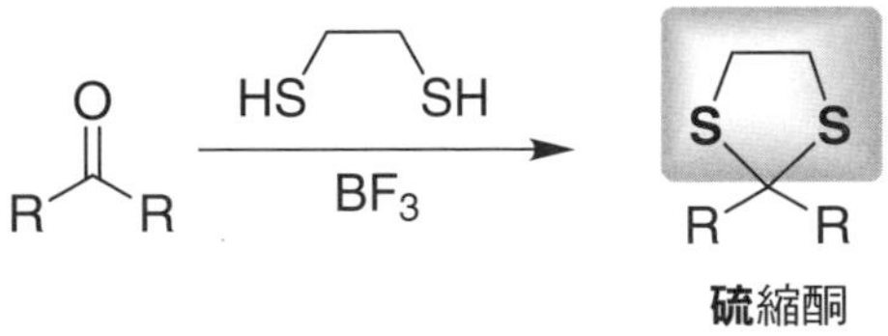

兩者唯一的不同在於，我們為了使羰基更具親電子性，用的是 BF_3 而不是 H^+。現在比較兩個反應機構的第一個步驟：

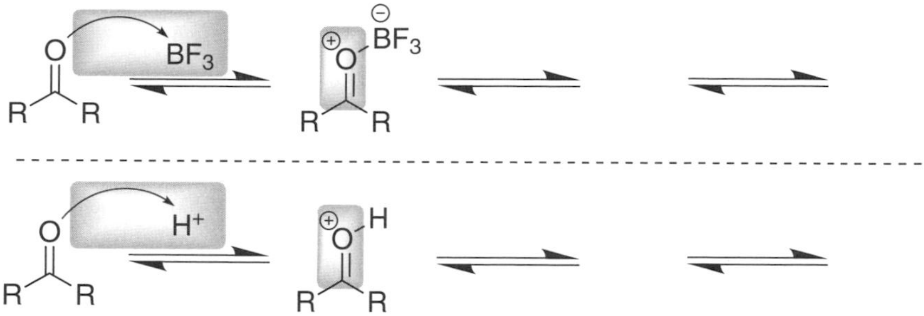

除了這一點點不同之外，製造**硫**縮酮和製造縮酮並沒什麼不同。畢竟它們在結構上也非常相似：

前一節裡看過的一些術語，在這裡也同樣適用（請記住縮酮和縮醛之間的不同）。我們可以產生硫縮**酮**或硫縮**醛**（thioacetal）：

要產生硫縮**酮**，必須從酮開始：

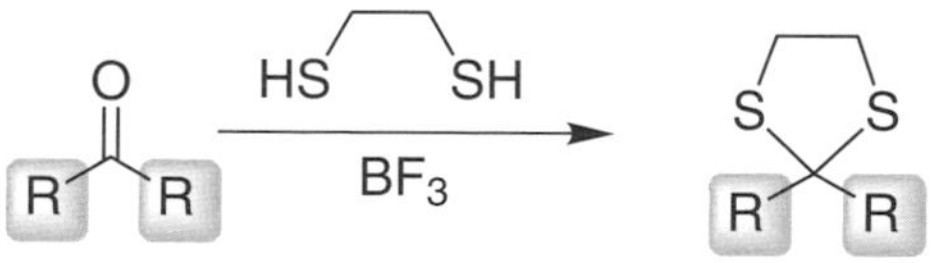

而要產生硫縮**醛**，必須從醛開始：

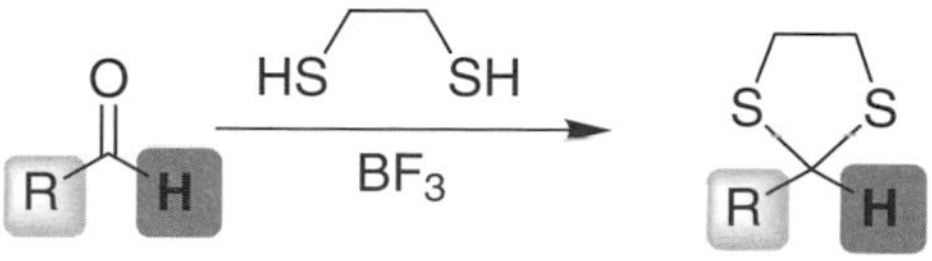

前一節裡，我們曾經學過可以形成縮酮來保護酮，但是我們並不使用硫縮酮來保護酮。我們利用硫縮酮和硫縮醛來進行兩個重要的反應，這就是我們現在要討論的部分。

這兩個反應都是非常有力的合成工具，你一定會很想把它們學好。將來會證明，有它們當靠山，在解答合成問題上將無往不利。就先從第一個反應開始吧：

我們才剛剛看過，硫縮醛多了一個硫縮酮所沒有的質子：

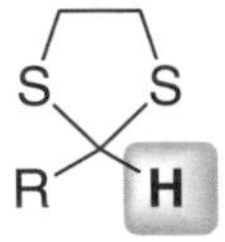

硫縮醛

這個多出來的質子是弱酸性的，用非常強的鹼可以拔掉〔我們通常用丁基鋰（butyllithium），它可以想成是由 Bu^- 和 Li^+ 所組成〕：

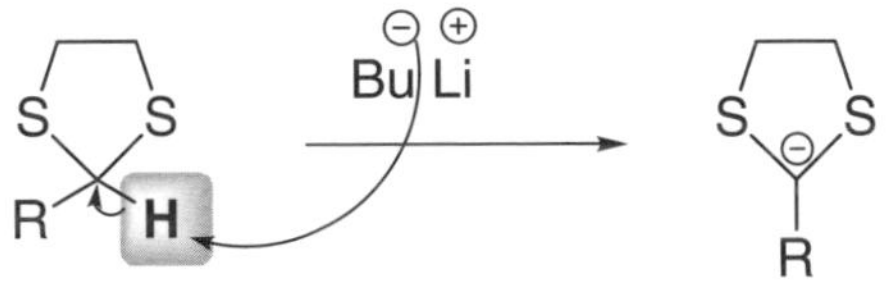

要想知道為什麼這個質子是酸性的，必須先看共軛鹼。共軛鹼周圍巨大的硫原子拉走電子密度，並穩定了這個鹼：

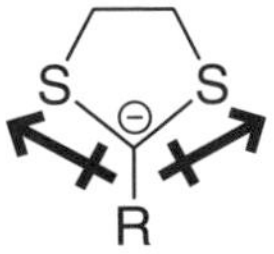

這個陰離子現在可以當親核基去攻擊別的化合物，就像下圖一樣：

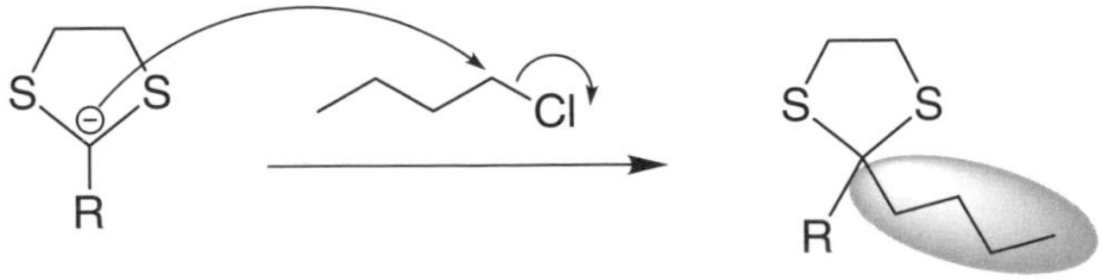

而在攻擊之後，我們可以用下列試劑，把環狀硫縮酮拉掉：

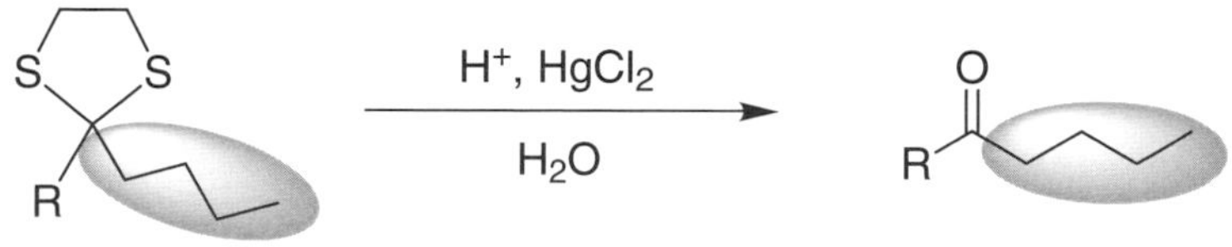

$HgCl_2$（上圖的試劑）只是加速反應的催化劑（幫縮酮或縮醛去保護時並**不需要**催化劑；只有幫**硫**縮酮或是**硫**縮醛去保護時才需要）。

總結而言，我們已經發展出一個三步驟的合成策略：

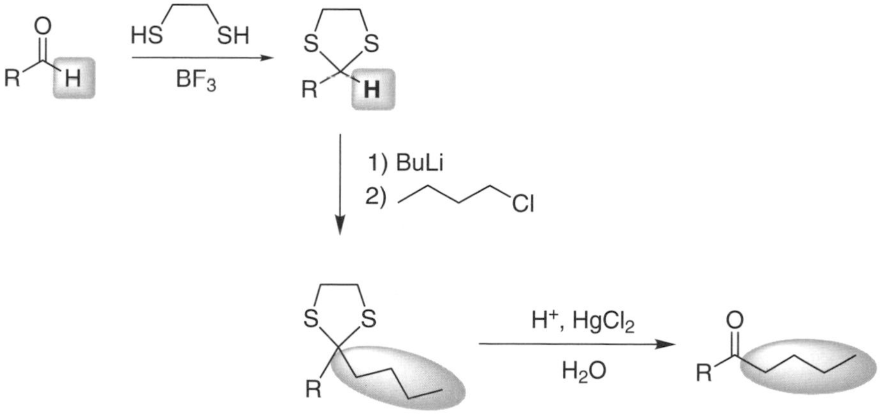

1. 把醛轉換成硫縮醛。

2. 拉掉質子（用 BuLi）以形成陰離子，然後這個陰離子攻擊鹵烷（這樣可以掛上一個新的烷基）。

3. 最後，再轉換回酮。

這三個步驟讓我們具備下列合成轉換的能力：

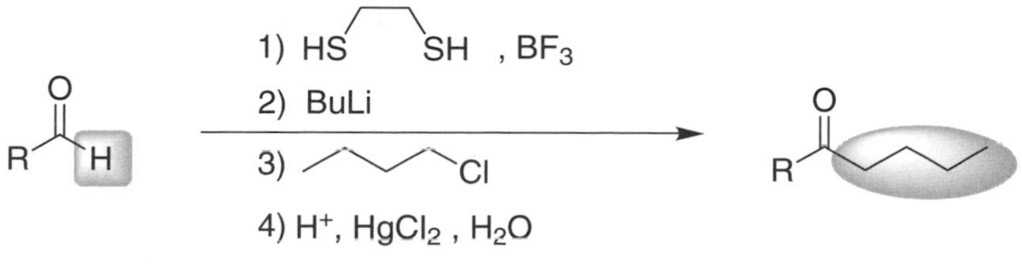

請注意我們還有其他方法可以把醛轉換成酮，學會使用不同的方法，在應付合成問題上會有莫大的助益。

你也許會質疑究竟為什麼必須使用硫縮酮這個步驟。換句話說，為什麼不能省略掉硫縮酮這個步驟，直接把醛去質子化呢？

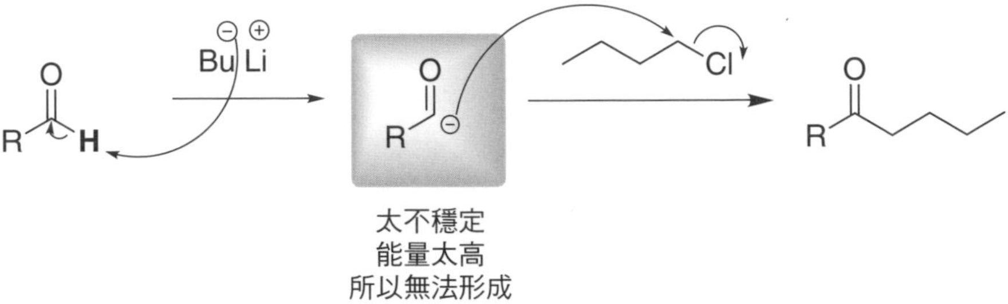

不可省略硫縮酮這個步驟的原因在於，醯基陰離子（acyl anion）不是穩定的負電荷，它的能量太高，所以無法形成。因此，要想把醛去質子化**非常**困難。如果我們想拉掉這個質子，用烷基取代，就必須用在這一節裡學過的策略。要把醛轉換成酮，可以用剛剛看過的三步驟合成法。

事實上，你可以在**兩邊**都放上烷基，建構出完整的酮，先進行一邊再接著進行另一邊，如下圖所示：

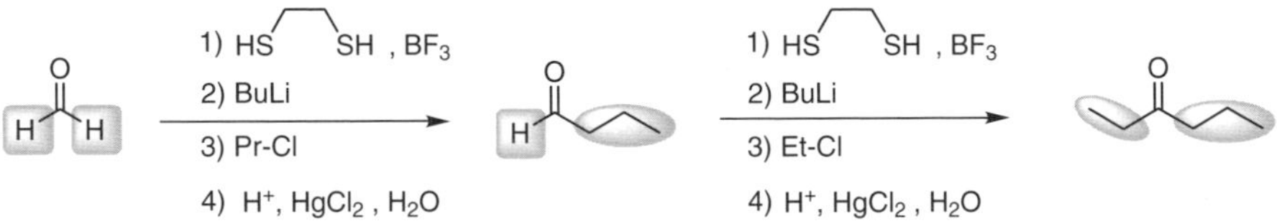

先從甲醛（formaldehyde）開始，你可以先在一邊放上烷基，形成醛；之後再放上另一個烷基，形成酮。上面的例子中，我們先在一邊放上丙基，另一邊則放上了乙基。

結果顯示你不需要以甲醛當起始物，把它轉換成硫縮醛，因為有一種硫縮醛是市面上買得到的：

S
S
H
H
這個化合物
市面上買得到

像橋一樣架在兩個硫原子之間的是三個碳原子，而不是兩個碳原子。但這樣也沒有關係，反應還是照常進行。這個化合物稱為 1,3- 二硫環己烷（1,3-dithiane），如果拿它當起始物，可以產生出任何你想要的酮。

但是呢，關於這個說法還是謹慎為上，因為並不是真的可以產生出**任何**酮。這個方法還是有一些限制。讓我們把注意力拉回陰離子攻擊鹵烷的那個步驟：

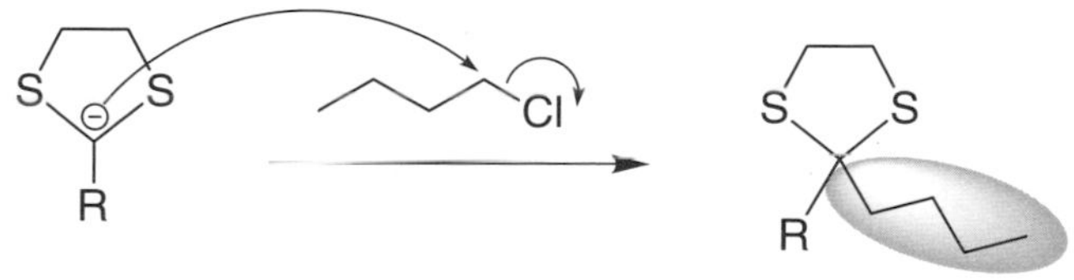
S
S
R
Cl
S
S
R

這是 S_N2 反應，因此與一級鹵烷（alkyl halide）反應時的狀況最佳，與二級鹵烷反應時速度會變慢，而完全不會與三級鹵烷進行反應。所以你可以製備出像這樣的化合物：

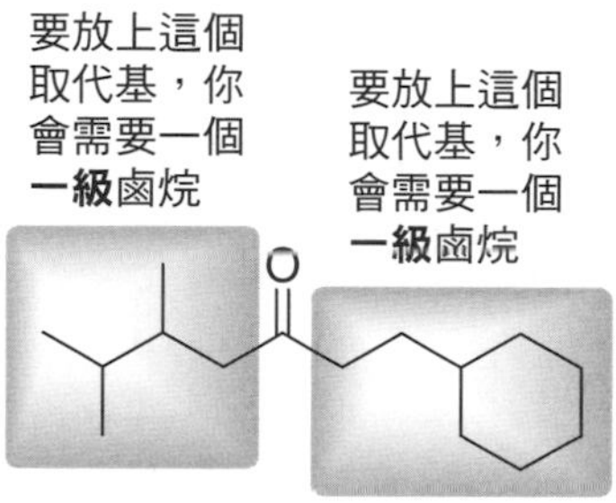
要放上這個取代基，你會需要一個**一級**鹵烷
要放上這個取代基，你會需要一個**一級**鹵烷
O

但是卻**無法**製備出像這樣的化合物：

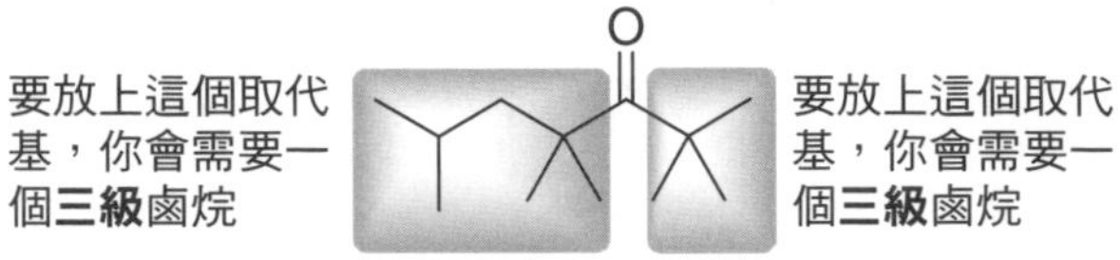

截至目前為止，我們已經看過硫縮酮非常重要的運用。我們可以用它來製造酮（無論是從醛開始，或是從二硫環己烷開始）。同樣的，你也可以用這個技巧來製備醛：

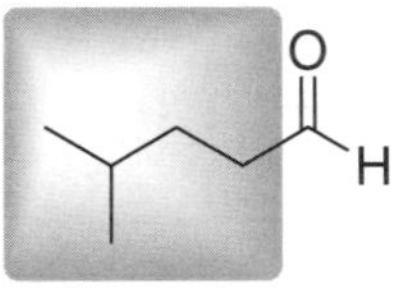

製備醛甚至比製備酮來得簡單，因為你不需要在羰基的兩邊都掛上烷基，只要在羰基的一邊掛上烷基即可。但是它們也有相同的限制：這個方法只能用**一級**鹵烷來製備醛。

現在應該來做一些問題，確定你已經很習慣用硫縮醛**製備酮**。但是首先，我們必須再多探討一個反應，這個反應和我們目前為止所看過的相反。之前都是用硫縮酮產生酮，我們現在要看如何使用硫縮酮來**破壞酮**。如下所示：

先拿一個酮，然後將它轉換成硫縮酮：

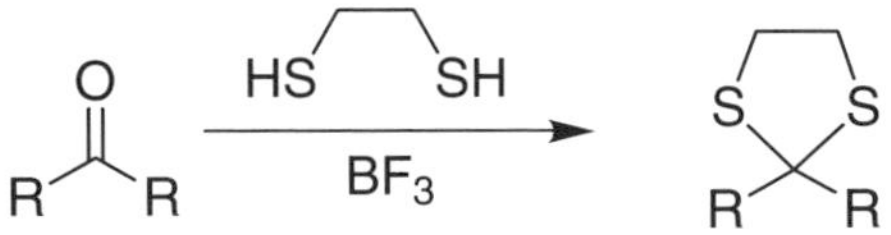

然後把硫原子拿掉，用氫原子取代：

這個步驟可以用雷氏鎳（Raney Nickel）來完成，雷氏鎳是切得很細的鎳，表面有氫吸附。這個反應的反應機構（用雷氏鎳轟走硫原子）超出本書範圍。但這是**非常**有用的合成轉換，所以即使不知道反應機構，還是值得你費心記住，因為它可以讓你把酮完全還原成為烷：

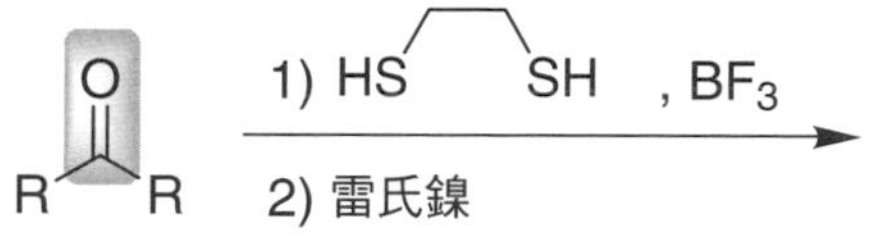

我們曾經看過一種做出這類轉換的方法，稱為克萊門森還原反應，在提及親電子芳香取代反應的那一章（第 3 章），我們學過這個反應。在下一節裡，我們還會看到進行這個轉換的另一種方式。

為什麼我們需要用三種方法來做同一件事？因為每一個方法都包含了不同的條件組合。克萊門森還原反應在**酸性**條件下發生。我們剛剛學過的方法（使用雷氏鎳去硫）要在**中性**條件下進行，而下一節將提到的方法，則是要在**鹼性**條件下進行。這們課持續進行中我們會看到，有時化合物處於酸性條件下較不利，有時化合物是處於鹼性條件下較不利。例如，當你的化合物的某部分具有縮酮，而你希望化合物繼續保有縮酮（你正在進行的反應，只涉及化合物中的其他區域）。因為酸性條件對於縮酮轉換為酮十分不利，所以你就不會希望化合物處於酸性的條件中。

當你不知道要用酸性或者是鹼性條件才恰當時，儘可使用雷氏鎳來除硫，因為它所使用的是中性條件。

下列問題的設計是用來讓你能習慣性的使用本節看過的兩種策略：

1. 使用硫縮醛來**製備**酮。

2. 使用硫縮醛來**破壞**酮。

讓我們先從一些預測產物的簡單問題開始做起吧：

練習 5.33 請預測下列反應的主要產物：

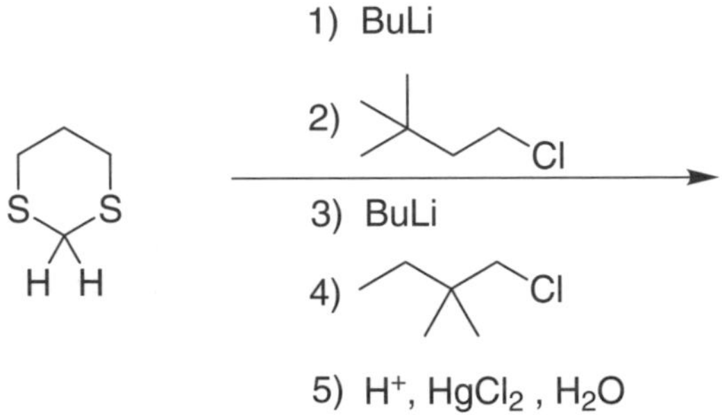

答　案 起始物為 1,3- 二硫環己烷。第一個步驟是從 1,3- 二硫環己烷上拉掉一個質子，第二個步驟則是烷化：

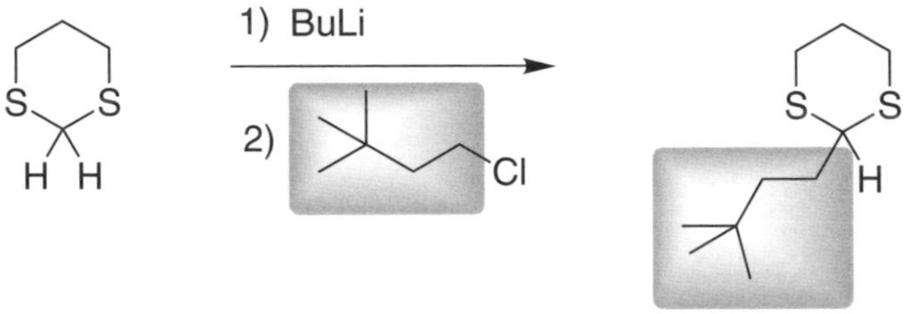

第三步和第四步非常相似。我們拉掉另一個質子，然後再次進行烷化（這次用的是不同的烷基）：

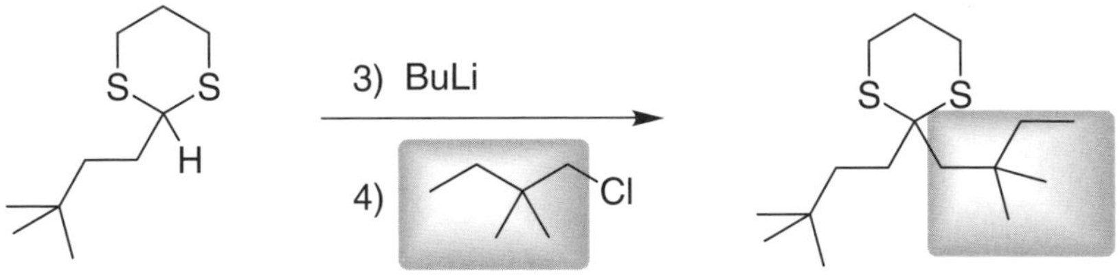

最後，拉掉硫縮醛以產生酮：

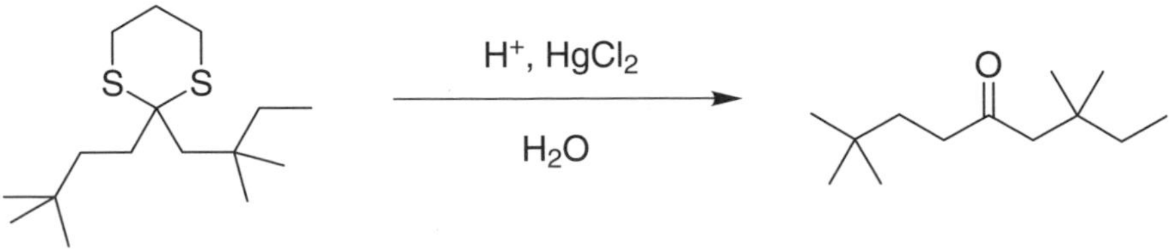

習　題 請預測下列每個反應的主要產物：

5.34 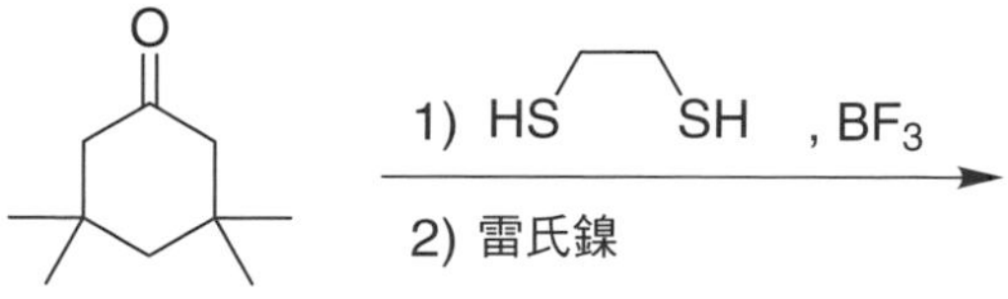

5.35 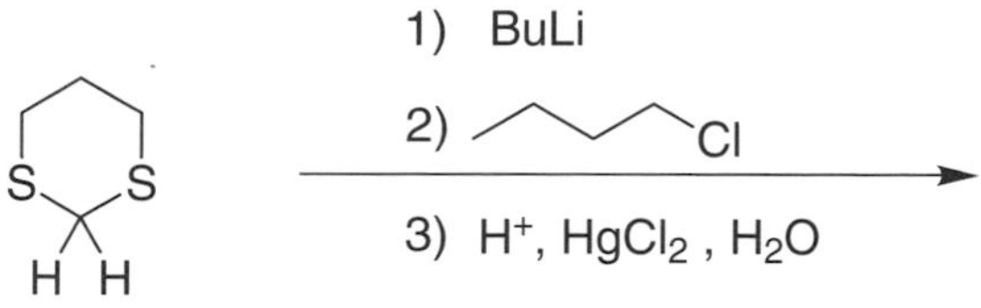

5.36 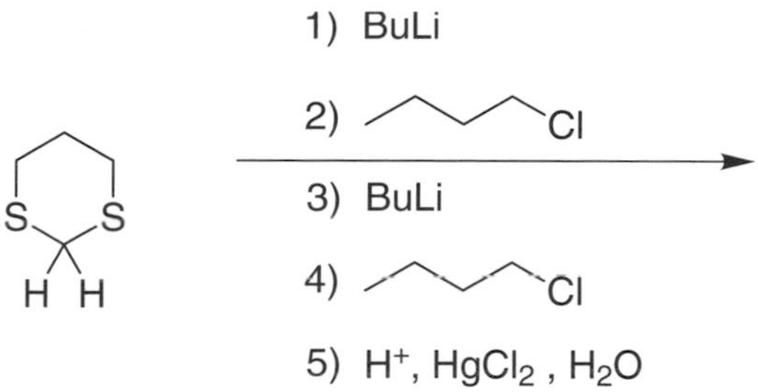

5.37 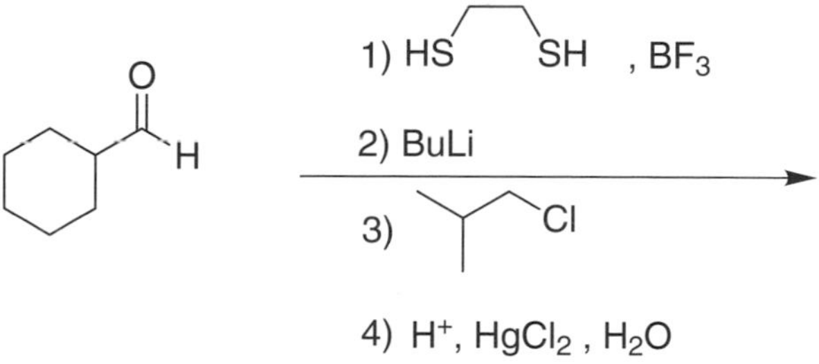

5.38 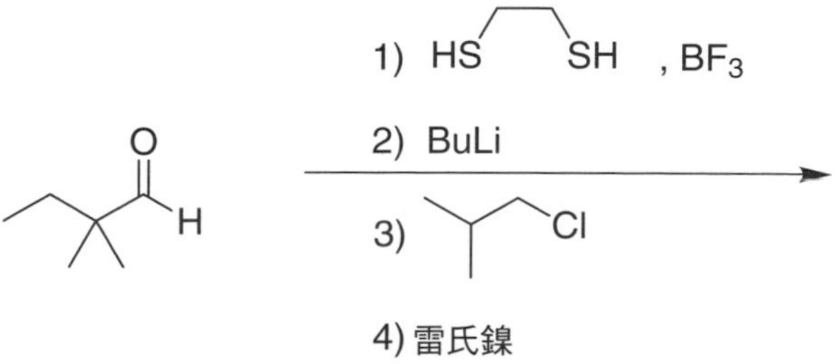

現在讓我們繼續來做一些合成題。先從比較困難的開始：

練習 5.39 你會用什麼試劑來進行下列轉換？

答　案 在開始解答一個合成問題之前，應該先看看最後起始物變成了什麼樣子。在這個問題中，起始物有一個羰基，但是產物卻沒有羰基（甚至連一個 OH 基都沒有）。所以我們知道，必須把羰基還原成烷。

起始物和產物之間另一個最大的不同是：產物多出三個碳原子。

所以我們的合成需求是達成兩件事：拿掉羰基以及掛上一個丙基。這兩種轉換都可以利用我們學過的反應來完成。

如果先把羰基拿掉，就會鑽進死胡同：

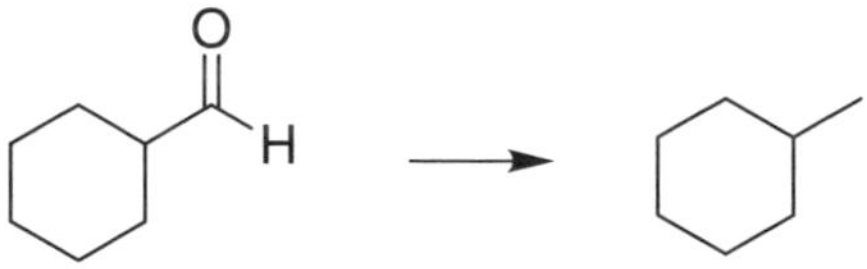

找不到方法
可以把丙基
掛上

所以必須先把丙基掛上。要掛上丙基，先要把醛轉換成硫縮酮：

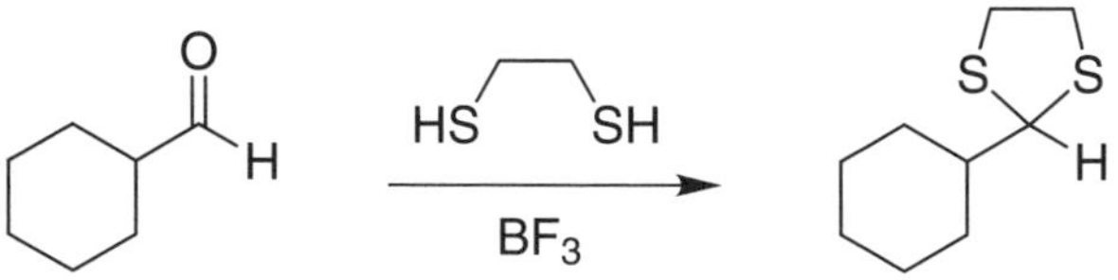

然後必須去質子化，再與氯丙烷進行反應（這需要兩個步驟）：

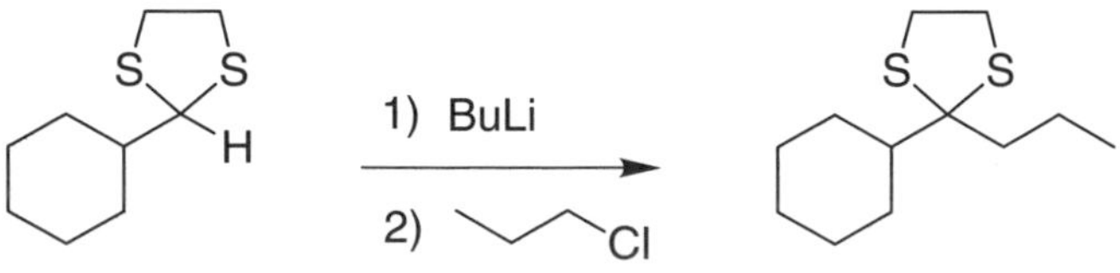

最後拉掉硫縮酮，得到產物：

所以我們提出的反應機構為：

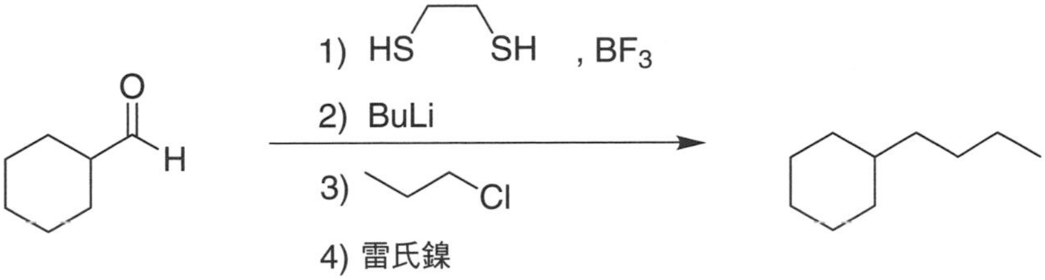

習　題 請為下列每一個轉換提出合理的合成方法：

5.40 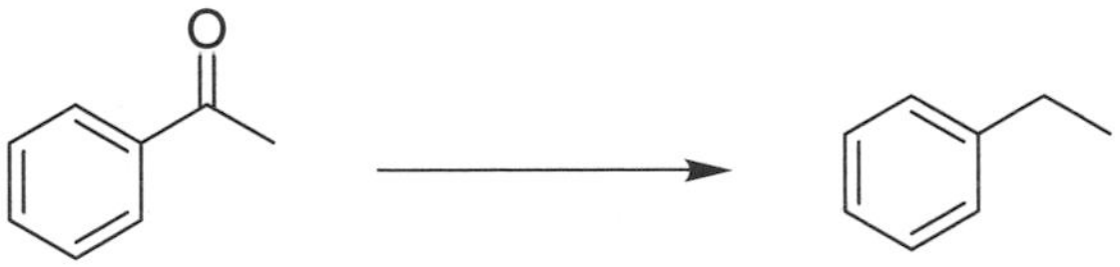

5.41 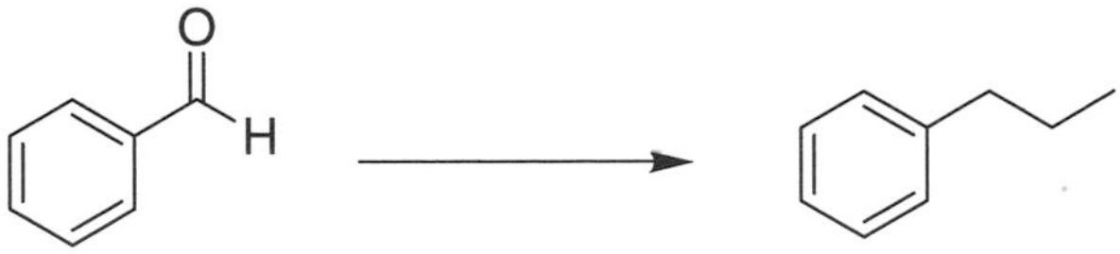

5.42 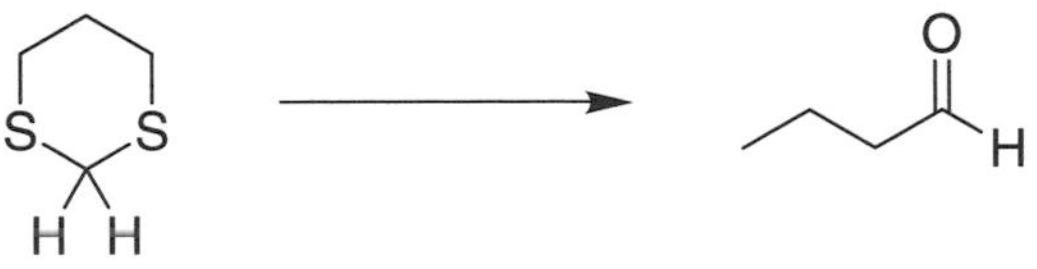

5.43 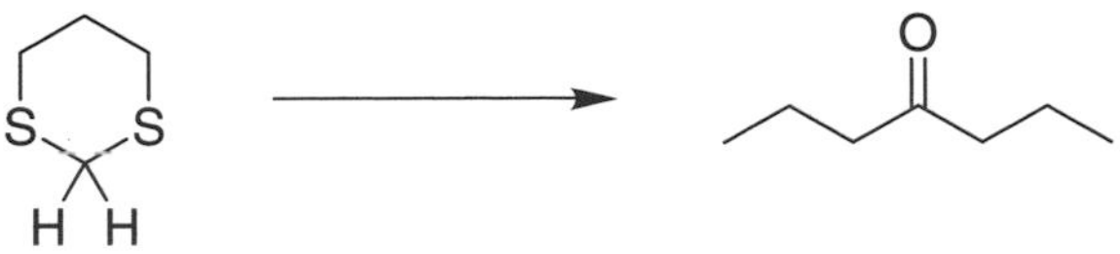

5.44 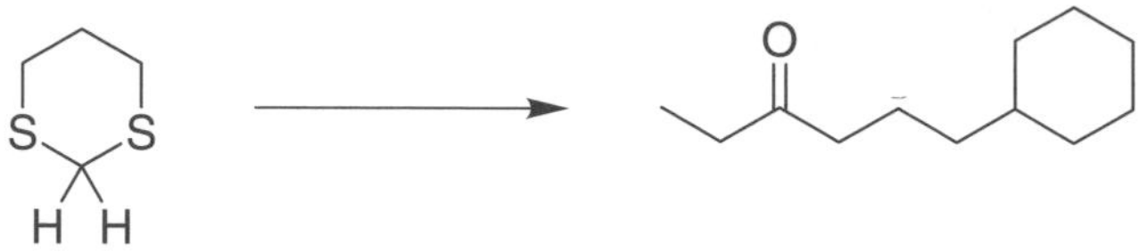

5.45 

5.46 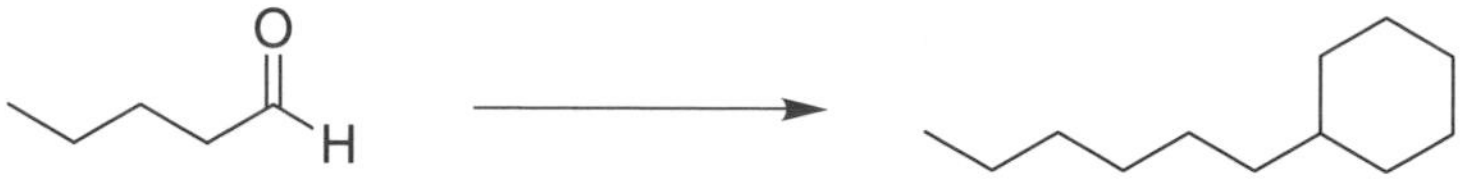

5.6 氮親核基

當我們第一次學習縮酮的形成時，曾經說過它的反應機構會成為本章其他反應的基礎。現在我們會看到這個反應機構如何協助我們瞭解反應之間的相似性。

請比較下列反應的產物：

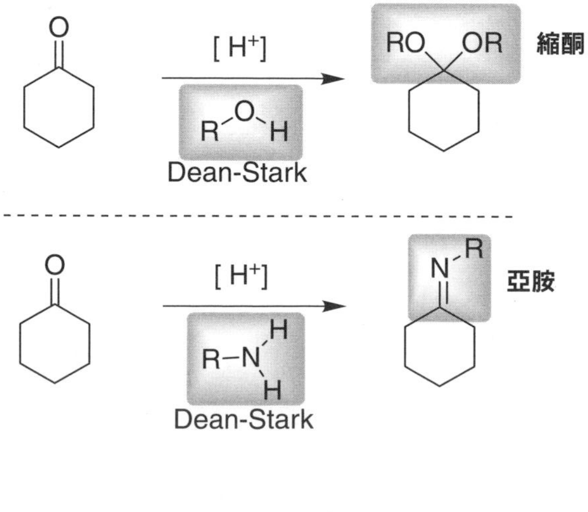

這兩種產物看起來非常不同，使用 ROH 當親核基時，會得到縮酮；但是如果是用一級胺（primary amine）當親核基，就會得到非常不同的產物。

如果用**二級**胺當親核基，就會得到另一個產物：

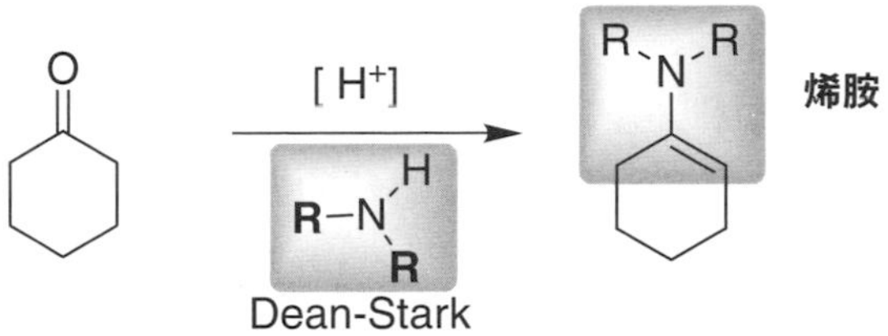

這些反應的產物看起來非常不同，但是如果我們分析反應機構，就會發現它們一路上進行的反應幾乎**完全**相同，到反應機構即將結束之際才有差別。每一個反應的最後一個步驟，讓產物變得迥然不同。我們先從一級胺開始來仔細瞧瞧。

當一級胺攻擊酮的時候，一開始的反應機構與產生縮酮的反應機構幾乎完全相同。下圖顯示的是反應機構的前面三分之二，告訴我們當 ROH 攻擊酮時，發生了什麼事。而它的正下方，則可以看到大部分的反應機構顯示了當 RNH_2 攻擊酮時，發生了什麼事。讓我們一步接著一步來比較兩個反應機構：

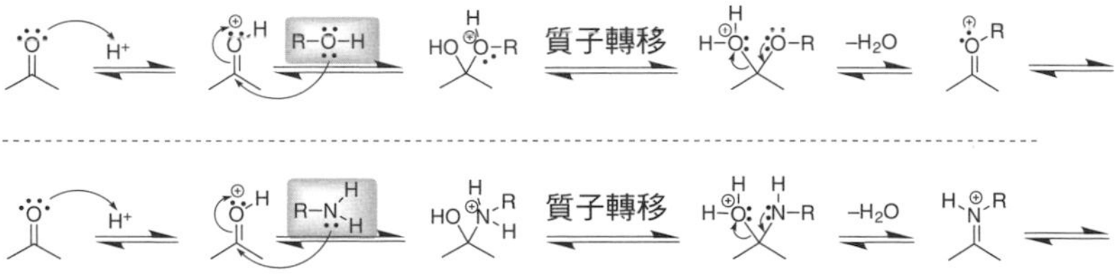

到目前為止，兩個反應機構完全相同！兩個反應機構的第一步，都是質子轉移（使羰基更具親電子性）。接著，以親核基攻擊後，再進行一次質子轉移，然後失去水。從這裡開始，兩個反應機構開始分歧了。讓我們試著瞭解原因何在。

在第一個反應機構（縮酮的形成）中，我們必須再以另一個 ROH 分子進行攻擊，因為除此之外，我們無法去掉正電荷：

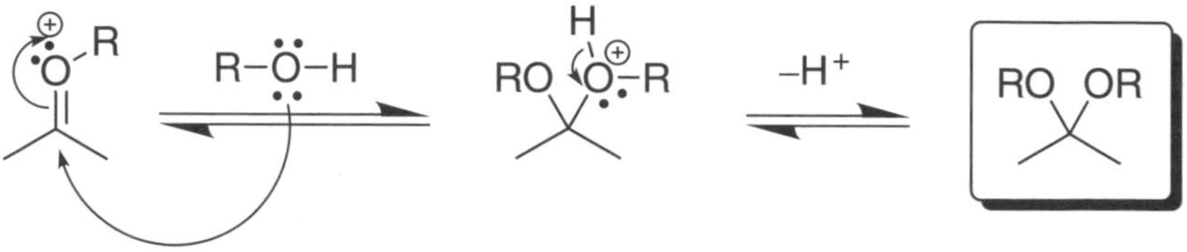

但是當以一級胺進行攻擊時，卻有更容易的方法可以去除正電荷。與其以另一個胺分子進行攻擊，還不如直接拉掉質子，去除電荷：

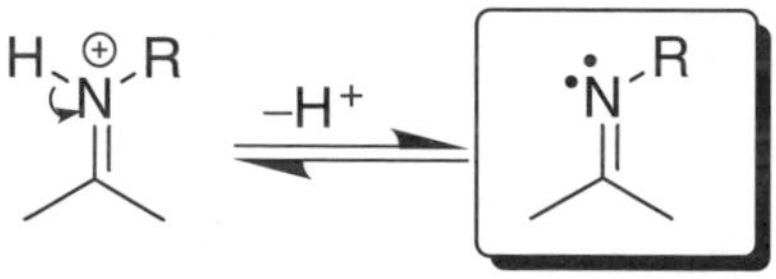

我們的產物產生了，它稱為**亞胺**（imine，這是我們對擁有 C = N 雙鍵分子的稱呼）。除了最後一步，這個反應的反應機構與縮酮的形成幾乎完全相同。如果你認真思考，會發現最後的不同相當合理。

當我們進行這個反應時，必須特別注意起始酮是否對稱：

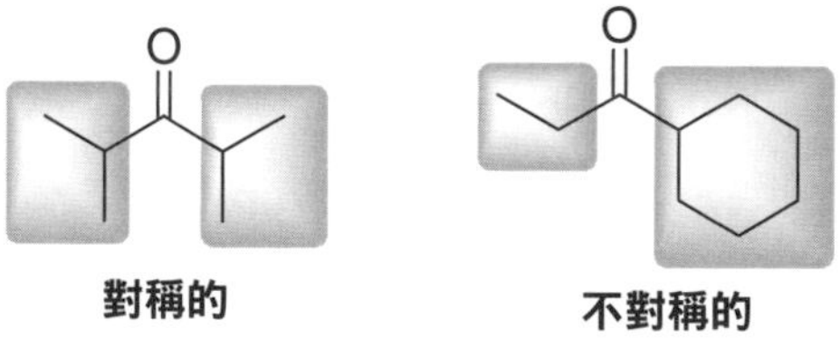

如果起始酮**不**對稱，就要預期會形成兩個非鏡向異構（diastereomeric）的亞胺：

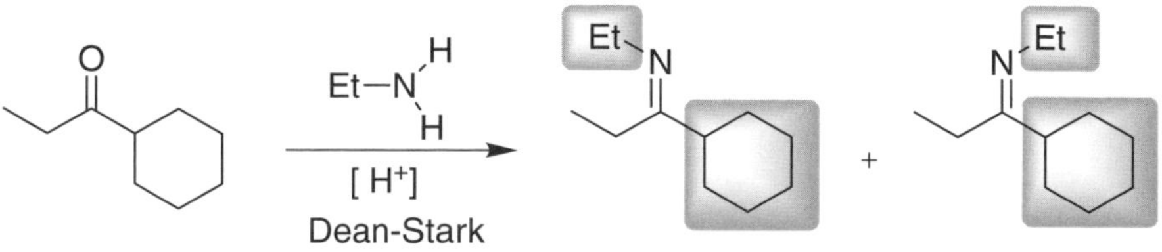

到目前為止，我們已經看過當一級胺攻擊酮時，會發生什麼事。現在來看看如果是二級胺進行攻擊，會發生什麼事。讓我們把它拿來跟之前看過的反應機構進行比較：

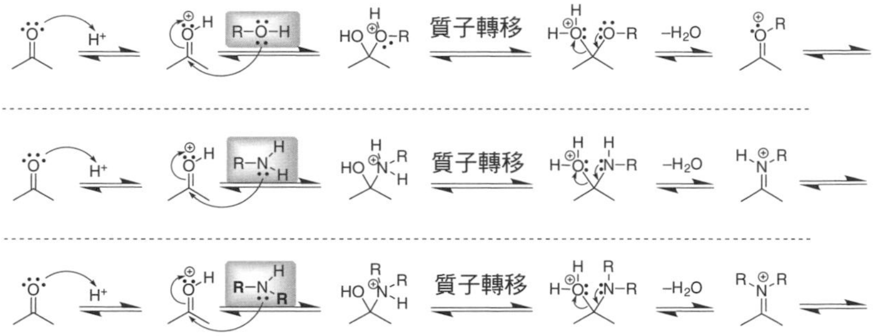

這些反應機構都不完整：它們三個都缺了最後一個步驟。但是比較這些步驟，會再一次發現，在反應機構即將結束之前，這些反應機構都相同。結尾之際的相異可以從最終產物印證。第一個反應機構（ROH 當親核基），我們看到有另一個 ROH 分子的攻擊；第二個反應機構，看到剛好可以失去一個質子來形成亞胺；但是第三個反應機構，就不能像第二個反應機構一樣失去一個質子。因此我們會想進行如同第一個反應機構的步驟（縮酮的形成），也就是由另一個分子的胺進行攻擊。但事實卻不是這樣：

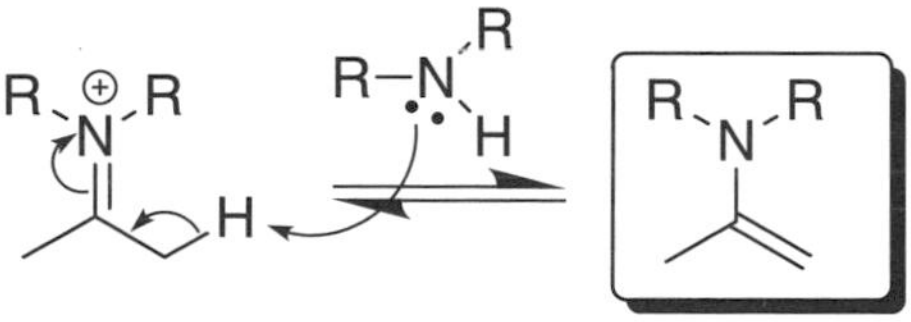

我們用二級胺分子當鹼，而不是親核基，而且我們確實發現一個質子被拉掉了。如此一來產生了稱為烯胺（enamine，其中 en 是因為有一個雙鍵，而 amine 則是因為有一個 NH_2 取代基）的產物。

再強調一次，我們必須觀察酮是否非對稱。因為如果是非對稱的，那麼在反應機構的最後一個步驟，就會有兩種方式可以形成雙鍵，這樣會產生兩個不同的烯胺產物。這裡有一個例子：

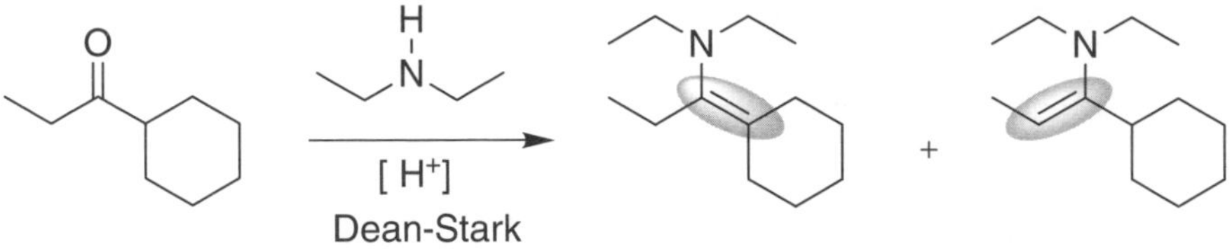

在以非對稱酮為起始物的情況裡，主要產物會是有較少取代基的雙鍵烯胺：

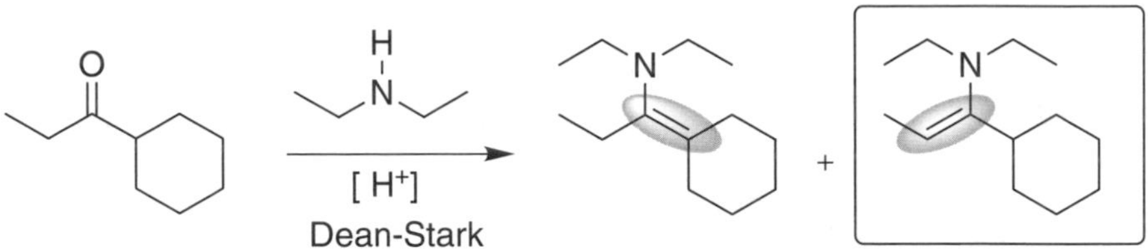

次要　　主要

目前為止在本節中，已經看過了兩個新的反應（與一級胺以及與二級胺），而且我們也看過了兩個反應機構的相似性。現在要重新回到第一個反應（酮與一級胺的反應）：

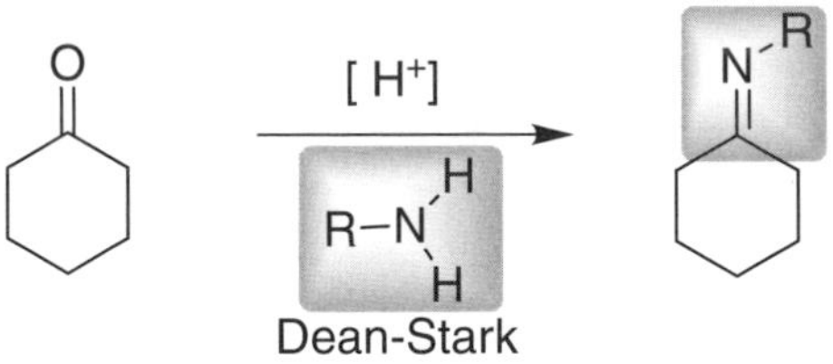

亞胺

通常我們會把 R（在 RNH_2 中）當烷基（這通常也是 R 代表的意思）。但是我們也可以把 R 當成烷基以外的東西。例如，我們可以把 R 定義成 OH，換句話說，我們可以從下列的胺開始：

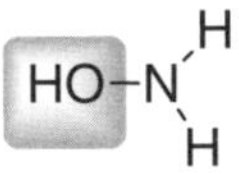

這個化合物稱為羥胺（hydroxylamine），而它所形成（與酮進行反應）的產物一點都不令人意外：

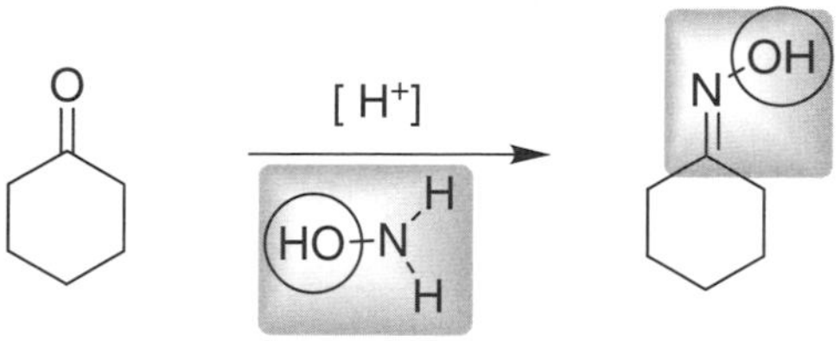

這個反應和一級胺與酮進行的反應完全相同，但是得到的產物不是亞胺，而是稱為肟（oxime）的化合物：

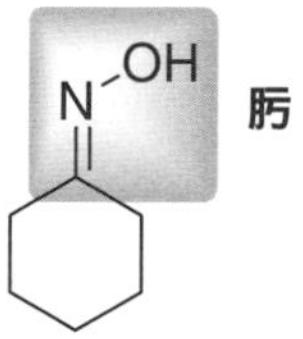

請記得務必先確認起始酮是否為非對稱。如果是的話，預料會有兩個互為非鏡向異構物的肟產生：

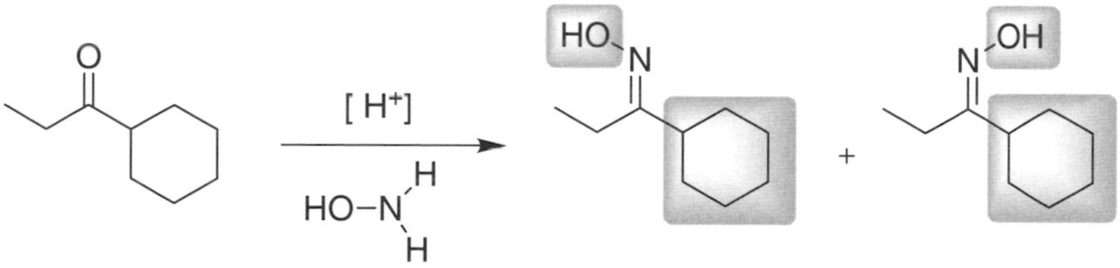

當你看到這類型的反應時，羥胺可能會以不同的方式來表示。這裡是幾種可能會看到的表示方式：

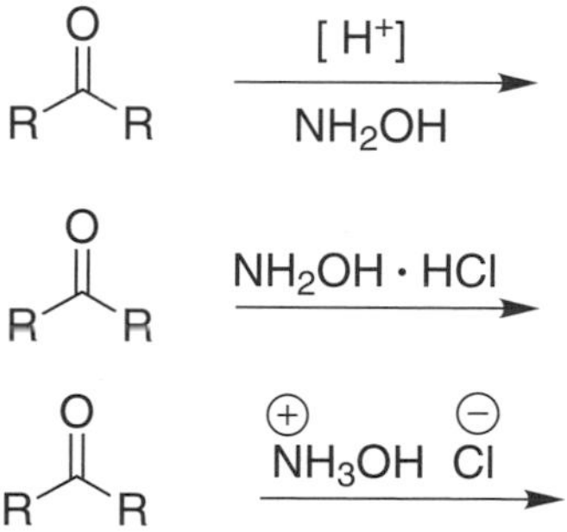

這些只是用不同的方式在表達同一件事。

現在我們已經看過這個特別的氮親核基（RNH_2，其中 R ＝ OH），再來還要仔細探討另一個特別的氮親核基。這個特別的例子就是RNH_2中的R ＝ NH_2時。換句話說，我們要看的就是下面這個親核基：

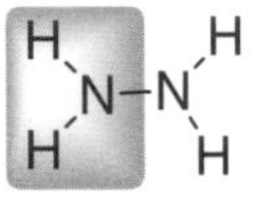

這個化合物稱為聯胺（hydrazine），當它與酮進行反應時，產生的產物一點也不讓人意外：

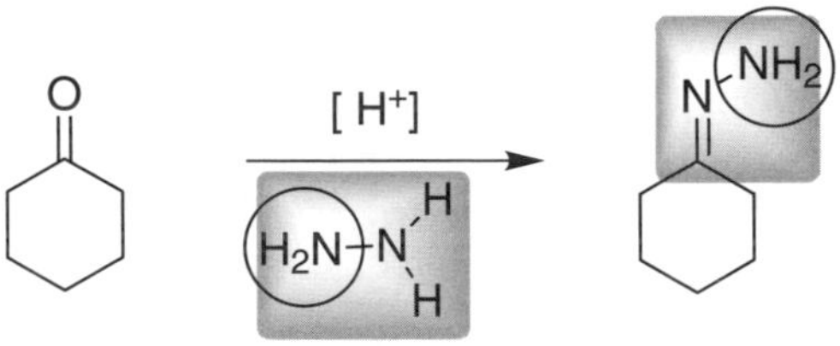

這個反應和一級胺與酮的反應完全相同，但是得到的產物不是亞胺也不是肟，而是稱為腙（hydrazone）的化合物：

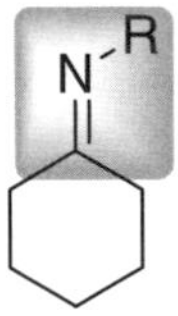

亞胺

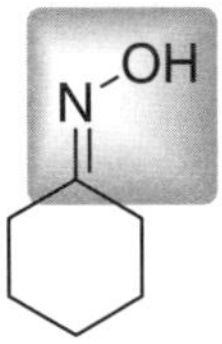

肟

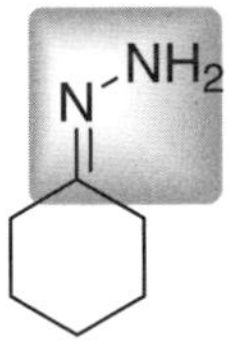

腙

就像本節裡已經看過的所有反應一樣，我們也必須特別注意起始酮是否對稱。

如果起始酮是非對稱的，那麼就必須預期會有兩個互為非鏡向異構物的腙產生：

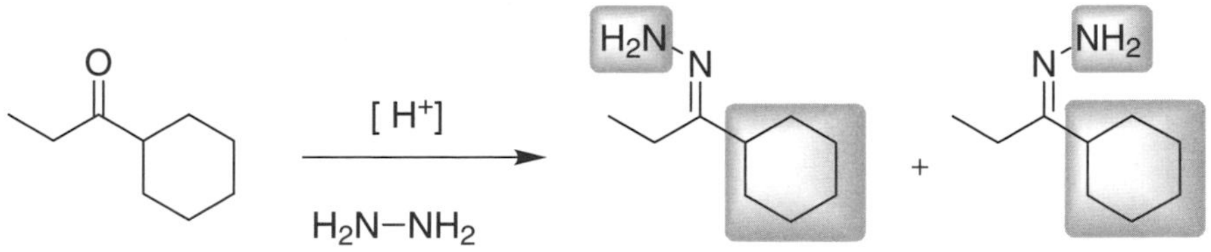

腙在許多方面非常有用處。過去化學家把腙的產生當成鑑定酮的方法之一，但是自從NMR技術出現後，就沒有人再使用腙來鑑定酮了。但是在現今的有機化學中，腙仍有一個特殊用途。在鹼性的條件下，腙可以還原成烷：

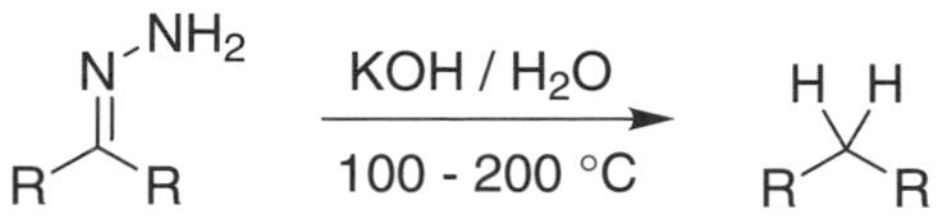

反應機構是這樣進行的：

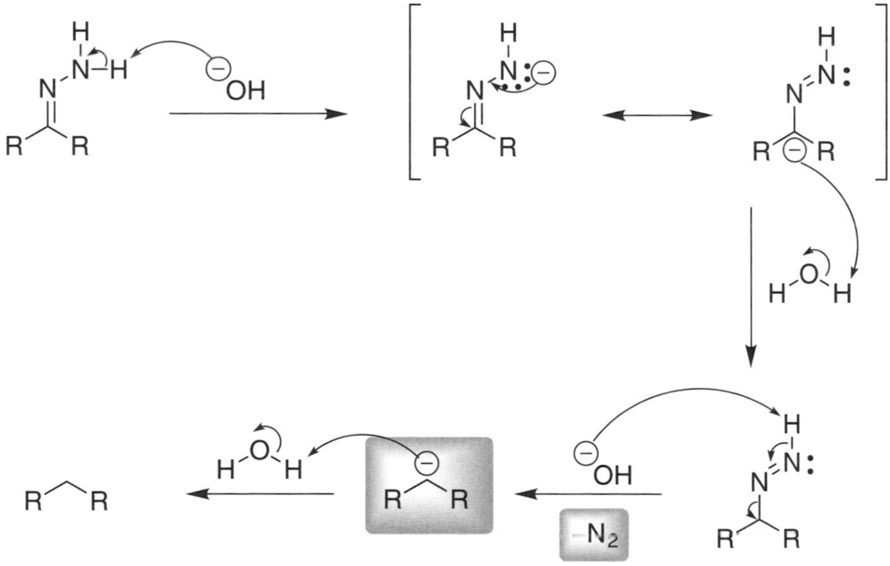

碳陰離子的產生（特別標示出來的倒數第二步）形成了艱難的障礙（以能量而言），所以我們會預期平衡有利於腙（起始物）的方向

而不是烷（產物）。然而碳陰離子的產生伴隨了 N_2 氣體的脫去（在上面的反應機構中同樣也特別標示出來了）。這解釋了為什麼反應會趨向於完成。少量的氮氣（由平衡製造出來）會從溶液中冒泡跑掉，散逸到空氣中。這個過程會持續進行，直到反應完成。基本上，只要某個試劑一形成就被移除，就會形成一股動力，這個動力可以跨過碳陰離子不穩定性造成的高能量障礙。如果你想一想，就會發現這個概念如同之前曾經提過的，在反應中一形成水就將其移除（推動平衡朝向縮酮形成的方向），並沒有什麼不同。

這提供了一個全新的兩步驟法，可以用來把酮還原成烷：

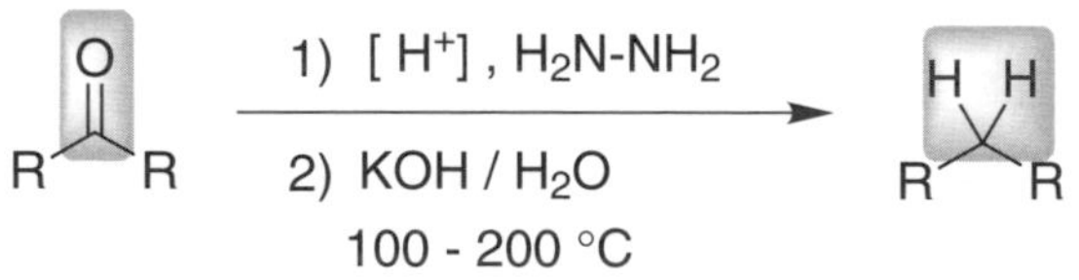

我們已經學過其他兩種可以用來做出這種轉換的方法（克萊門森還原反應以及用雷氏鎳去硫）。現在提出來的就是可以用來把酮還原成烷的第三種方式，稱為沃夫－奇希諾（Wolff-Kishner）還原反應。

在這一節裡，我們已經看過了一些反應。現在來做一個簡短的摘要。首先看到的是酮可以和**一級胺**進行反應產生**亞胺**（我們看到了它的反應機構，除了最後的部分以外，都與縮酮的形成非常類似）。之後看到的是酮和**二級胺**進行反應產生**烯胺**（同樣的，除了最後的部分以外，它的反應機構也非常類似縮酮的形成）。我們還看過兩個特別的氮親核基（NH_2OH 和 NH_2NH_2），兩者都產生了預期中的產物。其中我們對 NH_2NH_2 進行的反應特別有興趣，因為它提供了一個可以把酮還原成烷的新方法。

現在讓我們來做一些題目，以確定你已經完全熟悉本節看過的所有反應的試劑和反應機構。先從反應機構開始吧：

練習 5.47 請為下列反應提出合理的反應機構：

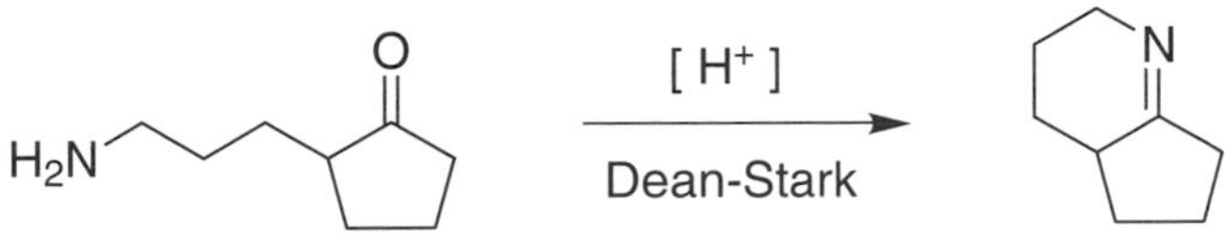

答　案 我們先從起始物開始看起。起始物具有兩個官能基：一個一級胺**以及**一個酮。因此，理論上可以自身攻擊。（同一個分子的兩個區域互相攻擊，我們稱為**分子內**反應）再看看使用的試劑（酸和 Dean-Stark 條件），然後我們注意到缺少了親核基。這更進一步支持了進行的正是分子內反應的論點：起始物可以同時當親核基和親電子基。最後來看產物，我們看到它是亞胺，這正是一級胺與酮進行反應產生的標準產物。綜合這些證據，我們得出結論：這是一個分子內反應。

此反應機構與其他一級胺攻擊酮的反應機構，包含的步驟完全相同（質子化、攻擊、質子轉移、脫去水，然後去質子化）：

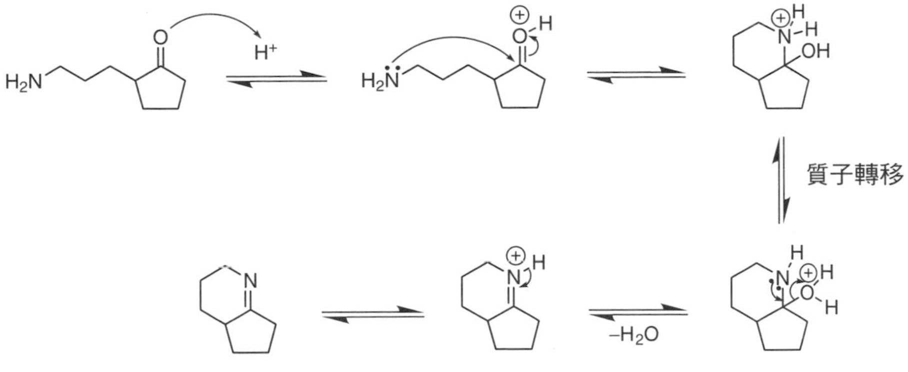

習　題 請為下面每一個反應提出合理的反應機構。你必須另拿一張紙來記錄答案。

5.48

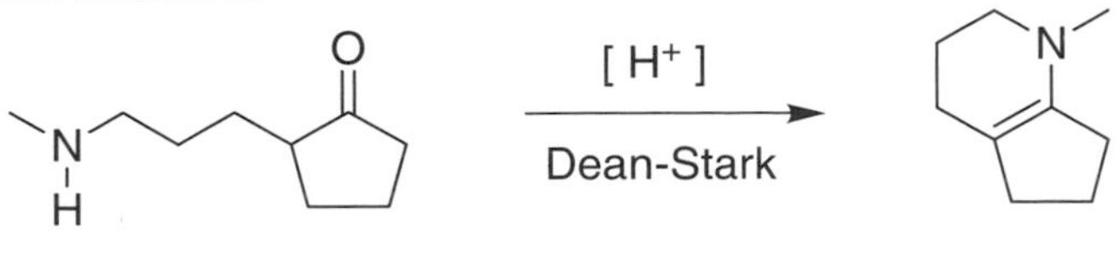

5.49
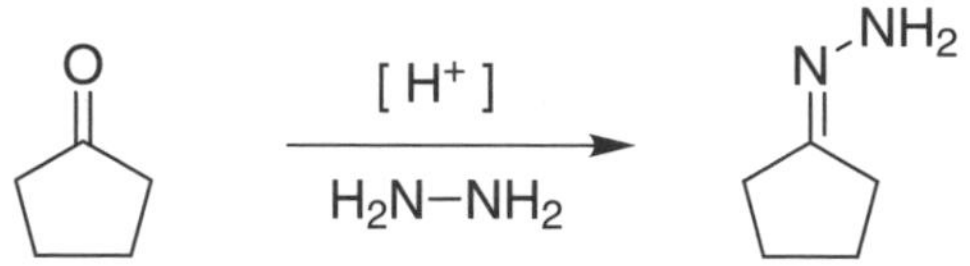

5.50
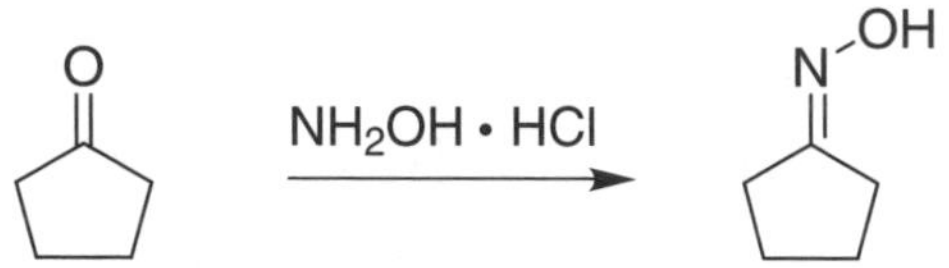

5.51
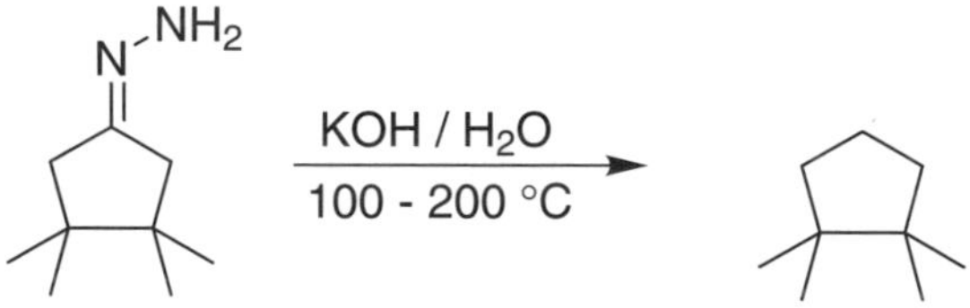

5.52
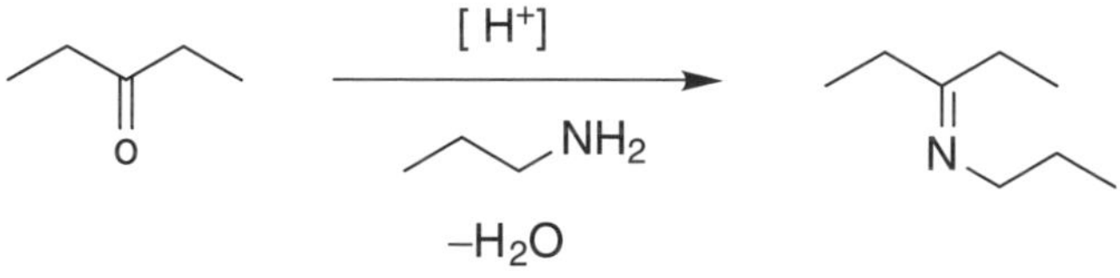

5.53
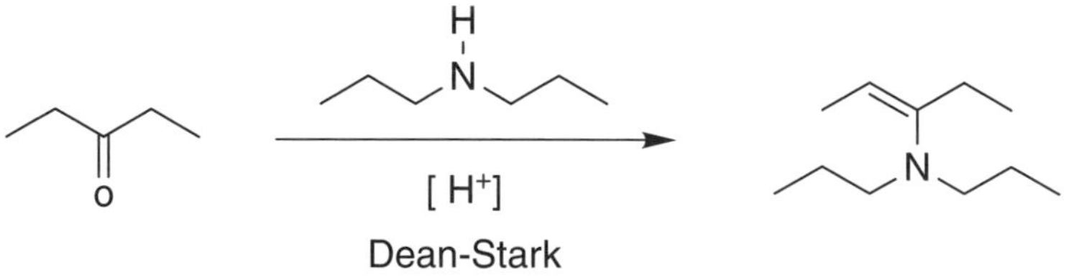

現在來做一些預測產物的練習。

練習 5.54 請預測下列反應的產物：

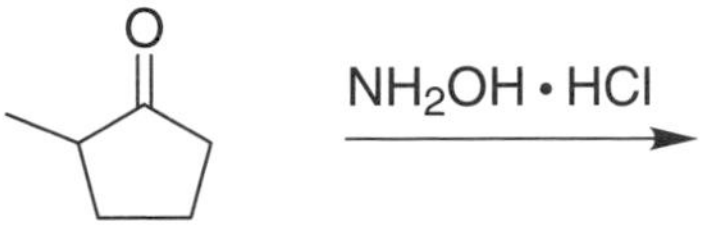

答　案 起始物是酮，試劑是鹽酸羥胺。如同本節所見，此反應的產物為肟。因為起始酮是非對稱的，所以預測會有兩個肟產物：

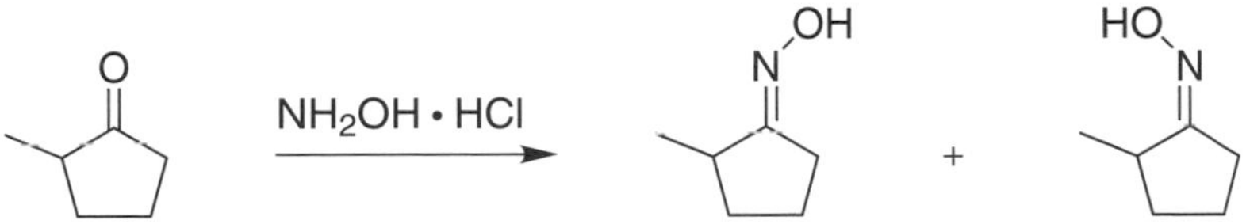

我們已經在本章中看過許多反應。你必須能夠辨識這些反應的試劑，這樣才能預測產物。就像如果你不能辨識出這裡用的試劑是鹽酸羥胺，那就無法解答此一問題一樣。

習　題 請預測下列每一個轉換的產物：

5.55

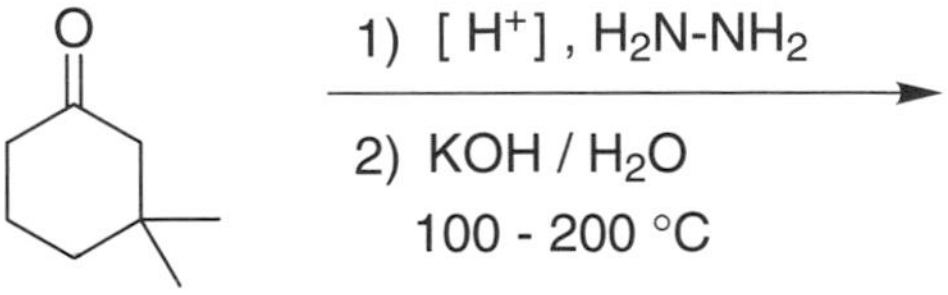

5.56

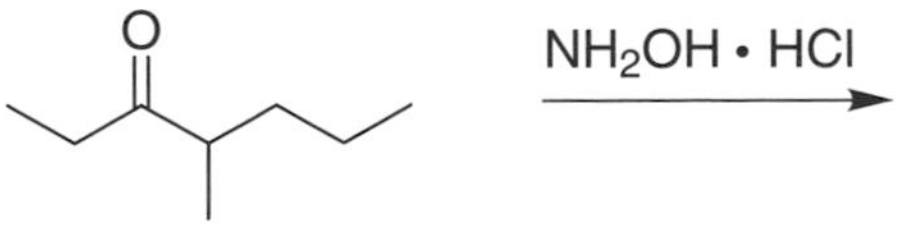

5.57 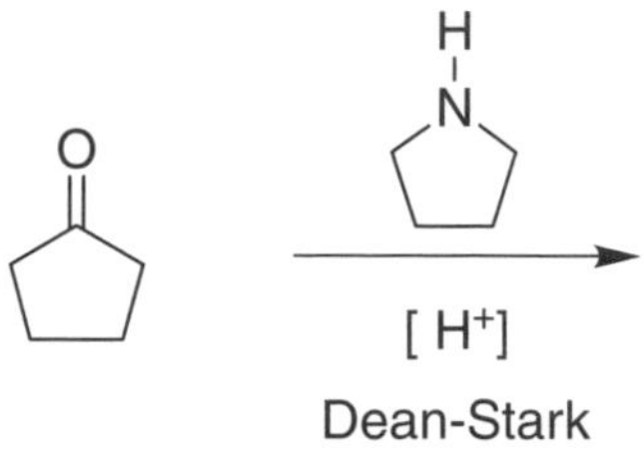

5.58 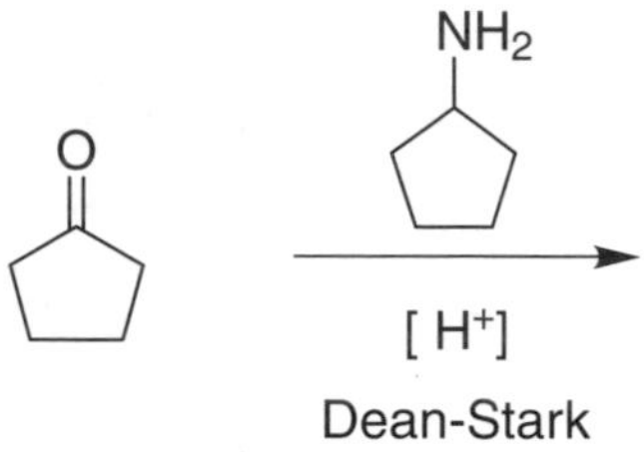

5.59 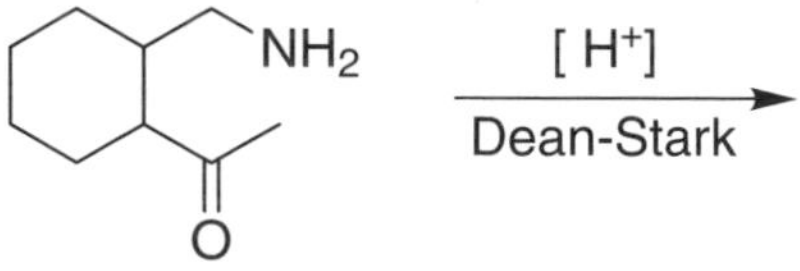

5.60 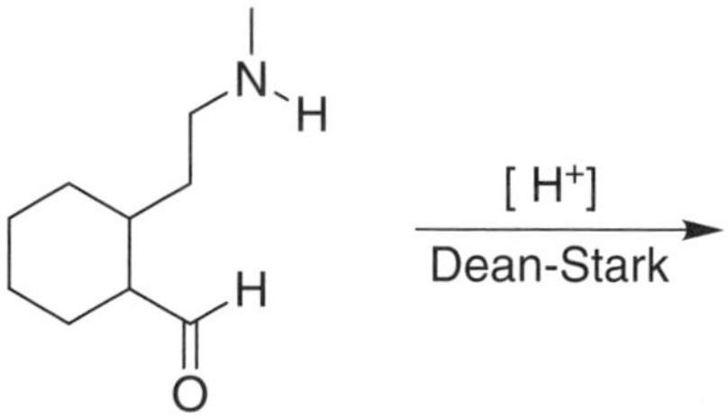

5.7 碳親核基

在本章中我們已經看過，有許多不同種類的親核基可以攻擊酮和醛。我們從氫親核基開始，之後進行到氧親核基和硫親核基。前一節裡，說到的是氮親核基，本節則將討論三種型態的碳親核基。

我們要談的第一個碳親核基是格里納試劑（Grignard reagent）。也許你在上學期就看過這個試劑了，但是如果不記得也沒關係，下面是簡短的概述：

鹵烷以下列的方式與鎂進行反應：

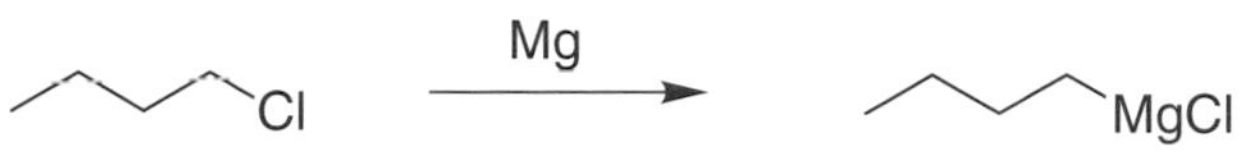

基本上，鎂原子會把自己放在 C − Cl 鍵之間（碳上接的如果是其他鹵素，例如 Br 或 I，反應也是如此）。這個鎂原子對於與它相連的碳原子的電性，會產生劇烈影響。為了看出這個效應，先來考量鹵烷的電性（在鎂進來之前）：

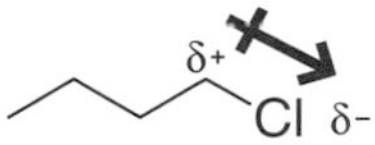

因為鹵素的感應效應，碳原子（連接至鹵素）在電子密度上十分缺乏，或表示成 $\delta+$。在鎂進入碳和氯之間後，整個局面發生了劇烈的變化：

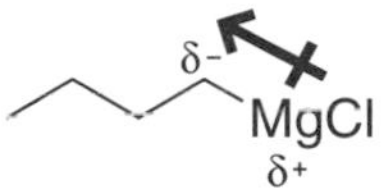

碳比鎂更具陰電性，因此感應效應會在碳原子上產生許多電子密度，使其非常 $\delta-$。鍵結變成極性共價，但為簡化起見，我們會把它當成離子鍵：

因為碳無法妥當穩定住負電荷，此試劑（稱為格里納試劑）活性很高。它變成非常強的親核基和非常強的鹼，現在我們來看看格里納試劑攻擊酮或醛時會發生什麼事。

在前一節裡，每個反應機構一開始，我們就先把酮質子化（轉化為較好的親電子基）。現在這變成不必要的步驟，因為格里納試劑是非常強的親核基，攻擊羰基時不會有任何問題。所以在這裡我們**不能**用酸當催化劑（即使我們想要），因為質子會破壞格里納試劑。例如，請考慮一下如果格里納試劑碰到水會發生什麼事：

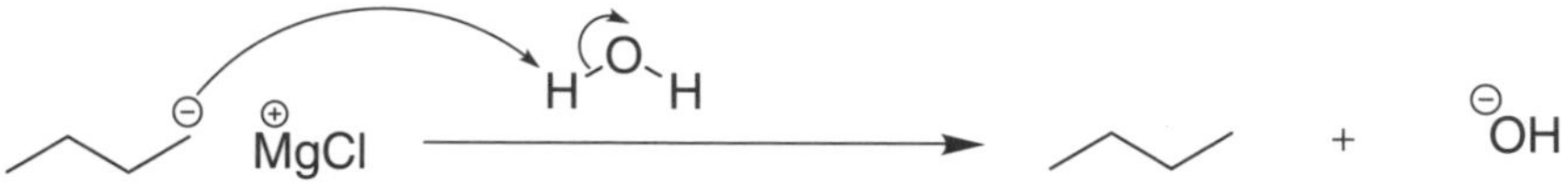

格里納試劑會當鹼，從水中抓取質子以形成更穩定的氫氧根離子。負電荷與陰電性原子（氧）相處愉快，結果反應就會趨近於完成。這表示你用格里納試劑來攻擊的化合物，絕不能有質子連接至陰電性原子上。例如，下列反應絕對無法進行：

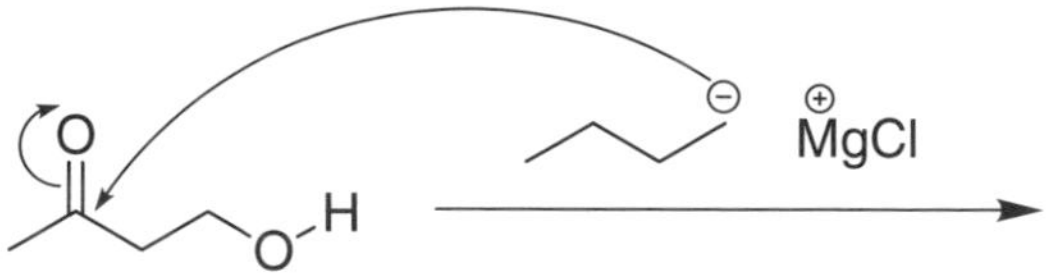

因為只會發生下列反應：

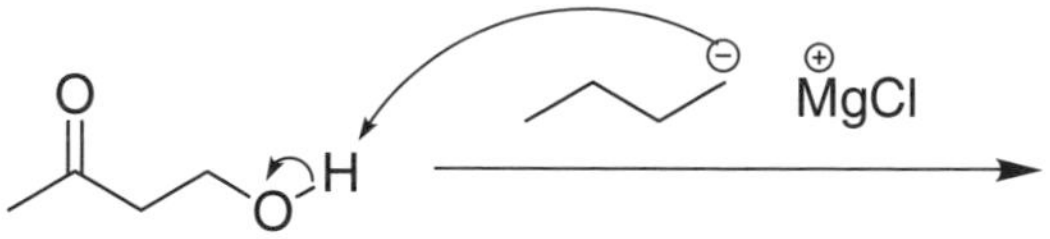

通常質子轉移會快於親核基攻擊。當格里納試劑抓住一個質子，就會不可逆的摧毀格里納試劑。同樣的，你絕對無法製備出下列類型的格里納試劑：

這些試劑無法形成的原因是因為，每一個都會與自身反應，以去除碳原子上的負電荷，例如：

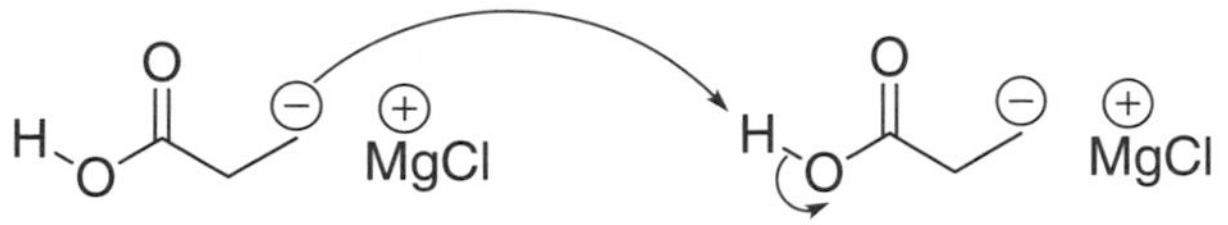

以上是關於格里納試劑的簡短概要。現在開始來看看格里納試劑如何攻擊酮或醛。第一步，格里納試劑攻擊羰基上的碳：

如果可能的話，這個中間產物會想要回復成羰基，我們來看可不可行。本章一開始的法則就告訴我們，要盡可能回復成羰基，但絕對不能踢除 H^- 或 C^-。這個中間產物**無法**回復成羰基，因為這裡沒有離去基可以踢除。無論我們攻擊酮或醛都一樣：

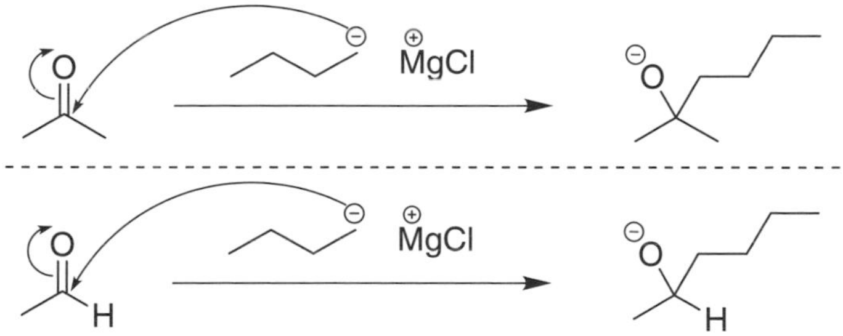

所以無論哪一個例子，反應都到此為止，我們必須給中間產物一個質子，才能得到最終產物醇：

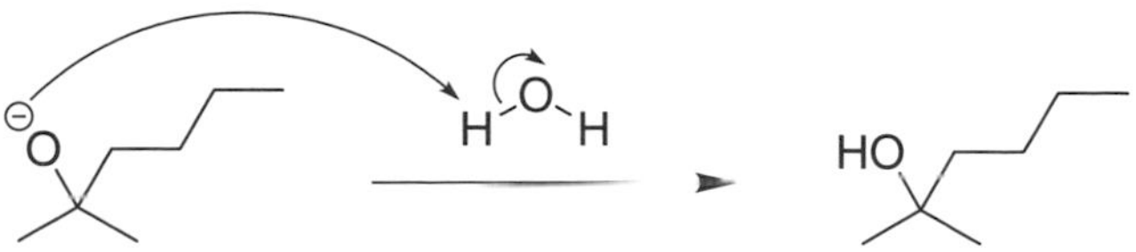

這個反應與本章之前我們討論氫親核基（$NaBH_4$ 和 LAH）時看過的反應，並沒有很大的不同。我們都看到了相同的情節：親核基攻擊，

然後都因為沒有離去基，使得羰基**無法**重新回復。把那些反應中的一個拿來與這個反應相比較：

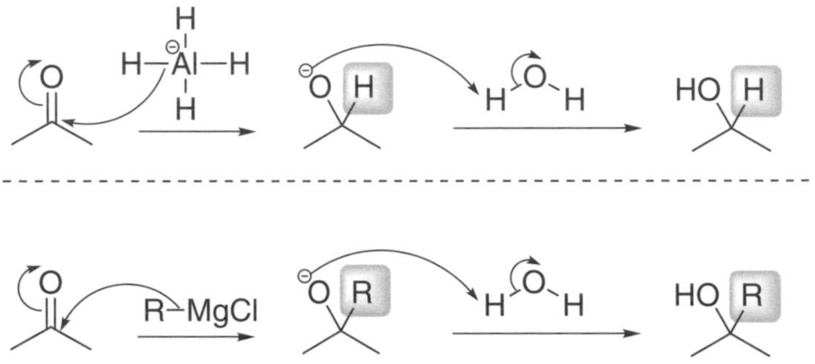

請注意這兩個反應機構完全相同。為什麼這些反應會如此類似（本章其他的反應就與這兩個反應不相同）很值得深思。這兩個反應有什麼特別的地方讓它們如此相似？請記住一條我們的黃金法則：絕對不要踢除 H^- 或 C^-。所以無論是以 H^- 或 C^- 攻擊酮（或是醛），羰基都無法重新回復。而這就是這兩個反應會有共通處的原因了。

當你在一個合成問題中，寫下格里納反應試劑時，請確定要把質子來源以**獨立步驟**表示出來：

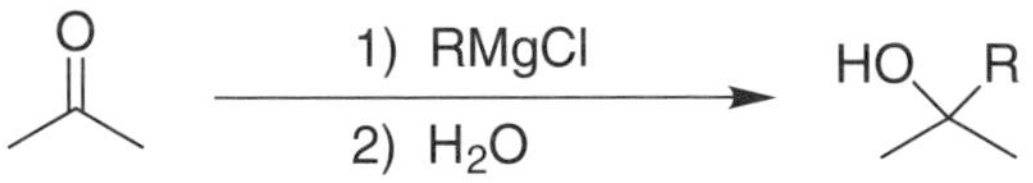

當我們學習 LAH 時曾看過這個重要的細節，那時也說過要把質子來源以獨立步驟表示。一樣的細節在這裡也同樣存在，因為（就像我們才剛看過的）格里納試劑在質子來源存在的情況下，無法生存。質子來源必須在反應完成**之後**才能進來（在格里納試劑於反應中消耗殆盡後）。

為了把這個反應加入你的合成轉換工具箱中，讓我們再把它和 LAH 的反應相比較，但這次我們要比的不是反應機構，而是產物：

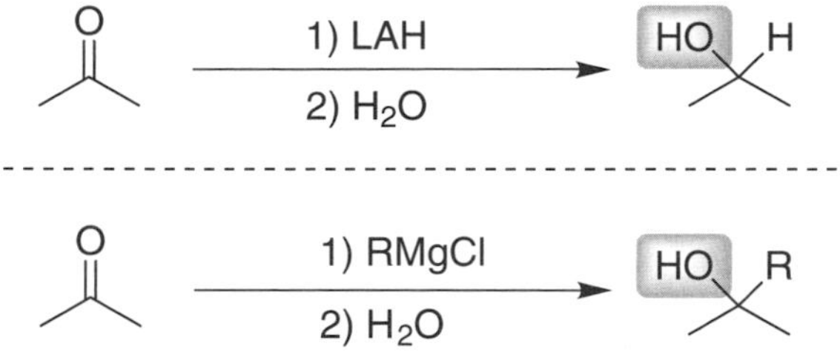

請注意這兩個反應都是把酮還原成醇。但是格里納反應除了還原酮，還引入烷基：

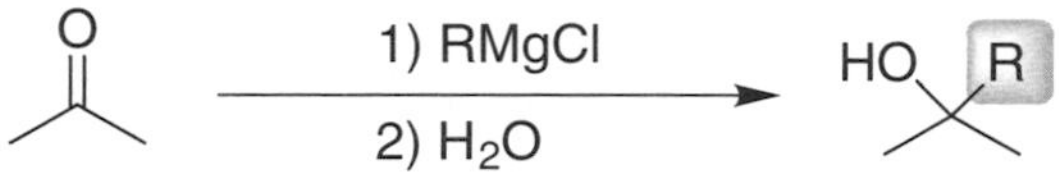

這一點在本章末探討合成問題的時候，會非常有用。

練習 5.61 請預測下列反應的產物：

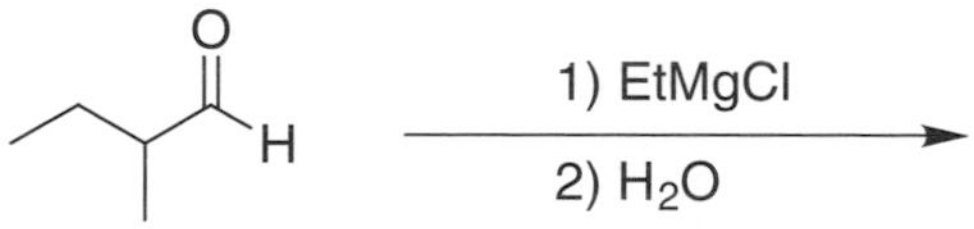

答　案 起始物是醛，它將與格里納試劑進行反應。首先是格里納試劑進行攻擊：

因為無法踢除 H^- 或 C^-，所以沒東西可以剔除，如此羰基就無法重新回復。我們能做的就是從水裡拿一個質了，得到產物：

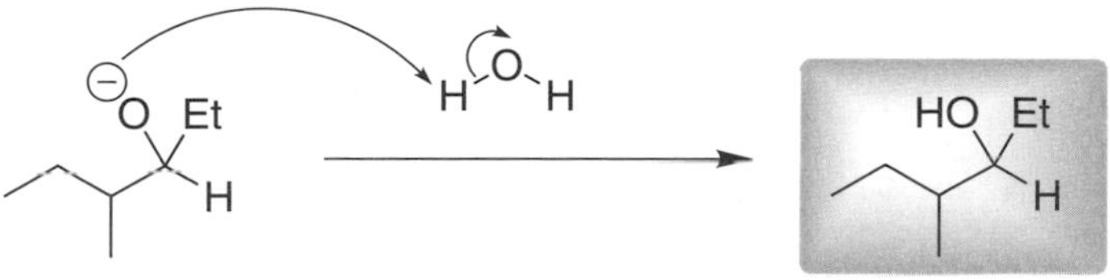

因為不需要畫出氫，所以你可以把產物重新畫成這樣：

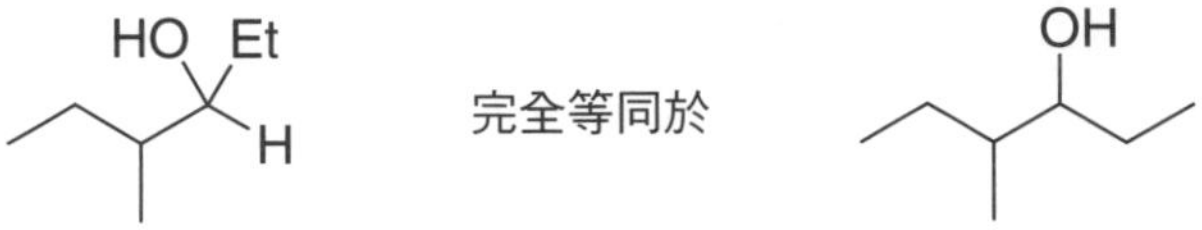

習　　題 請預測下列每一個反應的產物：

5.62 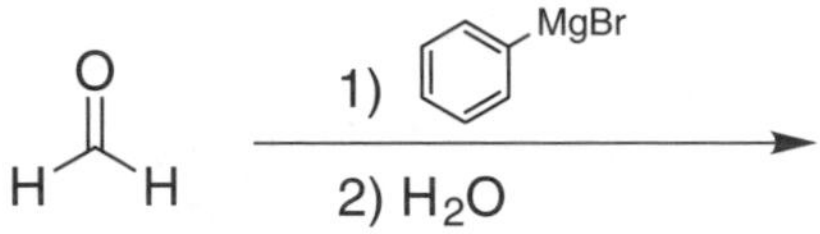

5.63 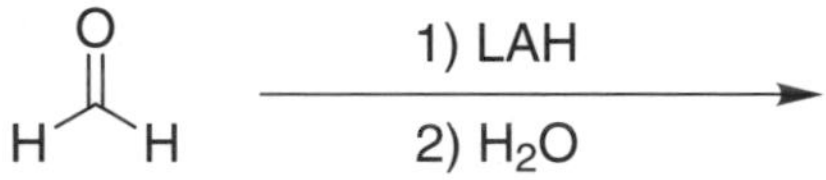

5.64 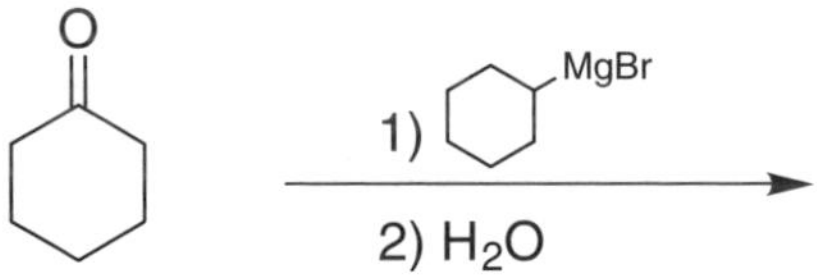

5.65 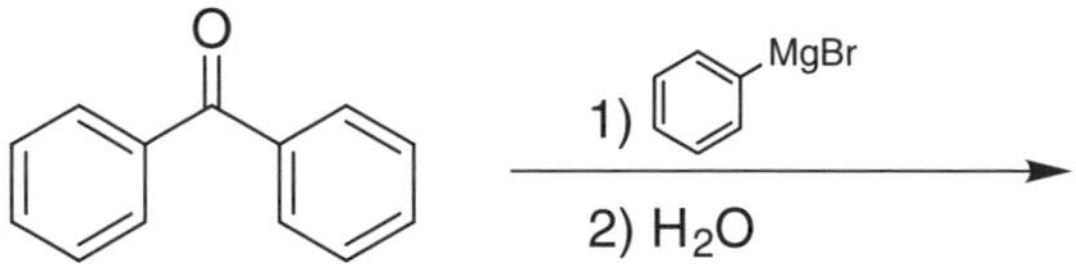

現在我們還有兩個碳親核基要討論，這兩者都與格里納試劑不同。你必須把這兩個新反應加入工具箱中，這兩個反應都包含了亞烷基（ylide）。讓我們來仔細研究一下第一個亞烷基：

先從稱為三苯膦（triphenylphosphine）的化合物開始：

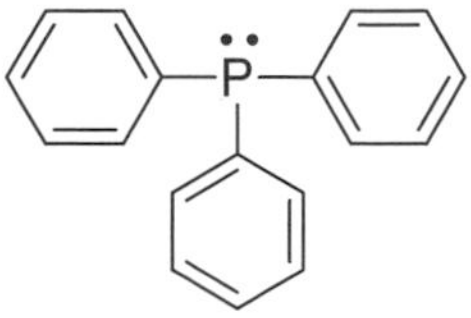

可以用快速畫法表示，
像這樣

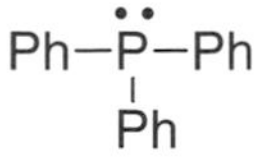

我們用這個試劑來攻擊鹵烷（在 S_N2 反應中）：

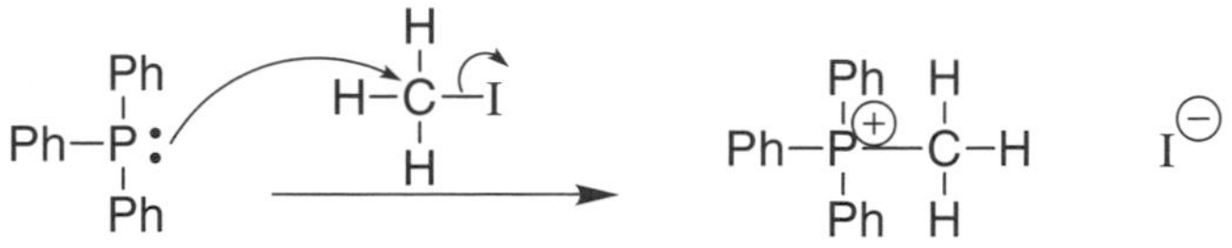

之後用非常強的鹼拉掉質子：

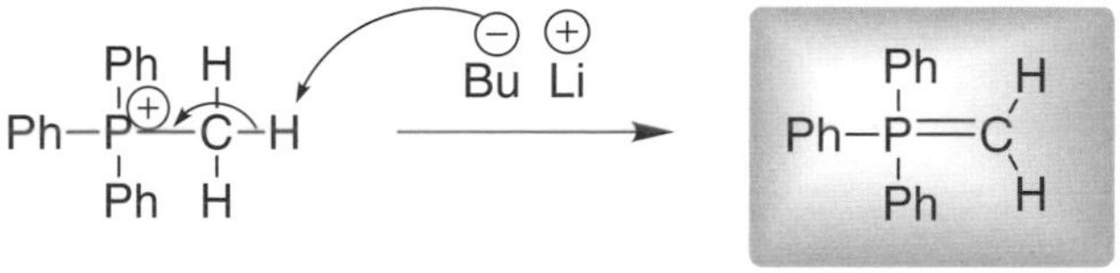

亞烷基

這個化合物就是我們稱為亞烷基的重要試劑。它有兩個重要的共振結構：

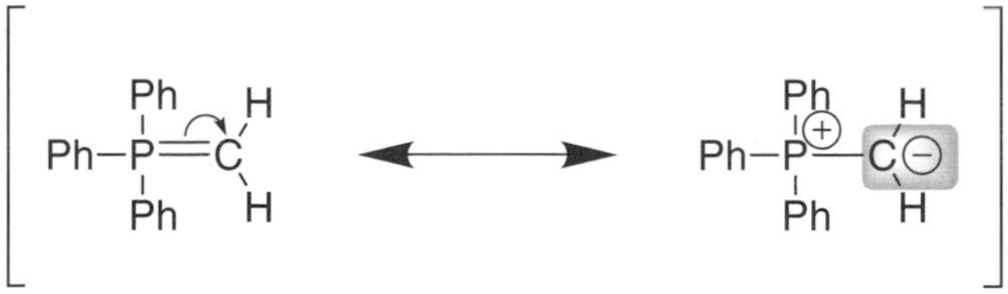

如果仔細看，會發現這個化合物在碳原子上有一塊高電子密度的區域。這表示現在我們已經製造出一個新的碳親核基，而這類型的碳親核基稱為亞烷基。讓我們快速複習製備這個亞烷基的過程：

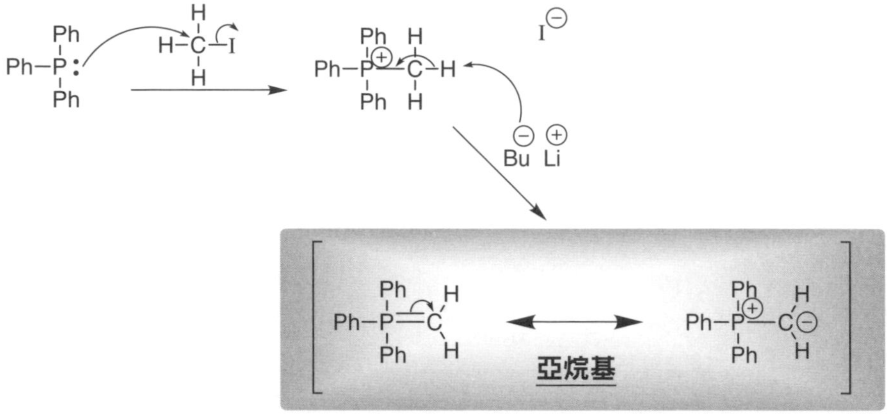

再過幾分鐘，我們會看到另一個類型的亞烷基化合物（它用的是硫而不是磷）。在這裡我們磷類型的亞烷基有一個特別的名稱：維蒂希（Wittig）試劑。當我們使用維蒂希試劑攻擊酮或醛時，就會得到維蒂希反應。所以現在來仔細研究一下維蒂希反應的反應機構。

維蒂希試劑攻擊羰基的方式，與其他任何親核基攻擊羰基的方式完全相同：

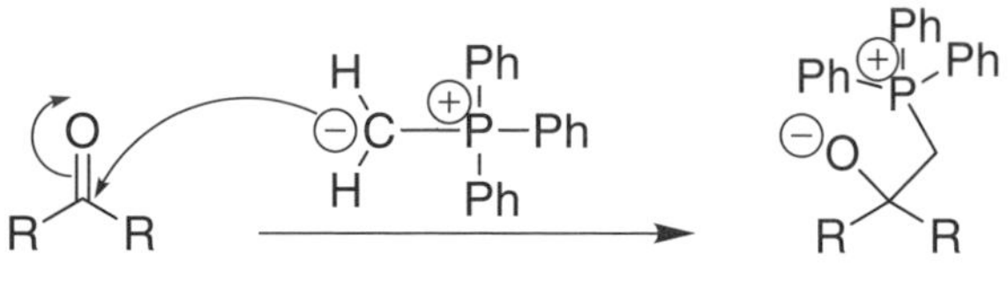

我們已經討論過 C ＝ O 雙鍵在熱力學上相當穩定，因此形成羰基會成為反應的動力。在這個反應中，因為無法踢除 H^- 或是 C^-，所以羰基不能重新回復。但會有其他的事情發生。

另一種也是相當穩定的鍵結形式，也可以當反應動力。P － O 單鍵和雙鍵都極度穩定，化學家經常說:「磷嗜氧如命」意思就是說，如果情況許可，磷會想盡辦法與氧形成鍵結。而我們的中間產物簡直就是為此應運而生：

我們可以繼續形成長得像這樣的 P ＝ O 雙鍵：

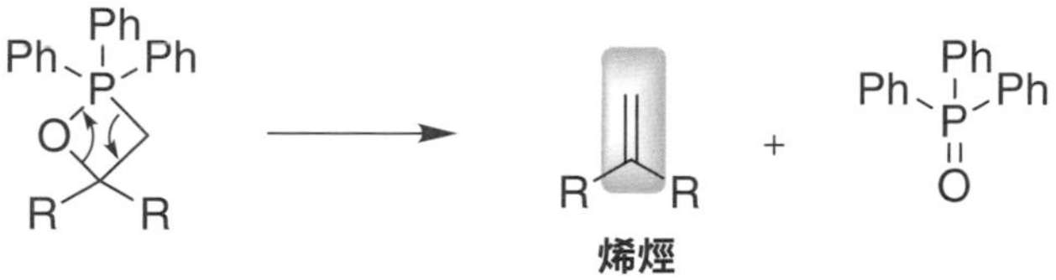

如此一來就會產生我們的產物，請注意它是烯烴。

在解答合成問題時，這個反應超乎想像的有用。我們已經看過了如何利用臭氧分解反應把烯烴轉換成酮。現在再加上維蒂希反應，就有了可以逆轉換的方法：

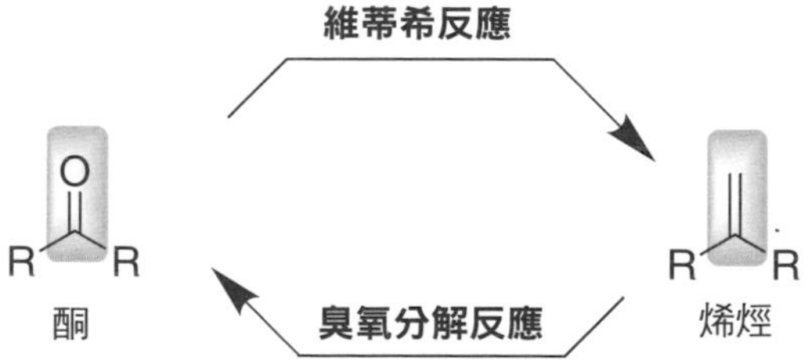

在學習類似上述這種官能基之間相互轉換（無論往哪一邊進行）的反應時，都必須特別留心。本書到目前為止已經討論過許多像這樣的例子了。

練習 5.66 請預測下列反應的產物。

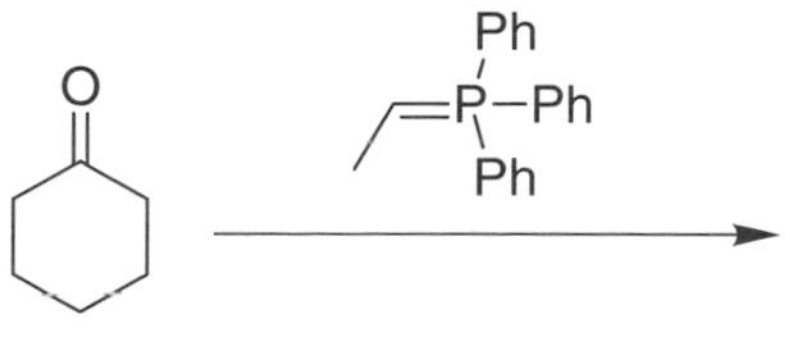

答　案 我們辨識出所用的試劑是維蒂希試劑。決定的關鍵在於 C ＝ P 雙鍵，但是這個試劑與之前我們看過的例子有一點點不同。把這個試劑與前一頁看過的試劑相比較。這個試劑多出一個碳，要形成這樣的試劑，必須在製備維蒂希試劑時，以 Et-I 取代 Me-I。

多出來的碳就是由此而來，最終產物長得像這樣：

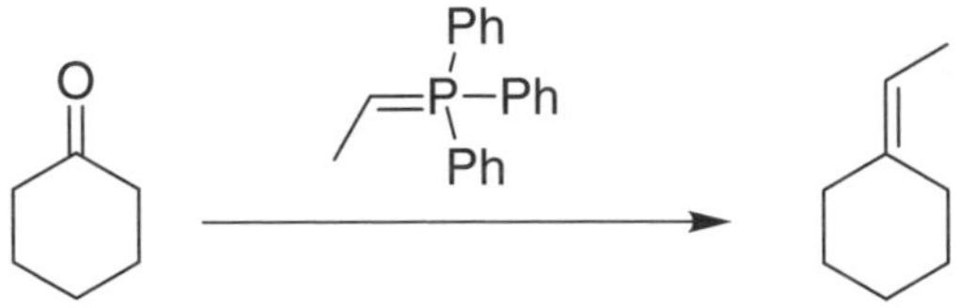

你必須畫出這個反應的反應機構，才能確定你真的能「看出」多出來的碳是隨維蒂希試劑而來的。

習　題 請預測下列每一個反應的產物：

5.67 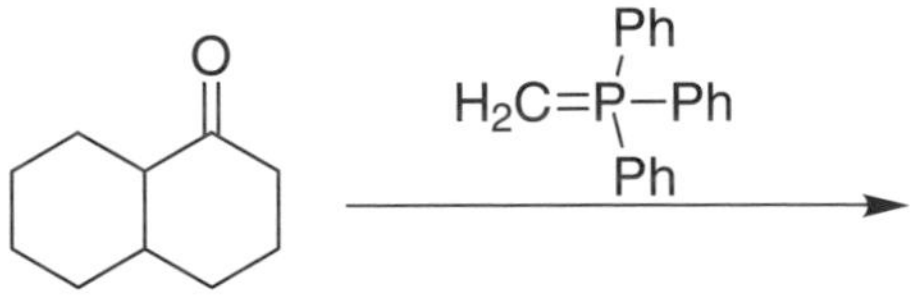

5.68 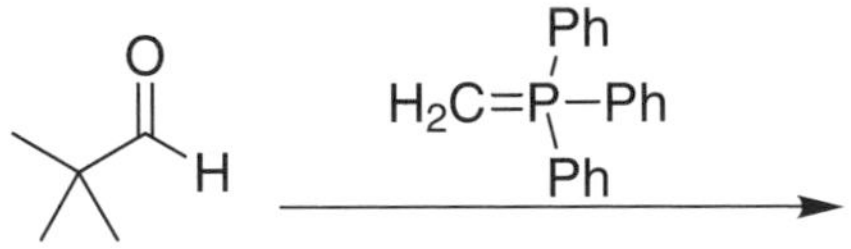

5.69 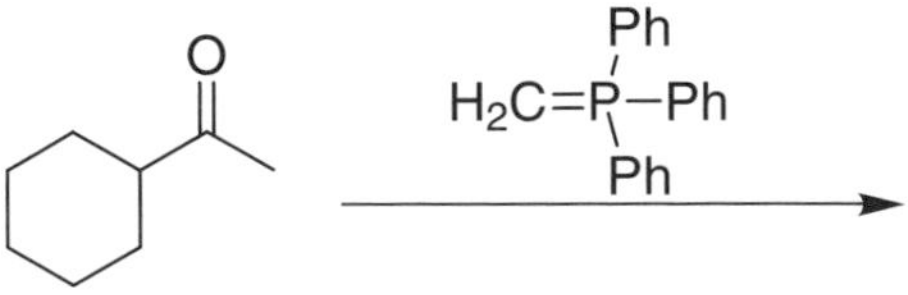

現在我們要再來討論一個亞烷基。這次它是硫亞烷基，而不是磷亞烷基。有些老師會省略掉硫亞烷基。你必須看看筆記或是課本衡量是否需要對於此反應多加關注。

形成**硫**亞烷基的反應機構與形成**磷**亞烷基的很像，來比較一下：

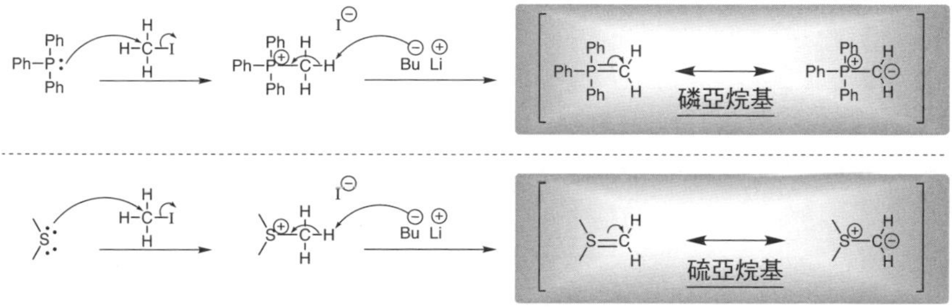

要形成磷亞烷基，必須先從二甲基硫（dimethyl sulfide, DMS）開始。然後從這裡之後，每件事都相同：攻擊鹵烷，然後用非常強的鹼去質子化來形成亞烷基。

一旦硫亞烷基攻擊酮（或醛）時，會得到完全不同的產物。我們得到的產物**不會**是烯烴（這是維蒂希反應得到的產物），而是得到環氧化物（epoxide）：

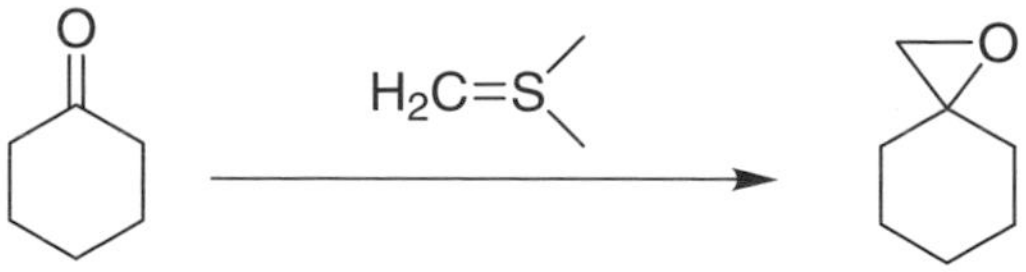

來看我們如何得到的這個奇怪的產物。硫亞烷基攻擊羰基，就如同其他任何親核基攻擊羰基一樣：

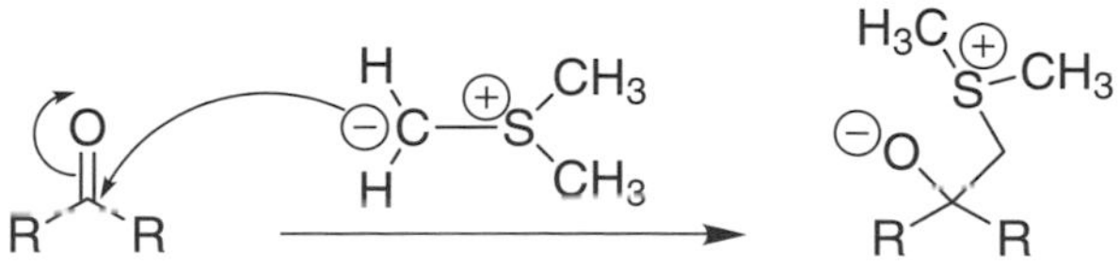

此反應與維蒂希反應不同之處，在於硫和氧無法形成像磷與氧那樣的鍵結。而是氧以分子內 S_N2 反應的方式進行攻擊，並把 DMS 當離去基踢掉：

這個反應可以讓我們用酮來製造環氧化物，所以非常有用。你該記得上學期學過了一些把烯烴轉換成環氧化物的方法。但是現在我們也能從酮製造出環氧化物了：

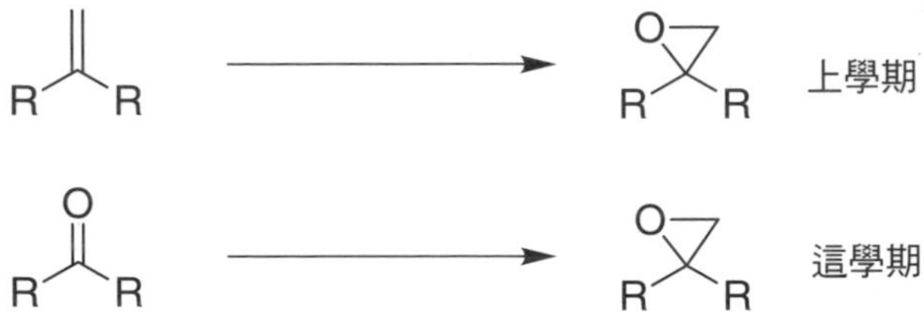

在這一節裡，我們看過三種碳的親核基。先從格里納試劑開始，然後談到亞烷基（磷亞烷基和硫亞烷基）。我們也看過了磷亞烷基和硫亞烷基產生了差異很大的產物：

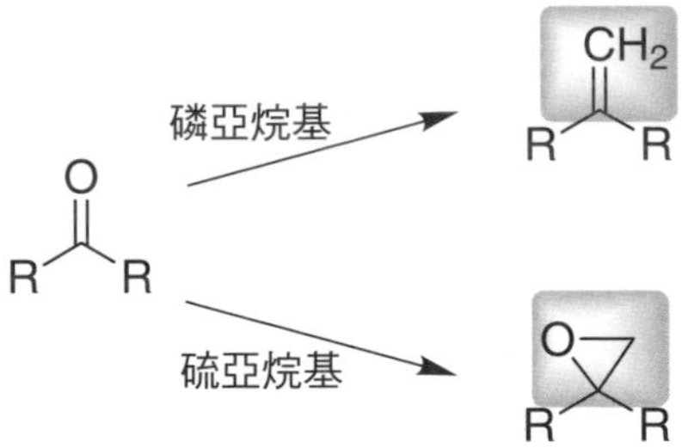

這些產物彼此差異很大，但是在反應機構上，除了最後一個步驟之外，幾乎完全相同。如果你看不出來，請回頭複習每個反應的反應機構，並把它們相互比較。你會發現它們只在最後一個步驟不同。

至今在這一章裡我們看過了一再重複的相同模式。那就是常常會看到兩個反應，雖然產生的產物差異很大，仔細看看反應機構，卻會發現反應機構極端相似。

練習 5.70 請預測下列反應的產物：

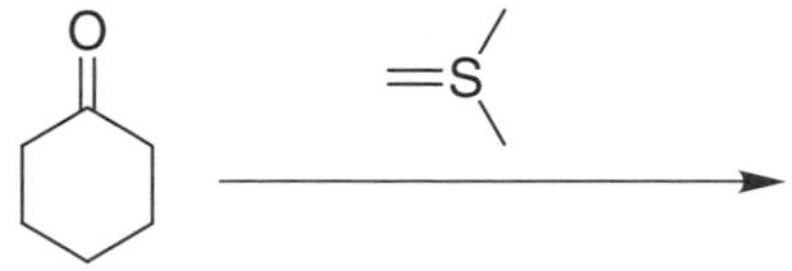

答　案 這個試劑是硫亞烷基，我們從 C ＝ S 雙鍵（硫另外連接了兩個取代基）看出來。硫亞烷基用來把酮轉換成環氧化物，所以產物為：

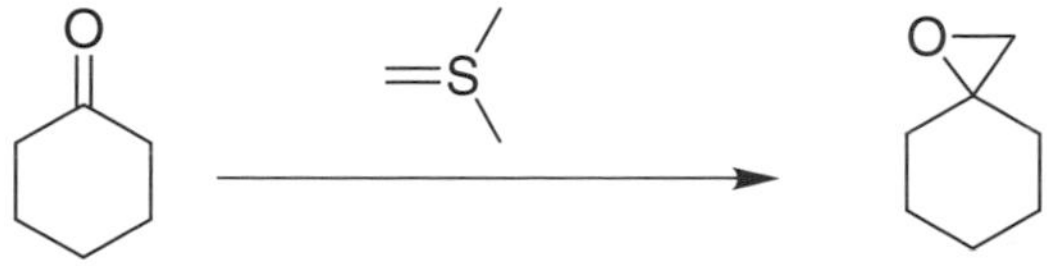

習　題 請預測下列每一個反應的產物：

5.71 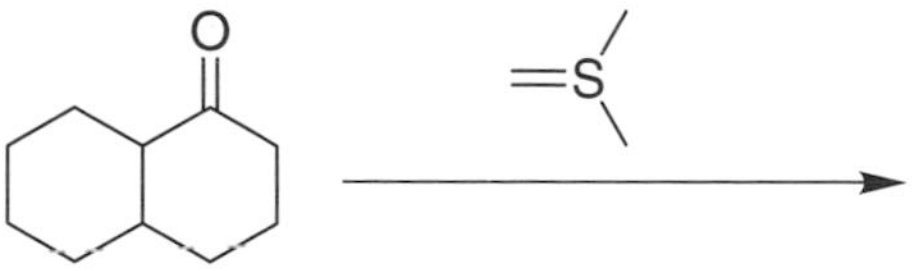

5.72 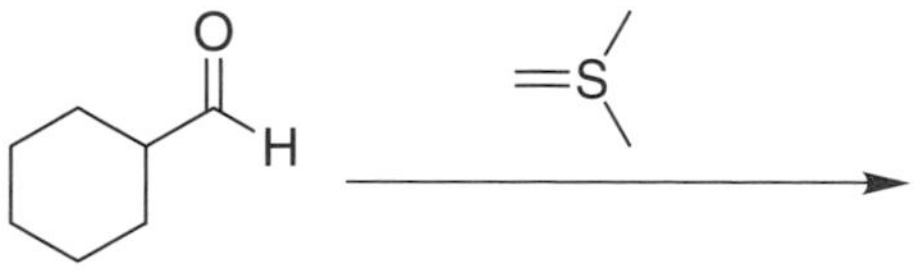

5.73 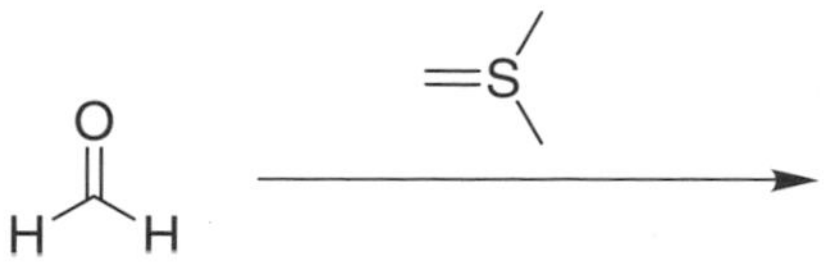

5.8 黃金法則的重要例外

在本章開頭，我們已經看過可以幫我們瞭解大多數化學的黃金法則。這個法則就是：如果可能的話，盡可能把羰基重新回復，但是絕不能踢除 H^- 或 C^-。但是呢，這個黃金法則還是有一些少見的例外。在這一節裡，就要來看看這些例外。

在坎尼乍若反應（Cannizzaro reaction）中，看起來似乎踢掉了 H^- 來重新回復羰基。我們不會談到太多坎尼乍若反應的細節，因為這個反應在化學合成上的運用並不太多。你用到這個反應的機會根本不超過一次，所以我們只會在看到的時候稍微提及。看看你課本以及上課筆記裡關於這個反應的部分，如果你根本不需要知道這個反應，就請忽略它。但是如果你必須知道這個反應，請仔細看看課本裡的反應機構。如果你仔細研究 H^- 被踢掉的步驟，就會發現 H^- 其實並沒有完全被踢掉，它只是轉移了，以這樣的方式來看，就可以更容易理解。H^- 的確太過穩定，以致於很難當離去基。因此我們絕不會把踢掉 H^- 當解決方案。在坎尼乍若反應中，H^- 其實也沒有真正當離去基離開。

我們會更仔細探討另一個例外。在這個反應裡，我們似乎重新回復羰基來踢除 C^-。這個反應稱為拜爾－偉利格（Baeyer-Villiger）反應。這是非常有用的反應，如果知道如何正確運用，很多本課程中的合成問題都可以迎刃而解。所以現在我們會花較多的時間來討論它。

拜爾－偉利格反應使用**過**酸（per-acid）當試劑：

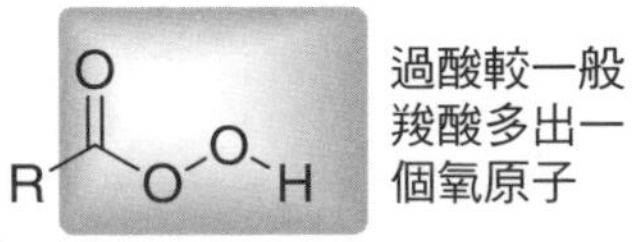

其中 R 可以是任何東西：它可能是甲基或是較大的官能基。因此，有很多常見的過酸，其中最普遍的就是 MCPBA（間－氯過苯甲酸，meta-chloro perbenzoic acid）。因此，當你看到 MCPBA 這幾個字母時，就必須知道我們說的是這個過酸：

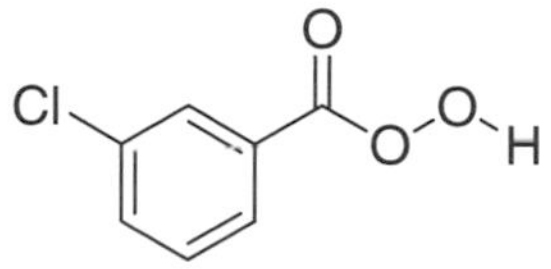

這個試劑（或其他過酸）是用來把一個氧原子插到酮的羰基旁邊，使其變成酯：

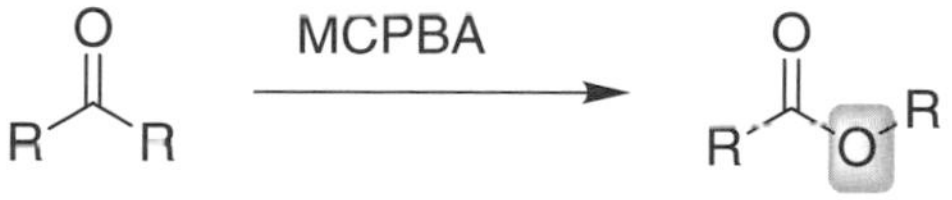

你可以用同樣的反應，把醛變成羧酸：

再次強調，這個反應的結果是把氧原子「插入」羰基旁。這是非常有用的合成技巧，所以讓我們來看看反應機構是怎麼運作的。

反應機構的第一步，就像其他任何親核基一樣，過酸攻擊羰基：

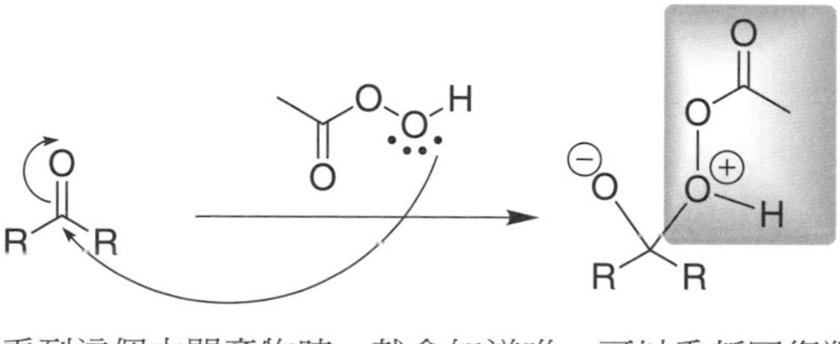

當我們看到這個中間產物時，就會知道唯一可以重新回復羰基的方法，就是踢掉剛剛進行攻擊的親核基（上圖以灰色顯示的部分）。這也許會發生，但是當它發生時，我們看不到任何產物。因此運用我們的黃金法則，看看是不是可能有其他的事情發生。換句話說，必須來看看是否有其他的離去基可以踢掉。黃金法告訴我們，絕不能踢除 H^- 或 C^-，我們也沒看到其他可供踢除的離去基。這時黃金法則的例外出現了。當過酸攻擊羰基時，不同的事情確實發生了。這個情況非常特殊，你不會在其他反應機構上看到（所以不必擔心以後需要把它套用到其他反應機構上）。我們得到下列所示的重排：

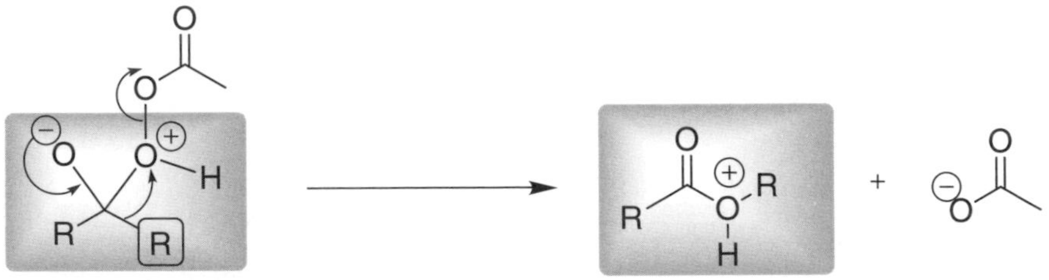

仔細看 R 取代基。請注意，因為重新回復羰基，把其中一個 R 取代基踢掉，移到旁邊的氧上。換句話說，看起來好像是把 C^- 踢掉了。但是事實上我們並不是**真的**把 C^- 踢到溶液中。C^- 被踢到溶液中會變得十分不穩定，所以它只是從一個地方**移動**到另一個地方（它移去攻擊帶正電荷的氧）。無論何時，它都沒有真正以 C^- 的形式存在。這說明了在這裡我們怎麼會有例外發生。

這個反應機構其實非常詭異，你不需要擔心在其他情況下，將無法預測它何時會發生。這也許是你第一次看到碳陽離子以外的重排。這個重排反應很不一樣（雖然很類似，碳陽離子的重排基本上是烷基移動至正電荷中心上）。你並不需要把這個反應機構用到其他的狀況。（當我們討論胺類時，將會看到類似的另一種形式的重排，到時我們會再提出來。）現在，我們不再對這個反應多加著墨了，因為愈說會愈讓你感覺沮喪。我們會把重心放在當你要解答合成問題時，如何運用這個反應來解題。因為它是非常有用的反應，所以你必須讓它成為你的備用工具。

為了能夠正確運用這個反應，你必須能預測氧會跑到哪一邊。例如，來看看下列的酮：

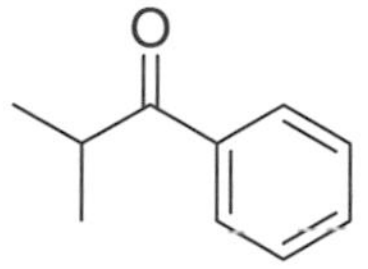

這個酮是非對稱的，所以如果在進行拜爾－偉利格反應時，必須決定要把氧放在哪裡。我們會得到下列兩個產物中的哪一個？

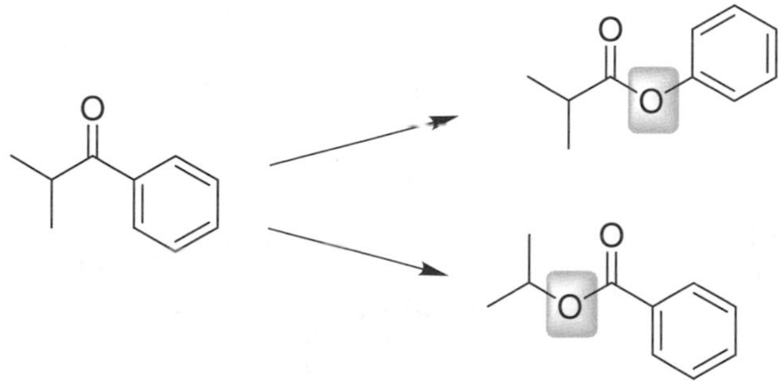

要回答這個問題，必須知道哪一個 R 基較有可能移動。如果你回頭看看之前的反應機構，會看出移動的 R 基就是最終產物氧旁邊的那個 R 基。所以，我們只要決定哪一個 R 基移動得較快就可以了。

在這個反應中，R 基移動的快慢有一個順序，我們稱為「遷移傾向」(migratory aptitude)：

$$H > Ph > 3° > 2° > 1°$$

這表示 H 移動得最快。這解釋了為什麼我們可以運用這個反應把醛轉變成羧酸（我們在前幾頁看過）：

H 移動得比其他任何取代基都快，所以它甚至不需要管其他的取代基是什麼。

如果在化合物中沒有氫(換句話說，就是起始物是酮而不是醛)，你就必須先看看是否有苯基（phenyl group）存在，苯基是移動速度第二快的取代基。所以對於上面這個不對稱酮，我們的答案是：

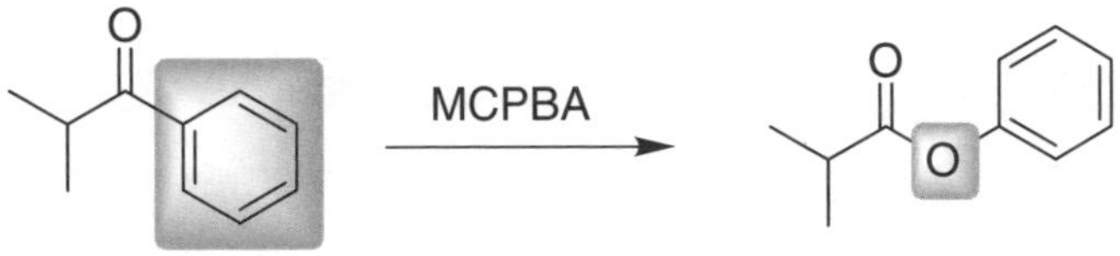

所以，我們把氧放在苯基旁邊。

如果沒有氫或苯基連接至羰基上，那就先找找是否有最多取代的烷基。例如：

請注意我們把氧放在較多取代碳的旁邊。

為了能在合成問題上運用這個反應，必須確定不管是任何特殊的例子，你都能預測要把氧放在哪裡。讓我們來做一些題目，確認你已經抓到訣竅了：

練習 5.74 請預測下列反應的產物：

答　案 因為看到的是過酸與酮進行反應，所以我們可以預測會

有拜爾－偉利格反應發生。仔細看看起始的酮，可以看出它是不對稱的；因此我們必須預測氧會插入的地方。先看看兩邊，左邊是三級的，而右邊是一級的。三級 R 基移動得較快，所以這就是氧插入之處。這個特別的問題是一個有趣的例子，因為氧原子的插入會造成環的擴張：

這個產物不只是酯，而是環狀的酯。環狀的酯有一個很炫的名稱：內酯（lactone）。只要你在環狀酮上進行拜爾－偉利格反應，就會得到內酯。

習　題 請預測下列每一個反應的主產物：

5.75 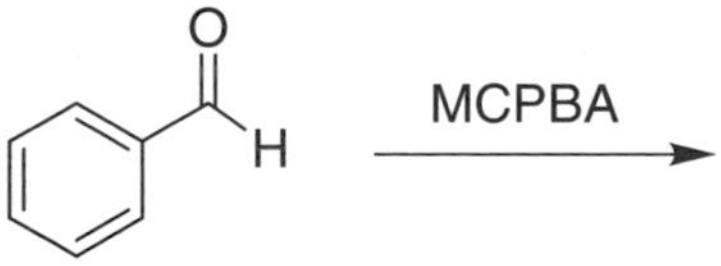

5.76 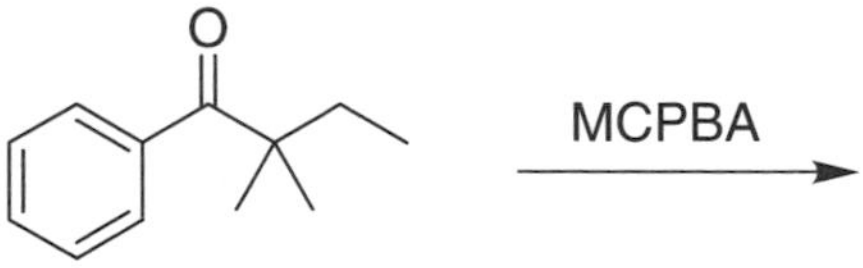

5.77 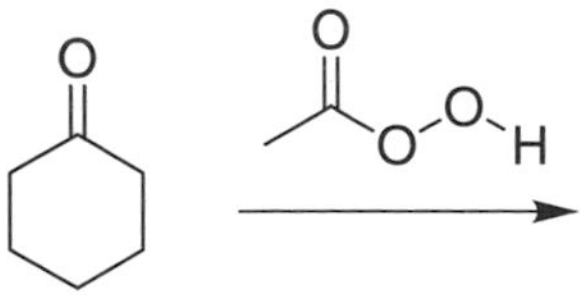

5.78 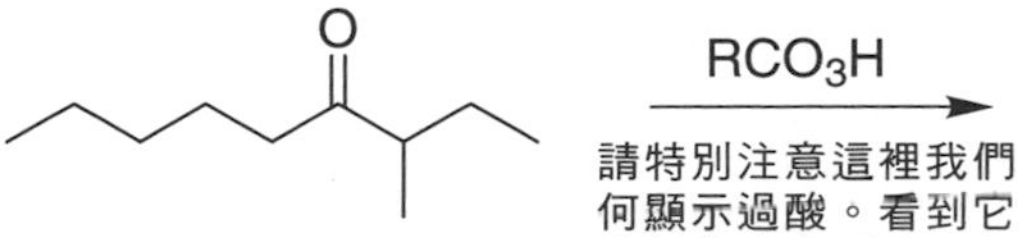

請特別注意這裡我們如何顯示過酸。看到它以這種方式出現時，必須能辨識出來。

5.79 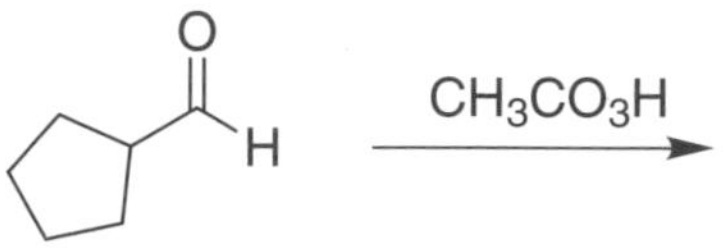

5.9 如何處理合成問題

本章中，我們已經看過許多反應，為了解決合成問題，你必須十分熟練這些反應。在本章開頭，我們看過了許多可以用來製造醛和酮的方法。你還記得那些反應嗎？如果不記得，那你就有麻煩了。這就是為什麼有機化學有時較難上手的原因。光熟悉反應機構還不夠，雖然那是好的開始，因為熟悉反應機對於理解題材，打下很好的基礎。但我們最終的目的仍在解答合成問題。為了達到目的，你必須可以在腦海裡組織所有的反應。

讓我們先把看過的反應做簡短的複習：

先從合成酮和醛的方法開始（兩個方法進行氧化，然後是臭氧分解）。之後我們看到的是氫親核基（$NaBH_4$ 和 LAH）和氧親核基（製造縮酮），然後看到縮酮可以用來保護酮。再來討論的是硫親核基（形成硫縮酮），我們看過了如何用它們來製造酮或醛，或是還原酮或醛。接下來看的是氮親核基（一級胺和二級胺），我們檢視了特殊的一級胺(羥胺和聯胺），並且看過如何利用腙來還原酮成烷類。之後繼續討論三種碳親核基：格里納試劑、磷亞烷基和硫亞烷基。最後我們還仔細看過拜爾－偉利格氧化，並著重它在合成上的運用。這些就是本章我們看過的所有反應。

本章最後一節，我們會把所有的事情統合，以解答合成問題。第一步必須先確定，你對這些反應已經熟悉到足以完全掌握。為了保證你達到了這樣的地步，請試著進行下列步驟。拿出一張紙，試著寫出上一段提及的所有反應（如果可能的話，請盡量不要回頭看前面相關的部分）。檢查看你是否能畫出所有的試劑和所有的產物。如果你做不到，這表示你根本還沒準備好**開始**進行合成問題。

學生們總是抱怨不知道該如何著手處理合成問題，困難點通常不是能力差，而是學習習慣太差。不管你信不信，你可以解答合成問題，甚至可能樂在其中。但是在學跑之前必須先學會走，如果在你學會走之前就試著想跑，那只會讓你跌倒並感到挫折。許多學生在學習合成問題上都會犯這個相同的錯誤。

所以請聽我的忠告，現在先著重在熟悉個別的反應上。試著在白紙上寫出本章中我們學過的所有反應。如果你發現自己必須回頭查看，才能寫出確切的試劑（或確切的產物），這絕對沒有關係。因為這是學習過程的一部分。但絕對不要自我欺騙，以為只要填完這張紙，就表示已經準備好進行合成問題了。除非你能從頭到尾寫完所有反應，一次都不曾翻到前面去偷看細節，否則都不代表你準備好了。你要一遍又一遍，繼續拿出新的白紙重寫，直到你不需要回頭偷看為止。理想的狀況下，你甚至不需要看我們提出的簡短摘要，就能抓住重點。你應該可以在腦海中重新建構摘要，而且根據這個摘要，寫出所有的反應。

這些聽來似乎要花很多時間和精力，也確實如此。這的確會花費好一陣子的時間，但是一旦你做到了，就表示在處理合成問題上，你已經占了上風。如果你懶得理會這項忠告，之後在解題遇到挫折時就不要抱怨。因為這根本就是你自己的錯，在沒有學會走之前，就妄想著想要跑。

一旦你能掌握所有的反應，再回到這裡，做一些簡單的問題來證明你的確做到了。這些問題是設計用來測試，你遇到簡單的一步轉換時，列出所需試劑的能力。一旦你能解決所有的反應，克服多步驟合成自然就不成問題了。

練習 5.80 進行下列轉換時該使用哪些試劑？

答　案 這個轉換是要把酮轉變成烯胺。很明顯的，我們需要一個氮親核基，現在只要決定是哪種氮親核基就可以了。因為產物是烯胺，所以需要一個二級胺。一看到產物，就知道我們需要的是下列這個二級胺：

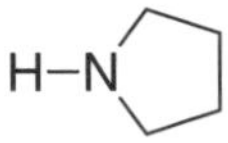

最後，只需要決定是否有任何特殊條件需要提及即可。而我們的確學過，在酮和二級胺之間的反應確實需要某些特殊條件。具體而言，我們需要酸催化和 Dean-Stark 的條件。所以答案是：

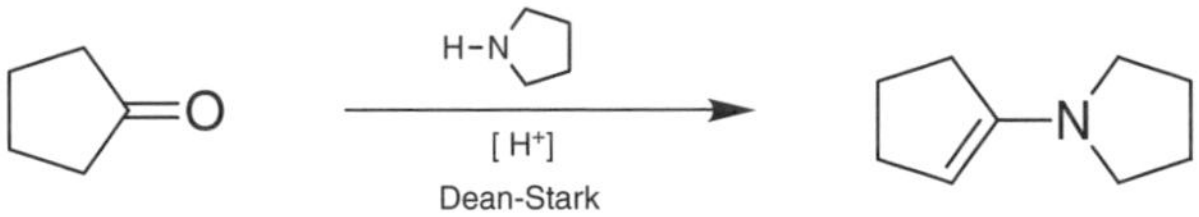

習　題 次頁的問題故意設計得很簡單，這樣你就能證明自己能輕易解決這些反應。

我強烈建議你在填上答案**之前，**先把這些題目影印下來。在解題中途你也許會被一些問題難倒，如果在不久的將來重新回來再做一次，可能對你會有幫助。

這些問題並沒有依照在本章中出現的順序排列。

5.81 
5.82 

5.83 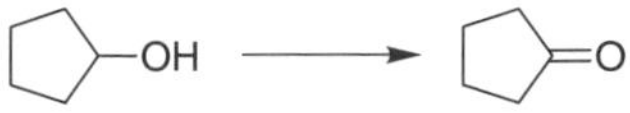
5.84 

5.85 
5.86 

5.87 
5.88 

5.89 
5.90 

5.91 
5.92 

5.93 
5.94 

5.95 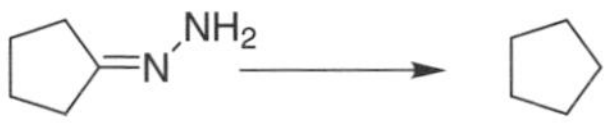
5.96 

5.97 
5.98 

5.99 
5.100 

如果你能夠輕易應付這些問題，那就表示你已經準備好繼續解多步驟的合成問題了。先來看一個例子：

練習 5.101 請為下列轉換提出一個有效率的合成方法：

答　案 這個問題比前幾頁的問題難一些，因為這個問題沒辦法一步就完成。我們必須先釣出乙基，並且保住羰基。如果使用格里納試劑，雖然可以釣出乙基，但會在過程中把酮還原成醇：

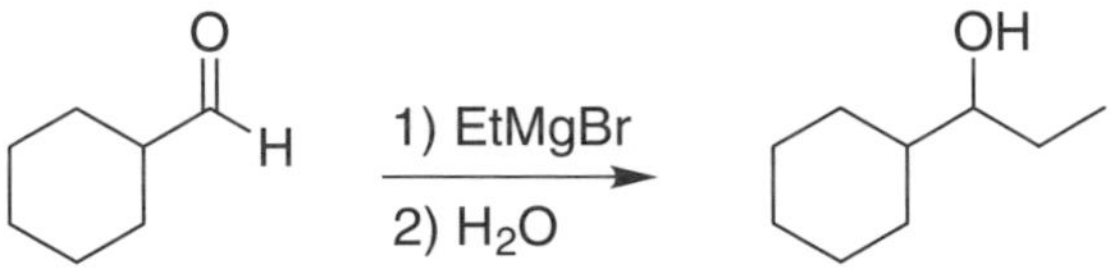

這個問題可以輕易克服，因為我們可以把醇氧化成酮：

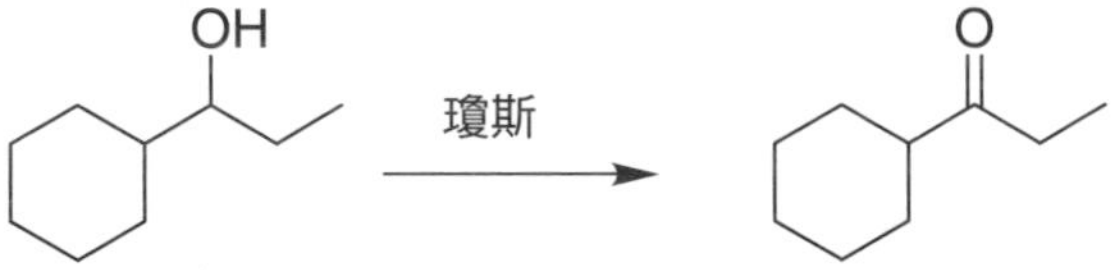

所以我們可以運用一個兩步驟的合成法來完成這個轉換。

還有一個完全不同的方法可以來解答這個問題，同樣也是用本章學過的反應。還記得學習硫縮醛時，曾看過可以把醛轉換成硫縮醛，然後烷化它，最後把硫縮酮拉掉得到酮：

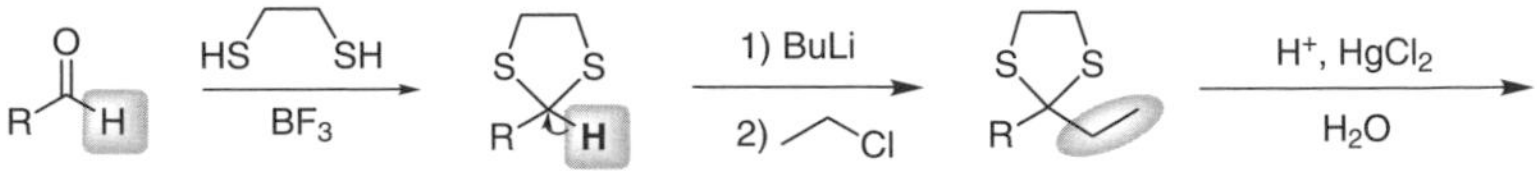

這個例子闡明了合成問題上的一個重要的觀念。請注意，對於這個問題我們提出了兩個完全不同的答案，而且這兩個答案都是非

常完美的正確解答。所以在這裡有一個非常重要的訊息必須要記住：對於合成問題而言，很少會只有一個答案。當我們學習愈來愈多的反應之後，會發現有愈來愈多的可能途徑可以解答同一個問題。所以千萬不要執著於非找出哪一個**特定**答案不可。甚至你也許會想出課堂上其他人都沒有想到的完美答案，這就是最令人神往的時刻了。當你解答合成問題時，其實有很多可以發揮創意的空間。

在你試著解答一些問題前，我們還必須知道有關合成問題的另一個重點。通常「倒推回去」非常有用，我們稱為**溯徑合成分析法**（retrosynthetic analysis）。讓我們來看一個例子：

練習 5.102 **請為下列轉換提出有效率的合成方法：**

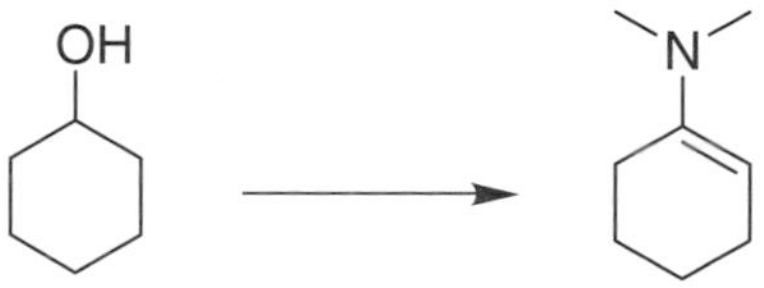

答　案 首先看到產物，我們注意到它是烯胺。我們唯一曾經看過可以用來製造烯胺的方法，是用酮與二級胺進行反應。所以由此往前推論：

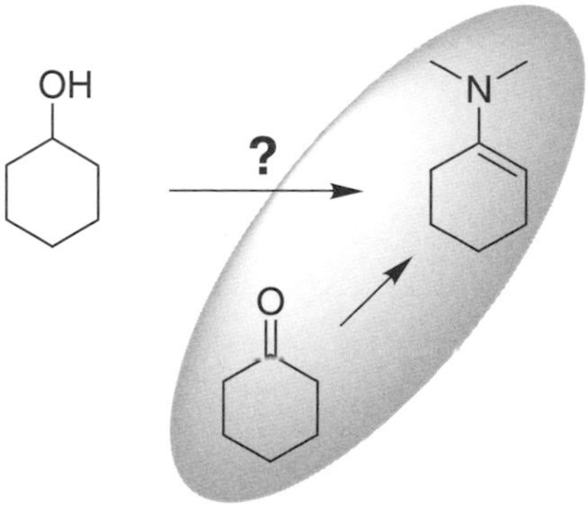

我們只需要找出方法把起始物轉換成酮即可。而我們也曾經學過該怎

麼做，只要用氧化反應，就可以把醇轉換成酮了。所以我們的合成方法為：

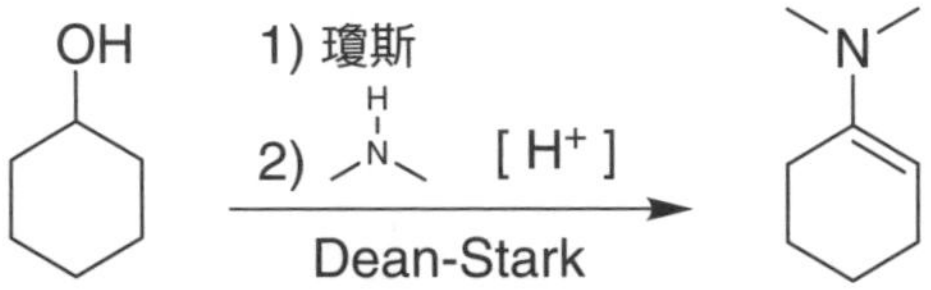

當然，這個最後的問題並沒有很困難，因為它的解答只需要兩個步驟。當你解答的題目需要更多步驟時，這種解題的方式（溯徑合成分析法）會變得益加重要。但是不要擔心：你並不需要解決任何超過十個步驟的題目，因為那超出了本課程的範圍。通常你需要處理的問題，步驟都不會超過三個或四個。所以，只要多加練習，成為解決合成問題的高手絕對不是夢想。再一次聲明，這完全取決於你有多熟悉所有的這些反應。

現在，再來做一些練習吧：

習　題　請為下列每一個問題，提出一個有效率的合成方法。
請記住，每個問題並不是只有一個答案，如果你提出的答案跟書末的解答不同，不要喪氣。仔細分析自己的答案，因為也許它也是正確的。

5.103

5.104

5.105 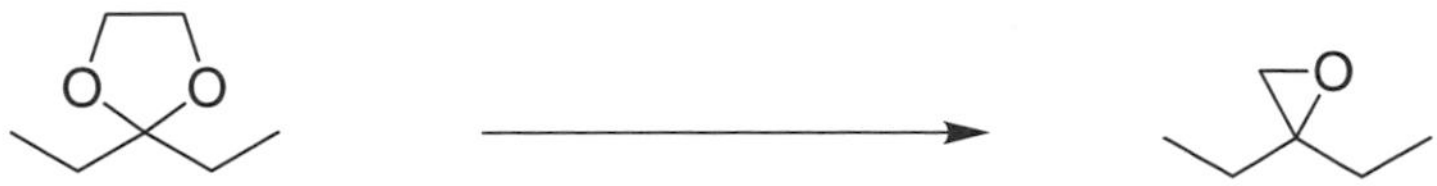

5.106 

5.107 

5.108 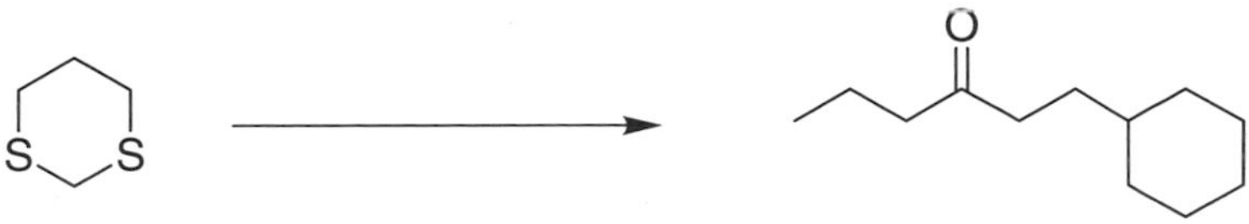

5.109 

5.110 

5.111 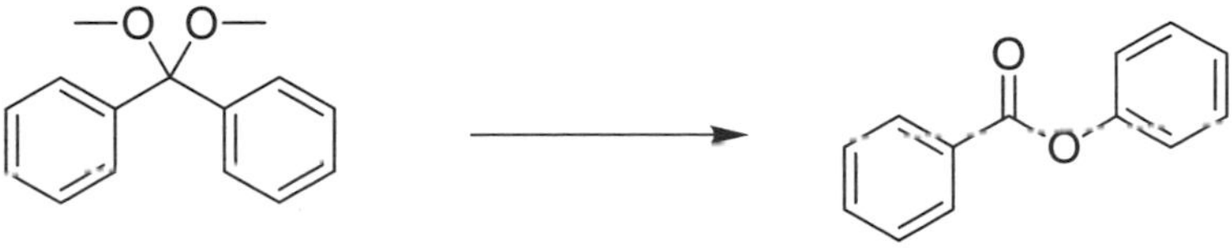

習　題 在本章結束之前，再多做一些較難的題目吧：

5.112 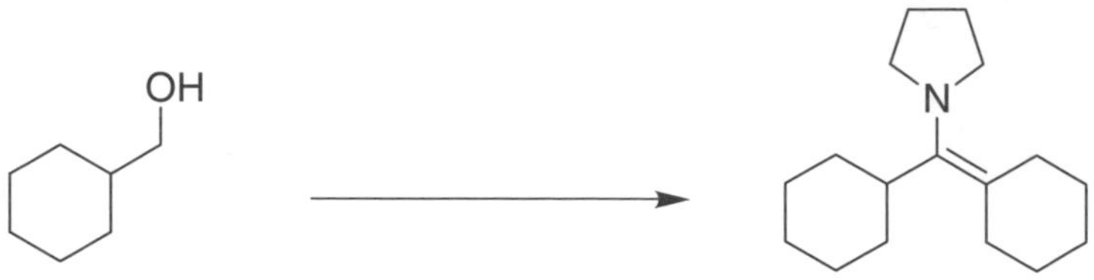

5.113 

結束本章之前，還有一件事要說。本章中，我們並**不**一定看過你的課本或上課筆記中的**每一個**反應。我們涵蓋了最基本、最核心的部分（大約是你必須知道反應的 90% 或 95%）。本章的目標**並非**在涵蓋所有的反應，而是幫你建立研讀課本或上課筆記所需的基礎。我們看過了反應機構之間的相似處，學過了把所有親核基分類的簡單方法（氫親核基、氧親核基、硫親核基等等）。

現在你可以回去研讀課本和上課筆記，找出那些在本章中不曾提及的反應。有了本章幫你建立起來的基礎，要把本章沒介紹過的反應自行補上起來，應該不成問題了，而且相信你學習起來，應該也會更加有效率。

請確定你已經把課本中**所有**的問題都做過了。然後這裡還有更多的合成問題等著你。練習得愈多，你就會獲得更多。祝好運！

第6章

羧酸衍生物

羧酸衍生物（carboxylic acid derivative）和羧酸很類似，都有一個異質原子（不是碳或氫的原子）連結至羰基：

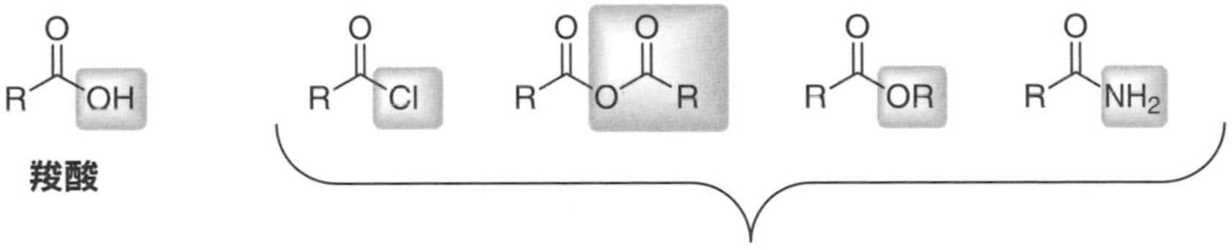

羧酸衍生物和羧酸的差別在於，羧酸衍生物是把羧酸的 OH 基以其他官能基取代。羧酸的化學性質和酮及醛有些不同，因為羧酸衍生物有一個離去基，這個離去基可以在羰基受攻擊後被踢除：

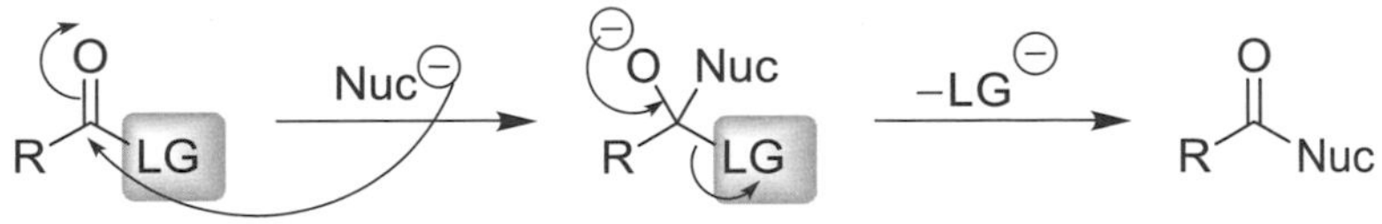

離去基的性質將會決定化合物的活性。舉例來說，醯基鹵化物（acyl halide）的反應性很強：

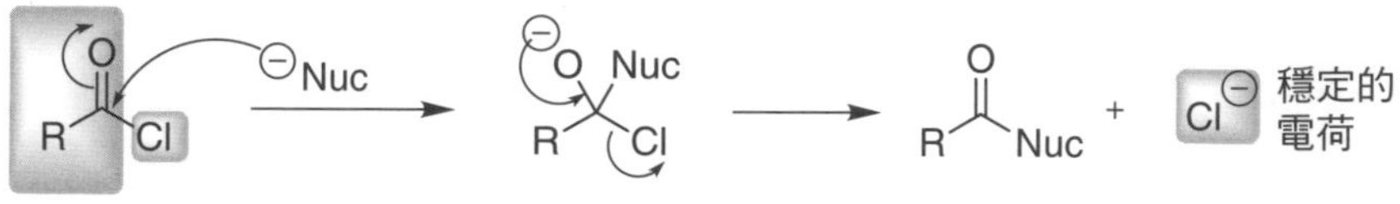

醯基鹵化物

醯基鹵化物的活性最強，因為它們有最好的離去基。因此在合成上我們可以用醯基鹵化物來形成任何羧酸衍生物。

你可以把它想成羧酸衍生物在羰基旁有一張「外卡」（wild card）。我稱它為「外卡」，是因為它可以很容易與不同的取代基進行交換。

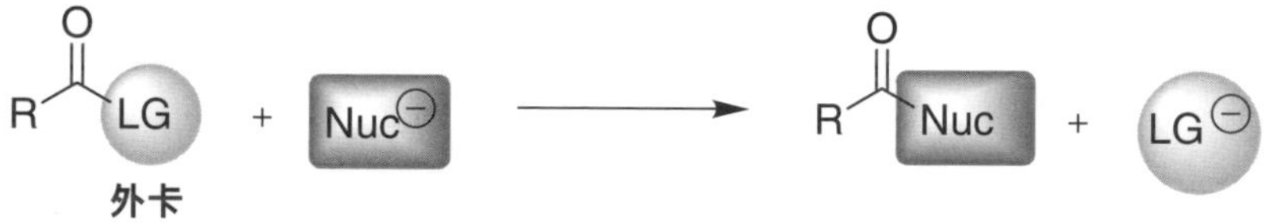

外卡

本章將學習如何交換取代基，就樣就可以把一種羧酸衍生物轉換成另外一種。要做到這一點，必須先知道羧酸衍生物的活性順序。我們已經說過醯基鹵化物的活性最強。排在醯基鹵化物之後，具有第二高活性的羧酸衍生物是酸酐（anhydride）。這裡有一份你必須知道的羧酸衍生物活性順序：

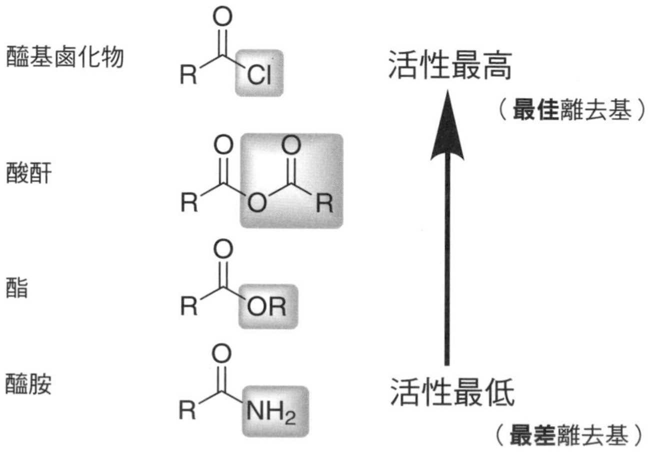

當我們學習如何交換「外卡」時，會看到有一些簡單的通則決定了所有的事。我們會看到許多反應，但只要你瞭解該如何運用這些通則，就會發現這些反應都可以預測，也很容易理解。

本章中，我們必須先熟悉這些通則，然後再運用這些通則來預測產物、提出反應機構以及合成方法。我們並**不會**涵蓋你課本及上課筆記的所有反應，而是著重在說明所需的核心技巧。讀完本章，你一定要再研讀課本及上課筆記，把本章沒提及的反應學起來。這一章將會教你一些技巧，讓你能掌握課本內容。

6.1 通則

我們在前一章已經學過最重要的法則，我們稱為「黃金法則」，它說的是：你攻擊一個羰基後，通常會盡可能重新回復成羰基，但是絕對不要踢除 H^- 或是 C^-。

從這個法則可以發現，包含了 H^- 或 C^- 的反應，和任何其他親核基的反應，結果非常不同。當我們用氫親核基或碳親核基時，發現羧酸衍生物會被攻擊兩次。讓我們來看看為什麼會這樣。

第一次攻擊如我們預期的發生：

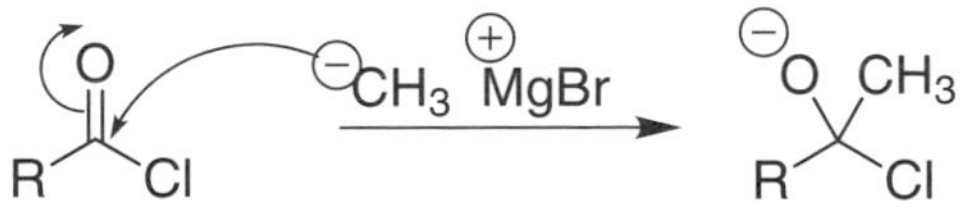

之後，祭出我們的黃金法則：如果可以讓羰基重新回復，就做吧，但是絕對不要踢除 H^- 或 C^-。因為起始物是羧酸衍生物，所以有一個離去基，因此離去基離開了：

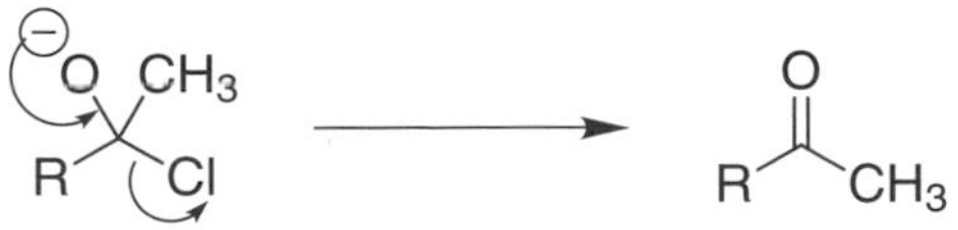

但是請注意，現在我們有了一個酮（如果用來攻擊的是氫親核基，那麼現在得到的就是醛）。這個化合物會受第二次攻擊，像這樣：

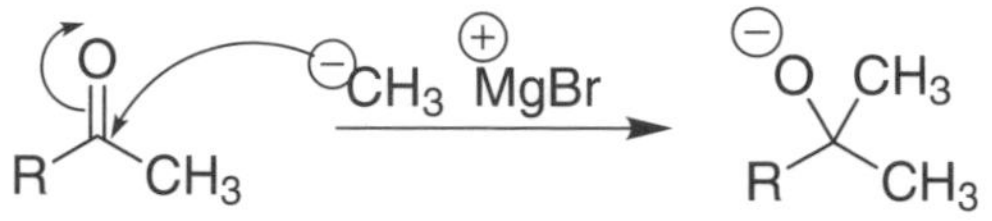

這個中間產物因為沒有離去基，已經不具備重新回復成羰基的能力了。我們一再強調絕對不能踢除 H^- 或 C^- 來重新回復成羰基，所以反應到這裡就結束了，我們所能做的就是提供質子的來源以得到產物（在反應完成**之後**再加入質子來源）：

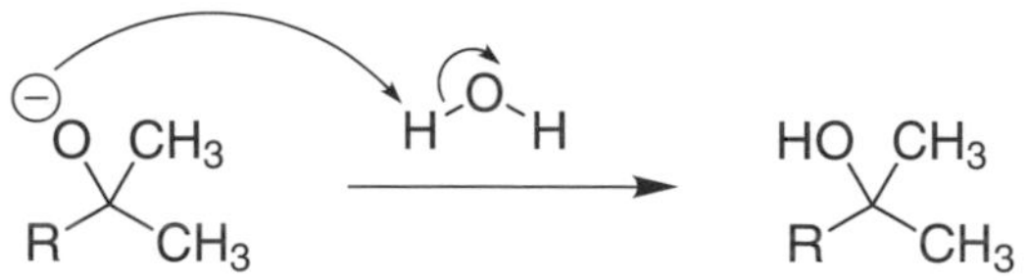

最後，因為親核基攻擊了兩次，所以我們的產物是醇。

當我們使用其他的親核基（並非 H^- 或 C^-）時，情況會變得十分不同。例如，假設以 RO^- 來進行攻擊：

我們重新回復羰基得到酯，

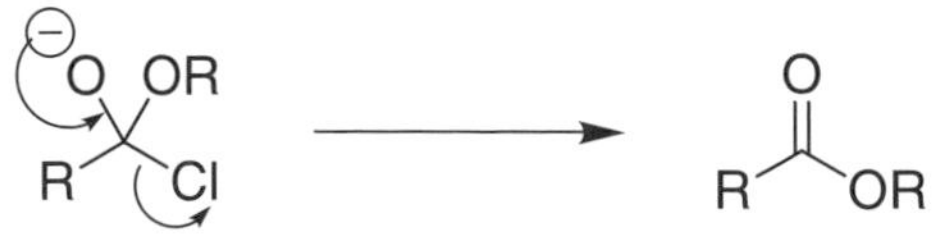

然後我們試著再次攻擊羰基：

這個中間產物**可以**重新回復，因為我們只要踢除第二次進行攻擊的 RO^- 即可。可是這樣一來又回到了酯：

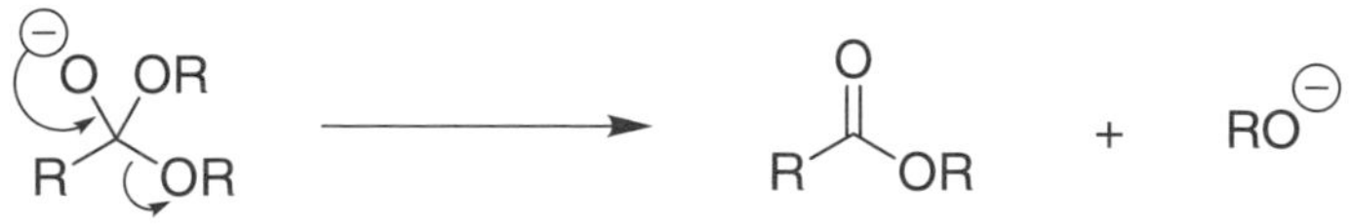

所以用第二個親核基攻擊酯並不會產生什麼作用。當我們試著以第二個親核基攻擊酯，它只是把親核基彈回去，重新回復羰基，於是我們又再次得到了酯。

用 H^- 或 C^- 當親核基，第二次的攻擊才能持續。用我們的黃金法則來看，這是合理的：如果第二次是受 H^- 或 C^- 攻擊，羰基就沒辦法重新回復了。

所以我們已經看過，使用 H^- 或 C^- 與使用其他親核基，產物的類型會有所不同。記住這件事：H^- 或是 C^- 會進行兩次攻擊，但是其他的親核基只會攻擊一次：

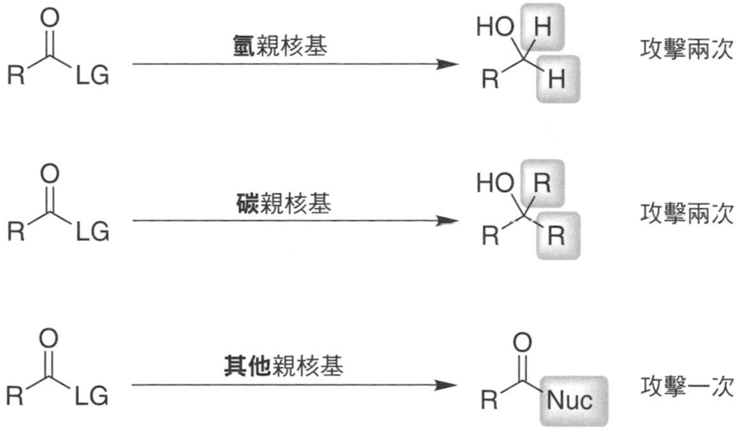

我們已經看過所有的親核基（除了 H^- 與 C^-）只會進行一次攻擊，而且在這些反應中，會把某一類型的羧酸衍生物換成另一種。例如:

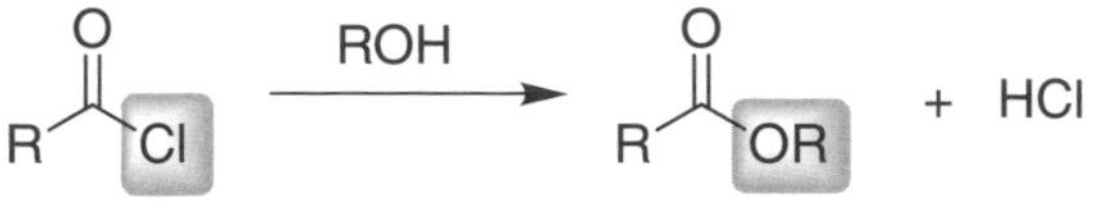

此反應機構（還有其他所有像這樣的反應機構），基本結構都這樣進行：攻擊，然後是重新回復羰基。就這樣，只有兩個核心步驟。但是通常我們都必須把質子轉移包含在反應機構內，所以如果你想在本章中變成反應機構的專家，就必須知道什麼時候該用質子轉移，什麼時候不該使用它們。這只需要一些簡單的法則，現在就來看看這些法則。

要為了瞭解何時該使用質子轉移，我們必須先知道在反應機構中，質子轉移只會發生在反應機構的三個時間點：

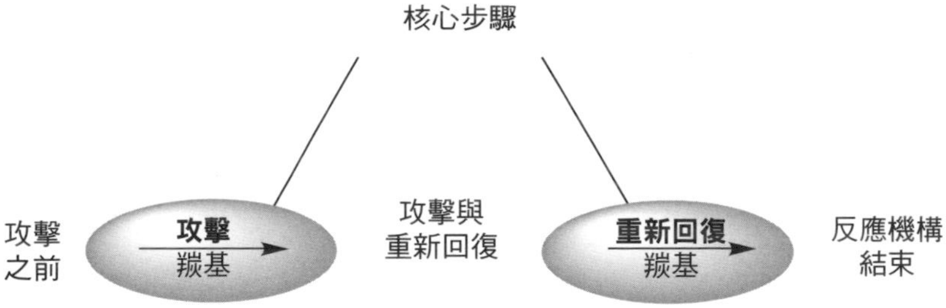

質子轉移會發生在攻擊之前，或者在攻擊之後（離去基離去之前）立即發生，或是在反應機構最後離去基離去後。

有時候根本不需要做任何質子轉移（目前為止我們看過的例子，都不需要任何質子轉移）。

有時候，只需要一次或兩次的質子轉移，但有時候，在這個反應機構的過程中甚至有三次都需要用到質子轉移。

例如來看看下面這個反應機構：

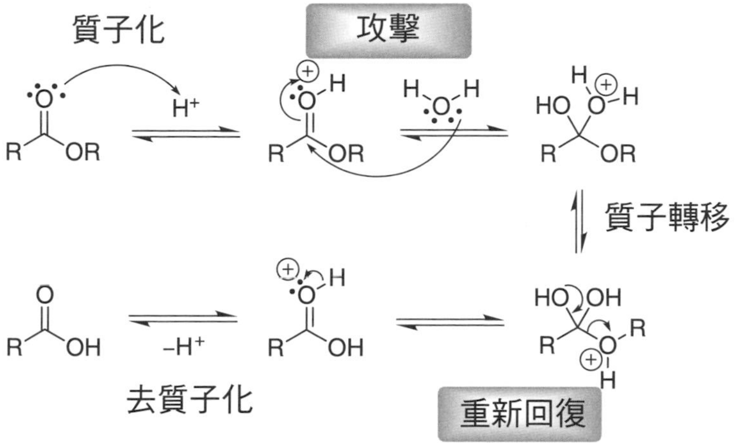

如果你一步步大聲描述它們，也許會像這樣說著：

質子轉移，**攻擊**，質子轉移，**重新回復**，質子轉移

請再次注意，我們有兩個主要步驟（攻擊和重新回復），但也有三次的質子轉移。在這個反應機構中，這已經是質子轉移的最大可能數量了：一次在攻擊之前，一次在攻擊和重新回復之間，而最後一次就在離去基離去之後。為了熟悉本章的反應機構，我們會需要一些法則來幫助我們決定，在三次質子轉移可能發生的時機裡，是否該使用質子轉移。

我們把這個討論分成三個不同的部分：

質子轉移，**攻擊**，質子轉移，**重新回復**，質子轉移
1 2 3

我們先從如何決定在攻擊之前是否需要質子轉移開始。前一章裡，我們看過了把羰基質子化會使羰基更具親電子性，但是有些羰基並不需要如此。醯基鹵化物和酸酐的活性很高，不需要更具親電子性了。因此，你不需要把它們質子化。但是酯的活性沒有這麼高，所

以如果用的是較弱的親核基（像是水），我們就需要在第一個步驟進行質子轉移。這說明了為什麼剛剛看過的反應機構在第一個步驟有質子轉移：

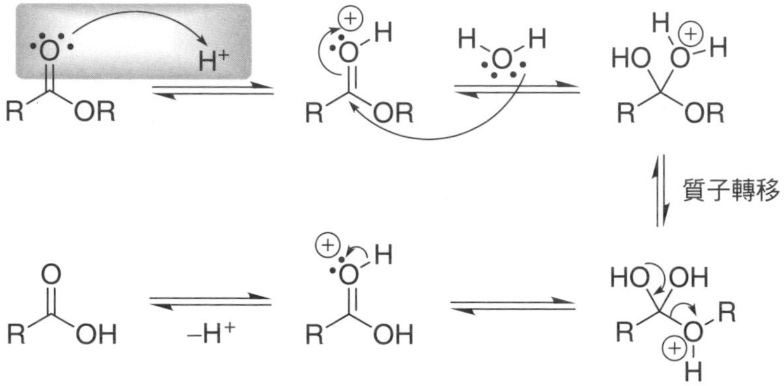

當我們試著水解醯基鹵化物時，就**不**需要在第一步使用質子轉移：

所以當我們在看羧酸衍生物的活性時，如果它是醯基鹵化物或酸酐時，就不需要把羰基質子化。

現在再來看看可能需要用到質子轉移的第二個地方：

<u>質子轉移</u>，**攻擊**，<u>質子轉移</u>，**重新回復**，<u>質子轉移</u>

1　　　**<u>2</u>**　　　3

在反應機構的這個時間點（攻擊與重新回復之間），也許會需要一個質子轉移步驟，確保離去基在這個條件下是穩定的。例如，考量次頁水解酯類時，標示出來的步驟：

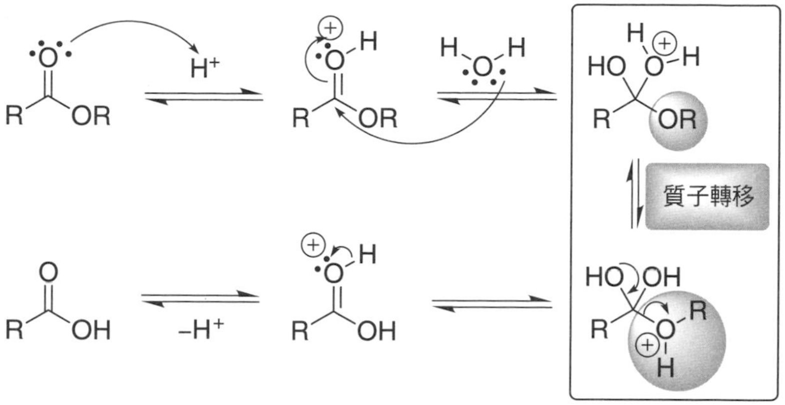

我們需要把 OR 基質子化，如此它才能不帶負電荷的離去。因為這個反應是在酸性條件下發生，所以我們無法踢除 RO^-。絕對不要把 RO^- 踢到酸性條件中，而是要先把它質子化，再用 ROH（中性）形式踢除，如上所示。如果是在鹼性條件（不是酸性）下進行，那麼踢除 RO^- 就不成問題。

最後來討論最後一個可能要用到質子轉移的地方：

質子轉移，**攻擊**，質子轉移，**重新回復**，質子轉移

1　　　　　2　　　　　**3**

這裡代表反應機構的終點，在最後進行質子轉移的目的，是為了形成最終產物，例如：

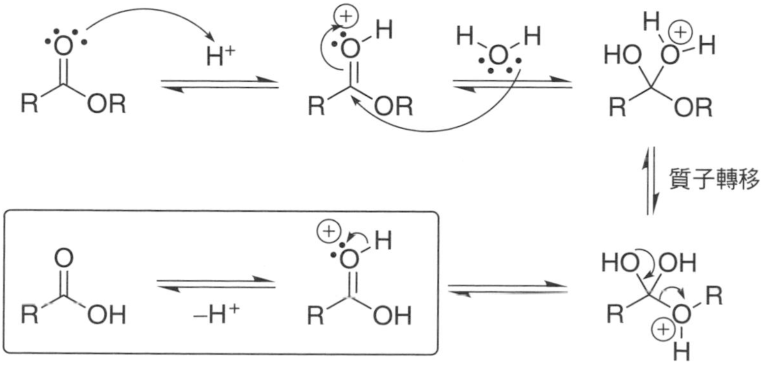

我們必須拉掉在反應機構最後的這個質子，以得到我們的產物。

現在我們已經看過需要決定何時何地進行質子轉移的種種。概括來說，我們看過的反應機構，核心步驟通常都相同（攻擊然後重新回復）。除了這些核心步驟，還有三個不同的地方，你必須決定是否需要進行質子轉移：攻擊之前，攻擊與重新回復之間，以及反應機構的終點。

讓我們來做一些練習，才能繼續學習如何應用剛剛的所學：

練習 6.1 請為下列反應提出合理的反應機構：

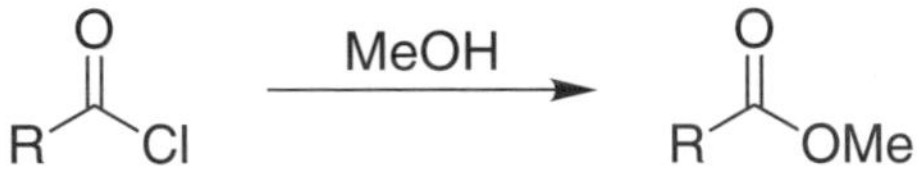

答　案 這個反應說的是把一個羧酸衍生物轉換成另一個。因此，反應機構必然包含至少兩個步驟：攻擊和重新回復。我們只需要決定是否需要加入質子轉移步驟即可。因為起始物是醯基鹵化物，所以不需要質子化。事實上，這個反應根本沒有顯示出質子的存在。所以，我們以 MeOH 攻擊羰基：

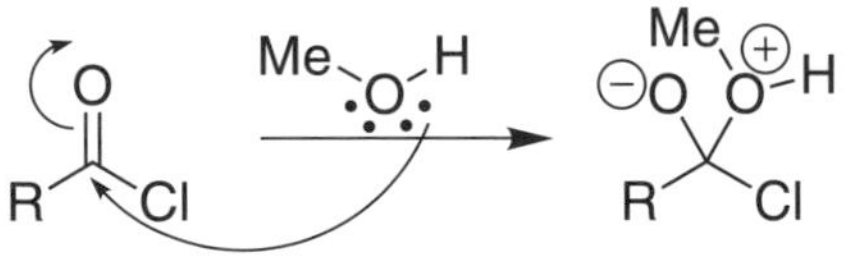

現在我們必須自問，在重新回復羰基之前是否需要進行質子轉移。我們開始審視即將踢掉的離去基，然後自問在這樣的條件下，踢掉這個離去基是否 OK。在這裡把 Cl^- 當離去基踢掉是沒有問題的。所以在重新回復羰基之前，不需要進行任何質子轉移。我們下一步就只是重新回復羰基：

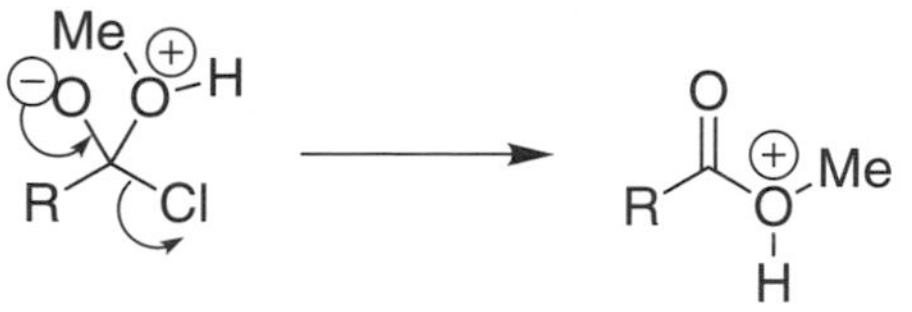

最後去質子化得到我們的產物：

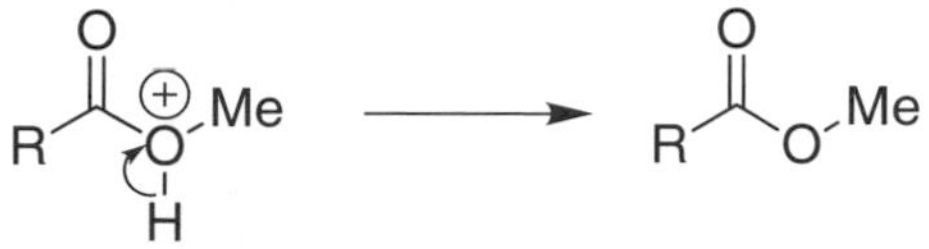

全部的反應機構看起來就像這個樣子：

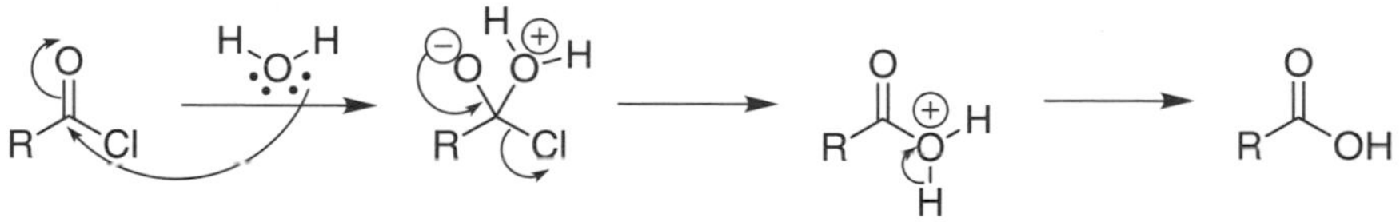

習　題 請為下列每一個問題提出合理的反應機構：

6.2 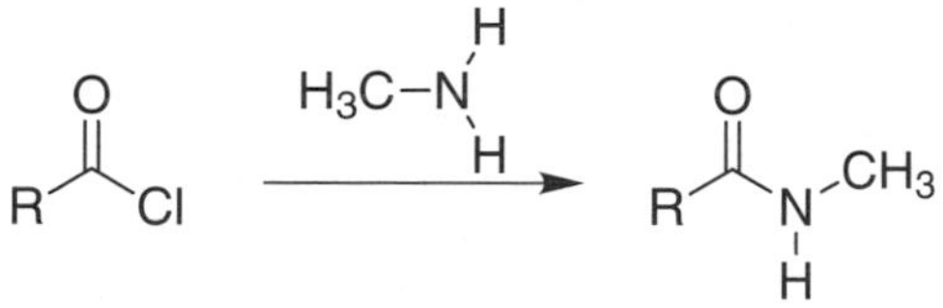

6.3 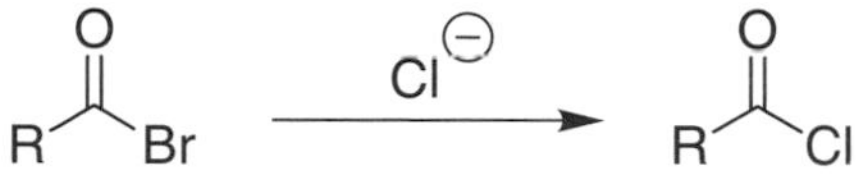

6.4 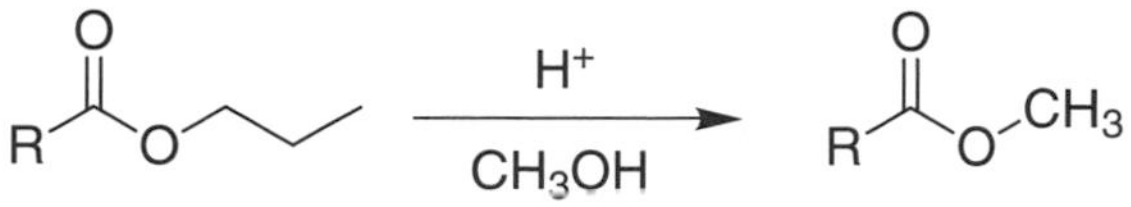

6.5 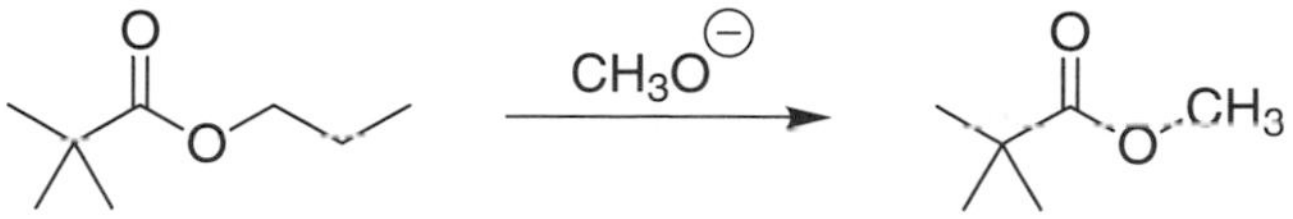

之前我們看過，H^- 或 C^- 是特別的親核基，因為它們會攻擊羰基兩次，得到醇的產物。因此，會有超過兩個的核心步驟:（1）攻擊（2）重新回復羰基，以及（3）再次攻擊。這在些反應中，除非接近反應終點，我們通常不需要任何質子轉移步驟，例如：

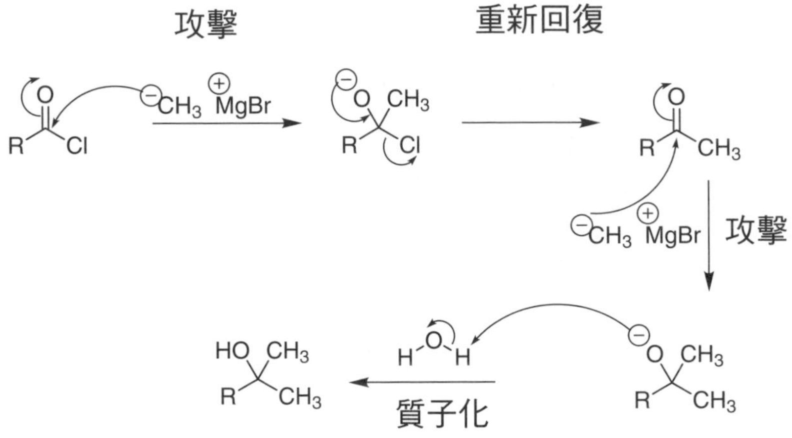

我們只需要在反應的最後提供質子以便得到產物，也就是醇。**但是**在處理 H^- 或 C^- 的時候，並不會發現任何質子。（如同我們在前一章討論過的，質子會破壞這些試劑）。當我們以 H^- 或 C^- 攻擊羧酸衍生物時，在反應結束後，我們需要加入質子來源，而且必須是以一個**獨立步驟**來完成：

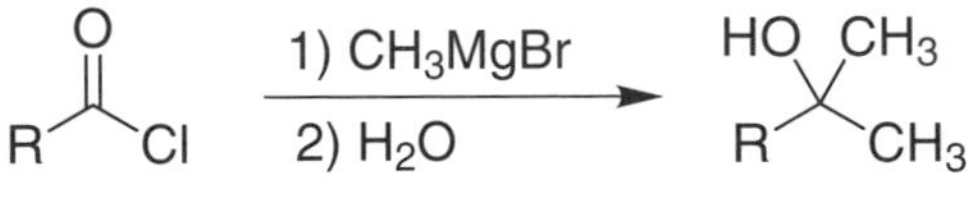

習　　題 請為下列反應提出合理的反應機構：

6.6 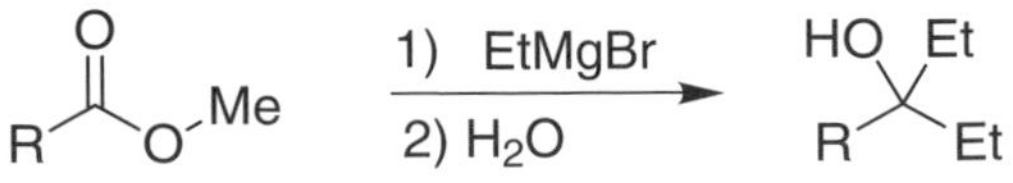

6.7 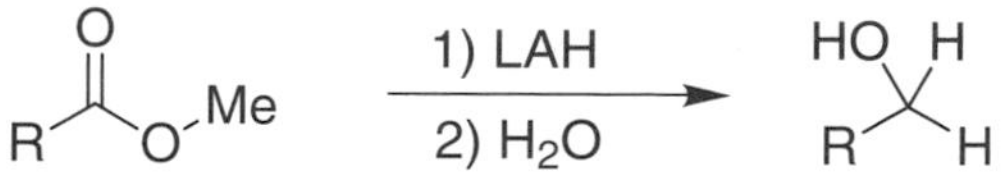

6.8 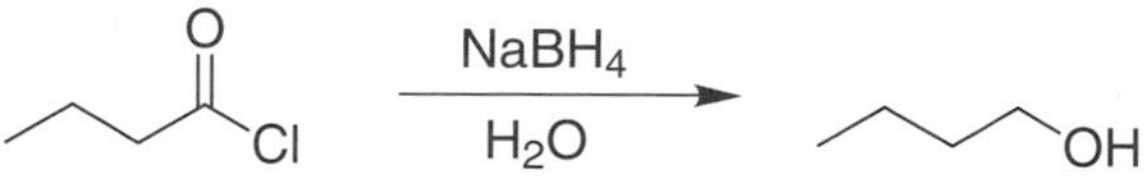

6.2 醯基鹵化物

如同我們曾經說過的，醯基鹵化物因為可以產生最穩定的離去基，所以是活性最強的羧酸衍生物。因此，我們可以從醯基鹵化物製造出任何其他的羧酸衍生物（只要踢掉 Cl^- 就行了）。因此，知道該如何產生醯基鹵化物就變得十分重要了。在解答合成問題時，常常會遇到需要製備醯基鹵化物的時候，接下來提到的反應，將來你必定常常用到。

要製備醯基鹵化物，如果能用 Cl^- 來踢除 OH 基，那就最好了：

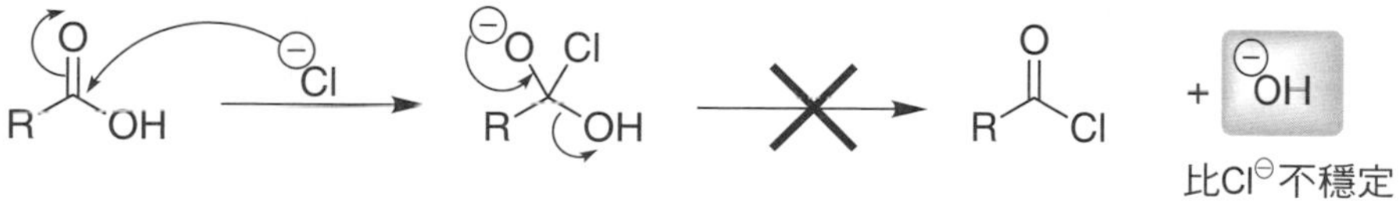

但是因為 OH^- 較 Cl^- 更不穩定，勢必有能量障礙，Cl^- 無法直接踢掉 OH^-。我們必須把 OH^- 轉換成**可以**被 Cl^- 踢除的取代基。我們想出的辦法是這樣的：

有兩種常用的方法可以完成反應：

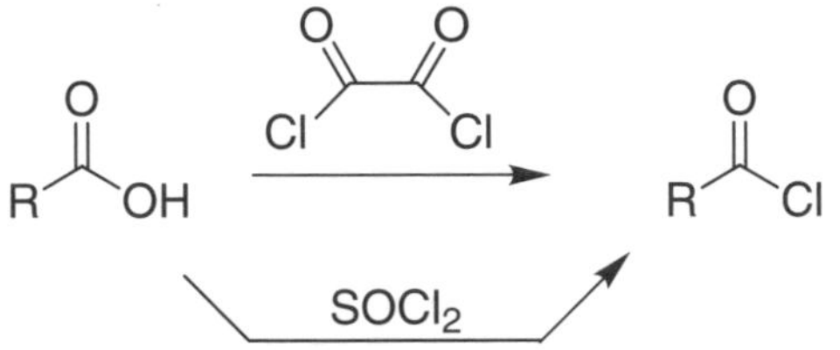

讓我們來探討這些反應的反應機構。你會發現這些反應機構用了我們到目前為止學過的所有法則，所以沒什麼新資訊。讓我們來仔細看一下第一個反應。

第一個步驟，羧酸當親核基，攻擊草醯氯（oxalyl chloride）的羰基：

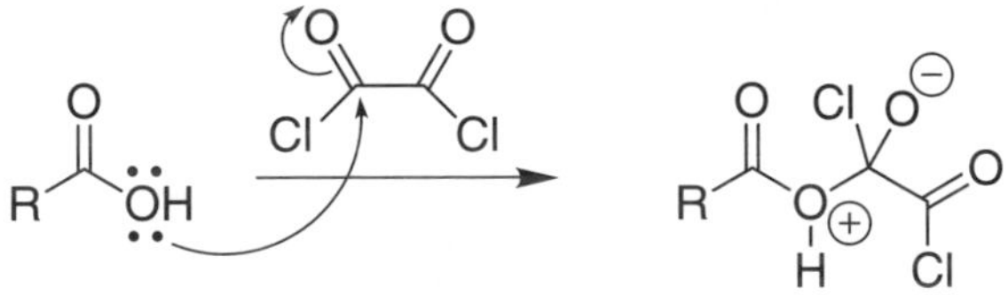

之後，我們為了重新回復羰基，把 Cl^- 當離去基踢掉：

你一定覺得這些步驟看起來很熟悉(攻擊羰基，然後重新回復羰基)。這得到了帶正電荷的中間產物，所以我們把它去質子化變成中性：

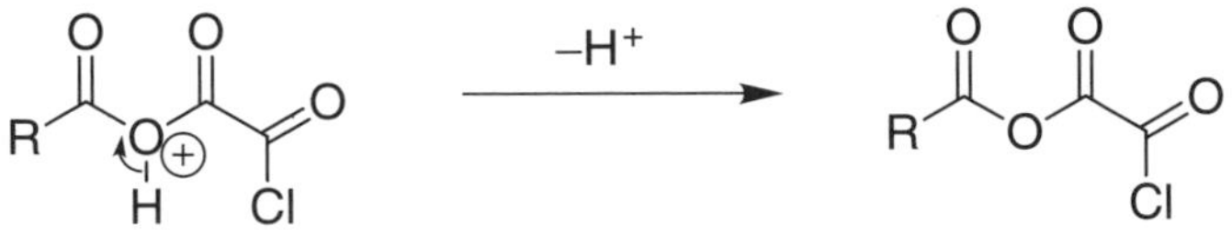

現在，我們有了一個較好的離去基。把這個離去基跟之前的比較一下：

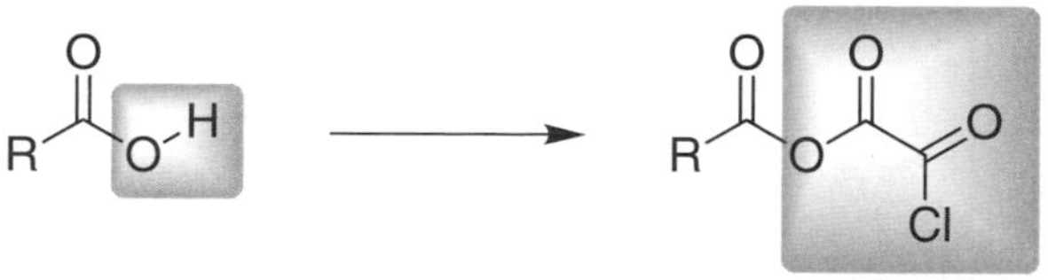

要知道為什麼它是較好的離去基，必須看當 Cl^- 攻擊時會發生什麼。（還記得嗎？前一個步驟我們把 Cl^- 當離去基踢除，現在它回來進行攻擊。）我們以 Cl^- 攻擊左邊的羰基：

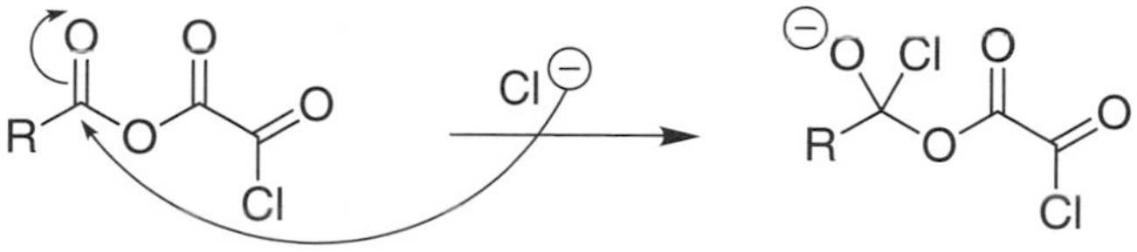

你也許會有疑問，為什麼要攻擊這個羰基，而不是另外兩個呢。如果攻擊中間的羰基，你會發現將會回到起點；如果攻擊右邊的羰基，只會重新產生重新回復羰基時的那個中間產物。所以攻擊左邊的羰基是可以產生新產物的唯一途徑。在氯攻擊這個羰基之後，會像下列所示的重新回復羰基：

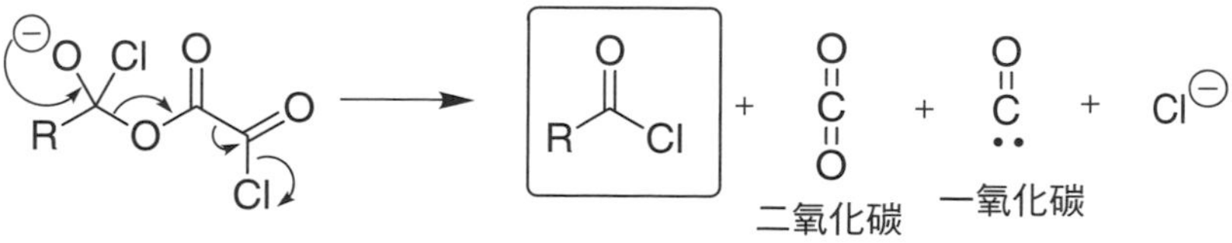

請注意我們在這裡踢除了兩種氣體（CO_2 和 CO）。這樣一來會使反應趨近完成。（我們在前一章看過，氣體的產生可以把反應推至完成。）

現在來看看第二個把羧酸轉換成醯基鹵化物的試劑：

同樣的，反應機構十分眼熟。一開始我們用羧酸當親核基。攻擊，重新回復S＝O雙鍵，然後去質子化（就像我們之前做過的一樣）：

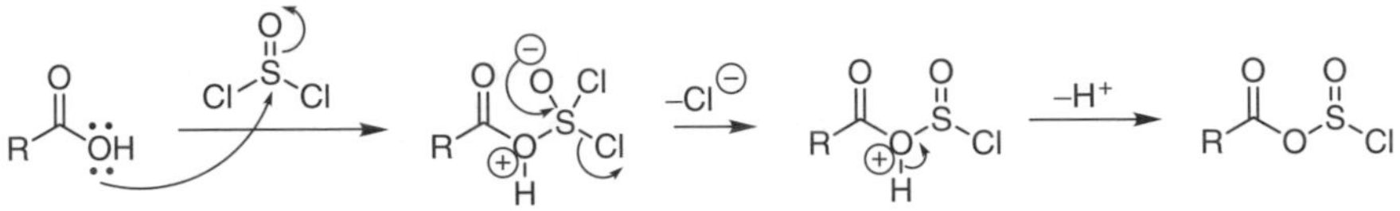

現在我們得到了比之前更好的離去基：

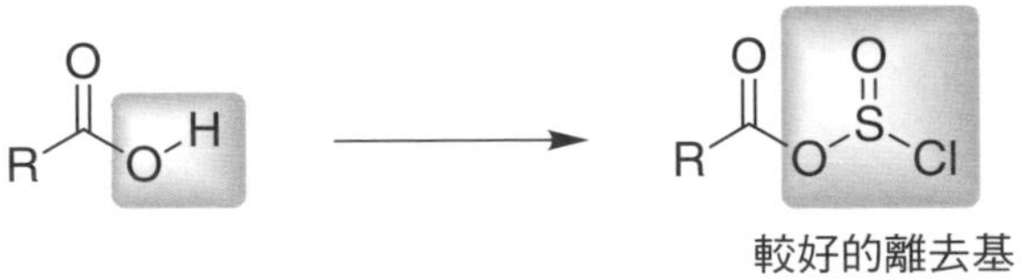

所以，Cl^- 進行攻擊，然後再重新回復羰基以得到醯基氯化物：

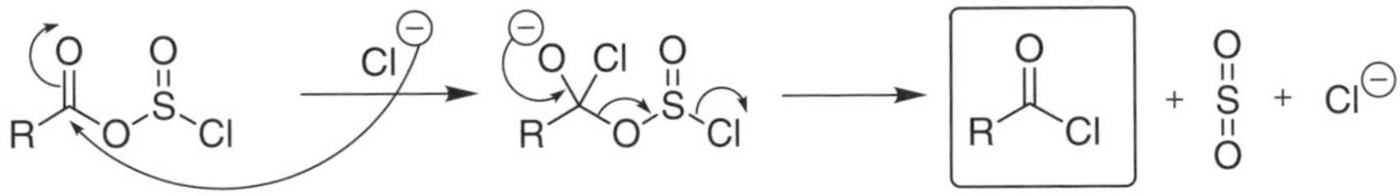

同樣的，氣體（SO_2）的產生將促使反應趨向完成。

至此我們已經看過了兩種用來製備醯基鹵化物的方法。仔細看這兩個反應的反應機構，會發現這些反應都遵循了幾個通則。

現在我們準備來討論醯基鹵化物的反應了。我們會看到許許多多的反應，但不需要把它們都背起來，只要記住它們都遵循了同樣的幾條通則就行了。在前一節裡，我們看過了兩個核心步驟（攻擊和重新回復）。之後，只需要注意有可能用到質子轉移的三個時間點就可以了。

質子轉移，**攻擊**，質子轉移，**重新回復**，質子轉移

1　　　　　2　　　　　3

但是對醯基鹵化物來說，其實簡單多了，因為通常只要在反應機構的終點進行一次質子轉移就夠了（你可以略過圖中的 1 和 2）。一開始我們不需要質子轉移（上圖的 1），因為醯基鹵化物的親電子性很夠〔在受攻擊之前不需要先質子化。然後，在反應中間也不需要質子轉移（上圖的 2），因為離去基（Cl^-）要離去不成問題（在任何條件下都是如此〕。因此我們只需要在最後進行一次質子轉移以得到產物即可。

因此無論什麼時候，當我們攻擊醯基鹵化物時，通常會得到下列的反應機構：攻擊，重新回復，去質子化。快速大聲說十遍（攻擊、重新回復、去質子化）。你會發現我們即將看到的所有反應，會一再重複這個發生順序。讓我們一個一個來討論這些反應吧：

當**水**攻擊醯基鹵化物時，會得到羧酸：

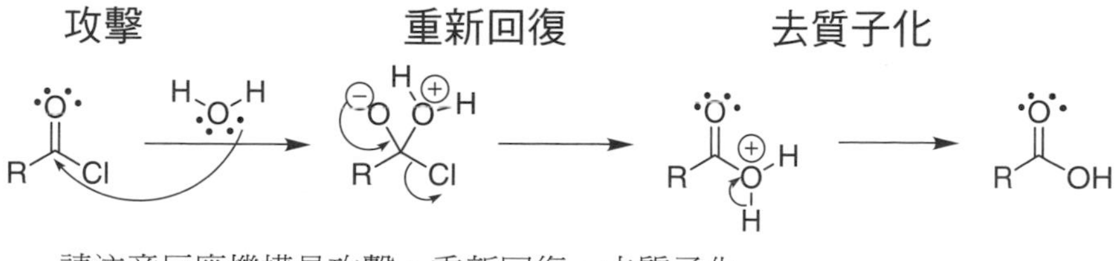

請注意反應機構是攻擊，重新回復，去質子化。

當**醇**攻擊時，產物是酯：

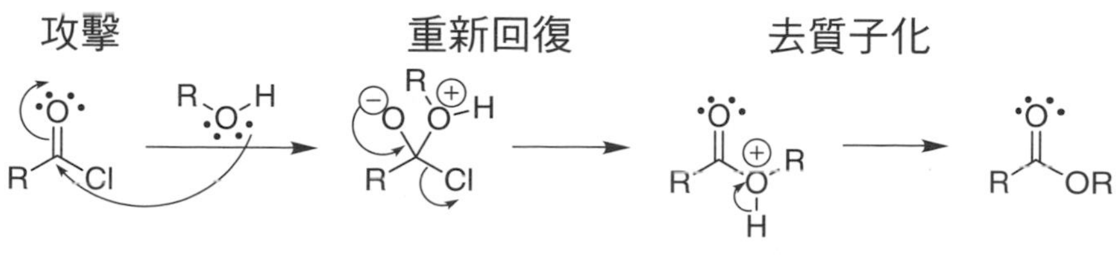

同樣的，反應機構是：攻擊，重新回復，去質子化。

當**胺**攻擊時，我們得到醯胺（amide）：

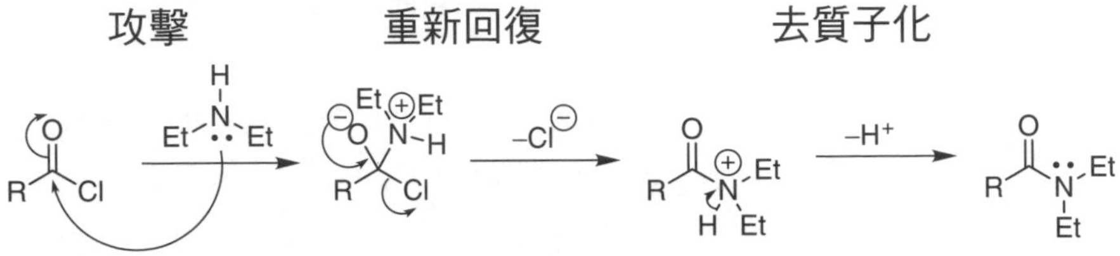

現在來想想如果用 H^- 或是 C^- 攻擊醯基鹵化物，發生什麼事。我們已經知道，H^- 和 C^- 很特別，它們會攻擊兩次：

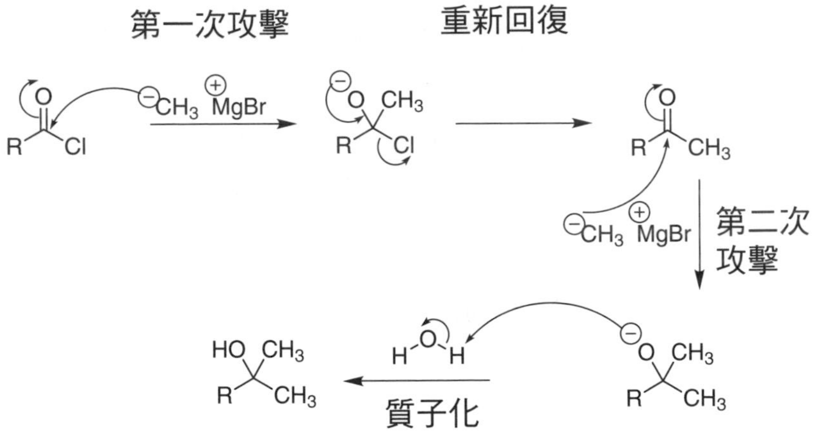

這出現了一個很明顯的問題：如果只想用 C^- 攻擊一次該怎麼辦？換句話說，如果我們只想像下面這樣進行呢？

只攻擊一次　　　　重新回復

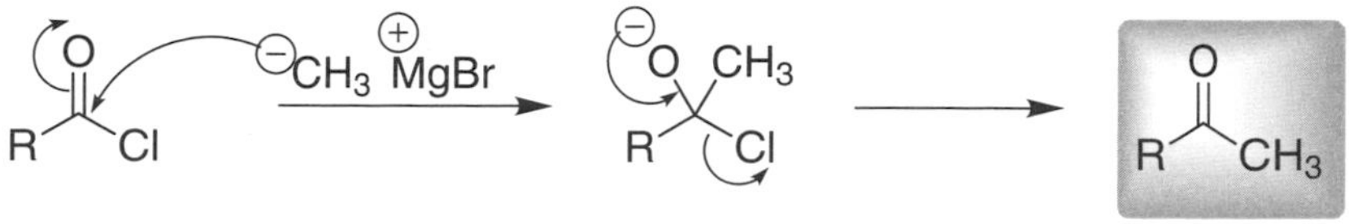

如果我們希望產物是酮該怎麼辦？這裡就產生了問題，因為格里納試劑會攻擊兩次，我們沒辦法阻止它進行第二次攻擊。即使試著放入一當量的格里納試劑，得到的產物也會很複雜（有些醯基鹵化物會被攻擊兩次，有些則完全沒被攻擊）。為了讓反應停在酮，我們需要一個只會跟醯基鹵化物進行一次反應，但不會跟酮進行反應的碳親核基。很幸運的，有一系列的化合物可以做到這一點，那就是二烷基銅鋰（lithium dialkyl cuprate, R_2CuLi）。

在上學期的有機化學中，你也許已經看過這個化合物了。二烷基銅鋰是碳親核基，但是它們的活性較格里納試劑低。二烷基銅鋰會和醯基鹵化物進行反應，但不會跟酮反應。因此，我們可以用這個試劑來對醯基鹵化物進行一次攻擊，反應停在酮：

只攻擊一次

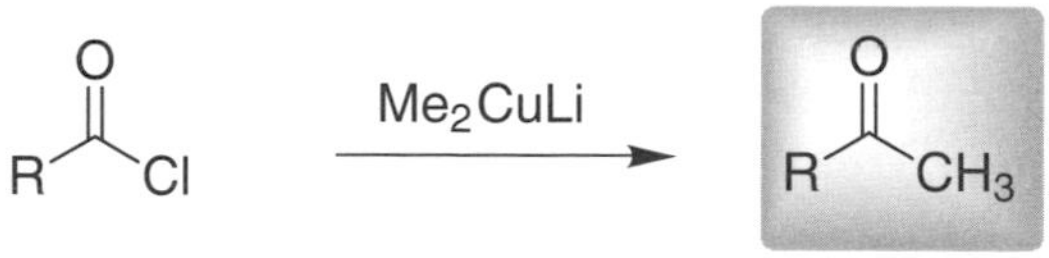

我們已經看過了許多反應，現在來快速回顧一下。仔細看看每個反應，然後確認你對每一個反應的反應機構都很熟悉了：

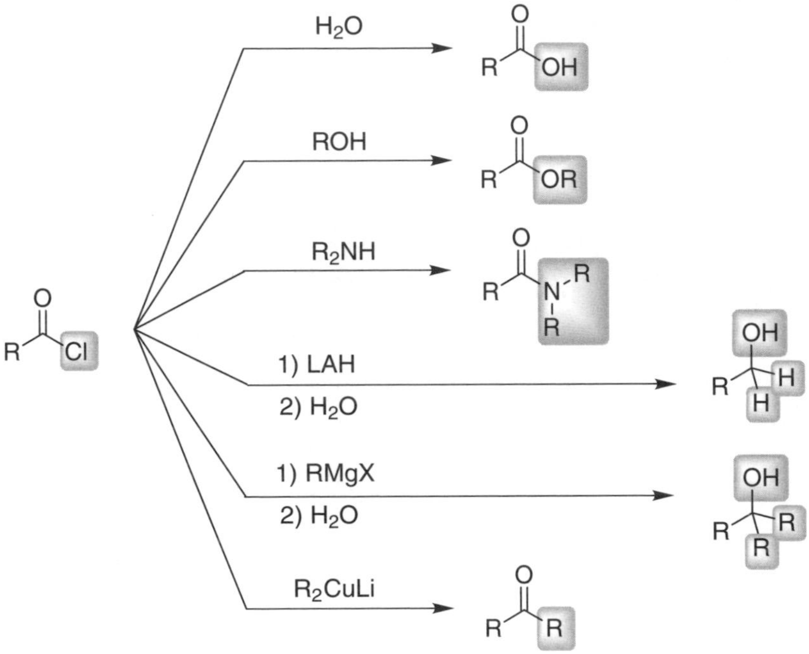

現在讓我們拿一些問題來練習練習吧。

練習 6.9 請為下列反應提出反應機構：

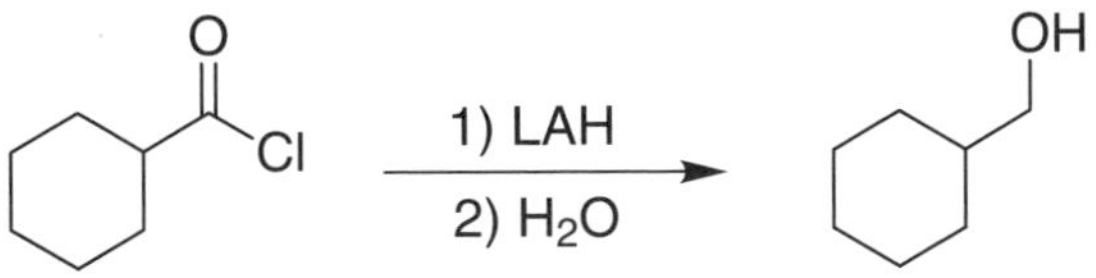

答　案 我們先考慮這個親核基會進行一次還是兩次攻擊，再決定什麼時候進行質子轉移。

起始物是醯基鹵化物，試劑是 LAH。LAH 是氫親核基（H^- 的來源），所以我們預期它會攻擊羰基**兩次**。這表示最終產物會是醇。

接著，我們必須考量是否需要質子轉移步驟來協助反應進行。無論何時以 H^- 或 C^- 進行攻擊，只需要在反應機構的最後，進行一次質子轉移即可。所以反應機構就像這樣：

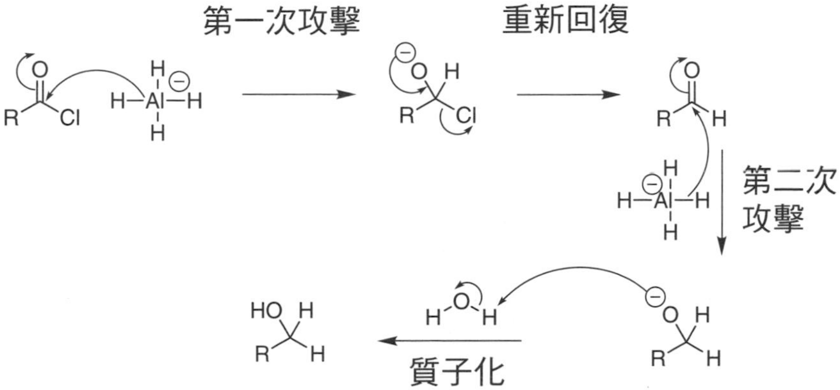

習　　題 請為下列每一個反應提出合理的反應機構：

6.10 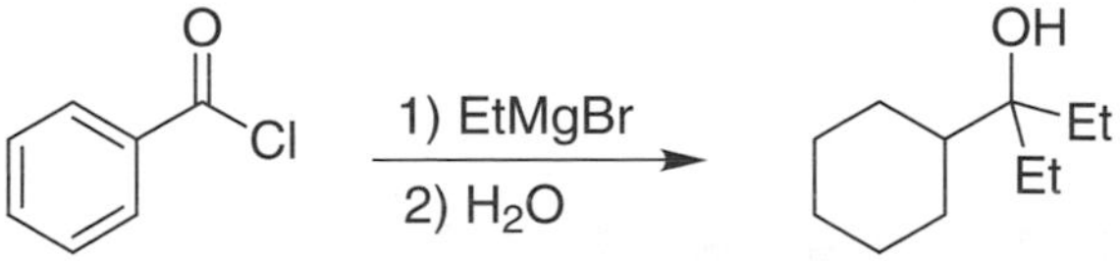

6.11 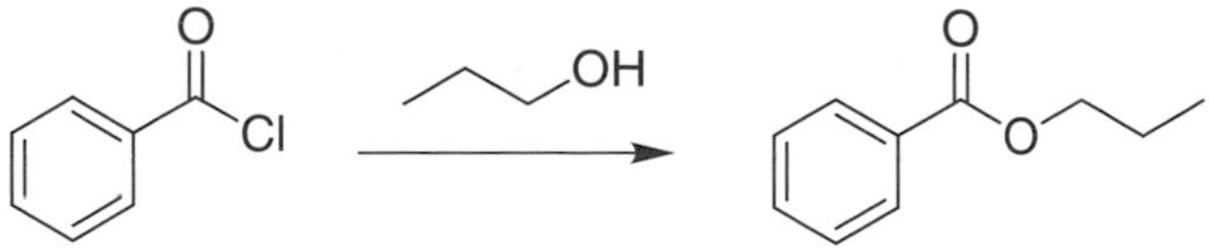

6.12 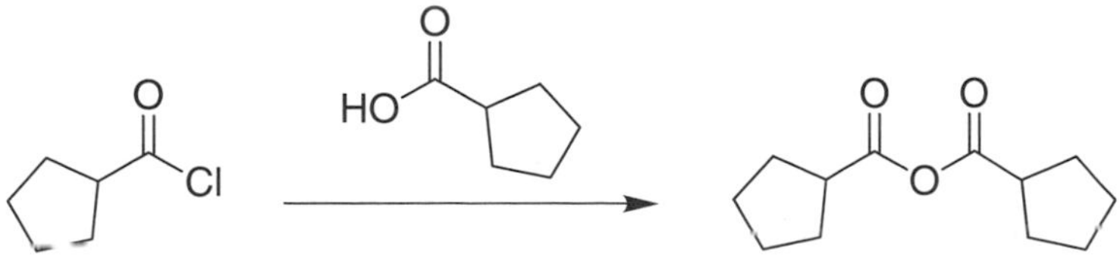

6.13 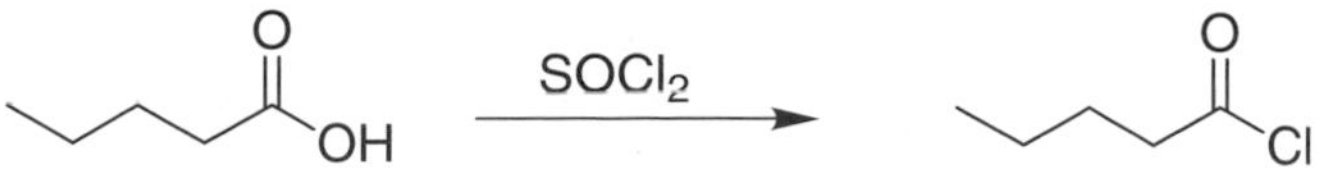

6.14 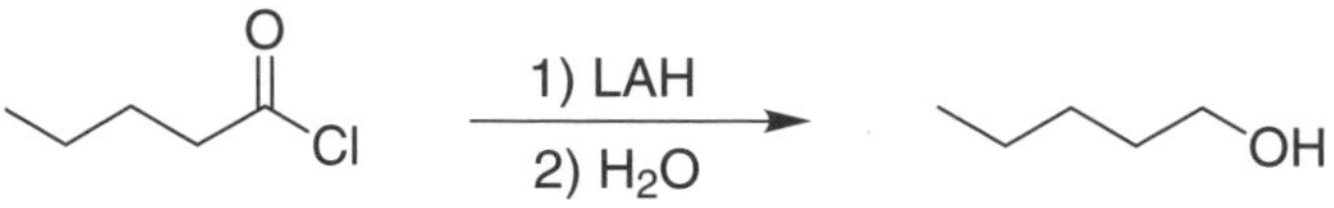

練習 6.15 請預測下列反應的主要產物：

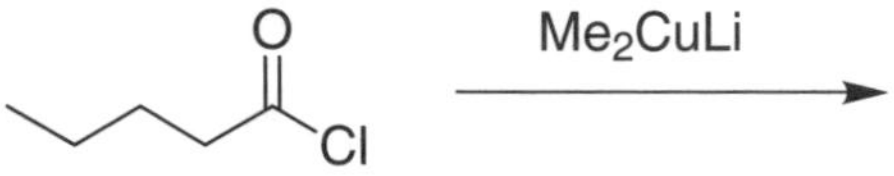

答　案 我們從醯基鹵化物開始。為了預測這個反應的主產物，必須先決定這個親核基會進行一次還是兩次攻擊。這個試劑是二烷基銅鋰，它是碳親核基，但不會像格里納試劑那樣攻擊兩次，是很**溫和**的碳親核基，只會攻擊一次，如同在本節之前看過一樣。產物是酮：

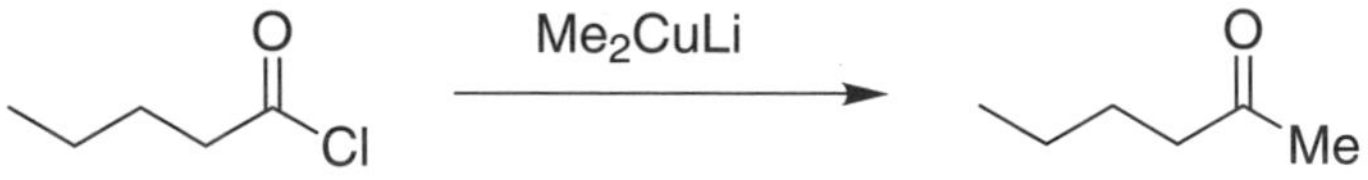

習　題 請預測下列每一個反應的主要產物：

6.16 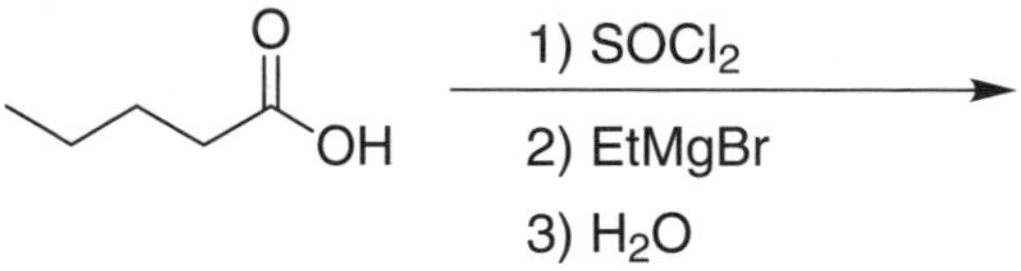

6.17 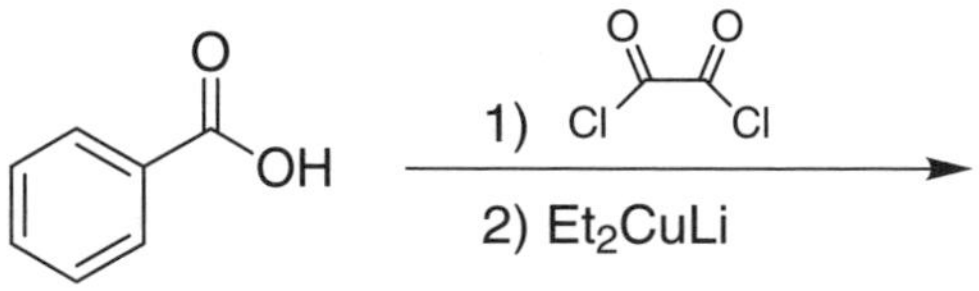

6.18 

6.19 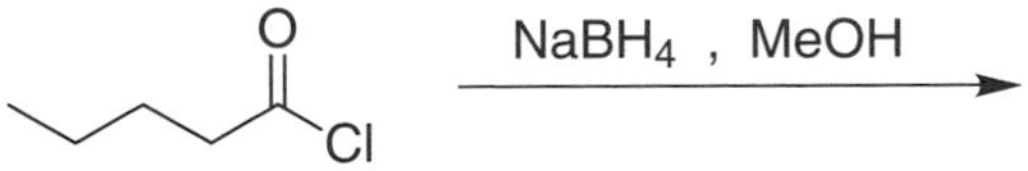

6.20 

練習 6.21 要進行下列轉換，我們該使用何種試劑呢？

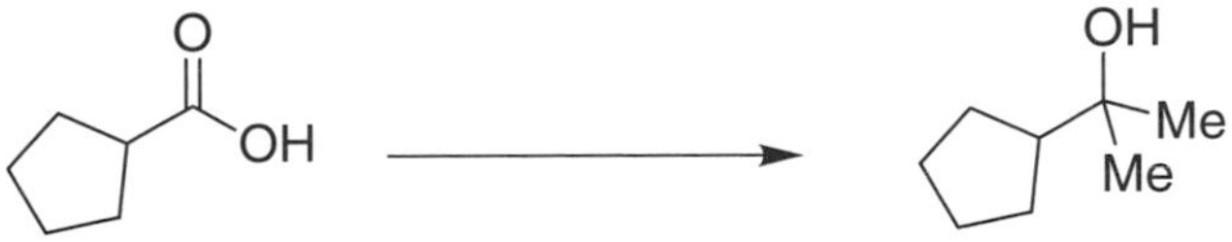

答　案 先仔細看看我們手頭上的東西。羧酸為起始物，最終產物是醇。我們也注意到產物有兩個甲基：

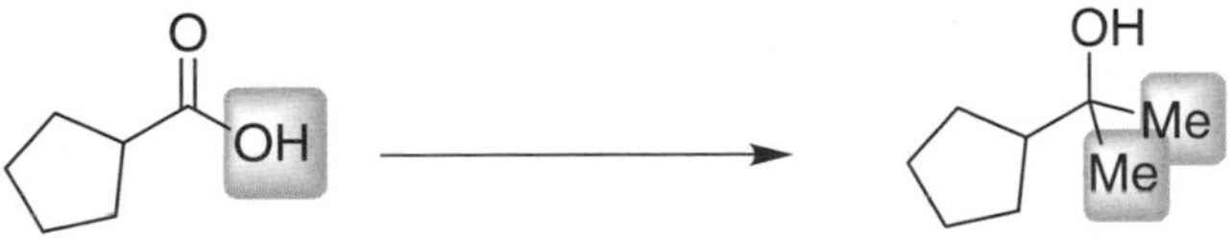

因此，我們需要抓住**兩個**甲基，這表示必須攻擊羰基**兩次**。而在這個過程中，羰基必須還原成醇。這看起來很像是格里納反應。

但是我們還是要小心一點。我們無法直接在羧酸上進行格里納反應。還記得格里納試劑對於所處的條件很敏感：如果有質子存在，就會破壞格里納試劑。因為起始化合物（羧酸）就有一個質子，我們必須先把起始物轉換成醯基鹵化物。所以我們提出像這樣的策略：

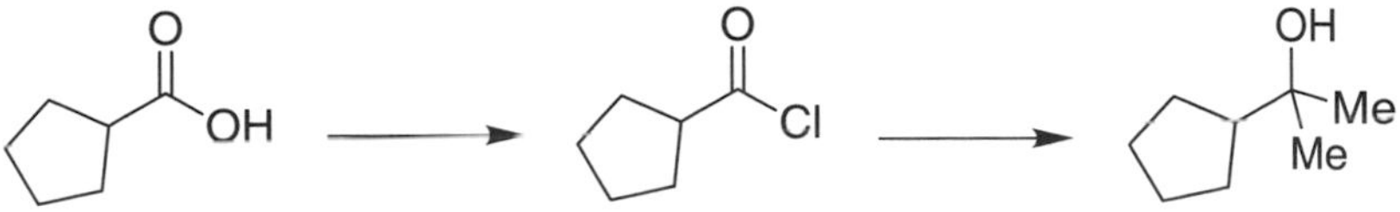

要達成反應，需使用以下試劑：

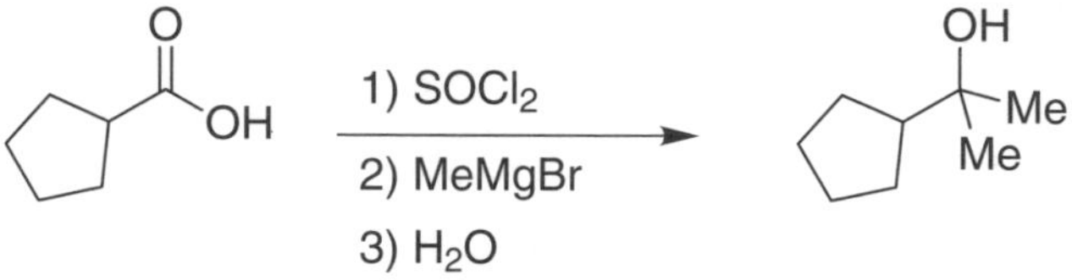

習　題 請判別進行下列轉換時，該使用何種試劑：

6.22

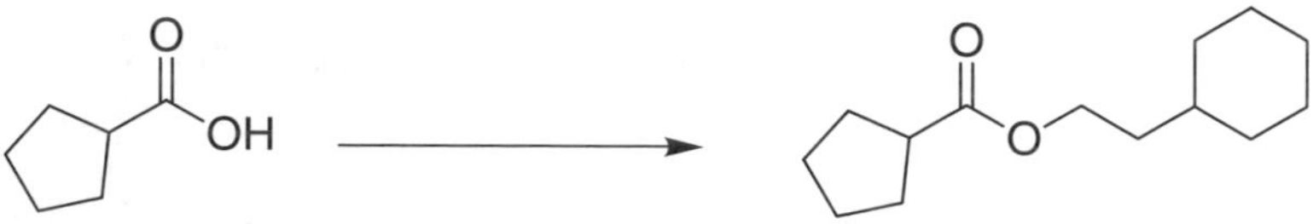

6.23

6.24

6.25

6.26

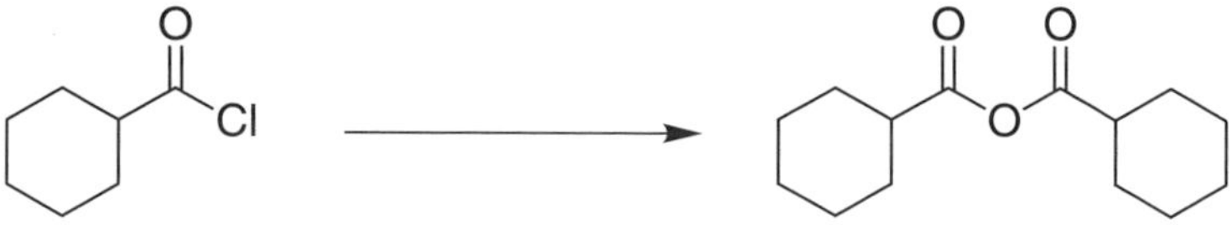

6.3 酸酐

酸酐是利用羧酸與醯基鹵化物之間的反應來製備：

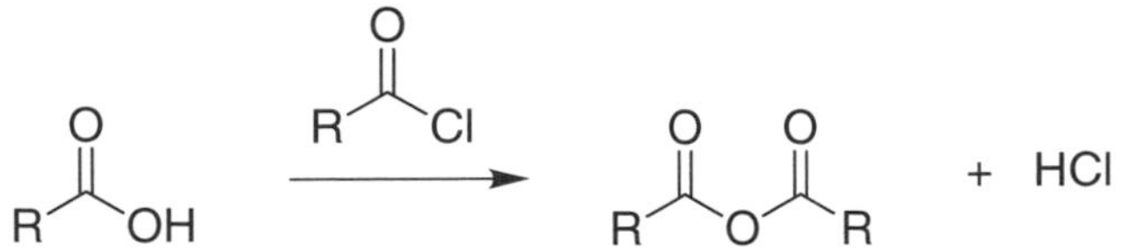

請注意它的副產物是 HCl。為了吸收產生的 HCl，我們通常會使用稱為吡啶（pyridinc）的化合物：

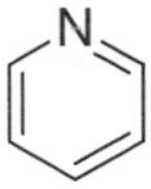

吡啶的作用就像是「吸酸的海綿」，因為一旦 HCl 形成，它就會像下圖所示，把酸吸收掉：

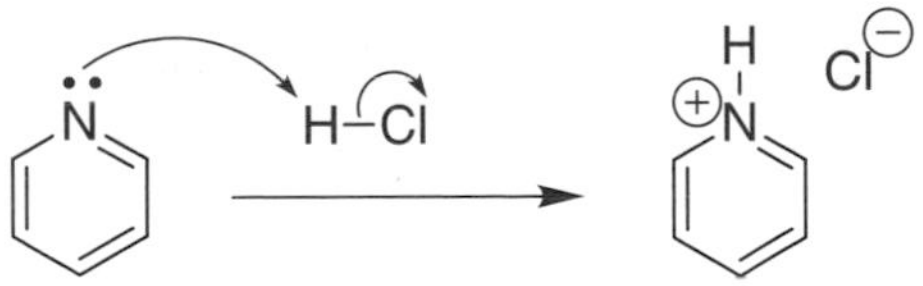

在這個反應中，吡啶事實上還提供了另一個作用（在你的課本中不一定會討論到）。但通常來說，當你看到吡啶，就應該把它當成是吸酸的海綿。你會常常看到它用 py 表示：

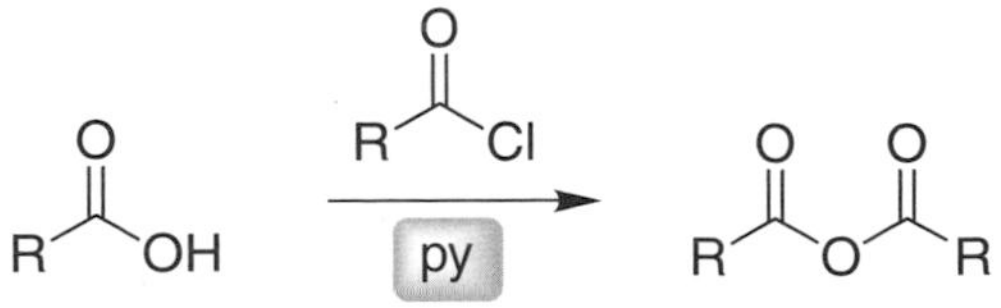

如果我們用羧酸根離子（carboxylate ion），也就是去質子化的羧酸來當親核基，就不需要用到吡啶：

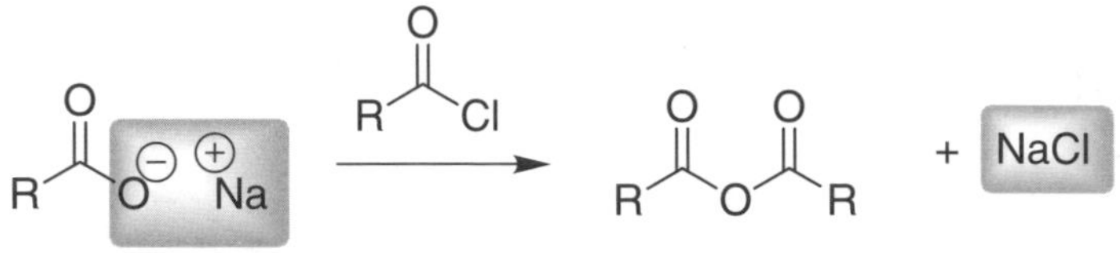

以這個方式進行反應，就不會產生 HCl，也就不需要吸酸的海綿了。

另一個用來製備酸酐的常見方法，就是使用叫做五氧化二磷（phosphorus pentoxide, P_2O_5）的化合物。這個化合物根本名不符實，因為它的結構實際上是 P_4O_{10}。但是因為化學家曾經把它的結構想成是 P_2O_5，所以才會以此命名。畢竟積習難改，所以我們還是稱這個化合物為五氧化二磷。

以五氧化二磷進行反應的反應機構，和到目前為止我們看過的反應機構很相似。雖然有一些細微的不同，但若把我們看過的所有法則應用在這個反應機構上，會發現十分合情合理。為了某些理由，大部分的課本都不會解說這個反應的反應機構。我無法解釋為什麼他們要略過，因為我認為這個反應機構可以使我們看過的法則更具說服力。但是因為課本不會提到，所以我也會略過。如果你感到很好奇，可以在網路上搜尋 P_4O_{10} 的結構，然後試著自己解出反應機構。

酸酐的活性跟醯基鹵化物不相上下；因此酸酐的反應和醯基鹵化物的反應相同。你只要訓練眼睛去察看不同的離去基就可以了：

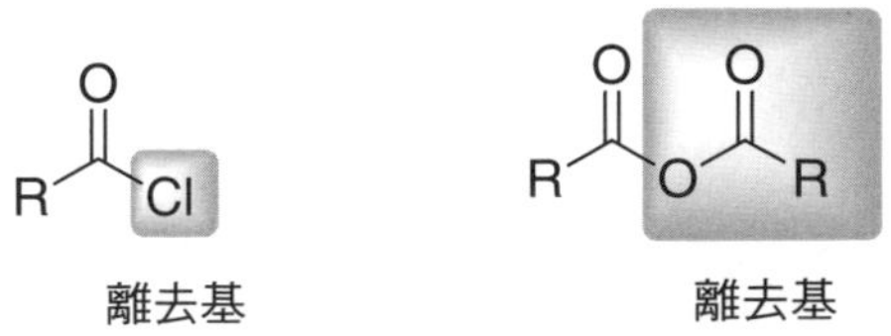

當親核基攻擊，羰基會重新回復，並得到以共振形式獲得穩定的離去基：

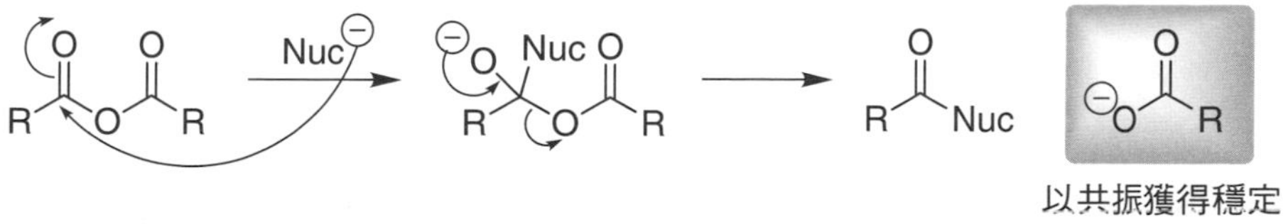

所以我們可以拿酸酐，跟在前一節中看過的任一個親核基進行反應，得到跟前一節裡相同的產物：

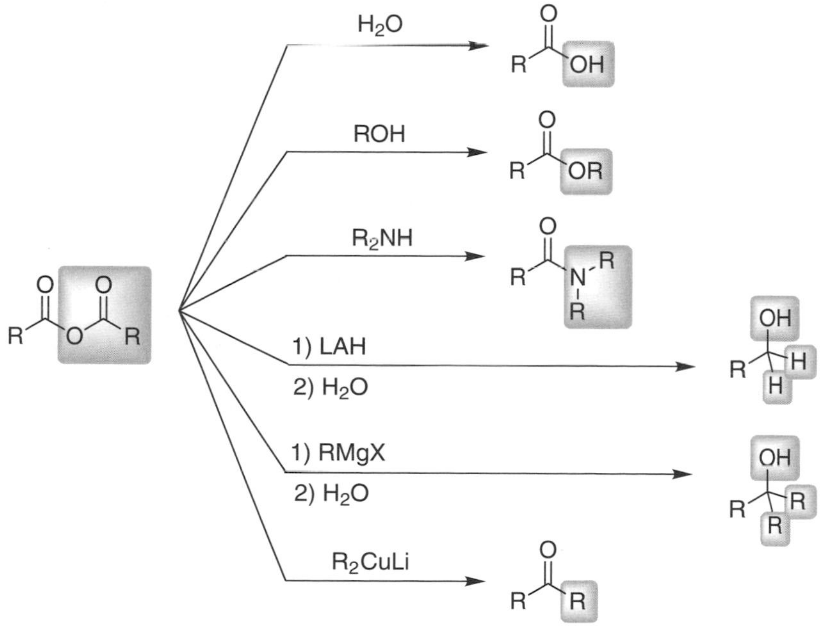

練習 6.27 請為下列反應提出反應機構：

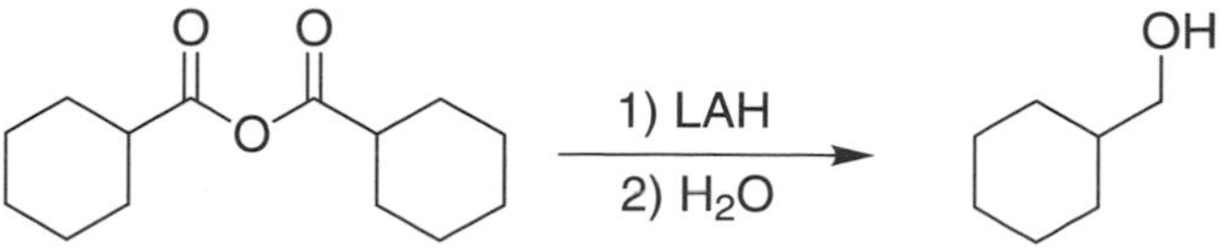

答　案 我們先考慮這個親核基會攻擊一次還兩次，再決定什麼時候該進行質子轉移。

LAH 是氫親核基，我們預期它會攻擊羰基**兩次**。這表示最終產物會是醇。

接著，考量是否需要質子轉移步驟來協助反應的進行。因為起始物是酸酐（活性跟醯基鹵化物差不多），我們只需要在反應機構的最後，進行一次質子轉移即可。所以反應機構就像這樣：

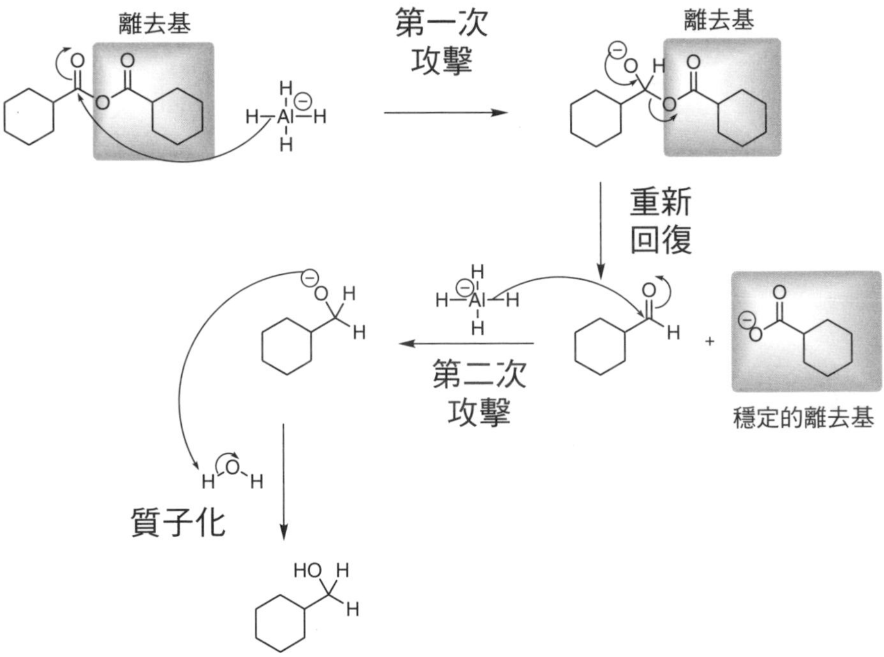

習　題 請為下列每一個反應提出合理的反應機構：

6.28

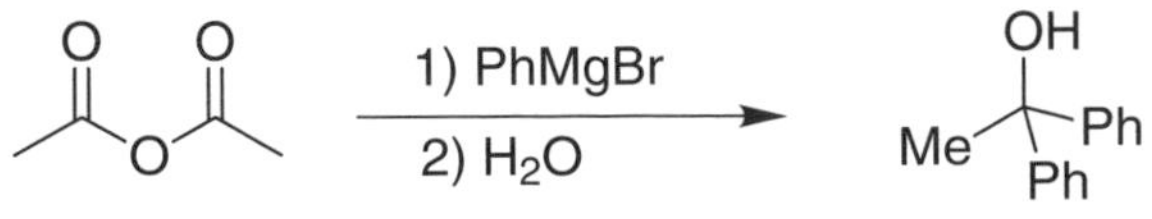

6.29 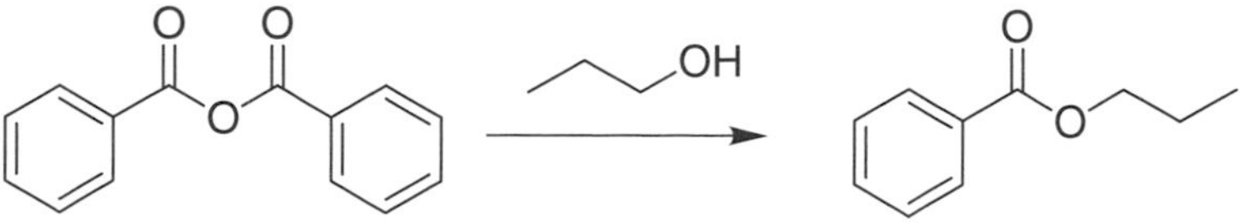

練習 6.30 請預測下列反應的主產物：

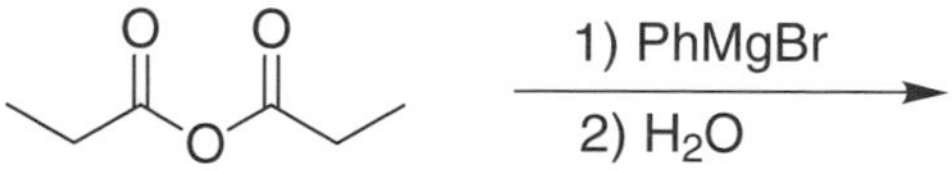

答　案 為了預測這個反應的主產物，必須先決定這個親核基會進行一次還是兩次攻擊。這個試劑是格里納，它是很強的碳親核基，所以會攻擊兩次，產生醇：

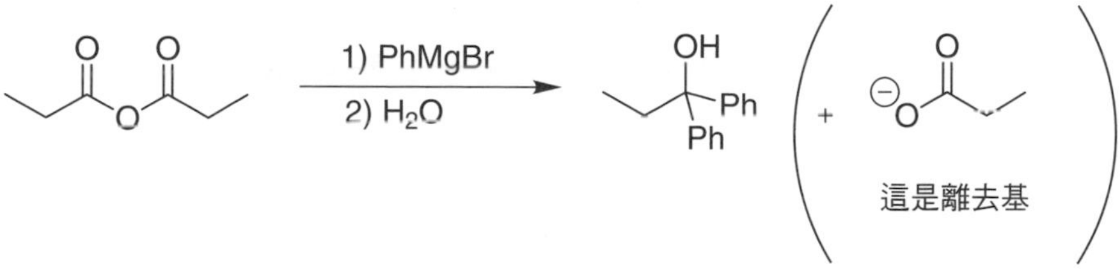

習　題 請預測下列每一個反應的主產物：

6.31 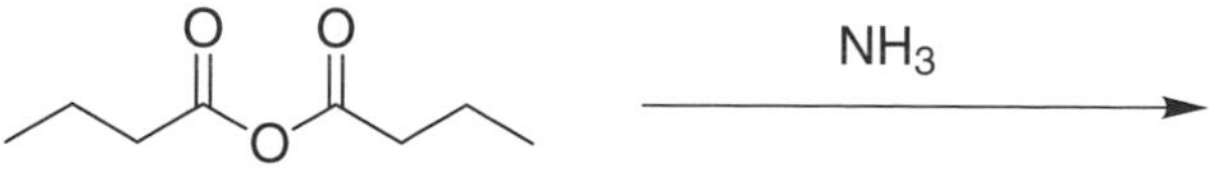

6.32 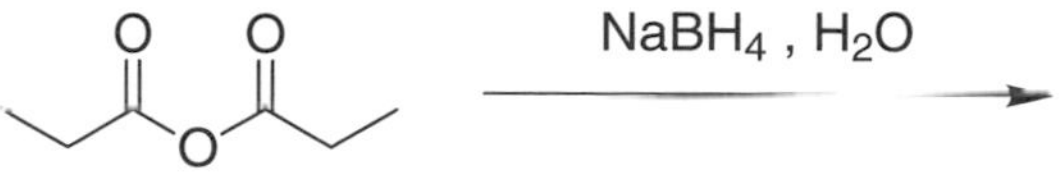

6.33 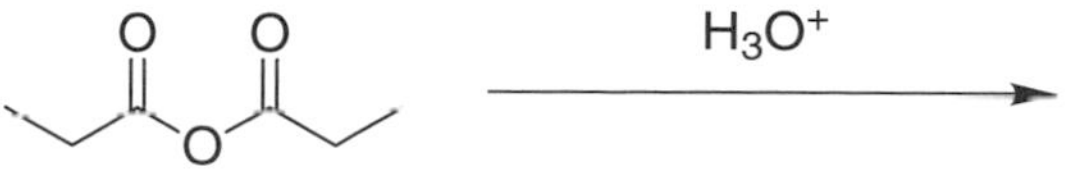

6.4 酯

讓我們快速複習羧酸衍生物的活性順序：

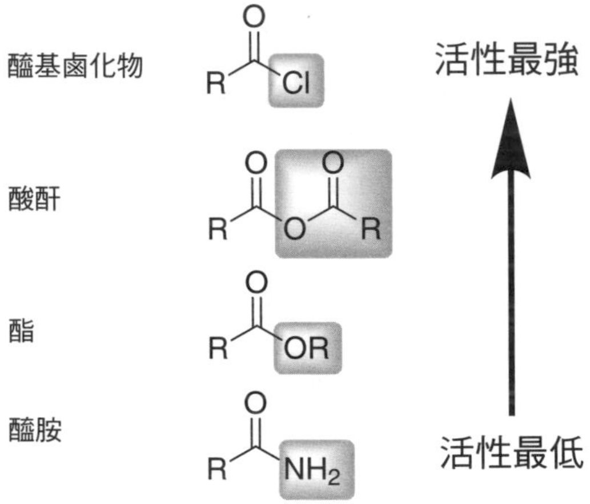

把這個順序背下來會很有用。酯可以從比酯更具活性的羧酸衍生物（上圖在酯之上的任何羧酸衍生物）製成。換句話說，我們可以從醯基鹵化物或酸酐製造出酯：

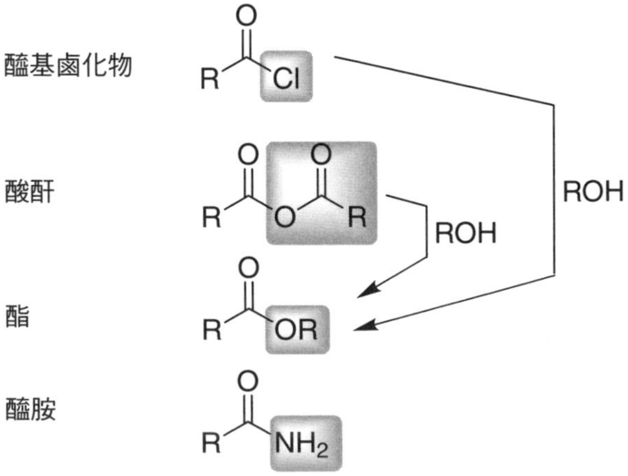

我們已經看過許多製備醯基鹵化物的方法：可以從羧酸製得〔使用亞硫醯氯（thionyl chloride）或草醯氯〕。這樣一來提供了一個從羧酸製造出酯的兩步驟方法：

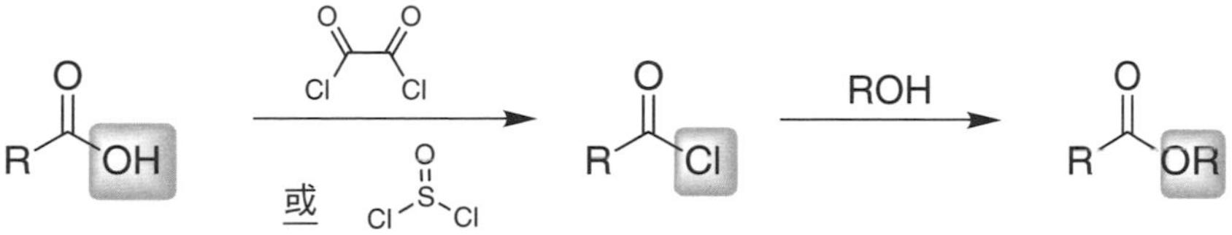

但是這會讓我們對一個問題感到好奇：是否能從羧酸直接一步製備出酯？能不能省略製備醯基鹵化物的步驟？如果只簡單把醇和羧酸混合，並**不會**有反應發生：

因此來看看能做什麼來迫使反應進行。我們可以試著讓親核基更具親核性。換句話說，我們可以試著用 RO^- 來取代 ROH：

但是這只會造成另一個問題。RO^- 會當鹼，把羧酸去質子化：

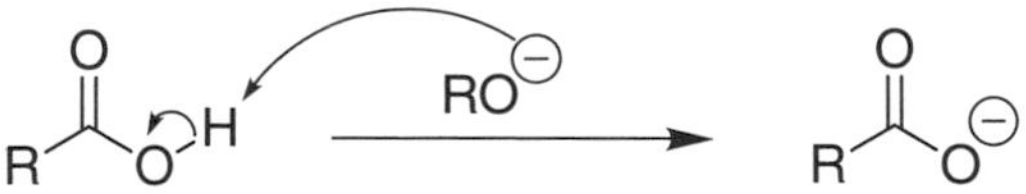

同樣的，這樣一來就不會得到我們想要的產物酯了。

但是還有一件事可以試試。除了讓親核基更具親核性，還可以試著讓親電子基更具親電子性。你還記得該怎麼做嗎？只要把羰基質子化，像這樣：

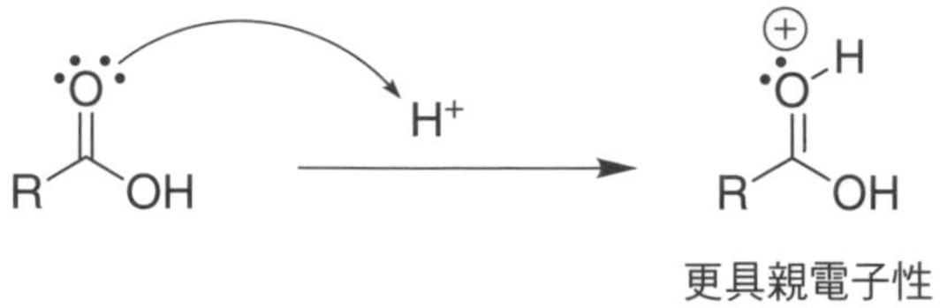

H^+ 可以當催化劑，讓親電子基更具親電子性。在這樣的條件下（酸性條件），我們**確實**達到我們想要的了（從羧酸一步合成出酯）：

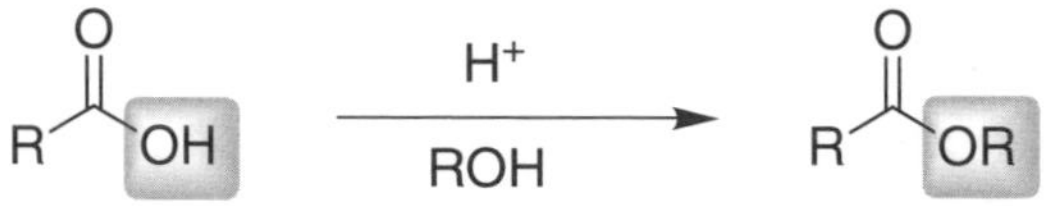

這個反應相當有用，也相當重要(它被公認是有機化學課程的主幹)，所以讓我們來仔細討論它的反應機構。

請注意這裡只包含兩個核心步驟：攻擊和重新回復。其他的都是質子轉移（這在本章開頭我們已經花了很長的篇幅討論過了）：

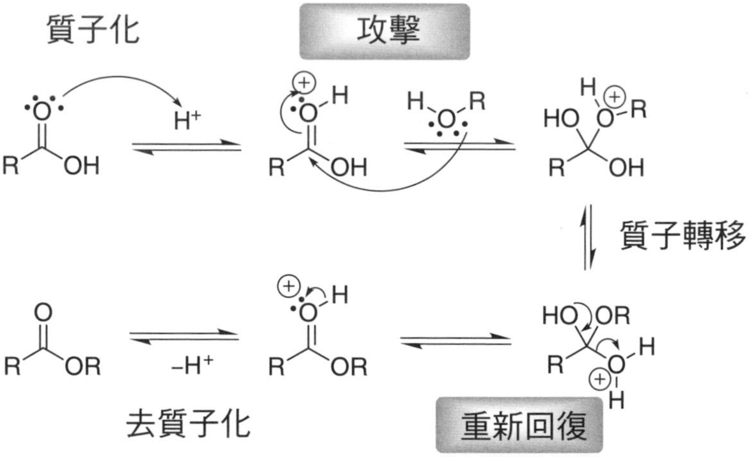

這裡需要三次質子轉移，完全遵循了本章開頭曾經敘述過的模式：

質子轉移，**攻擊**，質子轉移，**重新回復**，質子轉移第一次的質子轉移是用來使親電子基更具親電子性，反應機構中間那次的質子轉移，是用來把離去基質子化（這樣就可以在酸性的條件下踢掉 OH^-）。而最後的質子轉移則是把產物去質子化，去掉電荷。

這個反應機構稱為費雪酯化（Fischer Esterification）。平衡的位置與起始物和產物的濃度息息相關。過量的 ROH 會趨向酯的形成，過量的水則會趨向羧酸：

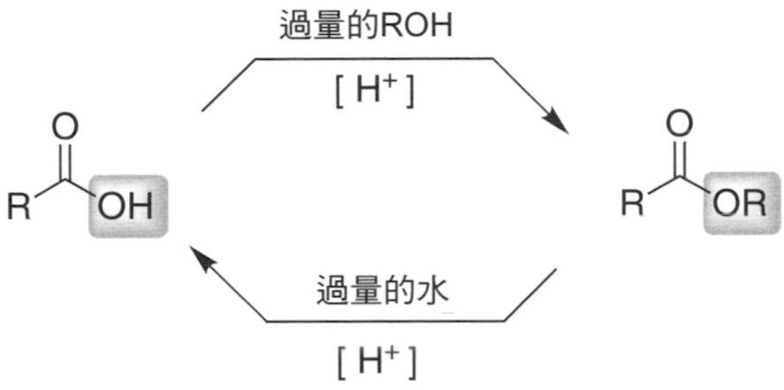

這個反應非常有用，因為它提供了可以把酸轉換成酯**或**把酯轉換成酸的方法。

現在，先把注意力集中在把酸轉換成酯：

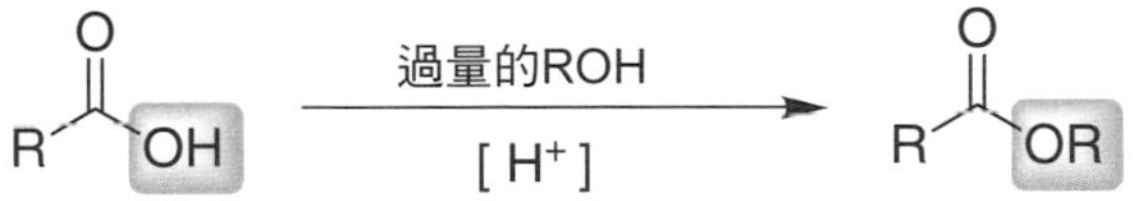

我們很快會提到逆向的過程。

如同之前已經看過的，費雪酯化反應是羧酸和醇（和酸催化劑）之間的反應。在我們看過的例子中，羧酸和醇是不同的分子。但是也有可能這兩個官能基都存在於同一個分子內，例如：

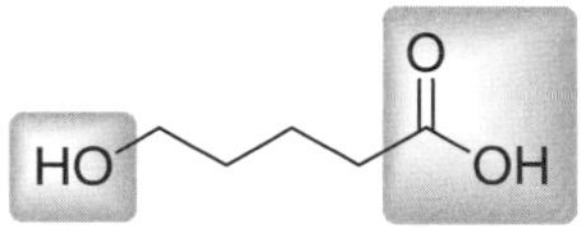

這個化合物同時具有 COOH 基和 OH 基。所以在這個例子中，有可能進行**分子內**的反應：

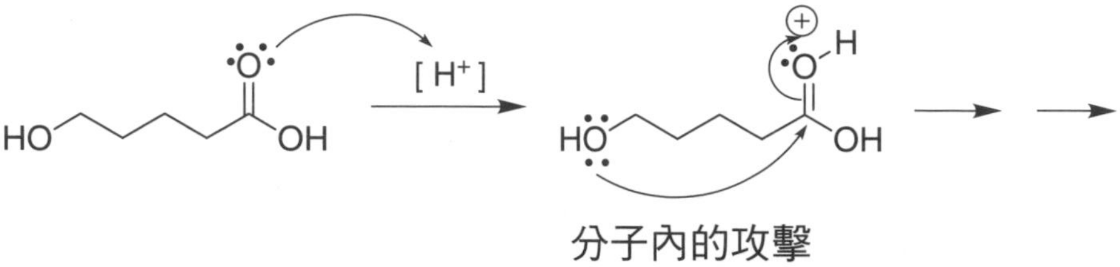

其餘的反應機構和之前看過的完全相同。這個反應機構有兩個核心步驟（攻擊和重新回復），反應機構的其他部分都只是質子轉移，分別是：在開頭，中間以及最後。

習題 6.34 請畫出下列反應的反應機構：

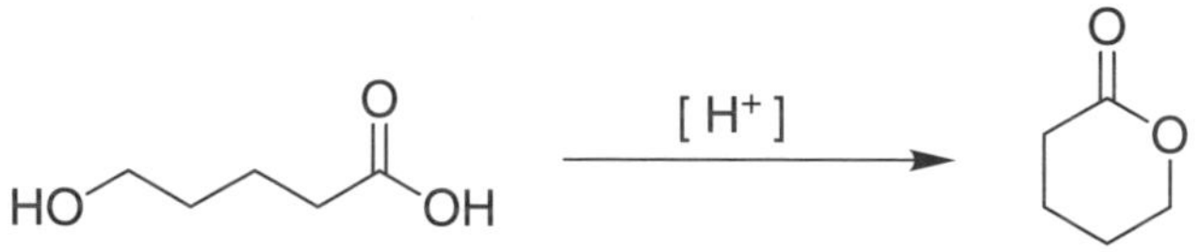

這個反應是分子內費雪酯化反應。試著練習畫出費雪酯化反應，請記住通常的步驟為：

質子轉移，**攻擊**，質子轉移，**重新回復**，質子轉移

答　案

練習 6.35 假設你想要以費雪酯化反應製備出下列的化合物，你需要使用什麼試劑？

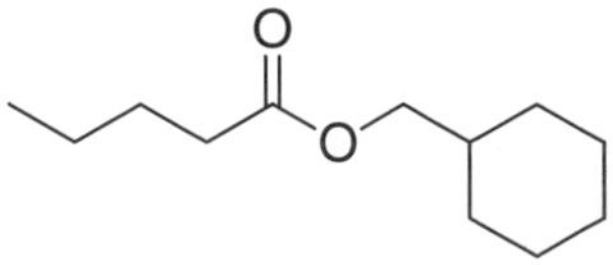

答　案 要用費雪酯化反應製造出酯，我們需要用羧酸和醇當起始物。問題是：該用哪一個羧酸、哪一個醇？要回答這個問題，就要知道在反應中，哪一個鍵結會形成：

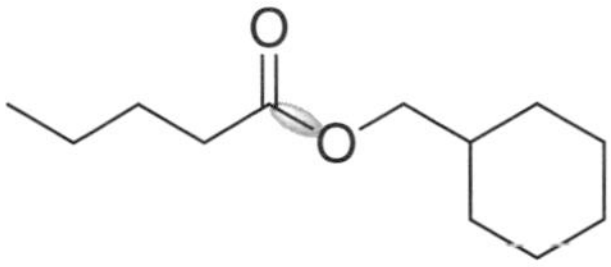

因此，我們需要以下的試劑：

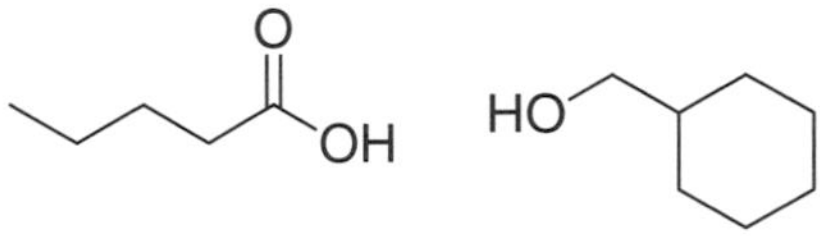

而且不要忘了，我們還需要酸催化劑。所以合成式會像這樣：

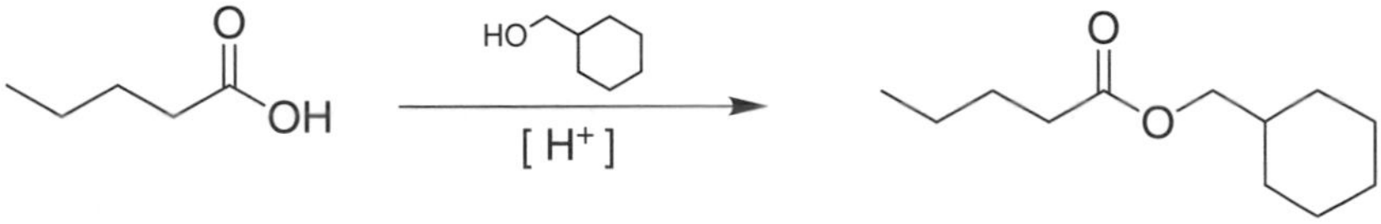

習　題 要想製備出下列問題中的酯，請問該使用哪些試劑：

6.36

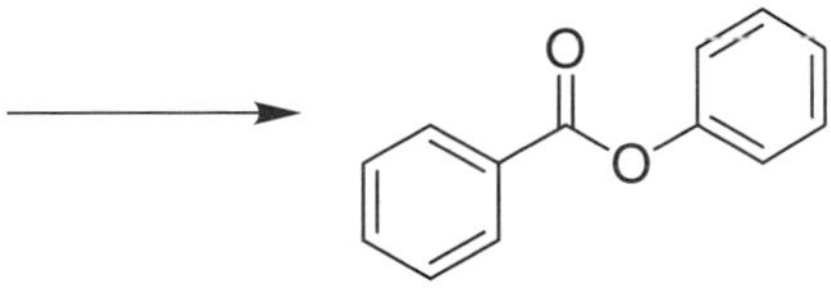

6.37

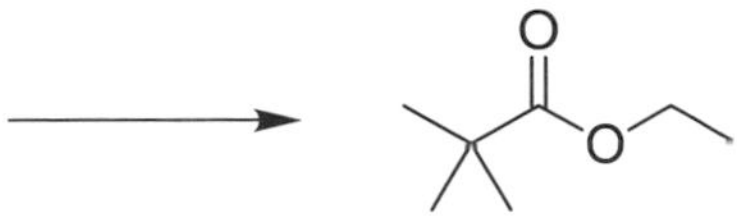

6.38

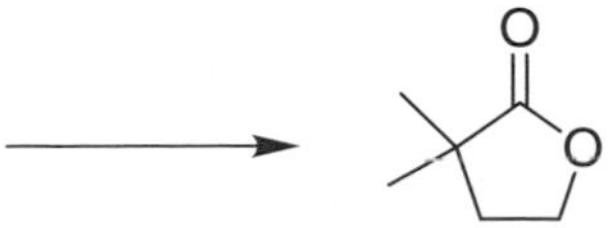

6.39

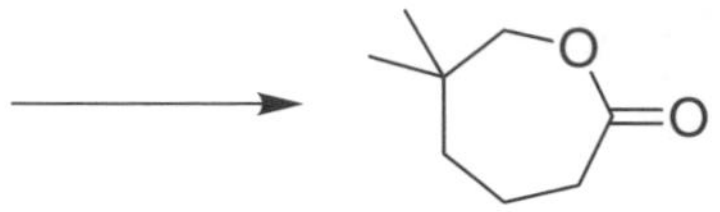

我們已經看過了如何製備酯，現在要把注意力轉移到酯的反應了。我們會特別著重在兩個反應的討論。在兩組不同的條件下，酯可水解得到羧酸：

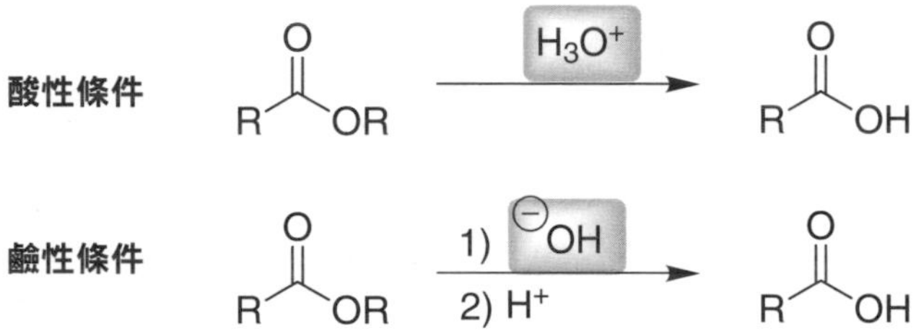

上面的第一組條件（酸性條件），你一定覺得很熟悉。這個反應只是費雪酯化的逆反應。當我們學習費雪酯化時，曾經提過費雪酯化有可能進行逆反應。現在仔細來探討這個逆反應。反應機構是像這樣進行的：

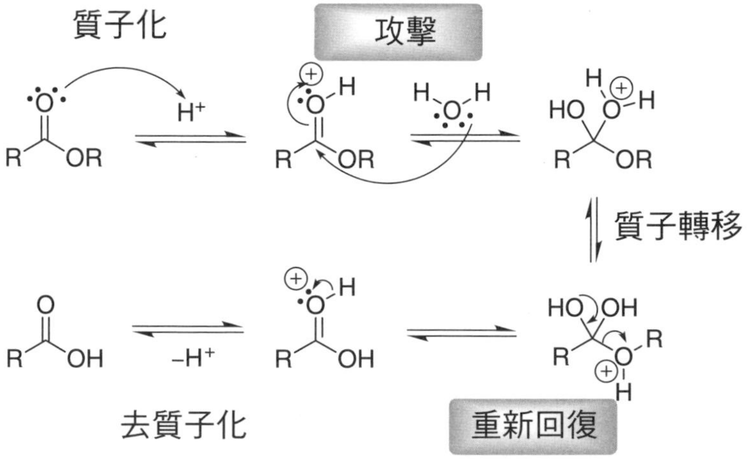

同樣的，我們一而再、再而三看到相同的模式出現。仔細看這個反應機構，其中有兩個核心步驟：攻擊和重新回復以脫除離去基。其餘的反應機構都只是促進反應的質子轉移。在開頭有一個質子轉移（質子化羰基），中間也有質子轉移（這樣一來離去基就可以中性的狀態離去），以及最後的質子轉移（去質子化並形成產物）。

但是這個反應是在酸性狀態下進行的，經由下列的反應機構，我們也可以在鹼性條件下水解酯：

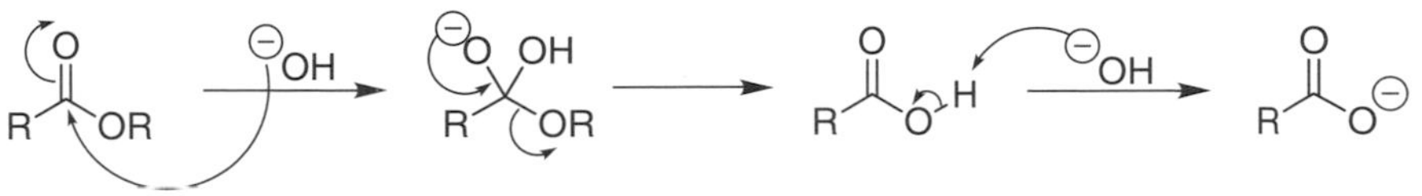

同樣的，這裡有兩個核心步驟（攻擊和重新回復），接著去質子化。在這些條件下，最後的質子轉移是無法避免的。在鹼性條件下，羧酸會失去質子。事實上，這正是反應發生的動力：形成了較為穩定的陰離子：

為了分離出產物，必須把質子放回去，但因為是在鹼性條件下，周圍並沒有質子存在。因此在反應完成時，我們需要加入質子來源：

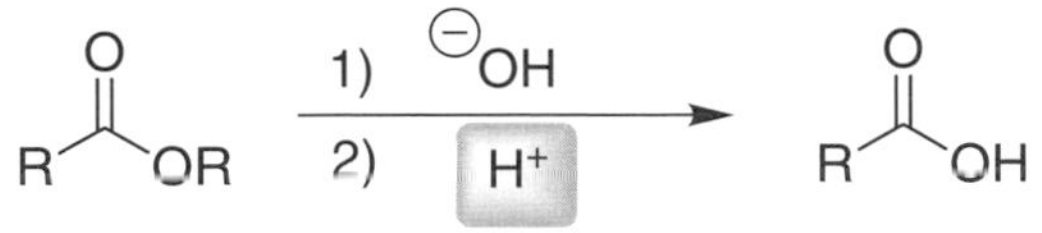

請注意，我們加入的是 H^+ 而不是 H_2O，因為羧酸根離子無法把水的質子拉下來：

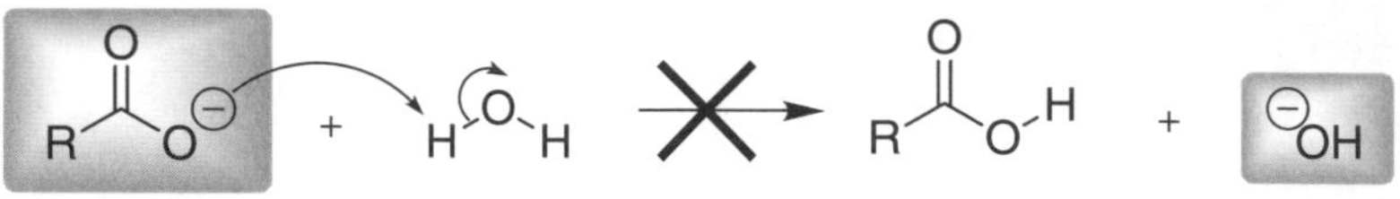

這個過程（在鹼性條件下進行水解酯）有一個特別的名稱，叫做：皂化（saponification）。

練習 6.40 請為下列轉換提出反應機構：

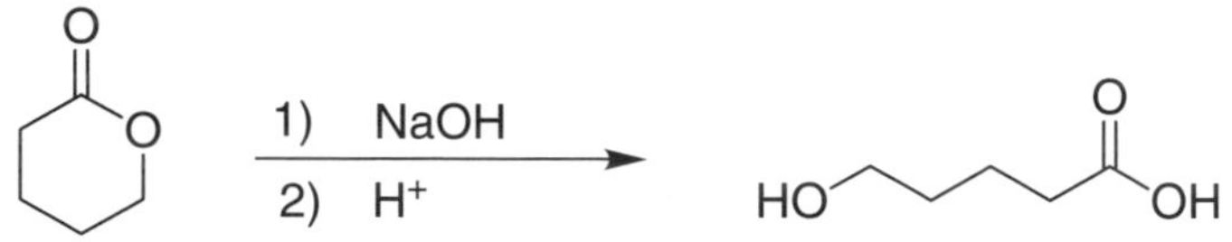

答　案 這個反應在鹼性條件下把酯轉換成羧酸和醇，我們稱此為皂化。這裡，這個反應唯一改變的部分是，它發生在分子內，但是這樣並不會改變反應機構。它的反應機構就跟剛剛看過的完全相同。一直到反應機構的最後，才需要質子轉移。因此，我們以攻擊羰基開始，然後重新回復它。之後在鹼性條件下，羧酸去掉質子，所以在最後我們會加入 H^+（把質子放回去）：

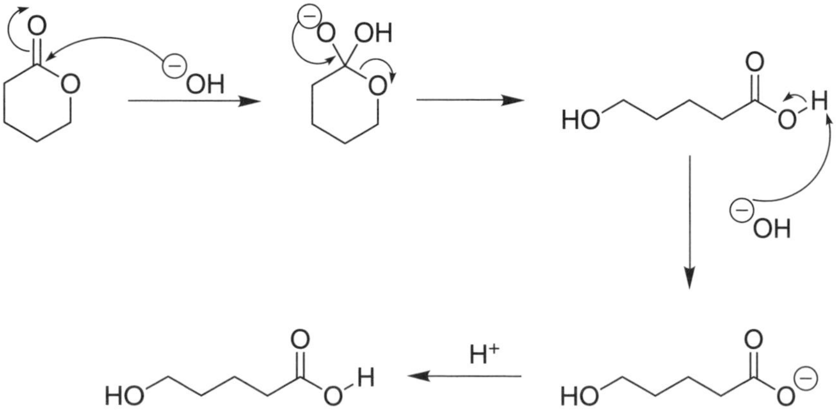

習　題 請為下列每一個反應提出合理的反應機構：

6.41 

6.42 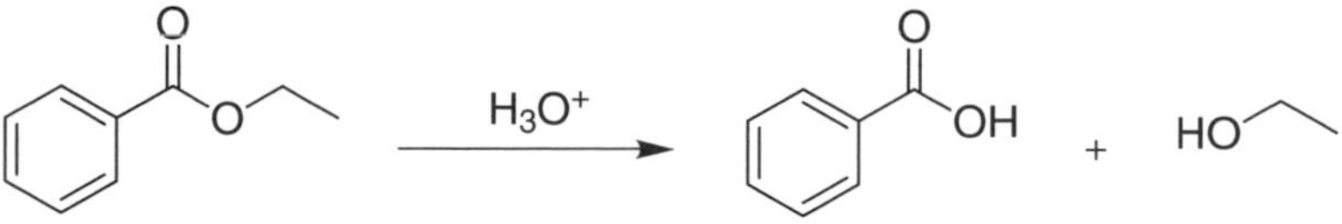

練習 6.43 請預測下列反應的產物：

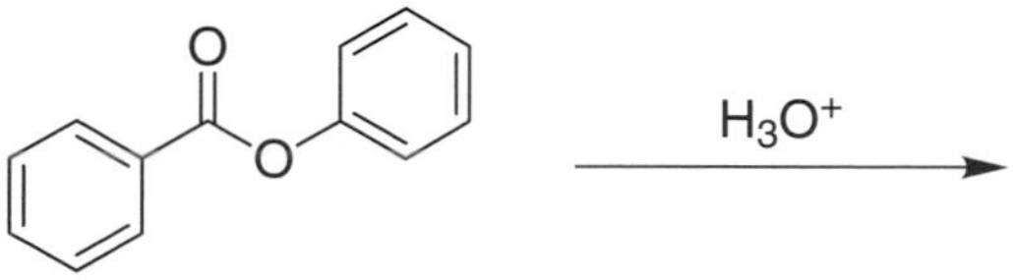

答　案 反應物為酯，反應條件是酸性，這樣會把酯轉換成羧酸和醇（費雪酯化的逆反應）。這讓我們得到以下產物：

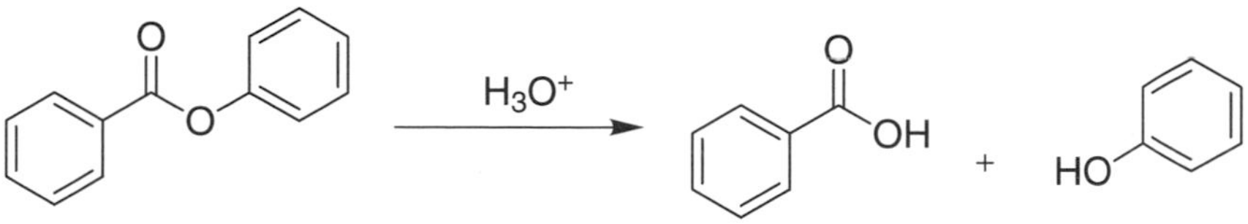

習　題 請預測下列每一個反應的產物：

6.44 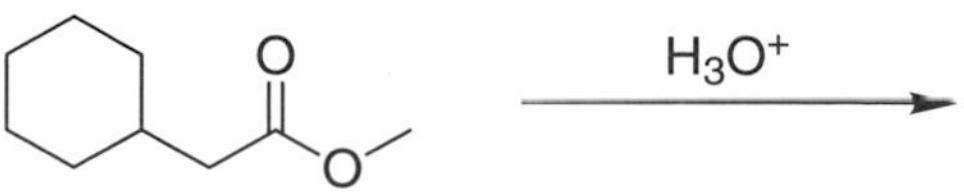

6.45 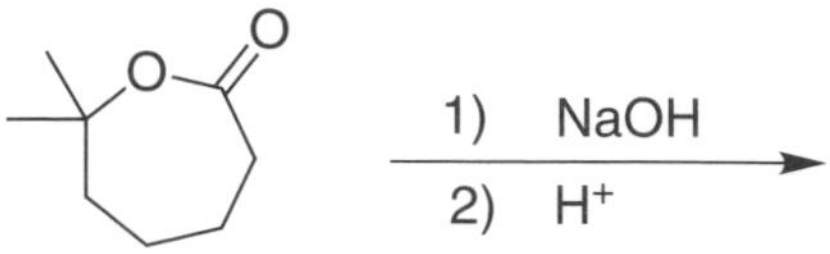

6.46 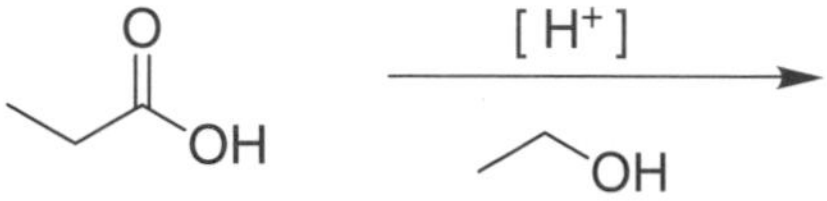

6.47 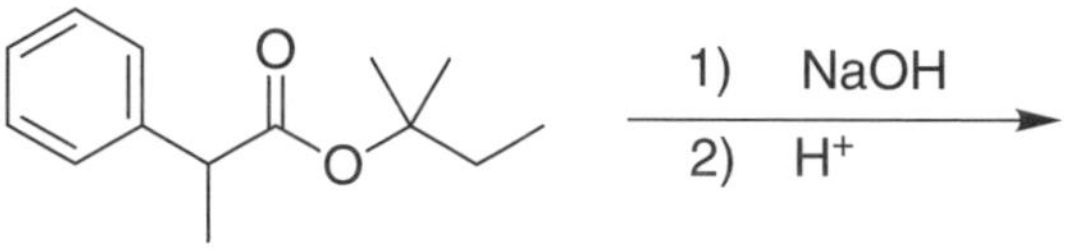

6.5 醯胺和腈

我們之前已經看過羧酸衍生物可以從任何其他活性更高的羧酸衍生物製備而來。讓我們再回頭看看活性表，以便能夠更確切明白那是什麼意思：

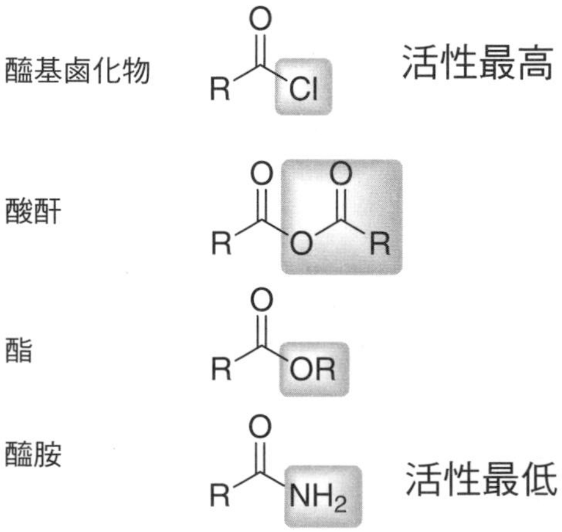

從這個表可以看出，醯胺是羧酸衍生物中活性最低的，因此可以從表上比它位置更高的任何羧酸衍生物製造出醯胺。換句話說，我們可以從醯基鹵化物、從酸酐或從酯製備出醯胺。

本章之前曾經看過如何從醯基鹵化物或酸酐製備醯胺：

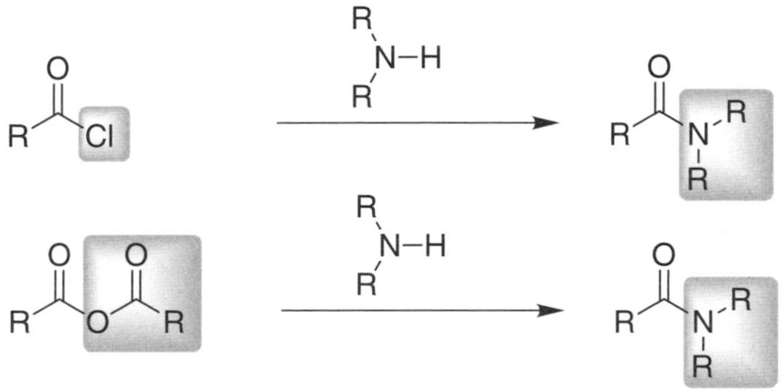

但現在問題是：如何從酯製造出醯胺？酯的活性比醯基鹵化物或酸酐都低，因此必須運用一些技巧才能讓反應進行。我們無法用酸或鹼來幫助反應進行（酸只會把發動攻擊的胺質子化，使它變得沒有效用；而鹼則會造成其他的副反應，這在下一章會學到。）所以我們沒辦法使親核基更具親核性，也不能使親電子基更具親電子性。我們用了一個簡單的技巧，那就是：暴力式攻擊。我們把反應長時間加熱，就可以使反應發生，而它遵循了下列的反應機構：

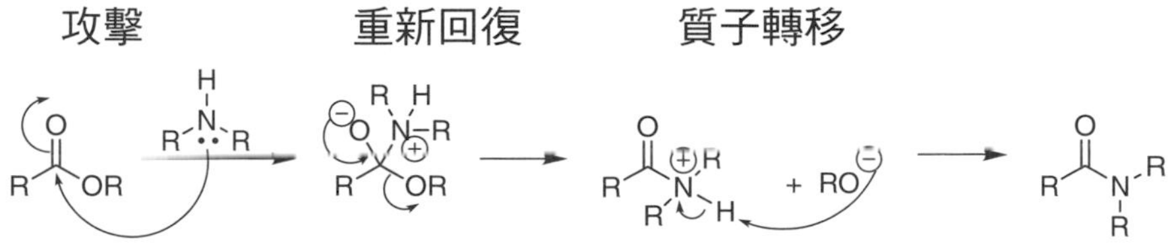

請注意我們踢掉 RO^- 以重新回復羰基。這看起來也許很奇怪，因為有一個更好的離去基可以踢除：

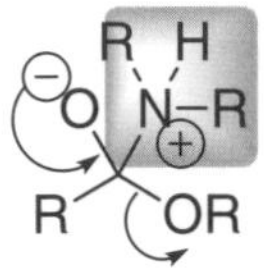

更好的離去基

但是這又回到之前曾說過好多次的事情。當然，胺可以離去；事實上，這也一直在發生。胺攻擊，然後被踢除；它攻擊，然後再度被踢除。每一次它發生，我們都觀察不到任何變化，但是偶爾會有其他的事情發生：我們可以把 RO^- 踢除，它立即抓住一個質子，就像上面反應機構顯示的。因為四面體中間產物的能量實在太高（負電荷在氧上面），所以當羰基重新回復時，可以踢除 RO^-。

平衡趨向於產物（醯胺＋醇），而不是反應物（酯＋胺）：

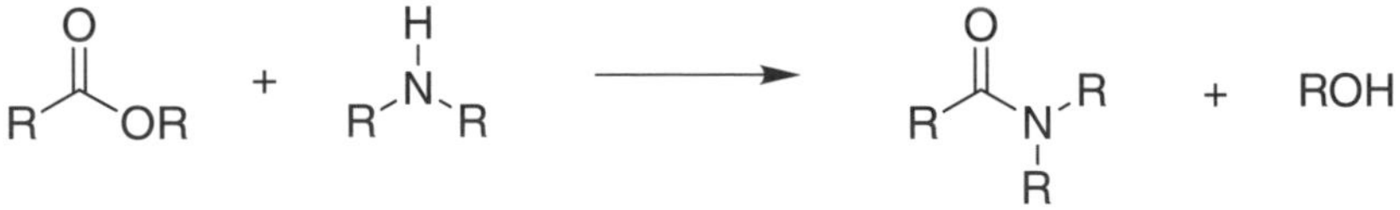

所以我們可以把此當成製備醯胺的另一種方法（我們使用這個方法時，會形成醇這個副產物）。

在這一節裡，我們已經看過了可以從醯基鹵化物、酸酐或是酯製備醯胺。現在我們已經知道了該如何製備醯胺，再來就要看看重要的醯胺反應。許多生物化學取決於如何、何時以及為什麼醯胺會進行反應。如果你打算選修生物化學，就必須瞭解一些基本的醯胺化學。有些有機化學課本會就這個議題進入細節討論，但有些課本只會提出兩類的反應。你應該在課本和上課筆記上特別標記，看看需要瞭解到什麼程度。本書會把重點放在所有有機課本上都會看到的兩個最常見的反應。

這兩個反應都是把醯胺轉換成羧酸。唯一的不同是條件上的差別（鹼性條件或酸性條件）：

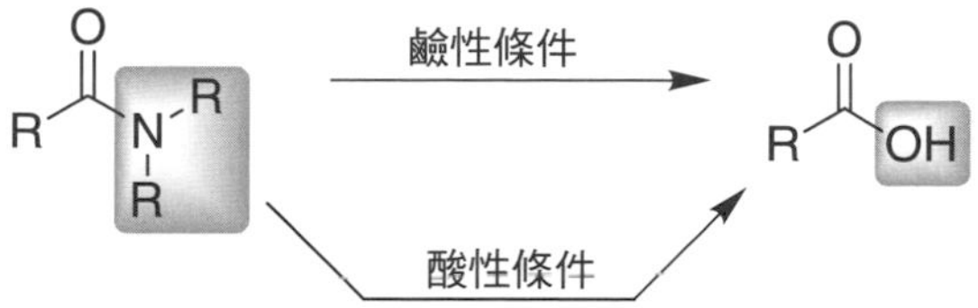

先從酸催化的反應機構開始。這個反應跟其他我們已經看過的酸催化反應並沒什麼不同。仔細看看它的反應機構：

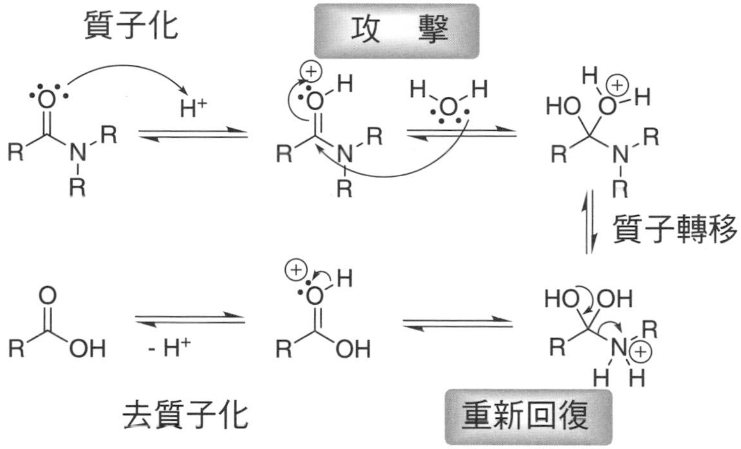

請注意它同樣遵循了我們一再看過的模式：

<u>質子轉移</u>，**攻擊**，<u>質子轉移</u>，**重新回復**，<u>質子轉移</u>

再來仔細看看在鹼性條件下是怎麼運作的。這是它的反應機構：

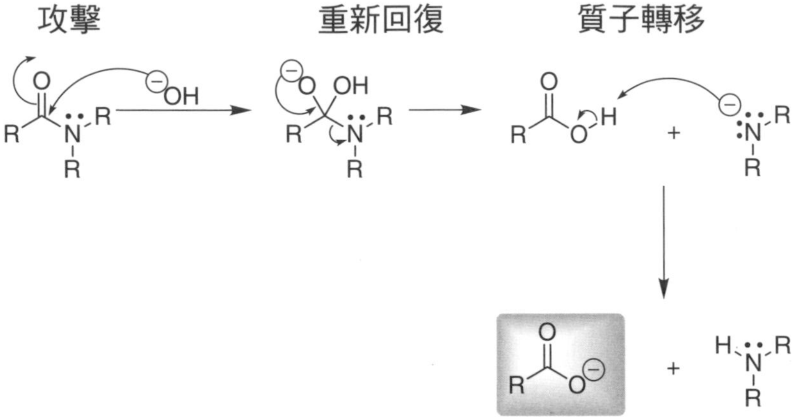

在鹼性條件下，我們得到的產物是羧酸根離子（上圖中明顯標示的部分）；之後必須加入質子來源才能得到我們的產物：

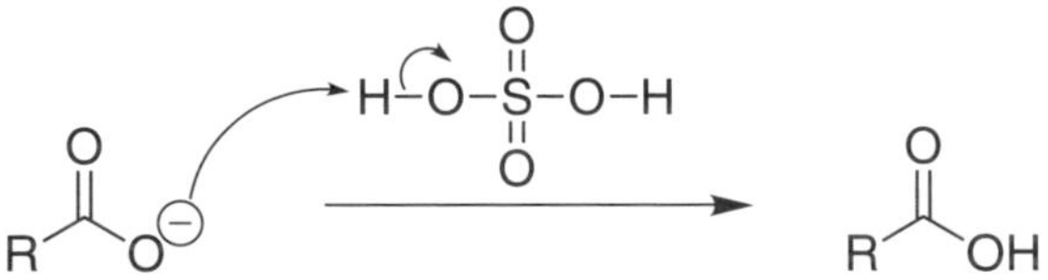

在做題目之前，先來看看最後一個我們還沒有看過的羧酸衍生物。這類化合物包含氰基（cyano group）稱為腈（nitrile）：

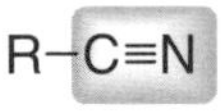
氰基

你也許會質疑，為什麼腈是羧酸衍生物。腈看起來跟其他羧酸衍生物非常不同。要合理解釋，必須先看它的氧化狀態。每一個羧酸衍生物都有三個鍵與陰電性原子鍵結：

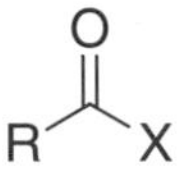

羰基的碳原子與氧原子有兩個鍵結，它也跟某些異原子 X（X 與你

指的是哪種羧酸衍生物有關）有一個鍵結。這樣算起來與異原子鍵結的總數為三。氰基的碳原子同樣與異原子有三個鍵結。因此腈與其他羧酸衍生物具有相同的氧化數。

腈可以從氰基當親核基攻擊鹵烷製得：

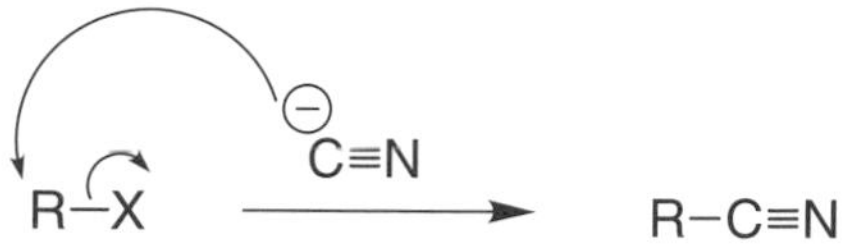

這是 S_N2 反應，所以只有遇到一級或二級鹵烷(一級鹵化物效果較好)才能用這個方法。

腈的氧化數和其他的羧酸衍生物一樣，可以由腈水解（這**不是**氧化－還原反應）產生醯胺得到證明：

我們可以在酸性條件下，也可以在鹼性條件下進行水解。

無論是酸催化的水解，或是鹼催化的水解，核心步驟都與其他我們在本章曾看過的反應機構的核心步驟相差無幾。至目前為止，所有的反應機構至少有**兩個**核心步驟（攻擊羰基、踢除離去基以重新回復羰基），其他的步驟都是質子轉移。但是現在我們即將要看到的反應機構卻只有**一個**核心步驟（攻擊羰基）。就腈的水解而言，不需要踢除離去基。我們只要簡單的經由質子轉移就能重新回復羰基:

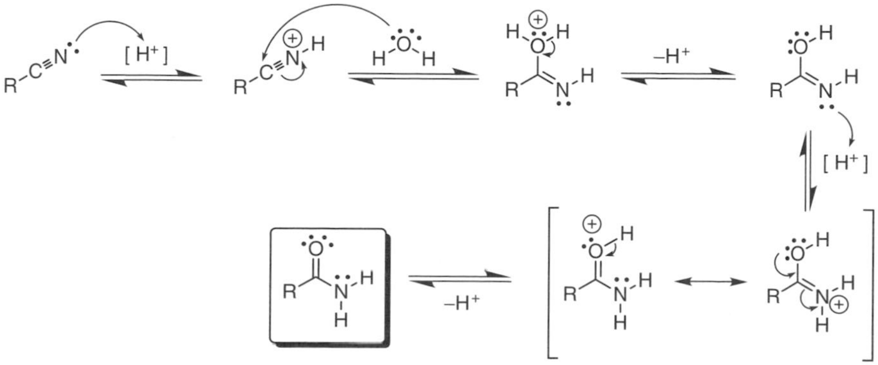

這是在**酸性**條件下水解腈的反應機構。請注意反應機構的第二個步驟為攻擊氰基（如同其他時候攻擊羰基一樣），其他步驟都是質子轉移。當你以這樣的方式來思考，就會大為簡化反應機構的複雜度。我們必須做許多次質子轉移，才能避免在中間產物上形成負電荷。請注意在酸性條件下，所有中間產物不是帶正電就是中性的。

現在讓我們來探討如果腈在**鹼性**條件下水解會發生什麼事。事實上反應機構會和上面的反應機構很相似，也是只有**一個**核心步驟（攻擊氰基），而且其他步驟都是質子轉移。但是酸性條件和鹼性條件還是有所不同。例如，在鹼性條件下，不需要先把氰基質子化，而是先以氫氧根離子攻擊：

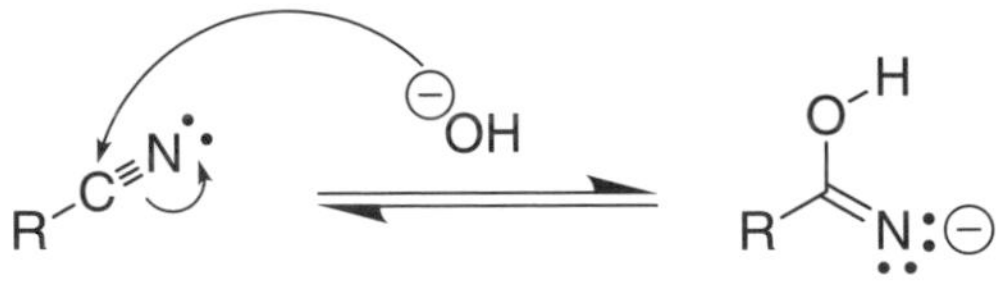

反應機構的其餘部分都只是質子轉移。為了正確進行質子轉移，必須記住一件事：保持條件的一致。當我們在酸性條件下，所有中間產物不是帶正電就是中性的，這就是保持酸性條件的一致性。而在鹼性條件下，所有的中間產物不是帶負電就是中性的。

記住這點，然後看看你是否能提出，腈在鹼性條件下水解的反應機構。

習題 6.48 基於上面我們看過的所有事，試著提出腈在鹼性條件下水解的反應機構：

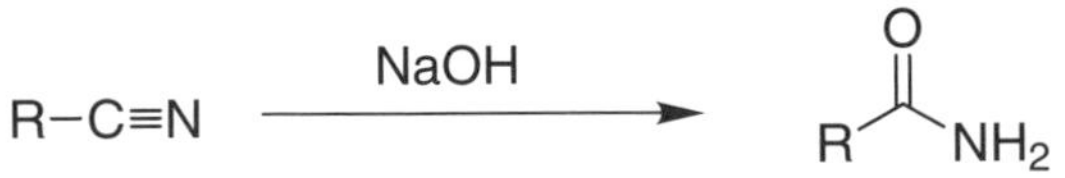

記住：只有一個核心步驟（以氫氧根離子攻擊氰基）。之後，都只是

質子轉移。完成後，你可以翻到書末的解答（或是查看課本）看做對了沒。

答 案

現在來多做一些醯胺和腈的題目

練習 6.49 請為下列反應提出合理的反應機構：

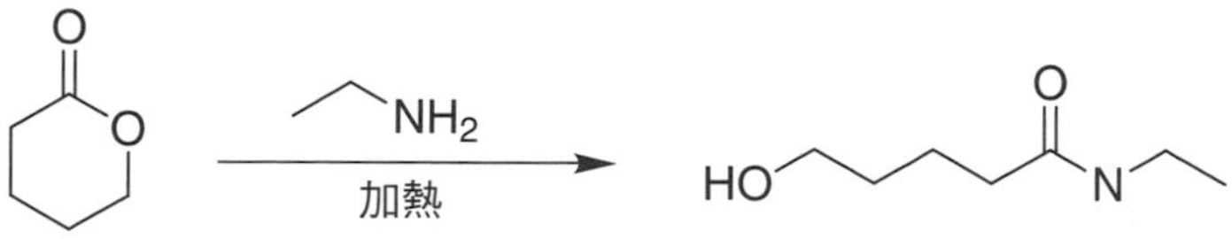

答 案 這個反應是在加熱的條件下，酯和醯胺的反應。我們之前已經看過這個條件。反應機構的第一個步驟為胺攻擊酯：

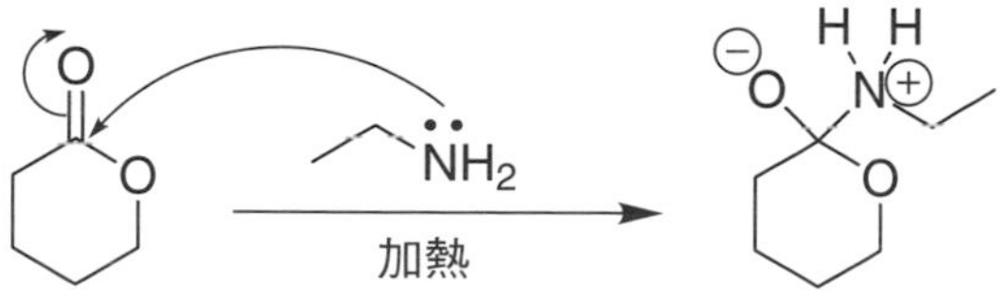

然後重新回復羰基，並把醇鹽（alkoxide, RO⁻）當離去基踢掉：

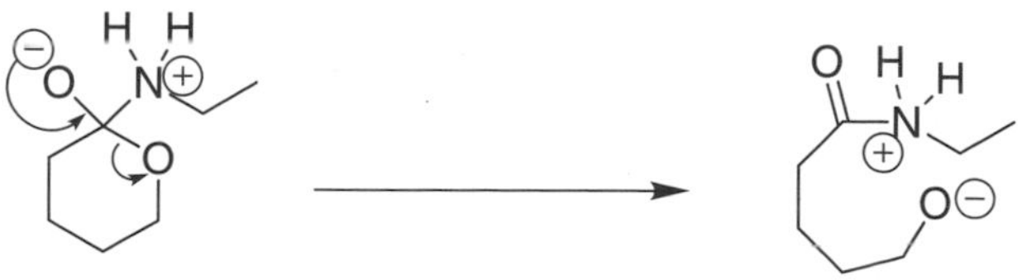

之後這個負電荷抓住一個質子，得到我們的產物：

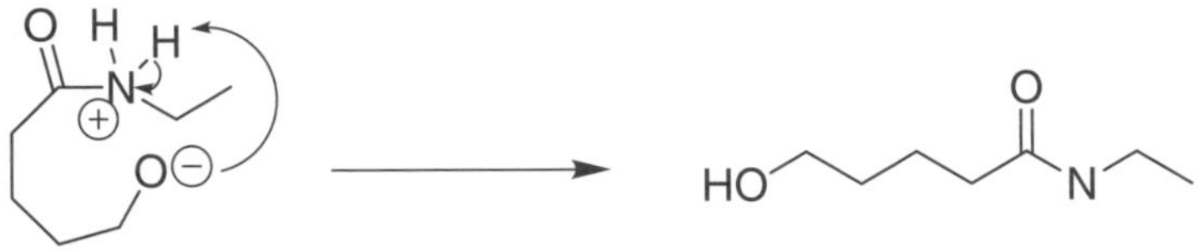

習　題 **請為下列每一個反應提出合理的反應機構。**

如果你認出這個反應，但卻不記得反應機構，無論如何都請不要看書末的解答，試著自己推出反應機構。看看你是否能夠把學過的所有法則，應用在重新發現反應機構上：

6.50

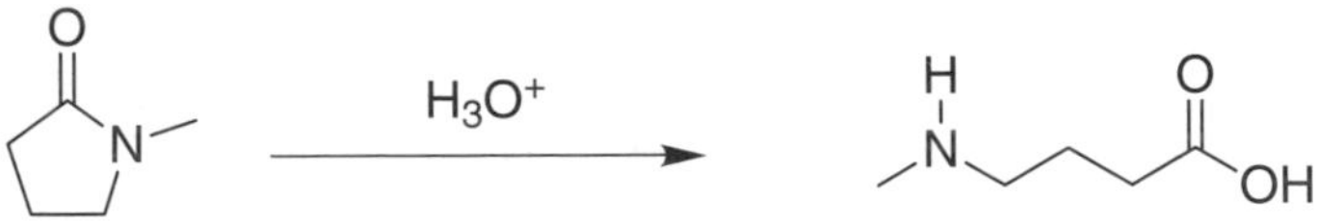

6.51

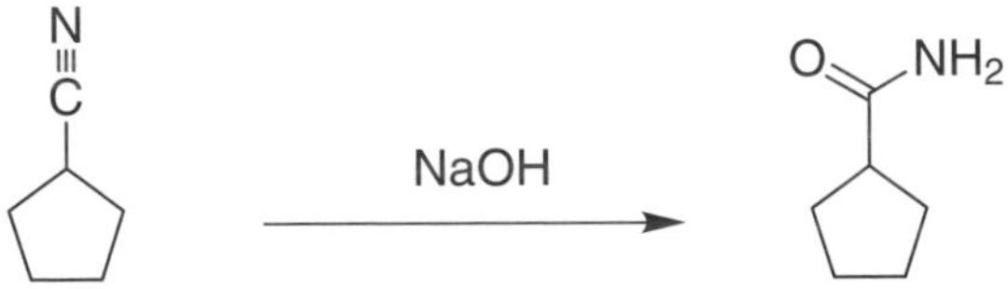

6.52

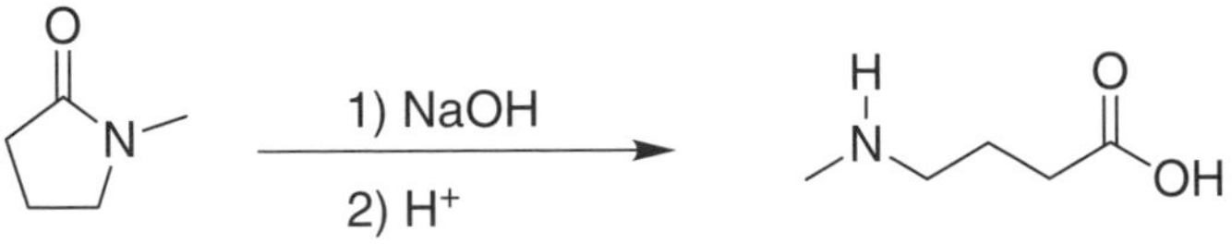

然後我們再來做一個較具挑戰性的反應機構。我說它具「挑戰性」並不是因為它很難，而是因為之前你並沒有看過相同的反應機構。但是你還是能夠運用在本章中發展出的技巧，解出反應機構：

習題 6.53 拿出一張紙，寫出次頁反應的反應機構：

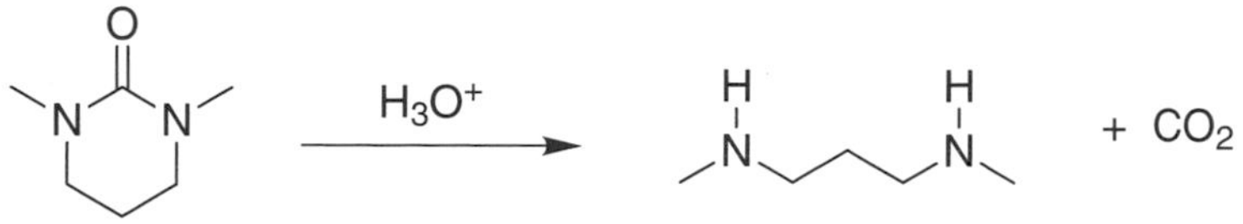

練習 6.54 請預測下列反應的產物：

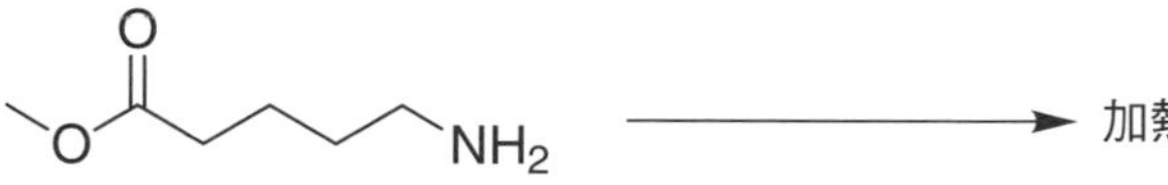

答　案 在這裡我們看不到任何試劑的提示(只看到加熱的條件)，所以仔細看起始物，看看是否會有分子內反應的發生。我們注意到在起始物中有兩個官能基：酯和胺。我們曾經看過在加熱的條件下，酯會和胺進行反應，而產物會是醯胺和醇：

習　　題 請預測下列每一個反應的產物：

6.55 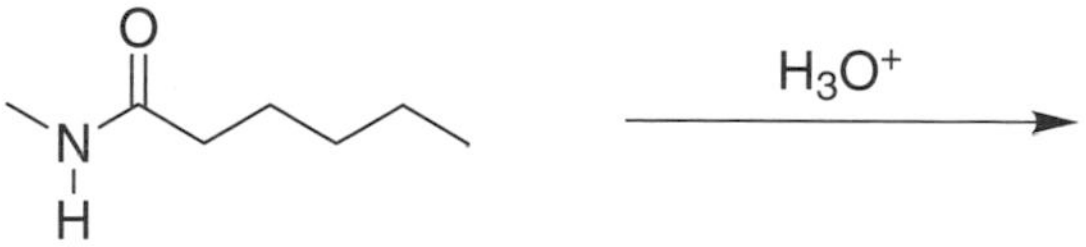

6.56 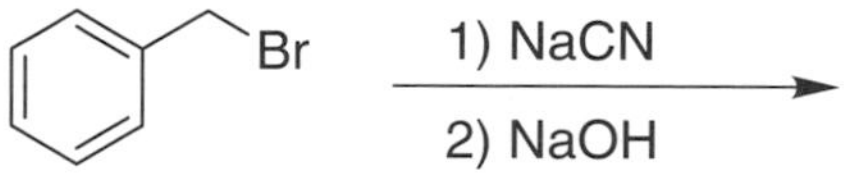

6.57 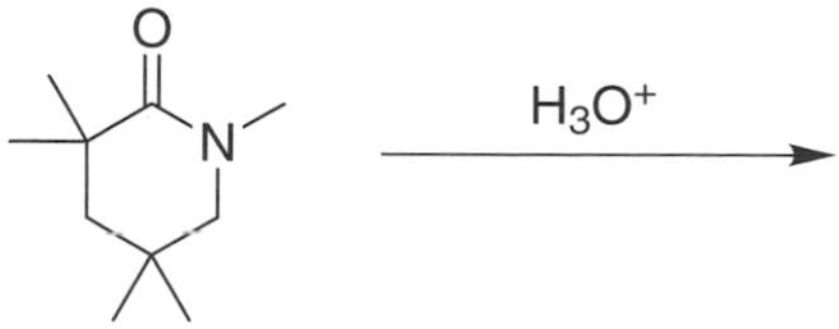

6.6 合成問題

在這一章我們看過了許多反應，這些反應大部分都涉及了從一個羧酸衍生物轉換成另一個羧酸衍生物。我們看過從其他較具活性的羧酸衍生物製備出羧酸的方法。換句話說，在下列的表中，你可以一路**往下**走：

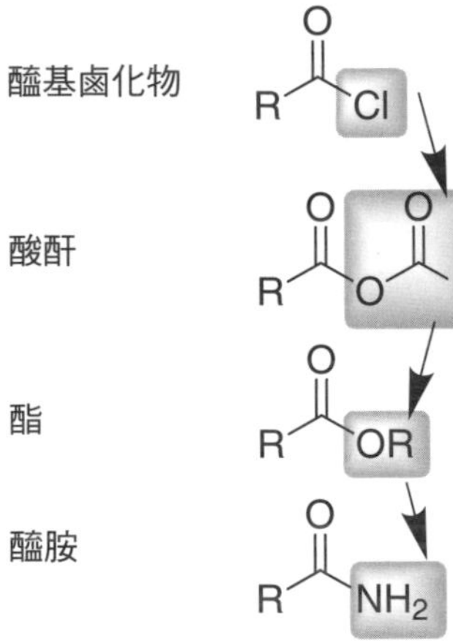

你甚至可以往下跳到你想要的地方：

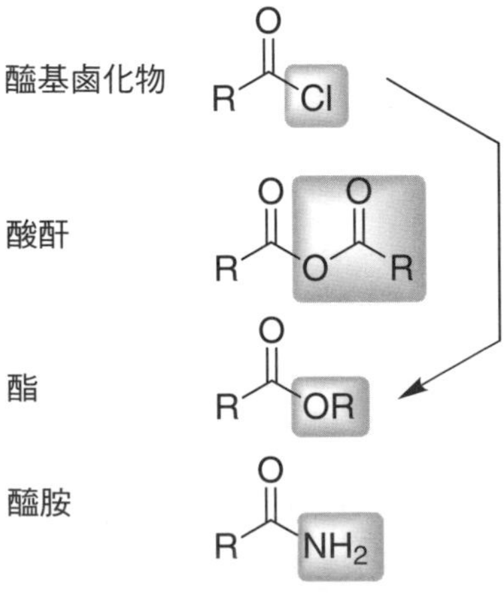

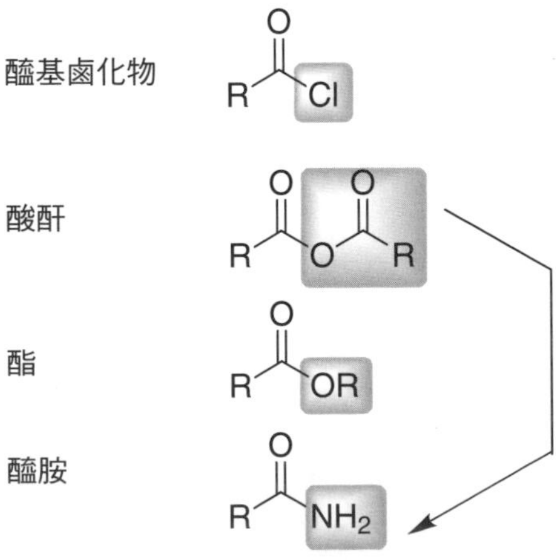

但是在表中你**不能往上**跳一步：

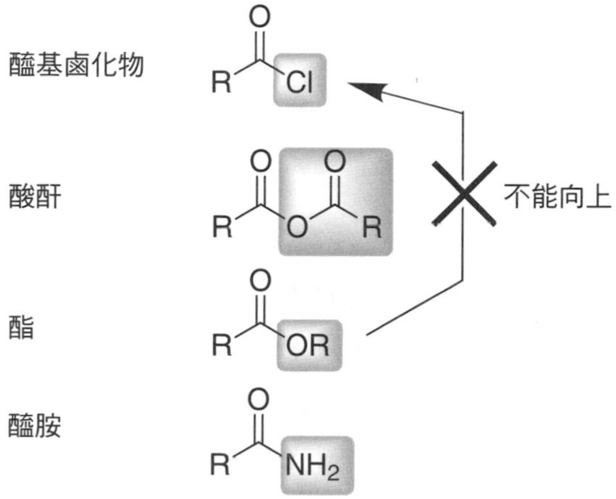

那麼，該**如何**跳到表中的**上**一格呢？有一個方法可以做到：你可以藉由轉換至羧酸的方式，先從表裡面跳出來，然後再回到表裡面去，像這樣：

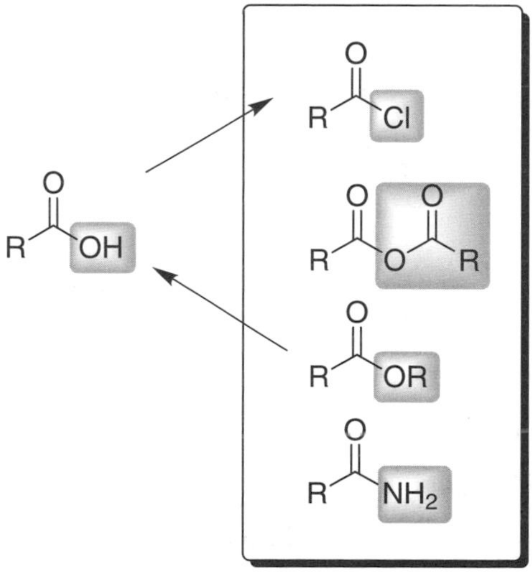

接著我們來做一些練習。

練習 6.58 請為下列轉換提出一個有效率的合成方式：

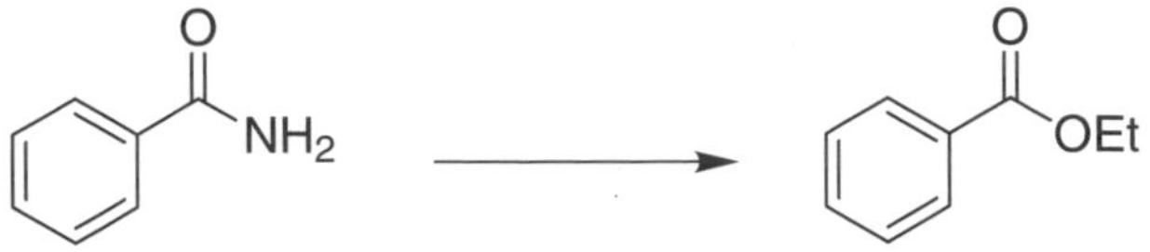

答　案 在這個問題中，必須將醯胺轉換成酯。我們沒有學過可以直接一步達成的方法（因為在表裡面這樣需要**往上**爬）。醯胺的活性比酯來得低，我們無法直接從醯胺變成酯，而需先把醯胺轉換成羧酸，然後再把羧酸轉換成酯。所以我們的策略會這樣走：

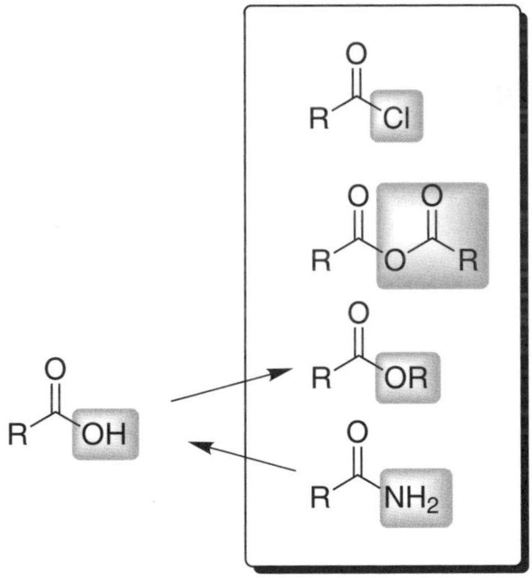

所以，我們的答案是：

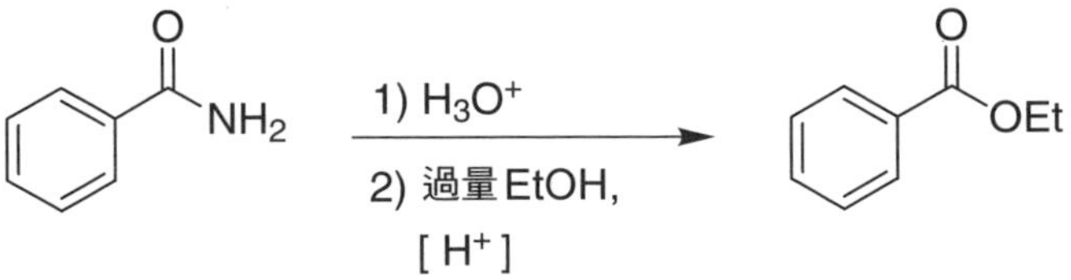

習　題 請為下列每個問題提出一個有效率的合成方式：

6.59

6.60

6.61
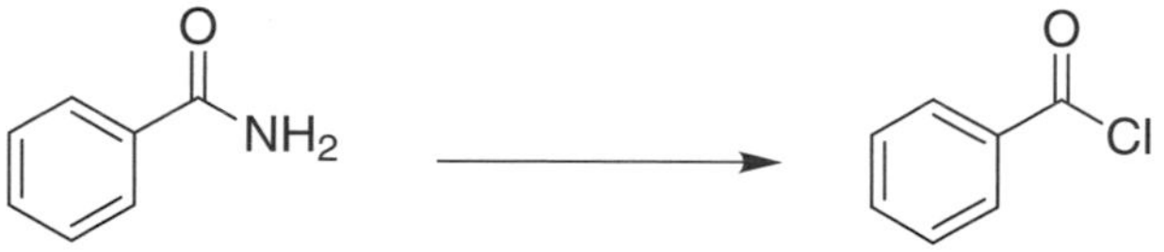

6.62
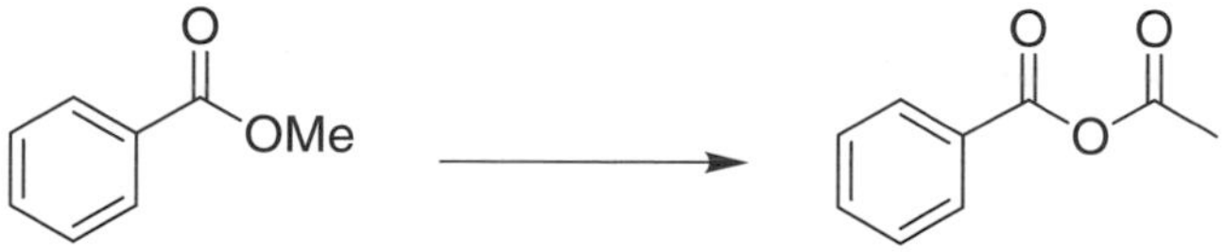

6.63

6.64
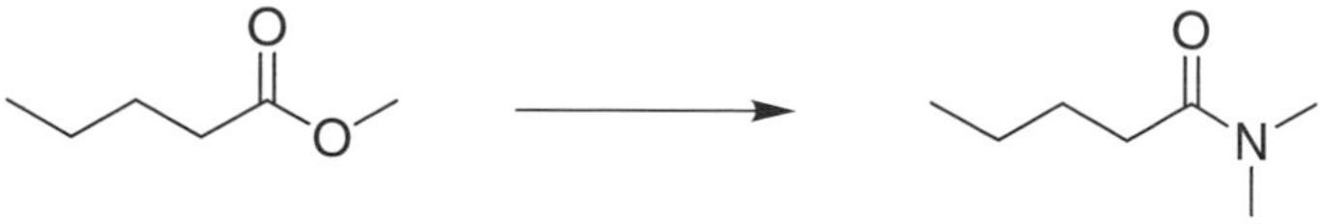

當你解答合成問題時，還要把一個重要的策略牢記在心。這一章我們討論的是羧酸衍生物的化學；而前一章，我們討論的是酮／醛的化學。這兩章形成了不同的領域：

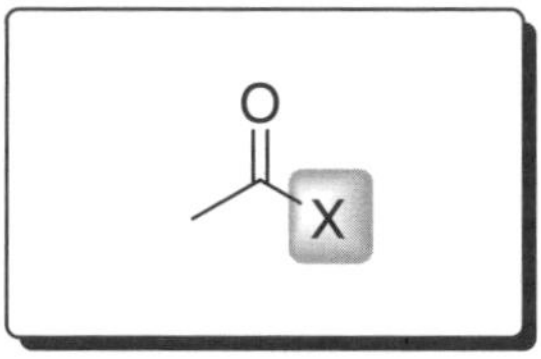

羧酸衍生物的領域

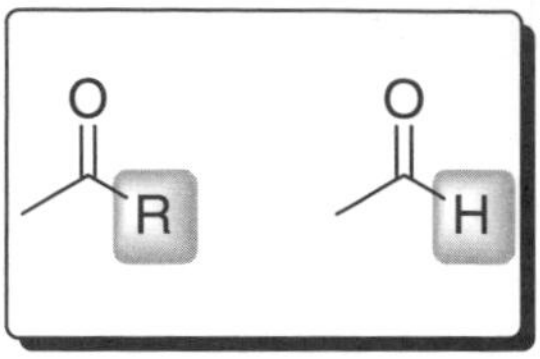

酮／醛的領域

這兩個領域並非完全不相干，因為我們已經學過從一個領域轉換到另一個領域的方法。本章我們看過了如何將醯基鹵化物轉換成酮：

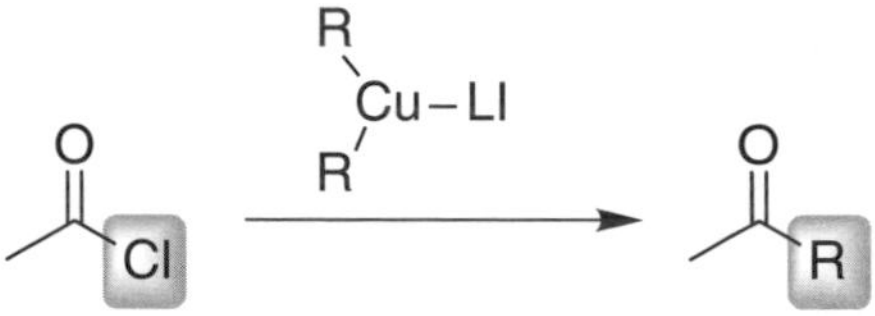

還有另一個方法可以從羧酸的領域跨越至酮和醛的領域。我們並非像上面一樣製備酮，而是使用下列的兩個步驟來製備醛：

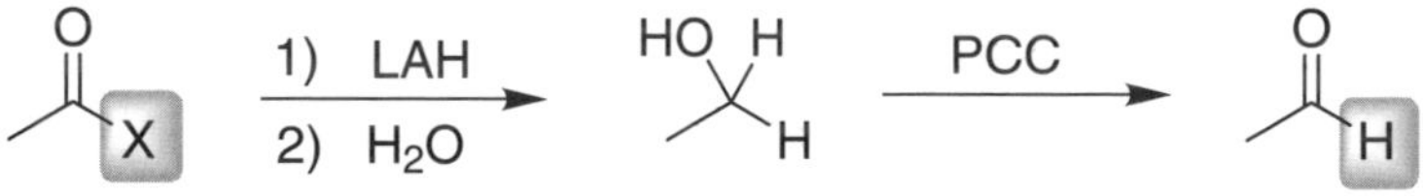

有些課本和老師會教你一步達成的方式（醯基鹵化物轉換成醛）。許多氫化物夠溫和，可以把醯基鹵化物轉換成醛（就像二烷基銅鋰夠溫和，可以把醯基鹵化物轉換成酮，不會攻擊羰基二次那樣）。你應該讀一讀課本和上課筆記，看看是否學過任何關於溫和氫化物親核基。如果沒學過，你可以用上述這個兩步驟法，把醯基鹵化物轉換成醛。

從上面這個反應，我們已經看過如何從羧酸衍生物的領域跨越至酮和醛的領域：

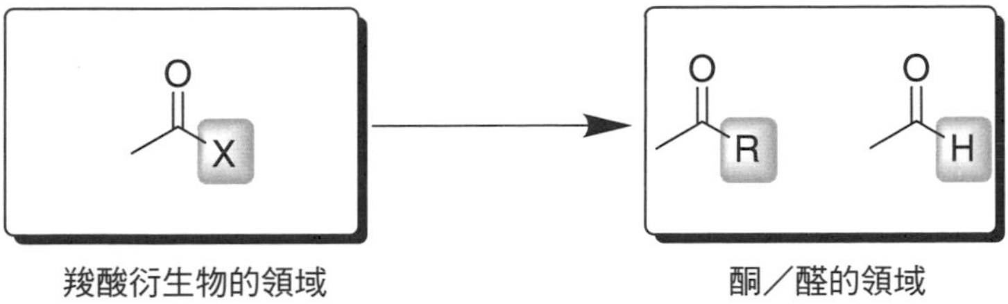

但是如果是逆反應呢？有沒有從酮和醛的領域跨越至羧酸衍生物領域的方法呢？

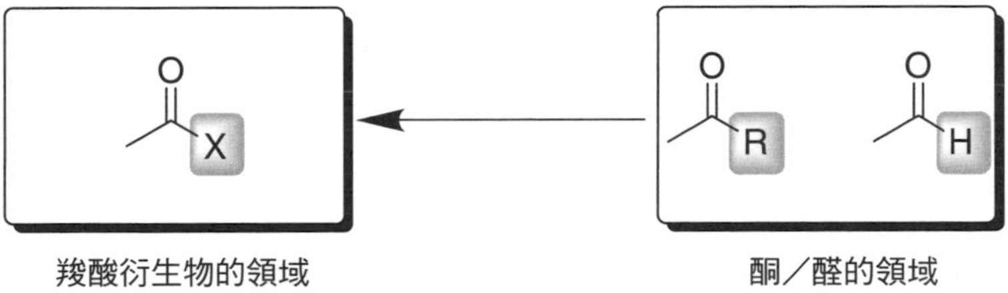

我們其實已經看過可行的方法了。還記得前一章的拜爾—偉利格氧化反應嗎？這個反應可以用來把酮轉換成酯：

我們也可以使用拜爾—偉利格氧化反應，把醛轉換成羧酸衍生物（還記得遷移傾向嗎）：

現在已經有可以讓我們從一個領域「跨越」到另一個領域的反應（由正向或逆向）了。讓我們舉一個具體例子看該怎麼做：

練習 6.65 請為下列轉換提出一個有效率的合成方式：

答　案 最終的產物是醇。第一眼看起來好像很難，但不要氣餒，我們並不期望你馬上知道該怎麼解這樣的問題。化學合成問題需要很多的思考和謀略。

還記得你總是希望可以逆著回推（溯徑分析合成法）嗎？所以讓我們從後面倒推回去看看。

我們有學過製備醇的簡單方法嗎？前一章裡，我們學過如何使用 LAH 從酮來製備醇：

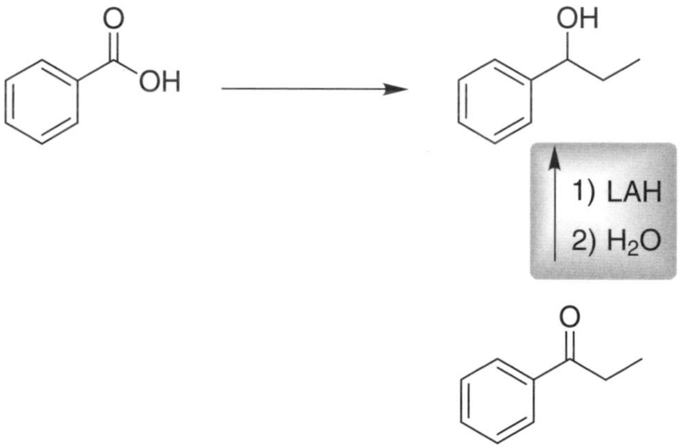

有了這個重要的步驟，現在我們知道這個問題可以當成「跨越」問題來思考。起始物是羧酸，我們必須把它轉換成酮：

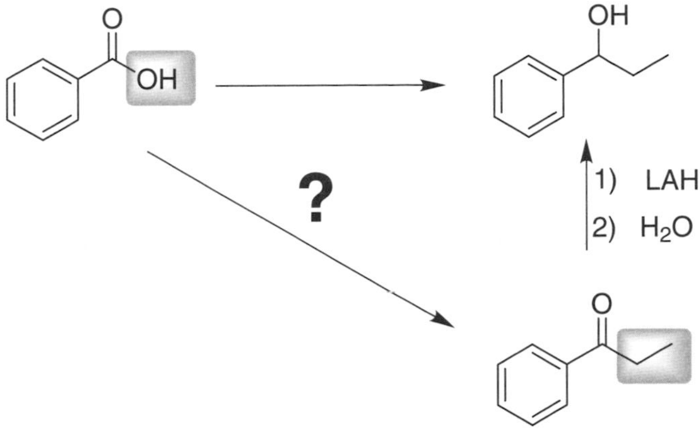

換句話說，我們必須從羧酸的領域跨越至酮的領域。而我們也確實曾經看過可以讓我們做到這一點的反應。我們可以藉由使用二烷基銅鋰，從醯基鹵化物製造出酮。所以，我們現在要再次倒推回去：

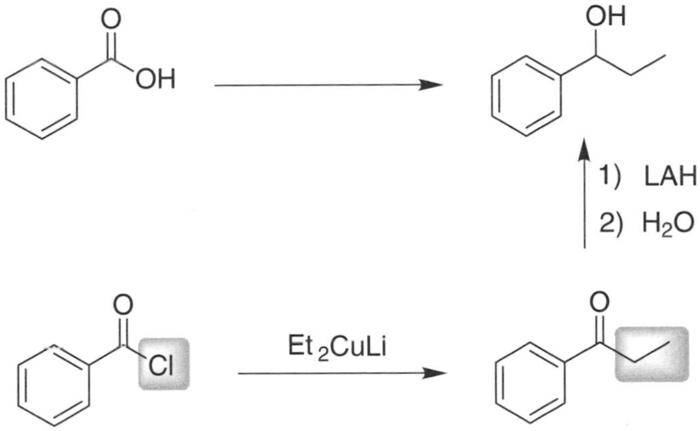

最後必須把羧酸轉換成醯基鹵化物，這可以用亞硫醯氯或草醯氯一步達成。

所以，我們的答案是：

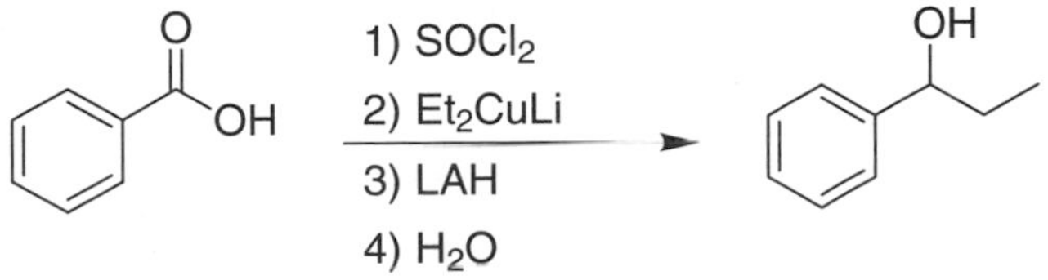

現在讓我們多做一些「跨越」的問題來多加練習。為了做這些問題，你需要複習本章**和**前一章（酮和醛），你必須對這兩章所有的反應都瞭若指掌才行。

剛開始你可能會覺得，要辨識下列問題是否為跨越問題有些困難，但希望你在解題時，能逐漸看出某些趨勢。也就是希望你能訓練你的眼睛，找出問題中包含「跨越」問題的元素。

要解決這些問題，你應該要很熟悉我們學過的跨越方式。雖然有許許多多的跨越反應，而這些反應中我們已經學過的有四個。這四個反應可以摘要成圖表。請仔細研究這個圖表：

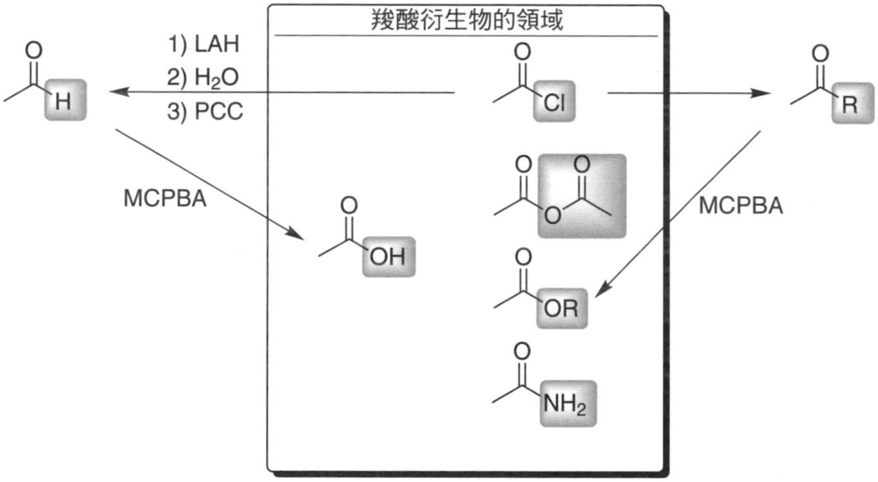

你絕不可能需要跨越兩次，因為那很笨。如果從羧酸衍生物開始，而你需要將它轉換成另一個羧酸衍生物，為此要進行兩次跨越反應是沒意義的。你只需要待在羧酸衍生物的領域，然後用本節開頭我們學過的方法即可。不要因為圖表把四個反應都畫出來就搞混了。在單一問題裡，這四個反應你很少會運用到一個以上。

除非你對這四個反應都已經滾瓜爛熟了，否則很難解出跨越問題。為了幫你記住它們，你必須注意到這四個反應有一個共通點：它們全都是氧化－還原反應。這是合理的，因為羧酸衍生物的氧化狀態與酮類和醛類本來就不一樣。

下列的每一個問題都會花你一點時間，所以如果你只有五分鐘的讀書時間，就先不要做了，否則只會讓你感到洩氣。這些問題都很難，所以要把它們全部做完要花很長的時間。

習　題 請為下列每一個轉換提出合理的合成方式。

記得每一題都要倒推著做（溯徑分析合成法），並試著決定該用哪一個跨越反應。當你對照書末的解答時，要記得合成並非只有一種方式。也請記得如果你的答案和書末解答不同，不要急著給自己的答案判死刑。

6.66 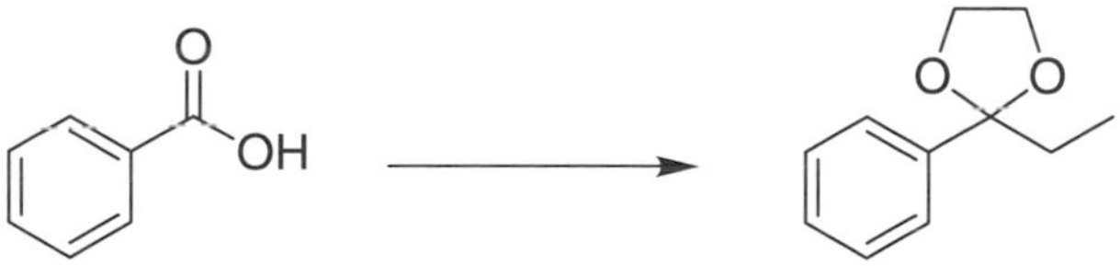

6.67 

6.68 

6.69 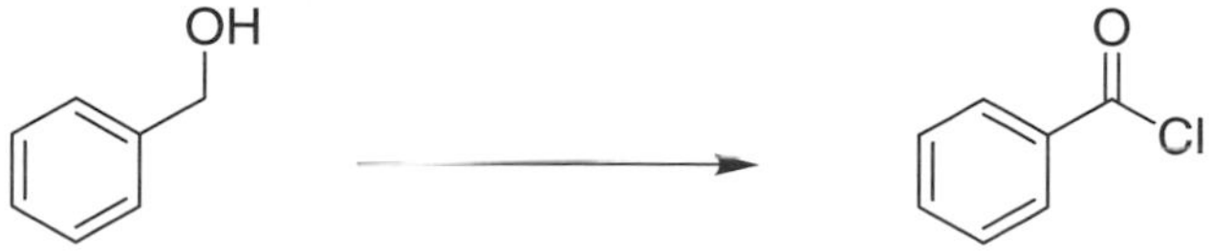

6.70 

6.71 

6.72 

6.73 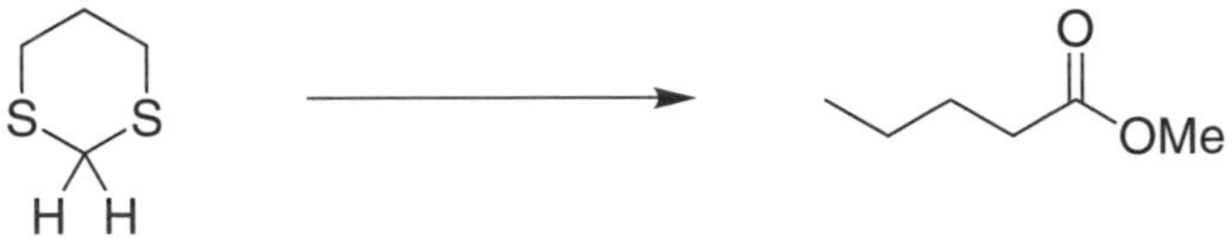

6.74 

6.75 

6.76 

6.77 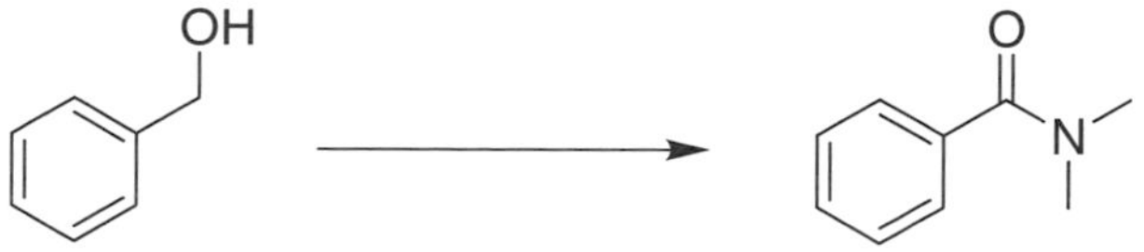

本章的目標是要讓你打好基礎，能更有效率的研讀課本和上課筆記。我們學過所有的反應機構背後的簡單法則，也學過許多合成策略。

現在你可以回頭看看你的課本和上課筆記，找找看是否有什麼反應是本章沒涵蓋到的。以本章建立起來的基礎，你應該可以自行填補缺口，並且更有效率的學習。

請確實做完課本中所有的問題，而我們在這裡也提供了更多的問題。耕耘愈多，收穫愈多。祝好運！

第 7 章

烯醇和烯醇鹽

前兩章我們主要討論親核基攻擊羰基所發生的反應：

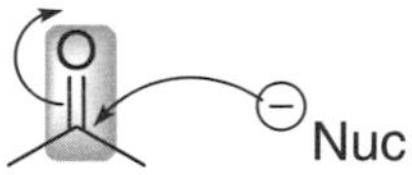

我們首先在第 5 章學習親核基攻擊酮和醛，之後在第 6 章，我們看到了羧酸衍生物。現在我們打算不談羰基，而要來看發生在 α 碳上的化學：

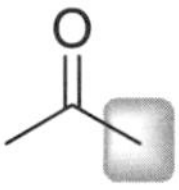

我們稱其為 α 碳，是因為它是直接連接至羰基的碳原子。我們用希臘字母來標示碳原了，從羰基兩邊開始算起：

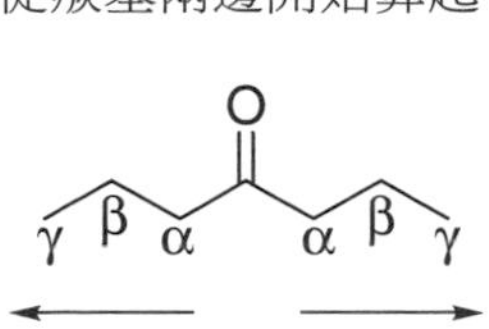

請注意這個化合物，它有兩個 α 位置。本章將集中討論發生在 α 碳上的化學。

開始之前，我們來多談談一些術語。α 碳上有質子連接時，我們稱它們為 α 質子：

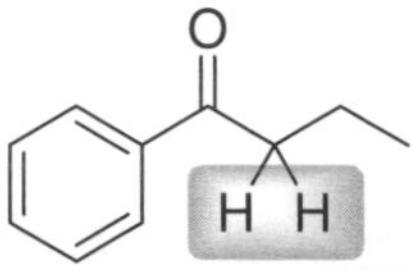

並非所有的 α 碳都有 α 質子。例如，來看看下列的化合物：

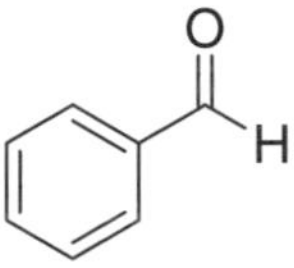

這個化合物並沒有 α 質子。如果你看羰基的右邊，會發現並沒有 α 碳的存在（它是醛）。醛的 H **不是** α 氫，因為這個 H 並不是連接至 α 碳上的。但如果你看羰基的左邊，會發現確實**有** α 碳存在，但是碳上並沒有質子。

確認是否有 α 質子很重要。我們會看到本章的許多反應，多數都與 α 質子的存在有關。經由證明，α 質子有些微酸性，你把這些質子拉掉一個，就會得到反應活性很強的陰離子。這點我們很快就會更詳細來探討。現在先確定當你看到 α 質子時，能辨識出它們。

練習 7.1 看看下列的化合物：

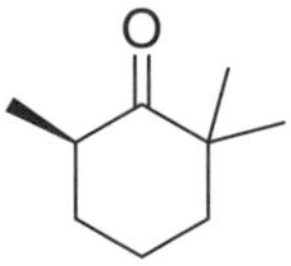

請辨識出所看到的 α 質子。

答　案 要看是否有 α 質子，就先找找 α 碳原子：

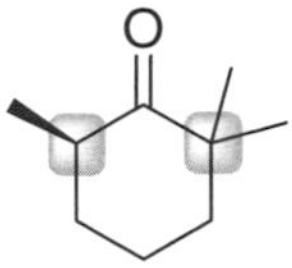

右邊的 α 碳上沒有質子。左邊的 α 碳有上圖未標示出的一個 α 質子：

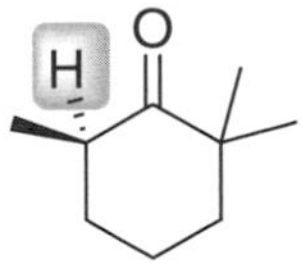

所以這個化合物裡只有有一個 α 質子。

習　題 請辨識出下列每一個化合物的 α 質子（有些化合物並不一定有 α 質子）。

7.2 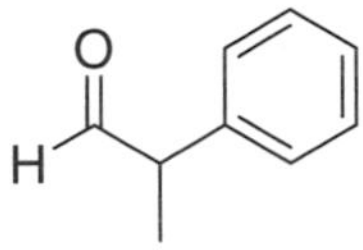

7.3 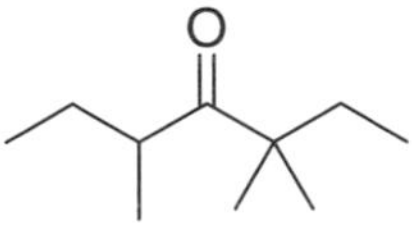

7.4 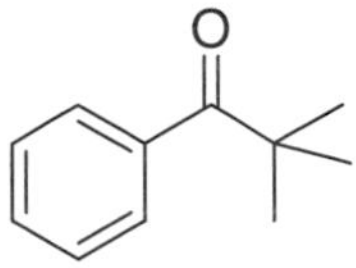

7.5 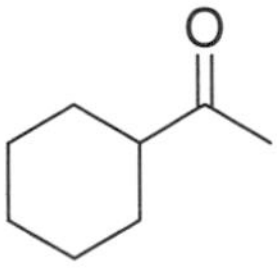

7.6 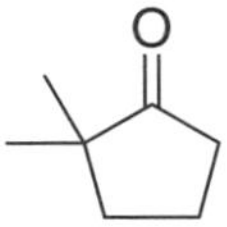

7.7 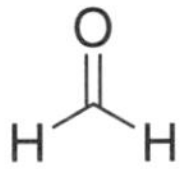

7.1 酮－烯醇互變異構現象

當酮具有一個 α 質子時，就會有一件有趣的事發生。無論是在酸性**或**鹼性的條件下，酮都會與另一個化合物處在平衡狀態：

酮　　　　　　　　　　烯醇

這個化合物稱為**烯醇**（enol），英文名稱的源由是因為它有 C ＝ C 雙鍵（ene），以及一個 OH 基（ol）。上面顯示的平衡非常重要，因為你會在很多反應機構中看到它。現在我們就來仔細研究。

如果仔細研究原子的連接，會發現這兩個化合物有一個質子的位置不同。這個質子在酮上是連接至 α 碳，在烯醇上則是連接至氧：

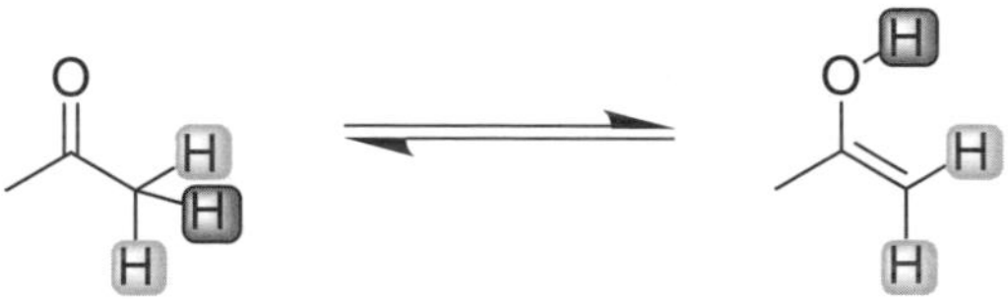

π 鍵的位置也不一樣。但是現在討論的重心在原子（哪一個原子連接至其他哪些原子），所以我們發現，只有一個質子的位置不同。而這種只有一個質子位置不同的化合物，我們有一個特別的名稱來形容它們的關係，那就是**互變異構物**（tautomer）。所以上面的烯醇稱為酮的*互變異構物*；同樣的，酮也稱為烯醇的*互變異構物*。上圖顯示的，就稱為酮－烯醇互變異構現象（keto-enol tautomerism）。

酮－烯醇異構現象**並非**共振。上圖顯示的兩個化合物並*不是*同一化合物的兩種表現方式；事實上它們是兩個不同的化合物。這兩個化合物彼此處於平衡狀態。

在大部分的例子裡，平衡會比較傾向酮：

這樣應該很合理，因為前兩章討論過，C ＝ O 雙鍵的形成會成

為反應動力。酮有 C ＝ O 雙鍵，但烯醇沒有，所以對於平衡傾向酮，我們應該不感到意外。

在某些狀況下，平衡可能會傾向烯醇。例如：

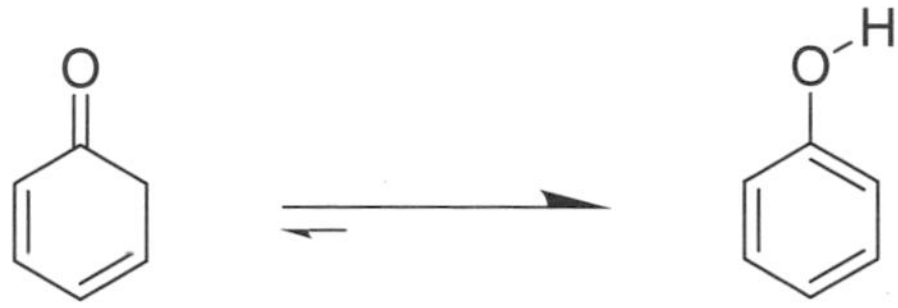

在這個例子裡，烯醇是芳香族化合物，它比酮（非芳香族）穩定。在一些其他的例子裡，烯醇可能比它的異構物穩定。你也許可以在課本裡找到這些例子（例如 1,3- 二酮）。但是在大部分的例子裡（除了少數的例外），與烯醇相比，平衡還是比較傾向酮。

想避免平衡的作用幾乎不可能。想像一下，你費盡心力移除酸或鹼，想要得到完全純的酮，就是希望藉此避免平衡的發生，也就是避免少量烯醇的產生。但是你會發現，要做到這點並不容易。即使吸附在玻璃容器的微量酸或鹼（這你可沒辦法移除）都會導致平衡的建立。

現在要來探討酮－烯醇異構現象的反應機構。我們已經說過，只要酸或鹼存在，化合物就會產生異構現象，所以我們必須看兩個反應機構：在**酸性**條件下，以及在**鹼性**條件下。事實上這兩個反應機構彼此**非常**相似。核心步驟是相同的，唯一不同是在核心步驟進行的順序。

我們曾經定義，異構物的不同在於質子的位置。為了把酮轉換成烯醇，要做到兩件事:（1）給一個質子，以及（2）移除一個質子：

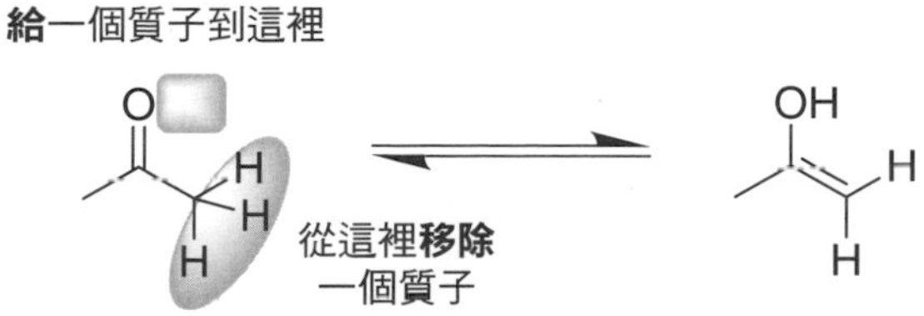

同樣的，要把烯醇轉換回酮，就必須再次提供一個質子，以及移除另一個質子：

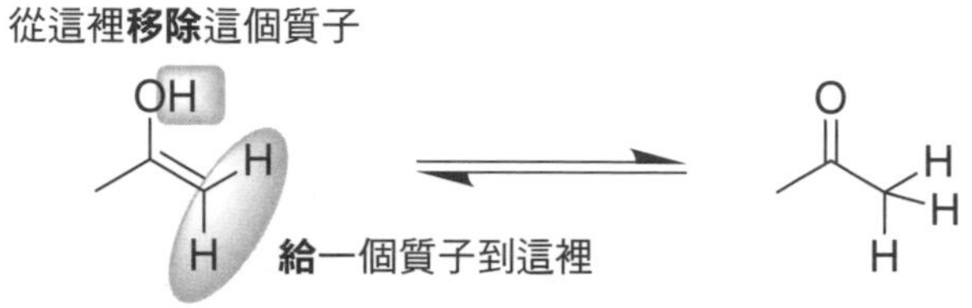

你也許會質疑為什麼我們說這是**兩個**步驟。為什麼必須提供一個質子**和**移除一個質子呢？為什麼不能只用一步來移動質子（分子內質子轉移反應），就像下面這樣：

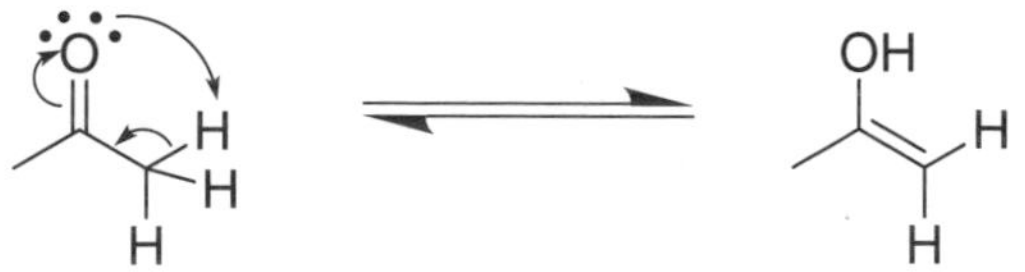

這樣是不行的，因為氧離想抓住的質子太遠（空間上）：

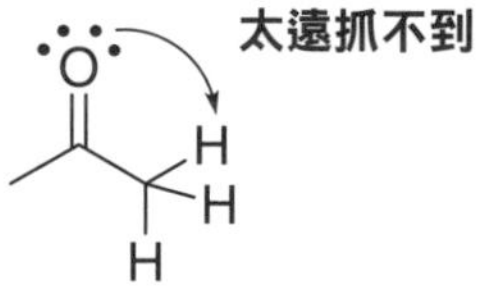

所以我們必須以兩個步驟來進行。一個質子**離開**，然後另一個質子接**上來**。但是這兩個步驟可能會有兩種順序：可能是先接**上去**，之後**離開**，或者是先**離開**，然後再接**上去**。

如果我們先把一個質子拉掉，然後再補一個回去，反應機構看起來會像這樣：

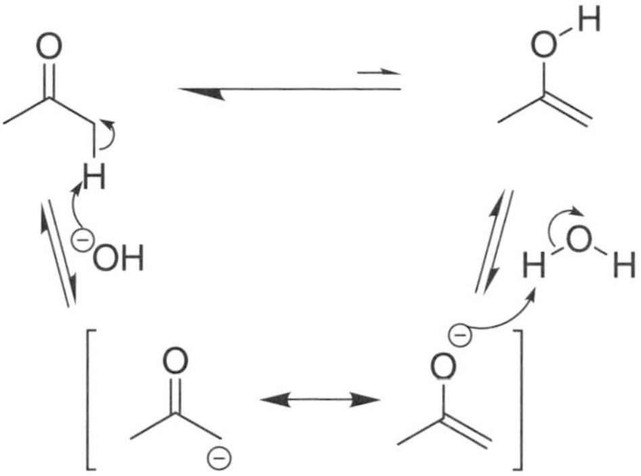

請注意有一個中間產物存在（我們必須畫出它的共振結構），而這個中間產物是帶負電荷的。如果你注意看第二個共振結構，會發現它看起來像是少了一個質子的烯醇。所以我們稱它為**烯醇鹽**（enolate）。不要被唬住了，以為這裡有兩個以上的步驟。共振（中間產物的）並非反應步驟。我們的反應機構只有兩步，像這樣：

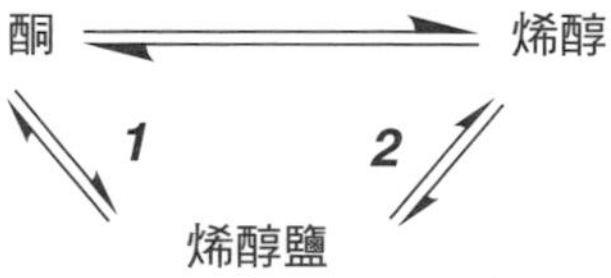

在這一章接下來的部分，烯醇鹽會變得非常重要，因為它的作用是當親核基。在接下來的章節裡會看到許多例子。現在，先來結束酮－烯醇異構現象的討論。

在上面的反應機構裡，我們先**拉掉**質子，**然後**再**補回**一個質子。但是我們也可用不同的順序進行這兩個步驟。如果我們先**放上**一個質子，**然後**再**拉掉**一個質子，以之前的那個例子而言，我們的反應機構看起來會像這樣：

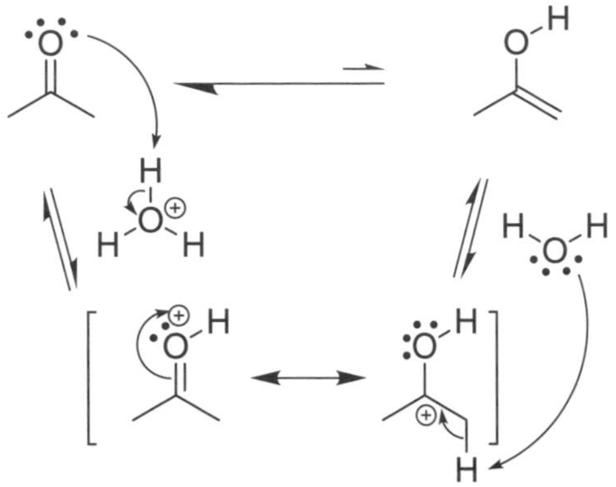

再次強調，這裡只有兩個步驟。不要被中間產物的共振愚弄。共振並非步驟；共振只是因為我們無法以一個圖形來表達中間產物，而使用的處理方式。我們必須以兩個圖形表達它的本質，如果你細看這些共振結構，會發現中間產物帶正電荷。

請注意這兩個反應機構的差異。第一個反應機構有帶負電荷的中間產物，而第二個反應機構有帶正電荷的中間產物。除此之外，這兩個反應機構的差異很微小。每個反應機都只有兩個步驟，而這兩個步驟都是只是質子轉移。唯一的問題在於發生的順序：是先去質子化，然後質子化，或者是先質子化，然後去質子化？

為了決定該用哪一個反應機構，我們必須小心考慮使用的條件。在酸性條件下，必須先質子化，然後去質子化。這給了我們帶正電荷的中間產物，與條件相吻合（在酸性條件下，不能形成帶負電荷的中間產物）。但是在鹼性條件下，我們必須先去質子化，然後質子化。這給了我們帶負電荷的中間產物，與條件相吻合（在鹼性條件下，不能形成帶正電荷的中間產物）。

練習 7.8 請看看下列化合物：

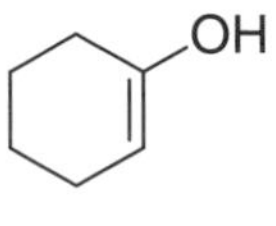

要想分離純化出這個化合物是不可能的，因為它會很快異構成酮。請畫出在酸性條件下，形成酮的反應機構。

答案 這個化合物是烯醇，它的異構物將會是下面的這個酮：

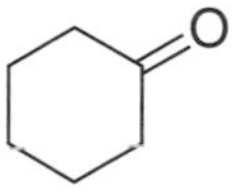

要把這個烯醇轉換成酮，反應機構會有兩個步驟：提供一個質子，以及移除一個質子。但是我們必須決定進行的順序。應該先移除質子然後再給一個質子？還是先給一個質子再移除質子？要回答這個問題，必須看反應條件。因為我們是在酸性條件下反應，所以必須先給一個質子（形成帶正電的中間產物），然後再移除另一個質子。

現在已經知道順序了，但是我們還必須決定質子該給到**哪裡**，以及**哪裡**的質子該移除。要知道這點，必須先看看整個反應：

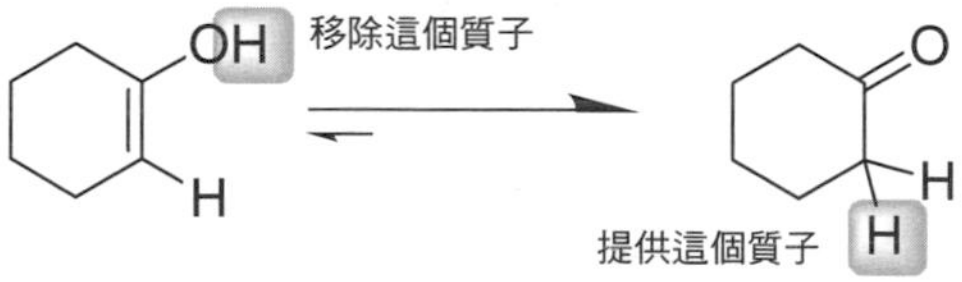

當我們以這個方式分析反應，很容易看出質子該給到**哪裡**，以及**哪裡**的質子該移除。這個步驟很重要，因為它告訴我們，該把質子給雙鍵（而不是氧），如下列所示：

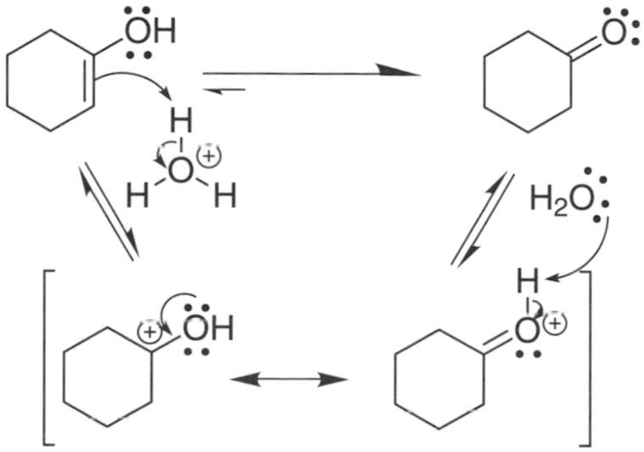

通常學生在解這一題時，都會先把 OH 基質子化。雖然一開始看起來似乎很合理，但你會發現這個步驟**無法**導致酮的形成。所以第一步是把雙鍵質子化，而**不是**把 OH 基質子化。

在你試著自行提出反應機構之前，還有一個最後的忠告：絕對不要在同一個反應機構中同時使用 OH^- 和 H_3O^+。在酸性條件中，用 H_3O^+ 提供質子，並用 H_2O 移除質子。因為在酸性條件下，不能使用 OH^- 移除質子。

同樣的，只要是在鹼性條件下，就必須用 OH^- 移除質子，並用 H_2O 提供質子。因為在鹼性條件下，不能用 H_3O^+ 提供質子。我們從這裡得到的結論是：一定要跟所用的條件吻合。

總結來說，要想正確畫出酮－烯醇異構現象的反應機構，必須先考慮三件事：（1）該用什麼**順序**（先提供再移除，或是先移除再提供），（2）**哪裡**該質子化以及哪裡該去質子化，還有（3）該使用**什麼試劑**來進行質子轉移（與所使用的條件相吻合）。

習　題 請為下列每一個反應，提出與指示條件相吻合的反應機構（你需要另拿一張紙來寫下答案）：

7.9
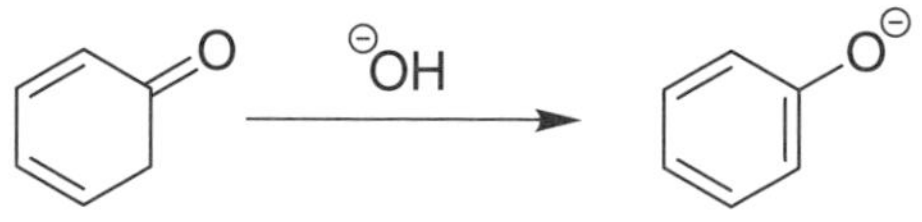

7.10
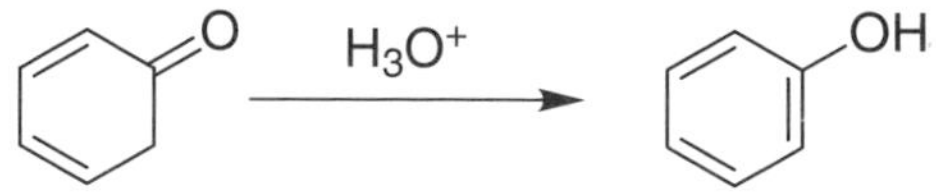

7.11
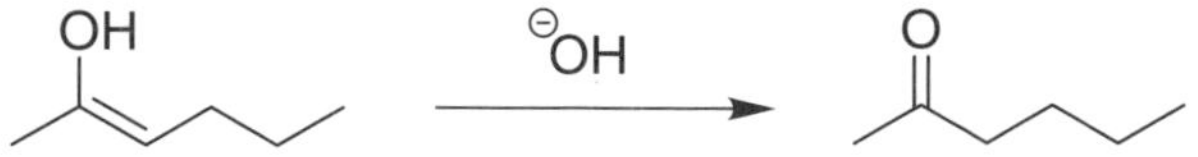

7.12
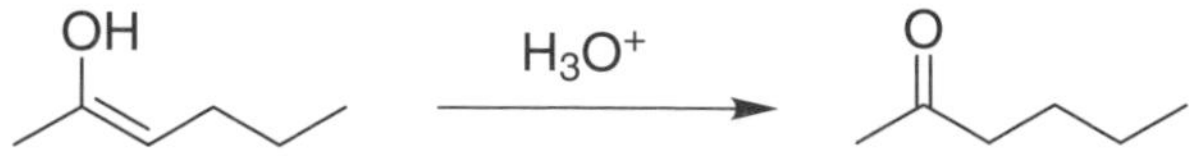

習題 7.13 下列反應也是酮－烯醇異構現象：

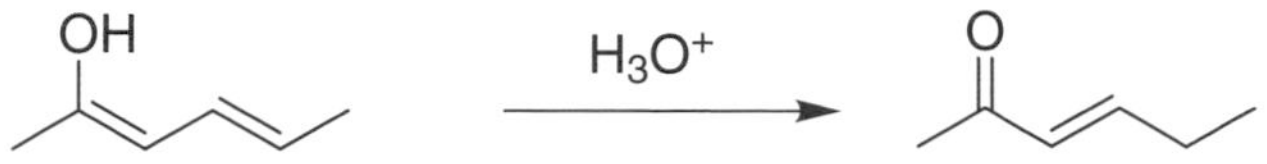

請運用學過的策略，為這個反應提出反應機構。

記住要問三個重要的問題：（1）該用什麼**順序**（先質子化，或先去質子化），（2）**哪裡**該質子化和去質子化，以及（3）該用**什麼試劑**。你需要用另一張紙寫下答案。

7.2 烯醇的反應

很難看出酮上的 α 碳可以當親核基：

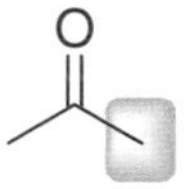

α 碳**未**擁有可以用來進行攻擊的未共用電子對或 π 鍵。但是當我們檢查烯醇（它與酮形成平衡）的結構時，會得到不同的景象：

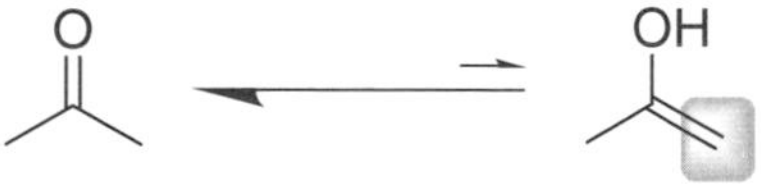

烯醇在 α 碳上擁有一個 π 鍵，因此 α 碳可以當親核基來攻擊某些親電子基：

要讓攻擊發生，我們得倚靠酮進行異構現象的能力。但並非每一個酮都會與烯醇以平衡狀態共存。缺乏 α 質子的酮**不會**異構成烯醇：

這裡沒有質子
可以被拉走
千萬不要畫有
五個鍵結的碳原子

但事實上你會看到大部分酮都有 α 質子。因此，典型的酮會與烯醇以平衡狀態共存。前一節裡，我們看到某些罕見的例子，平衡狀態會傾向烯醇，但一般來說，平衡大都傾向於酮。所以，通常只有少量的烯醇與酮形成平衡。

這些少量的烯醇能當親核基，攻擊某些親電子基。在烯醇攻擊親電子基之後，酮—烯醇的平衡會趨向於製造較多的烯醇（這說明了，反應結果是烯醇「不見了」)。大部分的酮分子都慢慢轉換成烯醇，與親電子基進行反應。最常見的例子就是 α - 鹵化，其親電子基為鹵素（產生了 α - 鹵化酮）：

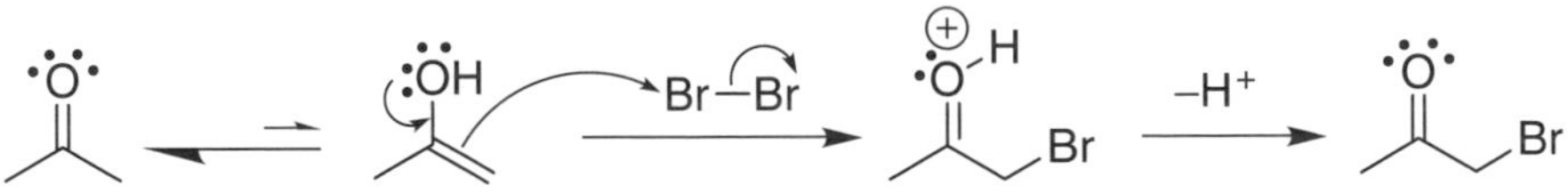
OH
Br—Br
H
Br
–H+
Br

這個反應機構的第一個步驟：酮異構成少量的烯醇。然後就是關鍵步驟：烯醇當親核基攻擊 Br_2（親電子基）。最後一個步驟只是去質子化來得到產物。請注意這個反應機構的大部分步驟，都只是質子轉移。我們的反應機構遵循下列模式：異構現象，攻擊，去質子化。其中「異構現象」只是一種新名詞，用來稱呼某種特殊類型的質子轉移罷了。所以實際上只存在一個步驟，也就是攻擊發生的步驟（當烯醇攻擊親電子基時）。

最後，這為我們提供了一種可以把鹵素放在酮 α 位置的方法：

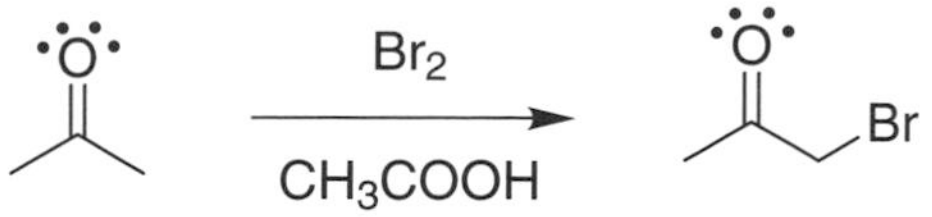

我們用溫和的酸〔例如醋酸，(CH₃COOH)〕來促進異構現象。我們不需要擔心這個酸會被鹵化（在 α 位置），像這樣：

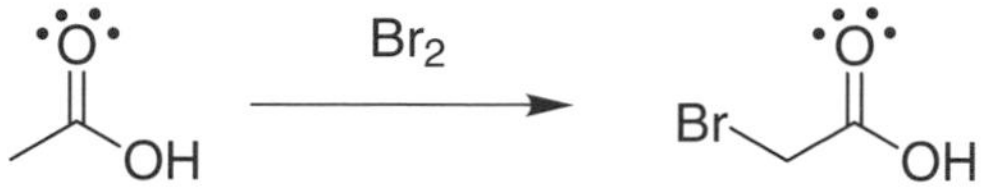

CH₃COOH　　　　**這個反應很慢**

不需要擔心是因為，羧酸在這類反應中的反應速度非常慢。

如果我們**想**鹵化羧酸的 α 位置，也有可能辦到，但需要一些額外的步驟。首先必須把羧酸轉換成醯基鹵化物。原因是醯基鹵化物的烯醇攻擊鹵素的速度非常快。然後，我們只需要在最後把醯基鹵化物轉換回羧酸就可以了：

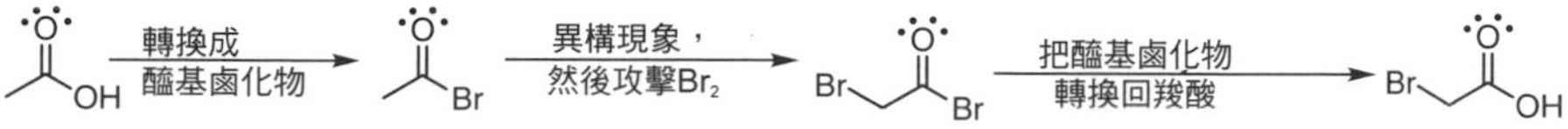

這個方法（鹵化羧酸）稱為「赫耳－華哈德－季林斯基反應」(Hell-Volhard-Zelinsky reaction)。

做一下整理：這一節我們已經看過利用烯醇親核性的兩個反應。這些反應可以用來把鹵素放在酮的 α 位置或羧酸的 α 位置：

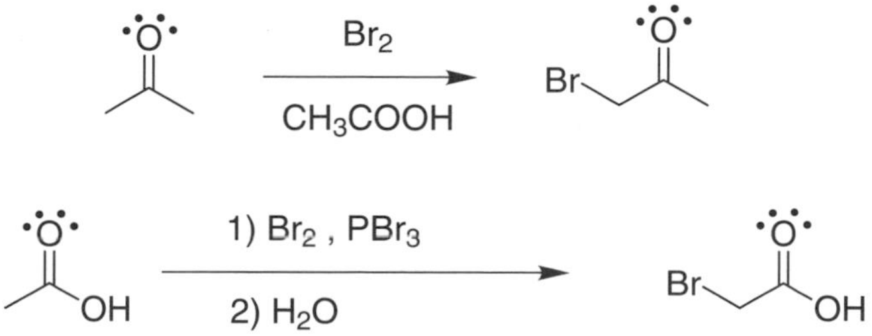

請注意所用的試劑。我們已經看過第一個反應所用的試劑（Br_2 和某些溫和的酸——用來鹵化酮）。但是要鹵化羧酸，用的卻是一組不同的試劑。我們用的是 Br_2 和 PBr_3，接著是 H_2O。Br_2 和 PBr_3 的功用是製造醯基鹵化物，形成烯醇，然後用烯醇攻擊 Br_2。之後，在最後一步用水來把醯基鹵化物轉換回羧酸。

練習 7.14 請預測這個反應的產物：

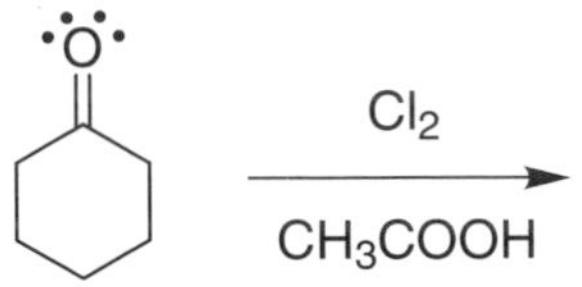

答　案 我們從酮開始，在溫和的酸存在下，將它與 Cl_2 進行反應。溫和的酸會激化異構現象，使酮變成烯醇，然後烯醇會攻擊 Cl_2，進行 α 位置的鹵化。所以最後我們的產物會在其中一個 α 位置有 Cl。因為兩邊都相同，所以我們只需挑其中一邊即可：

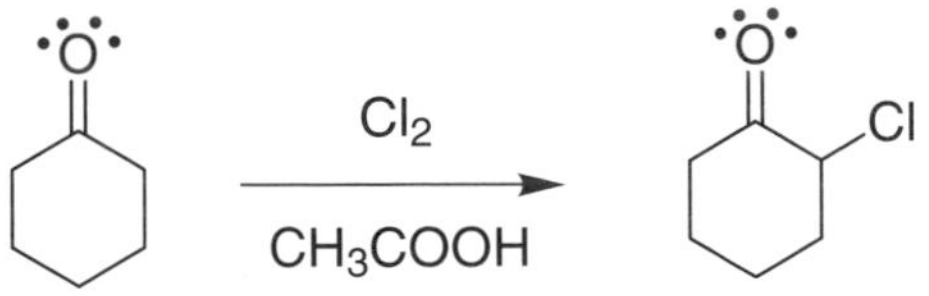

習　題 請預測下列每一個反應的產物。記住你只能鹵化在 α 位置有質子的化合物。

7.15 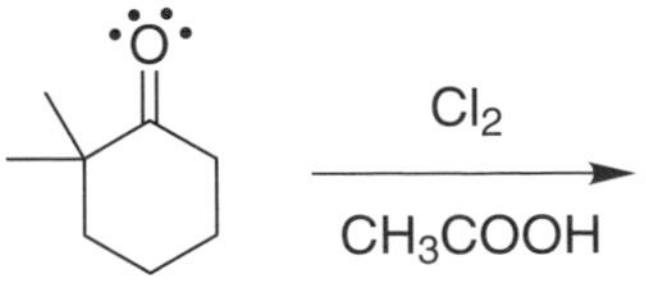

7.16 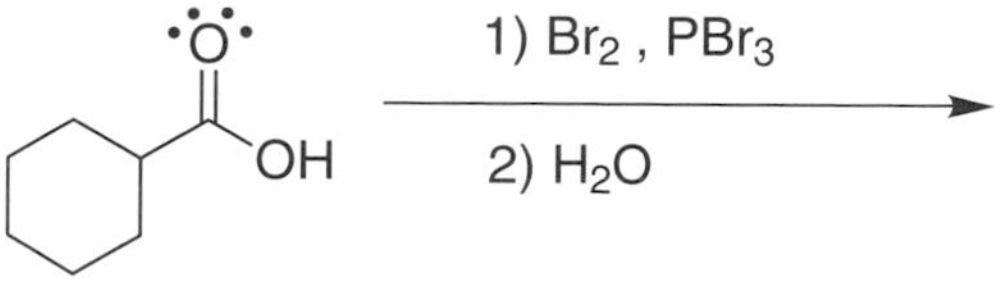

7.17 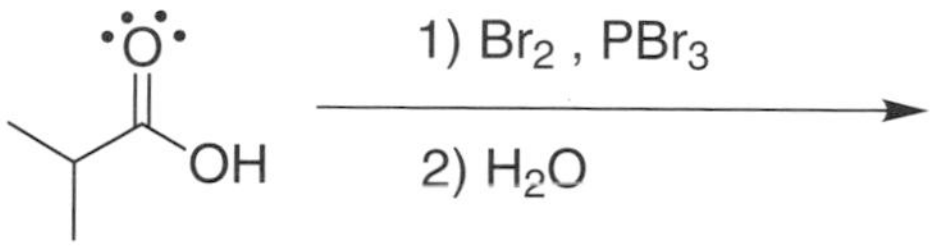

7.18 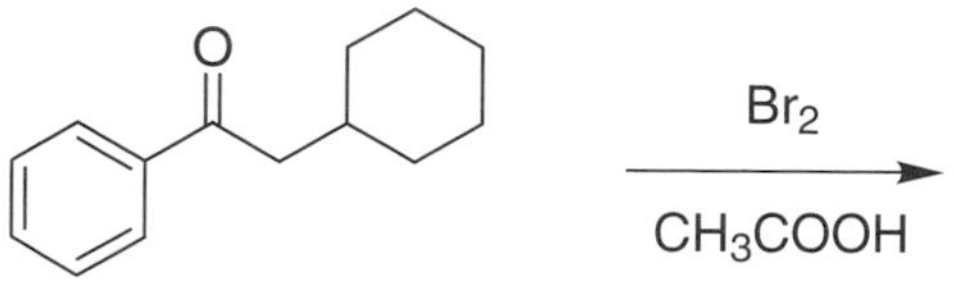

7.3 製備烯醇鹽

前一節裡，我們看過了烯醇可以當親核基，但烯醇只是溫和的親核基。所以問題來了：我們該怎麼讓 α 位置更具親核性呢（這樣才可以把可能進行反應的範圍加大）？有一個方法可以做到。只要給 α 位置一個負電荷就行了。為了看出如何做到這點，先快速複習之前學過的反應——鹼性條件下異構現象的反應機構。讓我們先把焦點放在中間產物（下圖標示出來的部分）：

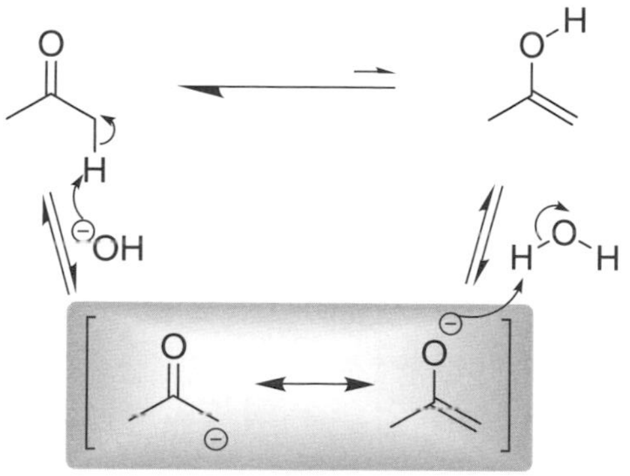

烯醇鹽

中間產物帶負電荷，之前說過我們稱它為烯醇鹽。為了捕捉烯醇鹽的本質，我們必須畫出它的共振結構。還記得畫共振結構的原因是：無法以任何**單**一圖形來表示這個中間產物。所以我們畫出兩個圖形。為了得到這個中間產物的真正型態，我們必須自行在心中把這兩個圖形混和，它顯示出烯醇鹽在兩個位置是多電子的：α 碳**和**氧：

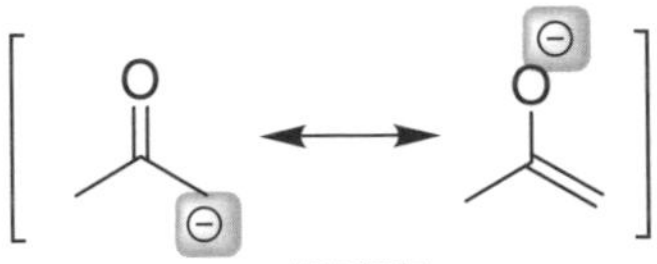

烯醇鹽

所以我們預測這**兩個**位置非常具親核性。但是，我們並沒看到任何氧當親核基的反應發生。在某些條件下，反而不是碳進行攻擊，而是氧來進行攻擊，但是本課程不會學到這些反應。大部分的課本和老師也不會教氧攻擊的條件，因為那是較進階的課題。所以從現在開始，我們提到的所有例子都是碳攻擊（α 碳當親核基，攻擊某些親電子基）：

請注意，我們只使用烯醇鹽的其中一個共振結構，如果用另一個共振結構的話，看起來會像這樣：

這只是表達同一個反應的另一種方式。許多課本會以第二種方式來表達（從負電荷在氧上的共振結構開始）。這樣也許比較正確，因為這個共振結構在烯醇鹽的整體性質上，提供了較大的貢獻。但是無論如何，本書還是會使用負電荷在碳上的這個共振結構：

我們會這麼做是因為，這會使反應機構較容易理解。為了達到絕對正確，我們必須確實畫出兩個共振結構，像這樣：

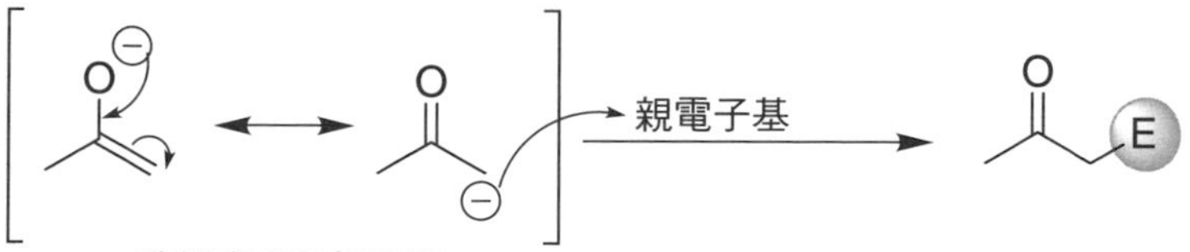

為了簡化，我們只會顯示出烯醇鹽的一個共振結構（在本章中看到的大部分反應機構都會是如此）。

現在讓我們來想想，該用哪一種鹼來**製備**烯醇鹽。如果我們使用像 HO^- 或是 RO^- 這樣的鹼（在氧上帶負電荷的鹼），會發現這些鹼沒強到足以完全把酮轉換成烯醇鹽，反而會在酮、烯醇鹽和烯醇之間達成平衡。這個平衡只會產生非常少量的烯醇鹽，但這沒關係，只要有一個烯醇鹽與親電子基進行反應，平衡就會製造出更多烯醇鹽來補充。經過一段時間，所有的酮就能都轉換成烯醇鹽，並且跟親電子基進行反應。這跟之前我們談到烯醇時遇到的狀況十分相似，我們再一次倚賴平衡，源源不絕製造出更多的烯醇鹽。這裡最大的差別在於，烯醇鹽的活性遠比烯醇大多了。因此，烯醇鹽的化學作用比烯醇的化學作用更豐富。

要知道烯醇鹽的化學作用有多豐富，請來看看這個例子：有些烯醇鹽較其他烯醇鹽穩定。這些「超級穩定」的烯醇鹽是較「溫馴」的親核基（對與它們進行反應的東西較具選擇性）。例如，一個有兩個羰基（中間隔了一個碳）的化合物可以去質子化，形成像是具有雙烯醇鹽的中間產物：

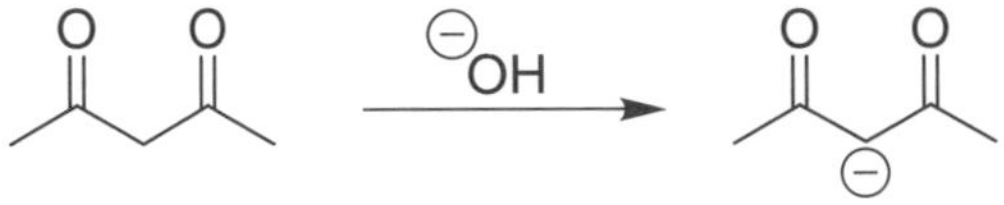

這個中間產物的負電荷可以在兩個羰基之間移動：

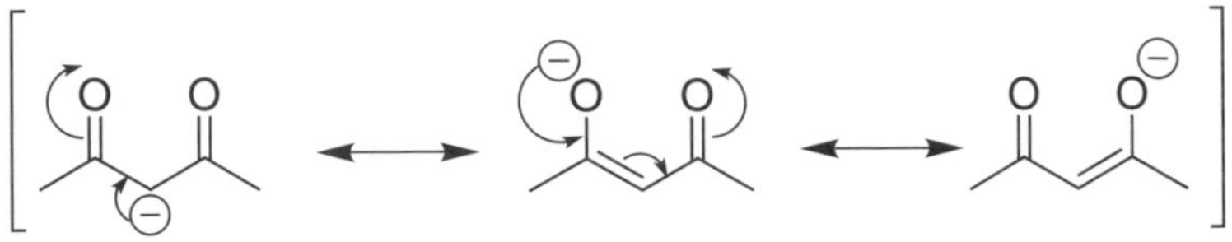

因此它非常穩定，甚至比 HO^- 或 RO^- 更穩定。所以當我們用諸如 HO^- 或 RO^- 這些鹼時，平衡會大為偏移到有較穩定烯醇鹽的這一邊：

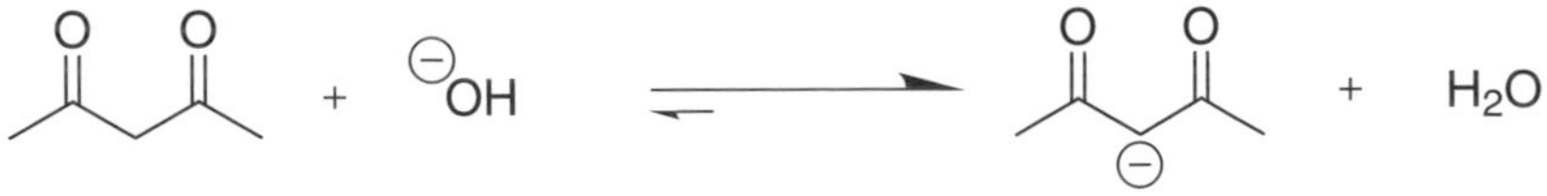

我們很快就會看到，這個平衡的位置將成為克來森縮合反應（Claisen Condensation）的動力（本章之後會看到）。

練習 7.19 **看看下列化合物，請畫出當你把這個化合物去質子化所形成的烯醇鹽。請確定畫出了所有的共振結構。**

答　案 我們只需要辨識出 α 質子，然後把它拉掉就行了：

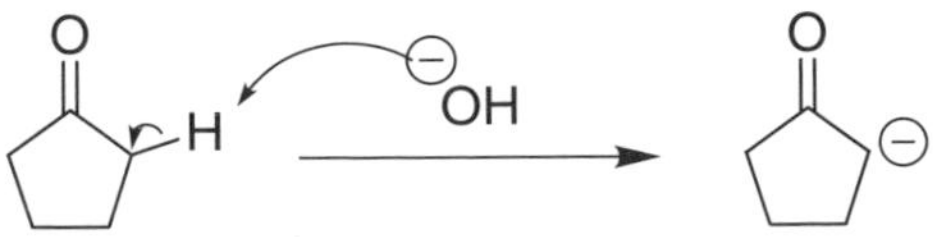

接著畫出共振結構：

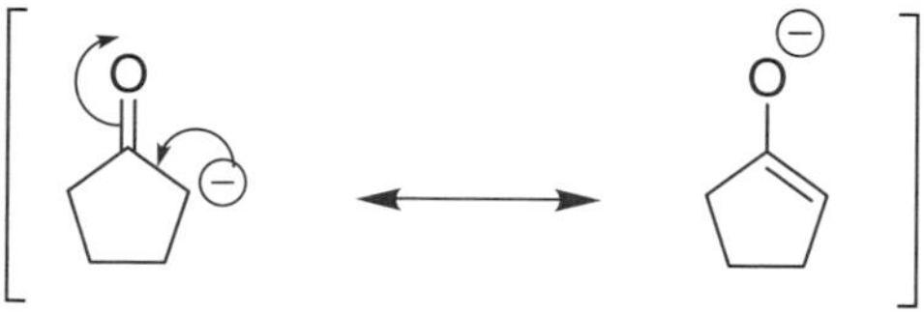

習　題 請為以下的每一個化合物，畫出氫氧根離子存在時會形成的烯醇鹽。請確定你畫出了所有的共振結構。

7.20 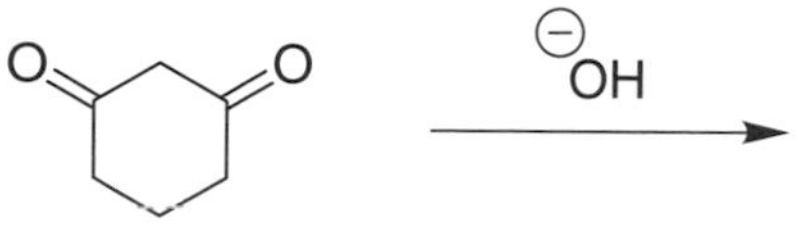

7.21 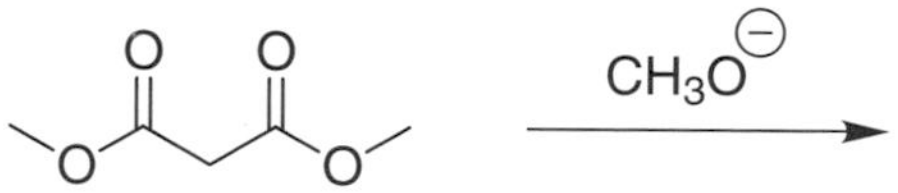

7.22 

7.23 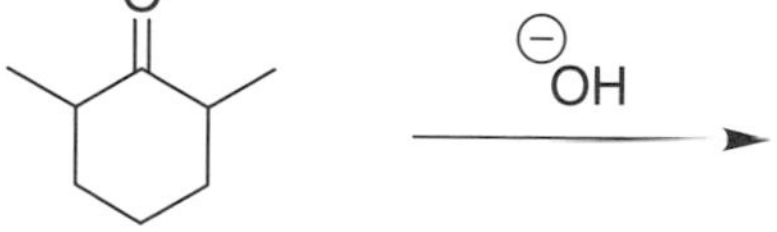

7.4 鹵仿反應

在前一節裡，我們學過如何製備烯醇鹽。現在要開始討論烯醇鹽可以攻擊什麼。在本節裡，它將攻擊鹵素（例如 Br、Cl 或 I），而在接下來的章節裡，則會看到當烯醇鹽攻擊不同的親電子基時，會發生什麼事。

請想想看，處在下列條件下，會發生什麼事：

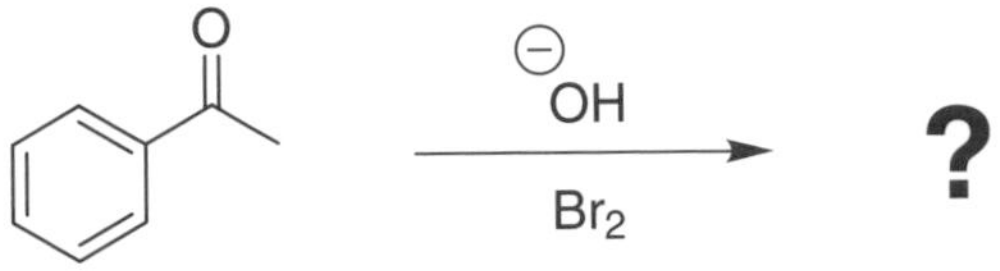

我們有酮和氫氧根離子，這表示建立起的平衡會產生少量烯醇鹽：

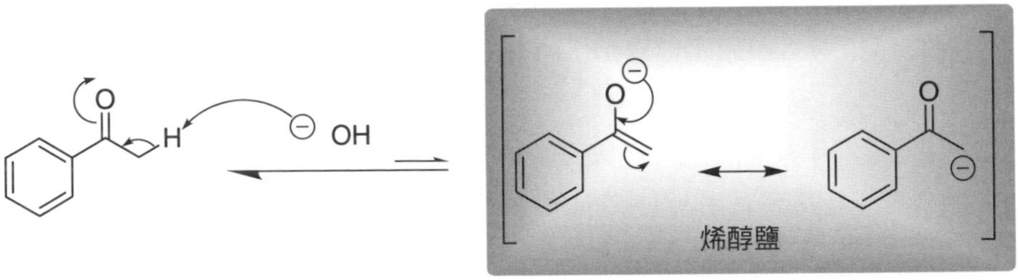

烯醇鹽是在 Br_2 存在下形成的，因此烯醇鹽就有親電子基可以攻擊了。最初的產物並不出乎意料：

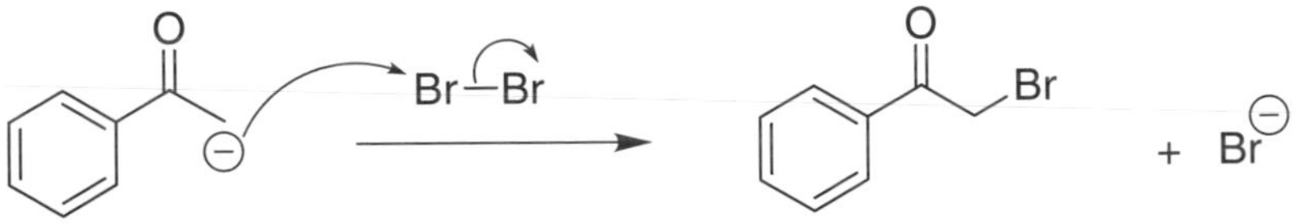

烯醇鹽攻擊 Br_2 並把 Br^- 當離去基踢掉。反應結果就是把一個 Br 放在 α 位置：

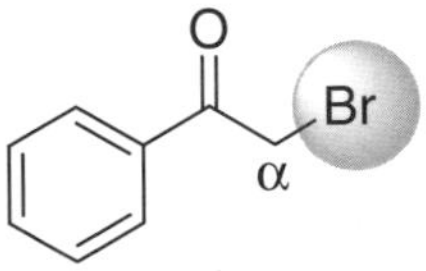

但是反應並沒有停在這裡。還記得鹼（氫氧根離子）仍存在溶液中嗎？所以氫氧根離子會拉掉另一個 α 質子。事實上這個質子比第一個更容易被拉掉，因為溴原子的感應效應會進一步穩定即將形成的烯醇鹽。然後這個烯醇鹽會再次攻擊 Br_2：

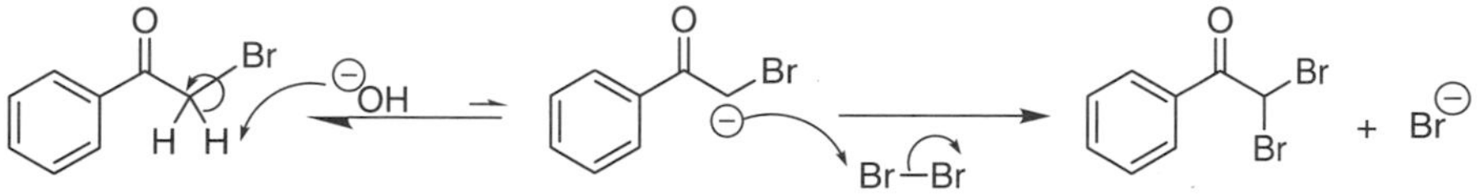

現在在我們的化合物裡已經有**兩個**溴原子了。然後，反應再度發生：

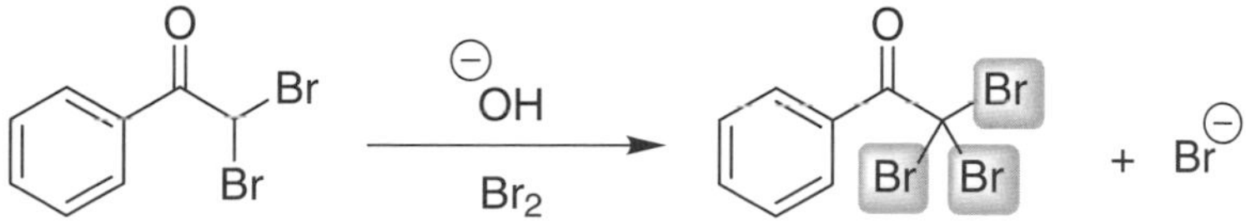

想一下截至目前為止我們做了什麼。我們已經把一個 CH_3 轉換成 CBr_3 基了。這個轉換意義重大，因為 CBr_3 基可以當離去基：

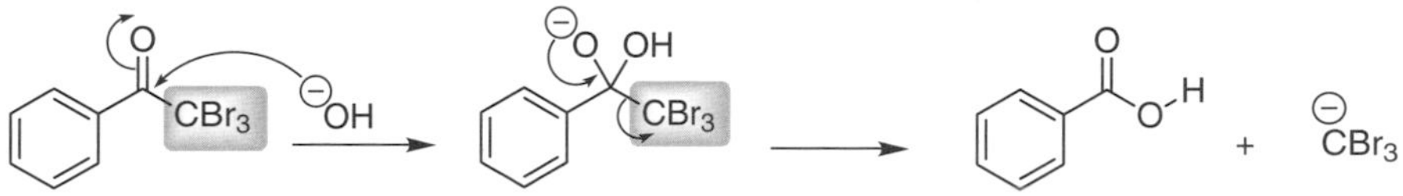

這時，你應該會覺得怪怪的。你也許還記得前一章裡，我們曾經提過的黃金法則（絕對不要踢掉 H^- 或 C^-），而上面的反應似乎違背了這個的黃金法則。我們這不是把 C^- 踢掉嗎？是的，我們確實這麼做了。

事實上這是黃金法則的罕見例外。一般而言，黃金法則適用於**大多數**的時間，因為 C^- 通常太不穩定，於無法當離去基。但是在某些例子裡，C^- 夠穩定，可以當離去基，而這就屬於那些罕見例子之一。CBr_3（在碳上有一個負電荷）的確是很好的離去基，因為它結合了三個溴原子的拉電子效應。但雖然它離去不成問題，卻也不是世界上最穩定陰離子。事實上，它甚至無法跟羧酸根離子（就是把羧酸去質了化產生的離子）一樣穩定。所以我們的反應終結於一個質子轉移，這個質子轉移用來來形成較穩定的羧酸根陰離子和溴仿（bromoform）：

這形成了羧酸根陰離子和 $CHBr_3$（稱為溴仿）。而這就是我們反應機構的終點。如果我們想分離出羧酸，只要加入溫和的質子來源，把羧酸根陰離子質子化即可。

如果把溴用碘取代，進行相同的反應，會得到碘仿（iodoform）這個副產物（而非溴仿）：

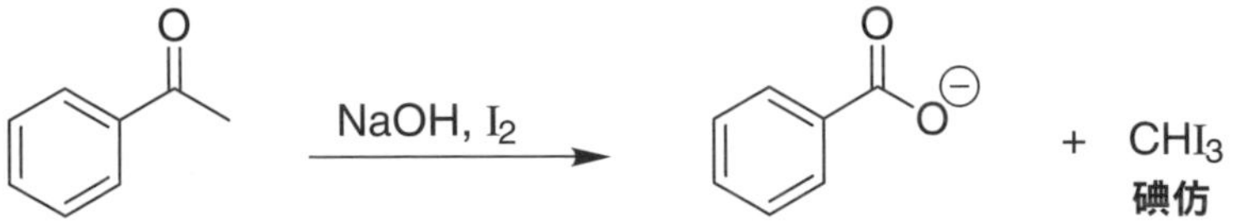

碘仿是黃色固體，它會從溶液中沉澱出來。因此，這個反應用來當鑑定未知化合物的探測法。如果未知化合物是甲基酮，在這樣的條件下（NaOH 和 I_2）會產生碘仿。這個碘仿測試法已經不再使用了（我們現在有了可以提供更多資訊的光譜技術）。所以這個化學測試已經成了歷史遺跡。但是基於某些理由，它仍然會出現課本的習題中。通常你會看到像這樣的敘述：「未知化合物的碘測試呈現陽性，而且……」這個問題的開頭就是告訴你，你有一個甲基酮。如果你在課本的習題裡看到這些文字出現，就應該知道這代表了什麼意思。

但是這個反應還有比碘仿測試更重要的應用。當你解答合成問題時可以用它。這個反應提供了可以把甲基酮轉換成羧酸的方法：

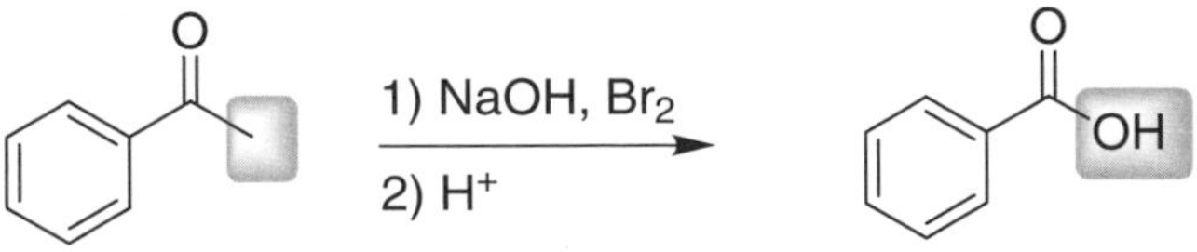

你應該把它牢記在心，因為這是「跨越」反應的一個新範例。在前一章裡，我們談過許多把酮轉換成羧酸衍生物（跨越反應）的方法。這裡的這個反應可以把甲基酮轉換成羧酸，所以你應該把它加到合成工具箱裡。

練習 7.24 請預測下列反應的產物：

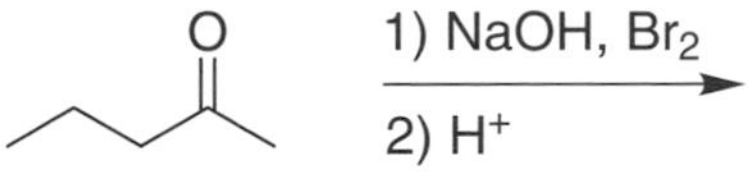

答　案 這裡的技巧是辨識出我們要處理的化合物是甲基酮，以及我們具備了可以把甲基酮轉換成羧酸的條件（會有副產物溴仿）：

習　題 請預測下列每一個反應的產物：

7.25 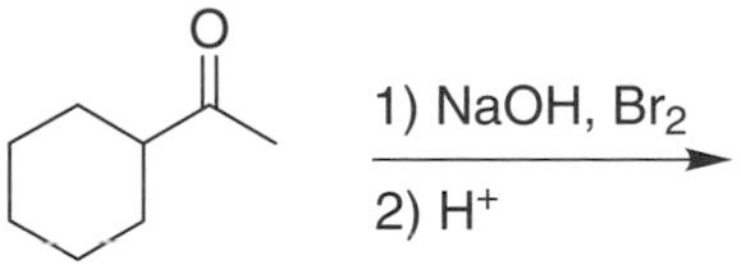

7.26 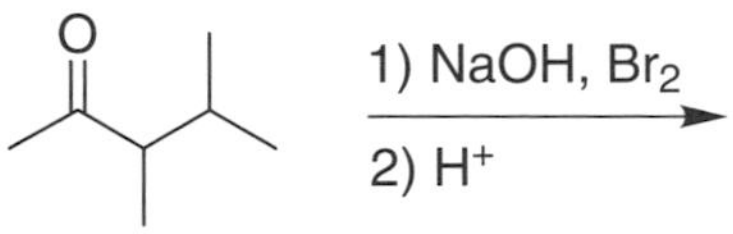

習題 7.27 複習我們在這一節中學過的反應機構，並試著畫出前一個問題（7.26）的反應機構：

7.5 烯醇鹽的烷化

這一節會繼續討論烯醇鹽可以攻擊的化合物種類。我們將會學到如何把烷基掛到 α 碳上。

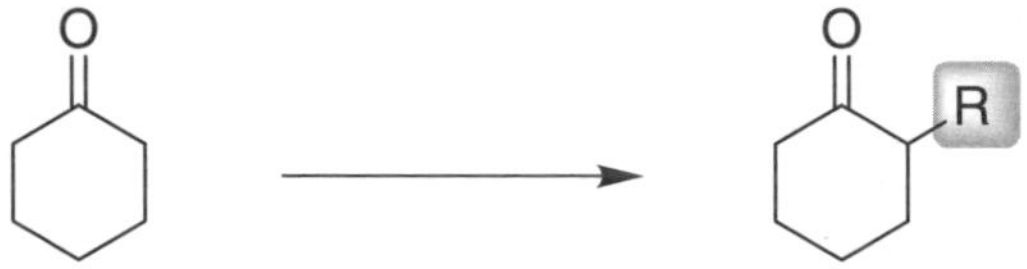

把 α 位置烷化，用烯醇鹽來攻擊鹵烷是合理的，例如：

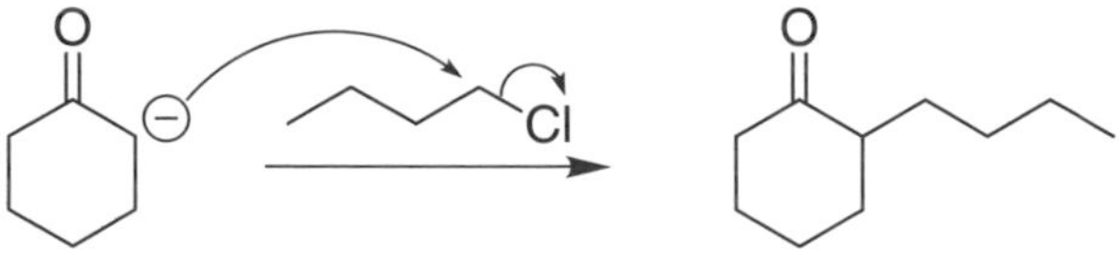

這只是 S_N2 反應，所以與一**級**鹵烷反應的效果最好。

但是就在我們試著混和酮和氫氧根離子，想藉此製備烯醇鹽時，會遇到很大的阻礙。還記得我們用氫氧根離子形成烯醇鹽時，平衡會大為偏向酮的那一邊：

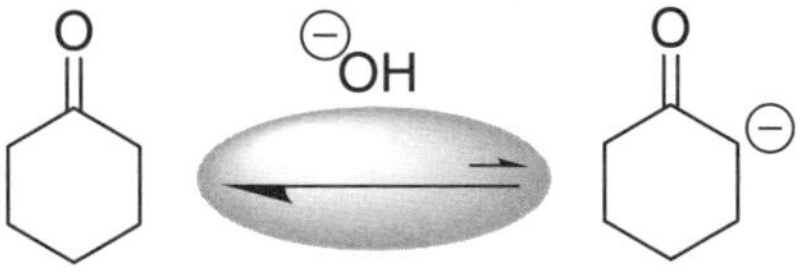

在平衡狀態下，溶液中會有少量的烯醇鹽以及大量的酮和大量的氫氧根離子存在。所以一旦我們放一些鹵烷進入燒瓶，就會遇到一個很大的問題。過量的氫氧根離子會攻擊鹵烷，產生了競爭性的副反應，得到混成一團的產物。

為了避免這個問題，我們必須在大部分的酮分子都轉換成烯醇鹽的條件下，形成我們的烯醇鹽。如果可以這麼做，剩下的鹼量就會最少，不必擔心鹼會與鹵烷進行反應。要做到這點是可能的，但是用的鹼必須用比目前為止曾用過的氧類鹼（HO^- 和 RO^-）更強才行。我們必須以氮類鹼取代氧類鹼：

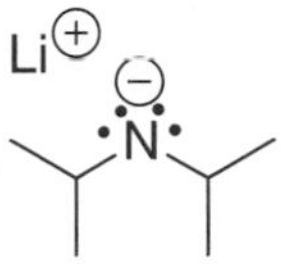

這個化合物名為二異丙胺鋰（lithium diisopropylamide, LDA）。LDA 的負電荷在氮原子上（這比負電荷在氧原子上更不穩定），所以是很強的鹼。兩個異丙基（isopropyl group）體積龐大，所以 LDA **不是**好的親核基。LDA 主要當很強但立體空間障礙大的鹼使用，正好符合我們目前的狀況所需。

因為 LDA，我們把酮轉換成烯醇鹽的效果很好，平衡大為偏向烯醇鹽這邊：

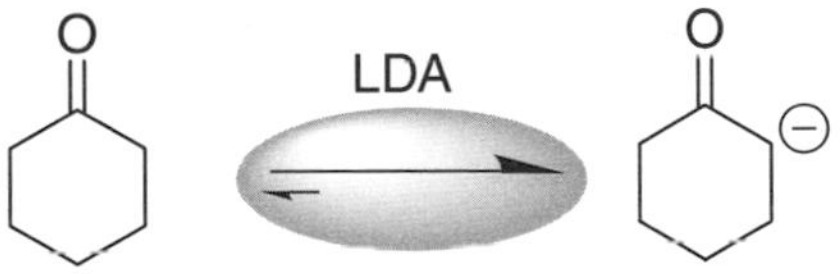

所以我們的反應燒瓶中有大量的烯醇鹽（和非常少量的酮或鹼）。現在可以丟進一些鹵烷，不必擔心會有競爭性的副反應了。

所以要烷化酮，我們使用下列試劑：

第一個步驟，用 LDA 把酮去質子化形成烯醇鹽。當你看到四氫喃（tetrahydrofuran, THF）出現在上述的試劑中時，不要感到不解。THF 只是用來溶解 LDA 的溶劑而已。第二個步驟，用鹵烷（RX）來掛上烷基。R 是一級（或二級）的烷基，而 X 則是鹵素（Cl、Br 或 I）。

當我們用對稱的酮當起始物時，反應效果非常好，例如前頁例子中的環己酮（cyclohexanone）：

我們應該把烷基放哪裡呢？左邊還是右邊？要回答這個問題，必須仔細研究兩種可能形成的烯醇鹽：

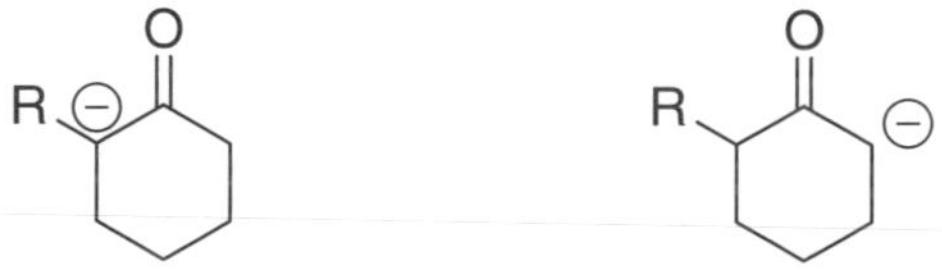

這個烯醇鹽比較穩定　　　**這個烯醇鹽較快形成**

較多取代的烯醇鹽（上圖左）較穩定。但是，較少取代的烯醇鹽（上圖右）較快形成。較少取代的那邊有兩倍的質子可供抓取：

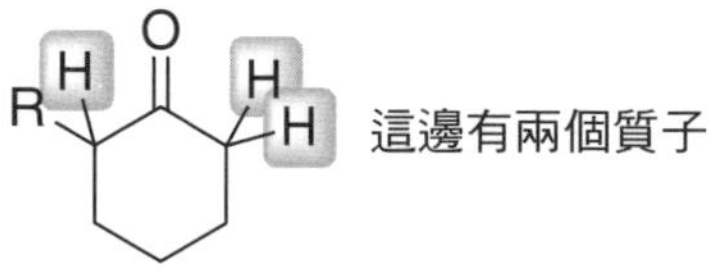

所以從機率的觀點來看，我們預期較少取代的那邊會形成較多的烯醇鹽。同時，也預期立體障礙大的鹼要從較少取代的烯醇鹽上抓取質子，也較容易。所以，現在我們有兩個相互競爭的論點：

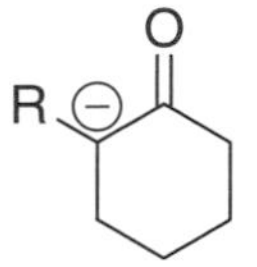

這個烯醇鹽比較穩定

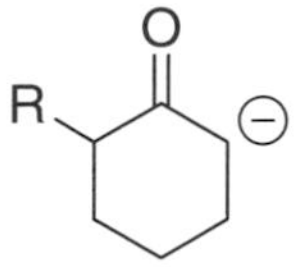

這個烯醇鹽較快形成

這是典型的熱力學（thermodynamics）對抗動力學（kinetics）的例子。熱力學跟穩定性及能階有關，所以熱力學的論點主張較穩定的烯醇鹽會占優勢。但是動力學告訴我們，應該是另一個烯醇鹽才對，因為它較快形成。哪一個論點贏呢？事實是我們會得到混和的產物。但是如果在低溫下使用 LDA，會很明顯偏向於形成動力學烯醇鹽：

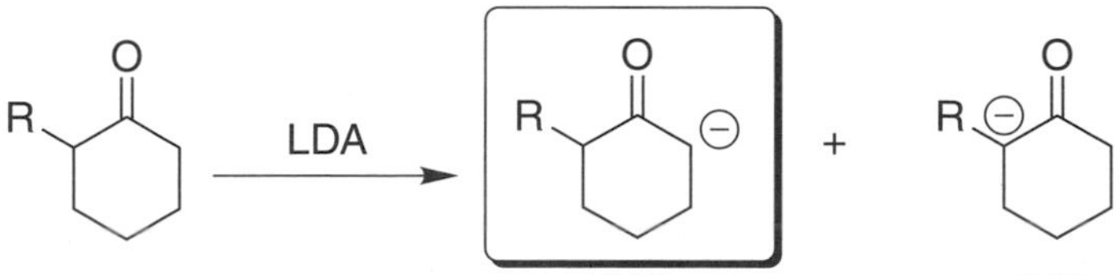

主要 **次要**

當我們把鹵烷加入燒瓶，烷化主要會發生在較少取代的 α 位置：

如果**想把**烷基放到較少取代的位置上，這個反應的效果非常好。但是如果想把烷基放到較多取代的位置上呢？換句話說，如果想要這麼做：

這有很多不同的方法可以達成。基本上就是，你必須形成熱力學烯醇鹽，而不是動力學烯醇鹽。有些課本會教一、兩個達成的方法，但是多數的課本會跳過它。你應該讀一讀課本或上課筆記，看看你是否需要知道如何把烷基放到較多取代的那一邊。

練習 7.28 請預測下列反應的主產物：

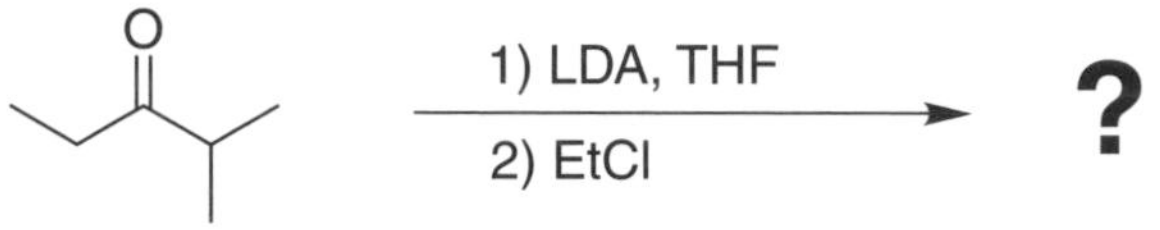

答　案 這是烷化反應。第一步，我們用 LDA 來形成烯醇鹽。然後第二步，我們用鹵烷來烷化。

因為我們的鹵烷是氯乙烷（ethyl chloride），所以會把乙基放在 α 碳上。唯一的問題是：哪一個 α 碳？是較多取代或是較少取代的碳？當我們用 LDA 當鹼，主要會形成動力學烯醇鹽（較少取代烯醇鹽）。因此**主要**產物的乙基會在較少取代的 α 位置。

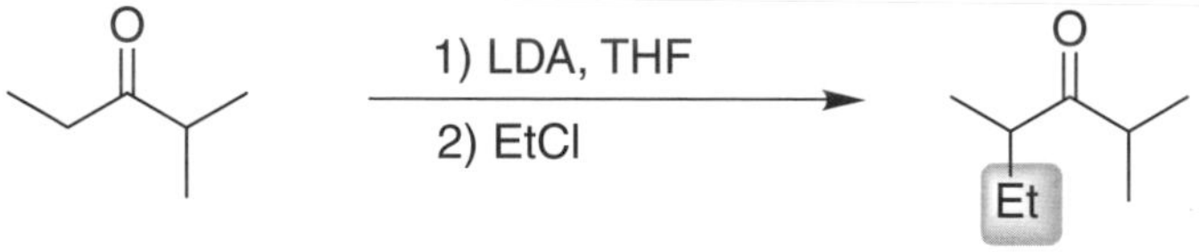

習　題 請預測下列每一個反應的主要產物：

7.29 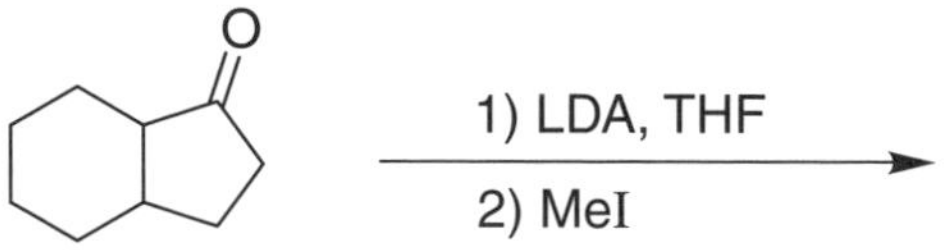

7.30 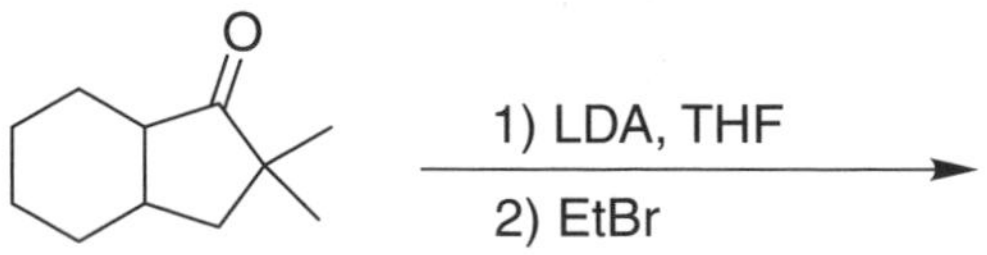

7.31 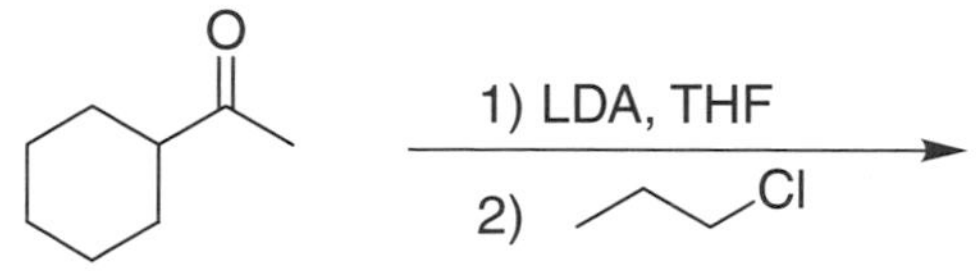

7.32 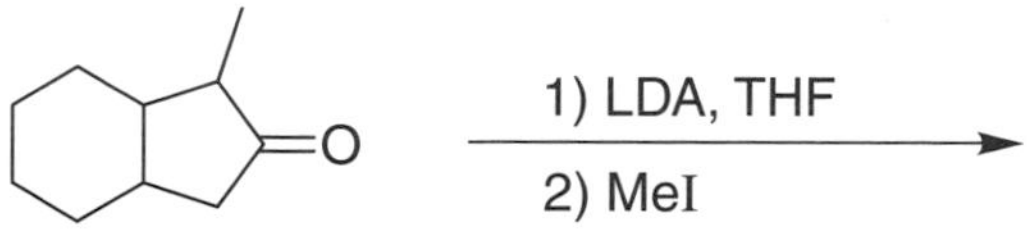

練習 7.33 你要使用何種試劑來進行下列轉換：

答　案 如果我們察看起始物與產物的差別，會發現多了一個額外的甲基。這個甲基放在較少取代的那邊，所以必須用 LDA 和甲基鹵化物（methyl halide）。

習　題 你要用何種試劑進行下列每一個轉換：

7.34 

7.35 

7.36 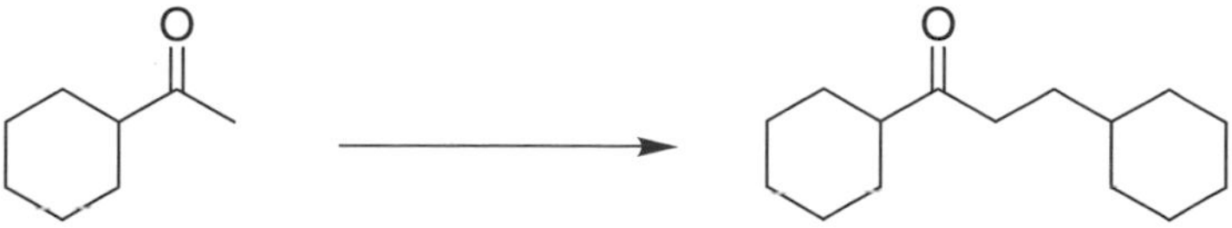

7.6 醛醇反應和醛醇縮合

目前為止在本章中，我們已經學過如何製備烯醇鹽，也學過運用它們去攻擊不同的親電子基。我們攻擊了鹵素，也攻擊了鹵烷。在這一節裡我們將會看到，當烯醇鹽攻擊酮或醛時會發生什麼事。

假設從一個簡單的酮開始，我們把它放在鹼性條件下，用氫氧根離子當鹼。我們學過，這通常會在酮和烯醇鹽之間達成平衡：

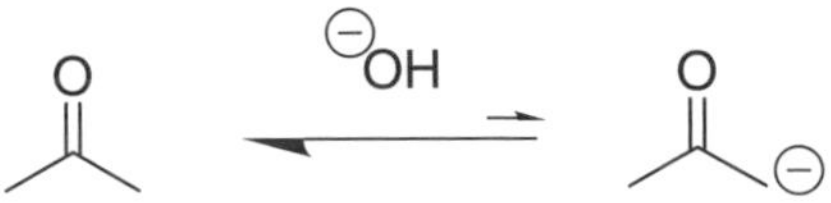

如果在親電子基存在的情形下這樣做，形成的烯醇鹽會攻擊親電子基。然後平衡就會製造出更多的烯醇鹽來補充供應。但是如果我們不加任何親電子基到反應的混和物中呢？如果只是把酮和氫氧根離子攪在一起呢？

結果發現，其實還是**有**親電子基存在其中。我們說過，烯醇鹽與酮（很多的酮）處於平衡狀態。所以囉，酮就是親電子基啊，不是嗎？我們曾經花了整章的篇幅，討論酮被攻擊發生的反應。所以，當烯醇鹽攻擊酮時，會發生什麼？我們得到以下的反應：

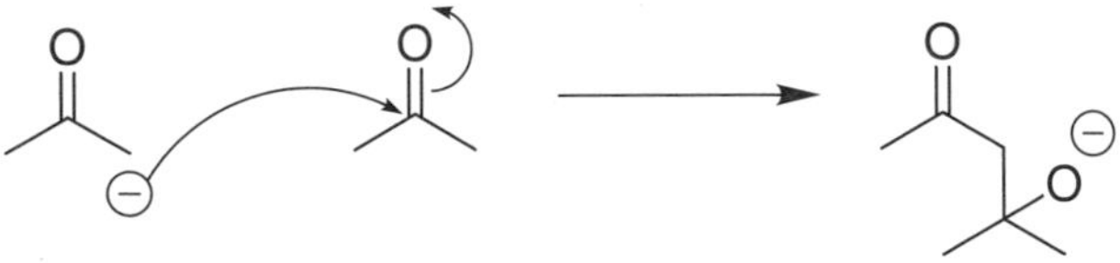

烯醇鹽攻擊酮，把負電荷踢到氧原子上。現在，黃金法則告訴我們，要試著回復羰基，但是絕對不要踢掉 H^- 或 C^-。在這個例子裡，我們找不到可以踢除的離去基。所以電荷去掉的唯一方法就是抓住一個質子。在鹼性條件下，我們必須從水（而不是 H^+，因為 H^+ 在鹼性下不可能存在）中抓取質子：

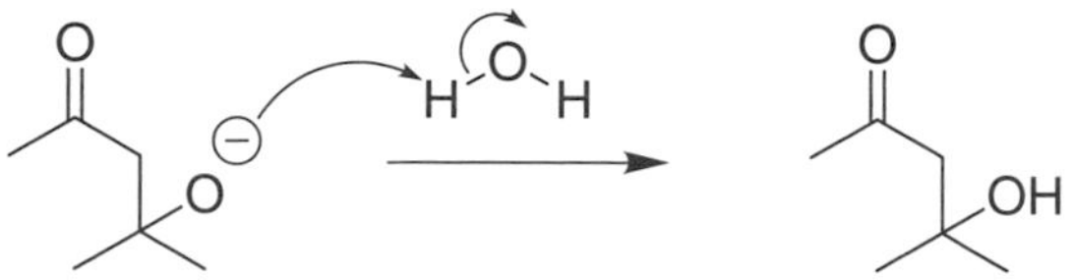

這就是初始產物。請注意 OH 基是在相對於羰基的 β 位置：

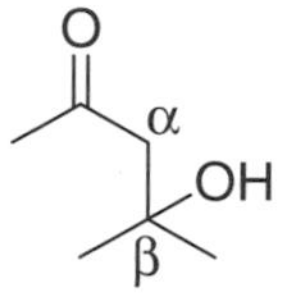

只要烯醇鹽攻擊羰基，不管起始酮和起始烯醇鹽的結構為何，烯醇鹽的 α 碳都會直接攻擊酮的羰基。這樣一來就一定會把 OH 基放在 β 位置。歷來都是如此。這個產物稱為 **β-羥基酮**（β-hydroxy ketone），而這個反應稱為**醛醇**反應（aldol reaction）。

通常反應不會停在這裡（停在 β-羥基酮）。藉由加熱，我們通常會使反應再進行一個步驟，把水消去並形成雙鍵：

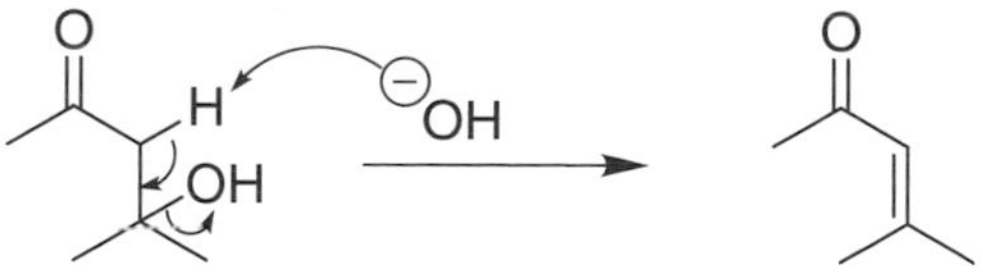

這個產物會有一個與羰基共軛的雙鍵。這個雙鍵位於 α 和 β 之間。所以我們稱它為 **α,β-不飽和酮**（α,β-unsaturated ketone）。

在實驗室，我們通常能控制反應進行到哪裡。藉由小心控制反應條件（溫度、濃度等），通常可以控制反應是否停在 **β-羥基酮**，或是否繼續反應形成 **α,β-不飽和酮**。所以你可以用醛醇反應去形成任一產物。

但是你應該要熟知正確的術語。當我們的反應一路進行到

α,β-不飽和酮時，我們稱為醛醇**縮合**（aldol condensation）。就定義而言，縮合就是兩個分子合在一起的反應，而在過程中，會釋放出一個小分子。這個小分子可能是 N_2 或 CO_2 或 H_2O 等等。在這個例子裡，我們把兩個酮分子結合，過程中釋放出一個水分子：

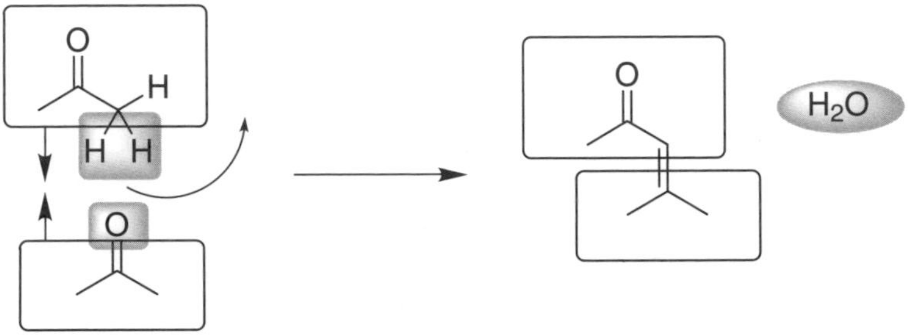

因此，我們稱這個反應為醛醇**縮合**。但是如果我們控制反應的條件，讓它停在 β-羥基酮呢？

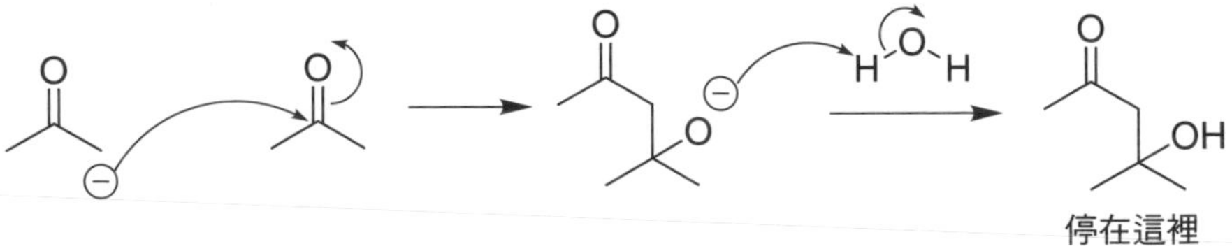

如果停在這裡，就不稱為縮合反應，因為在過程中，並沒有失去一個水分子，而要稱它為醛醇**反應**。醛醇縮合和醛醇反應的差別只在於在，過程前進到哪裡：

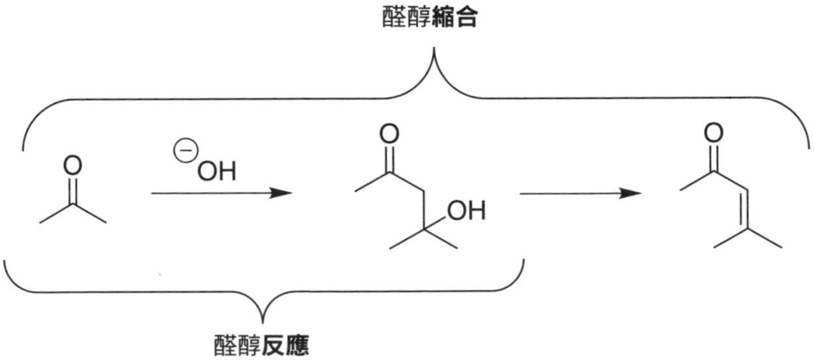

課本通常都不會提到如何區別醛醇反應和醛醇縮合。你的課本也許會把這兩個稱呼混用，我之所以花時間指出這兩者的差別，是因為我相信這對於你記住並熟悉反應機構（在心裡把它分成兩個不同的步驟，每個步驟都有特殊的稱呼）會有莫大的幫助。

醛醇縮合的反應機構相當簡單明確。但有時候，當你解答合成問題時，有可能難以看出要從何種試劑開始。所以我們試著以剛剛提到的方式來思考：

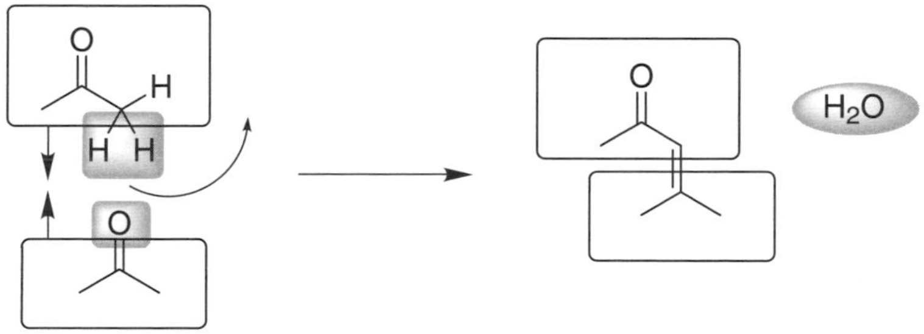

我們從一個酮上拉掉兩個 α 質子，然後再拉掉另一個酮的氧原子。**不要搞混了，**上圖不是反應機構。反應機構是指你畫出了所有彎曲箭和中間產物。但是解題時以這個方式來思考反應，相當方便。我們來做一些以這種方式思考的練習：

練習 7.37 請預測下列反應的主要產物：

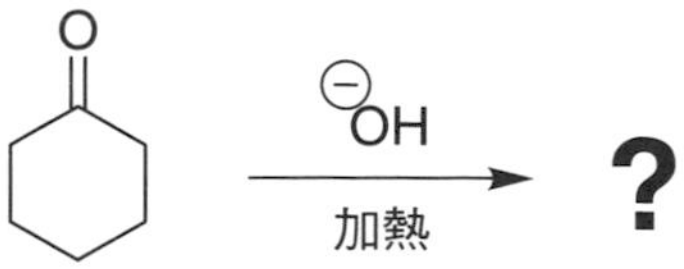

我們用了加熱的方式，所以你可以假設會得到醛醇縮合。

答　案 你可以藉由寫出反應機構來得到答案，而且我們很快就要這麼做。但現在我們只是要確認你會運用簡單的方法推出答案。

先從畫出兩個酮分子開始，我們把它們畫成這樣，其中一個酮的氧直指另一個酮的 α 質子：

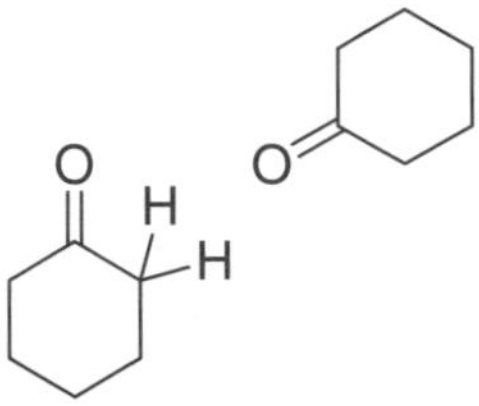

之後，把兩個 α 質子和氧原子擦掉，剩下的部分合併（以雙鍵連接）：

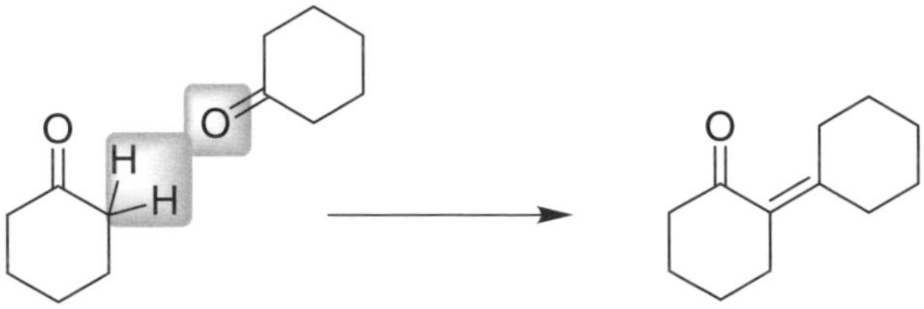

這樣答案就出來了。這是思考此反應的簡單但重要的方式。

習　題 請預測下列每一個反應的主產物。在每個例子中，都假定發生醛醇縮合，並畫出產生的 α, β - 不飽和酮。

7.38 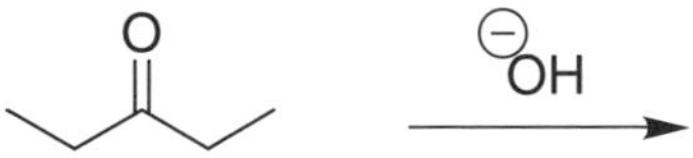

7.39 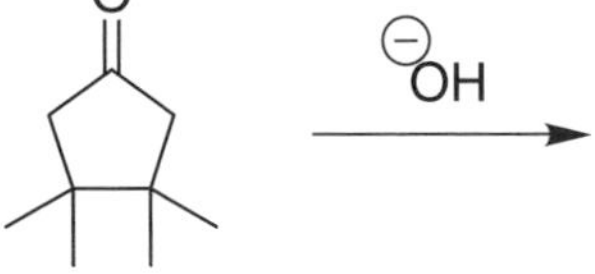

7.40 

目前為止，我們看過的醛醇反應，用的都是兩個**相同的酮分子**。我們只要把其中一個酮去質子化（獲得烯醇鹽），然後用這個烯醇鹽去攻擊另一個相同的酮分子。但是如果使用兩個完全不同的酮呢？例如，如果試著這麼做：

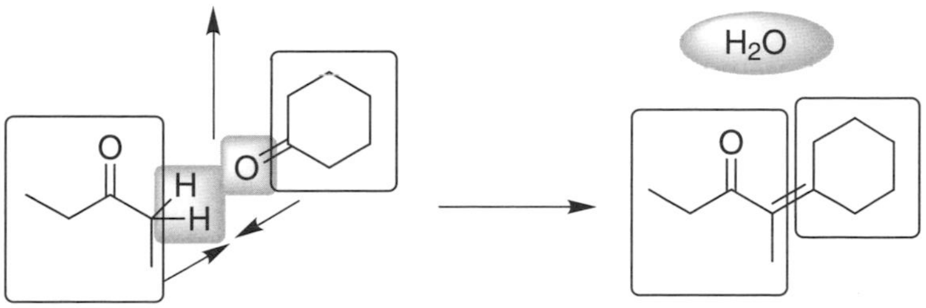

請注意這兩個酮並不相同，我們稱此為**交叉**醛醇（crossed-aldol）反應。這個反應會發生，但會得到很多不同的產物。要瞭解為什麼這樣，必須知道烯醇鹽和酮有可能會互相交換質子：

所以，你無法真的控制哪一個酮會轉換成烯醇鹽。這表示會有一種以上的烯醇鹽和一種以上的酮存在於溶液中（而且你無法避免這件事發生）。因此有許多可能的反應會發生，會得到一團混亂的產物。

事實上，試著避免這些狀況發生很重要。有一個很簡單的方法可以避免這個問題。如果其中一個酮沒有 α 質子，那它就不能形成烯醇鹽。例如，來看看下面這個化合物

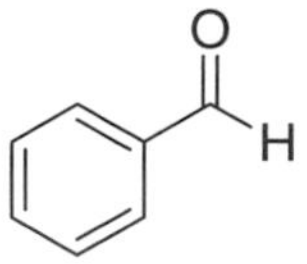

前頁這個化合物稱為苯甲醛（benzaldehyde），它沒有 α 質子，因此無法轉換成烯醇鹽，只能等著被攻擊。下面的例子是另一個沒有 α 質子的化合物：

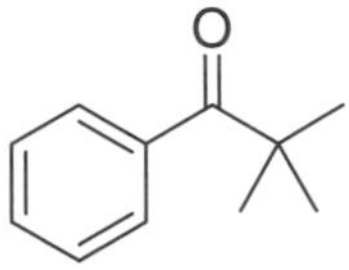

所以如果你真的想進行交叉醛醇反應，就應該盡量確保其中一個試劑沒有 α 質子。這樣會讓可能產物的數量降到最低。

練習 7.41 如果進行醛醇縮合的話，你會用什麼試劑來產生下列的化合物：

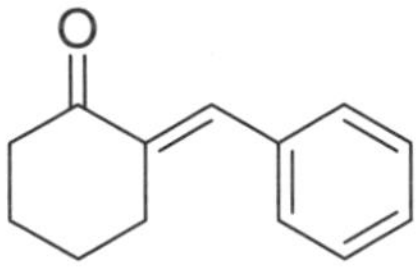

答　案　你可以用我們較早前使用過的相同方法，只要倒過來進行即可。我們把分子打開成兩個部分，以便在其中插入水。我們從 C=C 雙鍵的地方把它們分開：

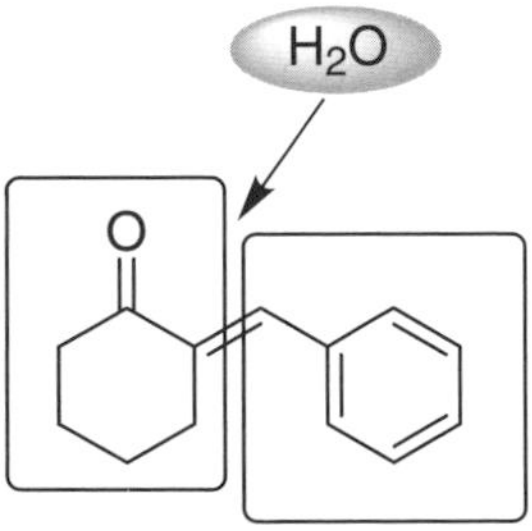

現在只需要決定哪個部分得到氧，哪個部分得到質子即可。左邊的部分已經有一個羰基，所以必定該給它兩個 α 質子；右邊的部分會得到一個羰基以取代 C=C 雙鍵：

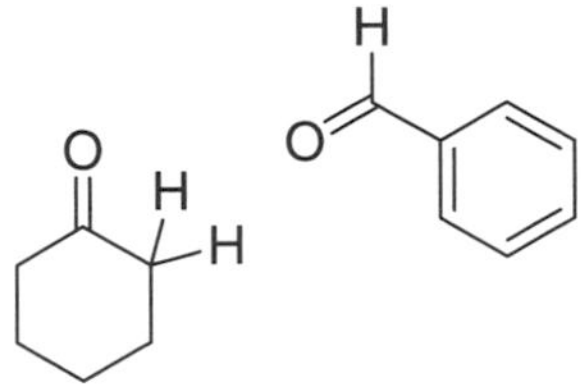

習　題 請確認要製備出下列每一個化合物，該用什麼試劑（進行醛醇縮合）：

7.42 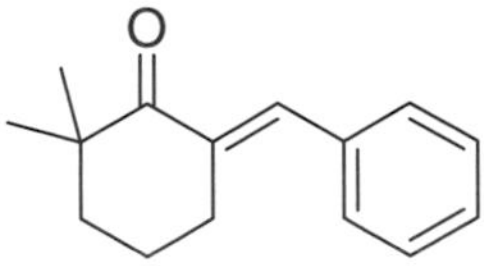

7.43 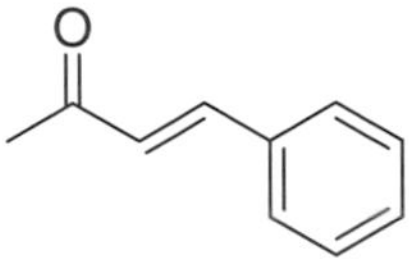

7.44 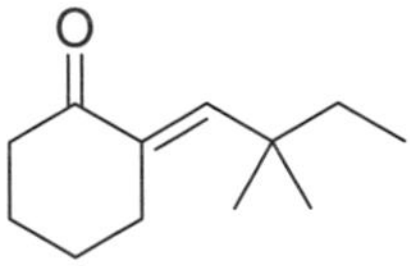

7.45 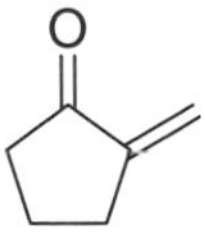

練習 7.46 請為下列反應提出合理的反應機構：

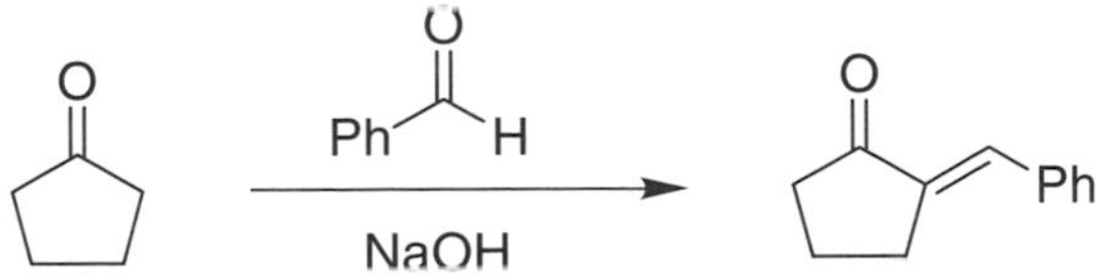

答　案 第一個步驟，氫氧根離子用來產生烯醇鹽：

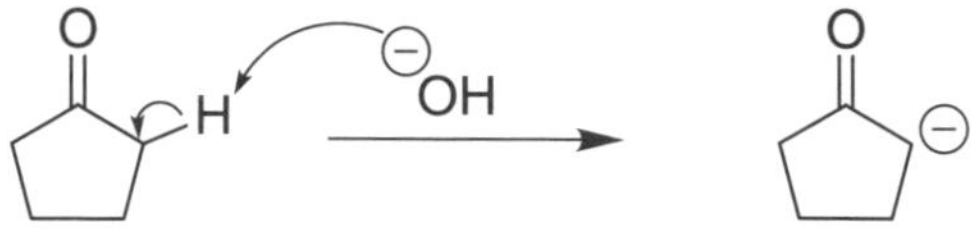

之後，這個烯醇鹽攻擊苯甲醛：

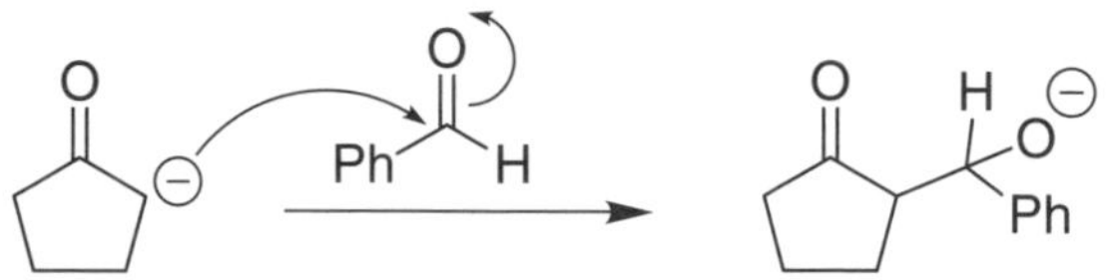

然後我們從水抓取一個質子，形成 β-羥基酮：

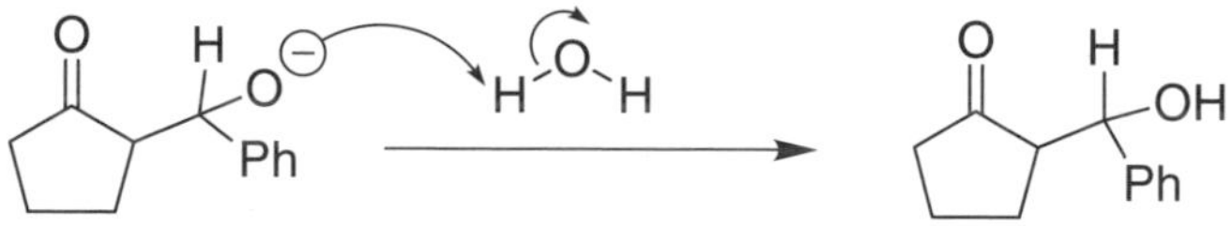

最後，消去水形成 α,β-不飽和酮：

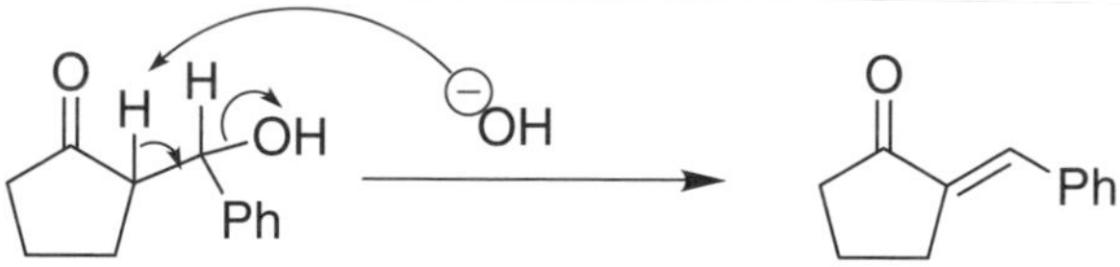

習　題 現在讓我們用醛醇縮合的反應機構來做一些練習。畫出下列每一個轉換的反應機構，你需要用另一張紙寫下答案：

7.47 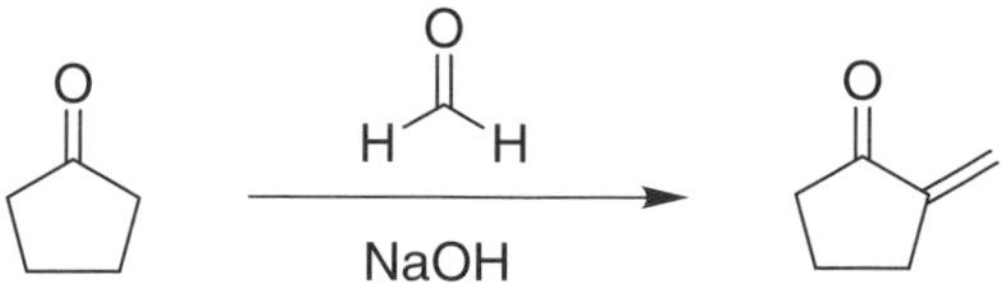

7.48 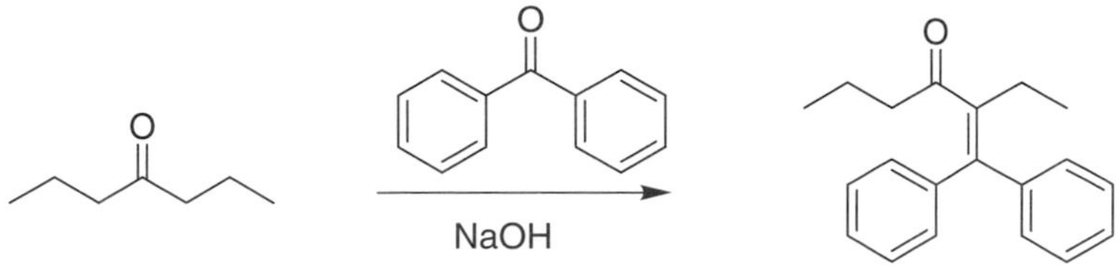

7.49 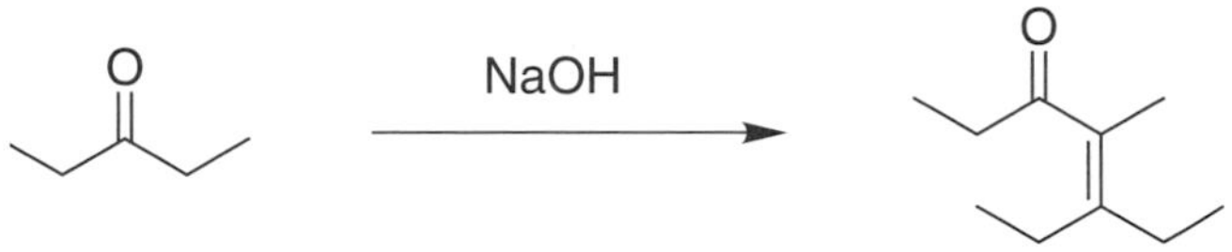

7.50 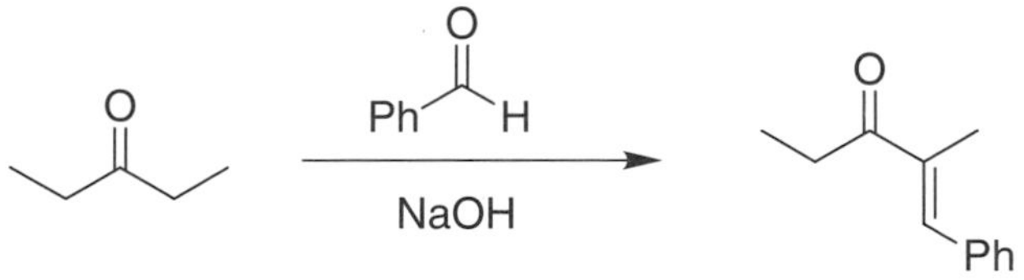

7.7 克來森縮合

在前一節，我們看過了如何用烯醇鹽攻擊酮：

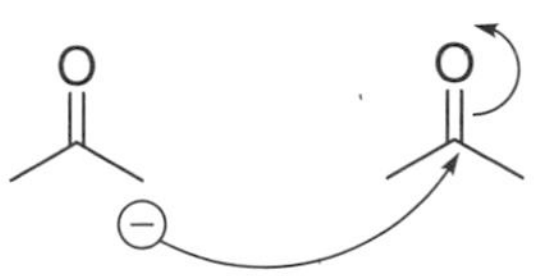

在這一節裡，我們會探討當**酯烯醇鹽**（ester enolate）攻擊酯時，會發生什麼：

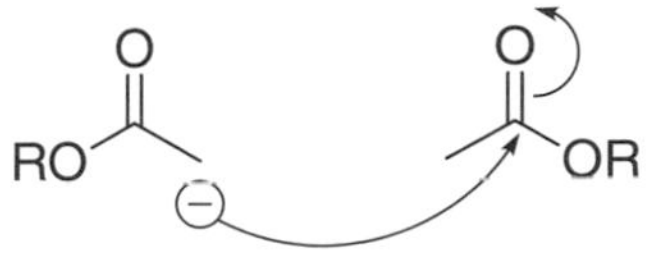

酯烯醇鹽和一般的烯醇鹽很類似：酯烯醇鹽是親核基，它也會攻擊羰基。當酯烯醇鹽攻擊酯（前頁下圖所示）的時候，發生的反應稱為克來森縮合（Claisen condensation）。下面是全部的轉換過程：

1) MeO⊖
2) H+

這個產物稱為 β-酮酯（β-keto ester）：

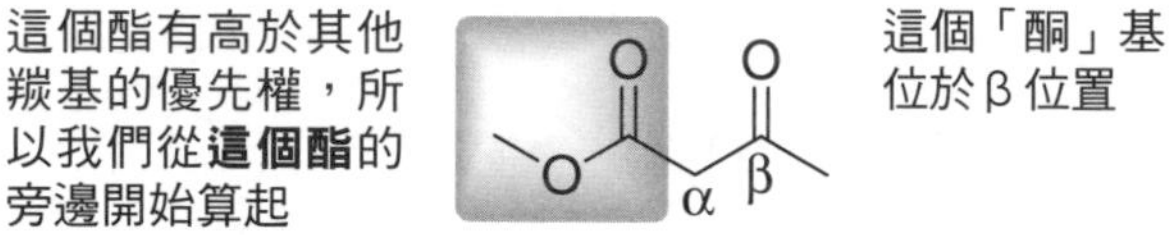
這個酯有高於其他羰基的優先權，所以我們從**這個酯**的旁邊開始算起
α
β
這個「酮」基位於β位置

第一眼看來，這個產物似乎和我們從醛醇縮合得到的 α,β-不飽和酮很不一樣。但是仔細探討這個反應機構，會發現醛醇縮合和克來森縮合之間存在著平行的關係。

先從第一步開始：製備烯醇鹽：

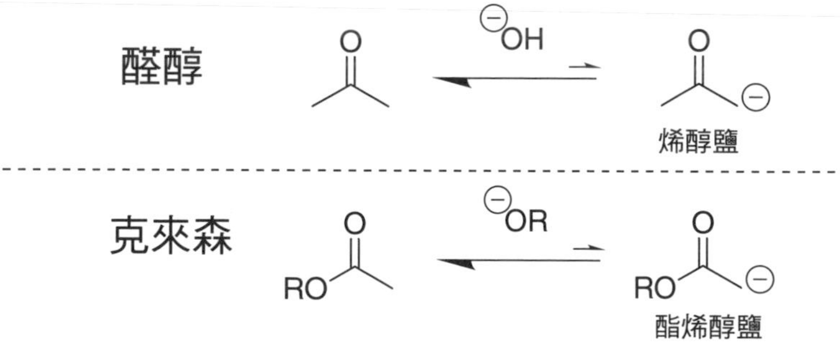
醛醇
⊖OH
烯醇鹽
克來森
⊖OR
RO
RO
酯烯醇鹽

到目前為止，兩個反應機構完全相同。唯一的不同在於所選擇的鹼{醛醇用氫氧根離子，而克來森則用烷氧化物〔alkoxide，也稱為醇鹽（alcoholate）〕}，我們之後會簡短說明原因。現在先把反應機構討論完。

下一步，烯醇鹽攻擊：

醛醇

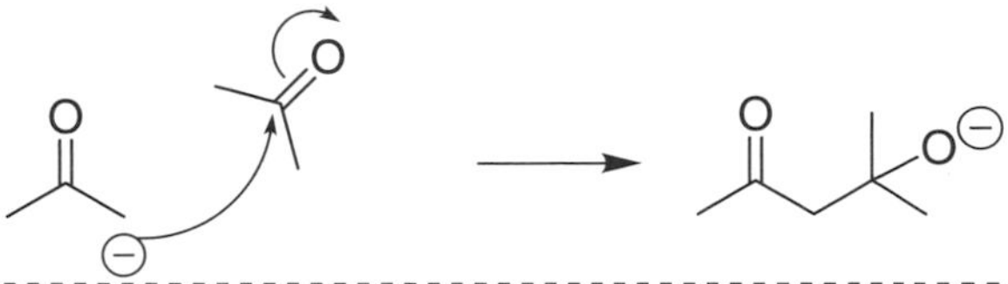

克來森

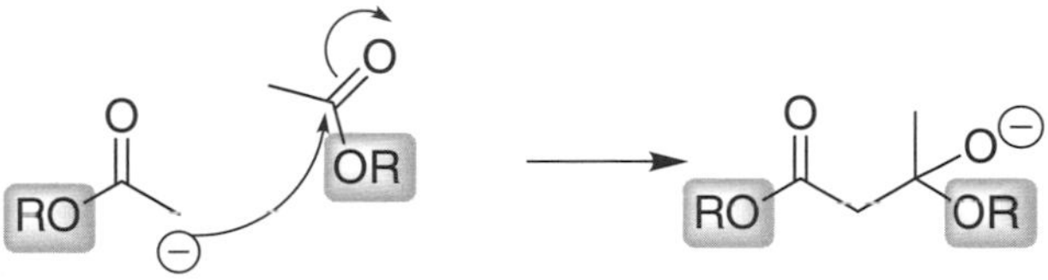

我們再一次看到，這兩個反應機構基本上是相同的。但在克來森縮合中，烷氧基似乎藉此跑了過來。

　　但是現在，這兩個反應機構要開始走不同的道路了。我們可以運用黃金法則來瞭解為什麼會這樣。在醛醇反應中，羰基無法重新回復，所以氧只能抓取一個質子。但是在克來森縮合中，因為有可以離去的離去基，所以羰基**可以**重新回復：

醛醇

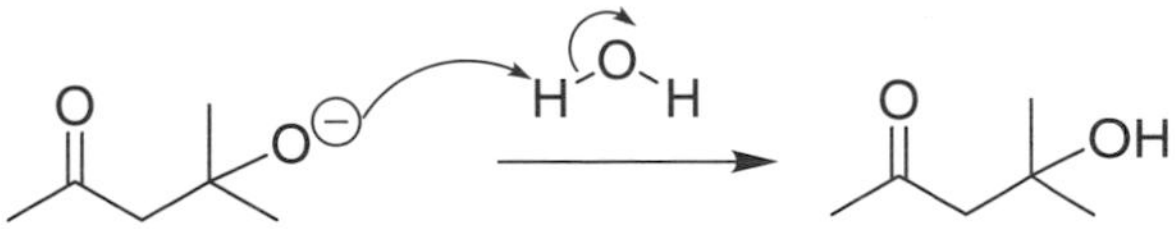

克來森

這就是為什麼克來森縮合的產物，看起來和醛醇縮合的產物那麼不一樣。不過一旦你瞭解了反應機構，就會發現其實它們很相似。這兩個反應的不同來自於，克來森縮合包含了酯類，而酯類具有「內建」的離去基：

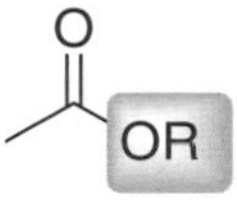

內建的離去基

現在已經看過了整個反應機構，讓我們回頭深入研究一番。第一個步驟，我們製備了酯烯醇鹽。為了製備它，我們用了一個強鹼。但是我們之前曾經指出**不**用氫氧根離子，要用醇鹽。現在來試著瞭解為什麼要這麼做。

如果用氫氧根離子，可能會產生競爭反應。氫氧根離子不僅當抓取質子的鹼，也有可能會當親核基攻擊酯的羰基：

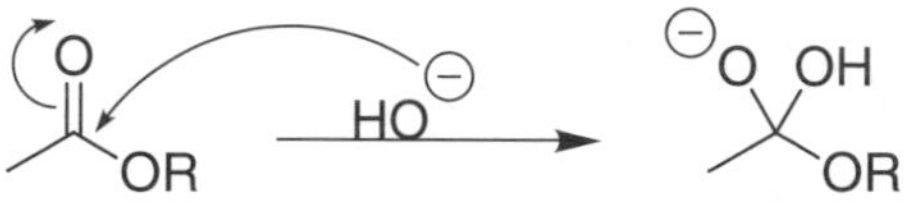

最初的攻擊後，羰基會重新回復以踢掉烷氧基。這個多餘的副反應會水解掉酯（我們在前一章看過這個反應）：

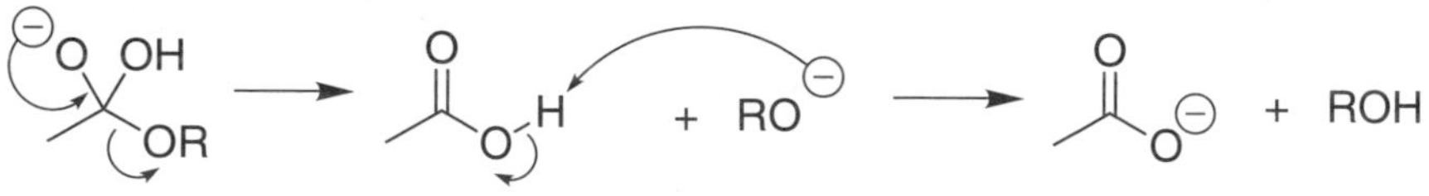

為了避免這個多餘的副反應，我們用醇鹽當鹼。沒錯，醇鹽**也**可以當親核基，但想一想如果醇鹽當親核基進行攻擊會發生什麼：

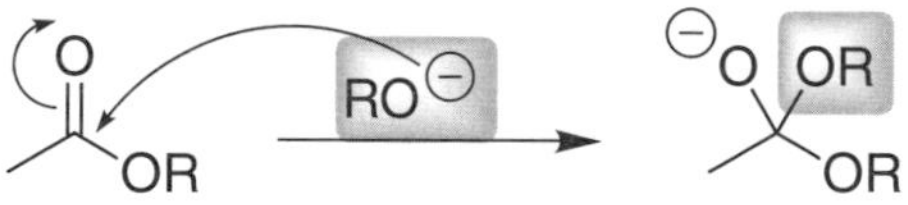

當羰基重新回復，不管哪一個烷氧基被踢掉都無所謂，因為無論踢掉哪一個，都會重新產生與一開始相同的酯：

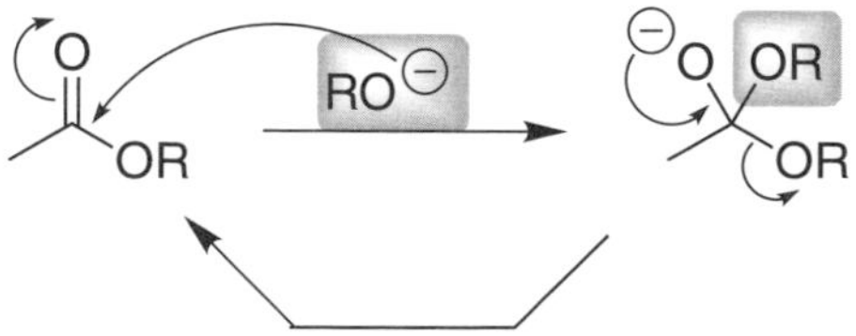

雖然醇鹽可能**會**攻擊羰基，但是我們毋須擔心，因為這並不會為我

們帶來新產物。所以，在克來森縮合中，可以用醇鹽來當鹼，以避免無謂的副反應。

但是也不是任何醇鹽都可以，必須小心選擇。如果處理的是甲基酯，我們通常會用甲醇鹽（methoxide）：

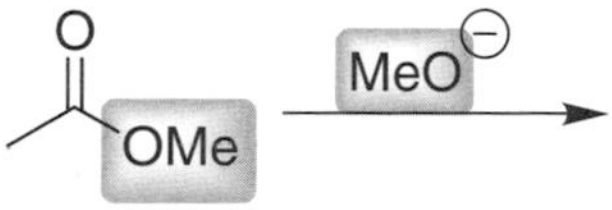

理由很簡單，如果在這個例子中使用乙醇鹽（ethoxide），將會改變某些我們的酯：

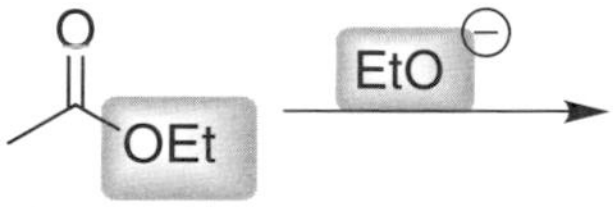

這稱為轉酯化（trans-esterification），藉由選擇與酯上烷氧基相符合的鹼可以避免。這個方式可以避免掉多餘的副反應，如果我們用的是乙基酯，那就用乙醇鹽來當鹼：

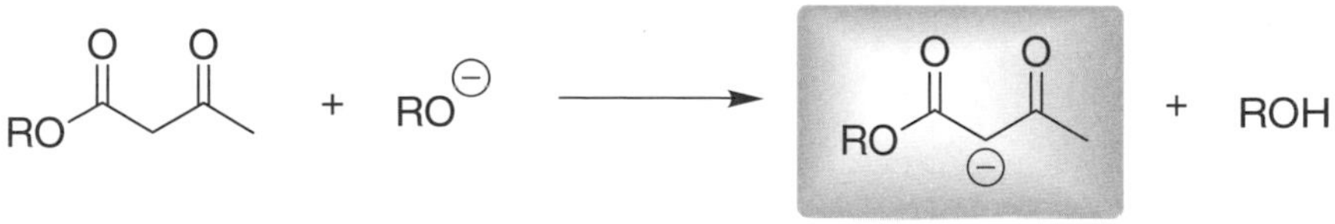

現在我們知道該為克來森縮合選擇什麼樣的鹼，再來談談鹼在克來森縮合中扮演的另一個重要角色。我們說過，最終產物是 β - 酮酯。但還記得這個反應是在鹼性條件下進行（當某些當鹼的醇鹽存在時）。在這樣的條件下，β - 酮酯會去質子化形成特別穩定的烯醇鹽：本章開頭，我們就曾說過這類「雙」烯醇鹽穩定性特好。這個烯醇鹽甚至比醇鹽離子更加穩定。這點很重要，因為這表示反應會傾向於產物的形成。為什麼？因為這個反應是把醇鹽離子轉換成烯醇鹽離子（它較穩定）：

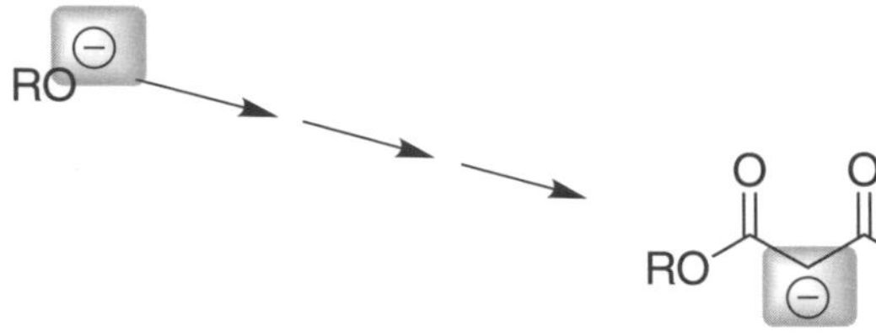

這個穩定的烯醇鹽的形成，會成為反應朝產物形成前進的推動力。

所以，當反應完成，我們必須把烯醇鹽質子化以得到產物：

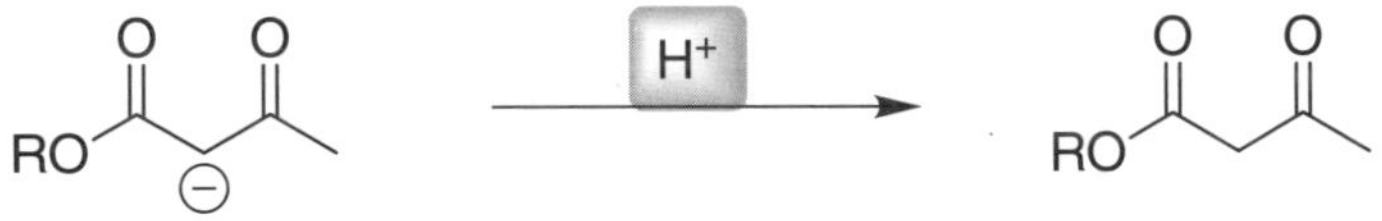

克來森縮合很重要，因為它提供了製備 β-酮酯的方法。而我們很快就會看到，你可以用 β-酮酯使出很聰明的合成技巧。所以，先確定我們對於克來森縮合已經很熟練了。

整個來說，這就是所發生的事：

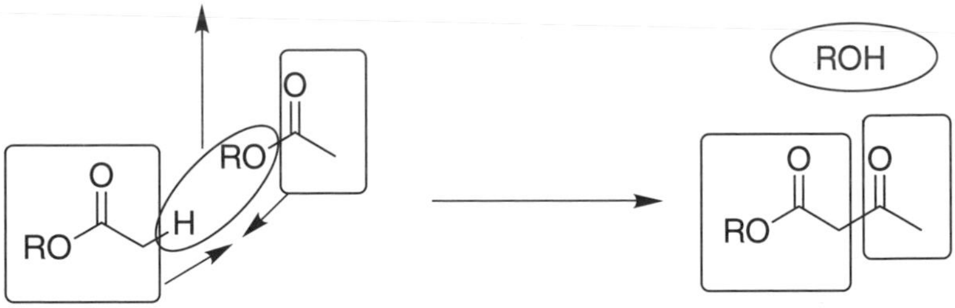

我們從酯移走一**個**質子，再從另一個酯移走烷氧基，然後把剩下的部分結合。請注意在這個過程中，有一個小分子（ROH）釋放出來。這就是為什麼我們稱這個反應為克來森**縮合**。

現在來看看是否可以藉此預測某些產物。我們很快就會回頭來複習，以便對反應機構更加熟練。但是現在，先確定你已經訓練好你的眼睛，可以在瞬間即辨認出克來森反應的產物。你要有這個技巧才能解答合成問題。

練習 7.51 請預測下列反應的產物：

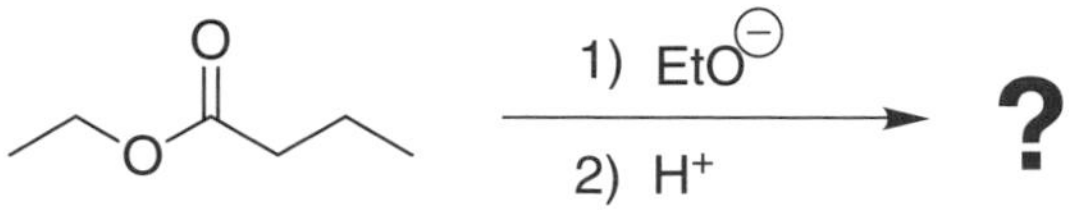

答　案 踢走 EtOH 之後，把剩下的兩個部分合併，像這樣：

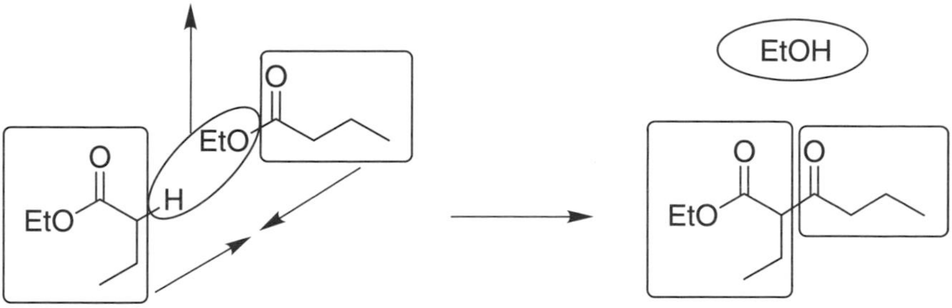

習　題 請預測下列反應的產物：

7.52
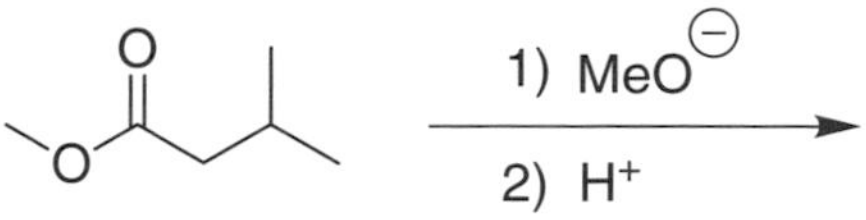

7.53
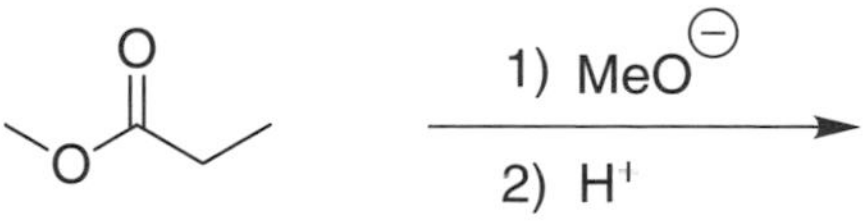

7.54
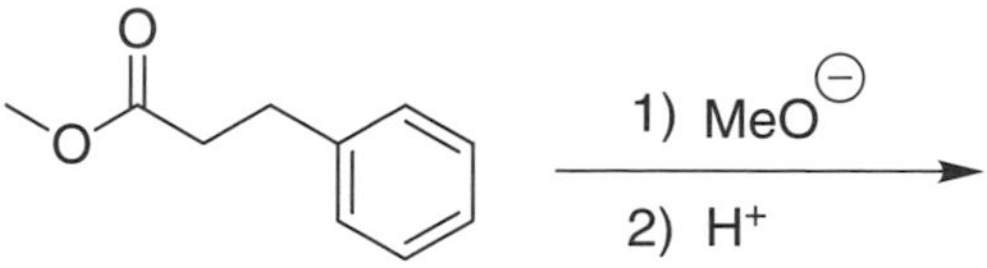

7.55
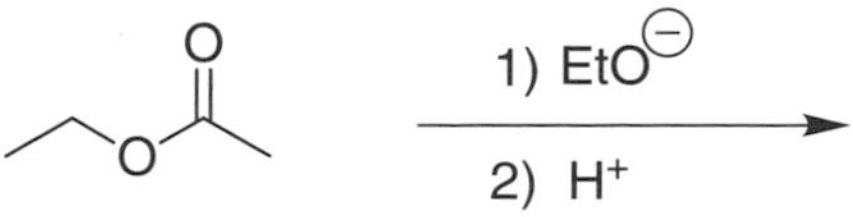

練習 7.56 請看看下列化合物：

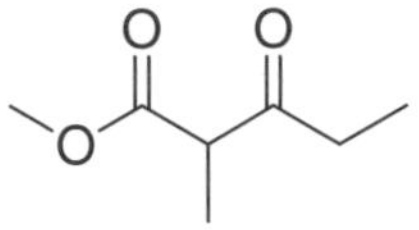

如果進行克來森縮合，你會用哪個試劑來製備這個化合物呢？

答　案 把分子打斷成兩個部分以便插入 MeOH，我們從 α 和 β 位置之間打斷分子：

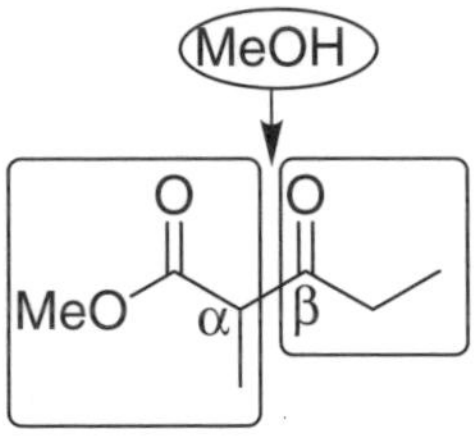

我們必須決定哪個部分該得到甲氧基，哪一部分該得到質子。左邊的部分已經有烷氧基了，所以必定得到質子，右邊的部分則是得到烷氧基：

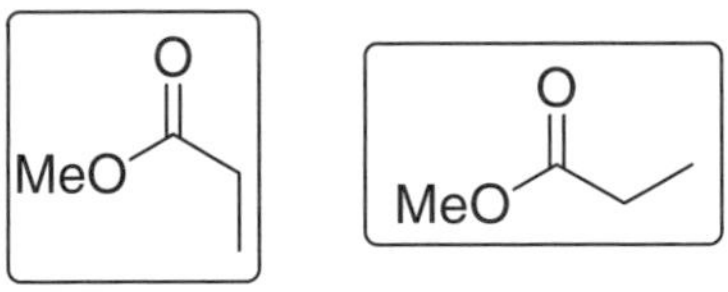

這兩個酯是相同的，這是好現象，表示我們只需要一種酯。我們選擇可以跟烷氧基（在這個例子裡是甲氧基）相吻合的鹼，所以我們的合成看起來會像這樣：

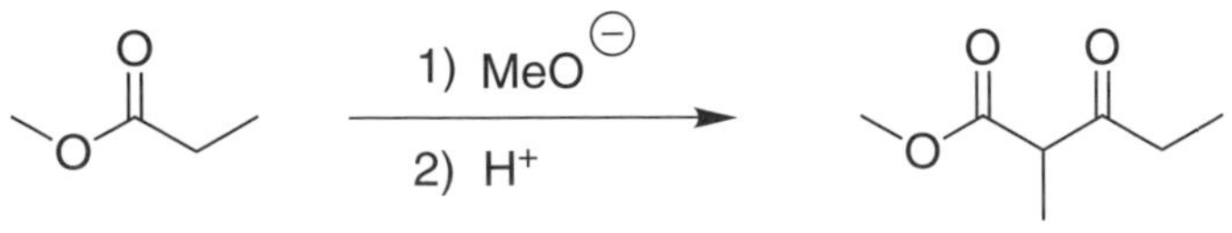

我們可以進行交叉克來森縮合（如同我們可以進行交叉醛醇反應一樣），但是會跟之前有相同的考慮，要擔心潛在的副反應。想得到好的交叉克來森縮合，其中一個酯必須沒有 α 質子。你將在下面某些習題中看到交叉克來森縮合的產物，請密切觀察。

習　題 若想運用克來森縮合製備下面每一個化合物，你會用什麼試劑：

7.57

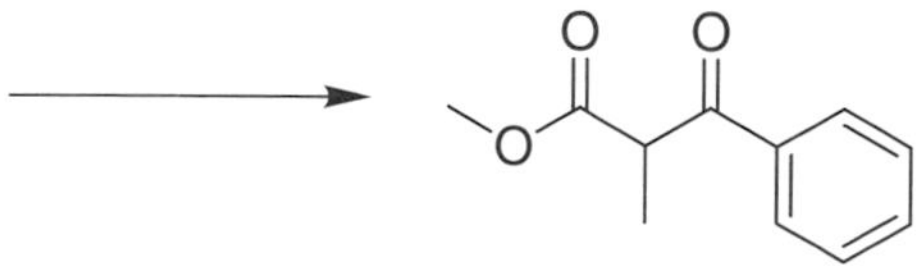

7.58

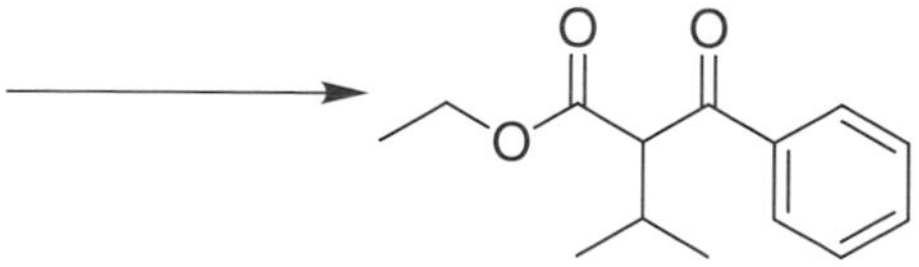

7.59

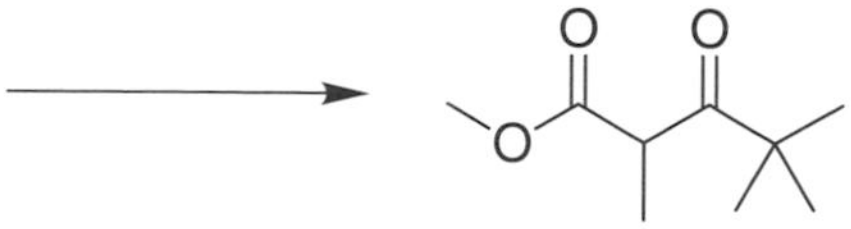

7.60

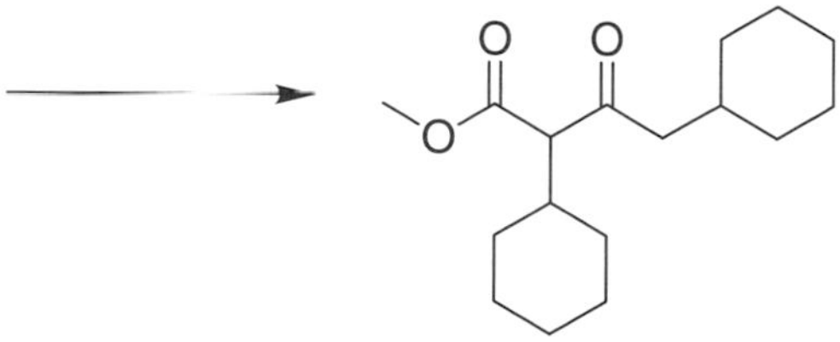

練習 7.61 請為下列轉換提出反應機構：

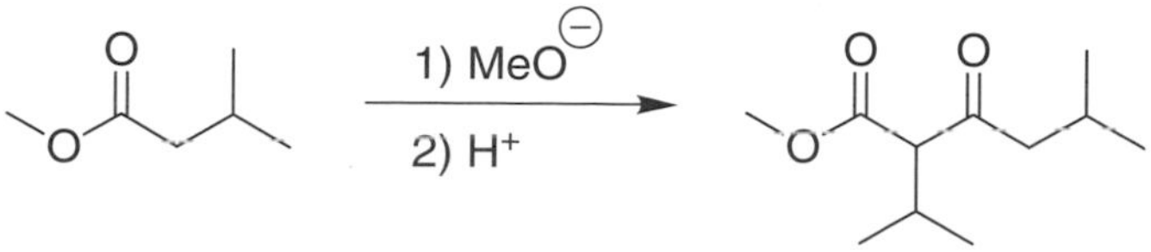

答　案 甲氧基的作用是當鹼，把酯去質子化：

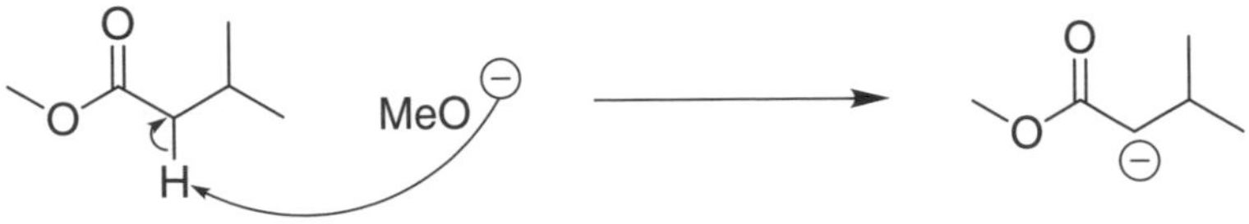

之後這個酯烯醇鹽會攻擊酯，產生下列的中間產物：

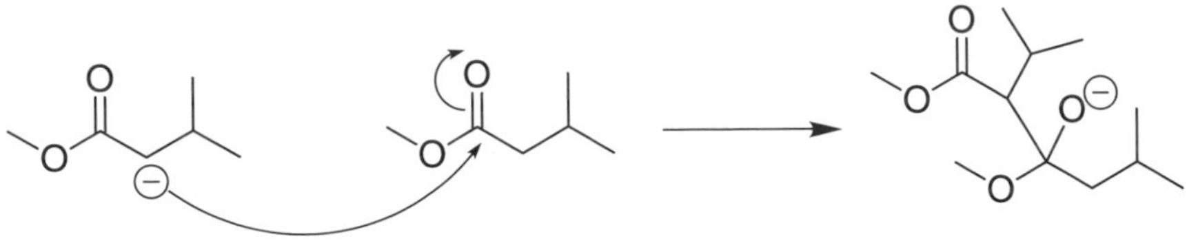

然後這個中間產物會重新回復羰基，踢掉甲氧基：

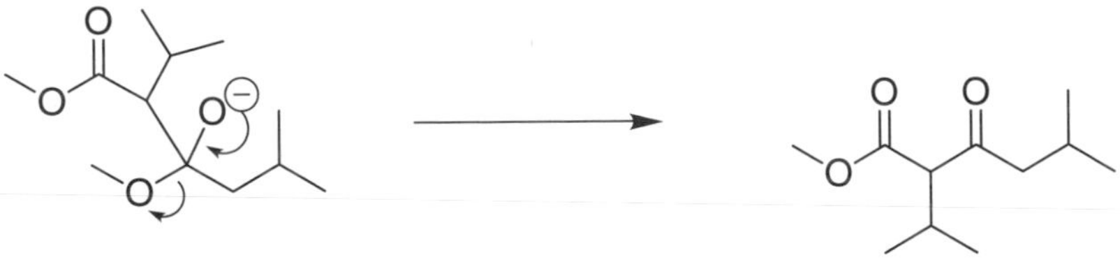

在鹼性的條件下（甲氧基當鹼），這個 β - 酮酯被去質子化：

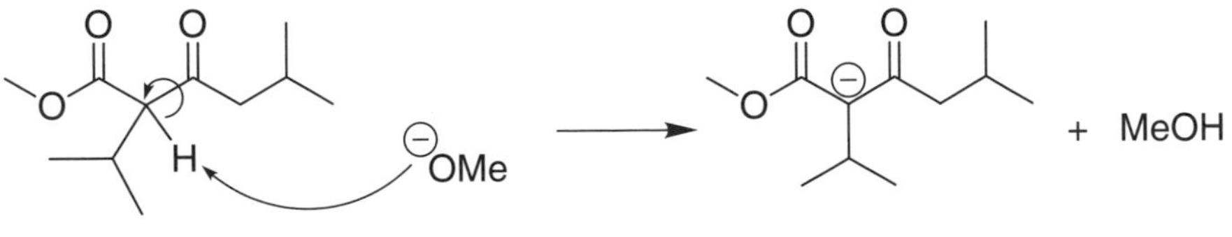

這個去質子化步驟很重要（即使下一秒我們就補了一個質子回去），因為形成這個穩定的陰離子是這個反應的動力。這就是為什麼我們必須顯示出這個步驟。這說明了為什麼在試劑上特別指出，酸是在反應的最後才加進去。我們需要質子來源來形成最終產物：

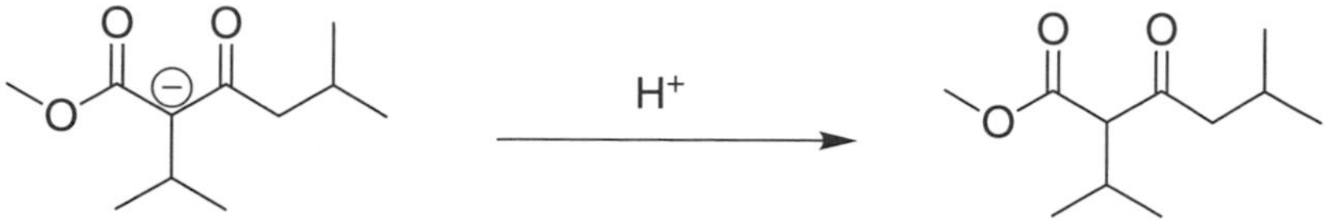

習　　題 請為下列每一個轉換提出反應機構，你需要另用一張紙寫下答案。

7.62

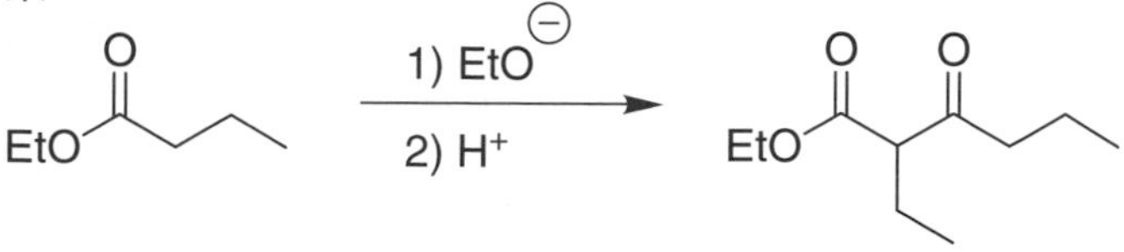

7.63

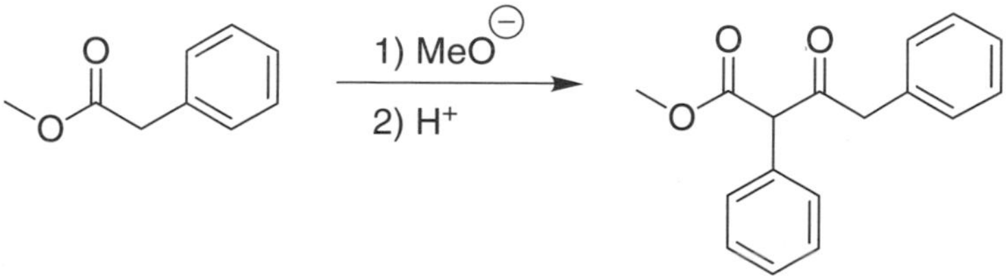

如果你的起始物是雙酯，那就可能得到**分子內**的克來森縮合：

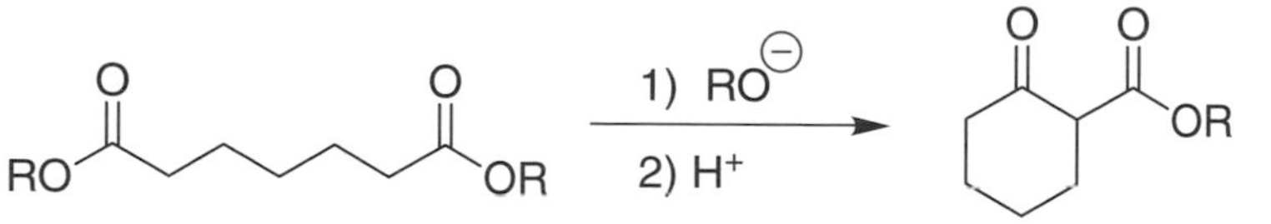

請再次注意這個產物只是 β - 酮酯。這個反應有一個自己的名稱——狄克曼縮合（Dieckmann condensation），但是它真的只是分子內的克來森縮合。因此，反應機構的步驟都與一般的克來森縮合一模一樣。試試看你能否自己寫出反應機構來。

習題 7.64 請寫出狄克曼縮合（上圖所示）的反應機構。試著不要回頭看之前寫的反應機構。你會需要用另一張紙寫下答案。

7.8 去羧提供了一些有用的合成技巧

在前一節裡，我們學到如何利用克來森縮合來製備 β - 酮酯：

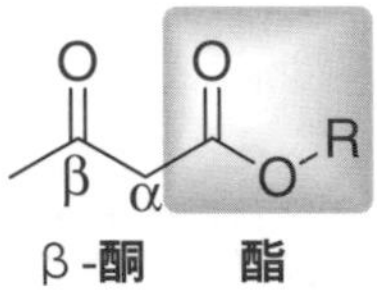

現在讓我們來看可以利用 β - 酮酯做什麼。有些非常有用的合成技巧就是從 β - 酮酯開始的，要瞭解它們如何運作，我們需要重新複習在好幾章之前曾經看過的一個反應。

當學習羧酸衍生物的時候，曾看過酯水解後可以得到羧酸。我們可以用相同過程水解 β - 酮酯，如下圖所示：

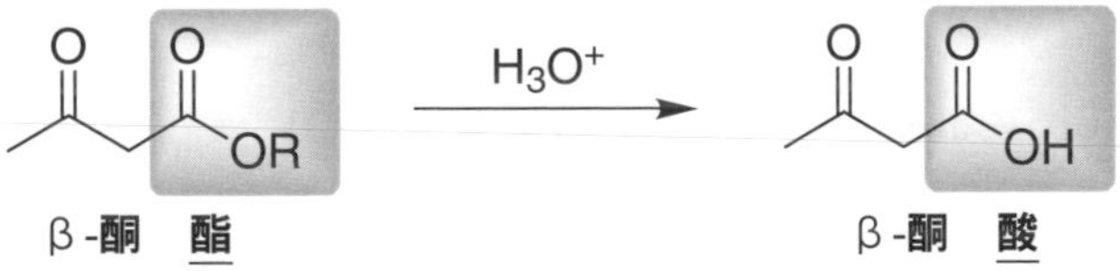

得到的產物即是 β - 酮酸（β -keto acid）。

加熱 β - 酮酸會發生非常有趣的事——羧基會整個不見：

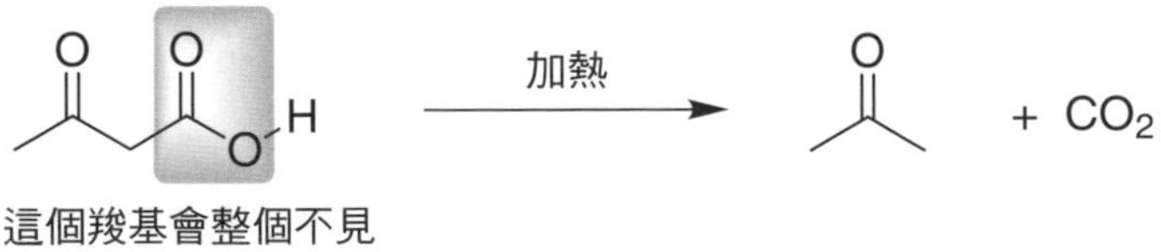

我們稱此為**去羧**（decarboxylation）。這個反應是這一節要學習的合成技巧的基礎，所以必須確定我們完全瞭解去羧如何發生。讓我們仔細研究它的反應機構。

第一個步驟我們得到周環性反應（pericyclic reaction），釋放出 CO_2 氣體：

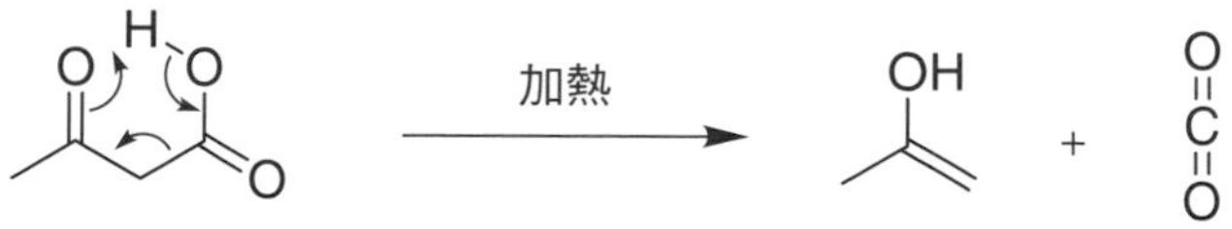

周環性反應的特點是電子以環繞著成圓的形狀移動。周環性反應的種類很多〔包括狄耳士－阿德爾反應（Diels-Alder reaction），你也許曾在上學期看過這個反應〕。周環性反應真的值得花費一整章的篇幅來討論，但很不幸，大部分課本都沒用一整章來說明（只在課本中偶爾遇到時稍加提及）。也許你的老師會在周環性反應上花一些時間，但是我們現在不詳細說明，因為我們必須繼續未完的主題。

上面的反應釋放出 CO_2 氣體（這就是為什麼羧基會整個不見），然後產生烯醇化合物。我們知道烯醇會很快因異構現象而得到酮：

所以，加熱 β-酮酸，羧基會不見，最後得到酮。

現在來想想剛剛我們做了什麼：我們拿一個 β-酮酯（它是克來森縮合的產物），將水解產生 β-酮**酸**。然後，再把 β-酮**酸**加熱，轟走羧基：

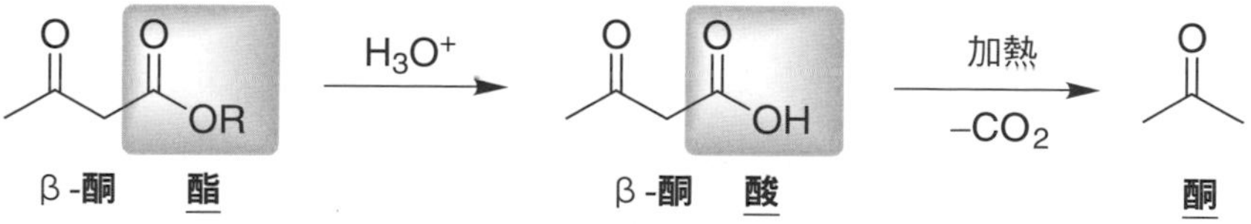

最後的產物是酮。要知道為什麼這個反應如此有用，我們必須在整個過程的最前面多加一個步驟。想像我們先烷化 β-酮酯：

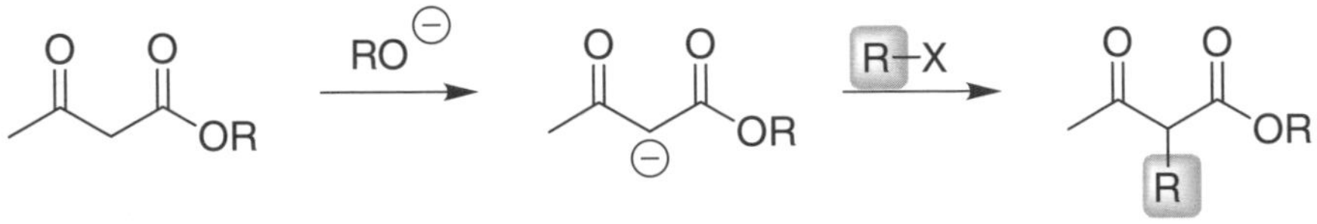

這只是烷化，我們之前已經看過這類型的反應（7.5 節）。我們運用醇鹽離子來製造非常穩定的烯醇鹽，然後烯醇鹽會以 S_N2 反應的方式來攻擊鹵烷。

所以，如果從烷化開始，再繼續其他過程（先水解再去羧），我們會得到下列的結果：

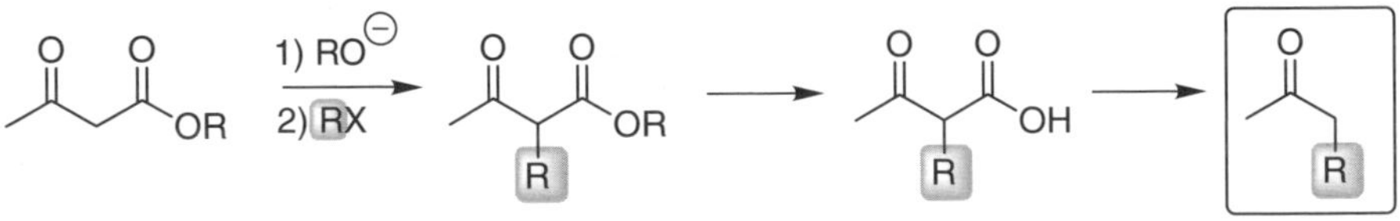

現在仔細看看產物。這個化合物是丙酮（acetone）的取代基衍生物〔丙酮是二甲基酮（dimethyl ketone）的俗稱〕：

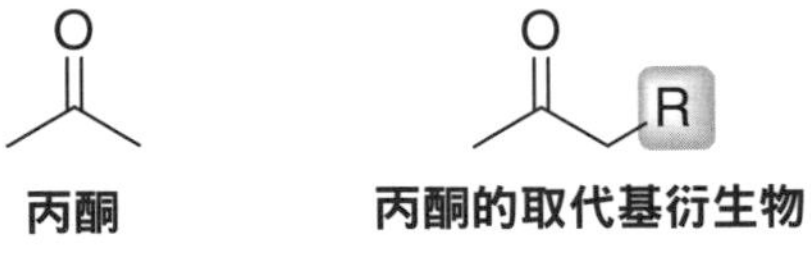

這提供了我們方法，來製備種類繁多的各種丙酮取代基衍生物。

這招非常有用，因為如果想直接把丙酮烷化，會遇到問題：

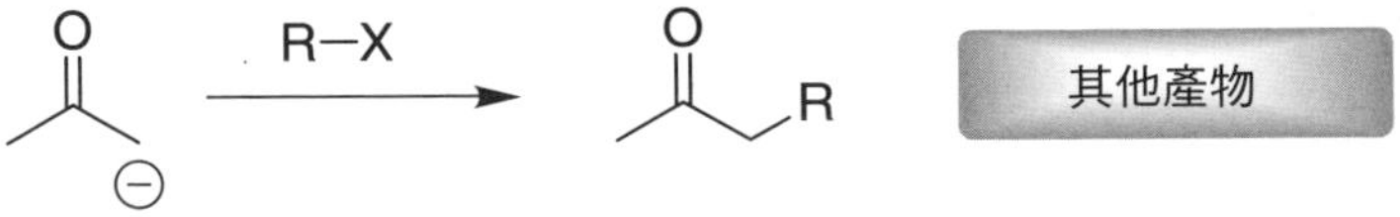

我們會得到想要的產物，但是它與其他副產物（從多烷基化反應以及脫去反應而來）混在一起。我們剛學到的方法，提供了製備丙酮取代基衍生物的乾淨方式。但要小心——還記得烷化的步驟是 S_N2 反應嗎，這表示你只能用一級或二級鹵烷（一級效果比較好）。換句話說，你**能**用這個方法來製備下列的化合物：

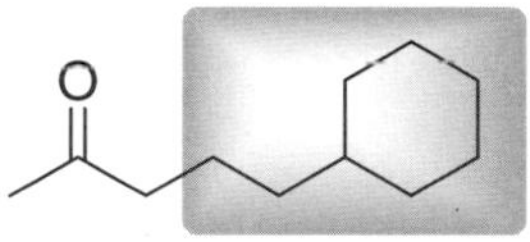

但是你**不**能夠利用這個合成方法來製備這個化合物：

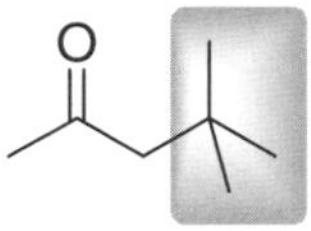

因為它需要進行三級鹵烷的烷化，而這是不可行的。

為了運用這個合成方式，我們總是必須從下列的化合物開始：

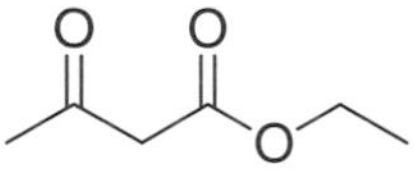

這個化合物稱為乙醯乙酸乙酯（ethyl acetoacetate），是屬於乙醯乙酸酯（acetoacetic ester）類的化合物。因此，我們就稱這一個方法為：**乙醯乙酸酯合成**（acetoacetic ester synthesis）。

摘要整理我們學過的部分，乙醯乙酸酯合成有三個主要的步驟：烷化、水解，接著是去羧。快速把這個唸十次。

現在要用這個合成方法來做一些練習了。

練習 7.65 **從乙醯乙酸乙酯開始，寫出你如何製備下列化合物：**

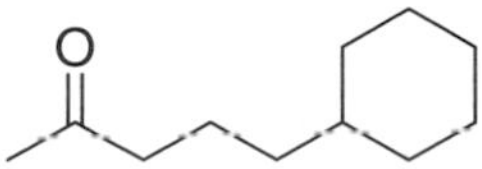

答　案 還記得乙醯乙酸酯合成有如下的步驟嗎：烷化、水解，接著是去羧。所以，為了解答這個問題，我們只需要決定所需的烷基即可。要做到這點，我們要來看像下面灰色方塊標示出的化合物：

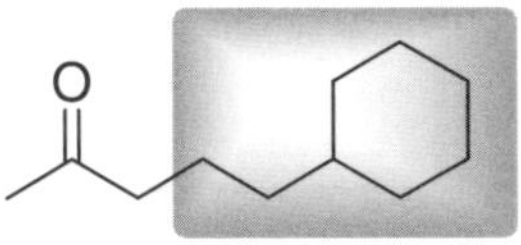

因此，我們會需要這個鹵烷：

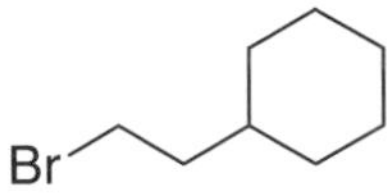

決定好該用什麼樣的鹵烷，就可以提出合成方法了：

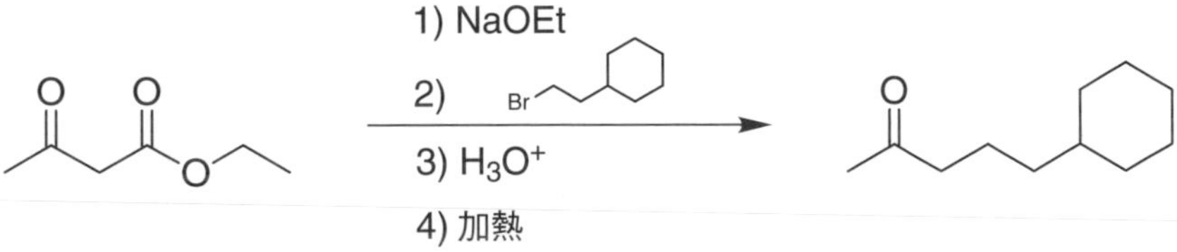

習　題 寫出你如何從乙醯乙酸乙酯，製備出下列每一個化合物：

7.66 

7.67 

7.68 

習題 7.69 下列化合物**無法**以乙醯乙酸酯合成方法製備。

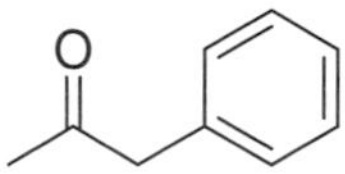

為什麼不行呢？（提示：想想看你會需要何種鹵烷）

目前為止我們做過的所有問題中，都著重在只烷化一**次**。但也有可能烷化兩次，這樣一來就會產生有兩個烷基的產物：

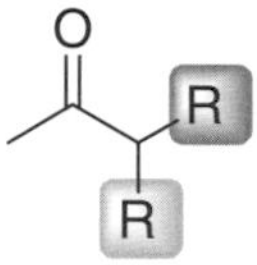

而且 R 基並不一定得相同。我們可以這樣做：

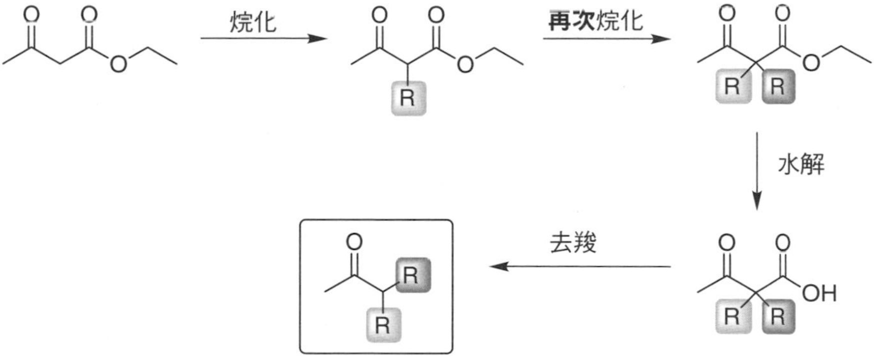

習題 7.70 請寫出你如何從乙醯乙酸乙酯，製備出下列化合物：

習題 7.71 請寫出你如何從乙醯乙酸乙酯，製備出下列化合物：

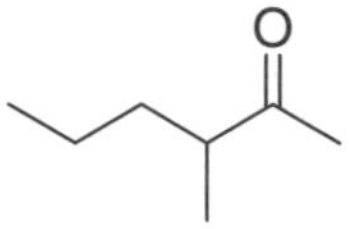

習題 7.72 請為下列轉換提出一個合成方法：

提示：這個反應與乙醯乙酸酯合成相似，
只是從不同的 β - 酮酯開始。

這是另一個常見的合成方式，運用的概念與乙醯乙酸酯合成法相同。現在，讓我們來討論這個方式。它稱為**丙二酸酯合成**（malonic ester synthesis），因為起始物是丙二酸酯〔稱為丙二酸二乙酯（diethyl malonate）〕：

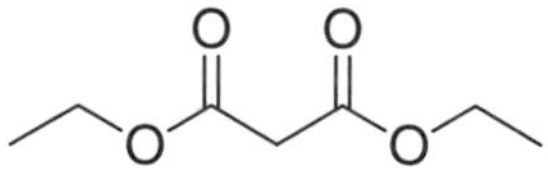

我們遵循與前一個方法相同的三個步驟：烷化，水解，接著去羧。唯一的不同在於起始物（這裡用丙二酸二乙酯，而不是乙醯乙酸酯）不太一樣的，因此我們的產物也會有點不同。請比較乙醯乙酸乙酯和丙二酸二乙酯的結構：

乙醯乙酸乙酯　　　　**丙二酸二乙酯**

請注意丙二酸二乙酯有**兩個**羧基（相較之下，乙醯乙酸乙酯有一個羧基和一個羰基）。要想知道這個多出來的羧基如何影響最終產物的結構，讓我們從頭到尾詳細討論這三個步驟:烷化，水解，接著去羧。

先從烷化開始：

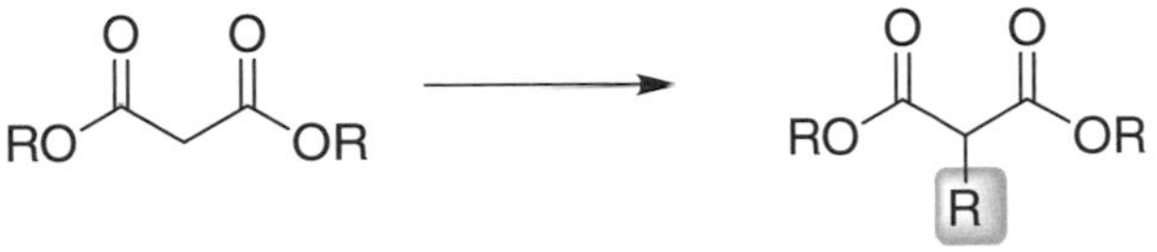

接著，水解：

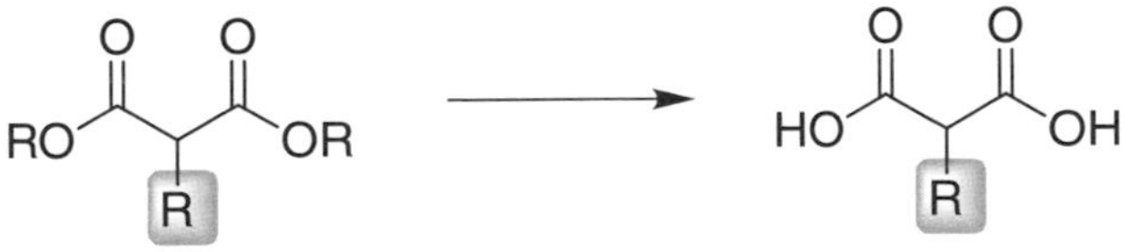

請注意**兩邊**都水解了。

然後，最後是去羧：

只有一邊去羧了。還記得去羧怎麼進行嗎？當在羧酸基的 β 位置有一個 C = O 雙鍵時，就會進行周環性反應。羧基去掉後，羧酸基 β 位置就不再有 C = O 雙鍵了。如果你試著畫出第二個羧基離去的反應機構，會發現你做不到。

請注意現在產物是有取代基的羧酸。這就是丙二酸酯合成厲害的地方：它可以製備出種類繁多的羧酸取代基衍生物：

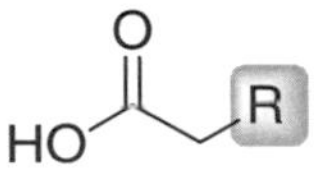

我們也可以用這個合成方法放上**兩個**烷基（就像乙醯乙酸酯合成做的一樣）。只需要在過程的一開始烷化兩次即可：

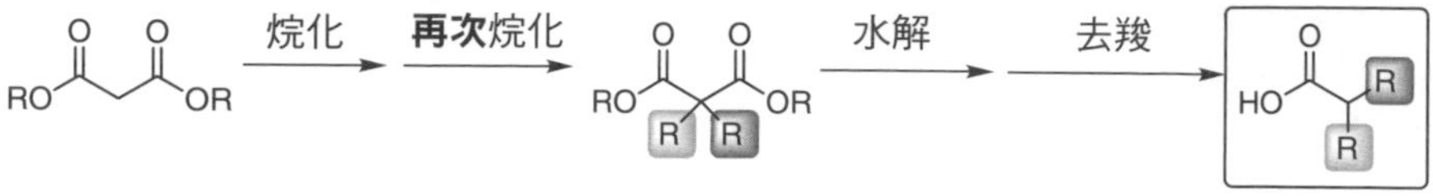

但再次強調，R 基必須是一級或二級（一級效果較好），因為烷化是 S_N2 的過程。

　　這個方法非常有用，因為要直接烷化羧酸非常困難。如果試著直接烷化羧酸，會立即遇到障礙，因為無法形成羧酸的烯醇鹽：

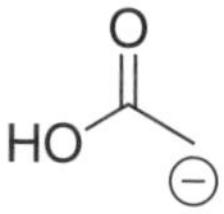

你無法在酸性質子（從羧酸而來）存在的狀況下形成烯醇鹽。所以丙二酸酯合成提供了繞過障礙的方法，讓我們可以製備羧酸取代基衍生物。讓我們以此來做一些練習：

練習 7.73 請寫出你如何從丙二酸酯，製備出下列化合物：

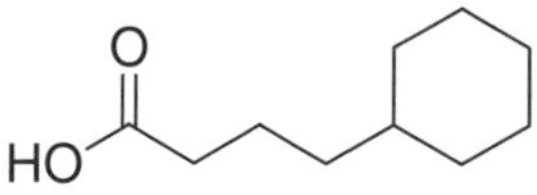

答　案 還記得丙二酸酯合成有下列的步驟：烷化，水解，接著去羧。要解答這個問題，我們只需要決定所需的烷基即可。要做到這一點，來看看像這樣的化合物：

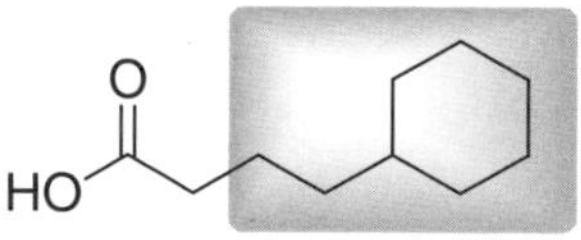

因此，我們會需要下列這個鹵烷：

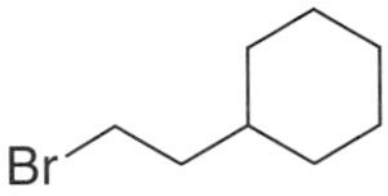

決定好該用什麼樣的鹵烷，就可以提出合成方法了：

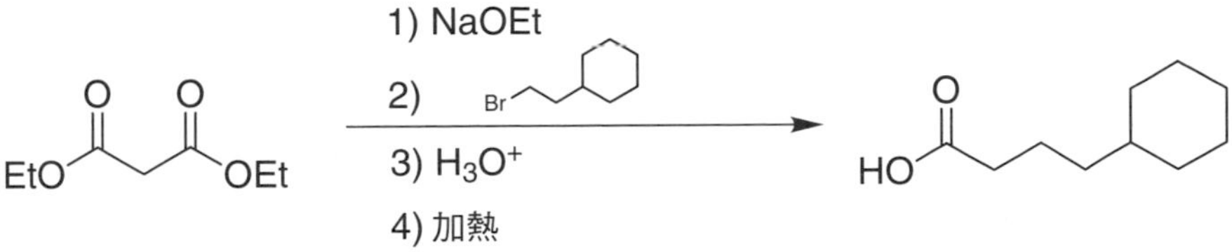

習　題 請寫出你如何從丙二酸酯，製備出下列每一個化合物：

7.74

7.75
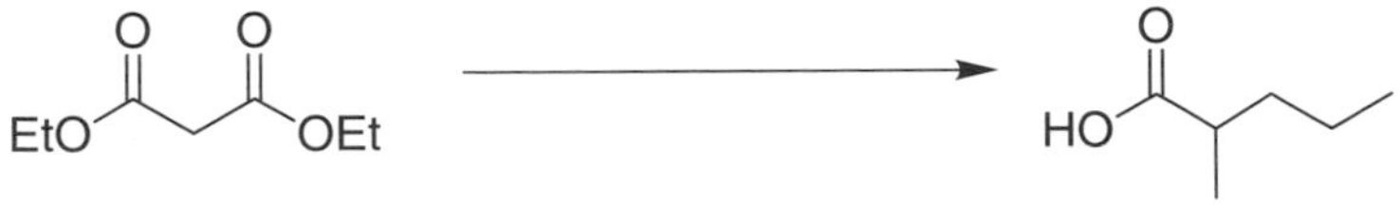

7.76
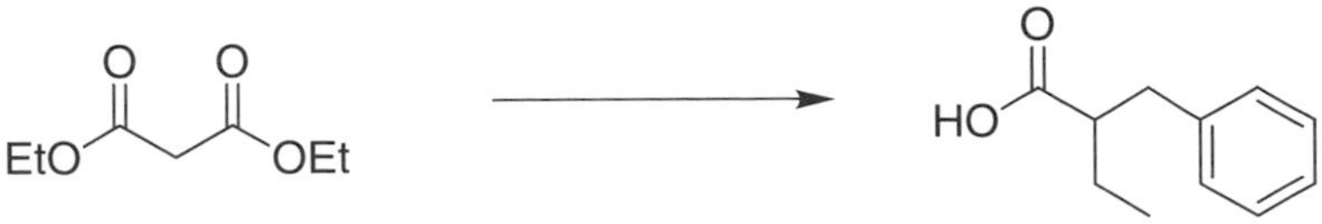

7.9 麥可反應

在這一章中，我們看過烯醇鹽可以攻擊很多種的親電子基。本章開始先談到烯醇鹽攻擊鹵素，然後看到烯醇鹽攻擊鹵烷。我們也看到了烯醇鹽可以攻擊酮或酯。在這一節裡，我們將會以烯醇鹽可以攻擊的一種特別親電子基，來總結我們的討論。來看看下列的化合物：

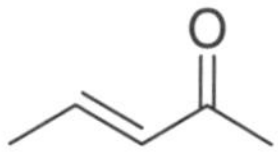

這個化合物是 α,β-未飽和酮（它是醛醇縮合反應的產物，還記得嗎？）是一種特別的親電子基，要想知道它為什麼特別，先來仔細看這些共振結構：

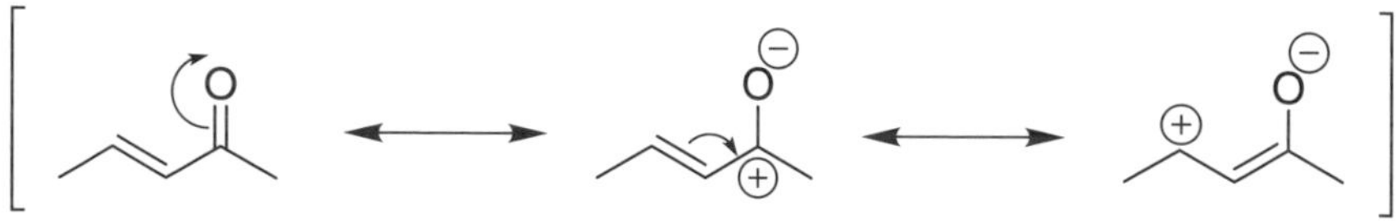

這些共振結構為我們畫出下列的圖形：

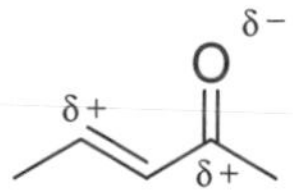

我們看到有**兩個**親電子中心，我們已經知道羰基本身是親電子性的，但是現在很高興知道，β 位置也是親電子性的。這表示任何親核基攻擊時可以有兩種選擇：(1) 它可以攻擊羰基（我們之前已經看過很多次了），**或者**（2）它可以攻擊 β 位置。讓我們來討論一下這兩種可能性，再來比較它們的產物。

如果親核基攻擊羰基，就會形成一個負電荷，負電荷會抓住一個質子來得到產物：

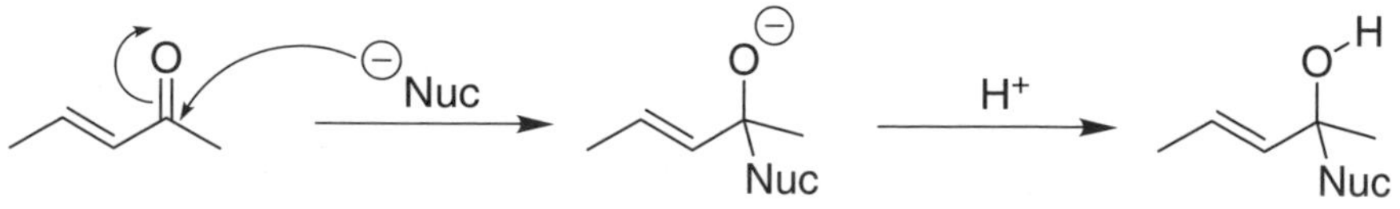

請注意這裡有一個跨越四個原子的 π 系統，我們會把親核基和氫加在 1 和 2 的位置：

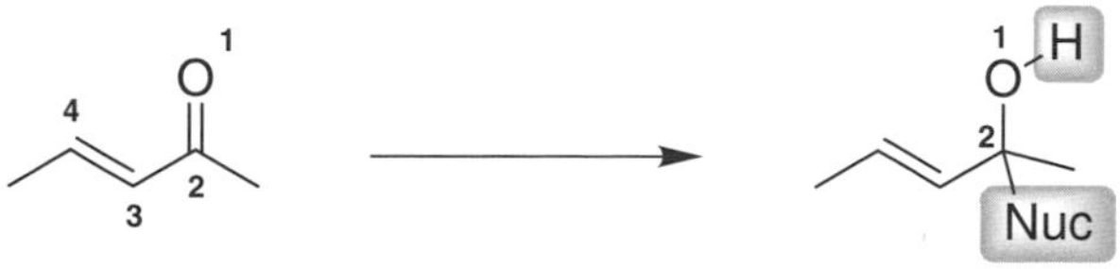

因此，我們稱此為 **1,2- 加成**（1,2-addition）。

但是當我們攻擊 β 位置會發生什麼事？初始的中間產物是烯醇鹽：

然後當這個烯醇鹽抓住一個質子，就會形成烯醇：

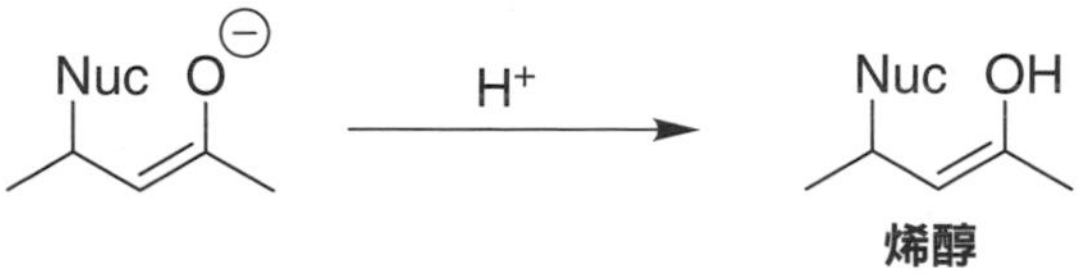

再一次，我們把親核基和 H 加成到 π 系統上。但是這一次，我們把它們加成至這個系統的兩個終端：

所以我們稱此為 **1,4- 加成**（1,4-addition）。化學家也給這個反應另外的名稱：1,4- 加成通常稱為**共軛加成**（conjugate addition），或是**麥可加成**（Michael addition）。

我們知道 1,4- 加成的產物不會一直以烯醇的形式存在，因為烯醇會異構成酮：

當我們看著這個酮，實在很難相信為什麼要稱此為 1,4- 加成。到最後，它看起來就像是親核基和 H 加成到 C ＝ C 雙鍵上：

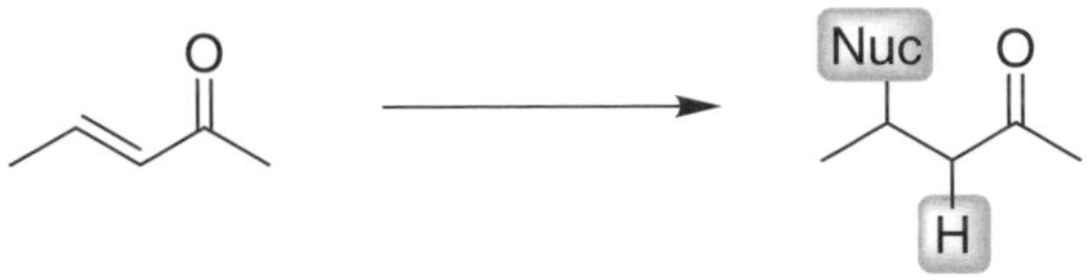

你必須畫出整個反應機構（就像我們剛剛做的）才能看出為什麼我們稱它為 1,4- 加成。

現在我們已經知道了 1,2- 加成和 1,4- 加成的差異，現在來仔細看看如果進行攻擊的親核基是烯醇鹽時，會發生什麼事。

如果把 α,β - 未飽和酮與烯醇鹽混合，會得到混合的產物。不僅會得到兩種可能的攻擊（在羰基或是在 β 位置），還可能更複雜。1,4- 加成的產物是酮，它可以再次被烯醇鹽攻擊。你會得到交叉醛醇縮合與所有不想要的產物。所以我們不能使用烯醇鹽攻擊 α,β - 未飽和酮。烯醇鹽的活性太高了，我們會得到一團混亂的產物。

避免這個問題的方法就是產生更穩定的烯醇鹽。更穩定的烯醇鹽會降低活性，因此會更有選擇性的進行反應。但是該如何製備更穩定的烯醇鹽呢？其實本章稍早就已經提過這個方法了。來看看下面這個烯醇鹽：

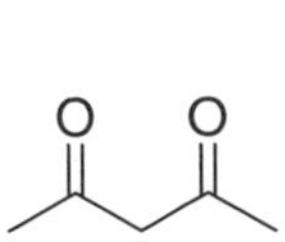

我們說過，這個烯醇鹽比一般的烯醇鹽更穩定，因為負電荷在**兩個**羰基之間相互轉移。如果使用這個烯醇鹽來攻擊 α,β - 未飽和酮，會發現 1,4- 加成反應占優勢：

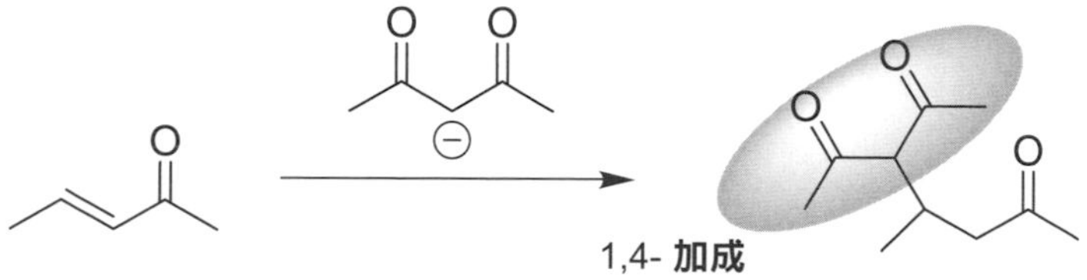

我們之前說過，1,4- 加成也稱為麥可加成。要想得到麥可加成，必須有穩定的親核基，就像上圖反應中較穩定的烯醇鹽。這個穩定的烯醇鹽稱為**麥可予體**（Michael donor）。還有許多其他麥可予體的例子。請仔細地看看它們，因為如果在問題中遇到時，你必須能夠一眼就辨識出它們就是麥可予體：

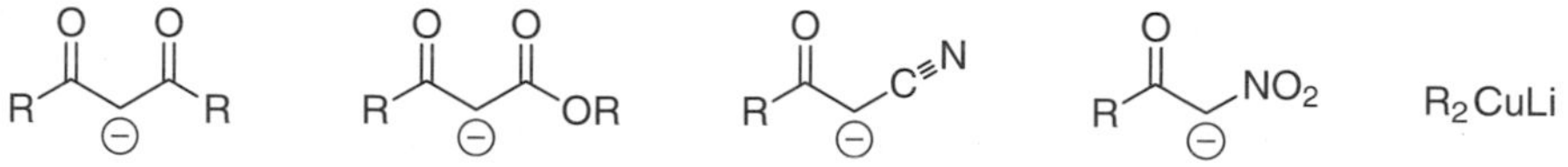

上面這些親核基都穩定到足以當麥可予體。

在麥可反應中，都會有一個麥可予體**和**一個麥可受體（Michael acceptor）：

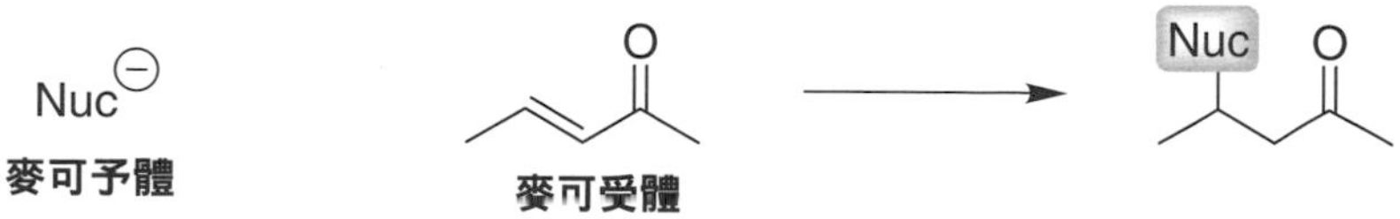

在這個反應中，麥可受體是 α,β - 未飽和酮。但是其他的化合物也可以當麥可受體，請參考次頁圖：

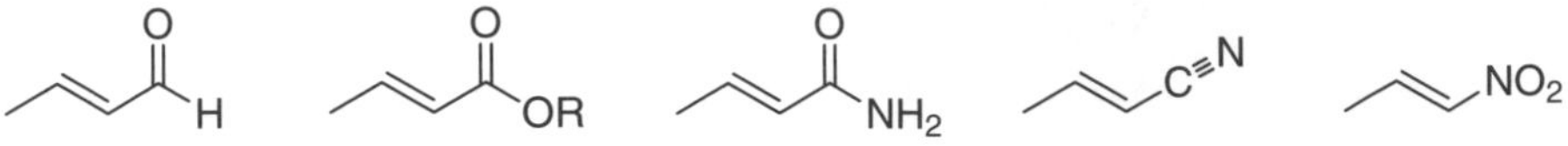

你可以用任何的麥可予體來攻擊任何的麥可受體。例如，下列反應也叫做麥可反應：

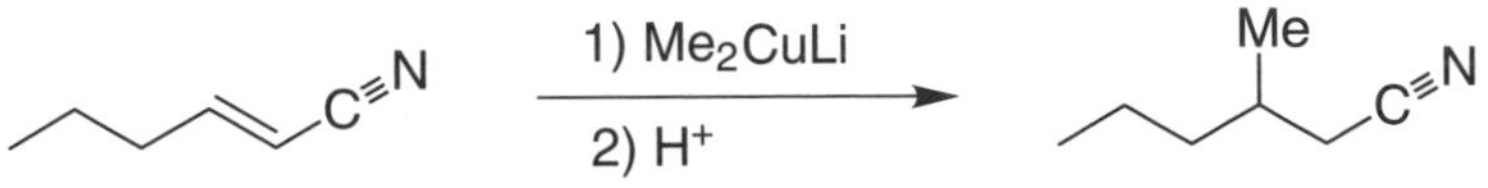

要想解出接下來的題組，你必須複習麥可予體和受體的名單。

練習 7.77 請看看下列試劑：

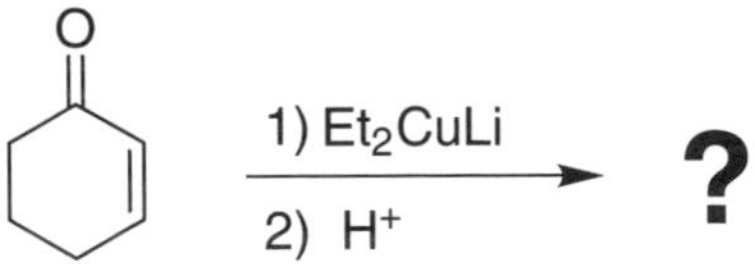

請預測這些試劑能否得出乾淨的麥可反應？（或者你預測會是一團混亂的產物？）如果你預測會進行麥可反應，請畫出預測的產物。

答 案 要想決定是否會得到麥可反應，就必須尋找出是否有麥可予體和麥可受體。α, β - 未飽和酮是麥可受體，而二烷基銅鋰是麥可予體。所以我們預期會有下列的麥可反應發生：

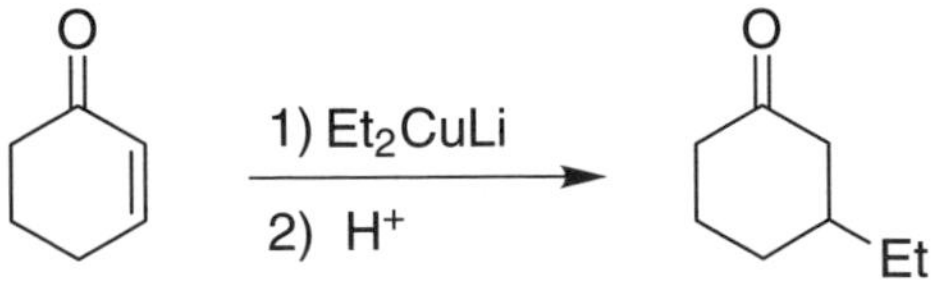

花幾秒鐘仔細看看這個轉換。將來它對於你在解答合成問題上會有幫助……

習　題 請預測下面每一個反應，是否能有乾淨的麥可反應。如果是，請畫出預測的產物。如果你預測不會有乾淨的麥可反應，就不需要預測產物。

7.78
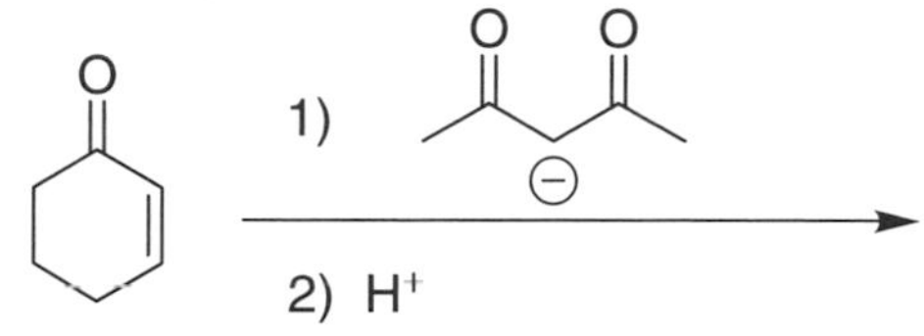

7.79
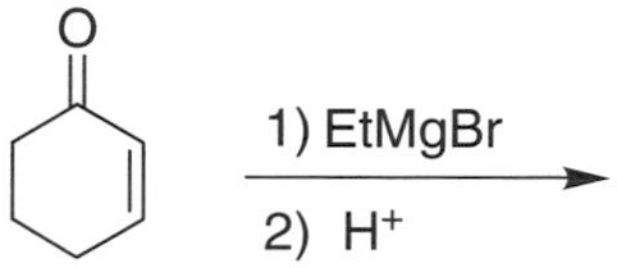

7.80
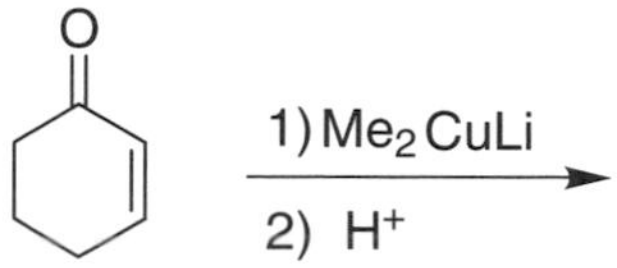

這裡還有一個麥可予體需要我們特別關注。烯胺是非常特別的麥可予體，因為它們提供一個非常有用的合成方法。

我們學習酮和醛（第 5 章）時，曾學過可以在下列條件下，以酮與二級胺反應來製備烯胺：

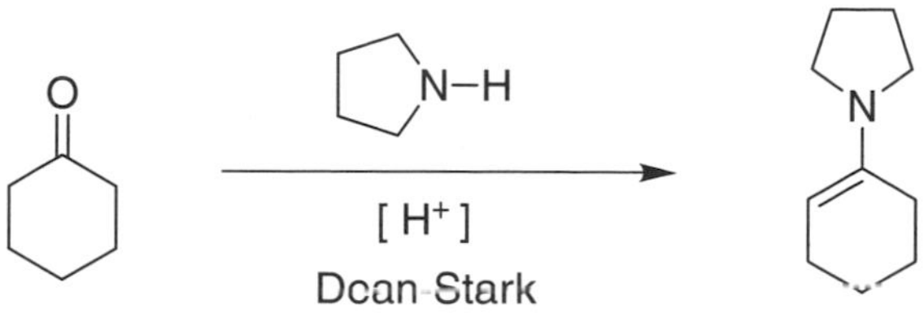

這就是我們用來製備烯胺的方法。要想瞭解烯胺如何當麥可予體，先仔細看看這些共振結構：

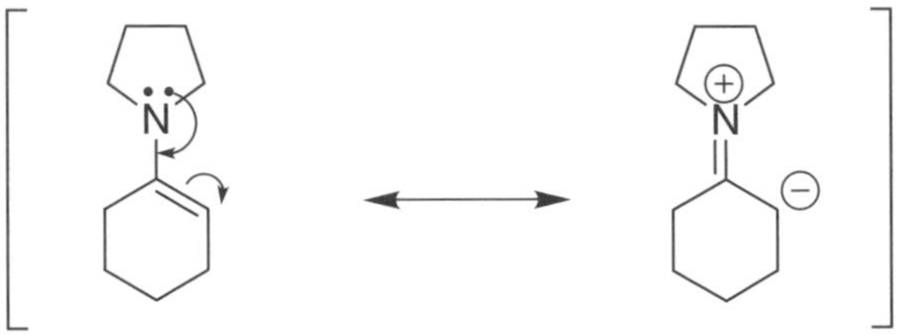

當我們自行在心中把這兩個圖形混合，會看到碳原子是親核性的（它有某些部分負電荷的性質）。但它是相當弱的親核基，因為它沒有一個**完整**的負電荷，而僅是碳原子有**部分**負電荷性質。因此，這個化合物是**穩定**的親核基（換句話說，在反應性上有選擇性）。這表示我們必須把它加入麥可予體的名單中。如果用烯胺當親核基來攻擊麥可受體，會得到像這樣的反應：

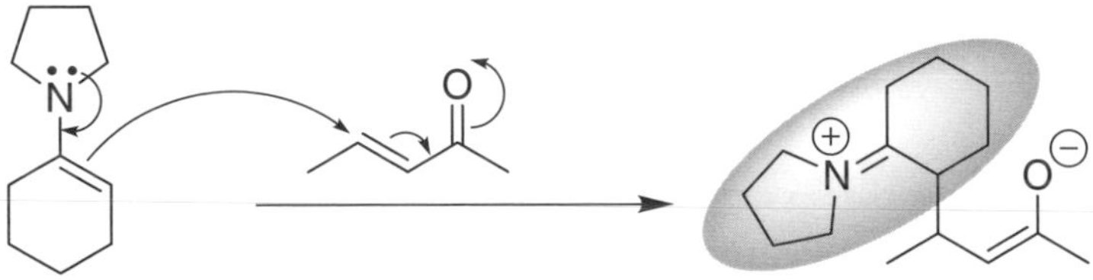

然後，在酸性條件下，可以加水把產生的亞胺離子（iminium ion）拉掉（在這些條件下，烯醇鹽會質子化形成烯醇，然後烯醇異構形成酮）：

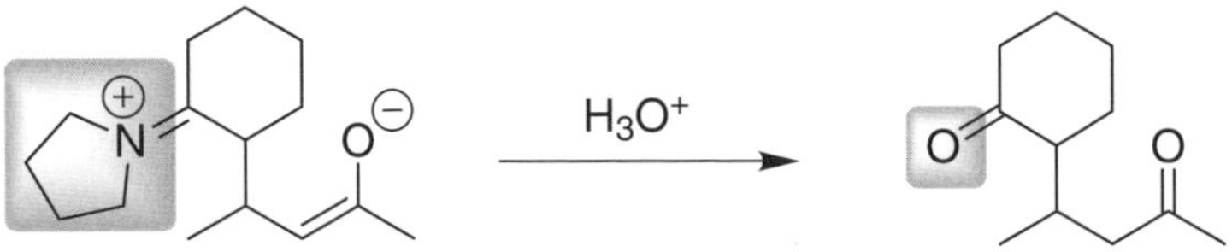

但為什麼這會如此重要？為什麼我要特別挑出這個麥可予體，而且為什麼我們要再度學習烯胺？要想理解烯胺在這裡有多有用，讓我們想像一下，如果想進行下列的轉換：

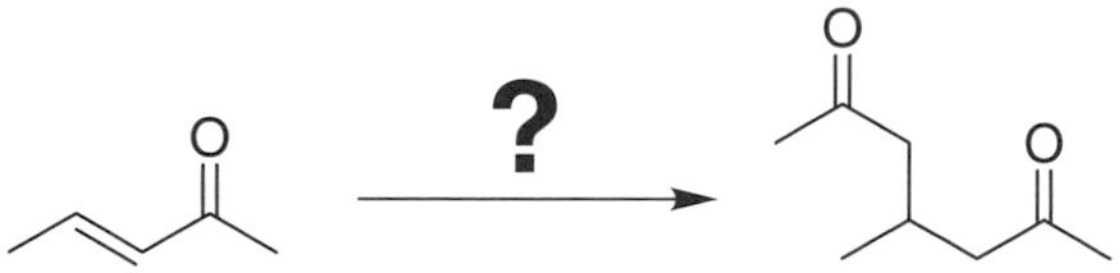

你一定覺得這很簡單。你計畫選出可以在 1,4- 加成中攻擊 α,β- 未飽和酮的親核基：

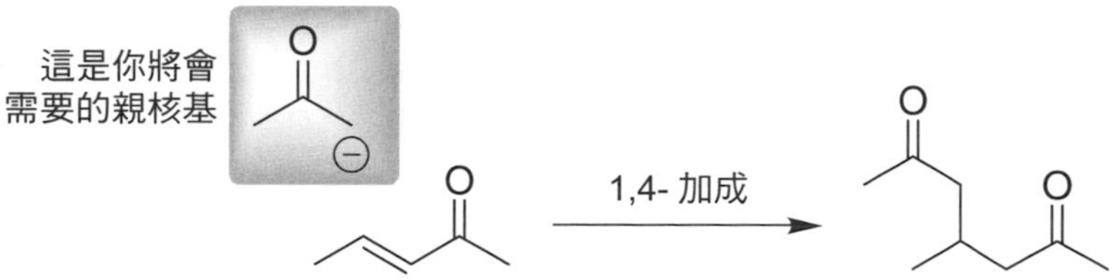

但是一旦你試著這麼做，就會得到一團混亂的產物。為什麼？因為這個烯醇鹽**不是**麥可予體，因此，進行 1,4- 加成時無法得到乾淨的攻擊。所以，你要怎麼避免問題發生呢？這就是烯胺派上用場的時候了。

不用丙酮的烯醇鹽，我們把酮轉換成烯胺：

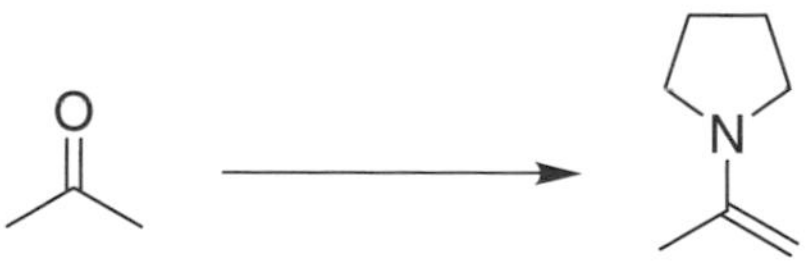

這個烯胺**是**麥可予體，在進行 1,4- 加成時，**可以**進行乾淨的攻擊：

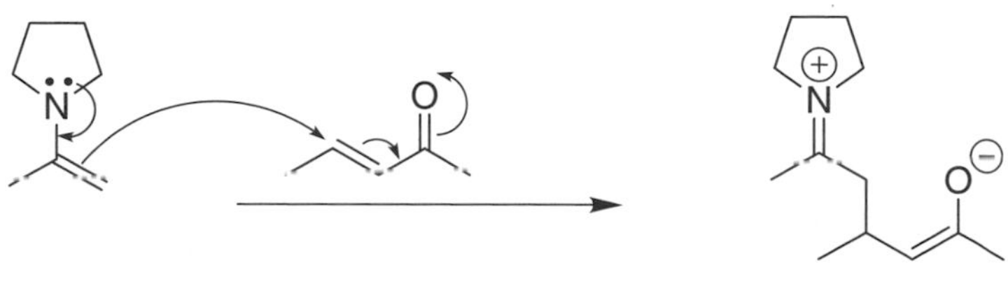

然後，我們用 H_3O^+ 拉掉亞胺基，之後把烯醇鹽（之後它會轉換成酮）質子化：

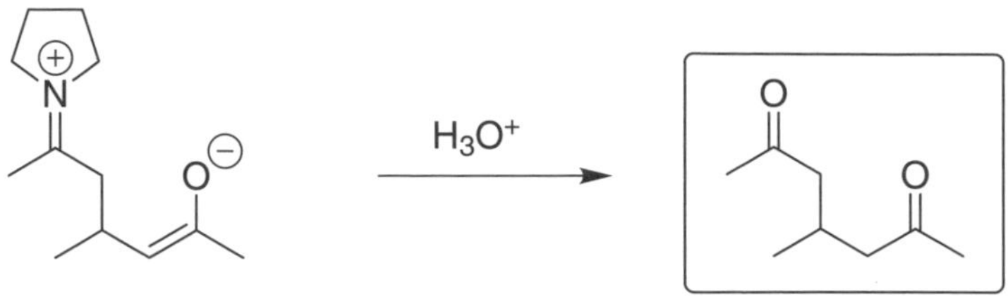

最後我們製備出想要的產物。這個合成策略稱為**斯陶克烯胺合成**（Stork enamine synthesis），在解答合成問題時，它可以派上用場。每當你試著提出一個合成方法，並決定用烯醇鹽來進行 1,4- 加成時，就會產生一個問題。一般的烯醇鹽沒有穩定到可以當麥可予體。但是你可以把酮轉換成烯胺，烯胺就夠穩定，可以當麥可予體。反應終點時再拉掉烯胺。烯胺的功能是暫時修改烯醇鹽的反應性，以便得到想要的結果。仔細想一想，這真是非常聰明的做法。

練習 7.81 請為下列轉換提出合理的合成方法：

答　案 當我們仔細看這個問題，會發現我們需要加入下列的部分：

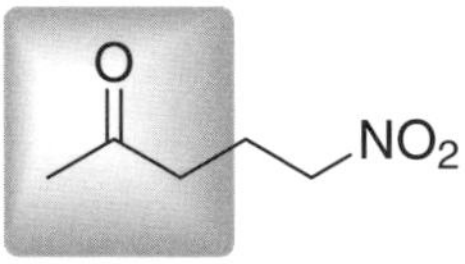

同時，還必須去掉起始物上的雙鍵。我們可以用適當的親核基進行 1,4- 加成，同時完成這兩件事。仔細思考需要什麼樣的親核基時，會發現必須用下列的化合物：

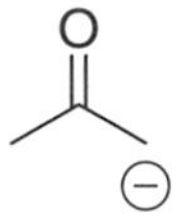

這個烯醇鹽**不夠**穩定，以致於不能當麥可予體，所以我們體認到必須用斯陶克烯胺合成：

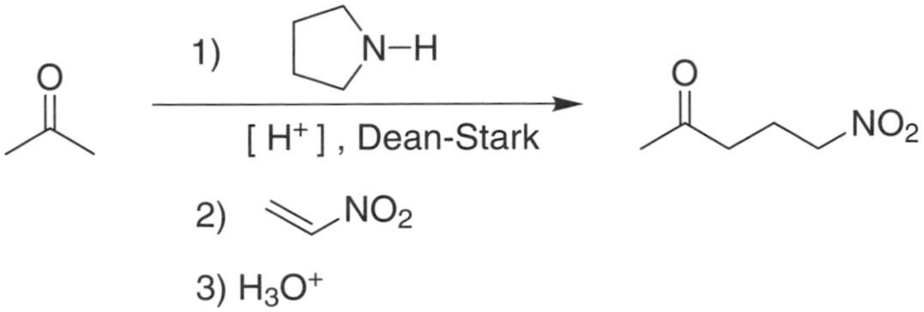

習　題 請為下列每一個轉換，提出合理的合成方法。在某些例子裡，你需要用到斯陶克烯胺合成，但是某些例子並不需要。小心分析每一個問題來判斷是否必須進行斯陶克烯胺合成。

7.82 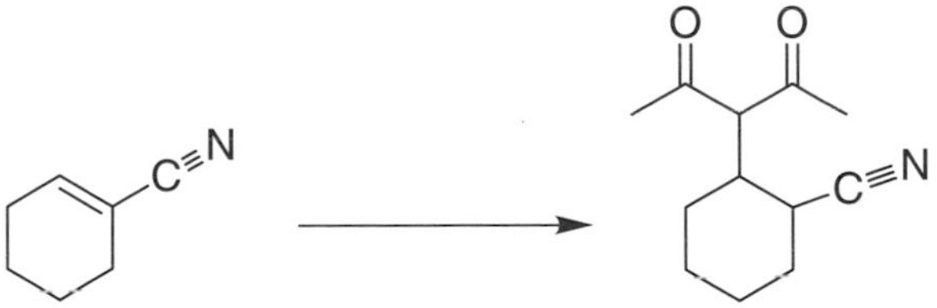

7.83 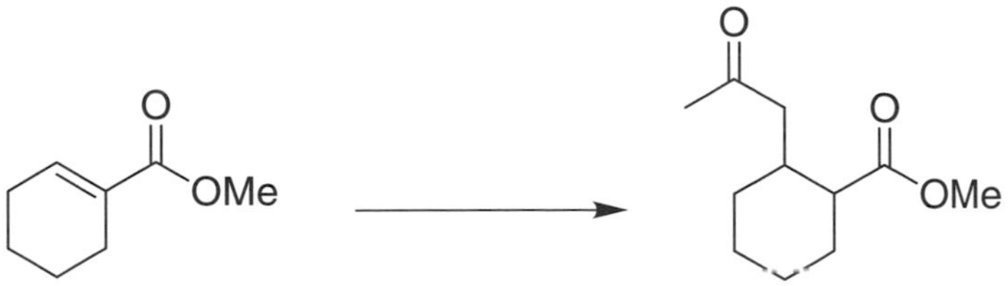

7.84 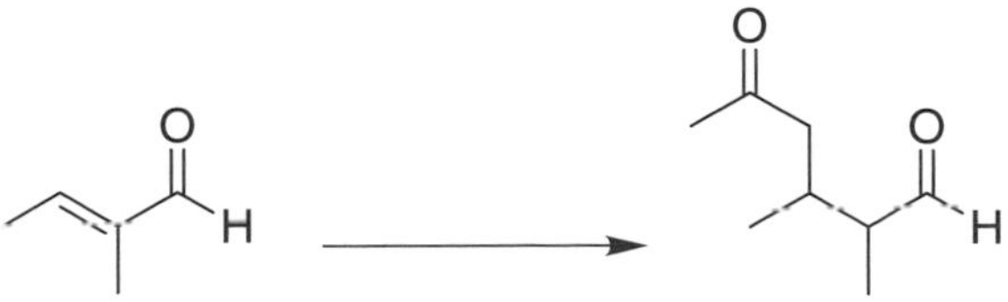

7.85

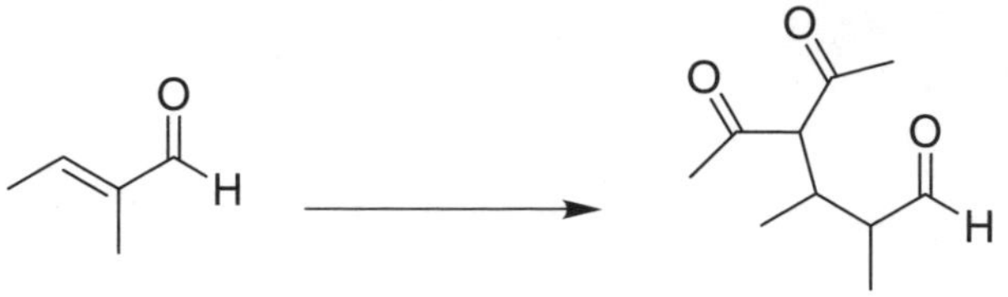

第 8 章

胺

8.1 胺和醯胺的親核性和鹼性

胺的分類是基於連接至中心氮原子的烷基數目：

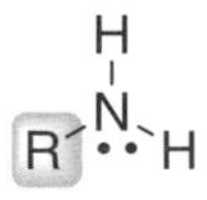

一級胺

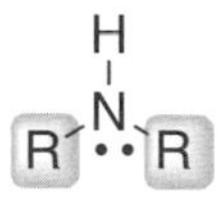

二級胺

三級胺

胺的活性來自於氮原子上的未共用電子對，所有的胺都有這對未共用電子對：

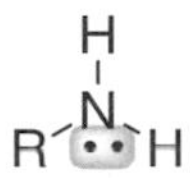

一級胺

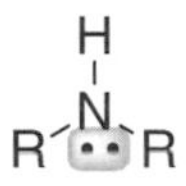

二級胺

三級胺

這對未共用電子對可以當親核基（攻擊親電子基）：

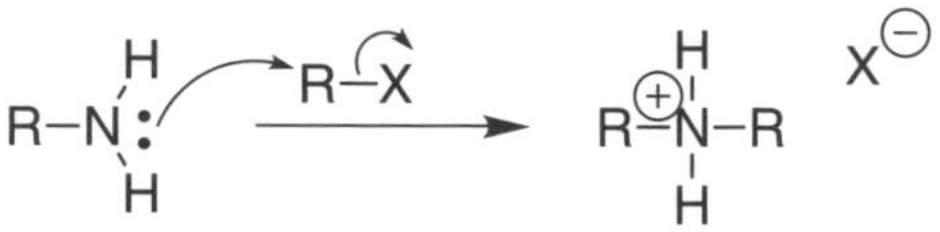

或者它也可以當鹼（抓住質子）：

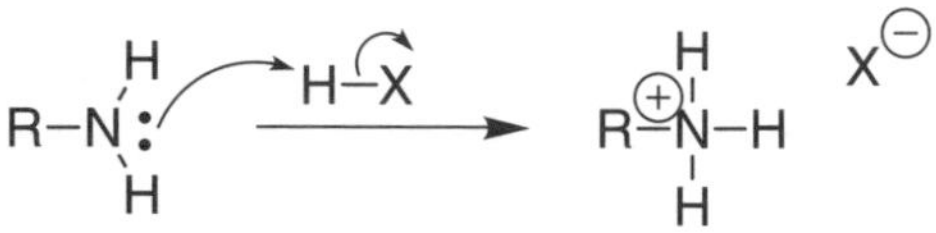

藉由討論這對未共用電子對，我們可以瞭解為什麼胺是好的親核基**和**好的鹼。當胺參與反應時，第一步一定是下列這兩種可能性的其中之一：若非當未共用電子對抓住一個質子，就是當未共用電子對攻擊親電子基。

當然，如果氮原子上有負電荷，效果會更好。要想在氮原子上得到負電荷，只要把胺去質子化即可。三級胺沒有質子可以拿走，但是二級胺可以去質子化得到下列型式的化合物：

相較於中性的胺，這些化合物是更強的親核基和更強的鹼。這裡有兩個到目前為止，曾經出現在本課程的**醯胺**（amide）的例子：

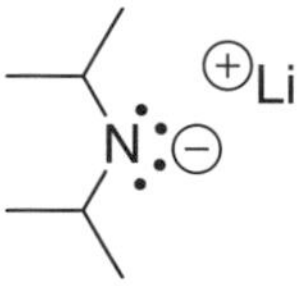

二異丙基**胺**基鋰
（LDA）

胺化鈉

醯胺其實是個很糟糕的名稱，因為我們已經用過這個名稱來稱呼某種類型的羧酸衍生物：

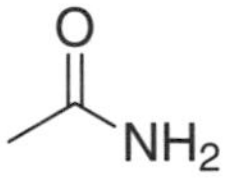

這稱為**醯胺**

這也稱為**醯胺**

也許化學家可以為這些類型的化合物取不同的名稱（這樣對學生來說較不會混淆）。但是經年累月以來，化學家已經用**醯胺**這個名稱來指稱這兩類的化合物很久了，所謂積習難改，我們沒辦法說服全世界的化學家為這類化合物改名，只好也繼續用這樣的稱呼。記得不要把它們搞混了。

現在讓我們回到中性的胺（不具電荷）。有些胺其實親核性和鹼性比一般的胺弱。例如，比較這兩個胺：

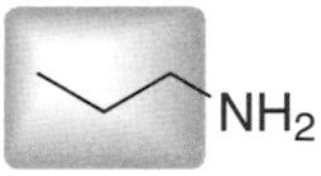

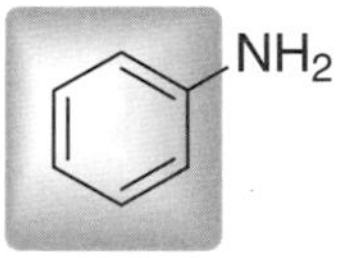

烷基胺　　**芳香胺**

第一個胺稱為**烷基**胺（alkyl amine），因為氮原子連接了烷基；第二個化合物稱為**芳香**胺（aryl amine），因為氮原子連接了芳香環。芳香胺的親核性和鹼性較弱，因為未共用電子對會移位至芳香環上。畫出共振結構就可以看出來了：

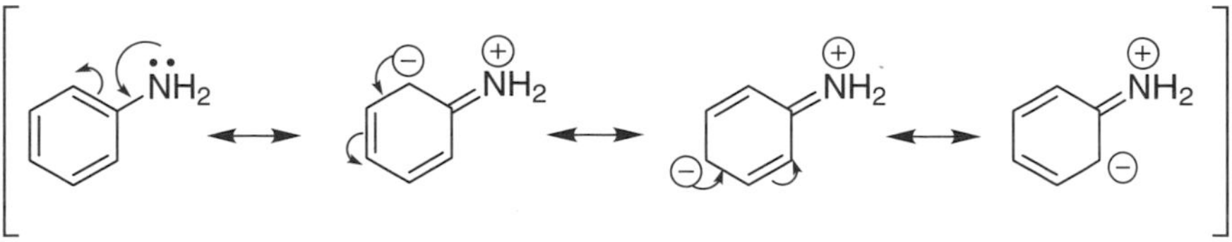

因為未共用電子對會移位，所以較不能用來當親核基或鹼。這並不表示芳香胺不能發動攻擊。事實上，我們很快就會看到芳香胺當親

核基的反應。它**可以**當親核基，只是親核性較烷基胺來得**低**。

既然我們已經介紹了胺，現在來討論一些製備胺的方法。

8.2 藉由 S_N2 反應來製備胺

假設你想製備下列這個一級胺：

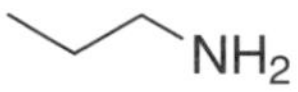

也許你會建議用下列的方式合成：

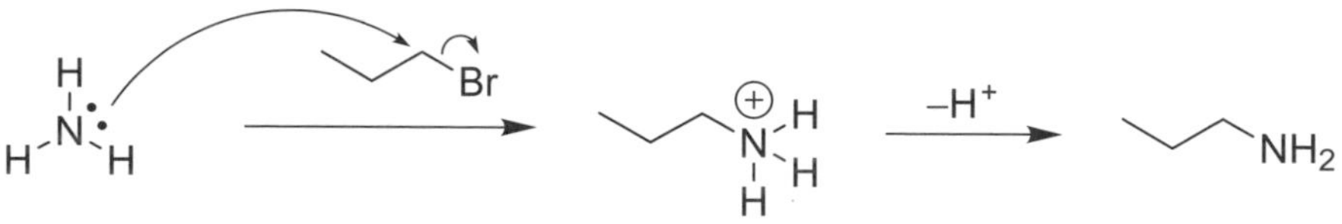

這只是 S_N2 反應後，再進行去質子化。這樣的方式的確可行，**但是**它很難停在單次烷化，第一次烷化後的產物也是親核基，所以它會跟 NH_3 競爭搶鹵烷。烷基是推電子基，所以跟 NH_3 相比，它甚至是更好的親核基。因此，第一次烷化的產物為：

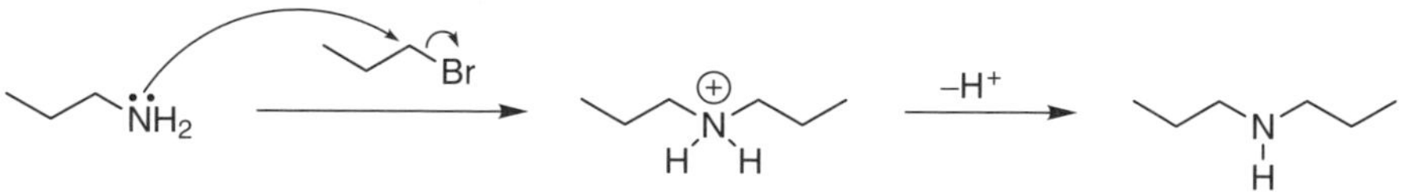

然後它再次攻擊：

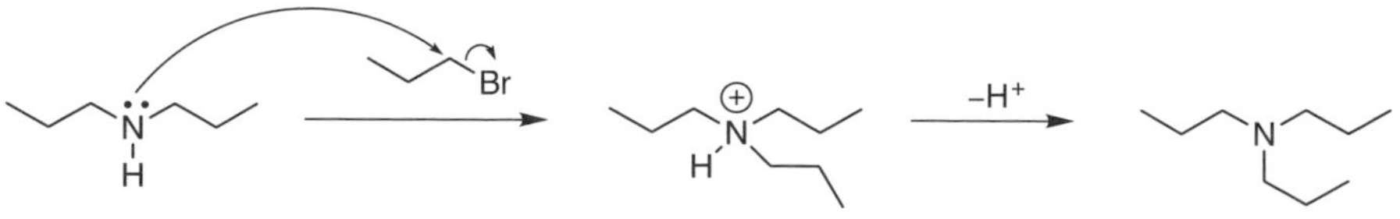

接著最後一次攻擊：

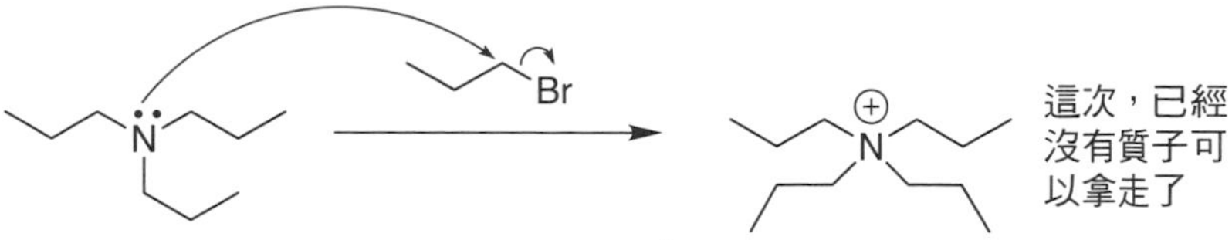

最終產物有四個烷基（這表示它是**四級**的），而氮有一個正電荷〔這表示它是**銨**離子（ammonium ion）〕。所以我們稱它為**四級銨鹽**，因為它沒有未共用電子對，所以不具親核性也不具鹼性。

如果想製備四級銨鹽，那麼上面所述無疑是很好的方法。但是如果想要製備的是一級胺呢？我們無法簡單的直接把氨烷化：

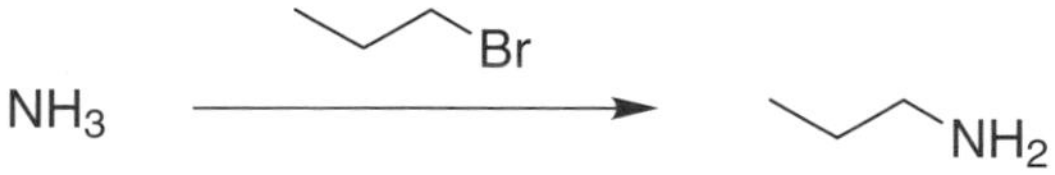

因為反應很難停在這個階段，鹵烷會再次與一級胺反應。即使我們試著只用一莫耳鹵烷和一莫耳氨，還是會得到一大堆亂七八糟的產物。我們會得到一些多次烷化的產物，也會得到一些找不到鹵烷來反應的氨。所以我們該怎麼做呢？

要避免這樣的問題，可以用一個很聰明的技巧。我們選用已經具有兩個假取代基（dummy group）的胺當起始胺：

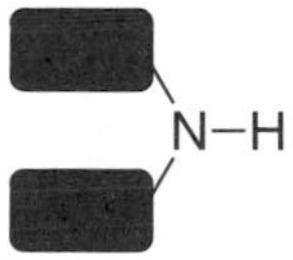

而且我們選擇的假取代基，是在烷化後可以輕易移除的。這樣我們就可以先烷化，再拉掉假取代基：

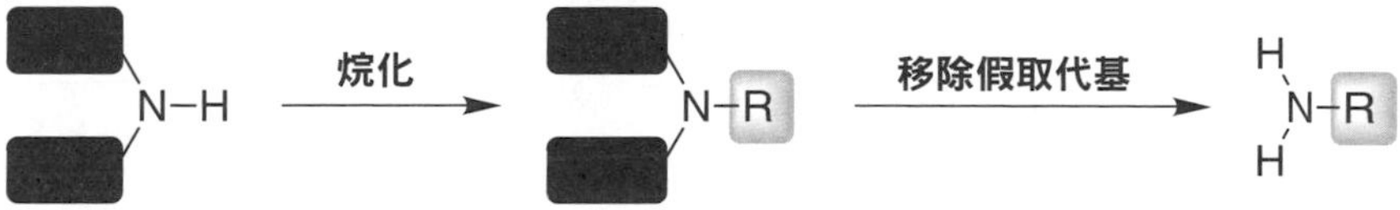

這個方法稱為加柏利合成（Gabriel synthesis）。它是用來製備一級胺的好方法，我們就來詳細探討這個方法。

先從這個稱為鄰苯二甲醯亞胺（phthalimide）的化合物開始：

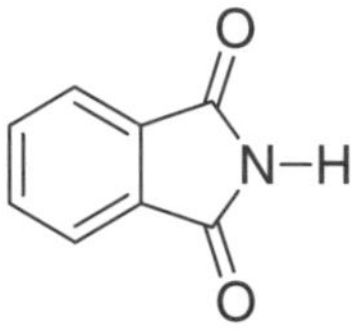

我們用鹼（KOH）來拉掉質子，然後得到下列這個陰離子：

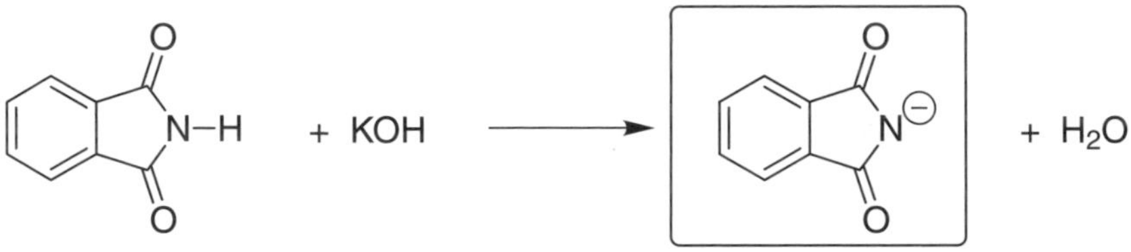

請注意這個負電荷因為共振（非定域）的關係，所以非常穩定，這跟我們在上一章最後看到的麥可予體相似。它是穩定的親核基，我們可以用這個親核基來攻擊鹵烷：

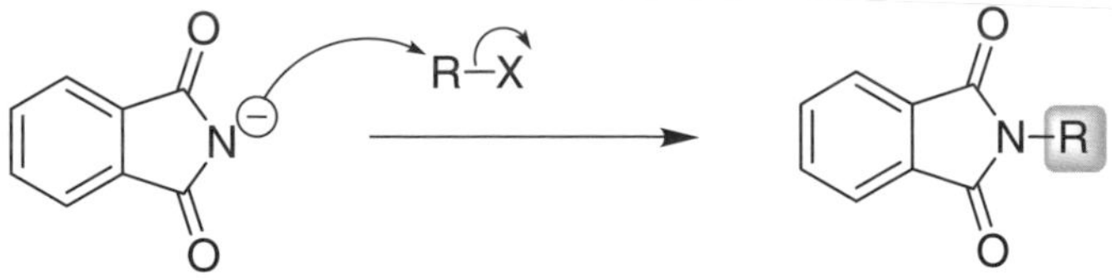

然後再以聯胺拉掉假取代基，得到我們的產物：

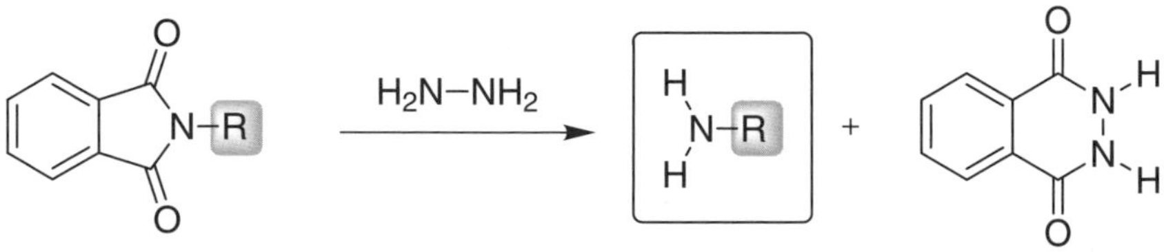

要想知道聯胺如何拉掉假取代基，讓我們仔細看一下反應機構。如果你還記得第 6 章（羧酸衍生物）的內容，就會發現這個反應機構的步驟非常熟悉：

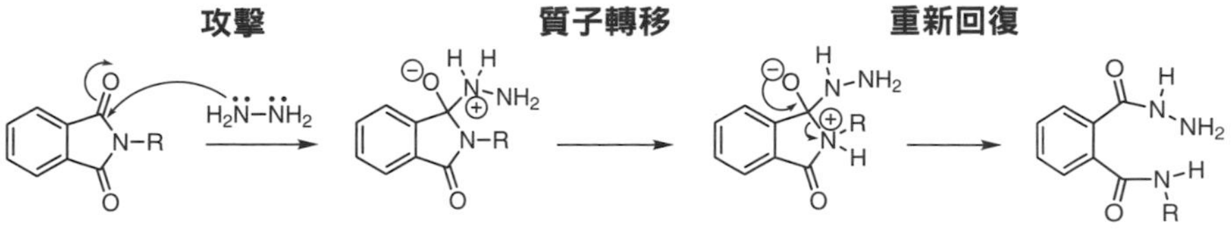

這三個步驟看起來應該很熟悉（如果你不覺得，就應該回去複習羧酸衍生物那一章）。然後我們再次得到相同的三個步驟：

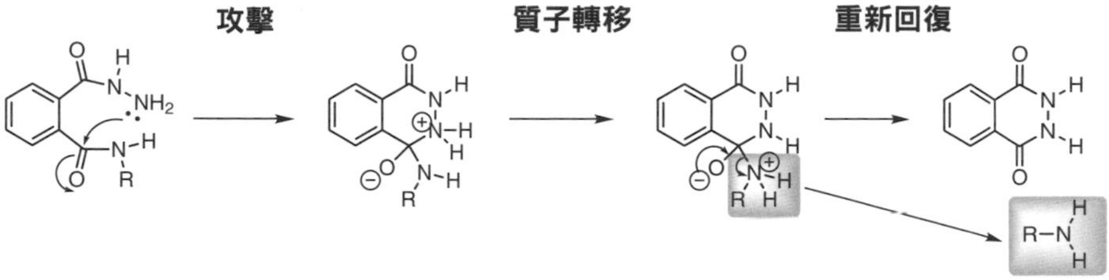

加柏利合成法可以摘要如下：

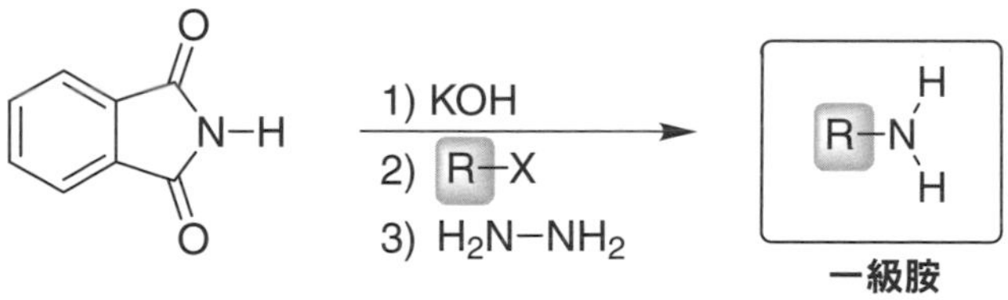

要從一級鹵烷製備一級胺，這是非常有用的方法：

練習 8.1 請問該如何用加柏利合成法來製備下列的胺：

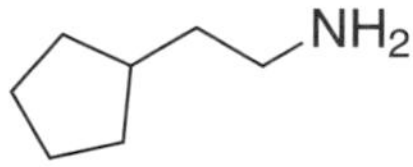

答 案 要進行加柏利合成法，只需要確定一件事。我們必須決定該使用什麼樣的鹵烷。這很簡單，只要畫出鹵素來取代 NH_2 就可以了，像這樣：

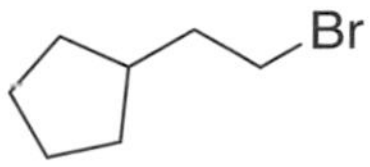

一旦知道該使用什麼鹵烷，就可以提出合成方法了：

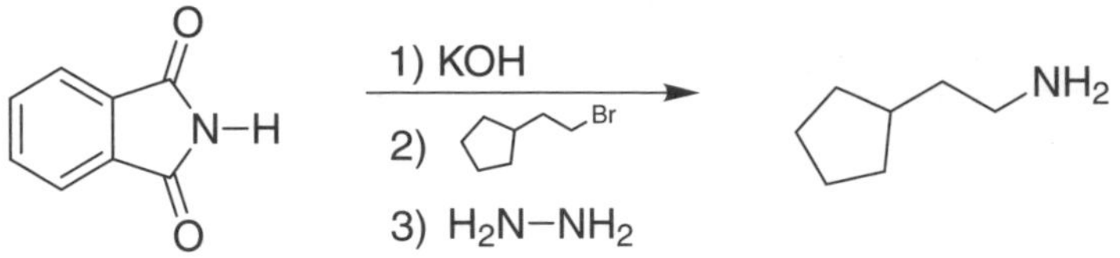

習　題 請寫出該如何運用加柏利合成法，來製備下列化合物：

8.2 

8.3 

8.4 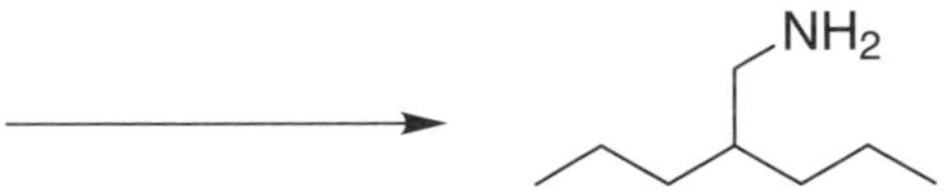

8.5 

加柏利合成法仍有它的限制。因為它靠的是 S_N2 反應，所以與一**級**鹵烷反應的效果最好，與二級鹵烷反應的效果就沒有那麼好，而與三級鹵烷則是完全無法進行反應。

除此之外，它完全無法與芳香基鹵化物（aryl halide）進行作用，因為芳香基鹵化物無法進行 S_N2 反應：

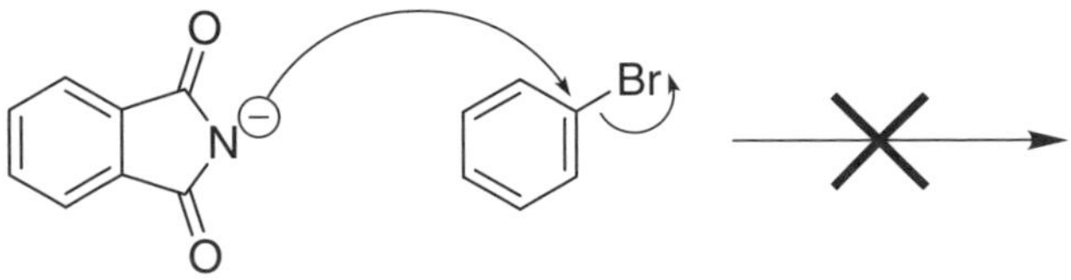

練習 8.6 請問是否能以加柏利合成法來製備出下列化合物？

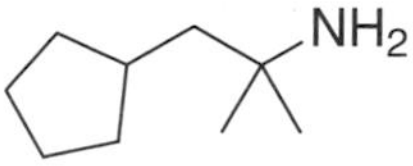

答　案 如果畫出所需的鹵烷，

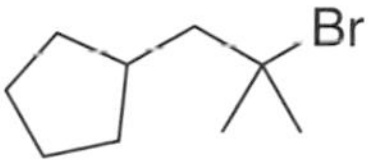

就會發現這是一個三級胺，所以**無法**以加柏利合成法製備產物。

習　題 請判別出下列每一個化合物，能否以加柏利合成法製備：

8.7 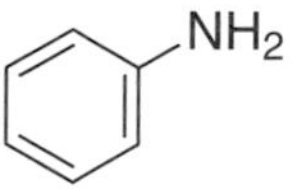

8.8 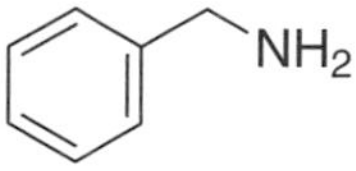

8.9 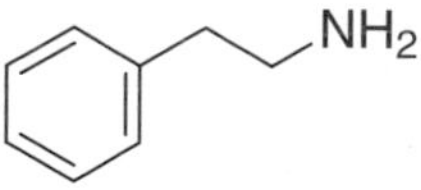

8.10 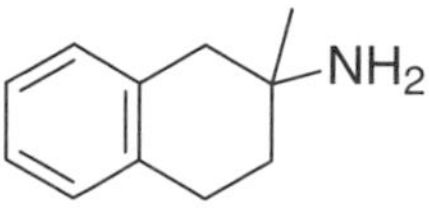

8.3 用還原胺化反應製備胺

前一節裡，我們學過了如何用 S_N2 反應來製備胺。這個方法對於製備一級胺的效果最好。在這一節裡，將會學習運用兩步驟合成法來製備二級胺（我們已經看過反應的第一個步驟了）。當我們學習酮和醛時，已經看過如何製備**亞胺**（imine）：

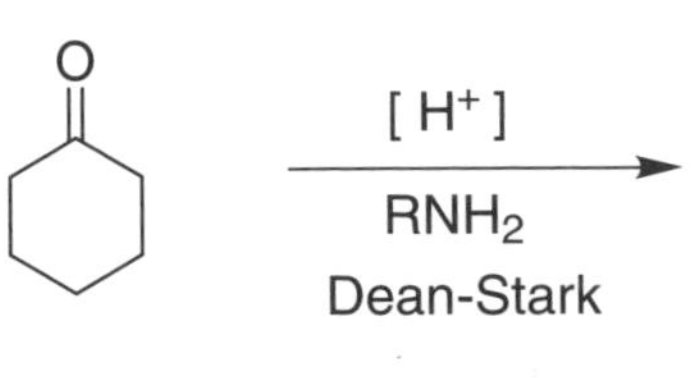

我們看到一級胺可以與酮進行反應（在酸性條件下）得到亞胺。現在可以用這個反應來製備胺。

一旦形成亞胺，就形成了製備胺所需的基本 C － N 鍵：

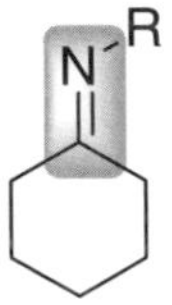

但它的氧化態（oxidation state）不對。為了得到胺，我們需要進行下列的轉換：

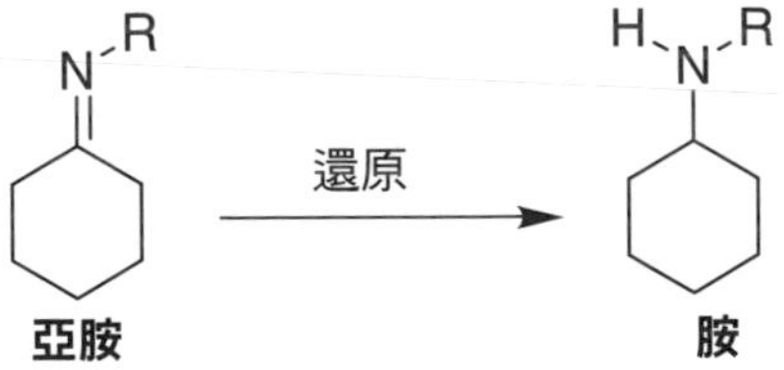

為了把**亞胺**轉換成**胺**，要進行還原反應。有一個方法可以做到，就是像我們還原酮一樣，使用 LAH 還原亞胺：

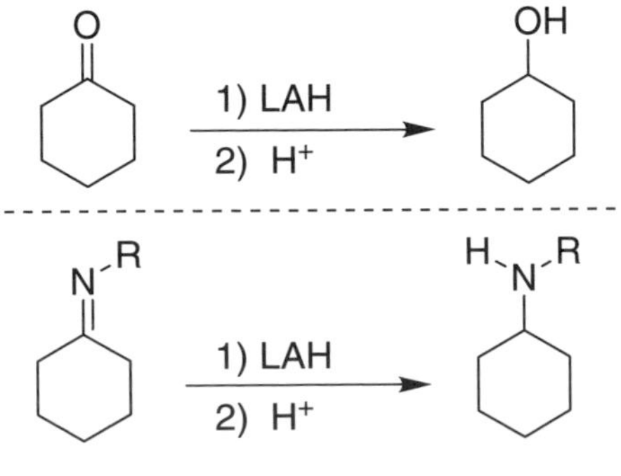

還有另一個方法：我們可以氫化 C = N 雙鍵（使用催化劑）：

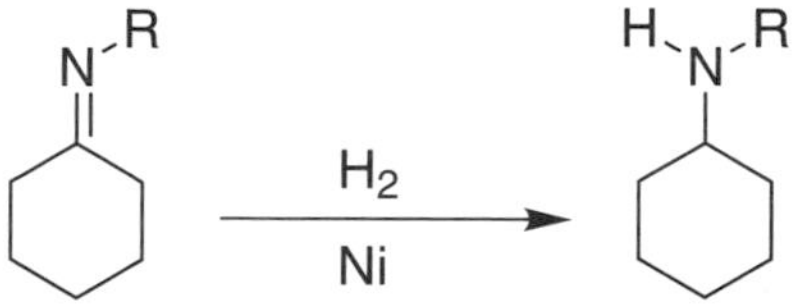

還有許多其他的方法都可以還原亞胺。但是我們的目的是利用一個兩步驟合成法來製備胺：

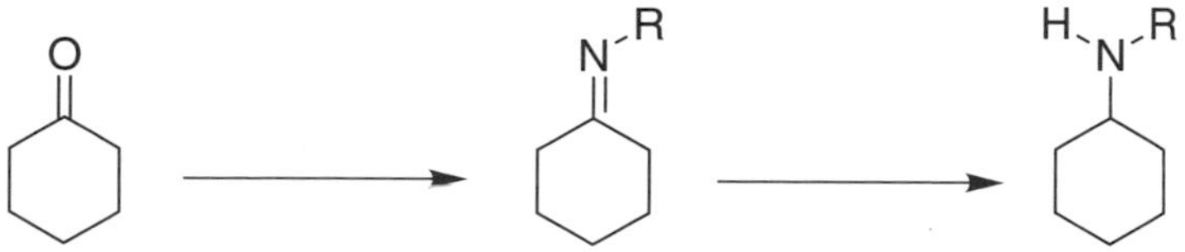

這個反應稱為**還原胺化**（reductive amination），因為這是經由還原反應來形成胺（形成胺稱為胺化）。學生通常對於唸出 **amination** 這個字會有困難，因為他們會習慣性唸成 animation。請試著很快的說 reductive amination 十次，你就會知道我在說什麼。

練習 8.11 請為下列轉換提出一個有效率的合成方式：

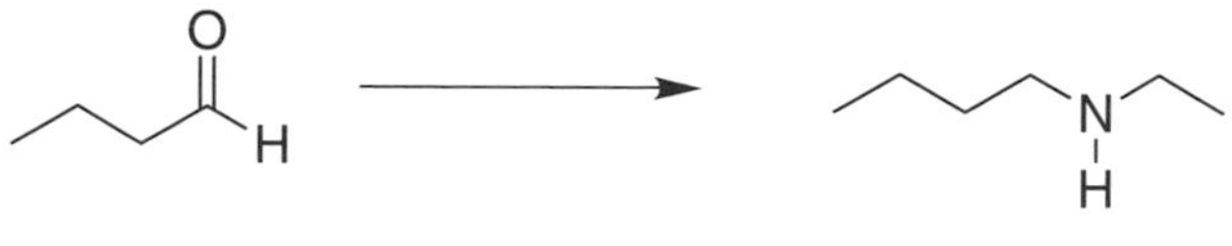

答　案 這個問題是要把醛轉換成胺。這是在提示我們注意還原胺化反應的可能性。如果使用還原胺化，合成策略就會像這樣：

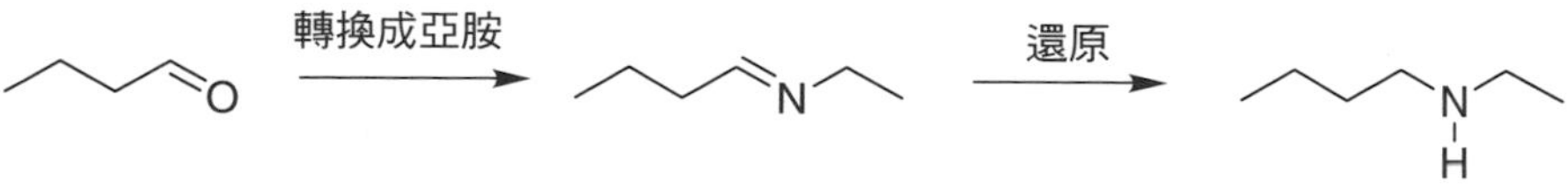

所以我們的合成方式就會像這樣：

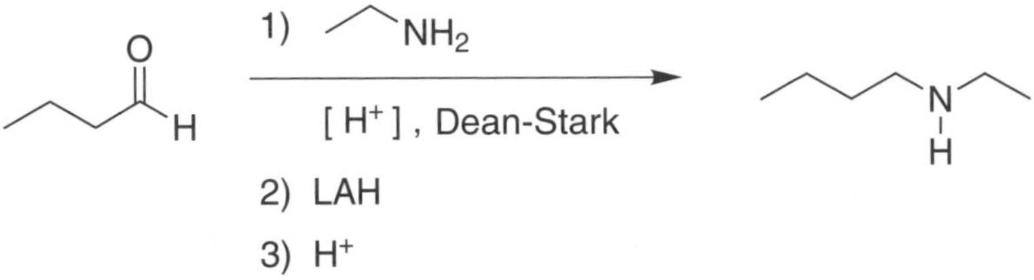

習　題 請為下列每個轉換提出有效率的合成方式：

8.12 

8.13 

8.14 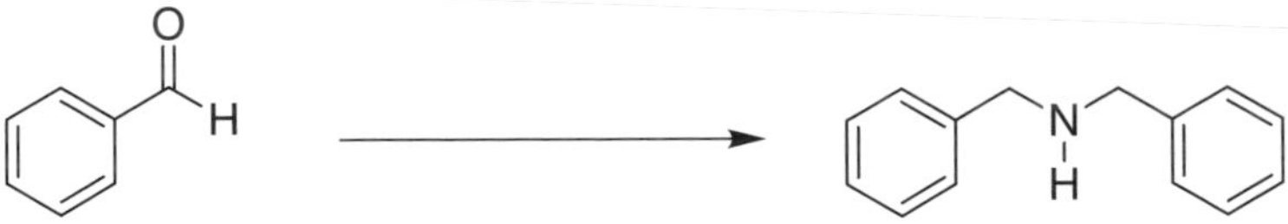

8.15 

8.16 

因為還原胺化的起始物是酮或醛，所以它非常有用。我們已經看過製備酮的許多方法，現在我們可以從多種化合物製備出胺：

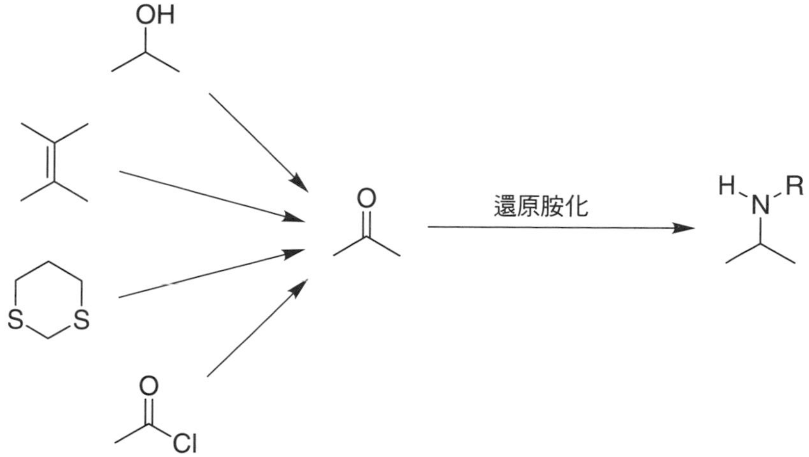

這裡所有的反應都來自第 5 章。學生對於把不同章節的反應組合起來，提出反應機構，都感覺到困難重重。現在讓我們針對此來做一些練習：

練習 8.17 請為下列轉換提出有效率的合成方式：

答　案 我們的產物是二級胺，所以必須探究是否能利用還原胺化來進行這個合成。讓我們試著倒推回去。

如果使用了還原胺化，最後一步就需要還原下列的亞胺：

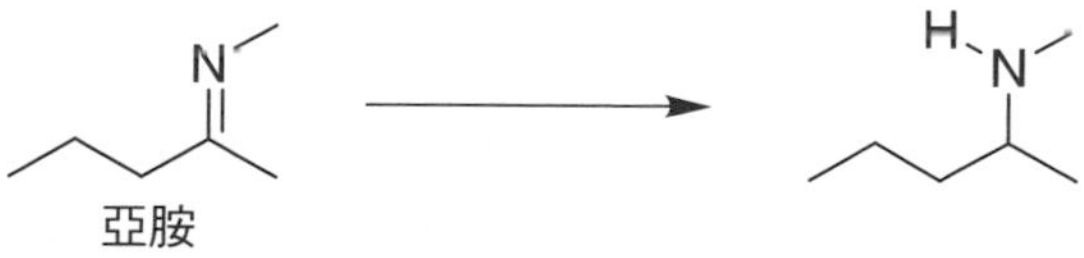

所以，必須先製備出上面這個亞胺，而它必須從下面的酮製備出來：

所以，我們的目標是製備出這個酮。如果可以製備出這個酮，就能使用還原胺化反應來形成產物：

但是該如何從起始物製備出這個酮呢？

這會牽涉到把羧酸衍生物轉換成酮。所以我們需要的是互換反應（請回想第 6 章討論的互換反應）：

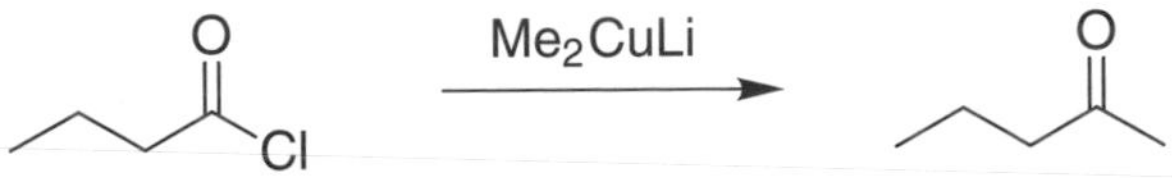

因此，整個合成將會這樣進行：

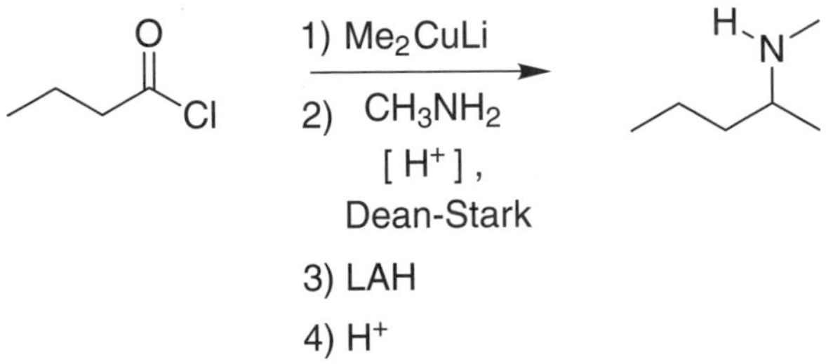

習　題 請為次頁每一個轉換提出有效率的合成方式。用倒推法來作答。一開始先自問，要經由還原胺化製備出產物，需要什麼樣的酮或醛。然後，再問自己如何從起始物製備出那樣的酮。

8.18 

8.19 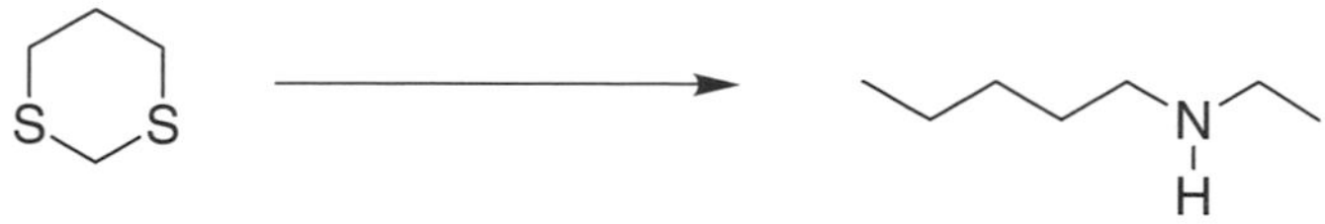

8.20 

8.21 

8.22 

8.4 從醯胺製備胺

我們已經看過如何用 S_N2 反應來製備胺（加柏利合成法），也已經看過如何由還原胺化來製備胺。在這一節裡，將會來看如何從醯胺來製備胺（這裡說的**醯胺**，指的是羧酸衍生物）：

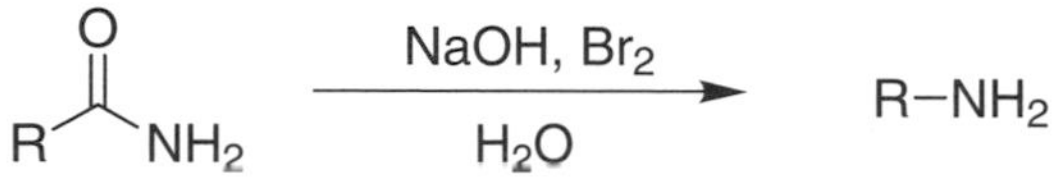

這個反應稱為霍夫曼重排（Hoffman rearrangement），它在反應機構中包含了一個非常獨特（而且怪異）的步驟。讓我們從頭開始，一步一步研究這個反應機構，這樣就可以看出它是如何運作的。

在氫氧根離子的存在之下，我們可以把醯胺去質子化得到受共振穩定的負電荷：

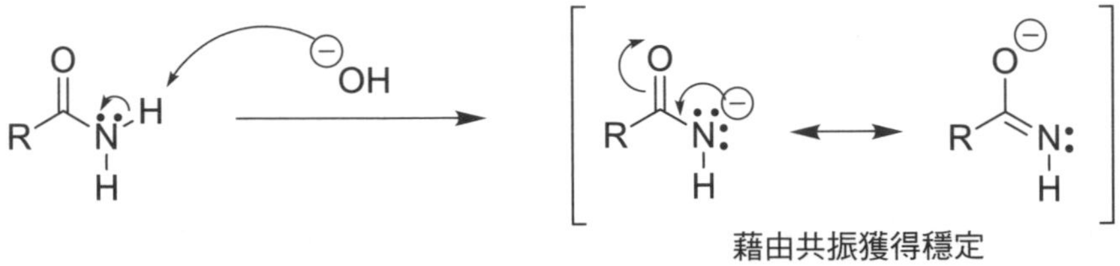

如果仔細看這個陰離子，會發現它跟烯醇鹽非常相像。

剛剛形成的陰離子，現在可以當親核基來攻擊溴：

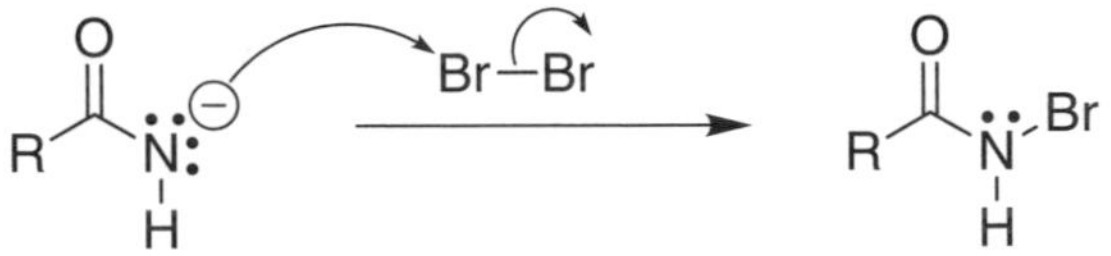

到目前為止，這與鹵仿反應非常相似（如果你不記得了，也許該再看看這個反應的前幾個步驟）。

接著，我們再次去質子化：

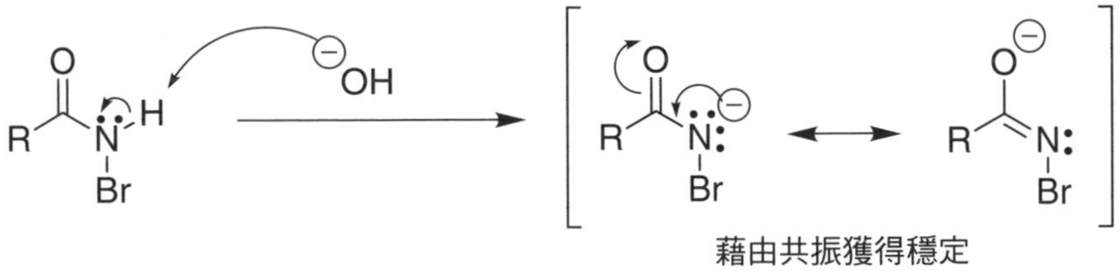

我們也許會期望這個陰離子再次攻擊溴（就像才剛剛做過的一樣），但是在這裡，極為奇怪的事情發生了：

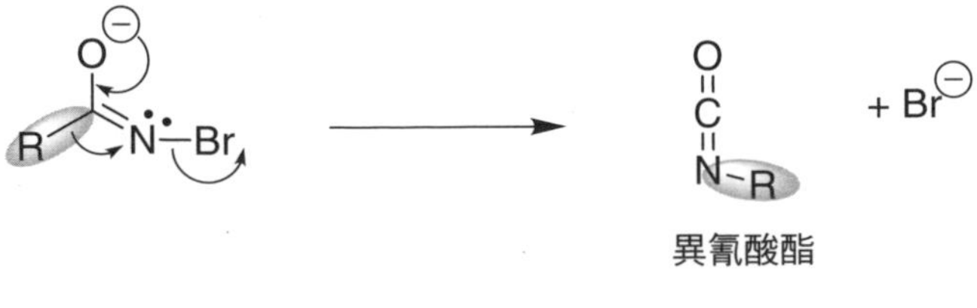

我們得到了一個怪異的重排反應，產生了異氰酸酯（isocyanate）。烷基（圖中標示的部分）轉移了，最後連結到鄰近的氮原子上。這個形式的重排非常獨特，你不太可能在其他的反應裡看到這種類型的重排（是有一些類似的反應，但是它們超出了有機化學第一學年的課程範圍），所以你不需要擔心如何在其他狀況下辨認出這種類型的重排，只要在這一節裡記得該怎麼做就夠了。

至於反應的其他部分就十分合情合理了。異氰酸酯受氫氧根離子攻擊，產生以共振穩定的中間產物。

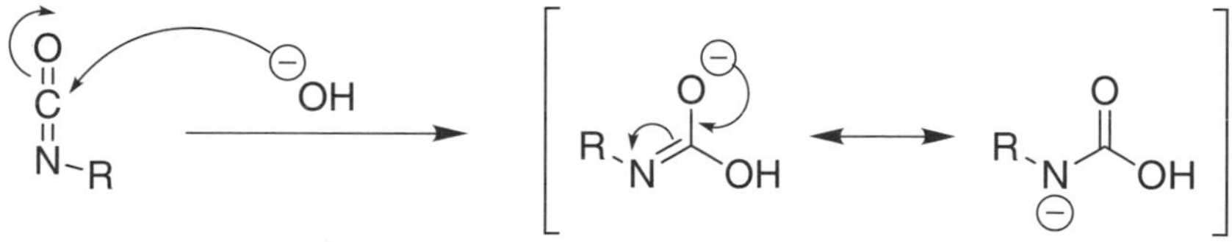

質子轉移產生胺甲酸根離子（carbamate ion）

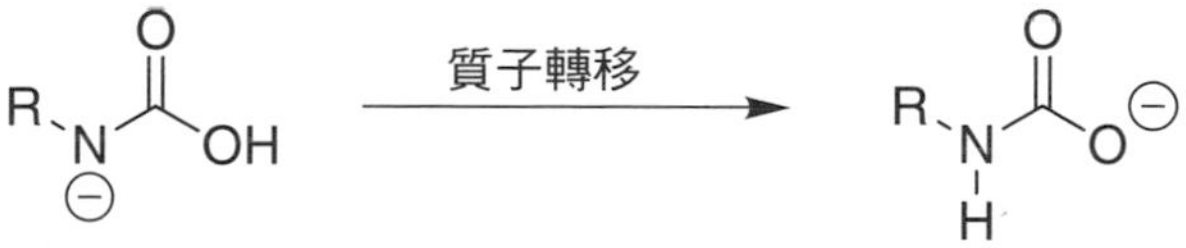

胺甲酸根離子

然後該離子脫去 CO_2 並抓住一個質子，形成產物。

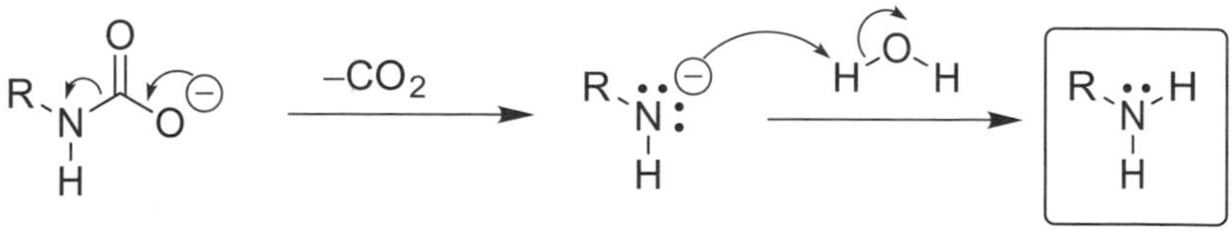

這個反應機構既長且難。也許是你在本課程中見過（或是即將見到）的最難的反應機構之一，所以不要被它的難度嚇倒了。只要多看幾次，然後記得這其中有一個非常特別的步驟（重排步驟）就可以了。

最終結果是羰基被轟走了：

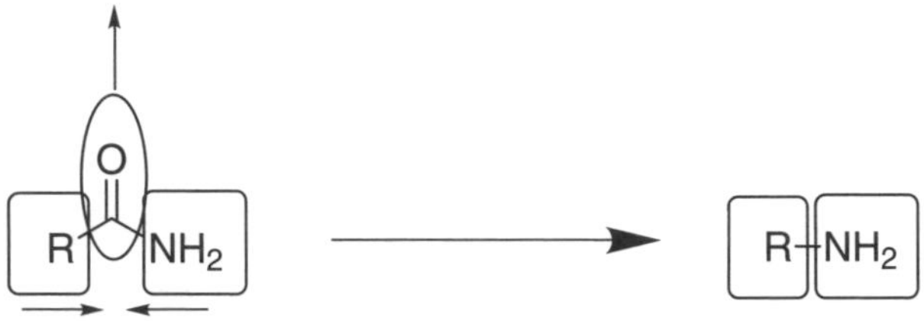

這個方法用來製備胺非好用，因為它提供了從任何羧酸衍生物來製備胺的方法：

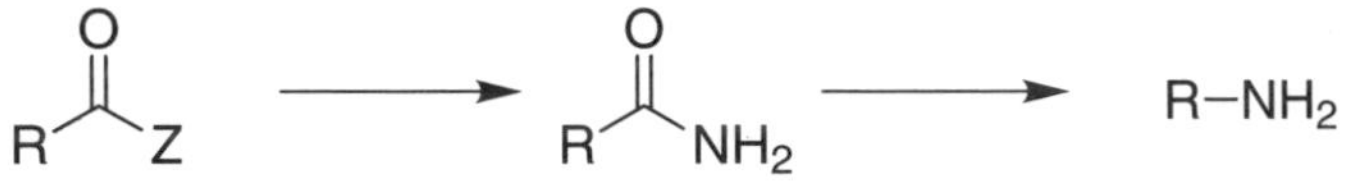

只要記得這個方法會**失去**一個碳原子。

讓我們來看一個例子：

練習 8.23 請為下列轉換提出一個有效率的合成方法：

答　案 起始物是醯基鹵化物（acyl halide），產物是胺。這個線索把我們導向霍夫曼重排。請注意，反應過程失去一個碳原子：

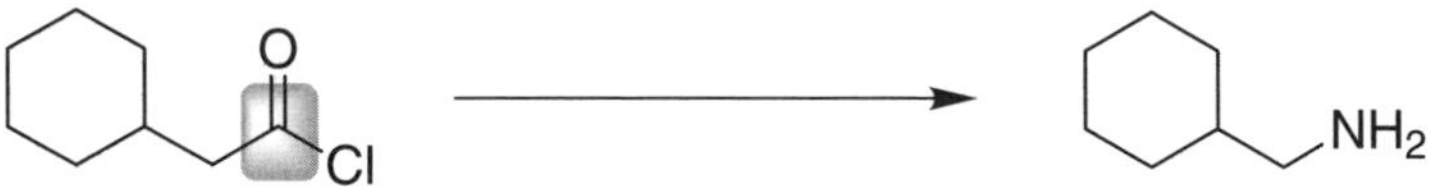

這樣一來就可以把注意力集中在霍夫曼重排的可能性了。

讓我們倒推回去。為了能運用霍夫曼重排，我們需要下列這個醯胺：

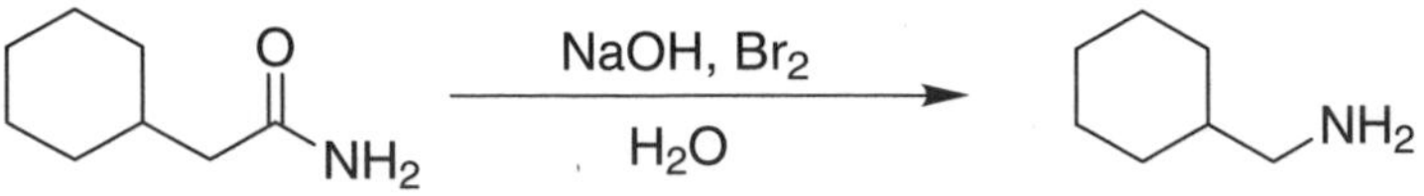

醯胺

繼續倒推回去，然後自問要如何從起始物製備出這個醯胺。我們曾見過有一個方法能做到。在第 6 章我們學羧酸衍生物之間的互換時，曾看過下列這個反應：

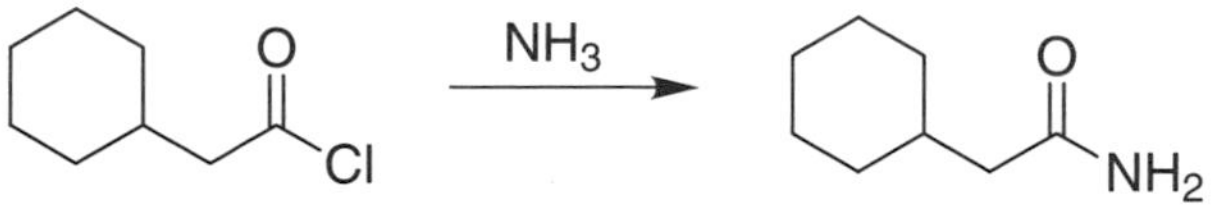

所以現在，我們的合成方法出來了，它就像這樣：

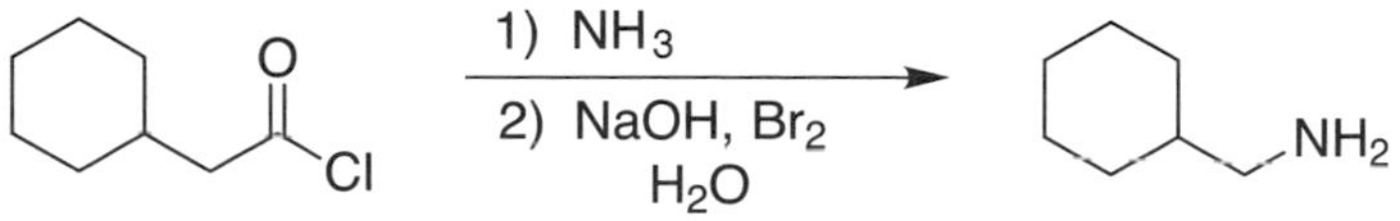

習　題 請為下列每個轉換提出有效率的合成方法：

8.24

8.25

8.26

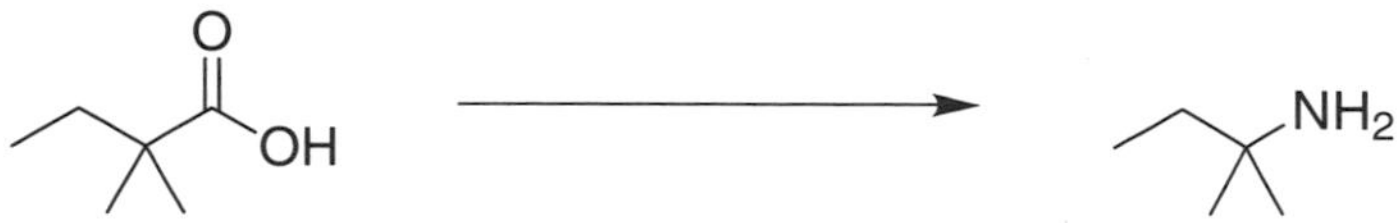

8.27

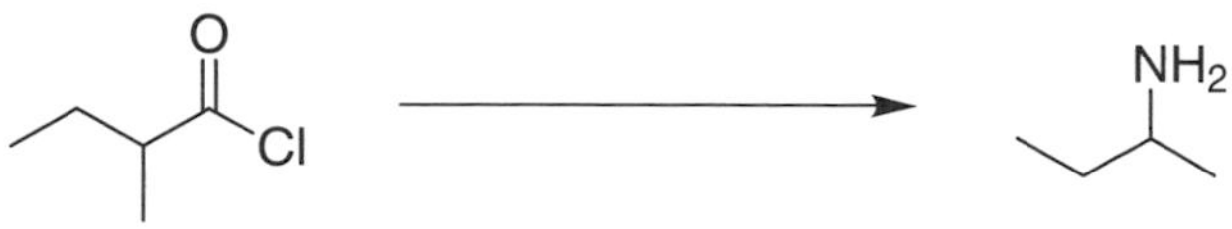

本章至此，我們已經看過三個用來製備胺的方法：

1. 從鹵烷（加柏利合成法）
2. 從酮（還原胺化）
3. 從醯胺（霍夫曼重排）

現在讓我們做一些習題，從中學習該選用哪一種方法。如果不記得這三種方法用了哪些試劑，就該回頭重新複習。

習　題 請為下列每個轉換提出有效率的合成方法：

8.28
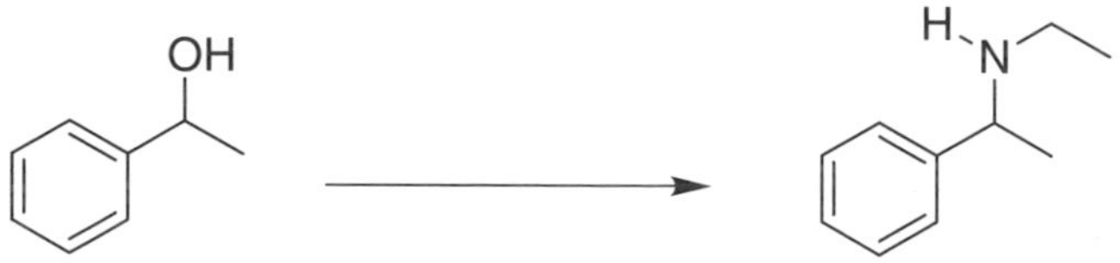

8.29
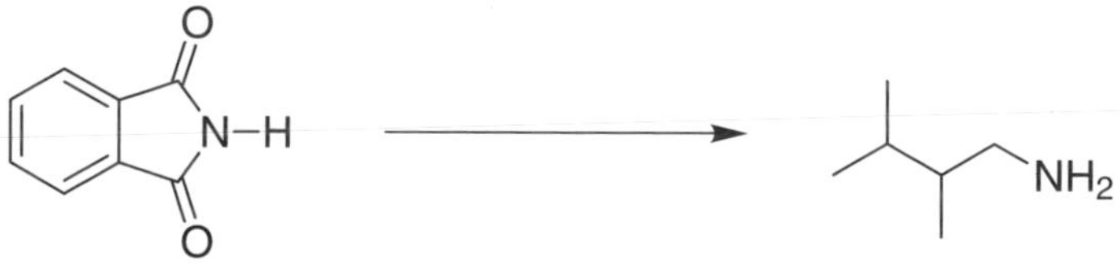

8.30

8.31

8.32

8.33 

還有許多其他方法可以製備胺，我們只提出三種最普遍，也是最有用的方法來討論。你應該翻閱課本和上課筆記，看看還該知道哪些製備胺的方法。

8.5 胺的醯化

本章到目前為止，都把重心放在**製備**胺的方法上，但接下來的部分會轉移注意力，開始學習可以拿胺來進行什麼反應。

先從前幾章已經看過的反應開始討論。當我們學習羧酸衍生物（第 6 章）的時候，曾經看過可以把醯基鹵化物轉換成醯胺。例如：

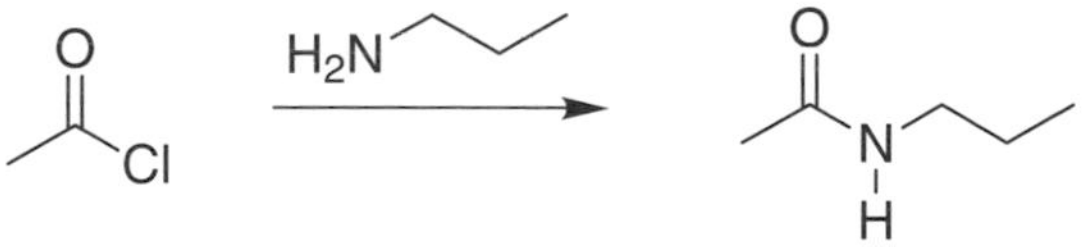

如果以這種方式展現（胺在反應箭頭的上面），表示重點在於醯基鹵化物發生了什麼事（它轉換成醯胺）。但是如果重點是胺呢？換句話說，我們要以些微不同的方式，來表示這個完全相同的反應。讓我們把醯基鹵化物放在反應箭頭的上面，像這樣：

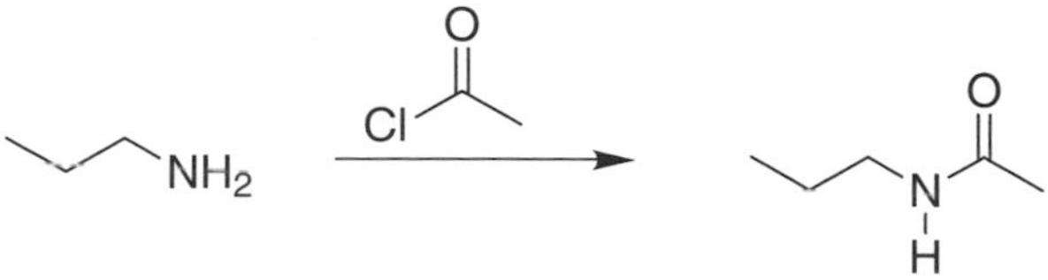

我們完全沒改變反應。這是完全相同的反應（胺與醯基鹵化物進行反應）。但是如果這樣畫，就表示重點在於**胺**轉換成**醯胺**。而醯基鹵化物只是用來完成轉換的試劑。

整體而言，我們最後是將**醯**基放在胺上面：

因此，我們稱此為**醯化**反應（acylation reaction）。

大部分的一級和二級胺都可以醯化。這裡是另一個例子：

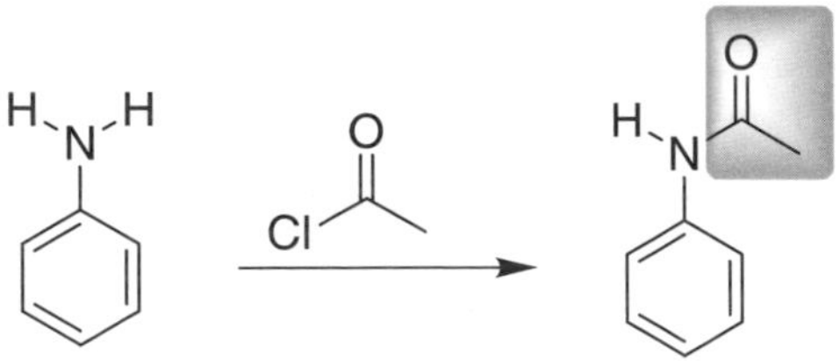

現在已經看過了胺如何醯化，再來仔細看看該如何拉掉醯基。這個反應也是用來複習的，因為我們曾經在第 6 章講羧酸衍生物時看過它。它只是醯胺的水解：

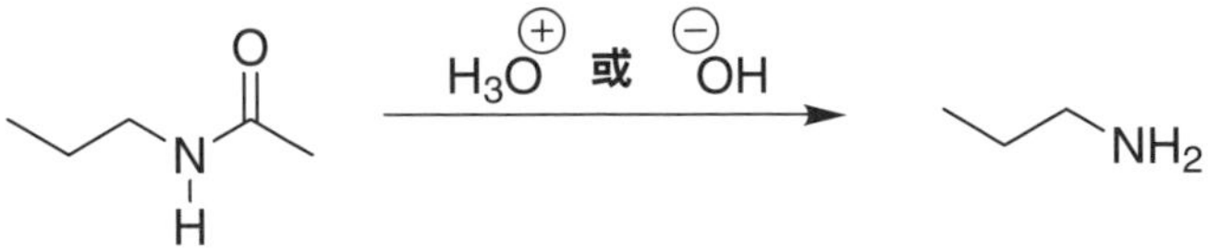

請注意我們拉掉醯基重新產生胺。所以我們現在知道如何放上醯基，然後再拉掉它：

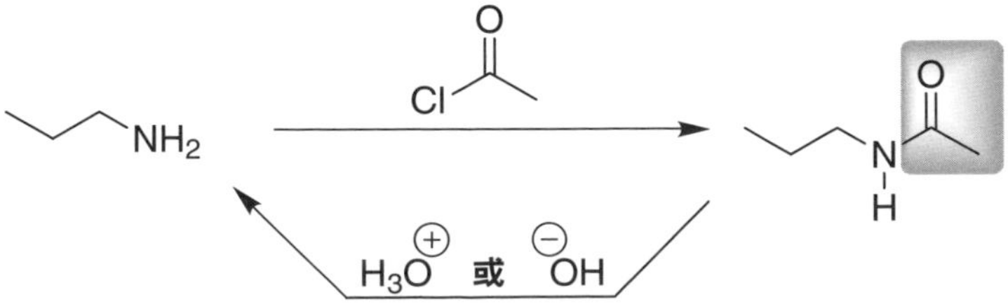

但是一個很明顯的問題浮現了：我們為什麼會想這樣做？為什麼我們會想要把一個取代基放上去，只是為了等一下要把它拉掉呢？這個問題的答案非常重要，因為它闡明了有機化學家常使用的一個策略。讓我們藉由一個特定例子來回答這個問題。

想像我們想要進行下列的轉換：

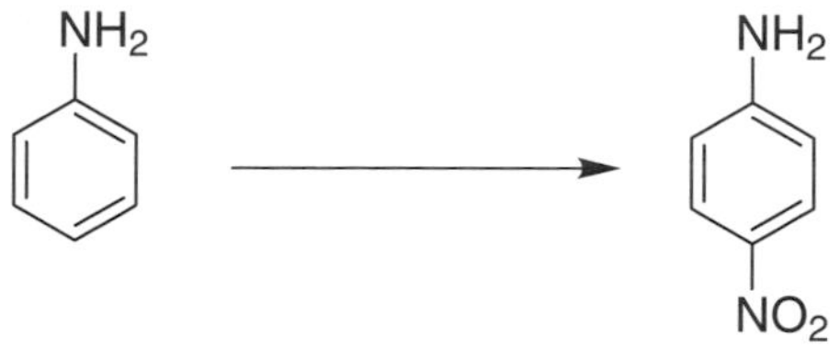

這看起來似乎很容易。還記得如何把硝基放到環上嗎（我們在第 3 章看過）。我們只要用硝酸和硫酸的混合物。胺基是活化基，所以會指向鄰位和對位，而那正是我們想要的位置。所以我們提出下列的反應式：

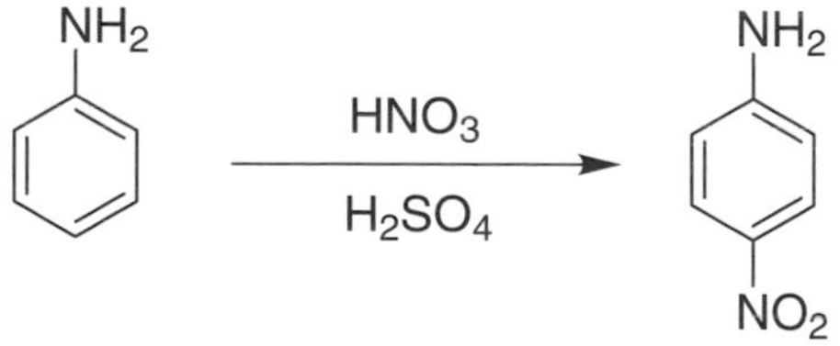

但是當我們試著要這樣做的時候，會發現這是無法反應的。胺基確實是很強的活化基，但問題是它是**太強**的活化基了。當高度活化的環碰到很強的氧化劑時，環高度活化到會與硝酸和硫酸的混合物產生我們不想要的氧化反應。環會氧化，破壞掉芳香族特性，這可不是好事，因為你想要的是把硝基加到環上。所以這樣一來，要如何製備出想要的產物？

用這個方法來做其實是很聰明的。首先我們把胺基烷化：

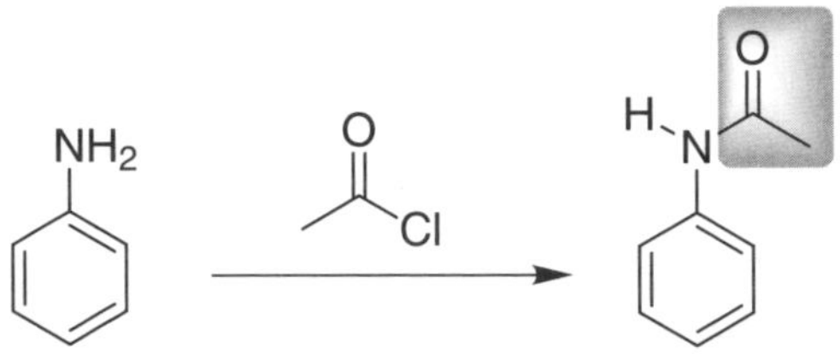

這個轉換把胺基（這是**很強**的活化基）變成**中度活化基**。現在它已經是中度活化基了，就不會再得到不想要的氧化反應。所以在硝化芳香環時就不會有問題了：

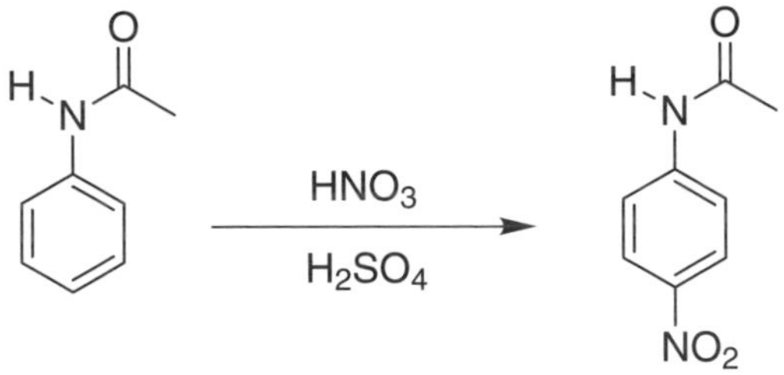

然後拉掉醯基，得到我們想要的產物：

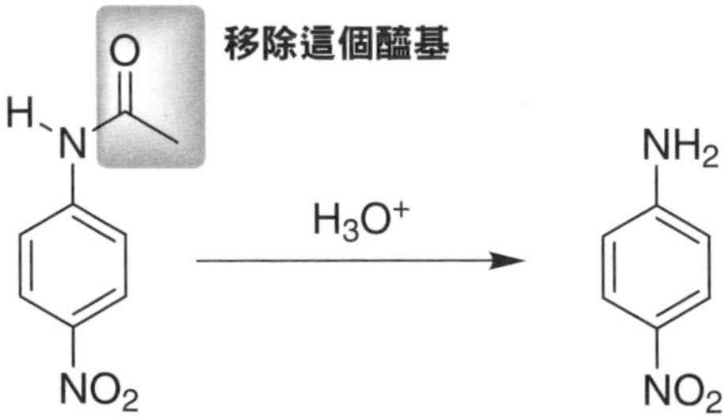

想想看我們剛剛做的事。我們用了醯化過程，來當**暫時修正**胺基電性的方式，這樣它就不會破壞我們的反應。有機化學家幾乎常常使用這個策略，這種暫時修正取代基（之後再把它轉換回來）的構想，也運用在很多其他的狀況（不只是胺的醯化）。

練習 8.34 假設我們想要進行下列的轉換：

我們試著利用 Br_2 來進行這個轉換，但是卻發現苯胺（aniline）的活性太高，所以得到了單溴、雙溴和三溴的混合產物。該如何做才不需擔憂多次溴化的問題，得到我們的產物呢？

答　案 問題出在胺基：它的活化能力太強了。為了避免這個障礙，我們使用在這一節發展出的策略。我們暫時醯化胺基，使這個芳香環降低活化程度（暫時的）：

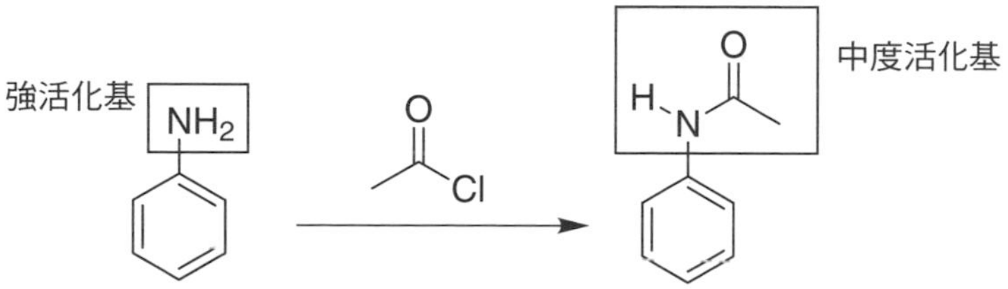

現在我們可以進行溴化了：

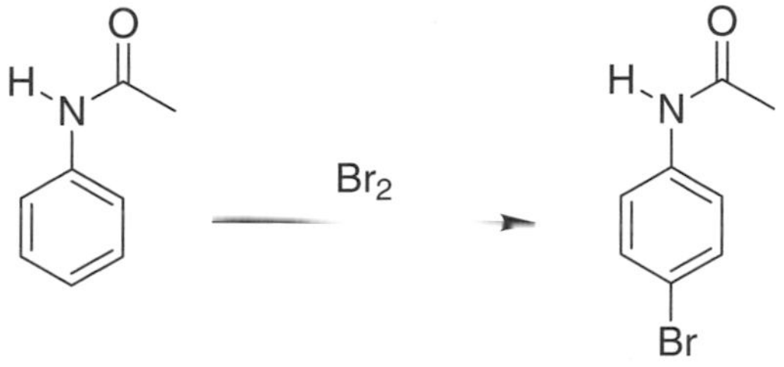

把溴放到想要的位置。最後，拉掉醯基得到產物：

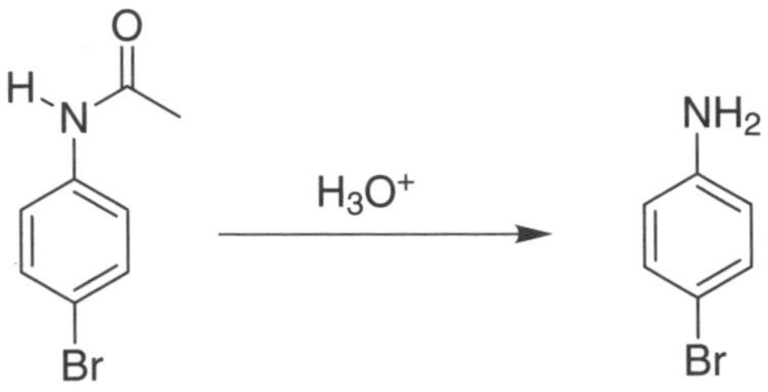

習　題 請為下列每個轉換提出有效率的合成方式：

8.35 

提示：要解答這個問題，你需要用到阻隔技巧（磺化）。如果你不記得該怎麼做，請回到第 3 章複習一下（第 3.8 節——立體障礙效應的預測與運用）。

8.36 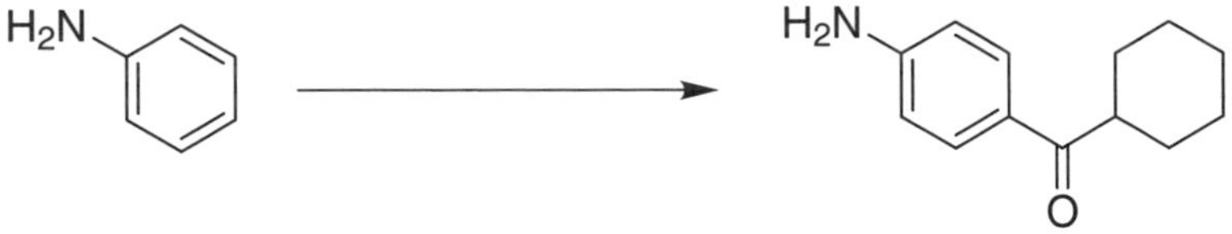

8.37 

8.6 胺與亞硝酸的反應

在這一節裡，我們會開始探討胺和亞硝酸之間的反應。先比較

亞硝酸（nitrous acid）和**硝**酸的結構：

亞硝酸　　硝酸

當亞硝酸與胺進行反應，產生的產物很有用處。我們很快就會談到這些產物可以用在為數眾多的合成轉換上。所以讓我們先確認，你對胺與亞硝酸的反應，是否已經可以應付自如了。

先從亞硝酸的來源看起。事實證明亞硝酸相當不穩定，因此，我們無法直接買到。它無法裝在瓶子裡，必須在反應瓶裡製備出來，要製備它，就必須用亞硝酸鈉（$NaNO_2$）和 HCl：

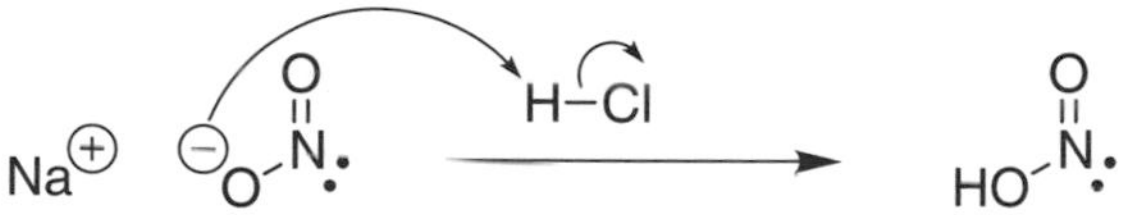

亞硝酸鈉　　亞硝酸

在這個（酸性）條件下，亞硝酸會再度質子化，產生帶正電的中間產物：

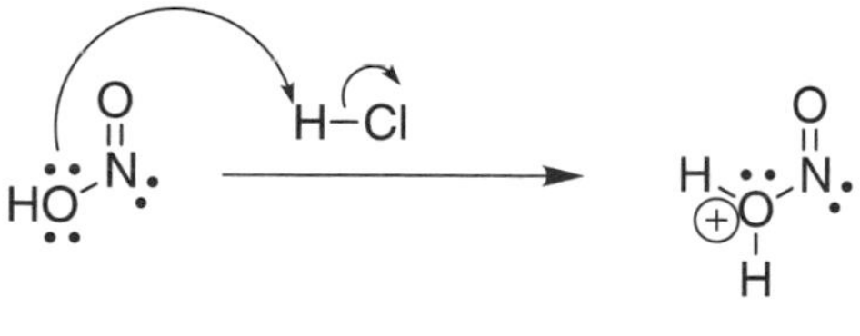

這個中間產物可以失去水，得到較高活性的中間產物，稱為亞硝陽離子（nitrosonium ion）：

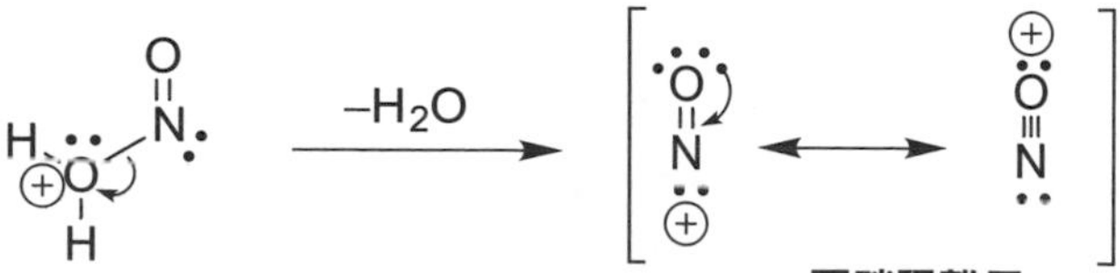

亞硝陽離子

這個中間產物（亞硝陽離子）是我們必須關注的中間產物。我們說到胺與亞硝酸進行反應時，其實指的是胺與亞硝陽離子（NO^+）進行反應。你也許注意到這個中間產物和另一個中間產物 NO_2^+（在硝化反應使用）之間的相似性。不要把這兩個中間產物搞混了。NO^+ 和 NO_2^+ 是不同的中間產物。在這一節裡，我們只會談到胺與亞硝陽離子（NO^+）的反應。

亞硝陽離子無法儲存在瓶子裡，必須在**胺的存在**下製備。這樣的方式，就是亞硝陽離子一形成，在變成其他任何東西之前，立即與胺進行反應。這稱為**就地**（in situ）製備。

所以現在的問題是：當胺與亞硝陽離子反應會發生什麼事？讓我們先從二級胺開始看起（接著會談到一級胺）。

二級胺會像這樣攻擊亞硝陽離子：

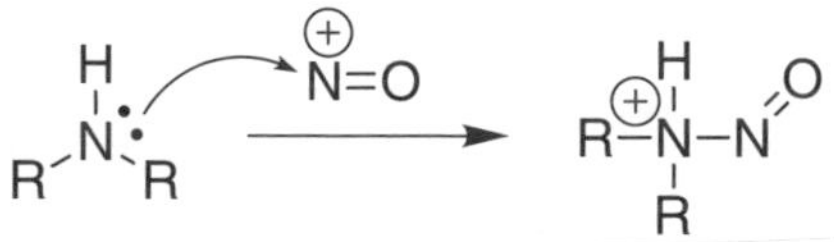

接著失去一個質子，得到產物：

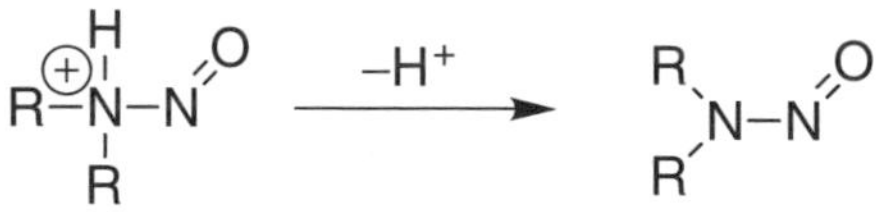

這個產物稱為 **N- 亞硝基胺**（N-nitroso amine），化學家通常簡稱它為亞硝胺（nitrosamine）。

這個反應在解題上並不是非常有用，但是當一**級**胺攻擊亞硝陽離子，得到的反應就非常重要了。這個胺的攻擊，初步會形成亞硝胺：

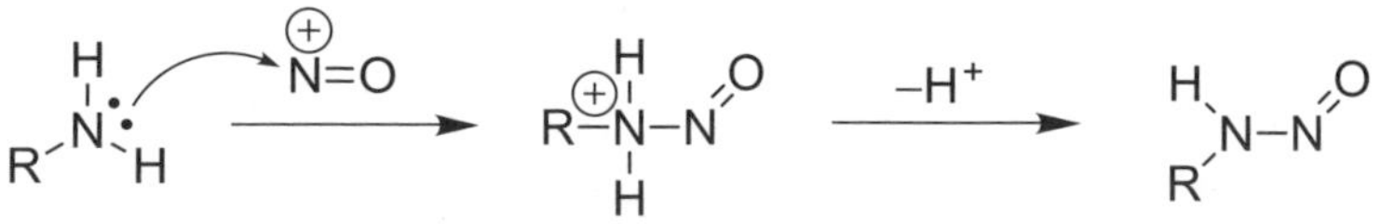

由於一開始用的是一級胺，所以亞硝胺中還會有一個質子存在：

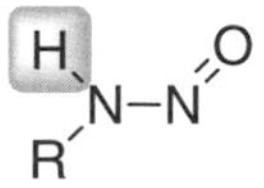

因為這個質子，亞硝胺會繼續以下列的方式進行反應：

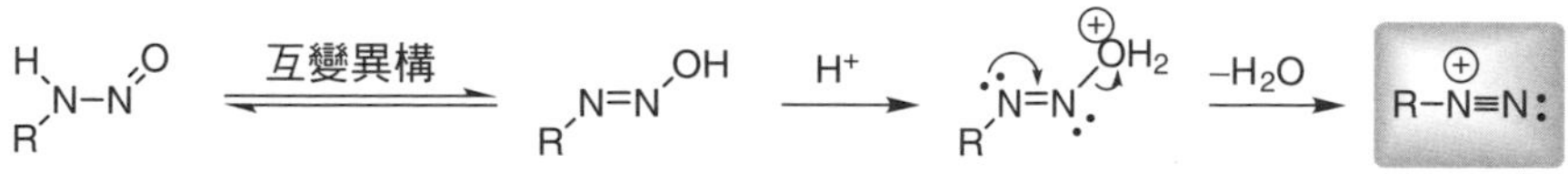

這個產物稱為**重氮**離子（diazonium ion）。這個英文名字會這樣是因為，**azo** 表示氮，**diazo** 表示兩個氮原子，**onium** 代表一個正電荷。這裡我們有：相互連接的兩個氮原子，以及一個正電荷——因此，才會稱為 diazonium。

一級**烷基**胺（alkyl amine）會得到**烷基**重氮鹽，而一級**芳香**胺（aryl amine）會得到**芳香基**重氮鹽（aryl diazonium salt）：

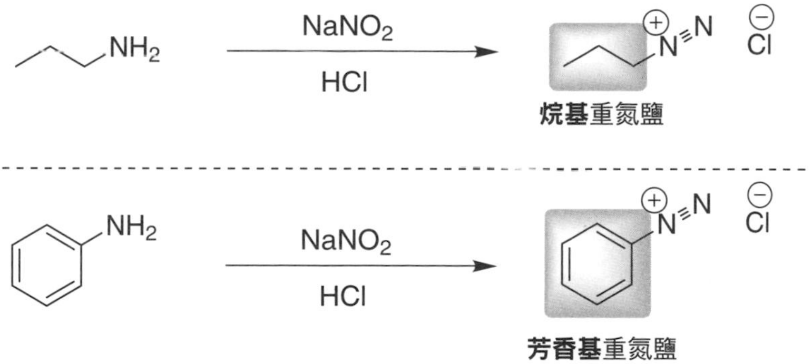

烷基重氮鹽並不是太有用的東西，它們非常具爆炸性，所以製備時非常危險。而**芳香基**重氮鹽類就穩定得多，所以它們非常有用，我們在接下來的章節裡將會看到。所以先確定我們知道怎麼製備重氮鹽：

練習 8.38 請預測下列反應的產物：

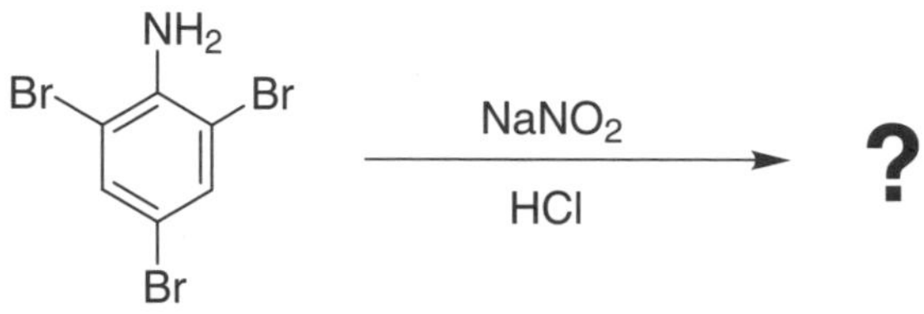

答　案 起始物是一級胺。這些試劑（亞硝酸鈉和 HCl）是用來形成亞硝酸，然後再形成亞硝陽離子。一級胺與亞硝陽離子反應會形成重氮鹽。所以這個反應的產物是：

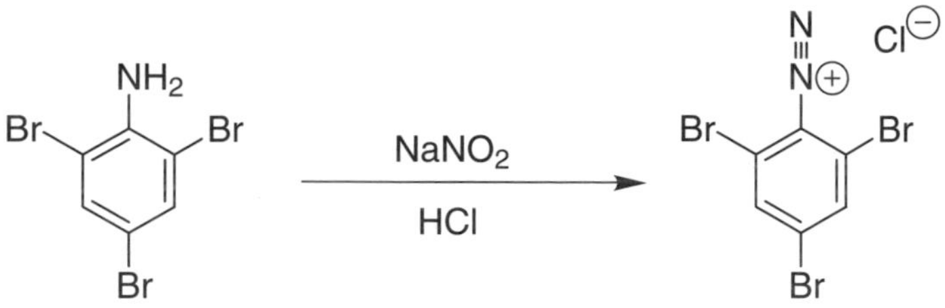

習　題 請預測下列每一個反應的主要產物：

8.39

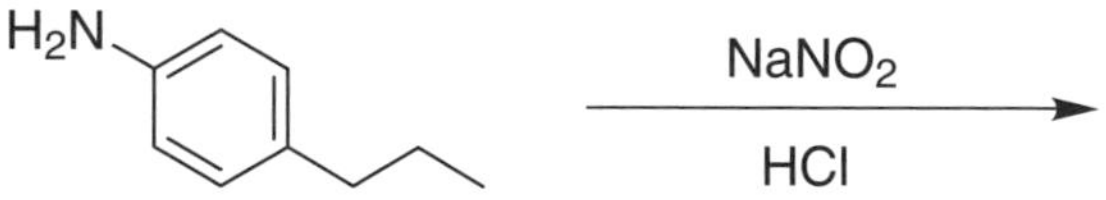

8.40

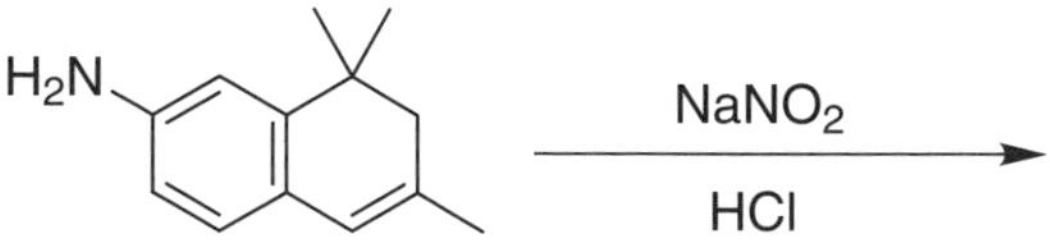

8.41

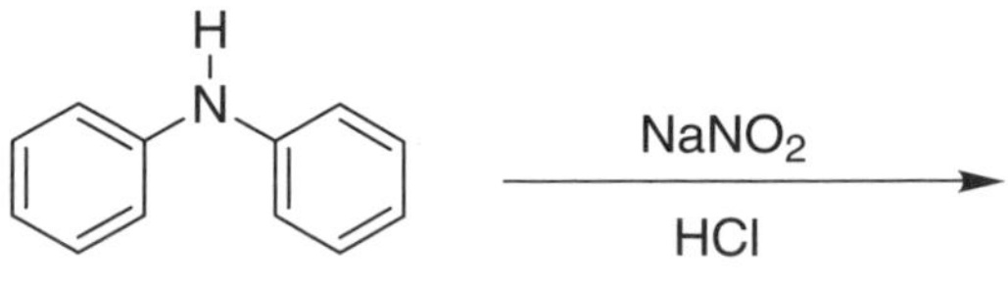

8.42 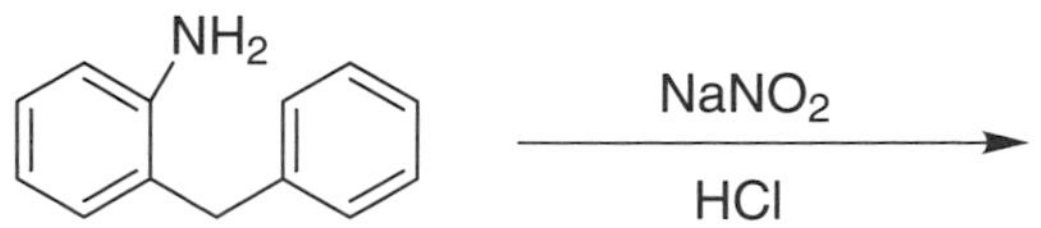

8.7 芳香基重氮鹽

在前一節裡，我們學習了如何製備芳香基重氮鹽：

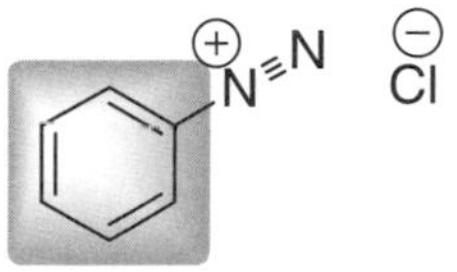

芳香基重氮鹽

現在我們要學習可以用芳香基重氮鹽來做什麼。先從這些反應開始談起：

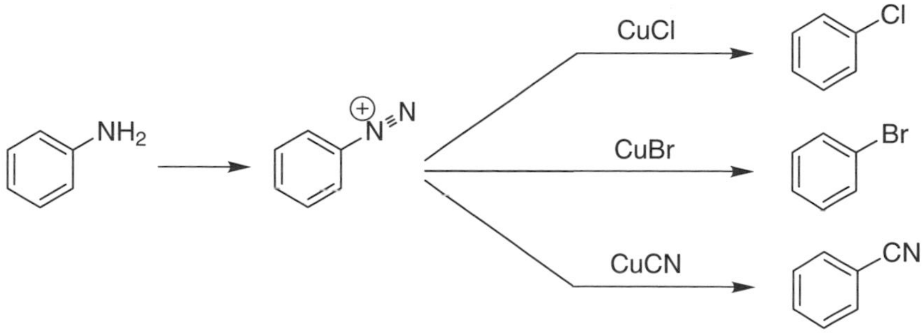

在所有這些反應中，我們都用銅鹽當試劑。這些反應稱為**山德邁耳反應**（Sandmeyer reaction）。它們非常有用，因為它們讓我們找到替代方案，可以做到第 3 和第 4 章（親電子和親核芳香取代反應）中無法做到的事。

這些反應可以把胺基轉換為鹵素或氰基。之前我們都還不曾見過如何把氰基放到芳香環上；這是我們學到把氰基放到環上的第一個方法。讓我們拿一些簡單問題來做一點練習。

練習 8.43 如果想要進行下列的轉換，請問該使用什麼試劑：

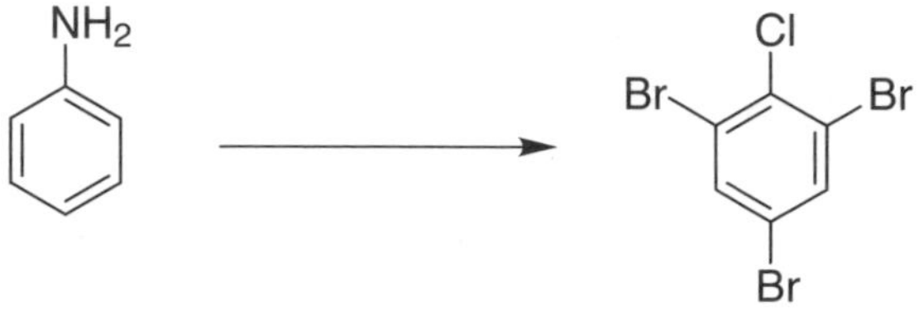

答　案 如果我們溴化苯胺，會發現胺基活化力太強，所以會得到三個溴取代的產物：

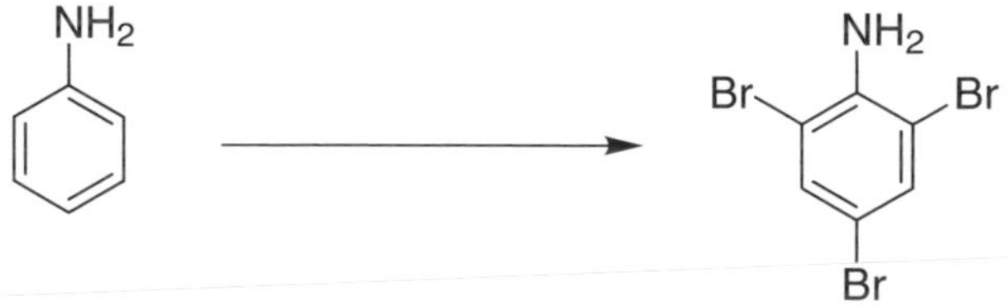

因此，我們可以把胺基轉換成氯基。要做這個轉換，只需先製備重氮鹽，然後再進行山德邁耳反應即可：

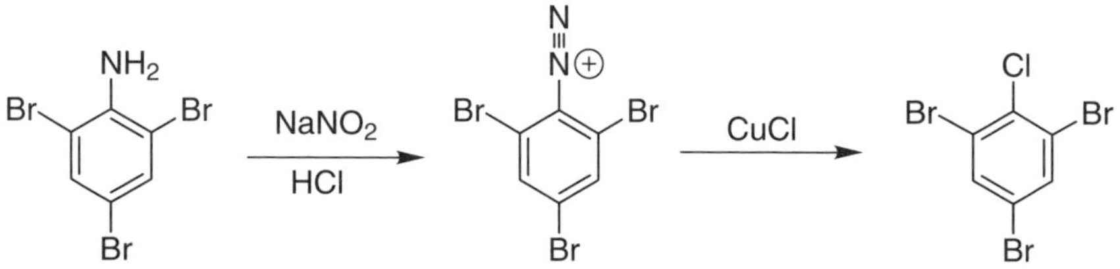

習　題 如果想進行次頁每一個轉換，請問該使用什麼試劑：

8.44

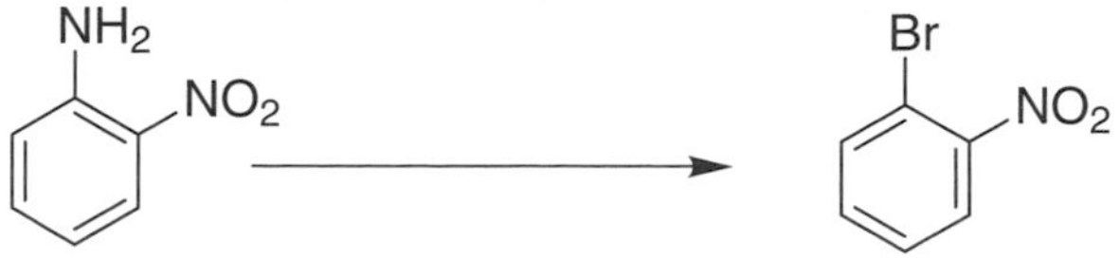

8.45

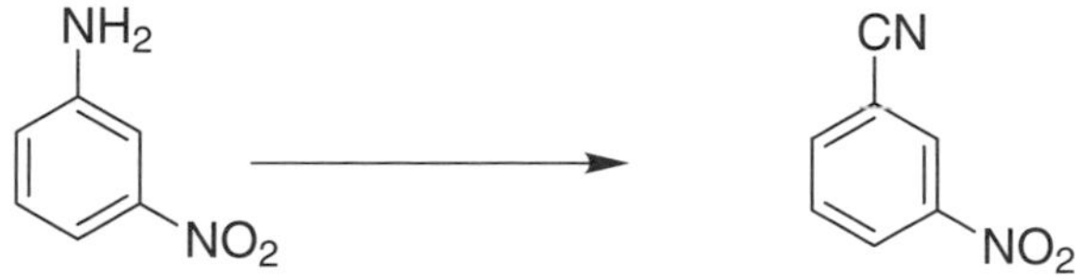

8.46

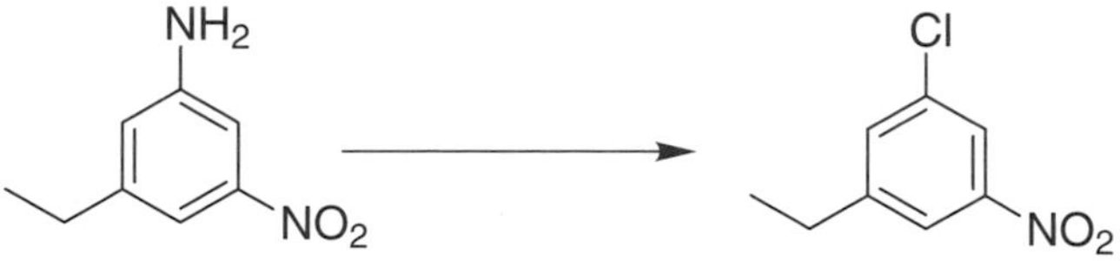

8.47

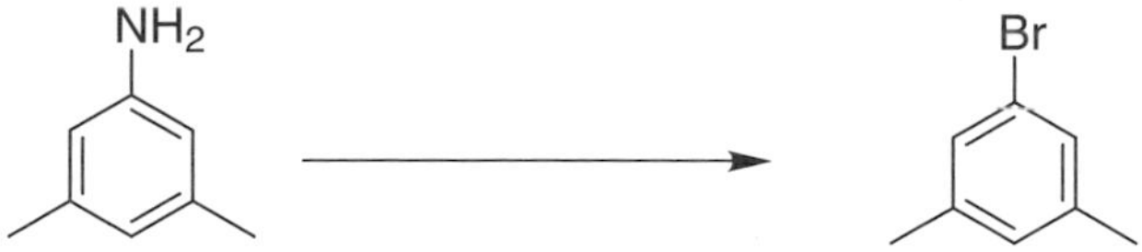

8.48

到目前為止，對於用芳香族重氮鹽來進行的反應，我們只看到許多例子中的一小部分。有些老師會談到很多這類反應，但有些老師只會略提一些。你應該查看上課筆記，看你該瞭解到什麼程度。你的課本應該至少會提到兩、三個用重氮鹽可以進行的反應。

這些反應在合成問題上非常有用。你會發現有些問題會跟在親電子芳香取代那章學過的反應結合。這些問題難易不一，有的難度相當高，甚至可以說這類型的合成問題，會是你即將遇到的問題中最難的。在課本中，你將會看到許許多多這類的問題，在挑戰課本上那些高難度問題之前，我要給你一點最後的忠告：

要想掌握這類型的問題，你需要做兩件重要的事：

1. 你必須複習整個課程中所有的反應和規則。把課本和上課筆記從頭到尾一再重複研讀，直到確定你對於所有的反應都滾瓜爛熟為止（這時你就能自在運用所有的反應）。
2. 盡可能多做練習題。如果你不練習，你會發現，即使對反應很能領悟也還不夠。為了能真正熟悉解題技巧，你必須**練習**、**練習**、**再練習**。盡可能多做題目。不管你信不信，最後你甚至會覺得做題目很好玩呢！

這本書是用來當你努力學習的跳板，它並**沒有**涵蓋所有你該知道的東西。我的目的只是提供你進行有效率學習時，必需的**技巧**和**理解力**。

祝好運！

習題解答

第 2 章

2.2 

2.3 

2.4 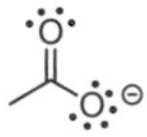

2.5 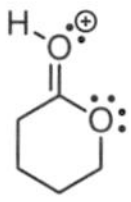

2.6 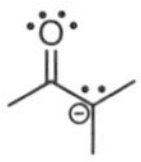

2.7 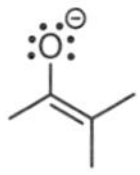

2.8 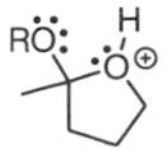

2.9 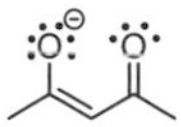

2.10 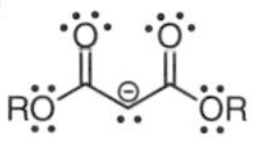

2.11 

2.12 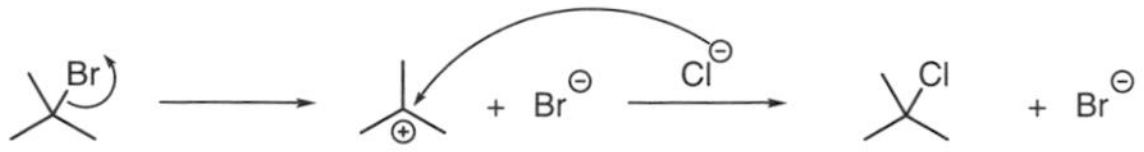

2.13 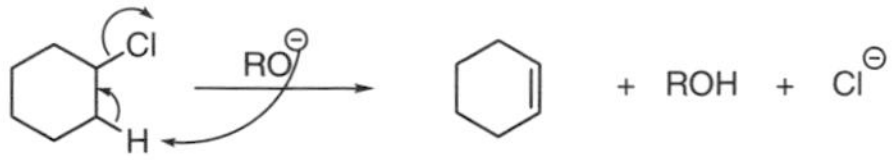

2.14 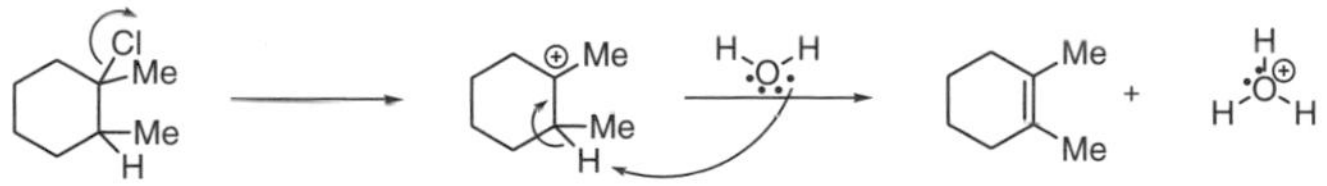

2.15 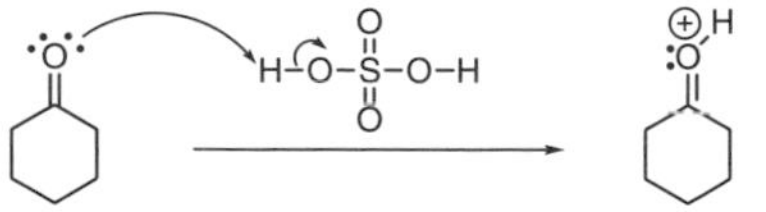

2.17 離去基的脫離
2.18 質子轉移
2.19 重排
2.20 親核基攻擊親電子基
2.21 質子轉移
2.22 離去基的脫離
2.23 親核基攻擊親電子基
2.24 重排
2.25 離去基的脫離
2.26 親核基攻擊親電子基
2.28 質子轉移；親核基攻擊親電子基；質子轉移
2.29 親核基攻擊親電子基；質子轉移；質子轉移
2.30 質子轉移；親核基攻擊親電子基；離去基的離去
2.31 質子轉移；離去基的離去；親核基攻擊親電子基；質子轉移
2.32 質子轉移；親核基攻擊親電子基；質子轉移
2.33 親核基攻擊親電子基；離去基的離去；質子轉移

第 3 章

3.2 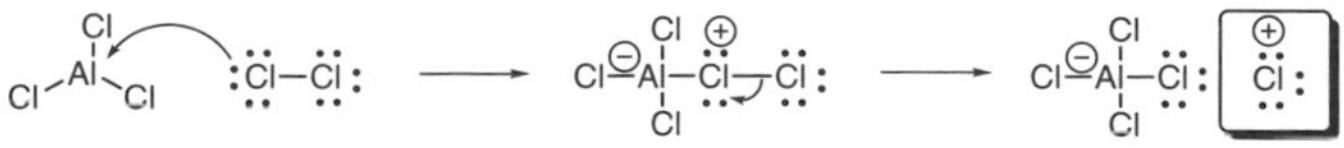

3.3

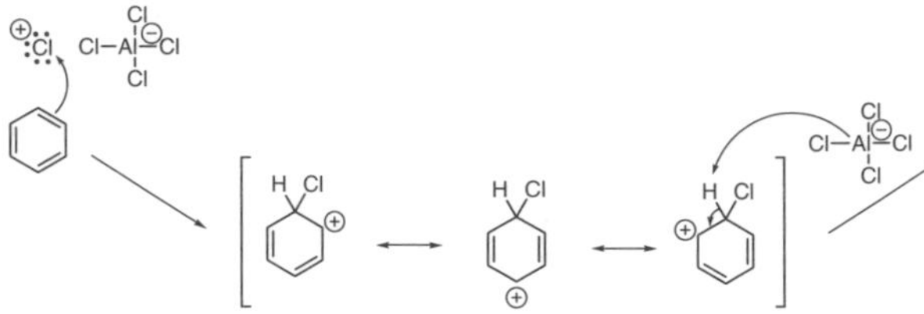

3.5

3.6

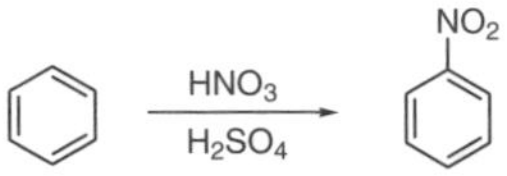

3.7

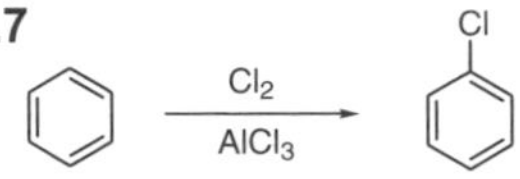

3.10

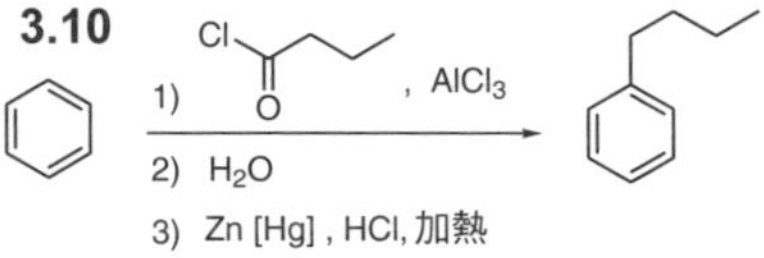

3.11

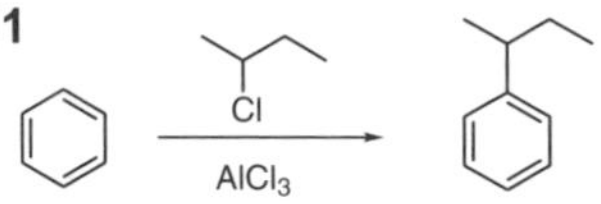

3.12

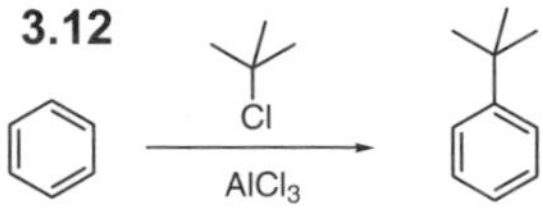

3.13

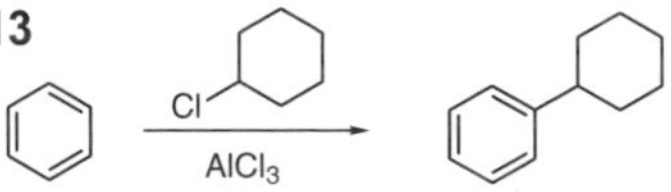

3.14

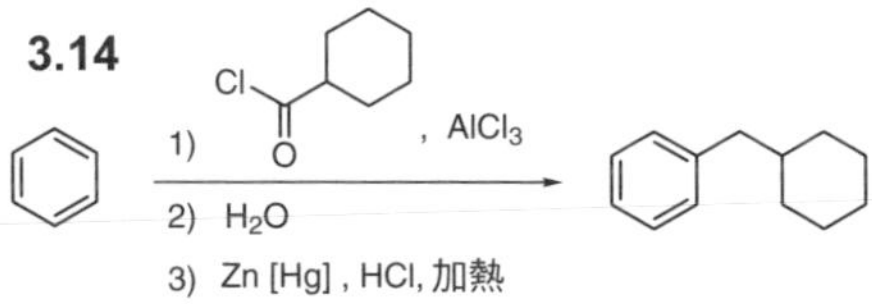

3.15

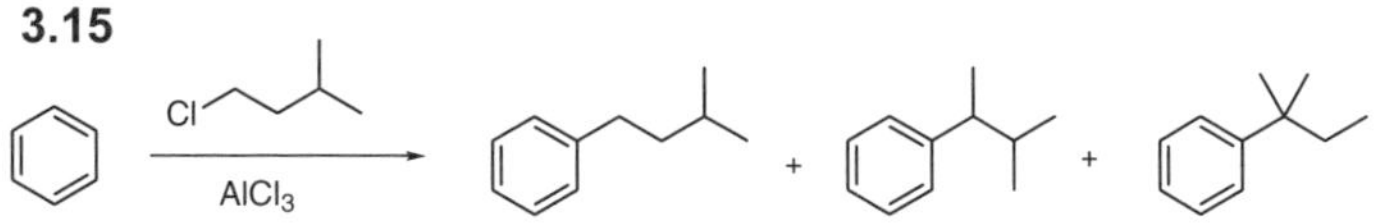

3.17

醯陽離子的形成：

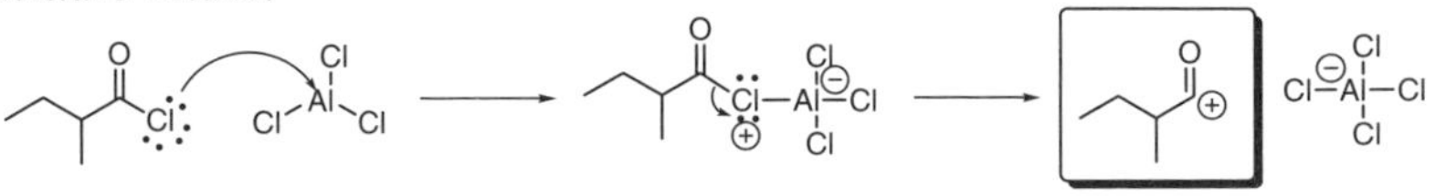

親電子芳香取代反應：

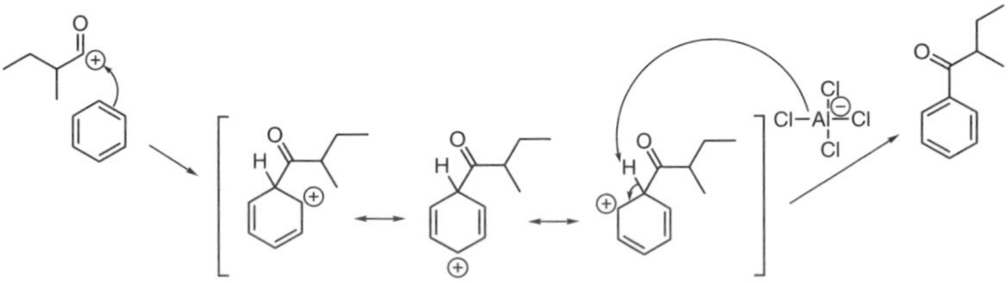

3.19

3.20

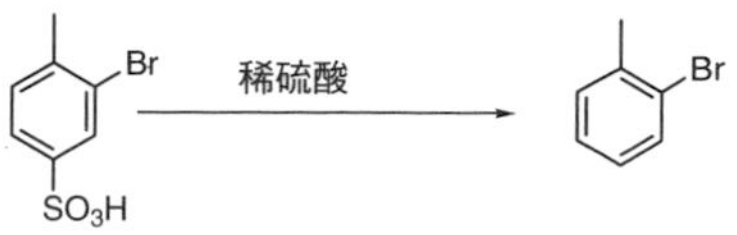

3.21

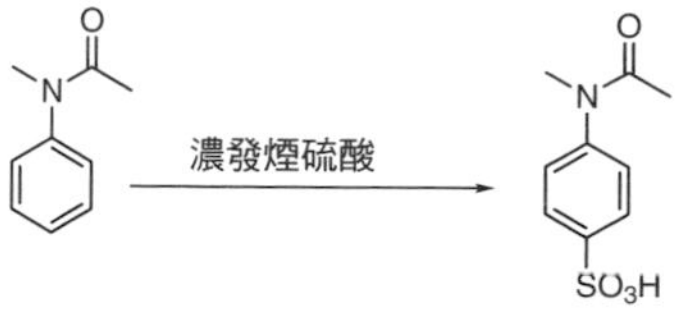

3.22

3.23

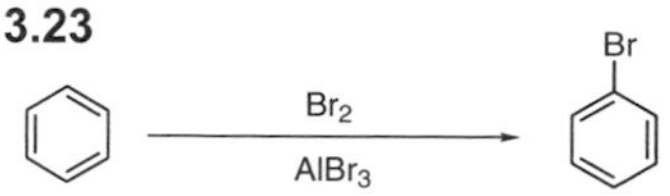

3.24

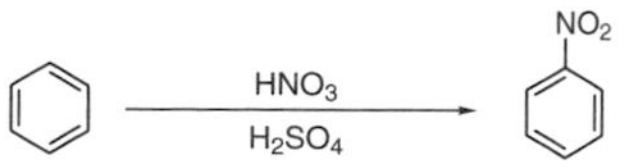

3.25

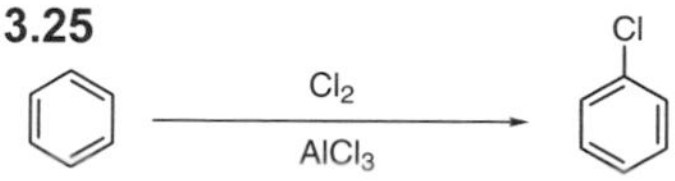

3.26

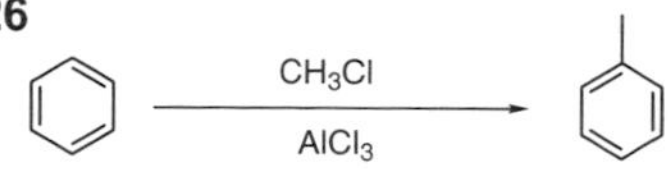

3.27

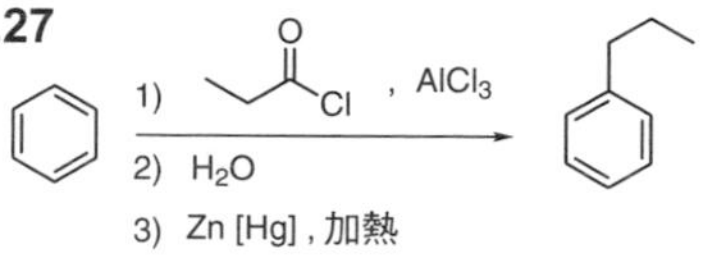

3.28

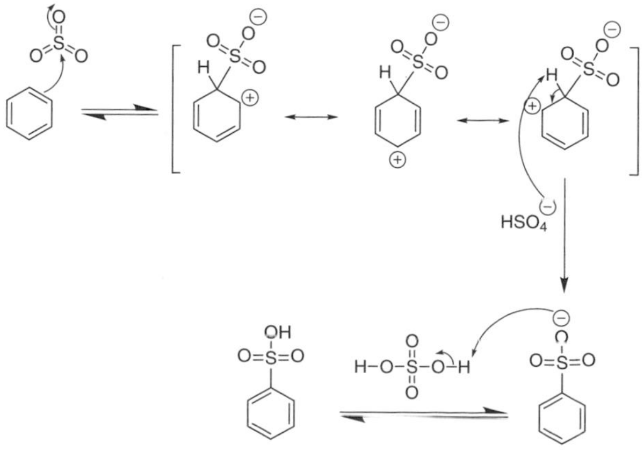

3.29

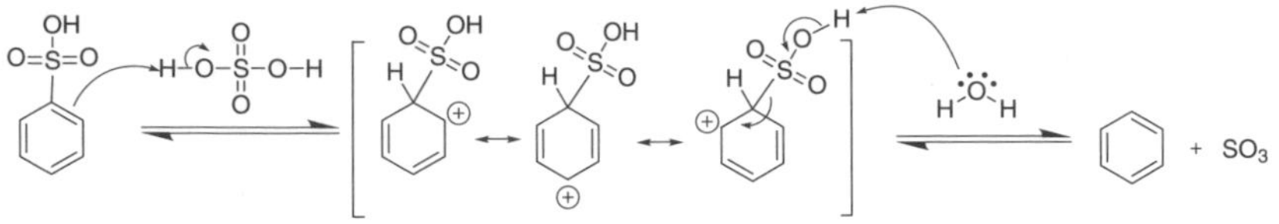

3.31 鄰位—對位導向　　**3.32** 鄰位—對位導向
3.33 間位導向　　**3.34** 間位導向
3.35 鄰位—對位導向　　**3.36** 間位導向
3.37 鄰位—對位導向

3.39

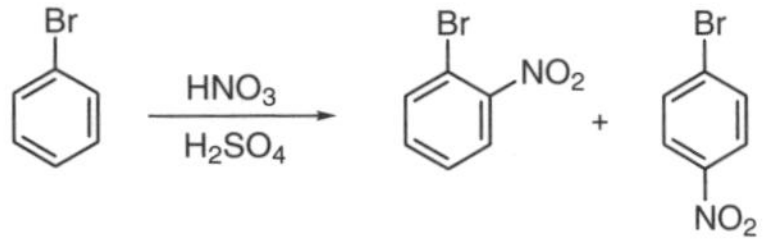

3.40

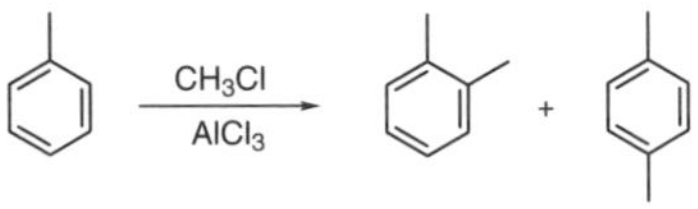

3.41

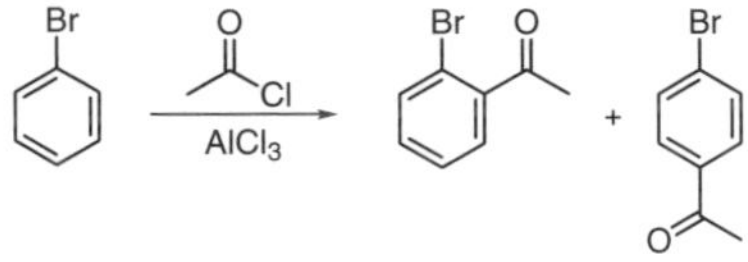

3.42

3.43

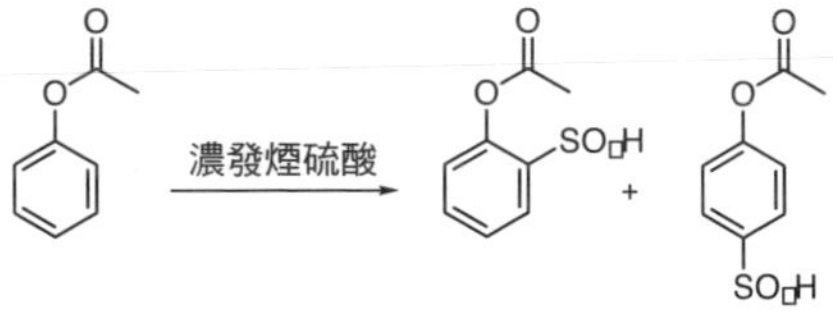

3.44

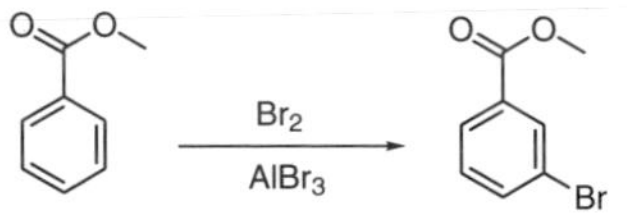

3.45

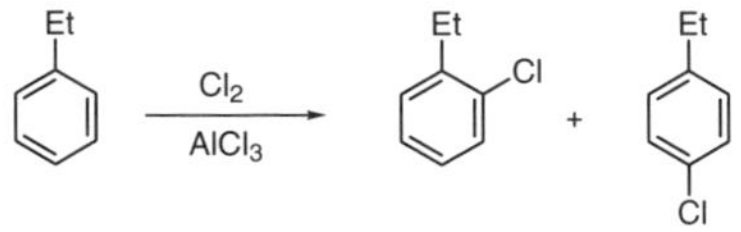

3.47

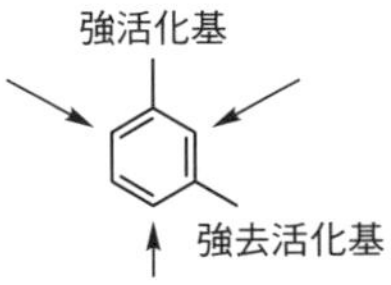

3.48

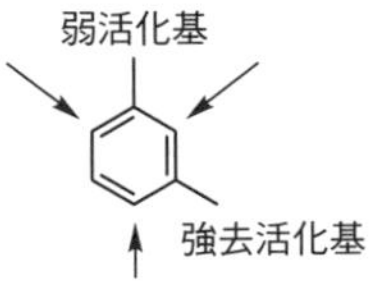

3.49

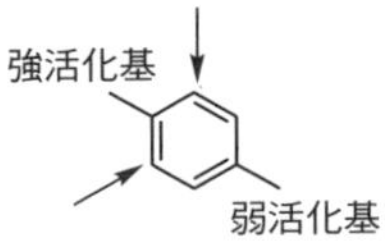

3.50

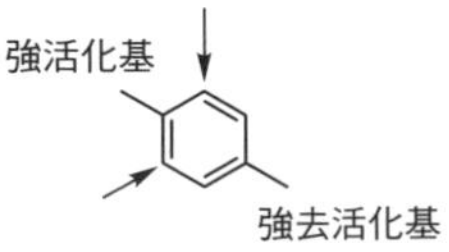

3.51

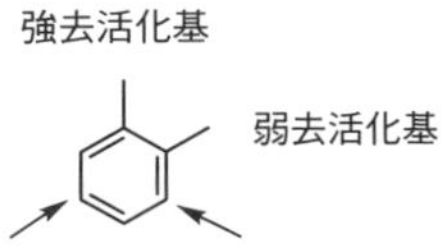

3.52

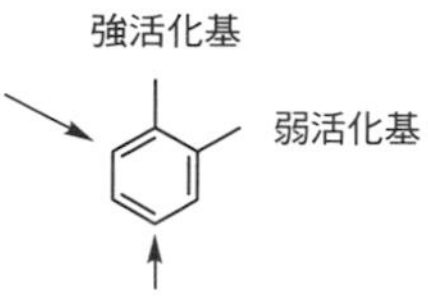

3.53

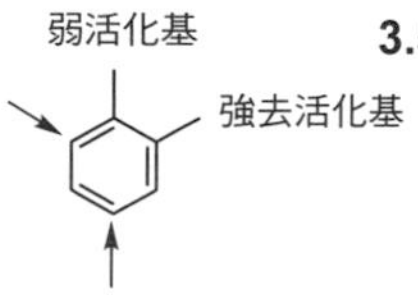

3.54

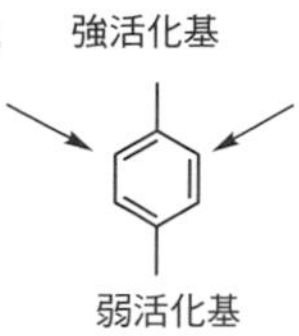

3.55

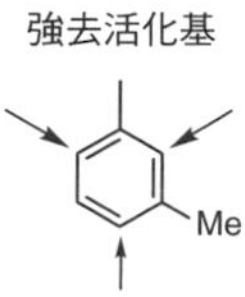

3.56

3.58

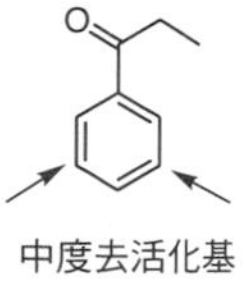

3.59

3.60

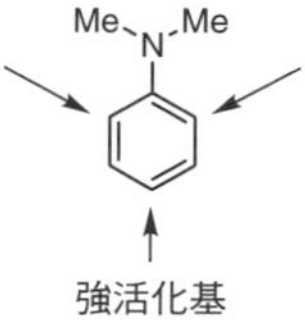

3.61

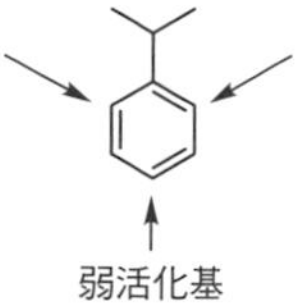

3.62

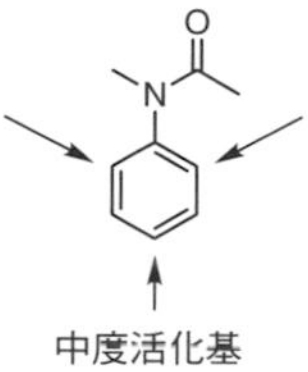

3.63

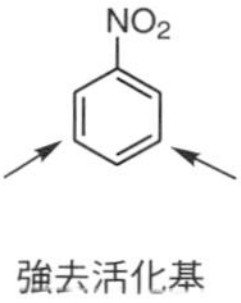

3.64

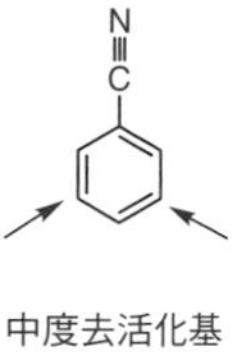

3.65

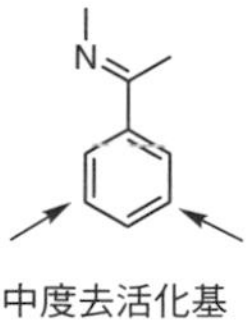

3.66

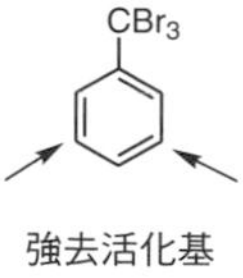

3.67

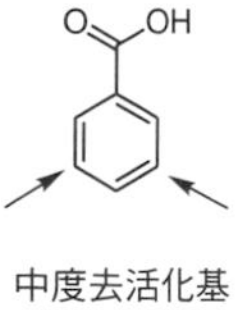

3.68 共振結構顯示，氮原子上的未共用電子對移位並散布至環上，然後強力活化了環。這個效應如同未共用電子對就在環旁邊一般。

3.70

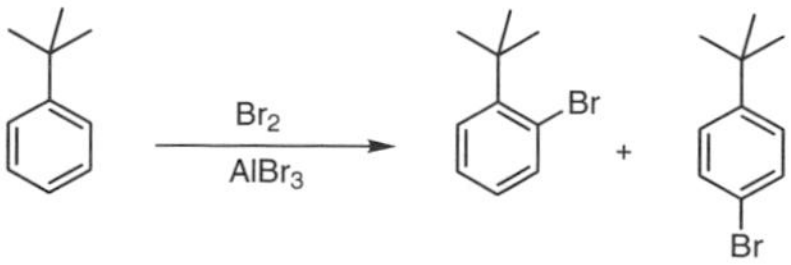

3.71

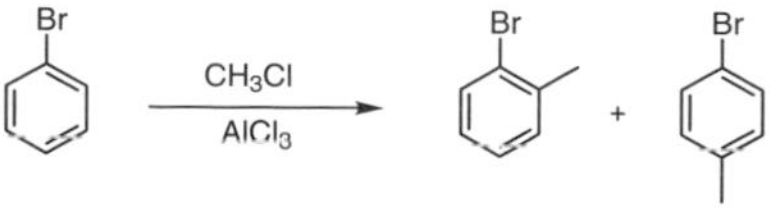

3.72

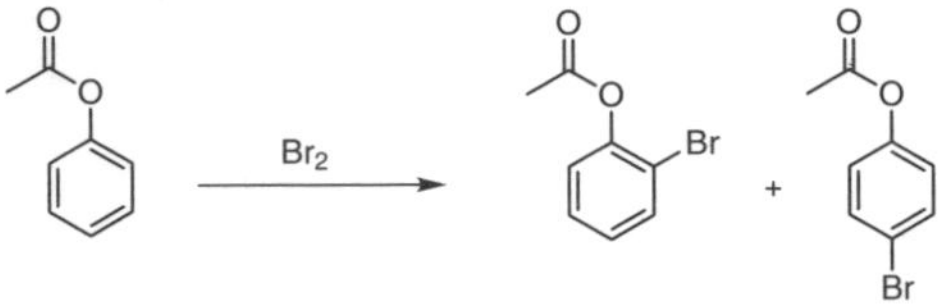

在這個例子中，環被中度活化，所以進行溴化反應時，不需要路易斯酸。

3.73

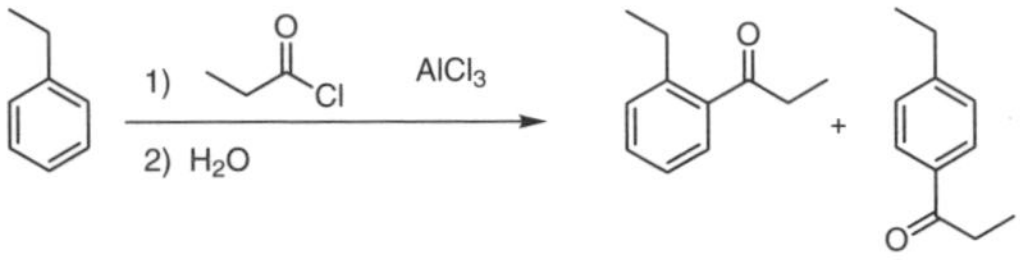

3.74

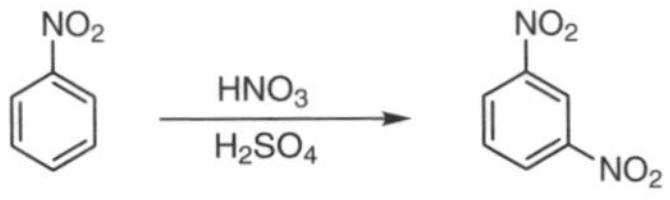

3.76

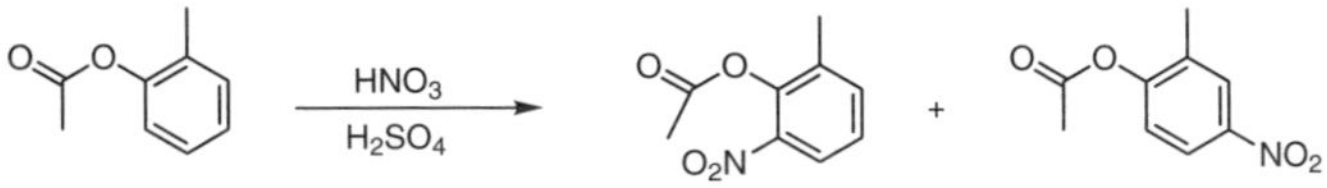

3.77

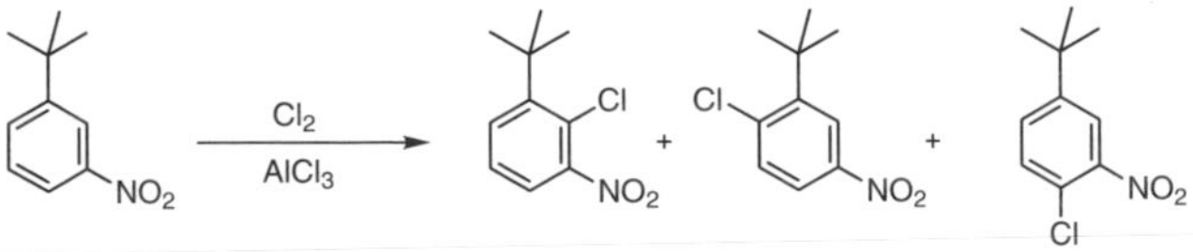

3.78

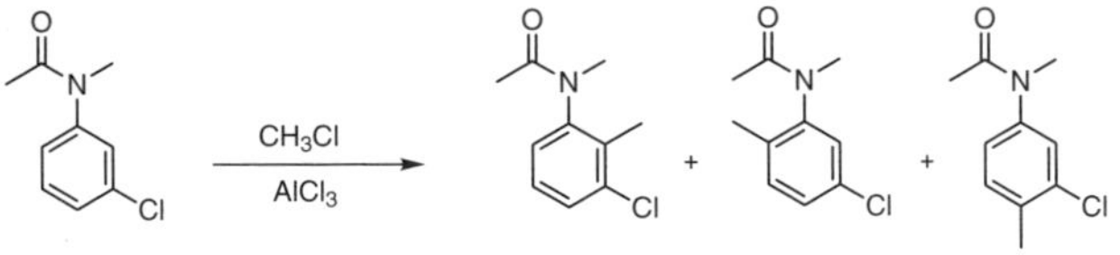

3.79

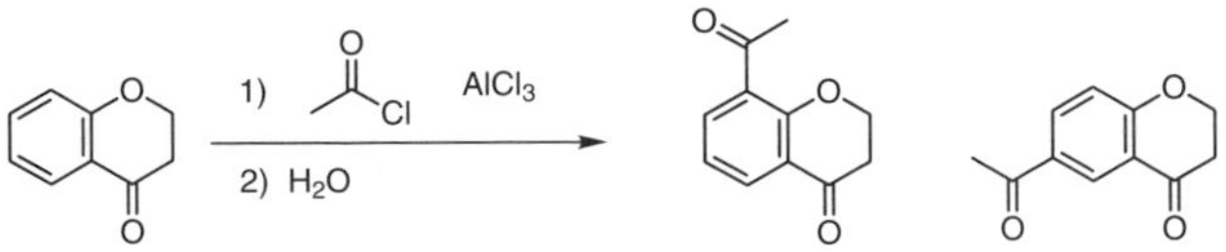

3.81

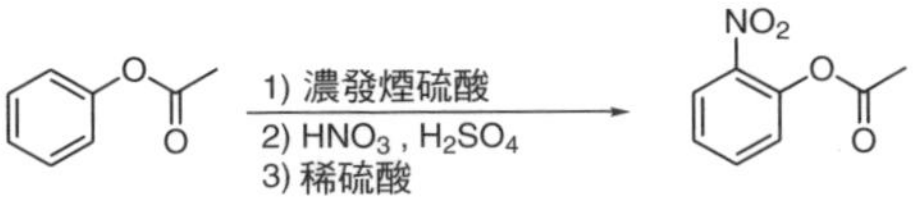

3.82

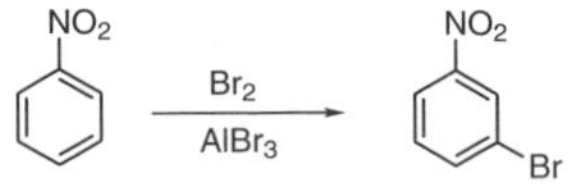

3.83

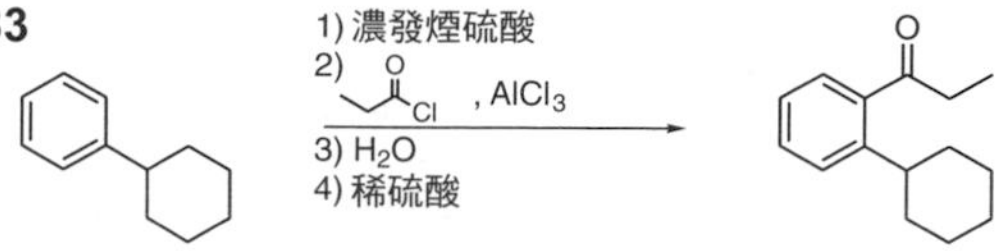

3.84

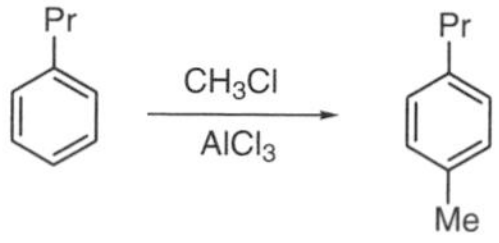

3.85

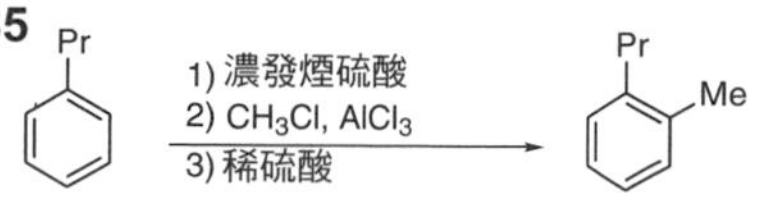

3.87

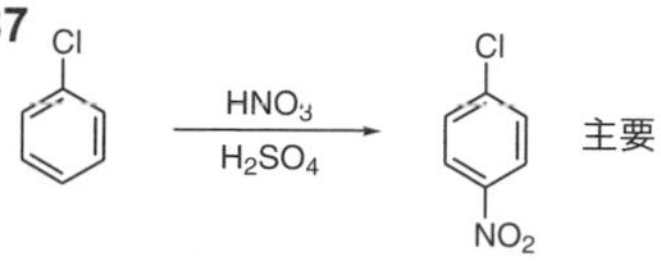

3.88

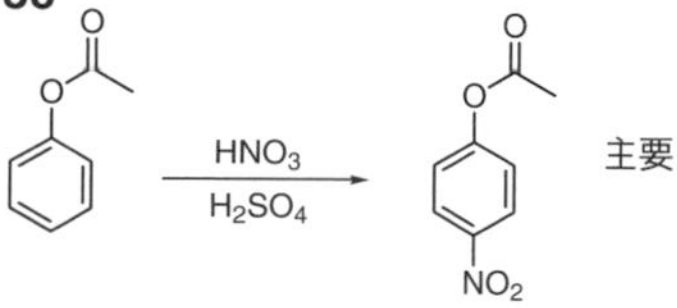

3.89

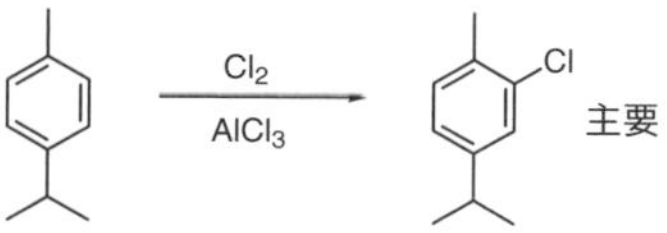

3.90

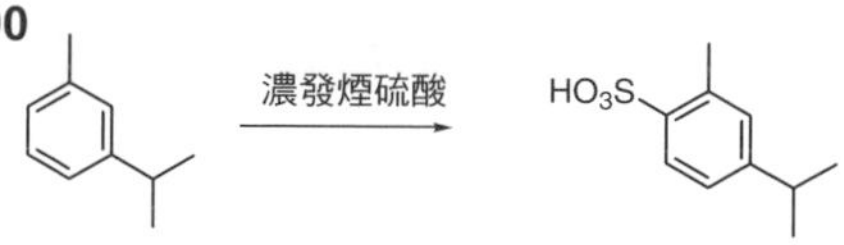

3.91

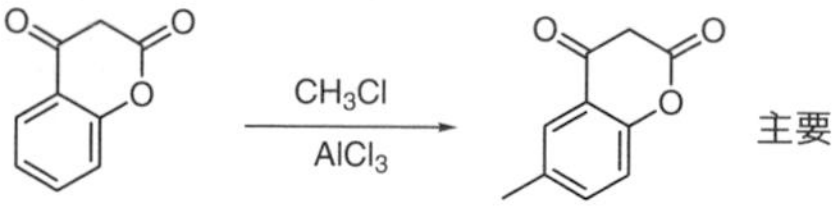

3.92

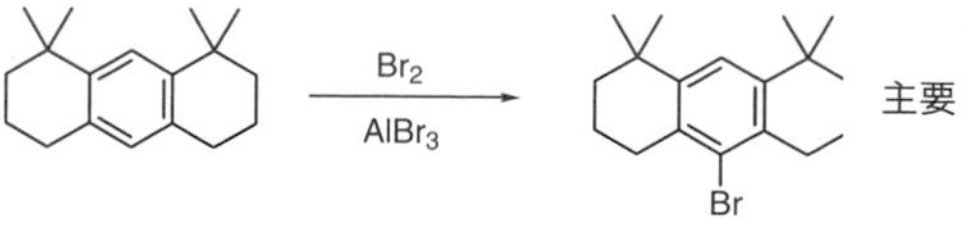

3.94

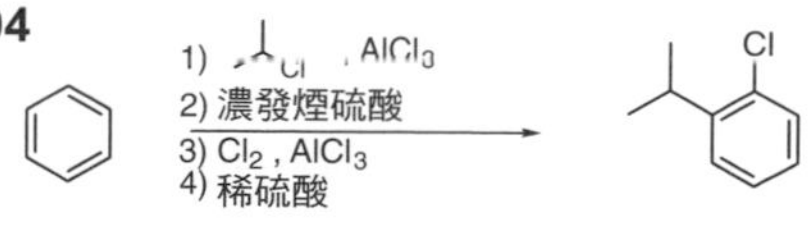

3.95

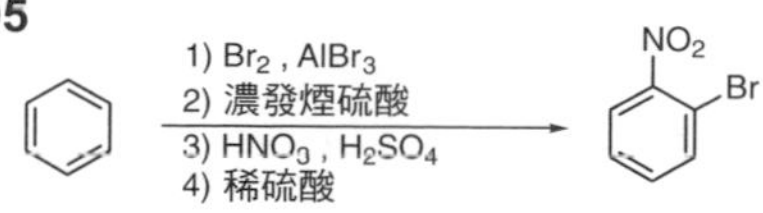

3.96

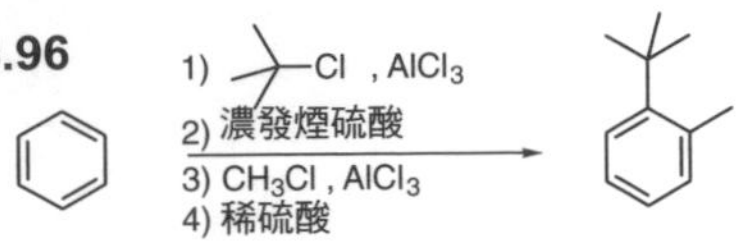

3.97

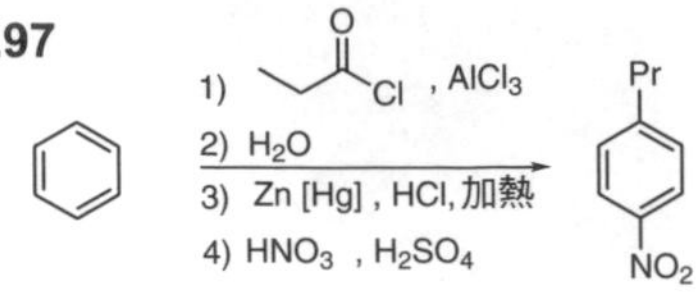

3.98

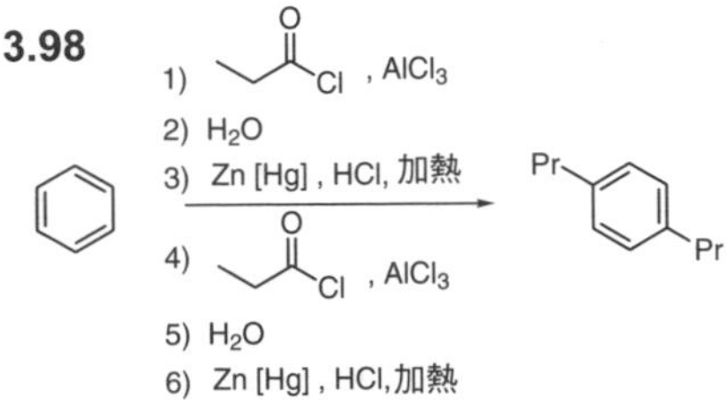

3.99

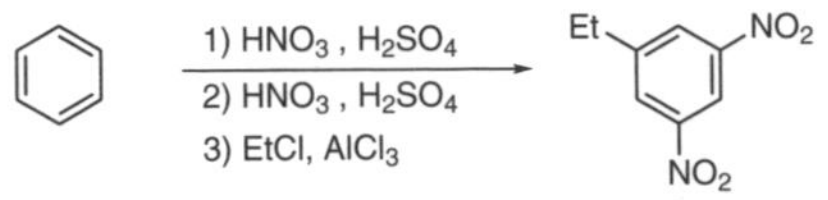

在習題3.99.這一題中，必須要放上兩個硝基。第一個硝基把環去活化，因此要想放上第二個硝基會更加困難。但是我們還是能夠藉由加熱反應的混合物將第二個硝基放上去。

3.100

3.101

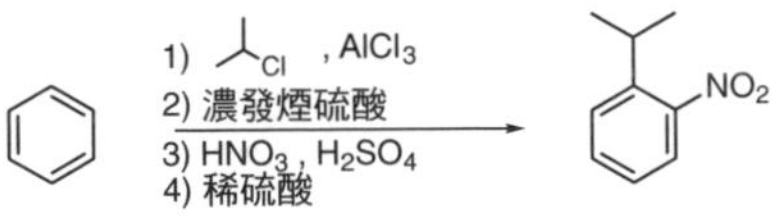

3.102

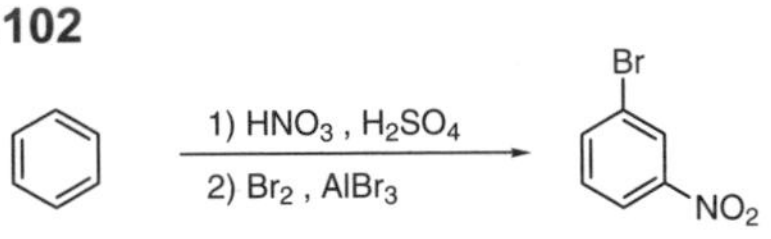

3.103

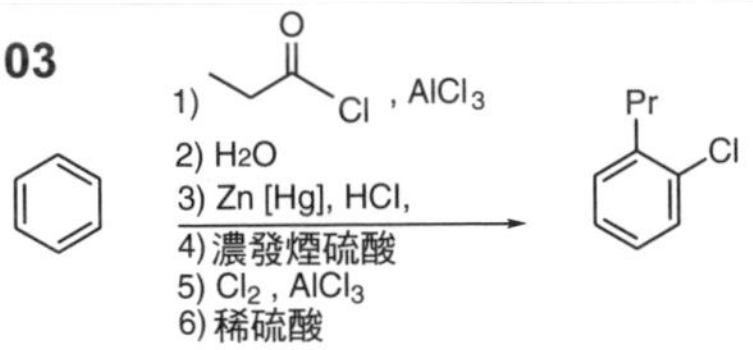

3.104

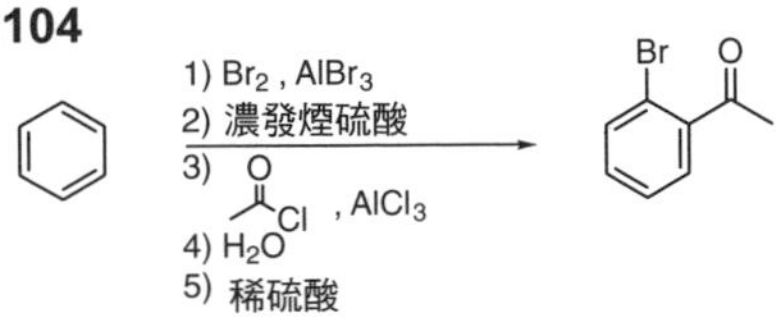

第 4 章

4.2

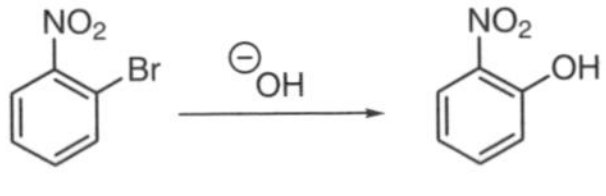

4.3

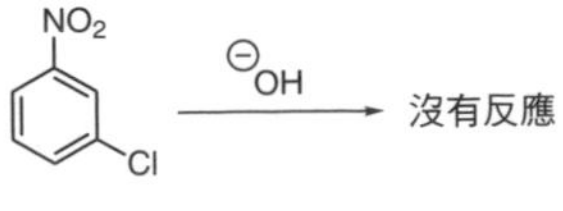

4.4

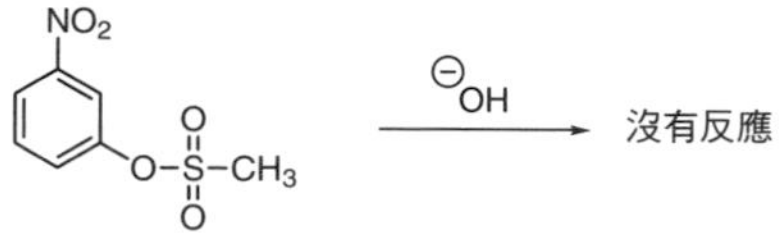

4.5

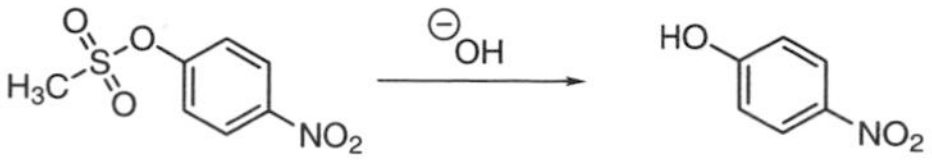

4.6

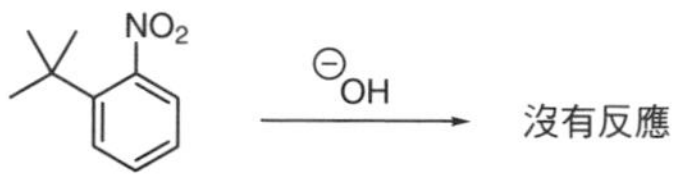

4.7

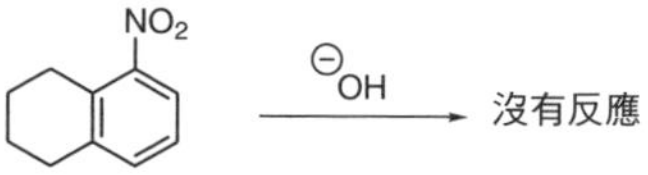

4.9

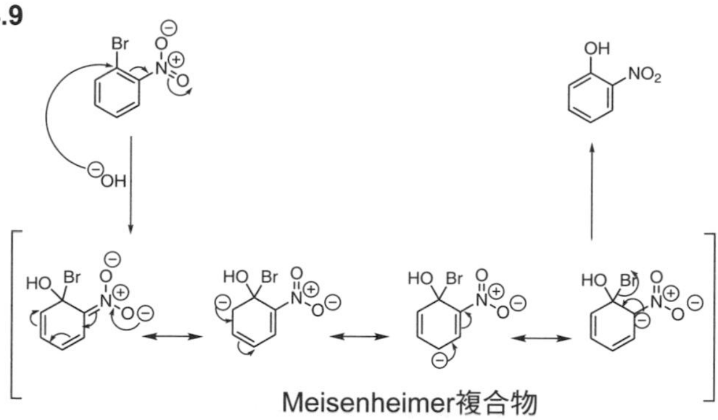

Meisenheimer複合物

4.10

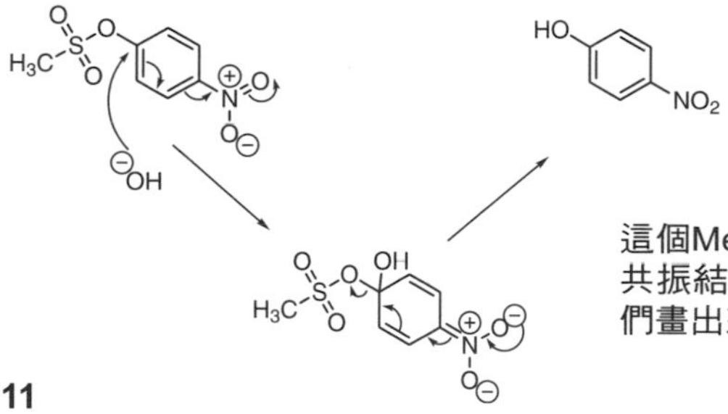

這個Meisenheimer複合物有另外三個共振結構，在你的答案中，有都把它們畫出來嗎？

4.11

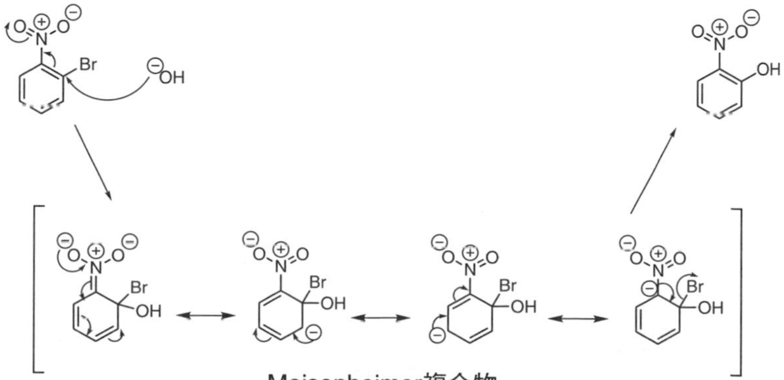

Meisenheimer複合物

4.13

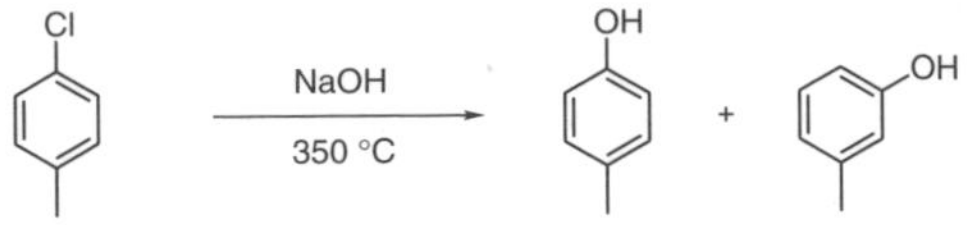

4.14

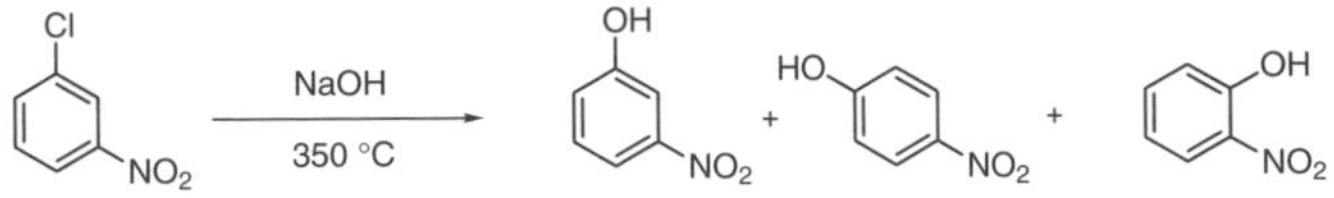

4.15

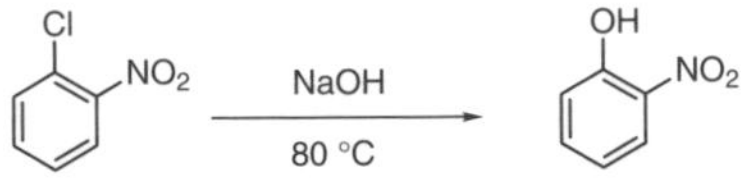

4.16

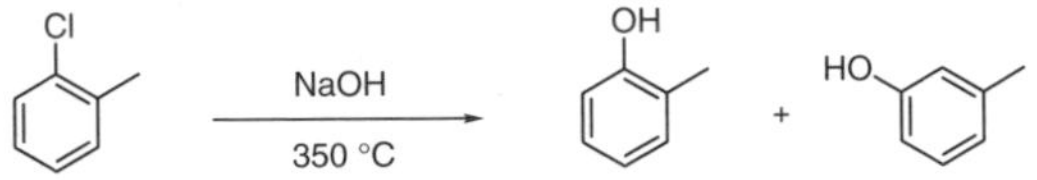

4.17

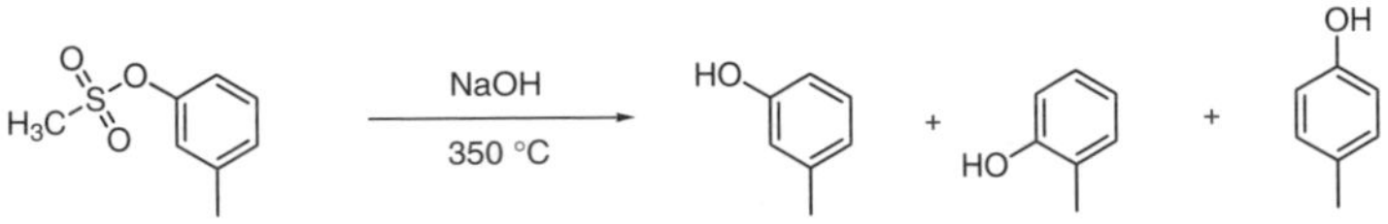

4.18

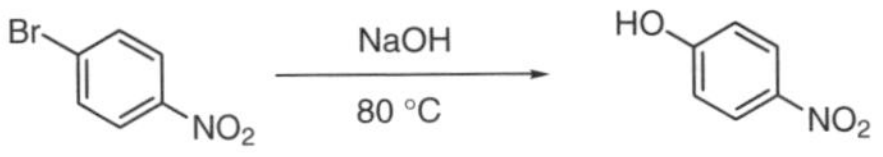

4.20

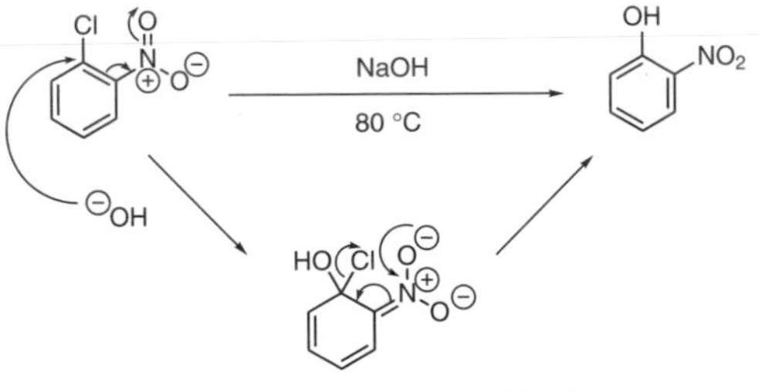

Meisenheimer複合物
（還有其他的共振結構）

4.21

形成Cl^+：

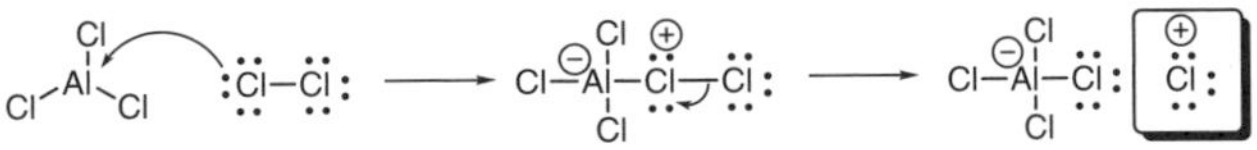

親電子芳香取代反應

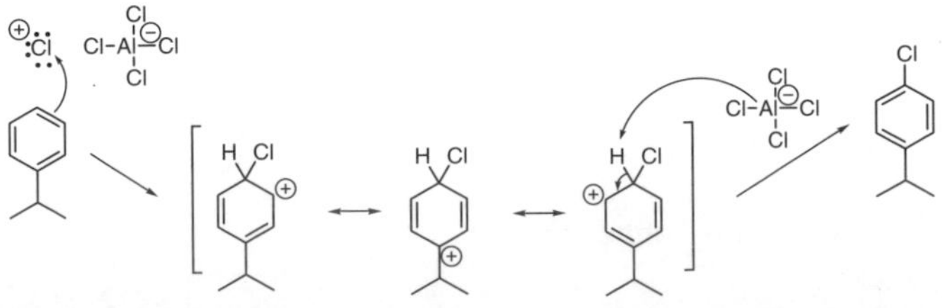

4.22

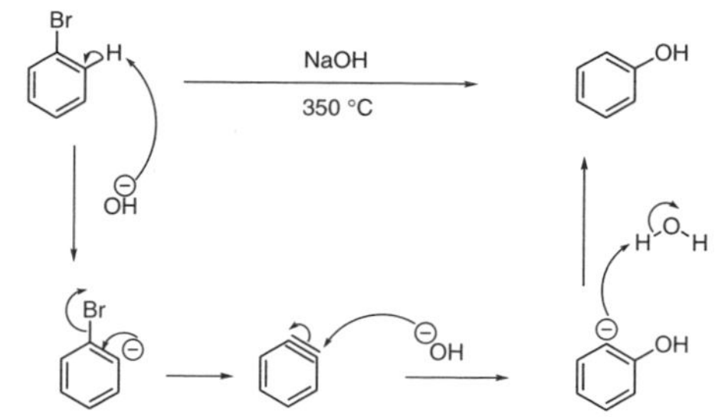

4.23

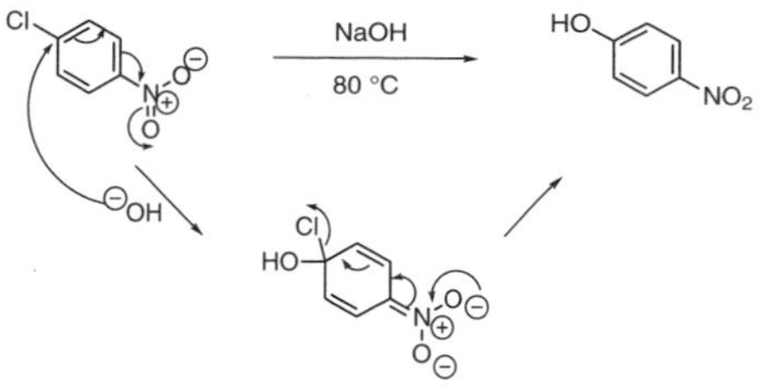

Meisenheimer複合物
（還有其他的共振結構）

4.24

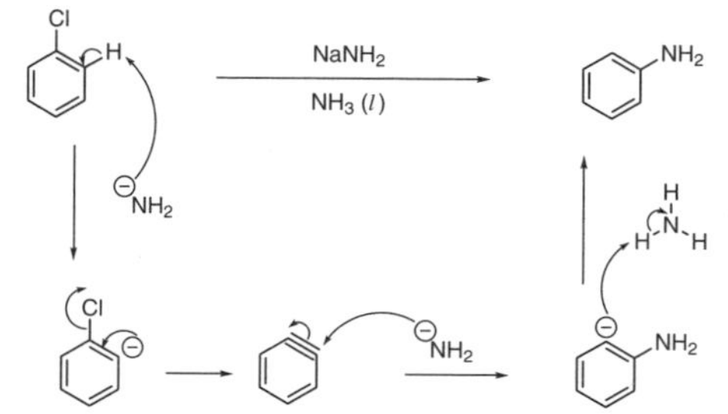

第 5 章

5.2

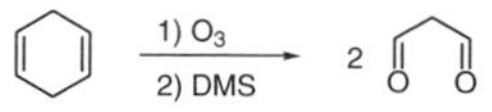

5.3

5.4

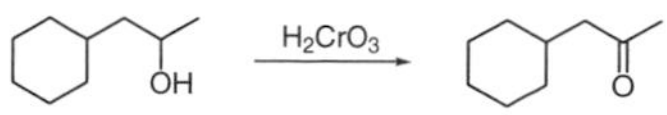

5.5

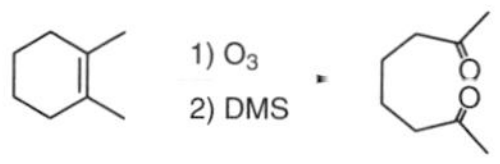

5.6

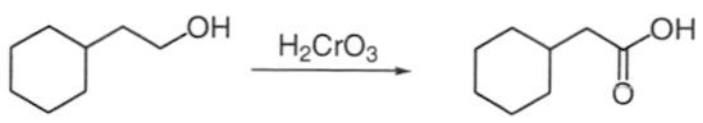

5.7

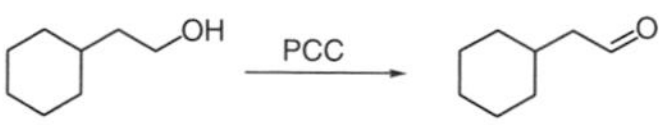

5.9

5.10

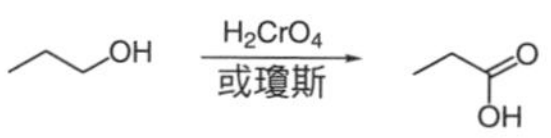

5.11

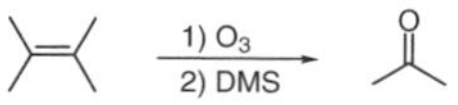

5.12

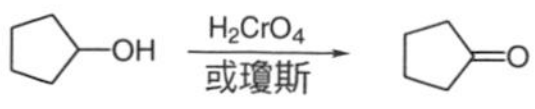

5.14

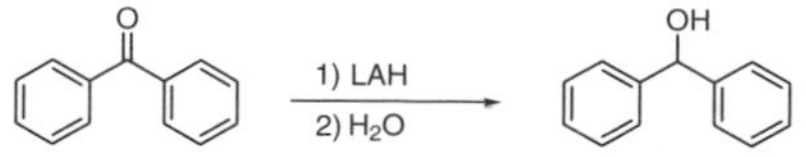

5.15

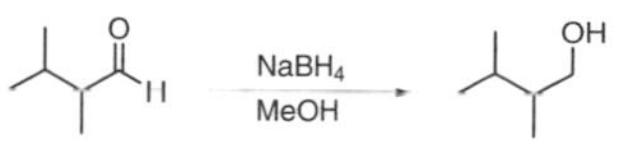

5.16

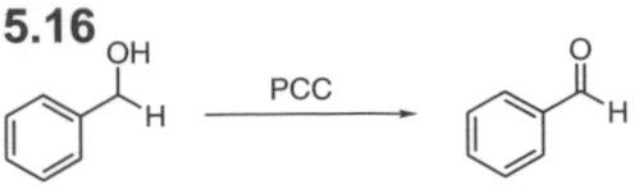

5.17

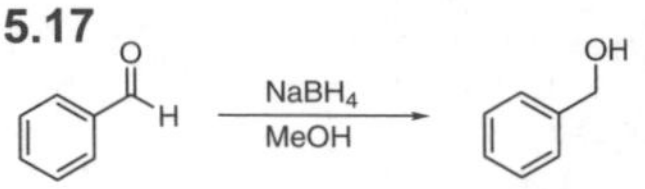

5.18

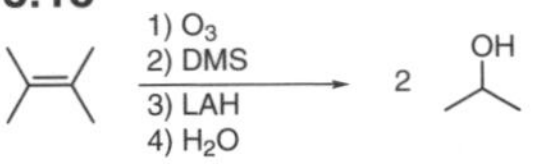

5.20

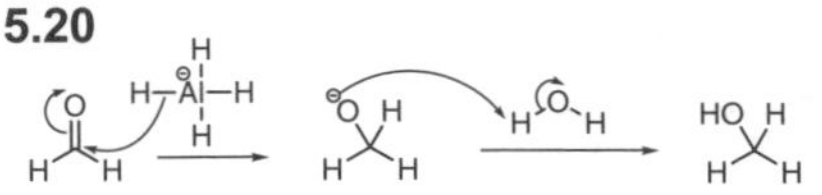

5.21

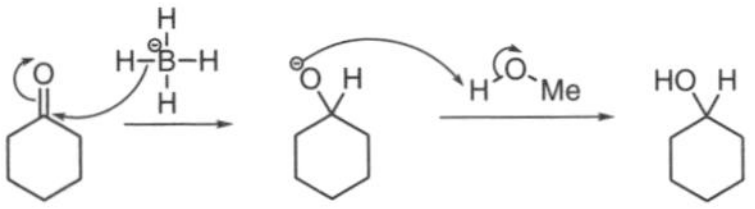

5.22

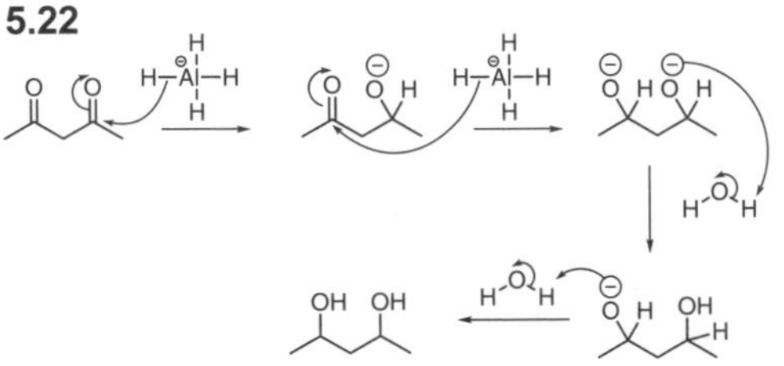

5.24

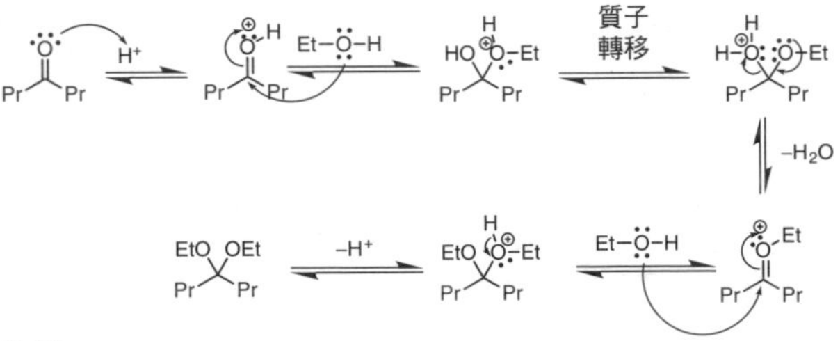

5.25

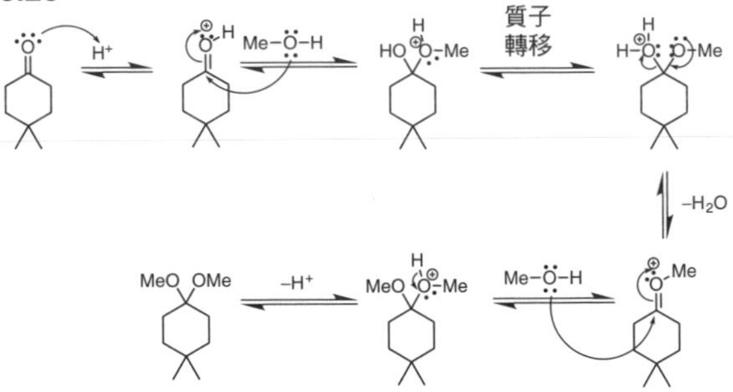

5.26

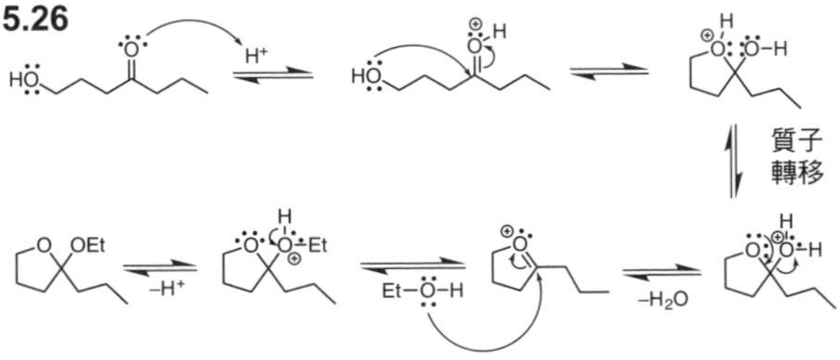

5.27

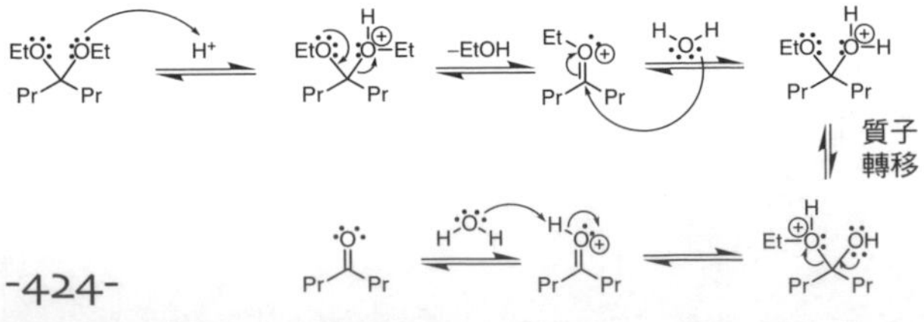

5.29

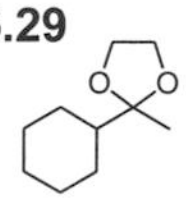

5.30

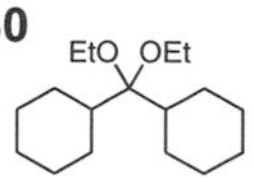

5.31

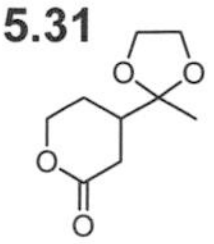

5.32

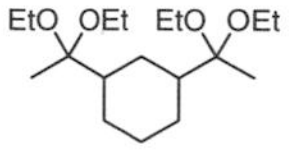

5.34

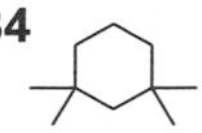

5.35

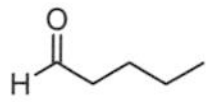

5.36

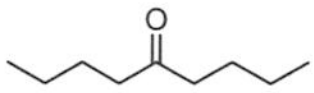

5.37

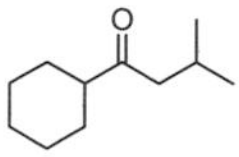

5.38

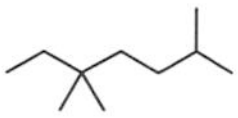

5.40

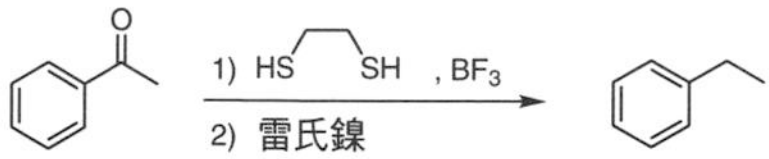

5.41

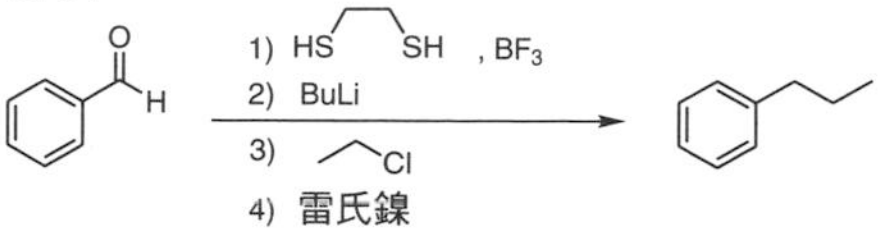

5.42

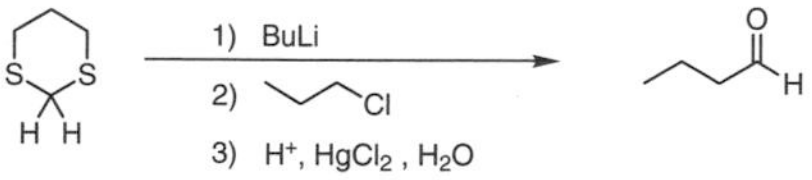

5.43

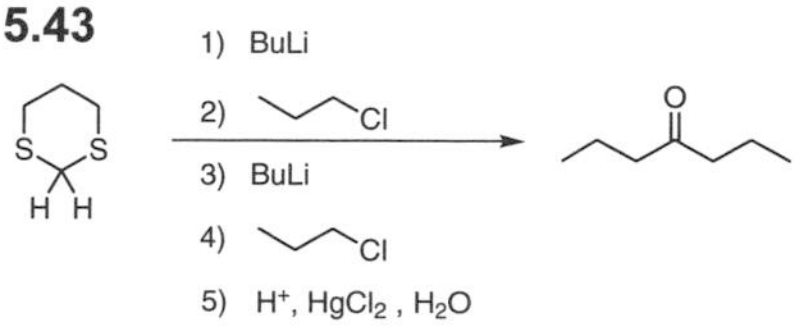

5.44

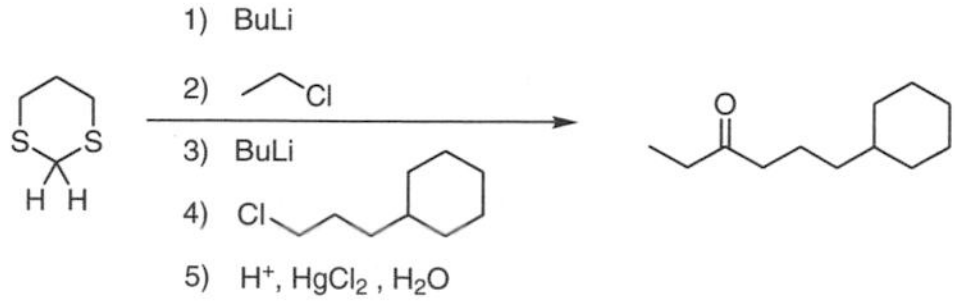

5.45

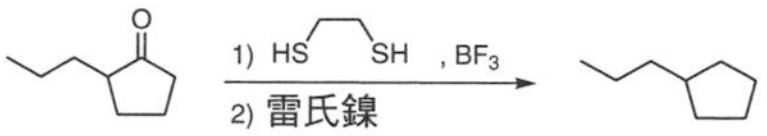

5.46

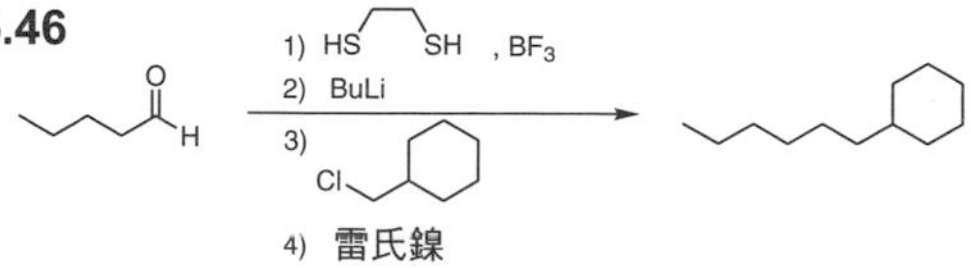

5.48

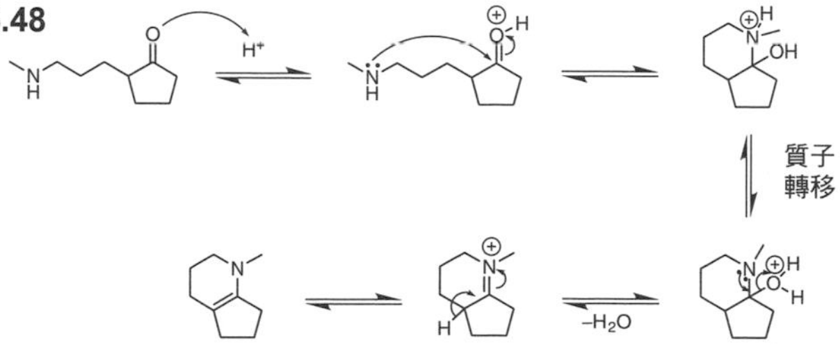

5.49

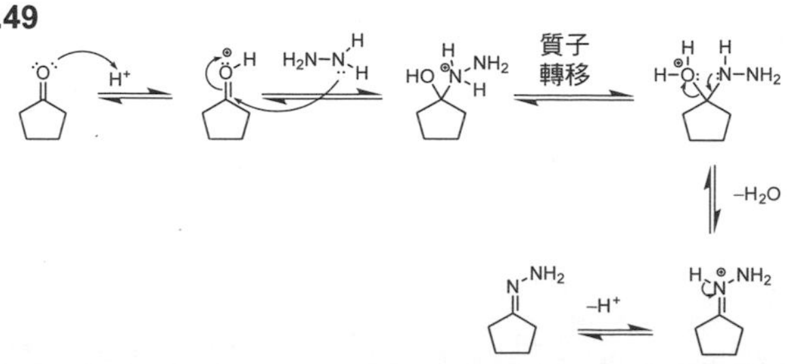

5.50

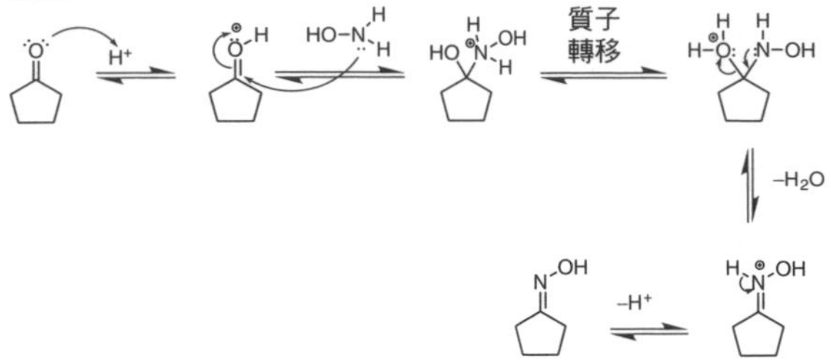

5.51

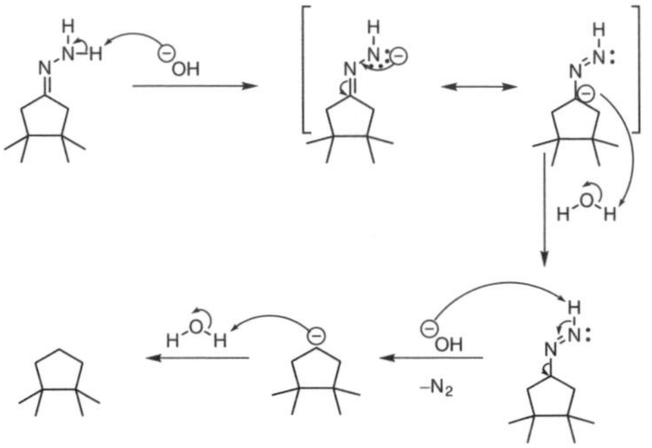

5.52

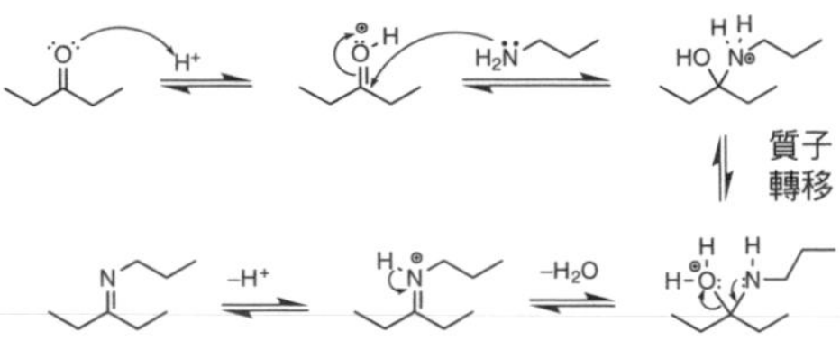

5.53

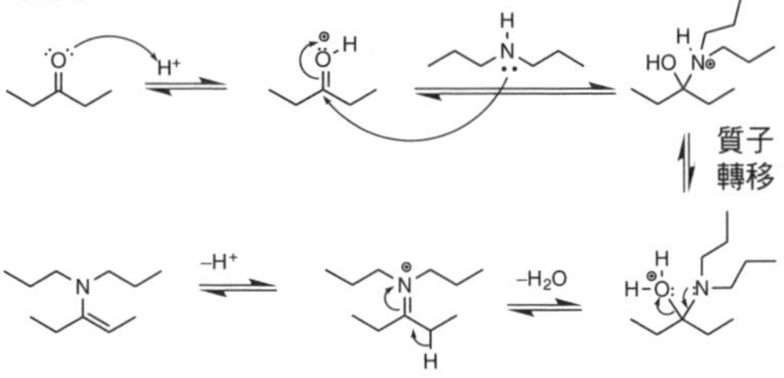

5.55

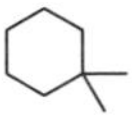

5.56

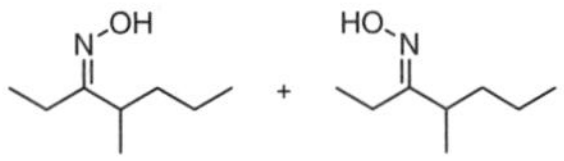

5.57

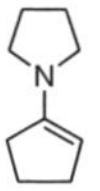

5.58

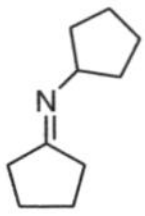

5.59

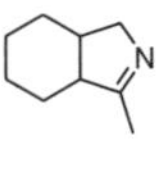

5.60

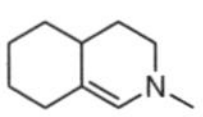

5.62

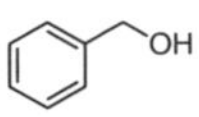

5.63

CH_3OH

5.64

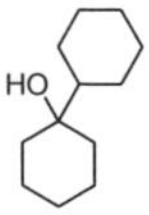

5.65

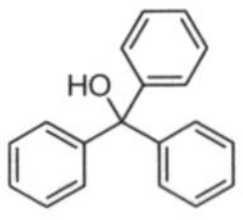

5.67

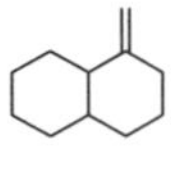

5.68

5.69

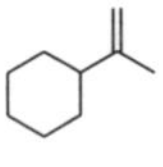

5.71

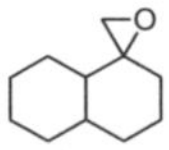

5.72

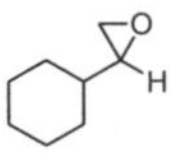

5.73

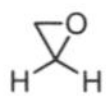

5.75

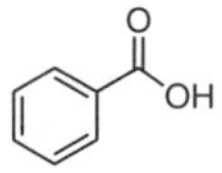

5.76

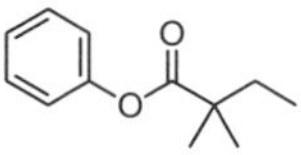

5.77

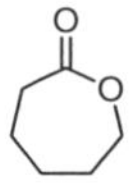

5.78

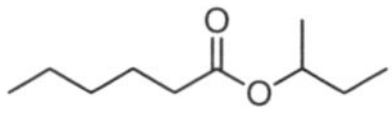

5.79

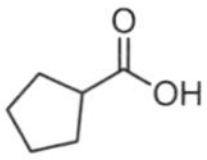

5.81

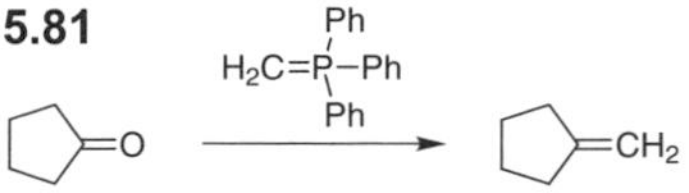

5.82

5.83

5.84

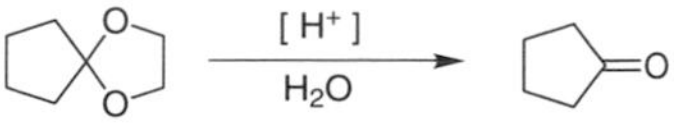

5.85

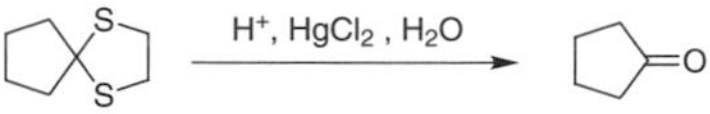

5.86

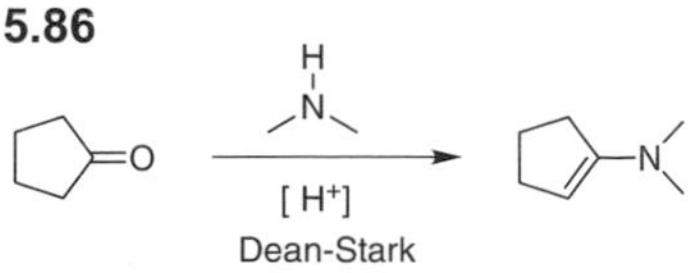

5.87

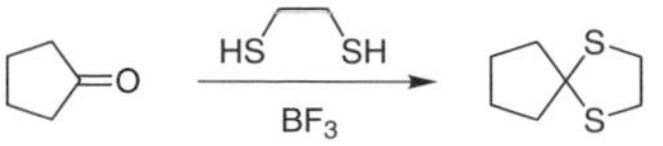

5.88

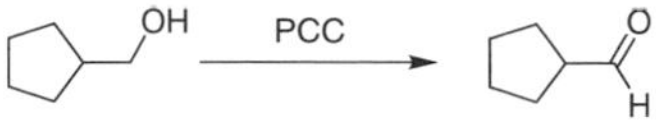

5.89

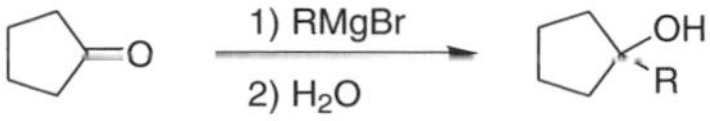

5.90

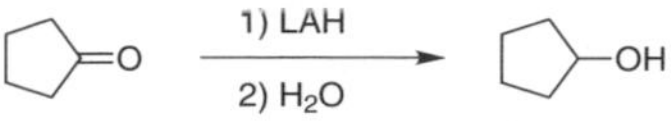

5.91

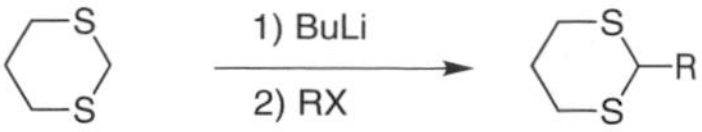

5.92

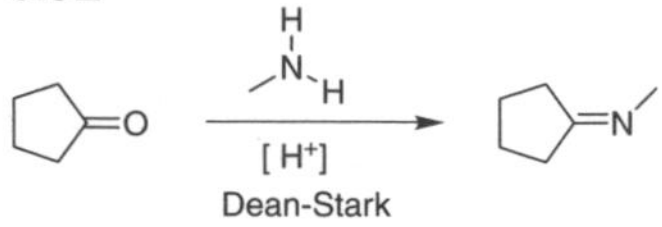

5.93

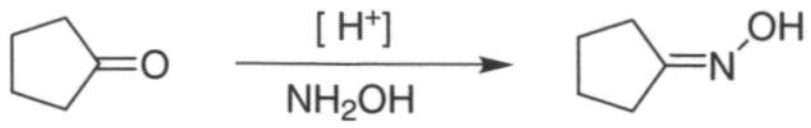

5.94

5.95

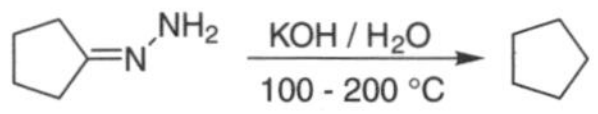

5.96

5.97

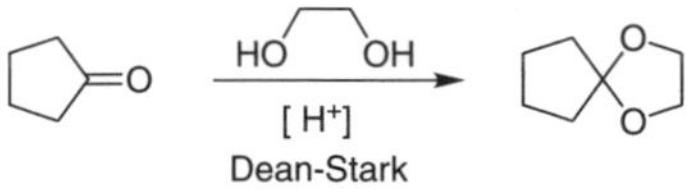

5.98

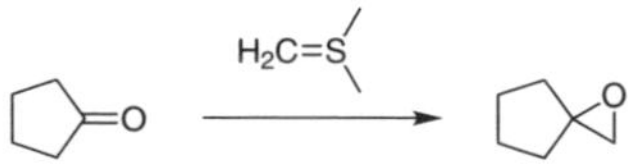

5.99

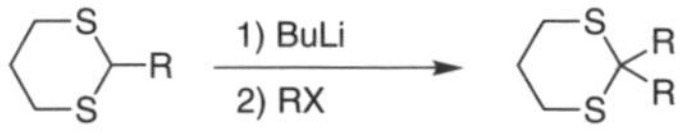

5.100

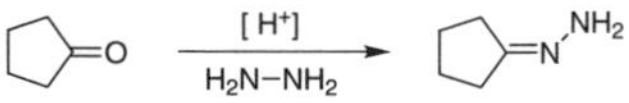

5.103

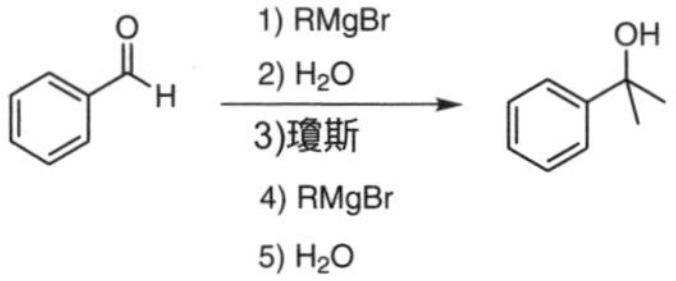

5.104

5.105

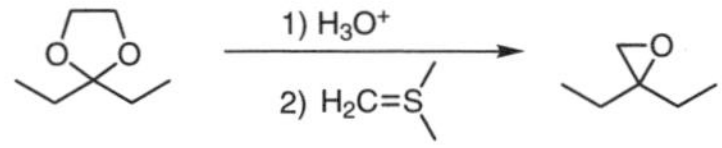

5.106

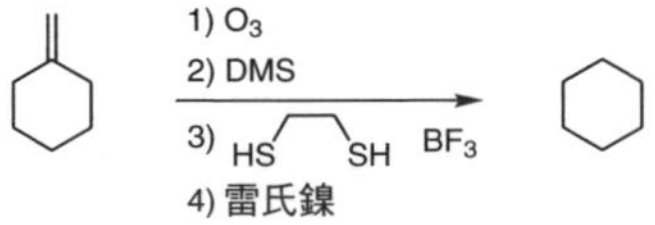

5.107

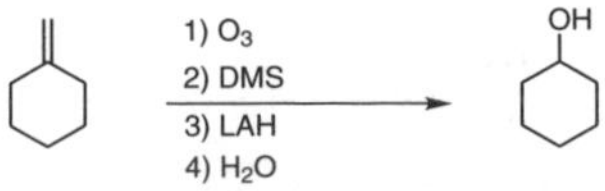

5.108

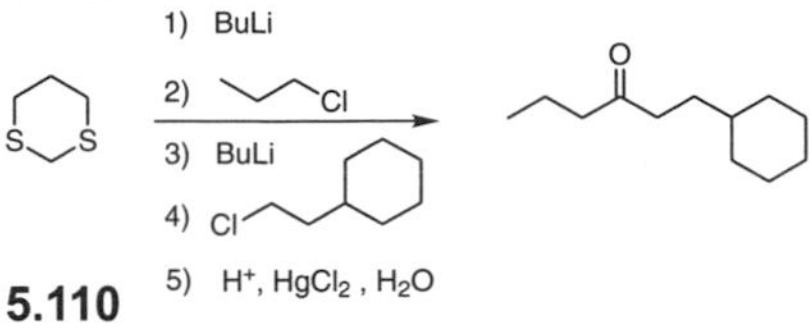

5.109

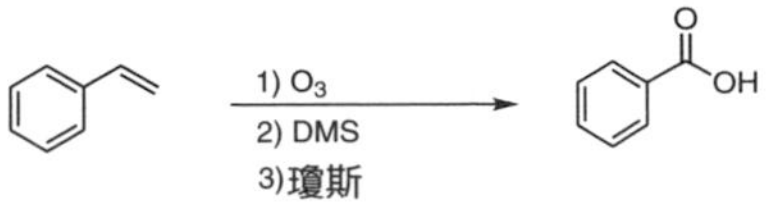

5.110

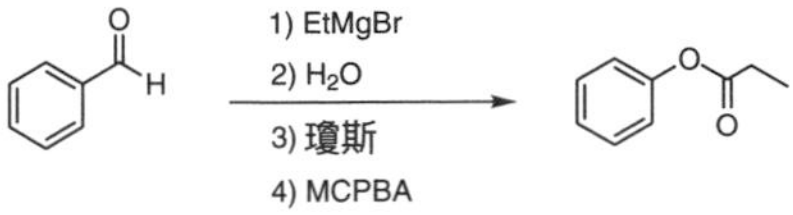

5.111

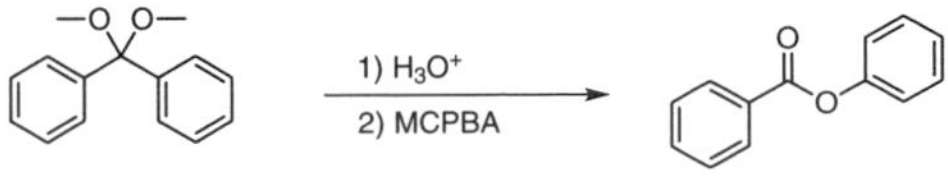

5.112

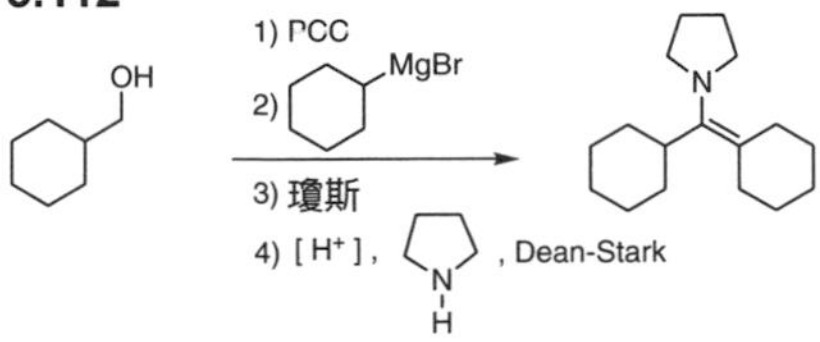

5.113

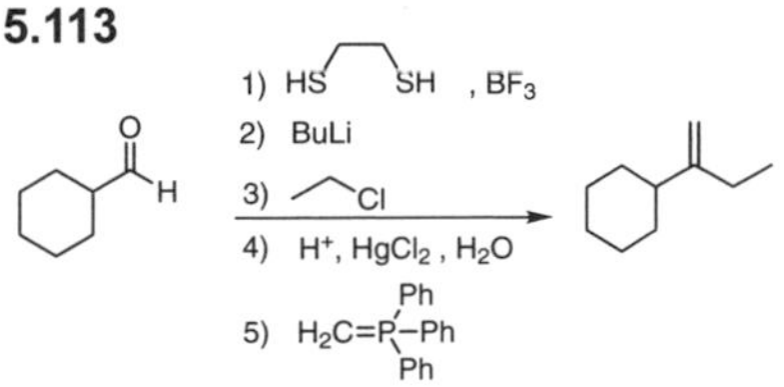

第 6 章

6.2

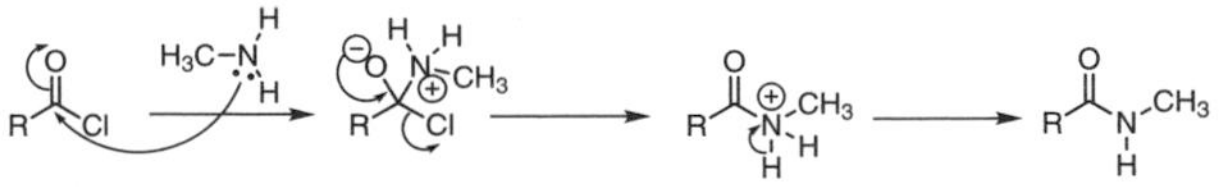

6.3

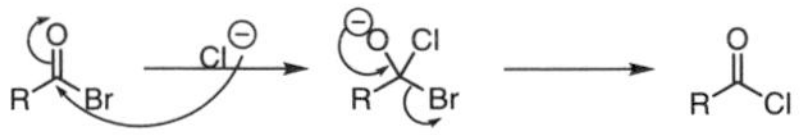

6.4

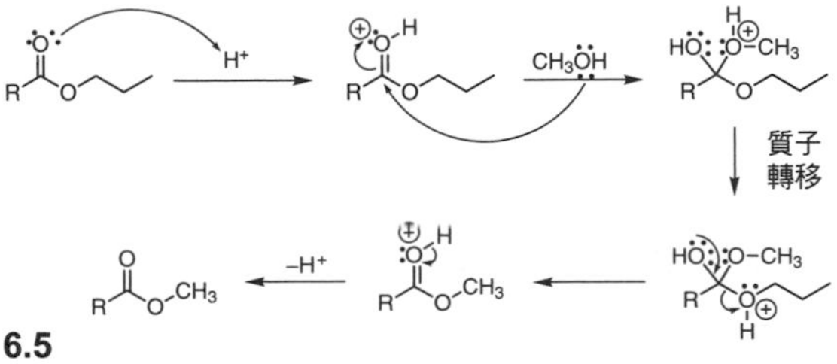

6.5

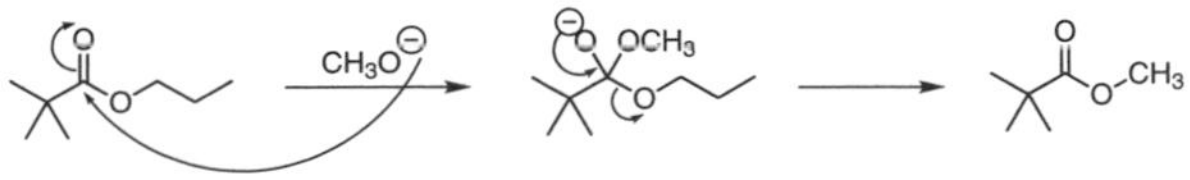

6.6

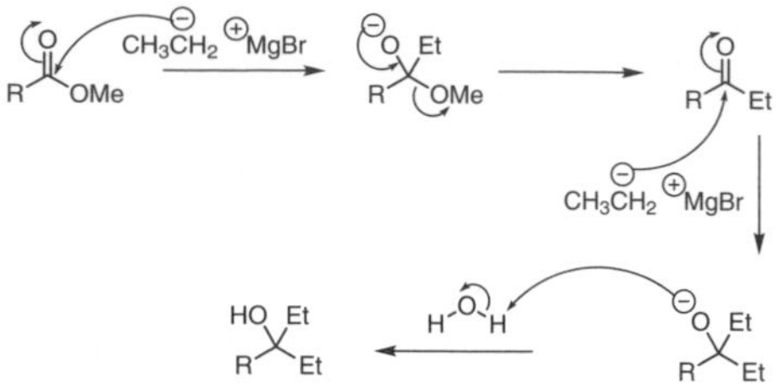

6.7

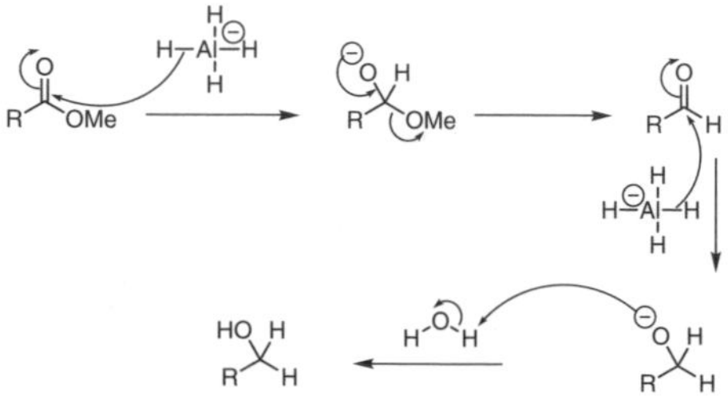

6.8

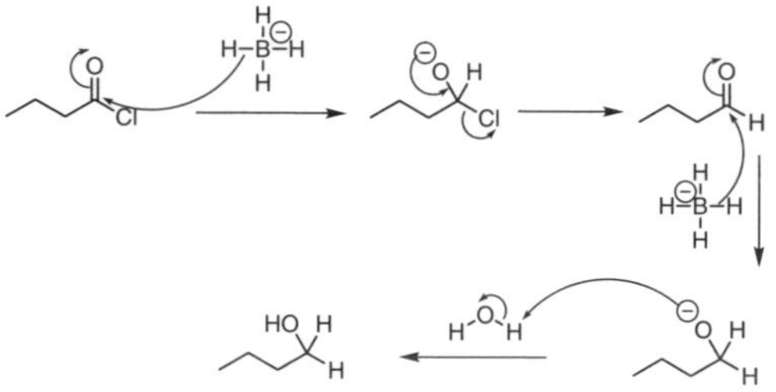

6.10

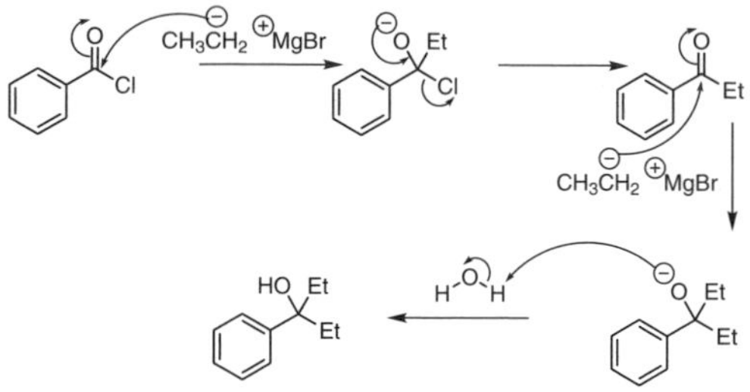

6.11

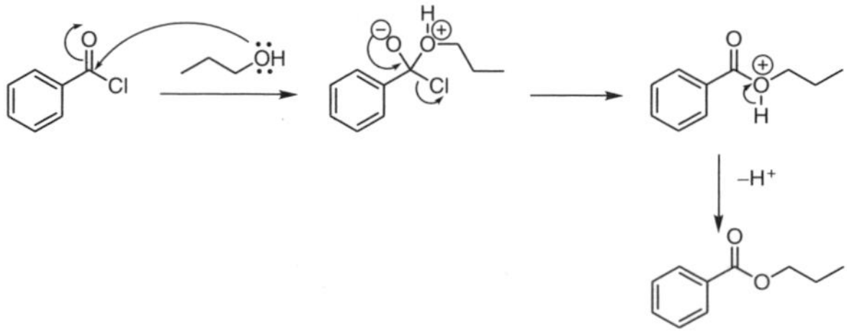

6.12

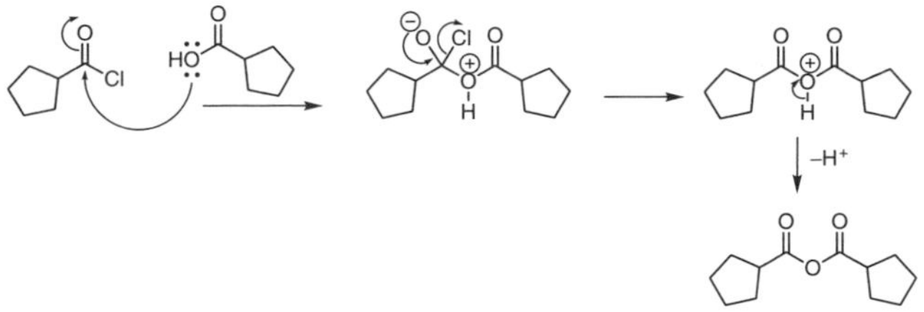

6.13

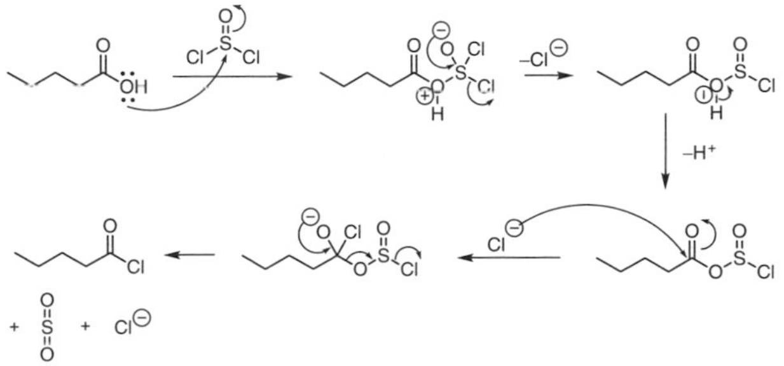

6.14

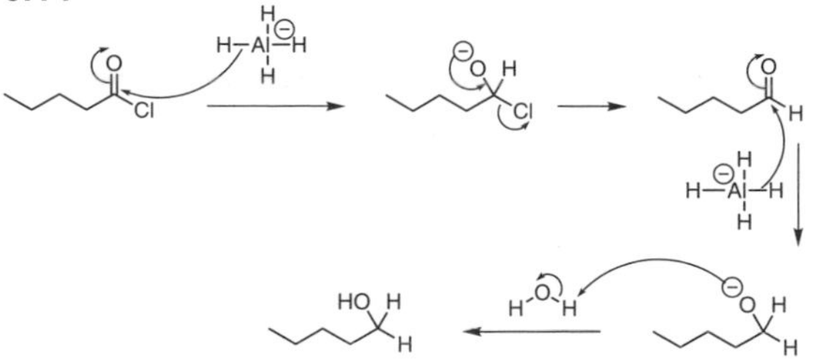

6.16

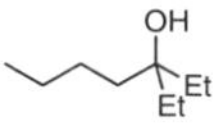

6.17

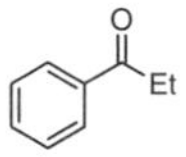

6.18

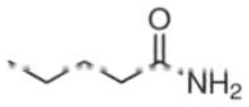

6.19

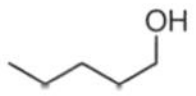

6.20

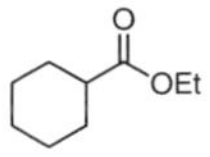

6.22

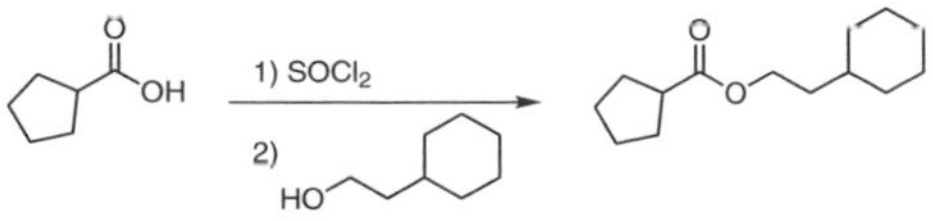

6.23

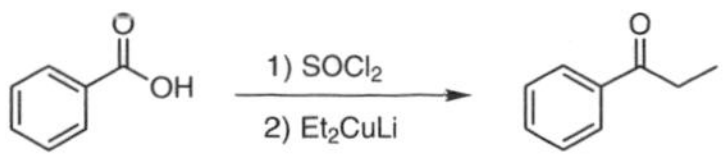

6.24

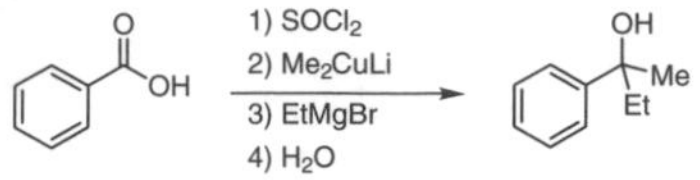

6.25

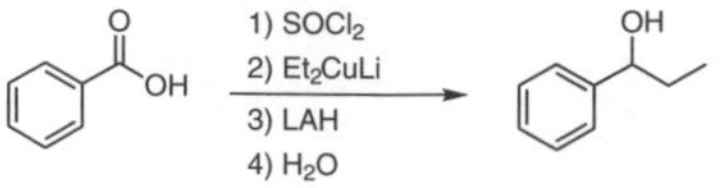

6.26

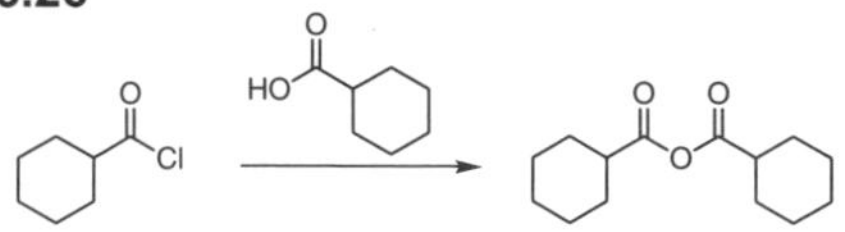

6.28

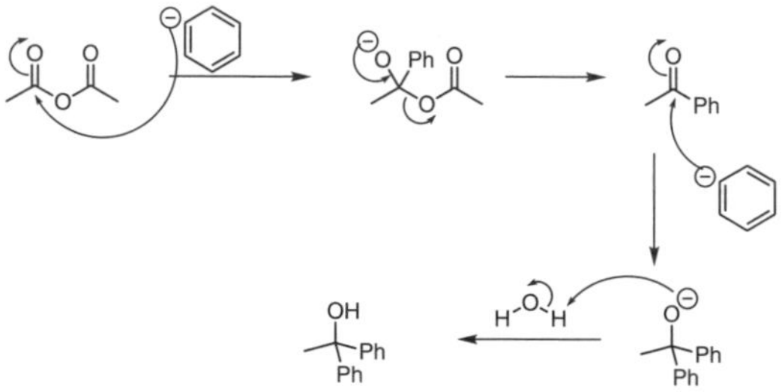

6.29

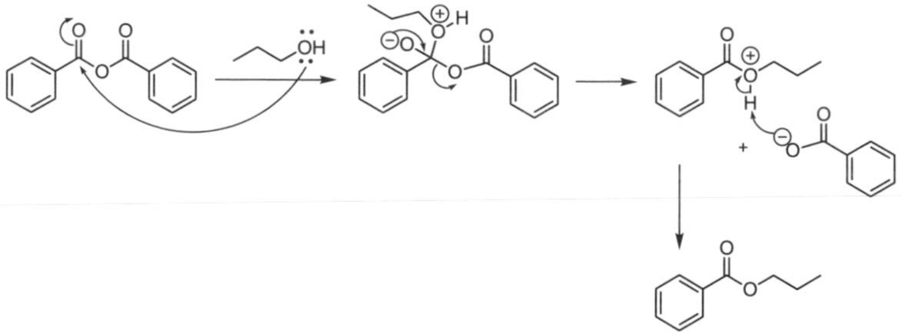

6.31

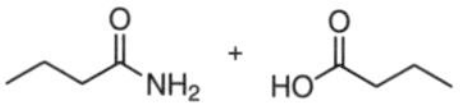

6.32

6.33

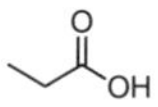

6.36

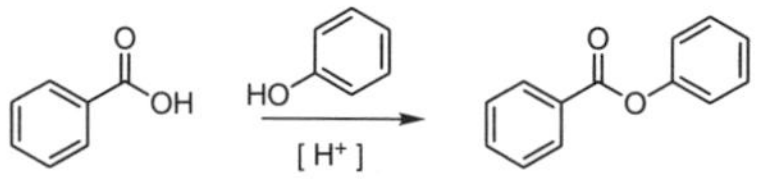

6.37

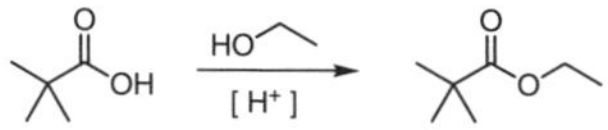

6.38

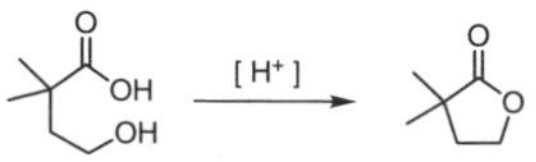

6.39

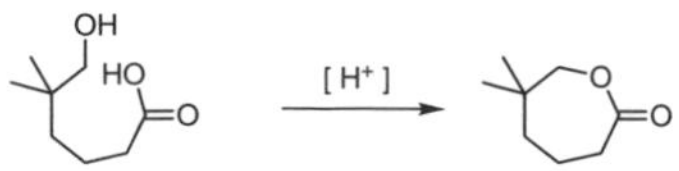

6.41

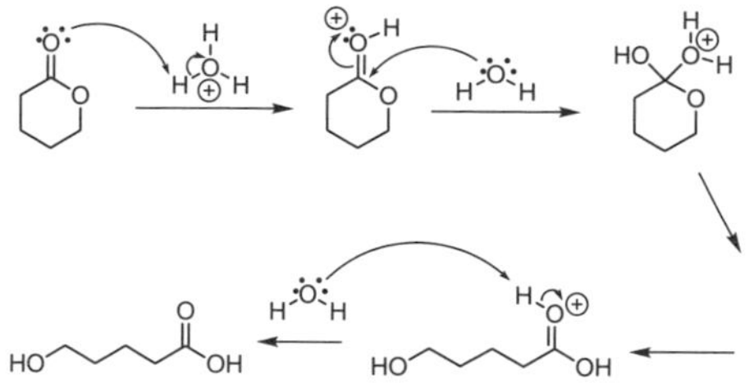

6.42

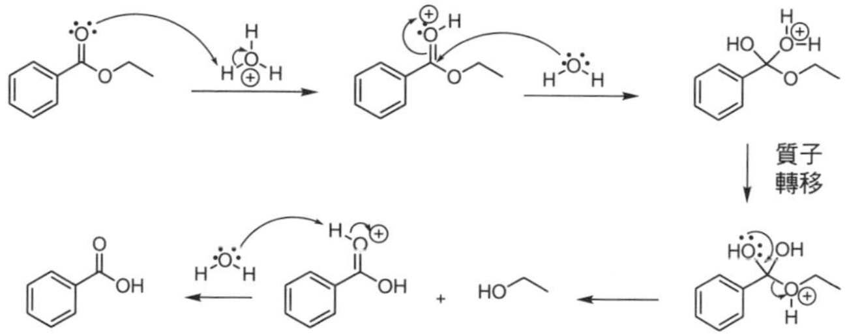

6.44

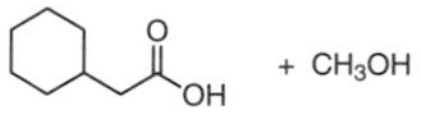

6.45

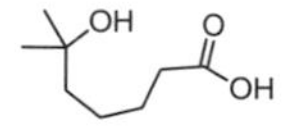

6.46

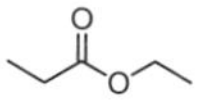

6.47

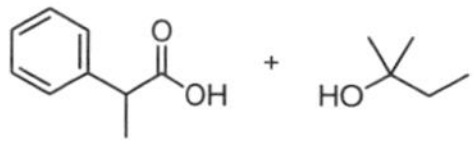

6.48

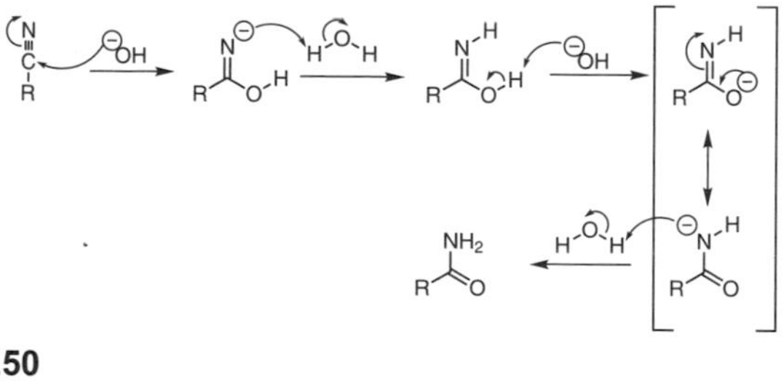

6.50

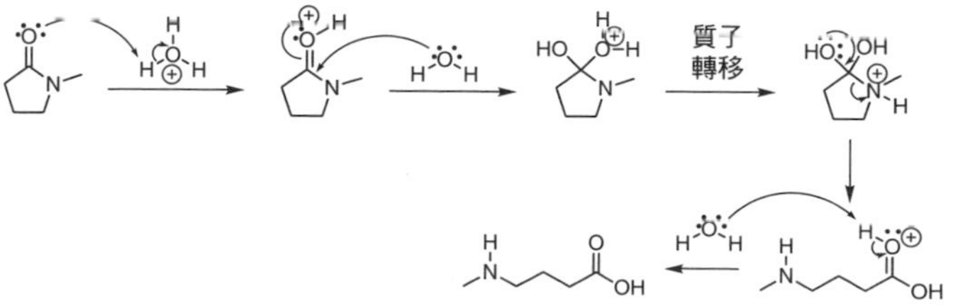

6.51

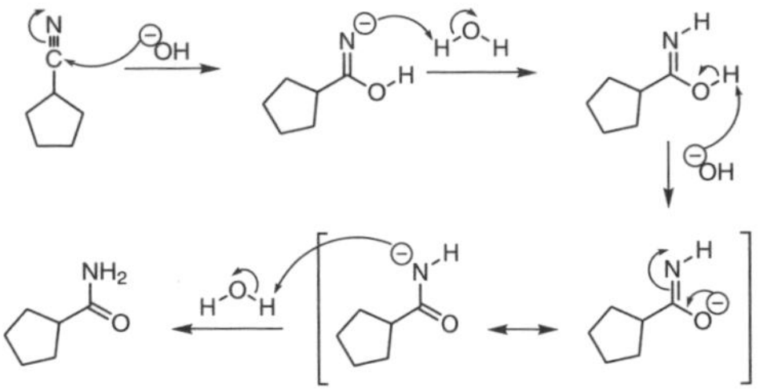

6.52

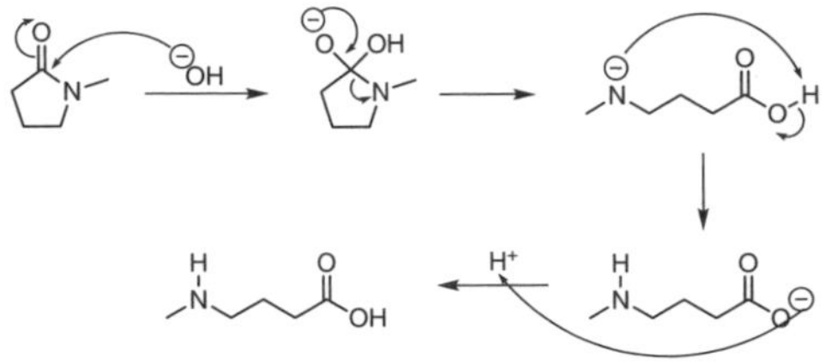

6.53

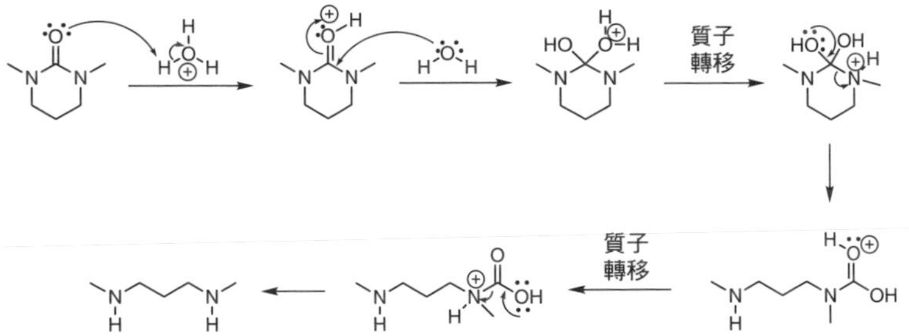

6.55

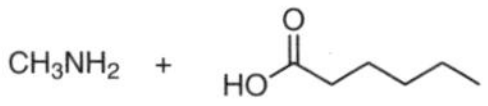

6.56

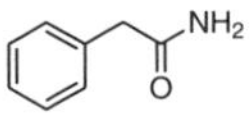

6.57

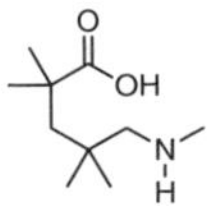

6.59

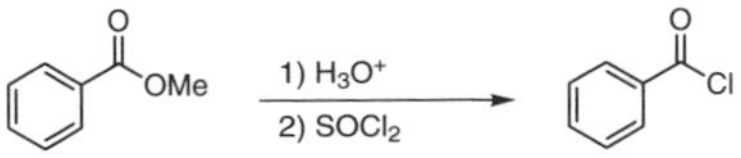

6.60

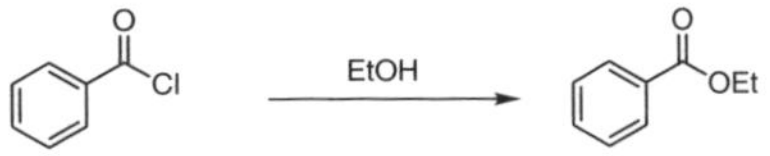

6.61

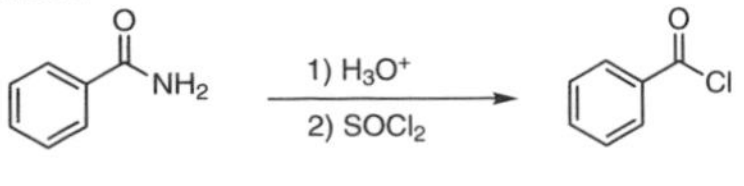

6.62

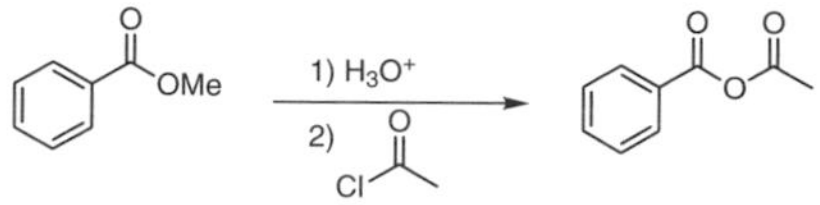

6.63

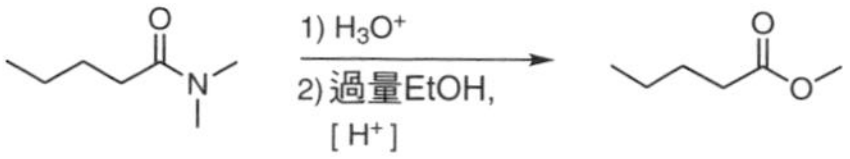

6.64

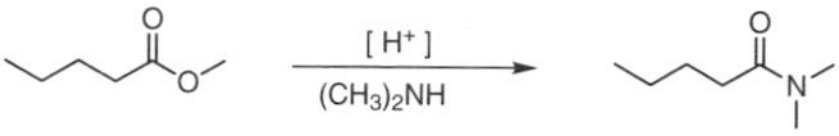

6.66

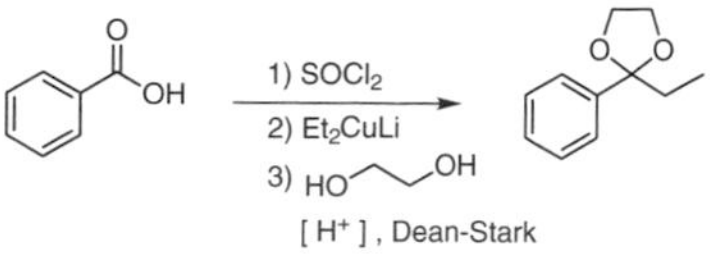

6.67

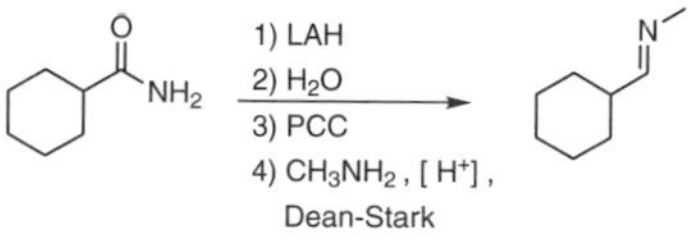

6.68

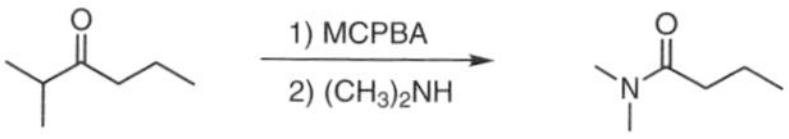

6.69

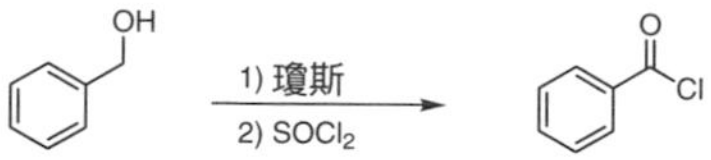

6.70

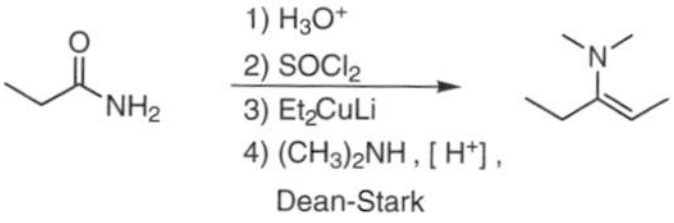

6.71

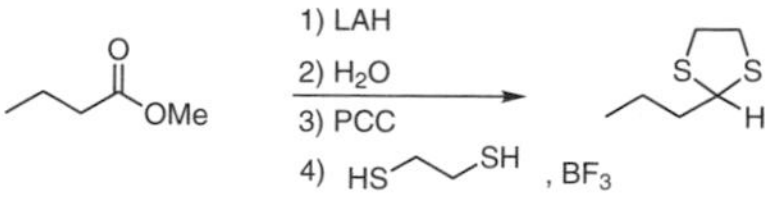

6.72

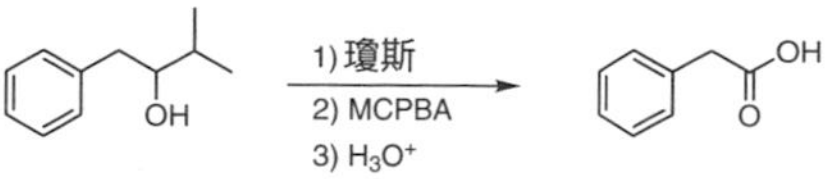

6.73

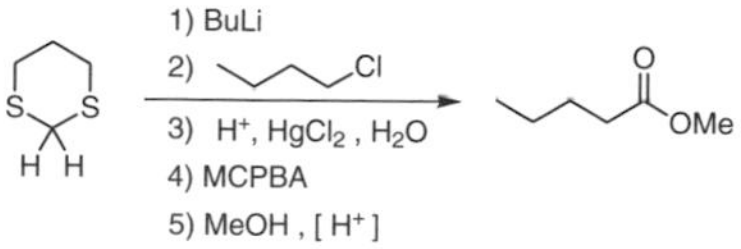

6.74

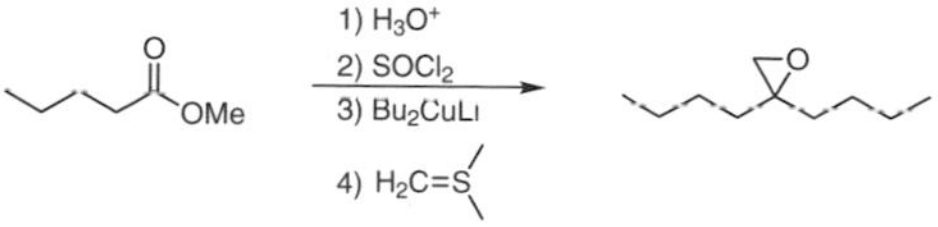

6.75

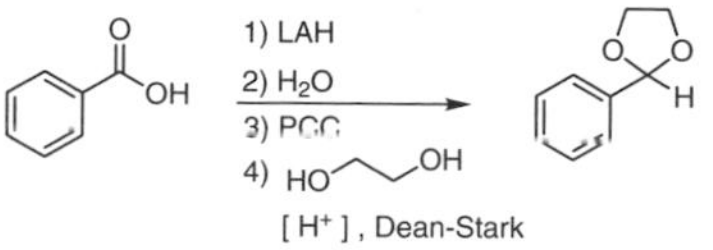

6.76

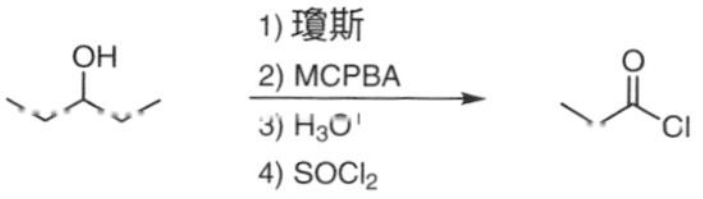

6.77

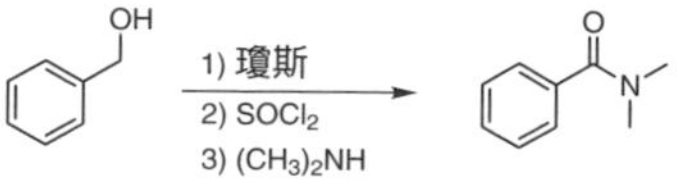

第 7 章

7.2 有一個α質子

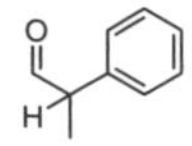

7.3 有一個α質子

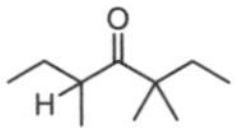

7.4 沒有α質子

7.5 有4個α質子

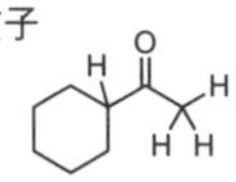

7.6 有2個α質子

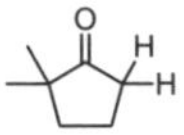

7.7 沒有α質子

7.9

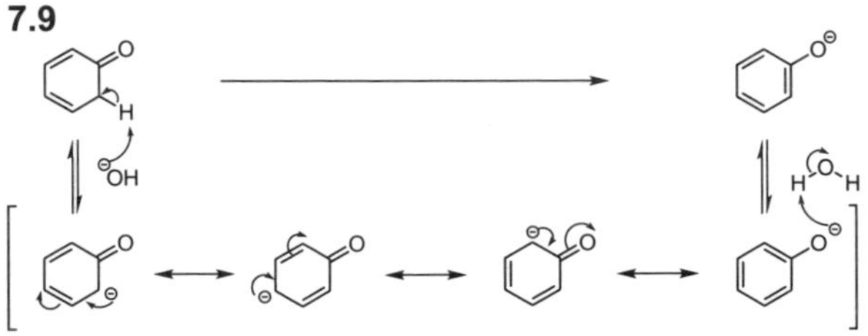

7.10

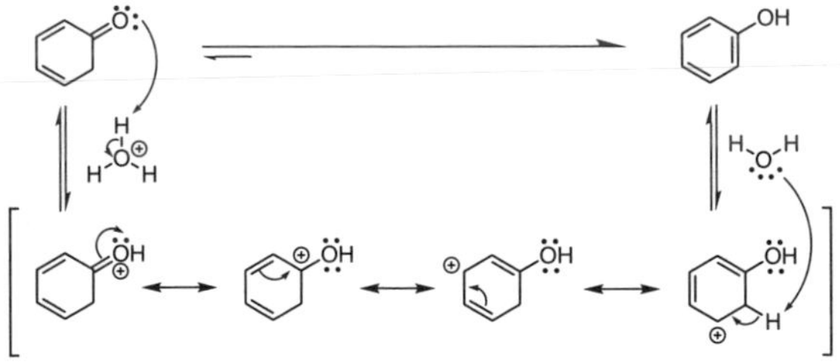

7.11

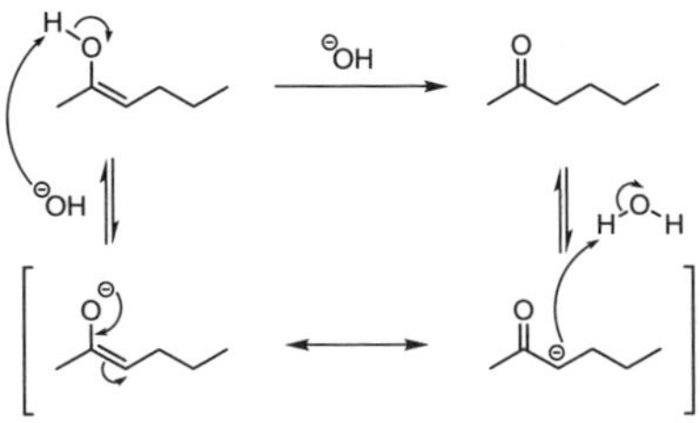

7.12

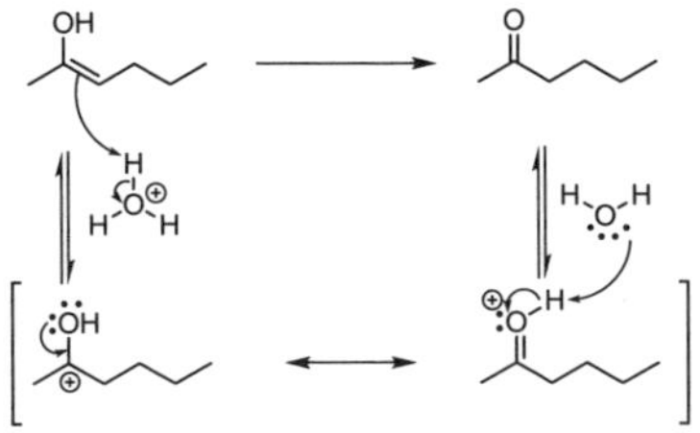

7.13

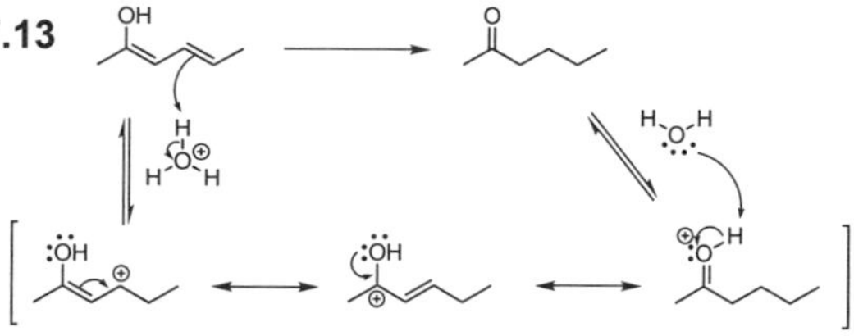

7.15

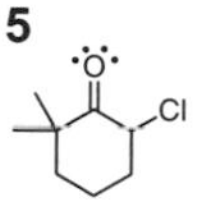

7.16

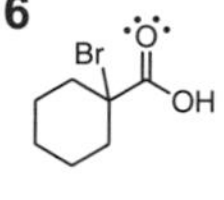

7.17

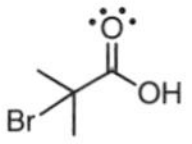

7.18

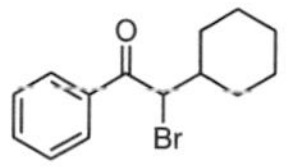

7.20

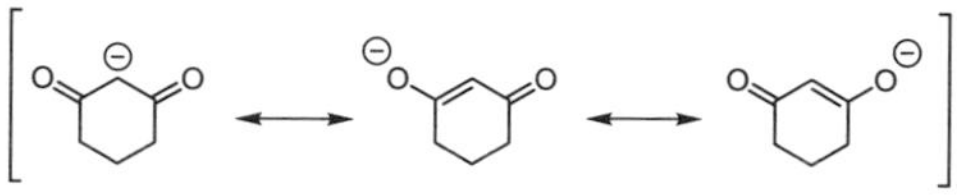

7.21

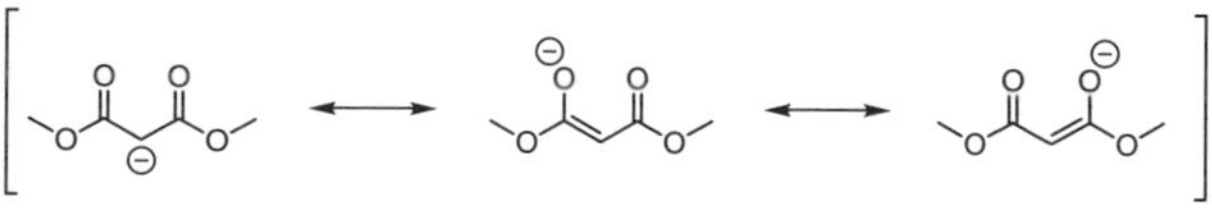

7.22

7.23

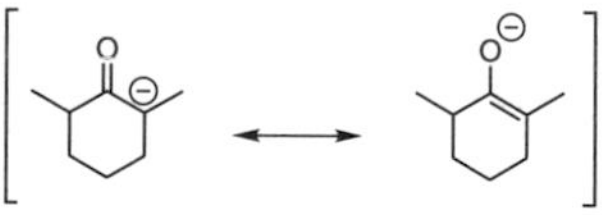

7.25

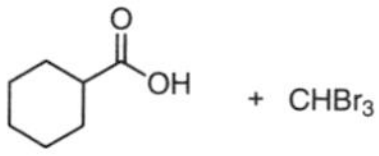

7.26

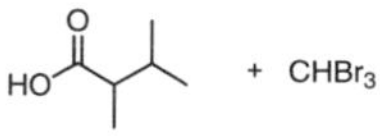

7.27

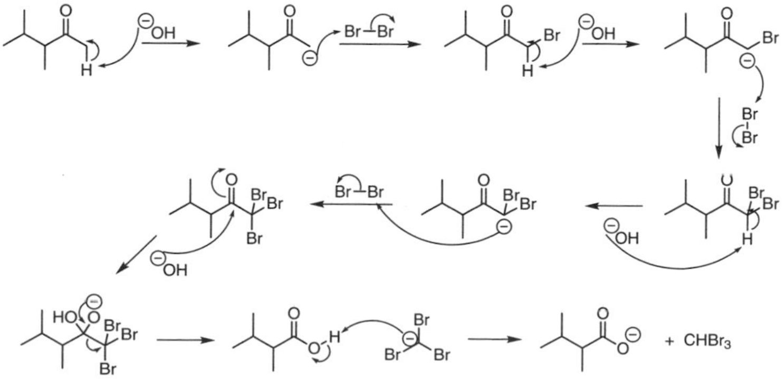

7.29

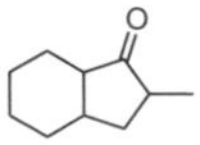

7.30

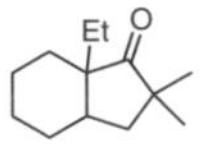

7.31

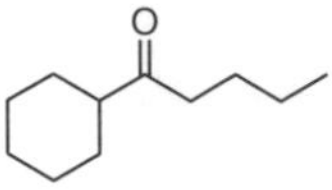

7.32

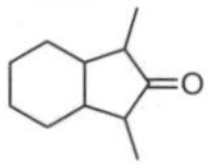

7.34

7.35

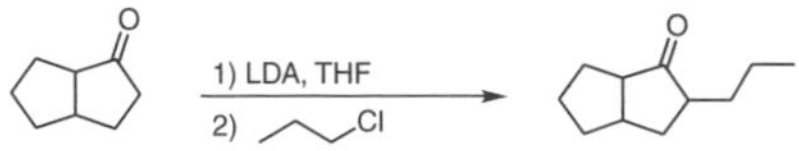

7.36

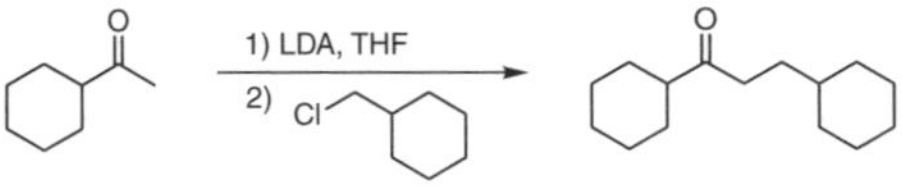

7.38

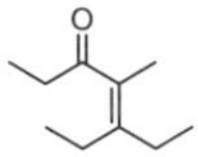

7.39

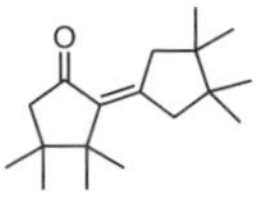

7.40

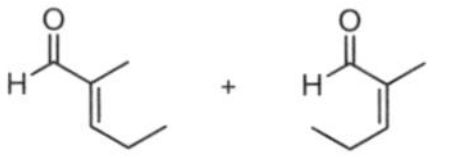

7.42

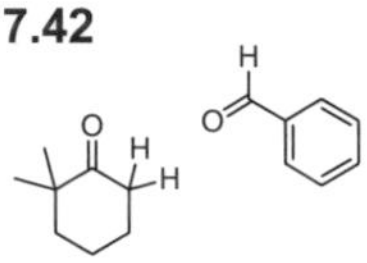

7.43

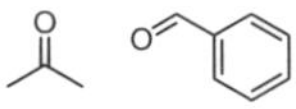

7.44

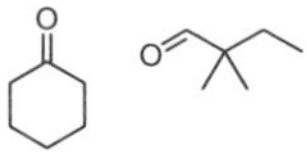

7.45

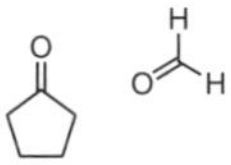

7.47

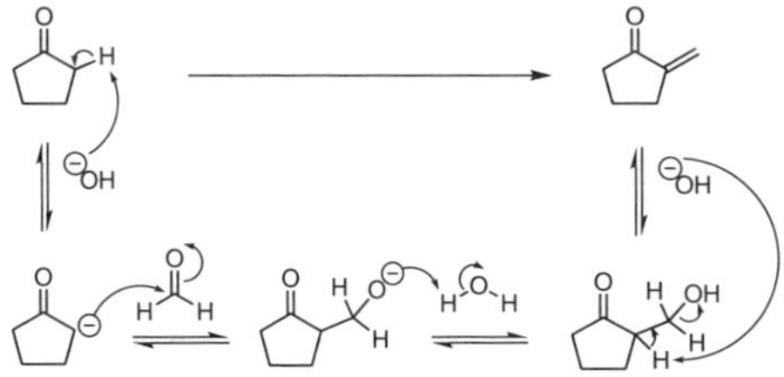

7.48

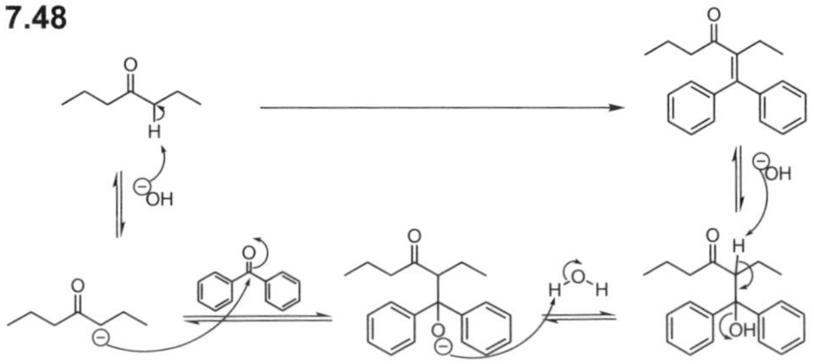

7.49

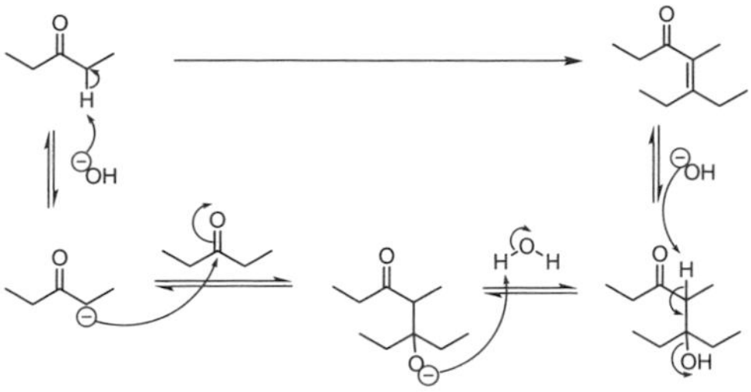

7.50

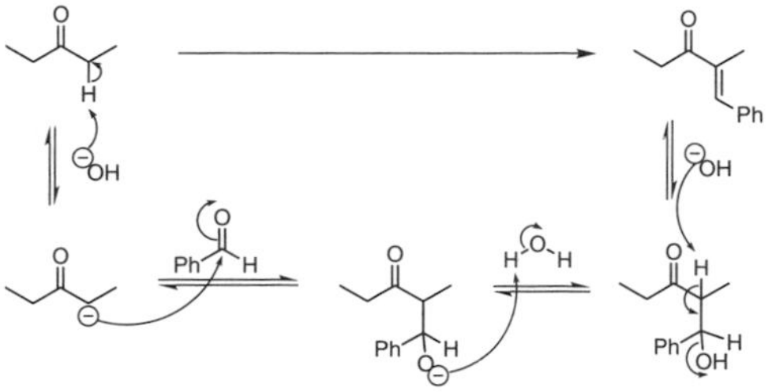

7.52

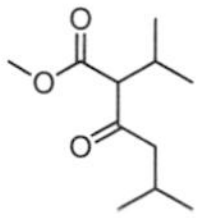

7.53

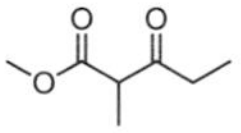

7.54

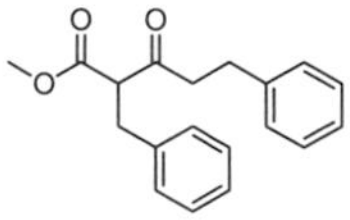

7.55

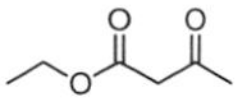

7.57

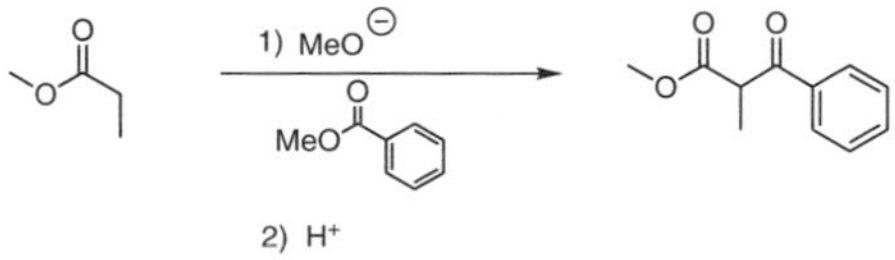

7.58

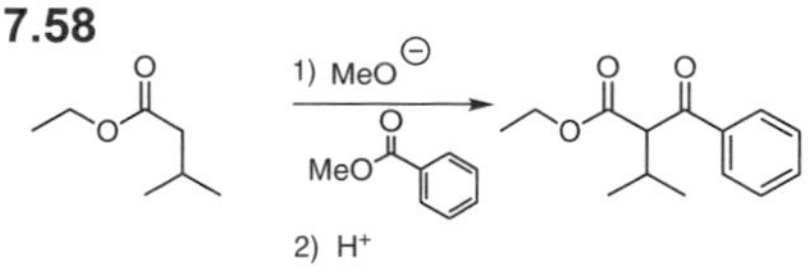

7.59

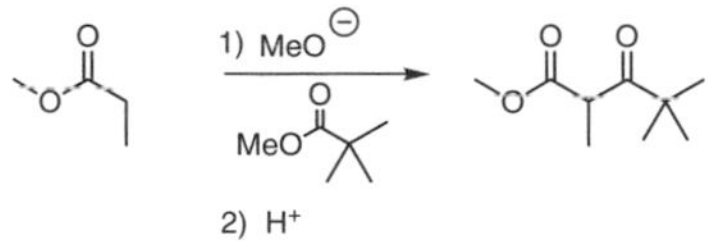

7.60

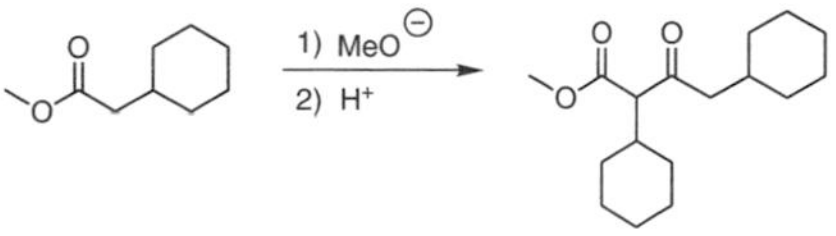

7.62

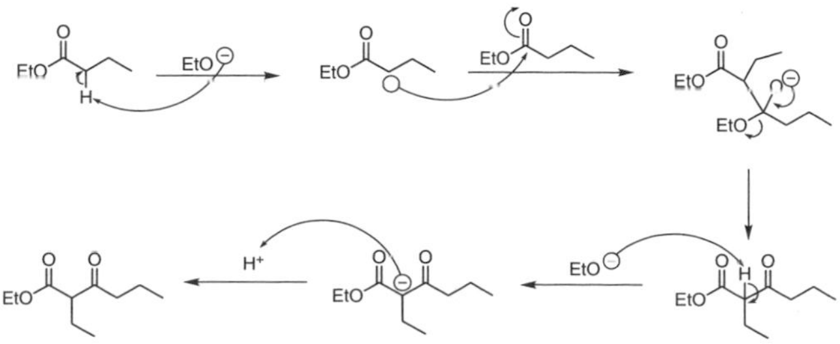

7.63

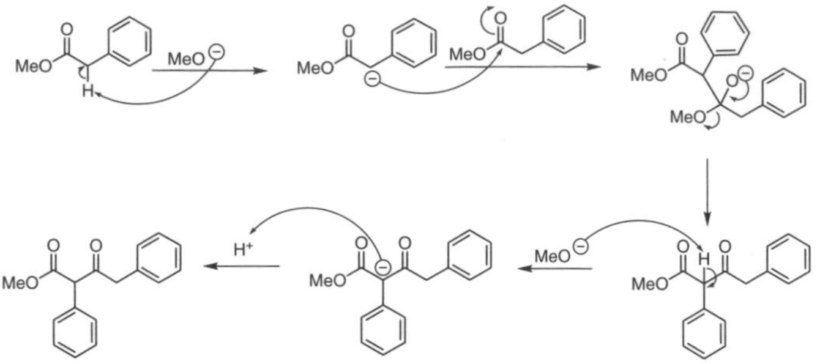

7.64

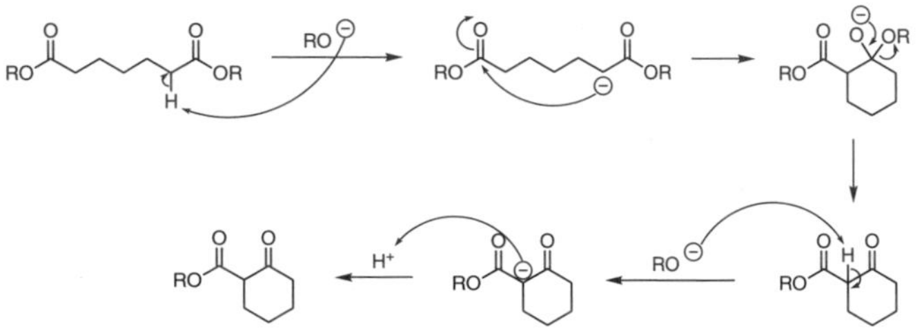

7.66

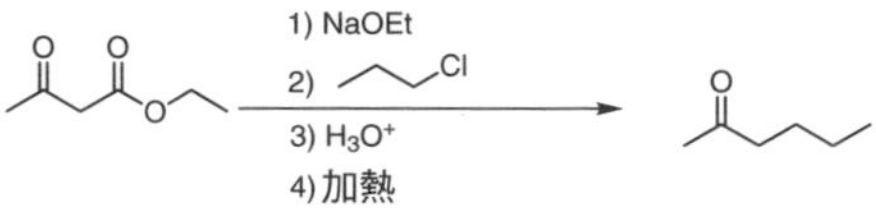

7.67

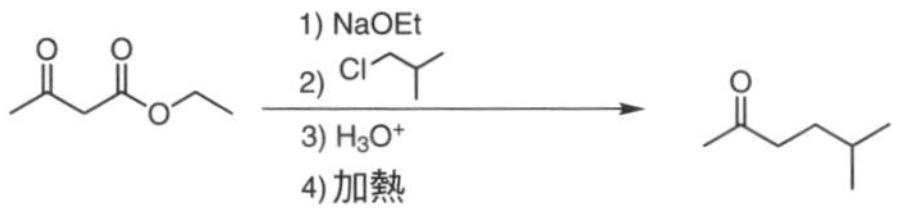

7.68

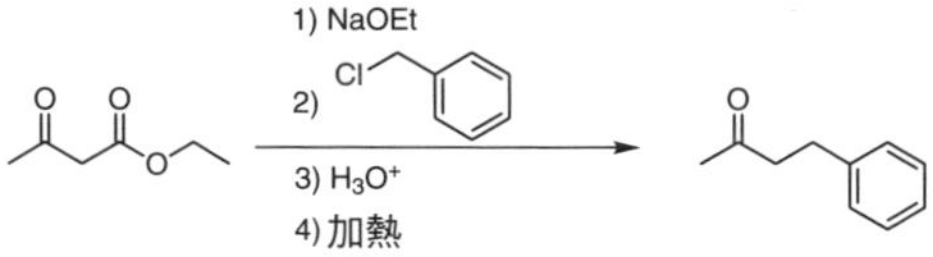

7.69 你需要使用下列的鹵化物

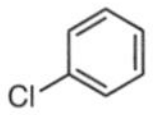

它不會主行S_N2反應（連接至離去基的碳原子為sp^2混成）

7.70

7.71

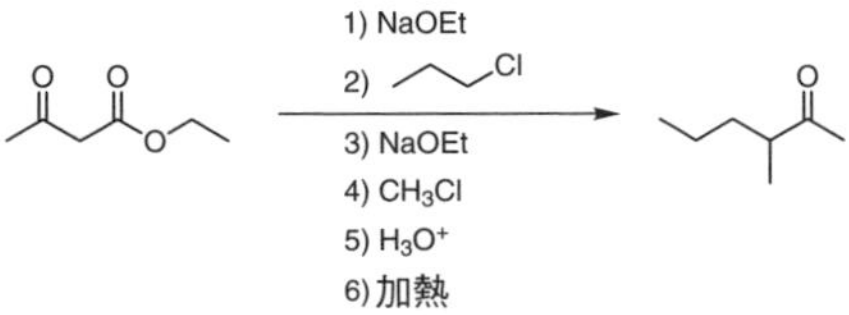

7.72

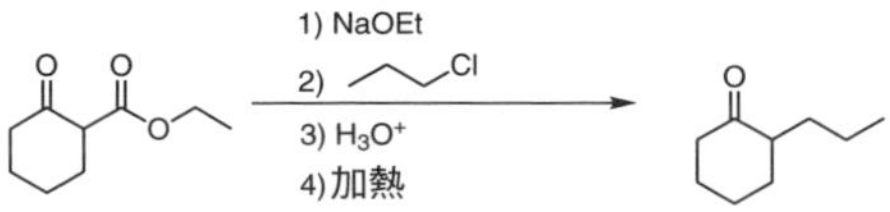

7.74

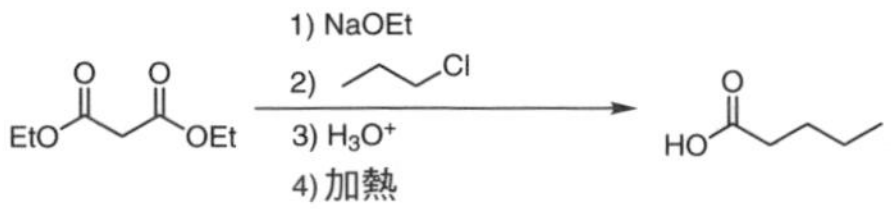

7.75

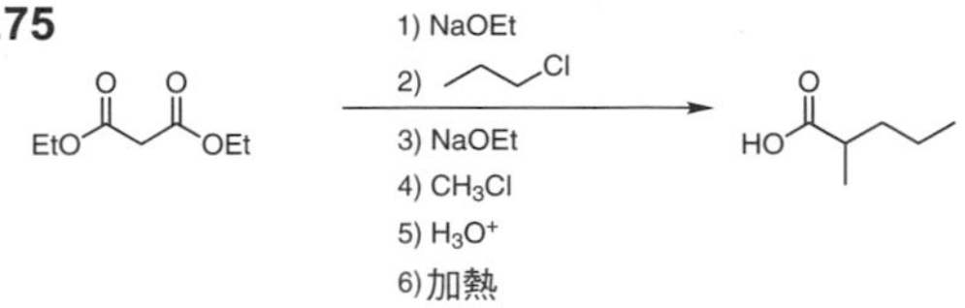

7.76

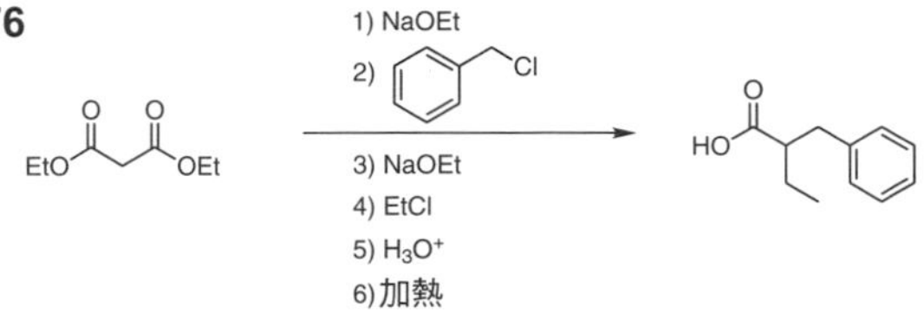

7.78

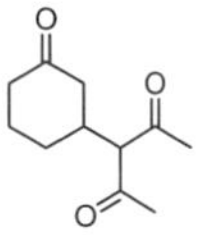

7.79 沒辦法進行乾淨的麥可反應。因為格里納試劑不是好的麥可予體。它的活性太大了。

7.80

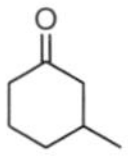

7.82

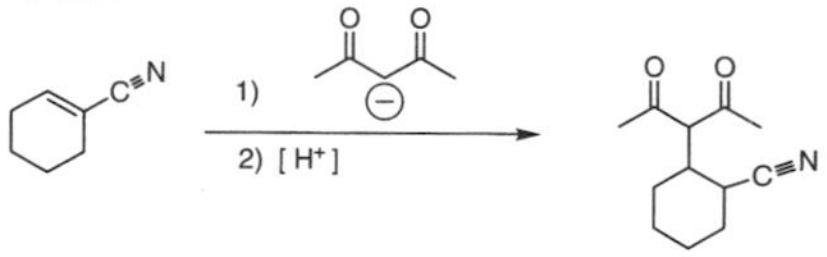

7.83

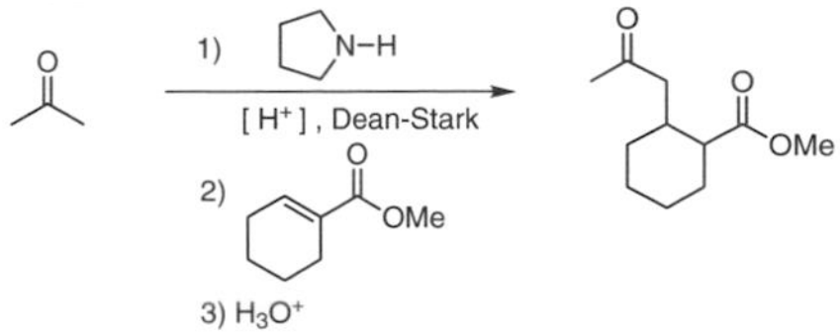

7.84

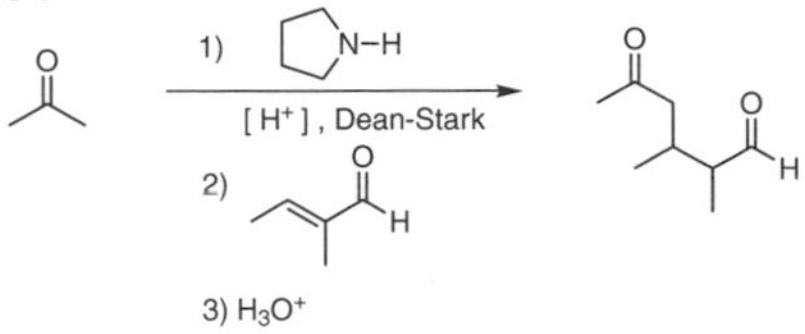

7.85

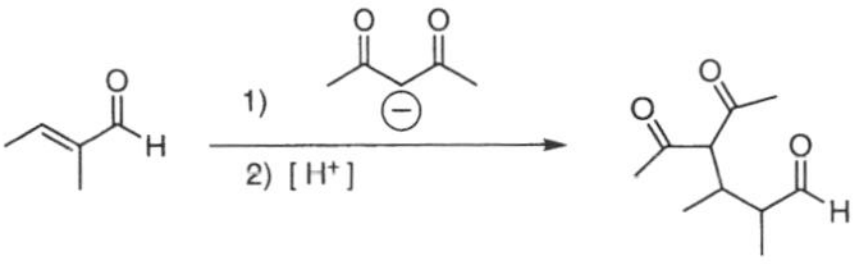

第 8 章

8.2

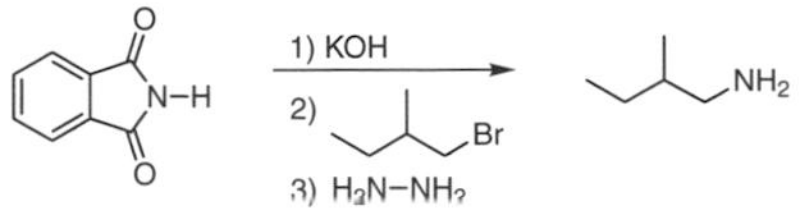

8.3

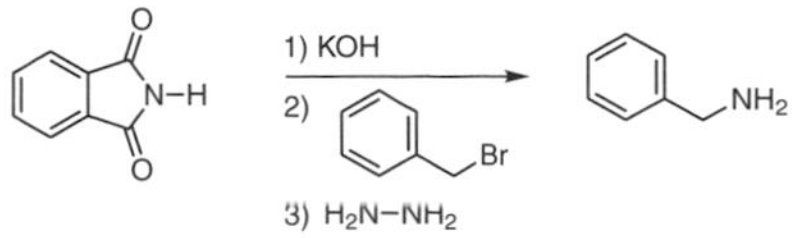

8.4

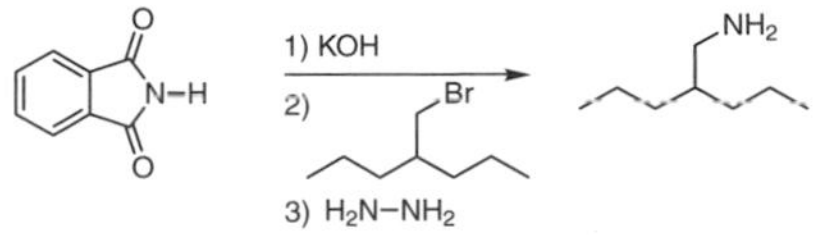

8.5

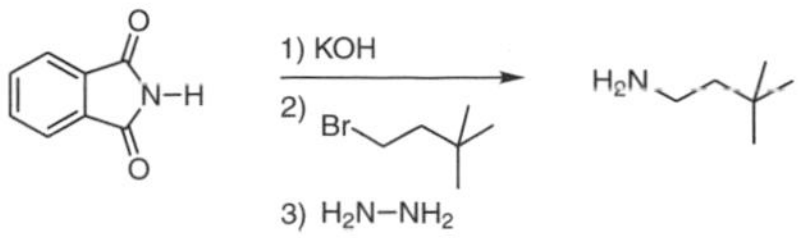

8.7 否 **8.8** 是 **8.9** 是 **8.10** 否

8.12

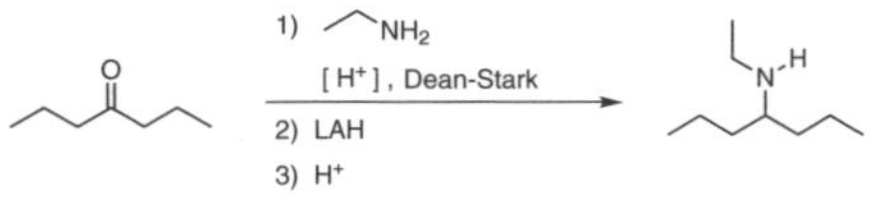

8.13

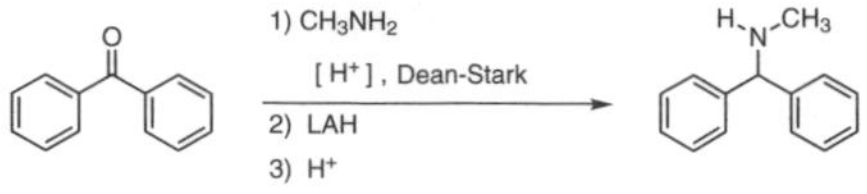

8.14

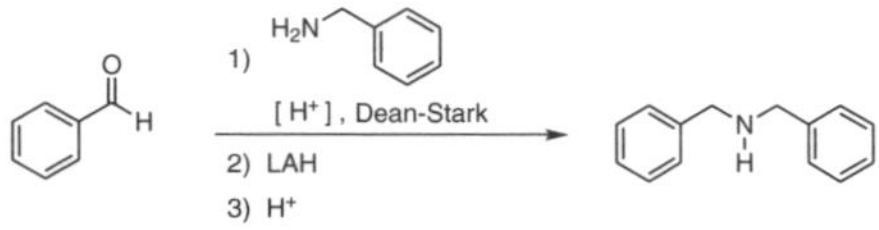

8.15

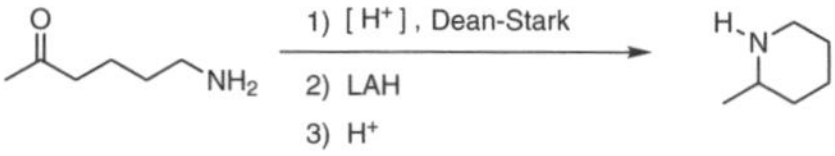

8.16

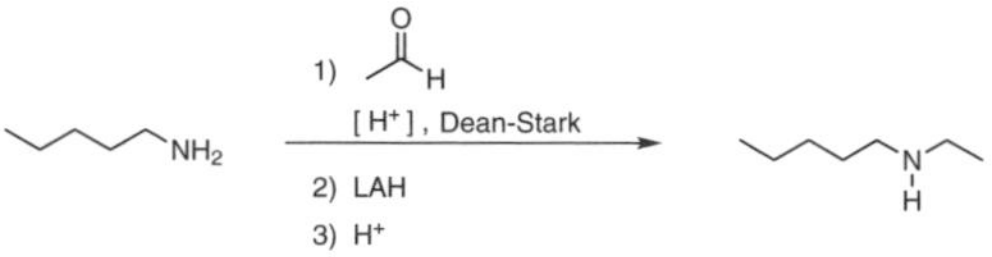

8.18

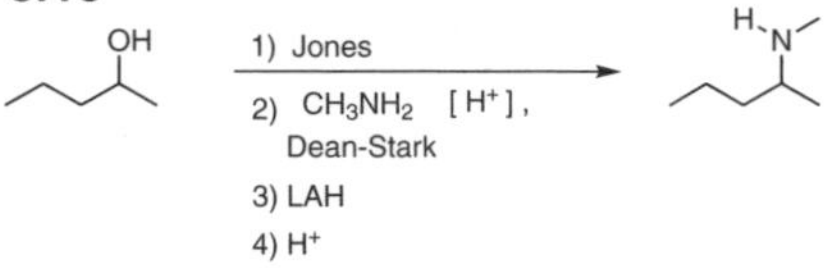

8.19

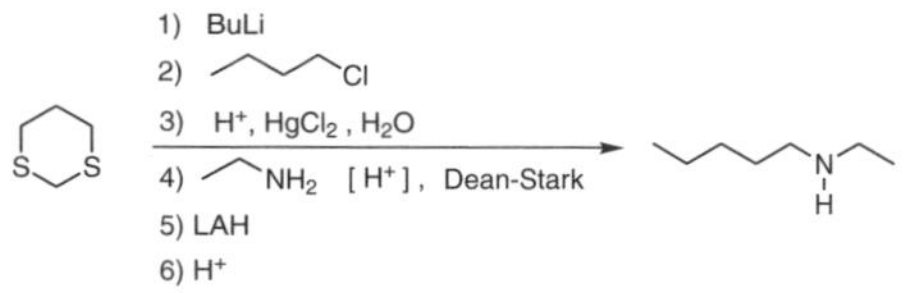

8.20

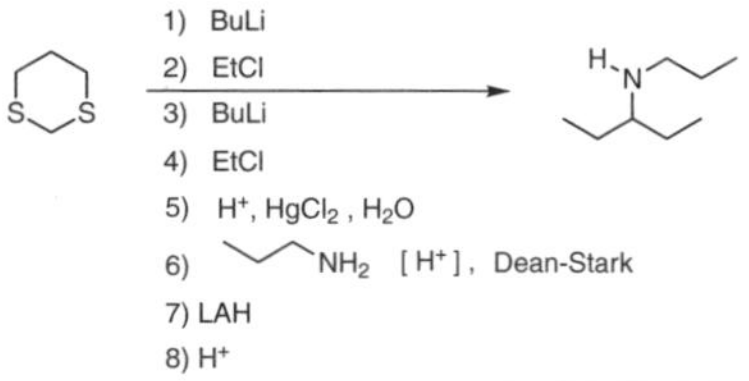

8.21

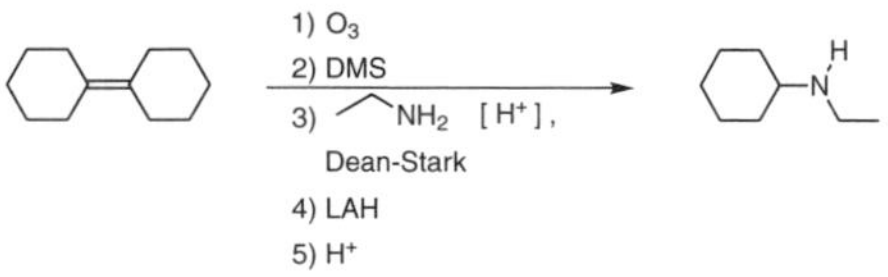

8.22

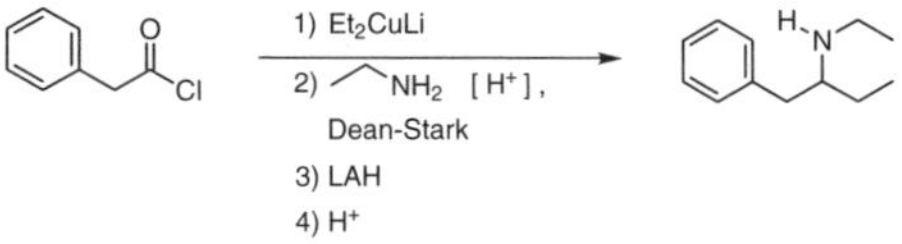

8.24

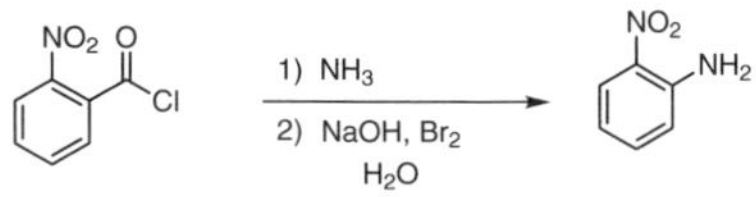

8.25

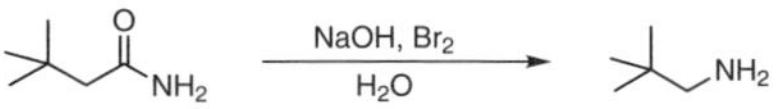

8.26

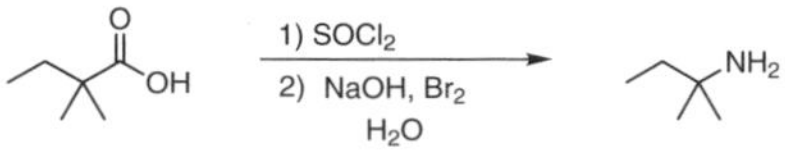

8.27

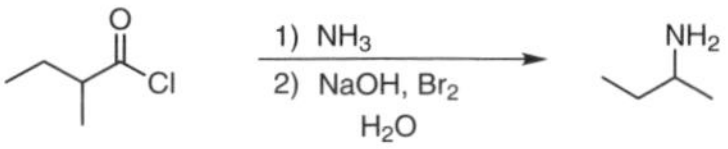

8.28

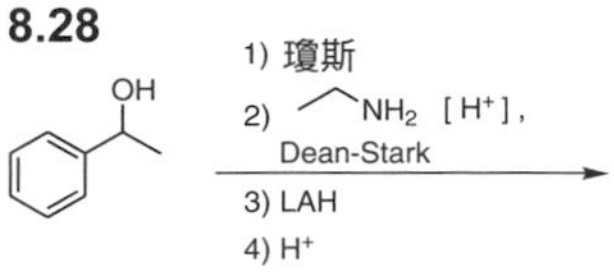

8.29

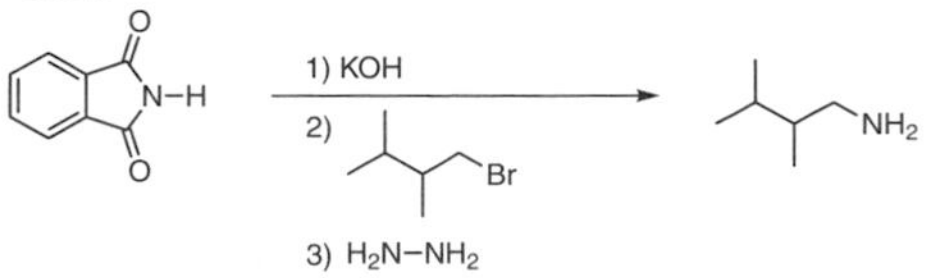

8.30

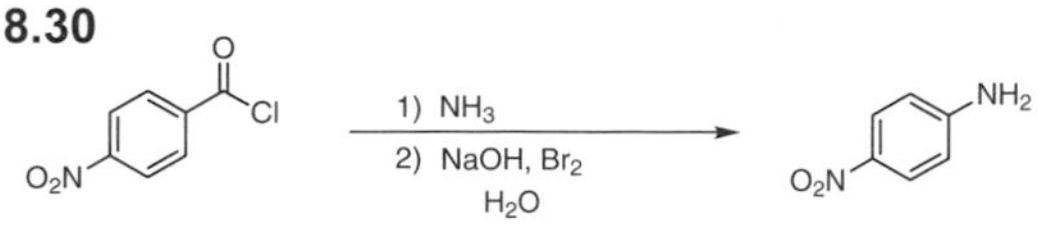

8.31

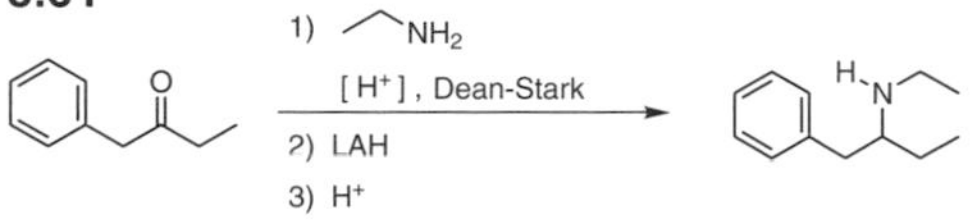

8.32

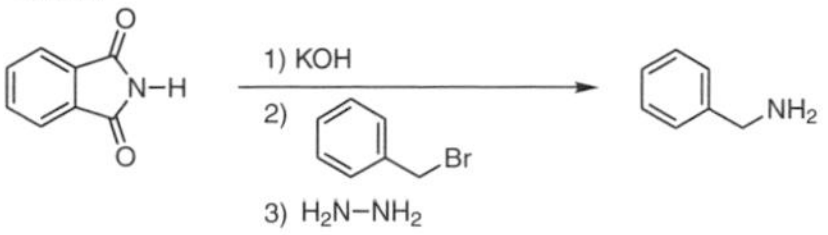

8.33

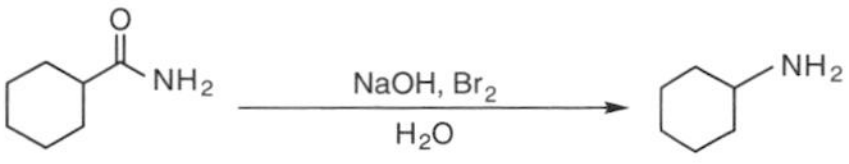

8.35

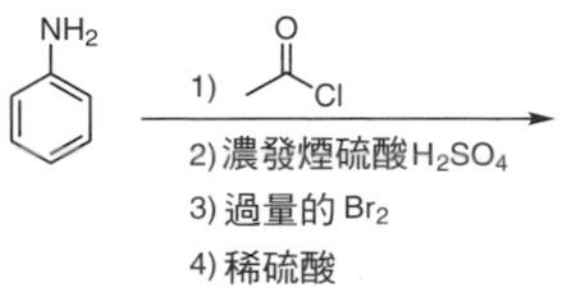

8.36

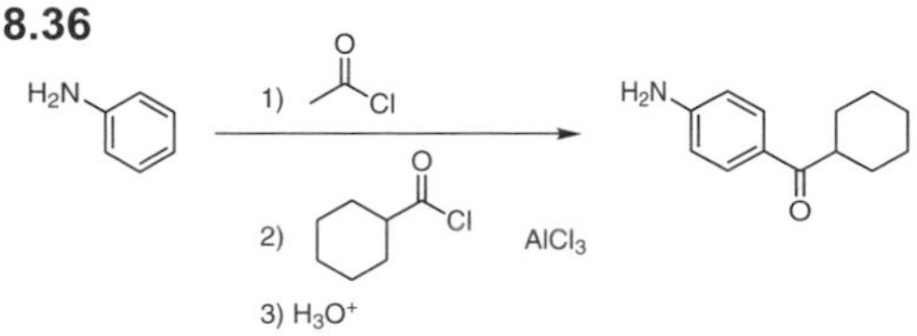

8.37

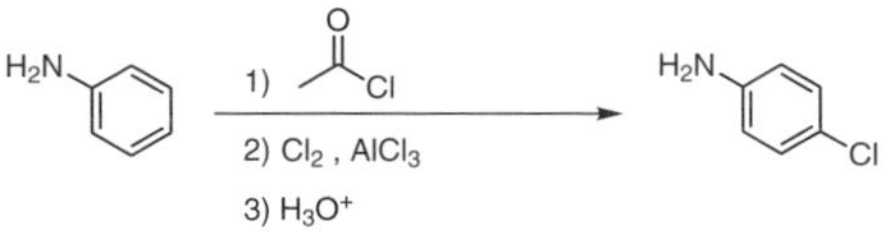

8.39

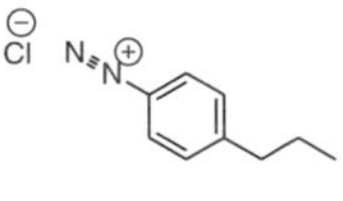

8.40

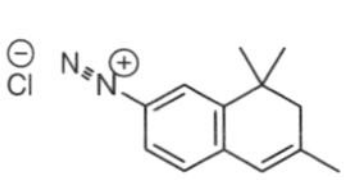

8.41

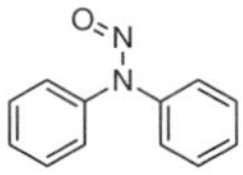

8.42

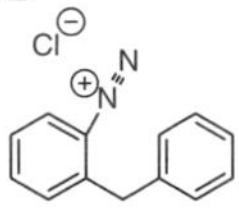

8.44

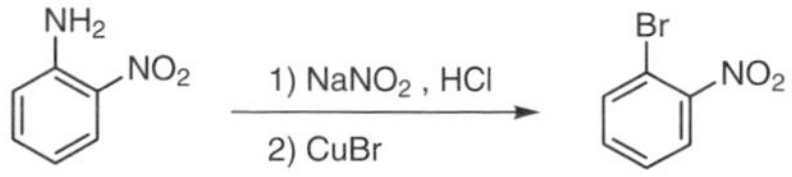

8.45

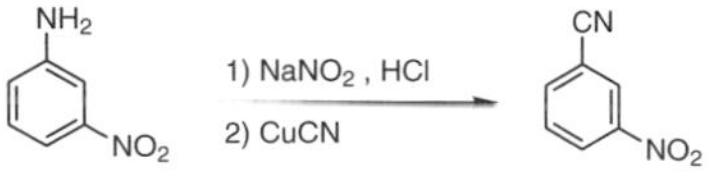

8.46

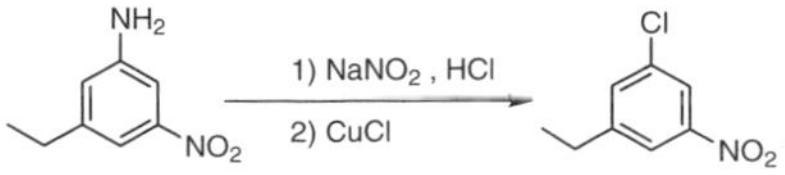

8.47

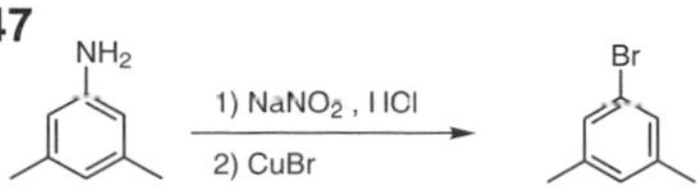

8.48

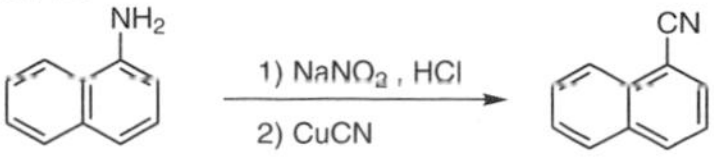

重要名詞英中對照

1,2-addition	1,2- 加成
1,4-addition	1,4- 加成

A

acetal	縮醛
acetoacetic ester synthesis	乙醯乙酸酯合成
activation	活化
activator	活化基
acyl	醯基
acylation reaction	醯化反應
acylium ion	醯陽離子
addition-elimination	加成－脫去
aldol condensation	醛醇縮合
aldol reaction	醛醇反應
alkylation	烷化
amalgam	汞齊
amide	醯胺
ammonium ion	銨離子
aromaticity	芳香性
azeotropic distillation	共沸蒸餾

B

Baeyer-Villiger reaction	拜爾－偉利格反應
blocking group	阻擋取代基

C

Cannizzaro reaction	坎尼乍若反應
carbocation	碳陽離子
carbonyl	羰基
Claisen Condensation	克來森縮合反應
Clemmensen reduction	克萊門森還原反應
conjugate addition	共軛加成
crossed-aldol	交叉醛醇

D

deactivator	去活化基
decarboxylation	去羧
desulfonation reaction	去磺化反應
diastereomeric	非鏡向異構
diazonium ion	重氮離子
Dieckmann condensation	狄克曼縮合
Diels-Alder reaction	狄耳士－阿德爾反應
Dow Process	陶式法
dummy group	假取代基

E

electron-donating	推電子
electronegativity	陰電性
electron-withdrawing	拉電子
electrophilic aromatic substitution	親電子芳香取代反應
elimination-addition	脫去－加成
enamine	烯胺
enol	烯醇
enolate	烯醇鹽
ester enolate	酯烯醇鹽

F

Fischer Esterification	費雪酯化
Friedel-Crafts Alkylation	夫里德耳—夸夫特烷化作用
fuming sulfuric acid	發煙硫酸

G

Gabriel synthesis	加柏利合成
Grignard reagent	格里納試劑

H

Hell-Volhard-Zelinsky reaction	赫耳－華哈德－季林斯基反應
hemiacetal	半縮醛
hemiketal	半縮酮
Hoffman rearrangement	霍夫曼重排
hydrazine	聯胺
hydrazone	腙
hydroxylamine	羥胺

hyperconjugation	超共軛

I

imine	亞胺
in situ	就地
induced dipole moment	感應偶極矩
induction	感應
intramolecular	分子內
isotopic labeling	同位素標記

J

Jones reagent	瓊斯試劑

K

ketal	縮酮
keto-enol tautomerism	酮－烯醇互變異構現象
ketone	酮

L

Lewis acid	路易士酸

M

malonic ester synthesis	丙二酸酯合成
meta positions	間位
meta-director	間位導向因子
Michael acceptor	麥可受體
Michael addition	麥可加成
Michael donor	麥可予體
migratory aptitude	遷移傾向

N

nitration	硝化
nucleophilic aromatic substitution	親核芳香取代反應

O

octet	八隅體
ortho-para director	鄰位一對位導向因子
oxime	肟

ozonolysis	臭氧分解

P

per-acid	過酸
pericyclic reaction	周環性反應
polarizability	極化率
protonate	質子化

R

radical	自由基
Raney Nickel	雷氏鎳
reductive amination	還原胺化
regiochemistry	區域選擇性
resonance	共振
retrosynthetic analysis	溯徑合成分析法

S

Sandmeyer reaction	山德邁耳反應
saponification	皂化
sterics	立體障礙
Stork enamine synthesis	斯陶克烯胺合成

T

tautomer	互變異構物
thioacetal	硫縮醛
thioketal	硫縮酮
trans-esterification	轉酯化

V

valence electron	價電子

W

Wittig reagent	維蒂希試劑
Wolff-Kishner reaction	沃夫－奇希諾反應

科學天地 BWS119A

有機化學天堂祕笈 II

原　　著／克萊因（David R. Klein）
譯　　者／鄭偉杰、龔嘉惠
顧 問 群／林　和、牟中原、李國偉、周成功
總編輯／吳佩穎
編輯顧問／林榮崧
責任編輯／林文珠
副 主 編／林韋萱
美術編輯暨封面設計／江儀玲

出版者／遠見天下文化出版股份有限公司
創辦人／高希均、王力行
遠見．天下文化 事業群榮譽董事長／高希均
遠見．天下文化 事業群董事長／王力行
天下文化社長／王力行
天下文化總經理／鄧瑋羚
國際事務開發部兼版權中心總監／潘欣
法律顧問／理律法律事務所陳長文律師　著作權顧問／魏啟翔律師
社　址／台北市 104 松江路 93 巷 1 號 2 樓
讀者服務專線／（02）2662-0012
傳真／（02）2662-0007，2662-0009
電子信箱／ cwpc@cwgv.com.tw
直接郵撥帳號／ 1326703-6 號 遠見天下文化出版股份有限公司

電腦排版／極翔企業有限公司
製 版 廠／東豪印刷事業有限公司
印 刷 廠／祥峰印刷事業有限公司
裝 訂 廠／台興印刷裝訂股份有限公司
登 記 證／局版台業字第 2517 號
總 經 銷／大和書報圖書股份有限公司　電話／（02）8990-2588
出版日期／ 2010 年 10 月 15 日第一版第 1 次印行
　　　　　2024 年 3 月 12 日第二版第 15 次印行

定 價／ 450 元
原著書名／ **Organic Chemistry II as a Second Language: Second Semester Topics**

書號：BWS119A

天下文化官網
bookzone.cwgv.com.tw

**本書如有缺頁、破損、裝訂錯誤，
請寄回本公司調換。**

國家圖書館出版品預行編目資料

有機化學天堂祕笈 . II / 克萊因 (David R. Klein) 著 ;
鄭偉杰 , 龔嘉惠譯 . -- 第一版 . -- 臺北市 : 遠見天下文化 , 2010.10
面 ;　公分 . -- (科學天地 ; 119)
譯自 : Organic chemistry II as a second language : second semester topics
ISBN 978-986-216-619-2(平裝)

1. 有機化學

346　　99018964

元素週期表

	1	2	3	4	5	6	7	8	9
週期一	1 氫 H								
週期二	3 鋰 Li	4 鈹 Be							
週期三	11 鈉 Na	12 鎂 Mg							
週期四	19 鉀 K	20 鈣 Ca	21 鈧 Sc	22 鈦 Ti	23 釩 V	24 鉻 Cr	25 錳 Mn	26 鐵 Fe	27 鈷 C
週期五	37 銣 Rb	38 鍶 Sr	39 釔 Y	40 鋯 Zr	41 鈮 Nb	42 鉬 Mo	43 鎝 Tc	44 釕 Ru	45 銠 R
週期六	55 銫 Cs	56 鋇 Ba	57-71 鑭系元素	72 鉿 Hf	73 鉭 Ta	74 鎢 W	75 錸 Re	76 鋨 Os	77 銥 I
週期七	87 鍅 Fr	88 鐳 Ra	89-103 錒系元素	104 鑪 Rf	105 𨧀 Db	106 𨭎 Sg	107 𨨏 Bh	108 𨭆 Hs	109 䥑 M

57 鑭 La	58 鈰 Ce	59 鐠 Pr	60 釹 Nd	61 鉕 Pm	62 釤 Sm	63 銪 E
89 錒 Ac	90 釷 Th	91 鏷 Pa	92 鈾 U	93 錼 Np	94 鈽 Pu	95 鋂 A

0	11	12	13	14	15	16	17	18
								2 氦 He
			5 硼 B	6 碳 C	7 氮 N	8 氧 O	9 氟 F	10 氖 Ne
			13 鋁 Al	14 矽 Si	15 磷 P	16 硫 S	17 氯 Cl	18 氬 Ar
8 Ni	29 銅 Cu	30 鋅 Zn	31 鎵 Ga	32 鍺 Ge	33 砷 As	34 硒 Se	35 溴 Br	36 氪 Kr
6 Pd	47 銀 Ag	48 鎘 Cd	49 銦 In	50 錫 Sn	51 銻 Sb	52 碲 Te	53 碘 I	54 氙 Xe
8 Pt	79 金 Au	80 汞 Hg	81 鉈 Tl	82 鉛 Pb	83 鉍 Bi	84 釙 Po	85 砈 At	86 氡 Rn

4 Gd	65 鋱 Tb	66 鏑 Dy	67 鈥 Ho	68 鉺 Er	69 銩 Tm	70 鐿 Yb	71 鎦 Lu
6 Cm	97 鉳 Bk	98 鉲 Cf	99 鑀 Es	100 鐨 Fm	101 鍆 Md	102 鍩 No	103 鐒 Lr